机械设计与智造宝典丛书

Creo 3.0 宝典

北京兆迪科技有限公司　编著

机 械 工 业 出 版 社

本书以 Creo 3.0 中文版为蓝本进行编写，内容包括 Creo 功能模块简介、软件安装及配置、二维草图的绘制、零件设计、曲面设计、装配设计、模型的测量与分析、视图管理、工程图的创建、关系与族表、特征的变形工具、ISDX 曲面造型、模型的外观设置与渲染、机构模块与运动仿真、动画、行为建模、钣金
设计、模具设计和数控加工等。

本书章节的安排次序采用由浅入深、循序渐进的原则。在内容安排上，书中结合大量的实例来对 Creo 3.0 软件各个模块中的抽象概念、命令和功能进行讲解，通俗易懂，化深奥为简易；本书中的实例是根据北京兆迪科技有限公司给国内外一些著名公司（含国外独资和合资公司）编写的培训案例整理而成的，具有很强的实用性；在写作方式上，本书紧贴 Creo 3.0 中文版的实际操作界面，采用软件中真实的对话框、按钮等进行讲解，使初学者能够直观、准确地操作软件进行学习，提高学习效率。

本书可作为机械工程设计人员的 Creo 3.0 自学教材和参考书籍，也可供大专院校机械专业师生教学参考。本书附赠视频学习光盘一张，制作了本书的操作视频录像文件，另外，光盘还包含本书所有的教案文件、范例文件、练习素材文件及 Creo 3.0 软件的配置文件。

图书在版编目（CIP）数据

Creo3.0 宝典／北京兆迪科技有限公司编著. —2 版. —北京：机械工业出版社，2017.2
（机械设计与智造宝典丛书）
ISBN 978-7-111-55743-2

Ⅰ. ①C… Ⅱ. ①北… Ⅲ. ①机械设计—计算机辅助设计—应用软件 Ⅳ. ①TH122

中国版本图书馆 CIP 数据核字（2016）第 310924 号

机械工业出版社（北京市百万庄大街 22 号 邮政编码：100037）
策划编辑：丁 锋 责任编辑：丁 锋
责任校对：刘志文 刘 岚
封面设计：张 静 责任印制：李 飞
北京铭成印刷有限公司印刷
2017 年 4 月第 2 版第 1 次印刷
184mm×260 mm・53.5 印张・987 千字
0001—3000 册
标准书号：ISBN 978-7-111-55743-2
　　　　　　ISBN 978-7-89386-092-8（光盘）
定价：125.00 元（含多媒体 DVD 光盘 1 张）

凡购本书，如有缺页、倒页、脱页，由本社发行部调换
电话服务　　　　　　　　网络服务
服务咨询热线：010-88361066　机工官网：www.cmpbook.com
读者购书热线：010-68326294　机工官博：weibo.com/cmp1952
　　　　　　010-88379203　金 书 网：www.golden-book.com
封面无防伪标均为盗版　教育服务网：www.cmpedu.com

前　　言

　　Creo 是由美国 PTC 公司最新推出的一套机械三维 CAD/CAM/CAE 参数化软件系统，整合了 PTC 公司 Pro/ENGINEER 的参数化技术、CoCreate 的直接建模技术和 ProductView 的三维可视化技术。作为 PTC 闪电计划中的一员，Creo 具备互操作性、开放性、易用性三大特点。Creo 内容涵盖了产品从概念设计、工业造型设计、三维模型设计、分析计算、动态模拟与仿真、工程图输出，到生产加工成产品的全过程，其中还包含了大量的电缆及管道布线、模具设计与分析等实用模块，应用范围涉及航空航天、汽车、机械、数控（NC）加工以及电子等诸多领域。Creo 3.0 是美国 PTC 公司目前推出的最新的版本，它构建于 Creo 2.0 成熟技术之上，新增了许多功能，使其技术水准又上了一个新的台阶。本书是系统、全面学习 Creo 3.0 软件的书籍，其特色如下：

- 内容全面、丰富，除包含 Creo 一些常用模块外，还涉及众多 Creo 的高级模块，图书的性价比很高。
- 讲解详细，条理清晰，保证自学的读者能独立学习和运用 Creo 3.0 软件。
- 写法独特，采用 Creo 3.0 中文版中真实的对话框和按钮等进行讲解，使初学者能够直观、准确地操作软件，从而大大地提高学习效率。
- 附加值高，本书附赠一张多媒体 DVD 学习光盘，制作了教学视频并进行了详细的语音讲解，可以帮助读者轻松、高效地学习。

　　本书由北京兆迪科技有限公司编著，参加编写的人员有詹友刚、詹友刚、王焕田、刘静、雷保珍、刘海起、魏俊岭、任慧华、詹路、冯元超、刘江波、周涛、段进敏、赵枫、邵为龙、侯俊飞、龙宇、施志杰、詹棋、高政、孙润、李倩倩、黄红霞、尹泉、李行、詹超、尹佩文、赵磊、王晓萍、陈淑童、周攀、吴伟、王海波、高策、冯华超、周思思、黄光辉、党辉、冯峰、詹聪、平迪、管璇、王平、李友荣。本书已经多次校对，如有疏漏之处，恳请广大读者予以指正。

　　电子邮箱：zhanygjames@163.com　　咨询电话：010-82176248，010-82176249。

编　者

读者购书回馈活动

活动一：本书"随书光盘"中含有该"读者意见反馈卡"的电子文档，请认真填写本反馈卡，并 E-mail 给我们。E-mail: 兆迪科技 zhanygjames@163.com，丁锋 fengfener@qq.com。

活动二：扫一扫右侧二维码，关注兆迪科技官方公众微信（或搜索公众号 zhaodikeji），参与互动，也可进行答疑。

　　凡参加以上活动，即可获得兆迪科技免费奉送的价值 48 元的在线课程一门，同时有机会获得价值 780 元的精品在线课程。在线课程网址见本书"随书光盘"中的"读者意见反馈卡"的电子文档。

本 书 导 读

为了能更好地学习本书的知识，请读者仔细阅读下面的内容。

写作环境

本书使用的操作系统为 64 位的 Windows 7，系统主题采用 Windows 经典主题。

本书采用的写作蓝本是 Creo 3.0 中文版，对英文 Creo 3.0 版本同样适用。

光盘使用

由于本书随书光盘中有完整的素材源文件和全程语音讲解视频，读者学习本书时如果配合光盘使用，将达到最佳学习效果。

为方便读者练习，特将本书所有素材文件、已完成的实例文件、配置文件和视频语音讲解文件等放入随书附带的光盘中，读者在学习过程中可以打开相应素材文件进行操作和练习。

本书附赠多媒体 DVD 光盘一张，建议读者在学习本书前，先将 DVD 光盘中的所有文件复制到计算机硬盘的 D 盘中，在 D 盘上 Creo3 目录下共有 3 个子目录。

（1）Creo3.0_system_file 子目录：包含系统配置文件。

（2）work 子目录：包含本书的全部已完成的实例文件。

（3）video 子目录：包含本书讲解中的视频录像文件（含语音讲解）。读者学习时，可在该子目录中按顺序查找所需的视频文件。

光盘中带有"ok"扩展名的文件或文件夹表示已完成的范例。

相比于老版本的软件，Creo 3.0 在功能、界面和操作上变化极小，经过简单的设置后，几乎与老版本完全一样（书中已介绍设置方法）。因此，对于软件新老版本操作完全相同的内容部分，光盘中仍然使用老版本的视频讲解，对于绝大部分读者而言，并不影响软件的学习。

本书约定

- 本书中有关鼠标操作的简略表述说明如下。
    - ☑ 单击：将鼠标指针移至某位置处，然后按一下鼠标的左键。
    - ☑ 双击：将鼠标指针移至某位置处，然后连续快速地按两次鼠标的左键。
    - ☑ 右击：将鼠标指针移至某位置处，然后按一下鼠标的右键。
    - ☑ 单击中键：将鼠标指针移至某位置处，然后按一下鼠标的中键。
    - ☑ 滚动中键：只是滚动鼠标的中键，而不能按中键。
    - ☑ 选择（选取）某对象：将鼠标指针移至某对象上，单击以选取该对象。
    - ☑ 移动某对象：将鼠标指针移至某对象上，然后按下鼠标的左键不放，同时移动鼠标，将该对象移动到指定的位置后再松开鼠标的左键。

- 本书中的操作步骤分为 Task、Stage 和 Step 三个级别，说明如下：
  - ☑ 对于一般的软件操作，每个操作步骤以 Step 字符开始。
  - ☑ 每个 Step 操作视其复杂程度，其下面可含有多级子操作，例如 Step1 下可能包含（1）、（2）、（3）等子操作、（1）子操作下可能包含①、②、③等子操作，①子操作下可能包含 a）、b）、c）等子操作。
  - ☑ 如果操作较复杂，需要几个大的操作步骤才能完成，则每个大的操作冠以 Stage1、Stage2、Stage3 等，Stage 级别的操作下再分 Step1、Step2、Step3 等操作。
  - ☑ 对于多个任务的操作，则每个任务冠以 Task1、Task2、Task3 等，每个 Task 操作下则可包含 Stage 和 Step 级别的操作。
- 由于已建议读者将随书光盘中的所有文件复制到计算机硬盘的 D 盘中，所以书中在要求设置工作目录或打开光盘文件时，所述的路径均以 "D:\" 开始。

软件设置

- 设置 Creo 系统配置文件 config.pro：将 D:\creo3\creo3.0_system_file\下的 config.pro 复制至 Creo 安装目录的\text 目录下。假设 Creo 3.0 的安装目录为 C:\Program Files\PTC\Creo 3.0，则应将上述文件复制到 C:\Program Files\PTC\Creo 3.0\Common Files\F000\text 目录下。退出 Creo，然后再重新启动 Creo，config.pro 文件中的设置将生效。
- 设置 Creo 界面配置文件 creo_parametric_customization.ui：选择 "文件" 下拉菜单中的 文件▾ ➡ 选项 命令，系统弹出 "Creo Parametric 选项" 对话框；在 "Creo Parametric 选项" 对话框中单击 自定义功能区 区域，单击 导入/导出(E)▾ 按钮，在弹出的快捷菜单中选择 导入自定义文件 选项，系统弹出 "打开" 对话框。选中 D:\creo3\creo3.0_system_file\文件夹中的 creo_parametric_customization.ui 文件，单击 打开▾ 按钮，然后单击 导入所有自定义 按钮。

技术支持

本书是根据北京兆迪科技有限公司给国内外一些著名公司（含国外独资和合资公司）编写的培训教案整理而成的，具有很强的实用性。该公司专门从事 CAD/CAM/CAE 技术的研究、开发、咨询及产品设计与制造服务，并提供 Creo、Ansys、Adams 等软件的专业培训及技术咨询，读者在学习本书的过程中如果遇到问题，可通过访问该公司的网站 http://www.zalldy.com 来获得技术支持。咨询电话：010-82176248，010-82176249。

目 录

第 1 章 Creo 概述、安装及设置

1.1 Creo 功能模块简介

美国 PTC 公司（Parametric Technology Corporation，参数技术公司）于 1985 年在美国波士顿成立。自 1989 年上市伊始，就引起机械 CAD/CAE/CAM 界的极大震动，销售额及净利润连续 50 个季度递增，每年以翻倍的速度增长。PTC 公司已占全球 CAID/CAD/CAE/CAM/PDM 市场份额的 43%以上，成为 CAID/CAD/CAE/CAM/PDM 领域最具代表性的软件公司。

Creo 是美国 PTC 公司于 2010 年 10 月推出的 CAD 设计软件包。Creo 是整合了 PTC 公司的 Pro/Engineer 的参数化技术、CoCreate 的直接建模技术和 ProductView 的三维可视化技术三个软件的新型 CAD 设计软件包，是 PTC 公司闪电计划所推出的第一个产品。

作为 PTC 闪电计划中的一员，Creo 具备互操作性、开放、易用三大特点。在产品生命周期中，不同的用户对产品开发有着不同的需求。不同于其他的解决方案，Creo 旨在消除 CAD 行业中几十年迟迟未能解决的问题：

- 解决机械 CAD 领域中未解决的重大问题，包括易用性、互操作性、数据转换和装配管理。
- 采用全新的方法实现解决方案（建立在 PTC 的特有技术和资源上）。
- 提供一组可伸缩、可互操作、开放且易于使用的机械设计应用程序。
- 为设计过程中的每一名参与者适时提供合适的解决方案。

Creo 通过整合原来的 Pro/Engineer、CoCreate 和 ProductView 三个软件后，重新分成各个更为简单而具有针对性的子应用模块，所有这些模块统称为 Creo Elements。而原来的三个软件则分别整合为新的软件包中的一个子应用：

- Pro/Engineer 整合为 Creo Elements/Pro。
- CoCreate 整合为 Creo Elements/Direct。
- ProductView 整合为 Creo Elements/View。

整个 Creo 软件包将分成 30 个作用的子应用，所有这些子应用被划分为四大应用模块。

- AnyRole APPs（应用）：在恰当的时间向正确的用户提供合适的工具，使组织中的所有人都参与到产品开发过程中。最终结果：激发新思路、创造力以及个

人效率。

- AnyMode Modeling（建模）：提供业内唯一真正的多范型设计平台，使用户能够采用二维、三维直接或三维参数等方式进行设计。在某一个模式下创建的数据能在任何其他模式中访问和重用，每个用户可以在所选择的模式中使用自己或他人的数据。此外，Creo 的 AnyMode 建模将让用户在模式之间进行无缝切换，而不丢失信息或设计思路，从而提高团队效率。
- AnyData Adoption（采用）：用户能够统一使用任何 CAD 系统生成的数据，从而实现多 CAD 设计的效率和价值。参与整个产品开发流程的每一个人，都能够获取并重用 Creo 产品设计应用软件所创建的重要信息。此外，Creo 将提高原有系统数据的重用率，降低了技术锁定所需的高昂转换成本。
- AnyBOM Assembly（装配）：为团队提供所需的能力和可扩展性，以创建、验证和重用高度可配置产品的信息。利用 BOM 驱动组件以及与 PTC Windchill PLM 软件的紧密集成，用户将开启并达到团队乃至企业前所未有过的效率和价值水平。

注意：以上有关 Creo 的功能模块的介绍仅供参考，如有变动应以 PTC 公司的最新相关正式资料为准，特此说明。

1.2　Creo 推出的意义

Creo 在拉丁语中是创新的含义。Creo 的推出，是为了解决困扰制造企业在应用 CAD 软件中的多项难题。CAD 软件已经应用了几十年，三维软件也已经出现了二十多年，似乎技术与市场逐渐趋于成熟。但是，目前制造企业在 CAD 应用方面仍然面临着四大核心问题：

1. 软件的易用性。目前 CAD 软件虽然在技术上已经逐渐成熟，但是软件的操行还很复杂，宜人化程度有待提高。

2. 互操作性。不同的设计软件造型方法各异，包括特征造型、直觉造型等，二维设计还在广泛的应用。但这些软件相对独立，操作方式完全不同，对于客户来说，鱼和熊掌不可兼得。

3. 数据转换的问题。这个问题依然是困扰 CAD 软件应用的大问题。一些厂商试图通过图形文件的标准来锁定用户，因而导致用户有很高的数据转换成本。

4. 装配模型如何满足复杂的客户配置需求。由于客户需求的差异，往往会造成由于复杂的配置，而大大延长产品交付的时间。

Creo 的推出，正是为了从根本上解决这些制造企业在 CAD 应用中面临的核心问题，从而真正将企业的创新能力发挥出来，帮助企业提升研发协作水平，让 CAD 应用真正提高效率，为企业创造价值。

1.3　Creo 3.0 的安装

1.3.1　安装要求

1. 计算机硬件要求

Creo 3.0 软件系统可在工作站（Work Station）或个人计算机（PC）上运行。如果在个人计算机上安装，为了保证软件安全和正常使用，计算机硬件要求如下。

- CPU 芯片：一般要求 Pentium3 以上，推荐使用 Intel 公司生产的奔腾双核处理器。
- 内存：一般要求 1GB 以上。如果要装配大型部件或产品，进行结构、运动仿真分析或产生数控加工程序，则建议使用 2GB 以上的内存。
- 显卡：一般要求支持 Open_GL 的 3D 显卡，分辨率为 1024×768 像素以上，推荐至少使用 64 位独立显卡，显存 512MB 以上。如果显卡性能太低，打开软件后，会自动退出。
- 网卡：使用 Creo 软件，必须安装网卡。
- 硬盘：安装 Creo 3.0 软件系统的基本模块，需要 2.7GB 左右的硬盘空间，考虑到软件启动后虚拟内存及获取联机帮助的需要，建议在硬盘上准备 5.0GB 以上的空间。
- 鼠标：强烈建议使用三键（带滚轮）鼠标，如果使用二键鼠标或不带滚轮的三键鼠标，会极大地影响工作效率。
- 显示器：一般要求使用 15in 以上显示器。
- 键盘：标准键盘。

2. 操作系统要求

如果在工作站上运行 Creo 3.0 软件，操作系统可以为 UNIX 或 Windows NT；如果在个人计算机上运行，操作系统可以为 Windows NT、Windows 98/ME/2000/XP，推荐使用 Windows 2000 Professional。

1.3.2　安装前的准备工作

为了更好地使用 Creo，在软件安装前应对计算机系统进行设置，主要是操作系统的虚拟内存设置。设置虚拟内存的目的是为软件系统进行几何运算预留临时存储数据的空间。各类操作系统的设置方法基本相同，下面以 Windows 7 操作系统为例说明设置过程。

Step1. 选择 Windows 的 开始 ➡ 控制面板 命令，系统弹出"所有控制面板项"对话框，如图 1.3.1 所示。

Step2. 在"所有控制面板项"对话框的 类别 ▼ 下拉列表中选择 小图标(S) 选项，结果如图 1.3.1 所示；单击 系统 选项。

图 1.3.1 "所有控制面板项"对话框

Step3. 在系统弹出的图 1.3.2 所示的"系统"对话框中单击 高级系统设置 选项。

图 1.3.2 "系统"对话框

Step4. 在"系统"对话框中单击 高级 选项卡，在 性能 区域中单击按钮 设置(S) 。

Step5. 在图 1.3.3 所示的"性能选项"对话框中单击 高级 选项卡，在 虚拟内存 区域中单击 更改(C) 按钮，系统弹出"虚拟内存"对话框（图 1.3.4）。

Step6. 在该对话框中取消选中 □ 自动管理所有驱动器的分页文件大小(A) 复选框，然后选中 ⊙ 自定义大小(C) 单选项，如图 1.3.4 所示；可在 初始大小(MB)(I): 后的文本框中输入虚拟内存的最小值，在 最大值(MB)(X): 后的文本框中输入虚拟内存的最大值。虚拟内存的大小可根据计算机硬盘空间的大小进行设置，但初始大小至少要达到物理内存的 2 倍，最大值可达到物理内存的 4 倍以上。例如用户计算机的物理内存为 256MB，初始值一般设置为 512MB，最大值可设置为 1024MB；如果装配大型部件或产品，建议将初始值设置为 1024MB，最大值设置为 2048MB。单击 设置(S) 和 确定 按钮后，计算机会提示用户重新启动计算机后设置才生效，然后一直单击 确定 按钮，重新启动计算机后，完成设置。

图 1.3.3　"性能选项"对话框

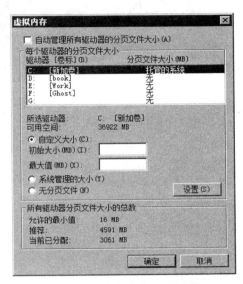

图 1.3.4　"虚拟内存"对话框

1.3.3　查找计算机（服务器）的网卡号

在安装 Creo 系统前，必须合法地获得 PTC 公司的软件使用许可证，这是一个文本文件，该文件是根据用户计算机（或服务器，也称为主机）上的网卡号赋予的，具有唯一性。下面以 Windows 7 操作系统为例，说明如何查找计算机的网卡号。

Step1. 选择 Windows 菜单的 开始 ➡ 所有程序 ➡ 附件 ➡ 命令提示符 命令，如图 1.3.5 所示。

图 1.3.5　Windows 菜单

Step2. 在 C:\> 提示符下，输入 ipconfig/all 命令，并按 Enter 键，即可获得计算机网卡号。图 1.3.6 中的 00-24-1D-52-27-78 即为网卡号。

图 1.3.6　获得网卡号

1.3.4　Creo 安装方法与详细安装过程

单机版的 Creo 3.0（中文版）在各种操作系统下的安装过程基本相同，下面仅以 Windows XP Professional 为例，说明其安装过程。

Stage1．进入安装简介

Step1．首先将合法获得的 Creo 的许可证文件 ptc_licfile.dat 复制到计算机中的某个位置，例如 C:\Program Files\Creo3_license\ptc_licfile.dat。

Step2．Creo 3.0 软件有一张安装光盘，先将安装光盘放入光驱内（如果已将系统安装文件复制到硬盘上，可双击系统安装目录下的 setup.exe 文件），等待片刻后，会出现图 1.3.7 所示的系统安装提示。

Step3．在图 1.3.7 所示的选择任务选项卡中选中"安装或添加新软件"单选项 安装或添加新软件，在该对话框中单击 下一步(N) ▶ 按钮。

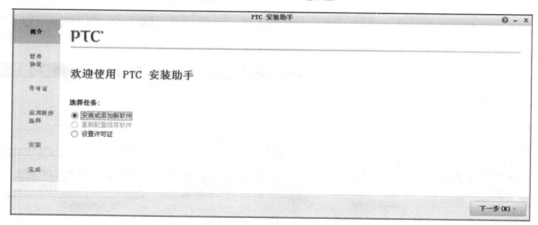

图 1.3.7　系统安装提示

Step4．系统弹出图 1.3.8 所示的对话框，在该对话框中进行下列操作。

（1）选中 我接受软件许可协议(A) 单选项。

（2）单击 下一步(N) 按钮。

图 1.3.8　接受许可证协议

Stage2．安装许可证项目

Step1．在系统弹出的图 1.3.9 所示的对话框中，将安装许可文件 C:\Program Files\Creo3_license\ptc_licfile.dat 拖放到图 1.3.9 所示的地方。

图 1.3.9　安装许可文件

Step2．单击 下一步(N) 按钮。

Stage3．安装应用程序

Step1．在系统弹出的"安装应用程序"对话框中设置图 1.3.10 所示的参数。

Step2. 单击 安装▶ 按钮。

图 1.3.10   "安装应用程序"对话框

Stage4. 安装

Step1. 此时系统弹出图 1.3.11 所示的"安装"对话框。

图 1.3.11   "安装"对话框

Step2. 过一段时间后，系统安装完成，弹出"安装完成"对话框；在此对话框中单击 完成▶ 按钮即可。

1.4　设置系统配置文件 config.pro

用户可以利用一个名为 config.pro 的系统配置文件预设 Creo 软件的工作环境和进行全局设置，例如 Creo 软件的界面是中文还是英文（或者中英文双语）由 menu_translation 选项来控制，这个选项有三个可选的值 yes、no 和 both，它们分别可以使软件界面为中文、英文和中英文双语。

本书附赠光盘中的 config.pro 文件中对一些基本的选项进行了设置，强烈建议读者进行如下操作，使该 config.pro 文件中的设置有效，这样可以保证后面学习中的软件配置与本书相同，从而提高学习效率。

将 D:\Creo3\Creo3_system_file\下的 config.pro 复制至 Creo 安装目录的\text 目录下。假设 Creo 3.0 的安装目录为 C:\Program Files\PTC\Creo 3.0，则应将上述文件复制到 C:\Program Files\PTC\Creo 3.0\Common Files\F000\text 目录下。退出 Creo，然后再重新启动 Creo，config.pro 文件中的设置将生效。

1.5　设置工作界面配置文件 creo_parametric_customization.ui

用户可以利用一个名为 creo_parametric_customization.ui 的系统配置文件预设 Creo 软件工作环境的工作界面（包括工具栏中按钮的位置）。

本书附赠光盘中的 creo_parametric_customization.ui 对软件界面进行一定设置，建议读者进行如下操作，使软件界面与本书相同，从而提高学习效率。

Step1. 进入配置界面选择"文件"下拉菜单中的 文件▾ ➡ 🗐 选项命令，系统弹出"Creo Parametric 选项"对话框。

Step2. 导入配置文件。在"Creo Parametric 选项"对话框中单击 自定义功能区 区域，单击 导入/导出(P) ▾ 按钮，在弹出的快捷菜单中选择 导入自定义文件 选项，系统弹出"打开"对话框。

Step3. 选中 D:\Creo3\Creo3_system_file\文件夹中的 creo_parametric_customization.ui 文件，单击 打开 ▾ 按钮，然后单击 导入所有自定义 按钮。

1.6　启动 Creo 3.0 软件

一般来说，有两种方法可启动并进入 Creo 软件环境。

方法一： 双击 Windows 桌面上的 Creo 软件快捷图标。

说明： 只要是正常安装，Windows 桌面上会显示 Creo 软件快捷图标。对于快捷图标的名称，可根据需要进行修改。

方法二： 从 Windows 系统的"开始"菜单进入 Creo，操作方法如下。

Step1. 单击 Windows 桌面左下角的 开始 按钮。

Step2. 选择 Windows "开始"菜单中 ▶ 所有程序 ➡ PTC Creo ➡

PTC Creo Parametric 3.0 B000 命令，如图 1.6.1 所示，系统便进入 Creo 软件环境。

图 1.6.1　Windows "开始"菜单

1.7　Creo 3.0 工作界面

1.7.1　工作界面简介

在学习本节时，请先打开目录 D:\Creo3\work\ch01.07 下的 socket.prt 文件。

Creo 3.0 用户界面包括下拉菜单区、菜单管理器区、顶部工具栏按钮区、右工具栏按钮区、消息区、图形区及导航选项卡区，如图 1.7.1 所示。

1.　导航选项卡区

导航选项卡包括三个页面选项："模型树或层树""文件夹浏览器""收藏夹"。

- "模型树"中列出了活动文件中的所有零件及特征，并以树的形式显示模型结构，根对象（活动零件或组件）显示在模型树的顶部，其从属对象（零件或特征）位于根对象之下。例如在活动装配文件中，"模型树"列表的顶部是组件，组件下方是每个元件零件的名称；在活动零件文件中，"模型树"列表的顶部是零件，零件下方是每个特征的名称。若打开多个 Creo 模型，则"模型树"只反映活动模型的内容。

- "文件夹浏览器"类似于 Windows 的"资源管理器"，用于浏览文件。

● 　"收藏夹"用于有效组织和管理个人资源。

图 1.7.1　Creo 3.0 用户界面

2．快速访问工具栏

快速访问工具栏中包含新建、保存、修改模型和设置 Creo 环境的一些命令。快速访问工具栏为快速进入命令及设置工作环境提供了极大的方便，用户可以根据具体情况定制快速访问工具栏。

3．标题栏

标题栏显示了当前的软件版本以及活动的模型文件名称。

4．功能区

功能区中包含"文件"下拉菜单和命令选项卡。命令选项卡显示了 Creo 中的所有功能按钮，并以选项卡的形式进行分类。用户可以根据需要自己定义各功能选项卡中的按钮，也可以自己创建新的选项卡，将常用的命令按钮放在自定义的功能选项卡中。

注意：用户会看到有些菜单命令和按钮处于非激活状态（呈灰色，即暗色），这是因为它们目前还没有处在发挥功能的环境中，一旦它们进入有关的环境，便会自动激活。

5. 视图控制工具条

图 1.7.2 所示的"视图控制"工具条是将"视图"功能选项卡中部分常用的命令按钮集成到了一个工具条中，以便随时调用。

图 1.7.2　"视图控制"工具条

6. 图形区

Creo 各种模型图像的显示区。

7. 消息区

在用户操作软件的过程中，消息区会实时地显示与当前操作相关的提示信息等，以引导用户的操作。消息区有一个可见的边线，将其与图形区分开，若要增加或减少可见消息行的数量，可将鼠标指针置于边线上，按住鼠标左键，将鼠标指针移动到所期望的位置。

消息分五类，分别以不同的图标提醒。

8. 智能选取栏

智能选取栏也称过滤器，主要用于快速选取某种所需要的要素（如几何、基准等）。

1.7.2　工作界面的定制

工作界面的定制步骤如下。

Step1. 进入定制工作对话框。选择"文件"下拉菜单中的 文件 ➡ 选项 命令，即可进入"PTC Creo Parametric 选项"对话框，如图 1.7.3 所示。

Step2. 窗口设置。在"PTC Creo Parametric 选项"对话框中单击 窗口设置 区域，即可进入软件"窗口设置"界面，如图 1.7.4 所示。在此界面中可以进行导航选项卡的设置、模型树的设置、浏览器设置、辅助窗口设置以及图形工具栏设置等。

图 1.7.3　"PTC Creo Parametric 选项"对话框

图 1.7.4　"窗口设置"界面

Step3. 快速访问工具栏设置。在"PTC Creo Parametric 选项"对话框中单击 快速访问工具栏 区域，即可进入"快速访问工具栏"设置界面，如图 1.7.5 所示。在此界面中可以定制快速访问工具栏中的按钮，具体操作方法如下。

（1）在"PTC Creo Parametric 选项"对话框的 从下列位置选取命令(C): 下拉列表中选择 所有命令 选项。

（2）在命令区域中选择 拭除未显示的 选项，然后单击 添加(A) >> 按钮。

（3）单击对话框右侧的 ⬇ 按钮和 ⬆ 按钮，可以调整添加的按钮在快速访问工具栏中的位置。

Step4. 功能区设置。在"PTC Creo Parametric 选项"对话框中单击 自定义功能区 区域，即可进入"自定义功能区"设置界面。在此界面中可以设置功能区各选项卡中的按钮，并可以创建新的用户选项卡，如图 1.7.6 所示。

图 1.7.5　"快速访问工具栏"设置界面

图 1.7.6　"自定义功能区"设置界面

Step5. 导出/导入配置文件。在"PTC Creo Parametric 选项"对话框中单击按钮，在图 1.7.7 所示的"导入 / 导出"菜单中选择 导出所有功能区和快速访问工具栏自定义 选项，系统弹出"导出"对话框；单击 保存 按钮，可以将界面配置文件"creo_parametric_customization.ui"导出到当前工作目录中。

图 1.7.7　"导入/导出"菜单

1.8　Creo 软件的环境设置

选择"文件"下拉菜单中的 文件▼ ➡ 选项 命令，在弹出的"Creo Parametric 选项"对话框中选择 环境 选项，即可进入软件"环境"设置界面，如图 1.8.1 所示。

在"Creo Parametric 选项"对话框中选择其他选项，可以设置系统颜色、模型显示、图元显示、草绘器选项以及一些专用模块环境设置等。用户可以利用 config.pro 的系统配置文件管理 Creo 软件的工作环境，有关 config.pro 的配置请参考本章 1.4 节"设置系统配置文件 config.pro"中的内容。

图 1.8.1　"环境"设置界面

注意：在"环境"设置界面中改变设置，仅对当前进程产生影响。当再次启动 Creo 时，如果存在配置文件 config.pro，则由该配置文件定义环境设置；否则由系统默认配置定义。

1.9　创建用户文件目录

使用 Creo 软件时，应该注意文件的目录管理。如果文件管理混乱，会造成系统找不到正确的相关文件，从而严重影响 Creo 软件的安全相关性，同时也会使文件的保存、删除等操作产生混乱，因此应按照操作者的姓名、产品名称（或型号）建立用户文件目录，如本书要求在 D 盘上创建一个名为 Creo-course 的文件夹作为用户目录。

1.10　设置 Creo 软件的工作目录

由于 Creo 软件在运行过程中将大量的文件保存在当前目录中，并且也常常从当前目录中自动打开文件，为了更好地管理 Creo 软件的大量有关联的文件，应特别注意，在进入 Creo 后，开始工作前最要紧的事情是"设置工作目录"。其操作过程如下。

Step1. 选择下拉菜单 文件 ▼ ➡ 管理会话(M) ▶ ➡ 选择工作目录(T) 更改工作目录。命令（或单击 主页 选项卡中的 按钮）。

Step2. 在系统弹出的图 1.10.1 所示的"选择工作目录"对话框中选择"D:"。

图 1.10.1　"选择工作目录"对话框

Step3. 查找并选取目录 Creo-course。

Step4. 单击对话框中的 确定 按钮。

完成这样的操作后，目录 D:\Creo-course 即变成工作目录，而且目录 D:\Creo-course 也变成当前目录，将来文件的创建、保存、自动打开、删除等操作都将在该目录中进行。

在本书中，如果未加说明，所指的"工作目录"均为 D:\Creo-course 目录。

说明：进行下列操作后，双击桌面上的 Creo 图标进入 Creo 软件系统，即可自动切换到指定的工作目录。

● 右击桌面上的 Creo 图标，在系统弹出的快捷菜单中选择 属性(R) 命令。

● 图 1.10.2 所示的 "Creo Parametric 3.0 属性" 对话框被打开，单击该对话框的 快捷方式 选项卡，然后在 起始位置(S): 文本栏中输入 D:\Creo-course，并单击按钮 确定 。

图 1.10.2　　"Creo Parametric 3.0 属性" 对话框

注意：设置好启动目录后，每次启动 Creo 软件，系统自动在启动目录中生成一个名为 "trail.txt" 的文件。该文件是一个后台记录文件，它记录了用户从打开软件到关闭期间的所有操作记录。读者应注意保护好当前启动目录的文件夹，如果启动目录文件夹丢失，系统会将生成的后台记录文件放在桌面上。

第 2 章　二 维 草 绘

2.1　草绘环境中的主要术语

下面列出了 Creo 软件草绘中经常使用的术语。

图元：指二维草绘图中的任何几何元素（如直线、中心线、圆弧、圆、椭圆、样条曲线、点或坐标系等）。

参考图元：指创建特征截面二维草图或轨迹时，所参考的图元。

尺寸：图元大小、图元之间位置的量度。

约束：定义图元间的位置关系。约束定义后，其约束符号会出现在被约束的图元旁边。例如，在约束两条直线垂直后，垂直的直线旁边将分别显示一个垂直约束符号。默认状态下，约束符号显示为蓝色。

参数：草绘中的辅助元素。

关系：关联尺寸和/或参数的等式。例如，可使用一个关系将一条直线的长度设置为另一条直线的两倍。

"弱"尺寸："弱"尺寸是由系统自动建立的尺寸。当用户增加需要的尺寸时，系统可以在没有用户确认的情况下自动删除多余的"弱"尺寸。默认状态下，"弱"尺寸在屏幕中显示为青色。

"强"尺寸：是指由用户所创建的尺寸，这样的尺寸系统不能自动将其删除。如果几个"强"尺寸发生冲突，系统会要求删除其中一个。另外用户也可将符合要求的"弱"尺寸转化为"强"尺寸。默认状态下，"强"尺寸显示为蓝色。

冲突：两个或多个"强"尺寸或约束可能会产生矛盾或多余条件。出现这种情况，必须删除一个不需要的约束或尺寸。

2.2　进入草绘环境

进入草绘环境的操作方法如下。

Step1. 选择下拉菜单 文件▾ ➡ 新建 命令（或单击"新建"按钮 ）。

Step2. 系统弹出"新建"对话框，在该对话框中选中 草绘 单选项；在 名称 后的文本框中输入草图名（如 s1）；单击 确定 按钮，即进入草绘环境。

注意：还有一种进入草绘环境的途径，就是在创建某些特征（例如拉伸、旋转、扫描等）时，以这些特征命令为入口，进入草绘环境，详见第 3 章的有关内容。

2.3　草绘工具按钮简介

进入草绘环境后，屏幕上会出现草绘时所需要的各种工具按钮，其中常用工具按钮及其功能注释，如图 2.3.1 所示。

图 2.3.1　"草绘"选项卡

图 2.3.1 "草绘"选项卡中各区域的工具按钮的简介如下。

- 设置▼ 区域：设置草绘栅格的属性，图元线条样式等。
- 获取数据 区域：导入外部草绘数据。
- 操作▼ 区域：对草图进行复制、粘贴、剪切、删除、切换图元构造和转换尺寸等。
- 基准 区域：绘制基准中心线、基准点以及基准坐标系。
- 草绘 区域：绘制直线、矩形、圆等实体图元以及构造图元。
- 编辑 区域：镜像、修剪、分割草图，调整草图比例和修改尺寸值。
- 约束▼ 区域：添加几何约束。
- 尺寸▼ 区域：添加尺寸约束。
- 检查▼ 区域：检查开放端点、重复图元和封闭环等。

2.4　草图设计前的环境设置

1. 设置网格间距
根据模型的大小，可设置草绘环境中的网格大小，其操作流程如下。

Step1. 在 草绘 选项卡中单击 栅格 按钮。

Step2. 此时系统弹出图 2.4.1 所示的"栅格设置"对话框，在 间距: 选项组中选择 ⊙ 静态 单选项，然后在 X: 和 Y: 文本框中输入间距值；单击 确定 按钮，结束栅格设置。

Step3. 在图 2.4.2 所示的"视图"工具条中单击"草绘显示过滤器"按钮 ，在系统弹出的菜单中选中 ☑ 显示栅格 复选框，可以在图形区中显示栅格。

说明：

● Creo 软件支持笛卡儿坐标和极坐标栅格。当第一次进入草绘环境时，系统显示笛卡儿坐标网格。

● 通过"栅格设置"对话框，可以修改网格间距和角度。其中，X 间距仅设置 X 方向的间距，Y 间距仅设置 Y 方向的间距，角度设置相对于 X 轴的网格线的角度。刚开始草绘时（创建任何几何形状之前），使用网格可以控制截面的近似尺寸。

图 2.4.1 "栅格设置"对话框　　　　图 2.4.2 "视图"工具条

2．草绘区的快速调整

单击"网格显示"按钮 ，如果看不到网格，或者网格太密，可以缩放草绘区；如果想调整图形在草绘区的上下左右的位置，则可以移动草绘区。

鼠标操作方法说明如下。

● 中键滚轮（缩放草绘区）：滚动鼠标中键滚轮，向前滚可看到图形在缩小，向后滚可看到图形在变大。

● 中键（移动草绘区）：按住鼠标中键，移动鼠标，可看到图形跟着鼠标移动。

注意：草绘区这样的调整不会改变图形的实际大小和实际空间位置，它的作用是便于用户查看和操作图形。

3. 草绘选项设置

选择 "文件" 下拉菜单中的 文件 ▾ ➡ 选项 命令，系统弹出 "PTC Creo Parametric 选项" 对话框，单击其中的 草绘器 选项，即可进入 "草绘器" 设置界面，如图 2.4.3 所示。

图 2.4.3 "草绘器" 设置界面中各区域选项简介如下。

* 对象显示设置 区域: 设置草图中的顶点、约束，尺寸及弱尺寸是否显示。

* 草绘器约束假设 区域: 设置绘图时自动捕捉的几何约束。

* 精度和敏感度 区域: 设置尺寸的小数位数及求解精度。

* 拖动截面时的尺寸行为 区域: 设置是否需要锁定已修改的尺寸和用户定义的尺寸。

* 草绘器栅格 区域: 设置栅格参数。

* 草绘器启动 区域: 设置在建模环境中绘制草图时是否将草绘平面与屏幕平行。

* 图元线型和颜色 区域: 设置导入截面图元时是否保持原始线型及显色。

* 草绘器参考 区域: 设置是否通过选定背景几何自动创建参考。

* 草绘器诊断 区域: 设置草图诊断选项。

图 2.4.3 "草绘器" 设置界面

2.5 二维草图的绘制

2.5.1 关于二维草图绘制

要进行草绘，应先从草绘功能选项卡的 草绘 区域中选取一个绘图命令，然后可通过在屏幕图形区中单击点来创建图元。

在绘制图元的过程中，当移动鼠标指针时，Creo 系统会自动确定可添加的约束并将其显示。当同时出现多个约束时，只有一个约束处于活动状态，显示为绿色。

草绘图元后，用户还可通过"约束"对话框继续添加约束。

在绘制草图的过程中，Creo 系统会自动标注几何图元，这样产生的尺寸称为"弱"尺寸（以青色显示），系统可以自动删除或改变它们。用户可以把有用的"弱"尺寸转换为"强"尺寸（以蓝色显示）。

Creo 具有尺寸驱动功能，即图形的大小随着图形尺寸的改变而改变。用 Creo 进行设计，一般是先绘制大致的草图，然后再修改其尺寸，在修改尺寸时输入准确的尺寸值，即可获得最终所需要大小的图形。

说明：草绘环境中鼠标的使用。

● 草绘时，可单击鼠标左键在绘图区选择点，单击鼠标中键中止当前操作或退出当前命令。

● 草绘时，可以通过单击鼠标右键来禁用当前约束，也可以按 Shift 键和鼠标右键来锁定约束。

● 当不处于绘制图元状态时，按 Ctrl 键并单击，可选取多个项目；右击将显示带有最常用草绘命令的快捷菜单。

2.5.2　绘制一般直线

绘制一般直线的步骤如下所示。

Step1. 在 草绘 选项卡中单击"线"命令按钮 线 中的 ，再单击 线链 按钮。

说明：还有一种方法进入直线绘制命令。

● 在绘图区右击，从弹出的快捷菜单中选择 线链 命令。

Step2. 单击直线的起始位置点，这时可看到一条"橡皮筋"线附着在鼠标指针上。

Step3. 单击直线的终止位置点，系统便在两点间创建一条直线，并且在直线的终点处出现另一条"橡皮筋"线。

Step4. 重复步骤 Step3，可创建一系列连续的线段。

Step5. 单击鼠标中键，结束直线创建。

说明：在草绘环境中，单击"撤销"按钮 可撤销上一个操作，单击"重做"按钮 重新执行被撤销的操作。这两个按钮在草绘环境中十分有用。

2.5.3　绘制相切直线

绘制相切直线的步骤如下所示。

Step1. 在 草绘 选项卡中单击"线"命令按钮 ⌄ 线 ▾ 中的 ▾ ，再单击按钮 ⌄ 直线相切 。

Step2. 在第一个圆或弧上单击一点，这时可观察到一条始终与该圆或弧相切的"橡皮筋"线附着在鼠标指针上。

Step3. 在第二个圆或弧上单击与直线相切的位置点，这时便产生一条与两个圆（弧）相切的直线段。

Step4. 单击鼠标中键，结束相切直线创建。

2.5.4　绘制中心线

Creo 3.0 提供两种中心线创建方法，分别是 基准 区域中的 ┋ 中心线 和 草绘 区域中的 ┋ 中心线 ▾ ，分别用来创建几何中心线和一般中心线。几何中心线是作为一个旋转特征的旋转轴线；一般中心线是用来作为作图辅助线中心线使用的，或作为截面内的对称中心线来使用的。下面介绍创建方法。

方法一：创建几何中心线。

Step1. 单击 基准 区域中的 ┋ 中心线 按钮。

Step2. 在绘图区的某位置单击，一条中心线附着在鼠标指针上。

Step3. 在另一位置点单击，系统即绘制一条通过此两点的"中心线"。

方法二：创建一般中心线。

说明：创建几何中心线的方法和创建一般中心线的方法完全一样，此处不再介绍。

2.5.5　绘制矩形

矩形对于绘制二维草图十分有用，可省去绘制 4 条线的麻烦。绘制矩形的步骤如下所示。

Step1. 在 草绘 选项卡中单击按钮 ▢ 矩形 ▾ 中的 ▾ ，然后再单击 ▢ 拐角矩形 按钮。

说明：还有一种方法可进入矩形绘制命令。

● 　在绘图区右击，从弹出的快捷菜单中选择 ▢ 拐角矩形(R) 命令。

Step2. 在绘图区的某位置单击，放置矩形的一个角点，然后将该矩形拖至所需大小。

Step3. 再次单击，放置矩形的另一个角点，即完成矩形的创建。

2.5.6 绘制圆

绘制圆的方法有如下三种。

方法一：中心/点——通过选取中心点和圆上一点来创建圆。

Step1. 单击"圆"命令按钮 ⊙ 圆 ▾ 中的 ⊙ 圆心和点 。

Step2. 在某位置单击，放置圆的中心点，然后将该圆拖至所需大小并单击完成。

方法二：三点——通过选取圆上的三个点来创建圆（略）。

方法三：同心圆。单击"圆"命令按钮 ⊙ 圆 ▾ 中的 ○ 3点 。

Step1. 单击"圆"命令按钮 ⊙ 圆 ▾ 中的 ⊙ 同心 。

Step2. 选取一个参考圆或一条圆弧边来定义圆心。

Step3. 移动鼠标指针，将圆拖至所需大小并单击完成。

2.5.7 绘制椭圆

绘制椭圆的步骤如下所示。

Step1. 单击"圆"命令按钮 ⊙ ▾ 中的 ⊙ 中心和轴椭圆 。

Step2. 在绘图区某位置单击，放置椭圆的中心点。

Step3. 移动鼠标指针，将椭圆拉至所需形状并单击完成。

说明：椭圆有如下特性。

● 椭圆的中心点相当于圆心，可以作为尺寸和约束的参考。

● 椭圆由两个半径定义：X 半径和 Y 半径。从椭圆中心到椭圆的水平半轴长称为 X 半径，竖直半轴长度称为 Y 半径。

● 当指定椭圆的中心和椭圆半径时，可用的约束有"相切""图元上的点"和"相等半径"等。

2.5.8 绘制圆弧

共有四种绘制圆弧的方法。

方法一：点/终点圆弧——确定圆弧的两个端点和弧上的一个附加点来创建一个三点圆弧。

Step1. 单击"圆弧"命令按钮 ◡ 弧 ▾ 中的 ◠ 3点/相切端 。

Step2. 在绘图区某位置单击，放置圆弧一个端点；在另一位置单击，放置另一端点。

Step3. 此时移动鼠标指针，圆弧呈橡皮筋样变化，单击确定圆弧上的一点。

方法二：同心圆弧。

Step1. 单击"圆弧"命令按钮 中的 。

Step2. 选取一个参考圆或一条圆弧边来定义圆心。

Step3. 将圆拉至所需大小，然后在圆上单击两点以确定圆弧的两个端点。

方法三：圆心/端点圆弧。

Step1. 单击"圆弧"命令按钮 中的 。

Step2. 在某位置单击，确定圆弧中心点，然后将圆拉至所需大小，并在圆上单击两点以确定圆弧的两个端点。

方法四：创建与三个图元相切的圆弧。

Step1. 单击"圆弧"命令按钮 中的 。

Step2. 分别选取三个图元，系统便自动创建与这三个图元相切的圆弧。

注意：在第三个图元上选取不同的位置点，则可创建不同的相切圆弧。

2.5.9　绘制圆锥弧

绘制圆锥弧的步骤如下所示。

Step1. 单击"圆弧"命令按钮 中的 。

Step2. 在绘图区单击两点，作为圆锥弧的两个端点。

Step3. 此时移动鼠标指针，圆锥弧呈橡皮筋样变化，单击确定弧的"尖点"的位置。

2.5.10　绘制圆角

绘制圆角的步骤如下所示。

Step1. 单击"圆角"命令按钮 中的 。

Step2. 分别选取两个图元（两条边），系统便在这两个图元间创建圆角，并将两个图元裁剪至交点。

2.5.11　绘制椭圆形圆角

绘制椭圆形圆角的步骤如下所示。

Step1. 单击"圆角"命令按钮 中的 。

Step2. 分别选取两个图元（两条边），系统便在这两个图元间创建椭圆圆角，并将两个图元裁剪至交点。

2.5.12 在草绘环境中创建坐标系

在草绘环境中创建坐标系的步骤如下所示。

Step1. 单击 草绘 区域中的 坐标系 按钮。

Step2. 在某位置单击以放置该坐标系原点。

说明：可以将坐标系与下列对象一起使用。

- 样条：可以用坐标系标注样条曲线，这样即可通过坐标系指定 X、Y、Z 轴的坐标值来修改样条点。
- 参考：可以把坐标系增加到二维草图中作为草绘参考。
- 混合特征截面：可以用坐标系为每个用于混合的截面建立相对原点。

2.5.13 绘制点

点的创建很简单。在设计管路和电缆布线时，创建点对工作十分有帮助。

绘制点的步骤如下所示。

Step1. 单击 草绘 区域中的 点 按钮。

Step2. 在绘图区的某位置单击以放置该点。

2.5.14 绘制样条曲线

样条曲线是通过任意多个中间点的平滑曲线。绘制样条曲线的步骤如下所示。

Step1. 单击 草绘 区域中的 样条 按钮。

Step2. 单击一系列点，可观察到一条"橡皮筋"样条附着在鼠标指针上。

Step3. 单击鼠标中键结束样条线的绘制。

2.5.15 将一般图元变成构建图元

Creo 中构建图元（构建线）的作用为辅助线（参考线），构建图元以虚线显示。草绘中的直线、圆弧、样条线等图元都可以转化为构建图元。下面以图 2.5.1 为例，说明其创建方法。

Step1. 选择下拉菜单 文件 ➡ 管理会话(M) ▶ 选择工作目录(W)/更改工作目录. 命令，将工作目录设置为 D:\Creo3\work\ch02.05（此处假设光驱为 D 盘）。

Step2. 选择下拉菜单 文件▾ ➡ ⏏打开(O)... 命令，打开文件 construct.sec。

Step3. 用框选的方法选取图 2.5.1a 中的三角星形、六边形和样条曲线。

a) 一般图元   b) 构建图元

图 2.5.1　将图元转换为构建图元

Step4. 右击，在弹出的快捷菜单中选择 构造 命令，被选取的图元就转换成构建图元。结果如图 2.5.1b 所示。

2.5.16　在草图中创建文本

在草图中创建文本的步骤如下所示。

Step1. 单击 草绘 区域中的 🅰文本 按钮。

Step2. 在系统 ➡选择行的起点. 确定文本高度和方向. 的提示下，单击一点作为起始点。

Step3. 在系统 ➡选择行的第二点. 确定文本高度和方向. 的提示下，单击另一点。此时在两点之间会显示一条构造线，该线的长度决定文本的高度，该线的角度决定文本的方向。

Step4. 系统弹出图 2.5.2 所示的"文本"对话框，在 文本行 文本框中输入文本（一般应少于 79 个字符）。

Step5. 利用文本操纵手柄可设置下列文本选项（图 2.5.3）。

- 字体 下拉列表：从系统提供的字体和 TrueType 字体列表中选取一类。

- 位置: 选项区域

  - ☑ 水平 选项：在水平方向上，起始点可位于文本行的左边、中心或右边。

  - ☑ 垂直 选项：在垂直方向上，起始点可位于文本行的底部、中间或顶部。

- 长宽比 文本框：拖动滑动条增大或减小文本的长宽比。

- 斜角 文本框：拖动滑动条增大或减小文本的倾斜角度。

- ☑沿曲线放置 复选框：选中此复选框，可沿着一条曲线放置文本。然后需选择希望在其上放置文本的弧或样条曲线（图 2.5.3）。

- ☑字符间距处理：启用文本字符串的字符间距处理。这样可控制某些字符之间的空格，改善文本字符串的外观。字符间距处理属于特定字体的特征。或者，可设置 sketcher_default_font_kerning 配置选项，以自动为创建的新文本字符串启用字符间距处理。

Step6. 单击 确定 按钮，完成文本创建。

图 2.5.2 "文本"对话框

图 2.5.3 文本操纵手柄

说明：在绘图区，可以拖动如图 2.5.3 所示的操纵手柄来调整文本的位置和角度等。

2.5.17 使用以前保存过的图形创建当前草图

利用前面介绍的基本绘图功能，用户可以从头绘制各种要求的二维草图；另外，还可以继承和使用以前在 Creo 软件或其他软件（如 AutoCAD）中保存过的二维草图。

1. 保存 Creo 草图的操作方法

选择草绘环境中选择下拉菜单 文件 ➡ 保存(S) 命令。

2. 使用以前保存过的草图的操作方法

Step1. 在草绘环境中单击 获取数据 区域中的"文件系统"按钮 文件系统 ，此时系统弹出"打开"对话框。

Step2. 单击"类型"后的 ▼ 按钮，从弹出的下拉列表中选择要打开文件的类型（Creo 模型二维草图的格式是.sec）。

Step3. 选取要打开的文件（s2d0001.sec）并单击 打开 ▼ 按钮，在绘图区单击一点以确定草图放置的位置，该二维草图便显示在图形区中（图 2.5.4），同时系统弹出"旋转调整大小"操控板。

Step4. 在"旋转调整大小"操控板内，输入一个比例值和一个旋转角度值。

图 2.5.4　图元操作图

Step5. 在"旋转调整大小"操控板中单击 ✔ 按钮，完成添加此新几何图形。

2.5.18　调色板

草绘器调色板是一个预定义草图的定制库，用户可以将调色板中所存储的草图方便地调用到当前的草绘图形中，也可以将自定义的轮廓草图保存到调色板中备用。

1．调用调色板中的草图轮廓

在正确安装 Creo 3.0 后，草绘器调色板中就已存储了一些常用的草图轮廓，下面以实例讲解调用调色板中草图轮廓的方法。

Step1. 选择下拉菜单 文件 ➡ 新建(N) 命令（或单击"新建"按钮 ⬜ ）。

Step2. 系统弹出"新建"对话框，在该对话框中选中 ◉ ⠿ 草绘 单选按钮；在 名称 后的文本框中接受系统默认的草图名称；单击 确定 按钮，即进入草绘环境。

Step3. 在 草绘 选项卡中单击"选项板"按钮 🔷选项板 ，系统弹出图 2.5.5 所示的"草绘器调色板"对话框。

说明：调色板中具有表示草图轮廓类别的四个选项卡： 多边形 、 轮廓 、 形状 和 星形 。每个选项卡都具有唯一的名称，并且至少包括一种截面。

● 多边形：包括常规多边形，如五边形、六边形等。

● 轮廓：包括常规的轮廓，如 C 形轮廓、I 形轮廓等。

● 形状：包括其他的常见形状，如弧形跑道、十字形等。

● 星形：包括常规的星形形状，如五角星、六角星等。

Step4. 选择选项卡。在"草绘器调色板"对话框中选取 多边形 选项卡（在列表框中出现与选定的选项卡中的形状相应的缩略图和标签），在列表框中选取 ⬡ 六边形 选项，此时在预览区域中会出现与选定形状相应的截面。

Step5. 将选定的选项拖到图形区。选中 ⬡ 六边形 选项后，按住鼠标左键不放，把光标移到图形区中，然后松开鼠标，选定的图形就自动出现在图形区中，图形区中的图形如图 2.5.6所示，此时系统弹出"旋转调整大小"选项卡。

说明：选中 ⬡ 六边形 选项后，双击 ⬡ 六边形 选项，把光标移到图形区中合适的位置，单击鼠标左键，选定的图形也会自动出现在图形区中。

    Step6. 在"旋转调整大小"选项卡的 ▭ 文本框中输入缩放比例值 4.0。

    注意：输入的尺寸和约束被创建为强尺寸和约束。

    Step7. 单击 ✔ 按钮，完成图 2.5.7 所示的"六边形"的调用。

    Step8. 在"草绘器调色板"对话框中单击 关闭(C) 按钮。

图 2.5.5　"草绘器调色板"对话框　　　图 2.5.6　六边形　　　图 2.5.7　定义后的"六边形"

2．将草图轮廓存储到调色板中

    当调色板中的草图轮廓不能满足绘图的需要时，用户可以把所自定义的草图轮廓添加到调色板中。下面以范例讲解将自定义草图轮廓添加到调色板中的方法。

    Step1. 选择下拉菜单 文件▾ ➡ 管理会话(M) ▶ ➡ 选择工作目录(D) 更改工作目录。 命令（或单击 主页 选项卡中的 按钮），将工作目录设置至 Creo 的安装目录\Creo 3.0\B000\Common Files\text\sketcher_palette\polygons。

    Step2. 单击"新建"按钮 □。

    Step3. 系统弹出"新建"对话框；在该对话框中选中 ◉ ▦ 草绘 单选项，在 名称 后的文本框中输入草图名 lozenge；单击 确定 按钮，即进入草绘环境。

    Step4. 编辑轮廓草图，绘制图 2.5.8 所示的平行四边形。

图 2.5.8　轮廓草图

    Step5. 将轮廓草图保存至工作目录下，即调色板存储库中；选择草绘环境中的下拉菜单 文件▾ ➡ 保存(S) 命令，系统弹出图 2.5.9 所示的"保存对象"对话框，单击 确定按钮,完成草图的保存。

说明:保存的轮廓草图文件必须是扩展名为.sec 的文件。

Step6. 将工作目录设置至 D:\Creo-course,然后新建一个草图文件。

说明:此时将工作目录设置至其他位置后,调色板选项卡就不会发生变化。

Step7. 在调色板中查看保存后的轮廓。在 草绘 工具栏中单击"调色板"按钮 选项板,系统弹出图 2.5.10 所示的"草绘器调色板"对话框;在"草绘器调色板"中选取 多边形 选项卡,此时在列表框中就能找到图 2.5.10 所示的 Lozenge 选项。

图 2.5.9 "保存对象"对话框

图 2.5.10 "草绘器调色板"对话框

2.6 二维草图的编辑

2.6.1 删除图元

删除图元的步骤如下。

Step1. 在绘图区单击或框选(框选时要框住整个图元)要删除的图元(可看到选中的图元变红)。

Step2. 按键盘上的 Delete 键,所选图元即被删除(也可右击,在系统弹出的快捷菜单中选择 删除⑪ 命令)。

2.6.2 直线的操纵

Creo 提供了图元操纵功能,可方便地旋转、拉伸和移动图元。

操纵 1 的操作流程(图 2.6.1):在绘图区,把鼠标指针 移到直线上,按下左键不放,同时移动鼠标(此时鼠标指针变为),此时直线以远离鼠标指针的那个端点为圆心转动,达到绘制意图后,松开鼠标左键。

操纵 2 的操作流程（图 2.6.2）：在绘图区，把鼠标指针 ⌖ 移到直线的某个端点上，按下左键不放，同时移动鼠标，此时会看到直线以另一端点为固定点伸缩或转动，达到绘制意图后，松开鼠标左键。

图 2.6.1　操纵 1　　　　　　　　　　　　　　　　图 2.6.2　操纵 2

2.6.3　圆的操纵

操纵 1 的操作流程（图 2.6.3）：把鼠标指针 ⌖ 移到圆的边线上，按下左键不放，同时移动鼠标，此时会看到圆在变大或缩小。达到绘制意图后，松开鼠标左键。

操纵 2 的操作流程（图 2.6.4）：把鼠标指针 ⌖ 移到圆心上，按下左键不放，同时移动鼠标，此时会看到圆随着指针一起移动。达到绘制意图后，松开鼠标左键。

图 2.6.3　操纵 1　　　　　　　　　　　图 2.6.4　操纵 2

2.6.4　圆弧的操纵

操纵 1 的操作流程（图 2.6.5）：把鼠标指针 ⌖ 移到圆弧上，按下左键不放，同时移动鼠标，此时会看到圆弧半径变大或变小。达到绘制意图后，松开鼠标左键。

操纵 2 的操作流程（图 2.6.6）：把鼠标指针 ⌖ 移到圆弧的某个端点上，按下左键不放，同时移动鼠标，此时会看到圆弧以另一端点为固定点旋转，并且圆弧的包角也在变化。达到绘制意图后，松开鼠标左键。

操纵 3 的操作流程（图 2.6.7）：把鼠标指针 ⌖ 移到圆弧的圆心点上，按下左键不放，同时移动鼠标，此时圆弧以某一端点为固定点旋转，并且圆弧的包角及半径也在变化。达到绘制意图后，松开鼠标左键。

操纵 4 的操作流程（图 2.6.7）：先单击圆心，然后把鼠标指针 ⌖ 移到圆心上，按下左键不放，同时移动鼠标，此时圆弧随着指针一起移动。达到绘制意图后，松开鼠标左键。

图 2.6.5　操纵 1　　　　　　　图 2.6.6　操纵 2　　　　　　　图 2.6.7　操纵 3 和 4

说明：点和坐标系的操纵很简单，读者不妨自己试一试。同心圆弧的操纵与圆弧基本相似。

2.6.5　比例缩放和旋转图元

按比例缩放和旋转图元的步骤如下所示。

Step1. 在绘图区单击或框选（框选时要框住整个图元）要比例缩放的图元（可看到选中的图元变绿）。

Step2. 单击 草绘 功能选项卡 编辑 区域中的 按钮，图形区出现图 2.6.8 所示的图元操作图。

（1）单击选取不同的操纵手柄，可以进行移动、缩放和旋转操纵（为了精确，也可以在"旋转调整大小"操控板内输入相应的缩放比例和旋转角度值）。

（2）单击 按钮，确认变化并退出。

2.6.6　复制图元

复制图元的步骤如下所示。

Step1. 在绘图区单击或框选（框选时要框住整个图元）要复制的图元，如图 2.6.9 所示（可看到选中的图元变绿）。

Step2. 单击 草绘 功能选项卡 操作 ▾ 区域中的 按钮，然后单击 按钮；再在绘图区单击一点以确定草图放置的位置，则图形区出现图 2.6.10 所示的图元操作图和"旋转调整大小"操控板。Creo 在复制二维草图的同时，还可对其进行比例缩放和旋转。

Step3. 单击 按钮，确认变化并退出。

图 2.6.8　图元操作图　　　　图 2.6.9　复制图元　　　图 2.6.10　操作图

2.6.7　镜像图元

镜像图元的步骤如下所示。

Step1. 在绘图区单击或框选要镜像的图元。

Step2. 单击 草绘 功能选项卡 编辑 区域中的 按钮。

Step3. 系统提示选取一个镜像中心线，选取图 2.6.11 所示的中心线（如果没有可用的中心线，可用绘制中心线的命令绘制一条中心线。这里要特别注意：基准面的投影线看上去像中心线，但它并不是中心线）。

2.6.8 裁剪图元

裁剪图元的方法有三种。

方法一：去掉方式。

Step1. 单击 草绘 功能选项卡 编辑 区域中的 按钮。

Step2. 分别单击第一个和第二个图元要去掉的部分，如图 2.6.12 所示。

图 2.6.11 图元的镜像   a）裁剪前   b）裁剪后

图 2.6.12 去掉方式

方法二：保留方式。

Step1. 单击 草绘 功能选项卡 编辑 区域中的 按钮。

Step2. 分别单击第一个和第二个图元要保留的部分，如图 2.6.13 所示。

方法三：图元分割。

Step1. 单击 草绘 功能选项卡 编辑 区域中的 按钮。

Step2. 单击一个要分割的图元，如图 2.6.14 所示。系统在单击处断开了图元。

a）裁剪前   b）裁剪后

图 2.6.13 保留方式   图 2.6.14 图元分割

2.6.9 样条曲线的操纵

1. 样条曲线的操纵

操纵 1 的操作流程（图 2.6.15）：把鼠标指针 移到样条曲线的某个端点上，按下左键不放，同时移动鼠标，此时样条线以另一端点为固定点旋转，同时大小也在变化。达到绘制意图后，松开鼠标左键。

操纵 2 的操作流程（图 2.6.16）：把鼠标指针 移到样条曲线的中间点上，按下左键不放，同时移动鼠标，此时样条曲线的拓扑形状（曲率）不断变化。达到绘制意图后，松开鼠标左键。

图 2.6.15　操纵 1

图 2.6.16　操纵 2

2．样条曲线的高级编辑

样条曲线的高级编辑包括增加插入点、创建控制多边形、显示曲线曲率、创建关联坐标系和修改各点坐标值等。下面说明其操作步骤。

Step1．在图形区中双击图 2.6.17 所示的样条曲线。

Step2．系统弹出图 2.6.18 所示的"样条"操控板。修改方法有以下几种。

图 2.6.17　样条曲线

图 2.6.18　"样条"操控板

- 在"样条"操控板中，按下 点 按钮，然后单击样条曲线上的相应点，可以显示并改该点的坐标值（相对坐标或绝对坐标）。
- 在操控板中按下 拟合 按钮，可以对样条曲线的拟合情况进行设置。
- 在操控板中，按下 文件 按钮，并选取相关联的坐标系（图 2.6.19），就可形成相对于此坐标系的该样条曲线上所有点的坐标数据文件。
- 在操控板中，按下 按钮，可创建控制多边形，如图 2.6.20 所示。如果已经创建了控制多边形，单击此按钮则可删除创建的控制多边形。
- 在操控板中，按下 或 ，用于显示内插点（图 2.6.19）或控制点（图 2.6.20）。
- 在操控板中，按下 按钮，可显示样条曲线的曲率分析图，如图 2.6.21 所示，同时操控板上会出现图 2.6.21 所示的调整界面，通过滚动 比例 滚轮可调整曲率线的长度，通过滚动 密度 滚轮可调整曲率线的数量。

图 2.6.19　创建控制多边形　　　　　　　图 2.6.20　显示曲率分析图

图 2.6.21　调整曲率界面

在样条曲线上需要增加点的位置右击，选择 添加点 命令，便可在该位置增加一个点。

注意：当样条曲线以内插点的形式显示时，在样条曲线上需要增加点的位置右击，才能弹出 添加点 命令；当样条曲线以控制点的形式显示时，需在控制点连成的直线上右击才能弹出 添加点 命令。

在样条曲线上右击需要删除的点，选择 删除点 命令，便可将该点在样条曲线中删除。

Step3. 单击 ✔ 按钮，完成编辑。

在样条曲线上需要增加点的位置右击，选择 添加点 命令，便可在该位置增加一个点。

注意：当样条曲线以内插点的形式显示时，在样条曲线上需要增加点的位置右击，才能弹出 添加点 命令；当样条曲线以控制点的形式显示时，需在控制点连成的直线上右击才能弹出 添加点 命令。

在样条曲线上右击需要删除的点，选择 删除点 命令，便可将该点在样条曲线中删除。

2.6.10　设置线体

"线造型"选项可用来设置二维草图的线体，包括线型和颜色。下面以绘制图 2.6.22 所示的直线，来说明线体设置的方法。

Step1. 选择命令。单击 草绘 功能选项卡中的 设置 ▾ 按钮，在弹出的快捷菜单中选择 设置线造型 选项，系统弹出图 2.6.23 所示的"线造型"对话框。

图 2.6.22　绘制的直线　　　　　　　图 2.6.23　"线造型"对话框

图 2.6.23 所示的"线造型"对话框中各选项的说明如下。

● 复制目 区域

    ☑   样式 下拉列表：可以选取任意一个线型来设置线型名称。

☑ 选择线... 按钮：单击此按钮可以在草绘图形区中复制现有的线型。

● 属性区域

　　☑ "线型"下拉列表：可以选取一种线型来设置线型。

　　☑ "颜色"按钮：单击此按钮可以在弹出的"颜色"对话框中设置所选线的颜色。

Step2. 在复制自区域的 样式 下拉列表中选取 无 选项，此时属性区域的 线型 下拉列表中自动选取 短划线 选项。

Step3. 设置颜色。

（1）在属性区域的 颜色 选项中单击 ■ 按钮，系统弹出图 2.6.24 所示的"颜色"对话框。

图 2.6.24 所示的"颜色"对话框中各选项的说明如下。

● 系统颜色区域：选取任意一个线型按钮来设置线型颜色。

● 用户定义的区域：选取一种颜色来设置线型颜色。

● 新建... 按钮：单击此按钮，可以从图 2.6.25 所示的"颜色编辑器"对话框中设置一种颜色来定义线型颜色。

图 2.6.24　"颜色"对话框

图 2.6.25　"颜色编辑器"对话框

（2）在用户定义的区域的下拉列表中选取"蓝色"按钮来设置线型颜色。

（3）单击 确定 按钮，完成"颜色"的设置。此时在"线造型"对话框中属性区域的 颜色 选项的颜色按钮变成蓝色，而且复制自区域的 样式 下拉列表自动选取 无 选项。

Step4. 在"线造型"对话框中单击 应用 按钮，然后再单击 关闭 按钮，完成"线造型"的设置。

Step5. 在 草绘 选项卡中单击"线链"命令按钮 ∨线▾ 中的 ▾，再单击按钮 ∨线链，绘制出的直线如图 2.6.22 所示的直线，该直线的线型为短划线，并且其颜色为蓝色。

说明：

● 如果设置的"线体"不符合要求，可以在"线造型"对话框中单击 重置 按钮进行重新设置，或单击 草绘 功能选项卡中的 设置▾ 按钮，在弹出的快捷菜单中选择 清除线造型 选项，清除已经设置的"线造型"后再重新设置。

- 设置完"线造型"后，无论在工具栏中选取任意绘图按钮，绘出的图形都将以设置的线型和颜色输出，并且设置一次"线造型"只能使用一种线型和颜色，涉及更改线型和颜色时，必须重新设置"线造型"。

2.7   草图的诊断

在 Creo 3.0 中提供了诊断草图的功能，包括诊断图元的封闭区域、重叠区域及诊断图元是否满足相应的特征要求。

2.7.1   着色的封闭环

"着色封闭环"命令用预定义的颜色将图元中封闭的区域进行填充，非封闭的区域图元无变化。

下面举例说明"着色封闭环"命令的使用方法。

Step1. 将工作目录设置至 D:\Creo3\work\ch02.07，打开文件 diagnostics_sketch.sec。

Step2. 选择命令。单击 草绘 功能选项卡 检查 ▾ 区域中的 ▨ 按钮，系统自动在图 2.7.1 所示的圆内侧填充颜色。

说明：

- 当绘制的图形不封闭时，草图将无任何变化；若草图中有多个封闭环时，系统将在所有封闭的图形中填充颜色；如果用封闭环创建新图元，则新图元将自动着色显示；如果草图中存在几个彼此包含的封闭环，则最外的封闭环被着色，而内部的封闭环将不着色。
- 对于具有多个草绘器组的草绘，识别封闭环的标准可独立适用于各个组。所有草绘器组的封闭环的着色颜色都相同。
- 如果想设置系统默认的填充颜色，选择"文件"下拉菜单中的 文件 ▾ ➡ 选项 命令，在弹出的"Creo Parametric 选项"对话框中选择 系统颜色 选项，即可进入系统分颜色设置选截面，单击 ▸ 草绘器 折叠按钮，在 ■ ▾ 着色封闭环 选项的 ■ ▾ 按钮上单击，就可以在弹出的列表中选取各种系统设置的颜色。

下面举例说明"加亮开放端点"命令的使用方法。

Step1. 将工作目录设置至 D:\Creo3\work\ch02.07，打开文件 diagnostics_sketch.sec。

Step2. 选择命令。单击 草绘 功能选项卡 检查 ▾ 区域中的 ⊙ 按钮，系统自动加亮图 2.7.2 所示的各个开放端点。

a）着色封闭环前　　　　　　b）着色封闭环后　　　　　　a）加亮开放端前　　　　　　b）加亮开放端后

　　　　图 2.7.1　着色的封闭环　　　　　　　　　　　　图 2.7.2　加亮开放端

说明：

● 构造几何的开放端不会被加亮。

● 在"加亮开放端点"诊断模式中，所有现有的开放端均加亮显示。

● 如果用开放端创建新图元，则新图元的开放端自动着色显示。

Step3. 再次单击 ⟳ 按钮，使其处于弹起状态，退出对开放端点的加亮。

2.7.2　重叠几何

　　"重叠几何"命令用于检查图元中所有相互重叠的几何（端点重合除外），并将其加亮。下面举例说明"重叠几何"命令的使用方法。

　　Step1. 将工作目录设置至 D:\Creo3\work\ch02.07，打开文件 diagnostics_sketch.sec。

　　Step2. 选择命令。单击 草绘 功能选项卡 检查▼ 区域中的 ⊠ 按钮，系统自动加亮图 2.7.3 所示的重叠的图元。

说明：

● 加亮重叠几何 ⊠ 按钮不保持活动状态。

● 若系统默认的填充颜色不符合要求，可以选择"文件"下拉菜单中的 文件▼ ➡ ▤ 选项 命令，在弹出的"Creo Parametric 选项"对话框中选择 系统颜色 选项，单击 ▼图形 折叠按钮，在 ■ ▼ 边突出显示 选项的 ■ 按钮上单击，就可以在弹出的列表中选取各种系统设置的颜色。

Step3. 再次单击 ⊠ 按钮，使其处于弹起状态，退出对重叠几何的加亮。

2.7.3　"特征要求"功能

　　"特征要求"命令用于检查图元是否满足当前特征的设计要求。需要注意的是，该命令只能在零件模块的草绘环境中才可用。

　　下面举例说明"特征要求"命令的使用方法。

　　Step1. 在零件模块的拉伸草绘环境中绘制图 2.7.4 所示的图形组。

　　Step2. 选择命令。单击 草绘 功能选项卡 检查▼ 区域中的"特征要求"按钮 ⬇, 系统弹出图 2.7.5 所示的"特征要求"对话框。

交叉的两条线已被加亮

图 2.7.3　加亮重叠部分　　图 2.7.4　绘制的图形组　　图 2.7.5　"特征要求"对话框

图 2.7.5 所示的"特征要求"对话框的"状态"列中各符号的说明如下。

✔——表示满足零件设计要求。

❶——表示不满足零件设计要求。

▲——表示满足零件设计要求，但是对草绘进行简单的改动就有可能不满足零件设计要求。

Step3. 单击 关闭 按钮，把"特征要求"对话框中状态列表中带 ❶ 和 ▲ 的选项进行修改。由于在零件模块中才涉及修改，这里就不详细叙述，具体修改步骤请参考第 3 章零件模块部分。

2.8　二维草图的尺寸标注

2.8.1　关于二维草图的尺寸标注

在绘制二维草图的几何图元时，系统会及时自动地产生尺寸，这些尺寸被称为"弱"尺寸，系统在创建和删除它们时并不给予警告，但用户不能手动删除，"弱"尺寸显示为青色。用户还可以按设计意图增加尺寸以创建所需的标注布置，这些尺寸称为"强"尺寸。增加"强"尺寸时，系统自动删除多余的"弱"尺寸和约束，以保证二维草图的完全约束。在退出草绘环境之前，把二维草图中的"弱"尺寸变成"强"尺寸是一个很好的习惯，这样可确保系统在没有得到用户的确认前不会删除这些尺寸。

2.8.2　标注线段长度

标注线段长度的步骤如下所示。

Step1. 单击 草绘 功能选项卡 尺寸 ▼ 区域中的"法向"按钮 法向。

说明：本书中的 法向 按钮在后文中将简化为 按钮，在绘图区右击，从弹出的快捷菜单中选择 尺寸 命令。

Step2. 选取要标注的图元：单击位置 1 以选择直线（图 2.8.1）。

Step3. 确定尺寸的放置位置：在位置 2 单击鼠标中键。

2.8.3 标注两条平行线间的距离

标注两条平行线间的距离的步骤如下所示。

Step1. 单击 草绘 功能选项卡 尺寸 ▾ 区域中的 按钮。

Step2. 分别单击位置 1 和位置 2 以选择两条平行线，中键单击位置 3 以放置尺寸（图 2.8.2）。

2.8.4 标注一点和一条直线之间的距离

标注点和直线之间的距离的步骤如下所示。

Step1. 单击 草绘 功能选项卡 尺寸 ▾ 区域中的 按钮。

Step2. 单击位置 1 以选择一点，单击位置 2 以选择直线；中键单击位置 3 放置尺寸（图 2.8.3）。

图 2.8.1　线段长度尺寸　　　图 2.8.2　平行线距离　　　图 2.8.3　点、线距离

2.8.5 标注两点间的距离

标注两点间的距离的步骤如下所示。

Step1. 单击 草绘 功能选项卡 尺寸 ▾ 区域中的 按钮。

Step2. 分别单击位置 1 和位置 2 以选择两点，中键单击位置 3 放置尺寸（图 2.8.4）。

2.8.6 标注对称尺寸

标注对称尺寸的步骤如下所示。

Step1. 单击 [草绘] 功能选项卡 [尺寸 ▼] 区域中的 [↔] 按钮。

Step2. 选取点 1，再选取一条对称中心线，然后再次选取点 1；中键单击位置 2 放置尺寸（图 2.8.5）。

图 2.8.4   两点间距离的标注   图 2.8.5   对称尺寸的标注

2.8.7 标注两条直线间的角度

标注两条直线间的角度的步骤如下所示。

Step1. 单击 [草绘] 功能选项卡 [尺寸 ▼] 区域中的 [↔] 按钮。

Step2. 分别单击位置 1 和位置 2 以选取两条直线；中键单击位置 3 放置尺寸（锐角，如图 2.8.6 所示），或中键单击位置 4 放置尺寸（钝角，如图 2.8.7 所示）。

图 2.8.6   两条直线间角度的标注——锐角   图 2.8.7   两条直线间角度的标注——钝角

2.8.8 标注圆弧角度

标注圆弧角度的步骤如下所示。

Step1. 单击 [草绘] 功能选项卡 [尺寸 ▼] 区域中的 [↔] 按钮。

Step2. 分别选择弧的端点 1、端点 2 及弧上一点 3；中键单击位置 4 放置尺寸，如图 2.8.8 所示。

2.8.9 标注半径

标注半径的步骤如下所示。

Step1. 单击 [草绘] 功能选项卡 [尺寸 ▼] 区域中的 [↔] 按钮。

Step2. 单击位置 1 选择圆上一点，中键单击位置 2 放置尺寸（图 2.8.9）。注意：在草绘环境下不显示半径 R 符号。

2.8.10　标注直径

标注直径的步骤如下所示。

Step1. 单击 草绘 功能选项卡 尺寸 ▼ 区域中的 ⟷ 按钮。

Step2. 分别单击位置 1 和位置 2 以选择圆上两点，中键单击位置 3 放置尺寸（图 2.8.10），或者双击圆上的某一点如位置 1 或位置 2，然后中键单击位置 3 放置尺寸。注意：在草绘环境下不显示直径 Φ 符号。

图 2.8.8　圆弧角度　　　　　　图 2.8.9　半径　　　　　　图 2.8.10　直径

2.9　尺寸标注的修改

2.9.1　控制尺寸的显示

可以用下列方法之一打开或关闭尺寸显示。

- 选择 "文件" 下拉菜单中的 文件 ▼ ➡ 选项 命令，系统弹出 "Creo Parametric 选项" 对话框，单击其中的 草绘器 选项，然后选中或取消 ☑ 显示尺寸 和 ☑ 显示弱尺寸 复选框，从而打开或关闭尺寸和弱尺寸的显示。
- 在 ☑ 显示尺寸 复选框被选中的情况下，单击 "视图控制" 工具栏中的 ▦ 按钮，在弹出的菜单中选中或取消 ☑ ↦ 显示尺寸 复选框。
- 要禁用默认尺寸显示，需将配置文件 config.pro 中的变量 sketcher_disp_dimensions 设置为 no。

2.9.2　移动尺寸

如果要移动尺寸文本的位置，可按下列步骤操作。

Step1. 单击 草绘 功能选项卡 操作 ▼ 区域中的 � 。

Step2. 单击要移动的尺寸文本。选中后，可看到尺寸变绿。

Step3. 按下左键并移动鼠标，将尺寸文本拖至所需位置。

2.9.3　修改尺寸值

有两种方法可修改标注的尺寸值。

方法一：

Step1. 单击中键，退出当前正在使用的草绘或标注命令。

Step2. 在要修改的尺寸文本上双击，此时出现图 2.9.1b 所示的尺寸修正框 5.23 。

Step3. 在尺寸修正框 5.23 中输入新的尺寸值后，按 Enter 键完成修改，如图 2.9.1c 所示。

Step4. 重复步骤 Step2～Step3，修改其他尺寸值。

a）修改前　　　　　　　　　b）修改中　　　　　　　c）修改后

图 2.9.1　修改尺寸值

方法二：

Step1. 单击 草绘 功能选项卡 操作 ▾ 区域中的 ▶ 。

Step2. 单击要修改的尺寸文本，此时尺寸颜色变绿（按下 Ctrl 键可选取多个尺寸目标）。

Step3. 单击 草绘 功能选项卡 编辑 区域中的 ➔ 按钮，此时出现图 2.9.2 所示的"修改尺寸"对话框，所选取的每一个目标的尺寸值和尺寸参数（如 sd45、sd44 等 sd# 系列的尺寸参数）出现在"尺寸"列表中。

图 2.9.2　"修改尺寸"对话框

Step4. 在尺寸列表中输入新的尺寸值。

　　注意：也可以单击并拖移尺寸值旁边的旋转轮盘。要增加尺寸值，向右拖移；要减少尺寸值，则向左拖移。在拖移该轮盘时，系统会自动更新图形。

　　Step5. 修改完毕后，单击 ✔ 按钮。系统再生成二维草图并关闭对话框。

2.9.4　输入负尺寸

　　在修改线性尺寸时，可以输入一个负尺寸值，它会使几何改变方向。在草绘环境中，负号总是出现在尺寸旁边，但在"零件"模式中，尺寸值总以正值出现。

2.9.5　修改尺寸值的小数位数

　　可以使用"Creo Parametric 选项"对话框来指定尺寸值的默认小数位数。

　　Step1. 选择下拉菜单中的 文件 ➡ 选项 命令。

　　Step2. 系统弹出"Creo Parametric 选项"对话框中 草绘器 选项卡 精度和敏感度 区域中的 尺寸的小数位数 文本框输入一个新值，单击 按钮来增加或减少小数位数；单击 确定 按钮，系统接受该变化并关闭对话框。

　　注意：增加尺寸时，系统将数值四舍五入到指定的小数位数。

2.9.6　替换尺寸

　　可以创建一个新的尺寸替换草绘环境中现有的尺寸，以便使新尺寸保持原始的尺寸参数（sd#）。当要保留与原始尺寸相关的其他数据时（例如：在"草图"模式中添加了几何公差符号或额外文本），替换尺寸非常有用。

　　其操作方法如下。

　　Step1. 选中要替换的尺寸，右击，在弹出的快捷菜单中选择 替换(F) 命令，选取的尺寸即被删除。

　　Step2. 创建一个新的相应尺寸。

2.9.7　将"弱"尺寸转换为"强"尺寸

　　退出草绘环境之前，将二维草图中的"弱"尺寸转换为强尺寸是一个很好的习惯，那么如何将"弱"尺寸变成"强"尺寸呢？

　　操作方法如下。

Step1. 在绘图区选取要转换为的"弱"尺寸（呈青色）。

Step2. 右击，在快捷菜单中选择 强(S) 命令，此时可看到所选的尺寸由青色变为蓝色，说明已经完成转换。

注意：

● 在整个 Creo 软件中，每当修改一个"弱"尺寸值或在一个关系中使用它时，该尺寸就自动变为"强"尺寸。

● 转换成一个强尺寸时，系统按四舍五入原则对其取整到系统设置的小数位数。

2.10　草图中的几何约束

按照工程技术人员的设计习惯，在草绘时或草绘后，希望对绘制的草图增加一些平行、相切、相等、共线等约束来帮助定位几何。在 Creo 系统的草绘环境中，用户随时可以很方便地对草图进行约束。下面将对约束进行详细的介绍。

2.10.1　约束的显示

1. 约束的屏幕显示控制

单击"视图控制"工具栏中的 按钮，在弹出的菜单中选中或取消 显示约束 复选框，即可控制约束符号在屏幕中的显示/关闭。

2. 约束符号颜色含义

● 约束：显示为蓝色。

● 鼠标指针所在的约束：显示为淡绿色。

● 选定的约束（或活动约束）：显示为绿色。

● 锁定的约束：放在一个圆中。

● 禁用的约束：用一条直线穿过约束符号。

3. 各种约束符号列表

各种约束符号见表 2.10.1。

表 2.10.1　约束符号

约 束 名 称	约束显示符号
中点	M
相同点	O
水平图元	H
竖直图元	V
图元上的点	—○- - -
相切图元	T
垂直图元	⊥
平行线	//₁
相等半径	在半径相等的图元旁，显示一个下标的 R（如 R1、R2 等）
具有相等长度的线段	在等长的线段旁，显示一个下标的 L（如 L1、L2 等）
对称	—▸ ◂—
图元水平或竖直排列	- - ┆
共线	═
使用边	∿

2.10.2　约束的禁用、锁定与切换

在用户绘制图元的过程中，系统会自动捕捉约束并显示约束符号。例如，在绘制直线的过程中，当定义直线的起点时，如果将鼠标指针移至一个圆弧附近，系统便自动将直线的起点与圆弧线对齐并显示对齐约束符号（小圆圈），此时如果：

- 右击，对齐约束符号（小圆圈）上被画上斜线（图 2.10.1，表示对齐约束被"禁用"，即对齐约束不起作用。如果再次右击，"禁用"则被取消。

- 按住 Shift 键同时按下鼠标右键，对齐约束符号（小圆圈）外显示一个大一点的圆圈（图 2.10.2，这表示该对齐约束被"锁定"，此时无论将鼠标指针移至何处，系统总是将直线的起点"锁定"在圆弧（或圆弧的延长线）上。再次按住 Shift 键和鼠标右键，"锁定"即被取消。在绘制图元过程中，当出现多个约束时，只有一个约束处于活动状态，其约束符号以亮颜色（绿色）显示；其余约束为非活动状态，其约束符号以青色显示。只有活动的约束可以被"禁用"或"锁定"。用户可以使

用 Tab 键，轮流将非活动约束"切换"为活动约束，这样用户就可以将多约束中的任意一个约束设置为"禁用"或"锁定"。例如，在绘制图 2.10.3 中的直线 1 时，当直线 1 的起点定义在圆弧上后，在定义直线 1 的终点时，当其终点位于直线 2 上的某处，系统会同时显示三个约束：第一个约束是直线 1 的终点与直线 2 的对齐约束，第二个约束是直线 1 与直线 3 的平行约束，第三个约束是直线 1 与圆弧的相切约束。由于图 2.10.3 中当前显示平行约束符号为亮颜色（绿色），表示该约束为活动约束，所以可以将该平行约束设置为"禁用"或"锁定"。如果按键盘上的 Tab 键，可以轮流将其余两个约束"切换"为活动约束，然后将其设置为"禁用"或"锁定"。

图 2.10.1　约束的"禁用"　　　图 2.10.2　约束的"锁定"　　　图 2.10.3　约束的"切换"

2.10.3　Creo 软件所支持的约束种类

草绘后，用户还可按设计意图手动建立各种约束，Creo 所支持的约束种类如表 2.10.2 所示。

表 2.10.2　Creo 所支持的约束种类

按　钮	约　束
＋	使直线或两点竖直
＋	使直线或两点水平
⊥	使两直线图元垂直
⊰	使两图元（圆与圆、直线与圆等）相切
＼	把一点放在线的中间
◈	使两点、两线重合，或使一个点落在直线或圆等图元上
→¦←	使两点或顶点对称于中心线
＝	创建相等长度、相等半径或相等曲率
//	使两直线平行

2.10.4　创建约束

下面以图 2.10.4 所示的相切约束为例，介绍创建约束的步骤。

Step1. 单击 草绘 功能选项卡 约束 ▼ 区域中的 ⚲ 按钮。

图 2.10.4　图元的相切约束

Step2. 系统在信息区提示 ➡ 选择两图元使它们相切 ，分别选取直线和圆。

Step3. 此时系统按创建的约束更新截面，并显示约束符号 "T"。如果不显示约束符号，单击 "视图控制" 工具栏中的 ▦ 按钮，在弹出的菜单中选中 ✓ ↲ 显示约束 复选框，可显示约束。

Step4. 重复步骤 Step2～Step3，可创建其他的约束。

2.10.5　删除约束

删除约束的步骤如下所示。

Step1. 单击要删除的约束的显示符号（如上例中的 "T"），选中后，约束符号颜色变绿。

Step2. 右击，在快捷菜单中选择 删除(D) 命令（或按 Delete 键），系统删除所选的约束。

注意：删除约束后，系统会自动增加一个约束或尺寸来使二维草图保持全约束状态。

2.10.6　解决约束冲突

当增加的约束或尺寸与现有的约束或 "强" 尺寸相互冲突或多余时，例如在图 2.10.5 所示的二维草图中添加尺寸 3.9 时（图 2.10.6），系统就会加亮冲突尺寸或约束，同时系统弹出图 2.10.7 所示的 "解决草绘" 对话框，要求用户删除（或转换）加亮的尺寸或约束之一。其中各选项说明如下。

- 撤消(U) 按钮：撤销刚刚导致二维草图的尺寸或约束冲突的操作。
- 删除(D) 按钮：从列表框中选择某个多余的尺寸或约束，将其删除。
- 尺寸 > 参考(R) 按钮：选取一个多余的尺寸，将其转换为一个参考尺寸。
- 解释(E) 按钮：选择一个约束，获取约束说明。

图 2.10.5   草绘图形

图 2.10.6   添加尺寸

图 2.10.7   "解决草绘"对话框

2.11   锁 定 尺 寸

在二维草图中，选取一个尺寸（例如选取图 2.11.1 中的尺寸 2.3），再单击 草绘 功能选项卡 操作 ▼ 节点下的 切换锁定 命令，可以将尺寸锁定。注意：被锁定的尺寸将以深红色显示。当编辑、修改二维草图时（包括增加、修改草图尺寸），非锁定的尺寸有可能被系统自动删除或修改其大小，而锁定后的尺寸则不会被系统自动删除或修改（但用户可以手动修改锁定的尺寸）。这是一个非常有用的操作技巧，在创建和修改复杂的草图时会经常用到。

图 2.11.1   尺寸的锁定

注意： 当选取被锁定的尺寸，并单击 草绘 功能选项卡 操作 ▼ 节点下的 切换锁定 命令后，该尺寸即被解锁，此时该尺寸恢复为锁定前的颜色。

- 通过设置草绘器优先选项，可以设置尺寸的自动锁定。操作方法是：选择下拉菜单中的 文件▾ ➡ 选项 命令，系统弹出 "Creo Parametric 选项" 对话框，单击其中的 草绘器 选项，在 拖动截面时的尺寸行为 区域中选中 □锁定已修改的尺寸(L) 或 □锁定用户定义的尺寸(U) 复选框。

- □锁定已修改的尺寸(L) 和 □锁定用户定义的尺寸(U) 两者的区别如下。

  - ☑ □锁定已修改的尺寸(L) ：锁定被修改过的尺寸。

  - ☑ □锁定用户定义的尺寸(U) ：锁定用户定义的（强）尺寸。

2.12　Creo 草图设计与二维软件图形绘制的区别

与其他二维软件（如 AutoCAD）相比，Creo 的二维草图的绘制有自己的方法、规律和技巧。用 AutoCAD 绘制二维图形，通过一步一步地输入准确的尺寸，可以直接得到最终需要的图形。而用 Creo 绘制二维图形，开始一般不需要给出准确的尺寸，而是先绘制草图，勾勒出图形的大概形状，然后再为草图创建符合工程需要的尺寸布局，最后修改草图的尺寸，在修改时输入各尺寸的准确值（正确值）。由于 Creo 具有尺寸驱动功能，所以草图在修改尺寸后，图形的大小会随着尺寸而变化。这样绘制图形的方法虽然烦琐，但在实际的产品设计中，它比较符合设计师的思维方式和设计过程。假如某个设计师需要对产品中的一个零件进行全新设计，那么在刚开始设计时，设计师的脑海里只会有这个零件的大概轮廓和形状，他会先以草图的形式把它勾勒出来，草图完成后，设计师接着会考虑图形（零件）的尺寸布局、基准定位等，最后设计师根据诸多因素（如零件的功能、零件的强度要求、零件与产品中其他零件的装配关系等）确定零件每个尺寸的最终准确值，从而完成零件的设计。由此看来，Creo 的这种"先绘草图、再改尺寸"的绘图方法是有一定道理的。

2.13　Creo 草图设计综合应用范例 1

范例概述

本范例从新建一个草图开始，详细介绍了草图的绘制、编辑和标注的过程，要重点掌握的是绘图前的设置、约束的处理以及尺寸的处理技巧。图形如图 2.13.1 所示，其绘制过程如下。

Stage1．新建一个草绘文件

Step1．选择下拉菜单 文件 ➡️ 新建(N) 命令（或单击"新建"按钮 🗋 ）。

Step2．系统弹出"新建"对话框，在该对话框中选中 ◉ 草绘 单选项；在 名称 后的文本框中输入草图名称 spsk1；单击 确定 按钮，即进入草绘环境。

图 2.13.1　范例 1

Stage2．绘图前的必要设置

Step1．设置栅格。

（1）在 草绘 选项卡中单击 栅格 按钮。

（2）此时系统弹出"栅格设置"对话框，在 间距 选项组中选择 ◉ 静态 单选项，然后在 X: 和 Y: 文本框中输入间距值 10；单击 确定 按钮，完成栅格设置。

（3）在"视图"工具条中单击"草绘显示过滤器"按钮 🔳 ，在弹出的菜单中选中 ☑ 显示栅格 复选框，可以在图形区中显示栅格。

Step2．此时，绘图区中的每一个栅格表示 10 个单位。为了便于查看和操作图形，可以滚动鼠标中键滚轮，调整栅格到合适的大小（图 2.13.2）。单击视图工具栏中的"草绘显示过滤器"按钮 🔳 ，在弹出的菜单中取消选中 ☐ 显示栅格 复选框，将栅格的显示关闭。

Stage3．创建草图以勾勒出图形的大概形状

由于 Creo 具有尺寸驱动功能，开始绘图时只需绘制大致的形状即可。

Step1．单击 草绘 区域中的 中心线 按钮，绘制图 2.13.3 所示的两条中心线（一条水平中心线和一条垂直中心线）。

Step2．在 草绘 选项卡中单击 矩形 按钮，绘制图 2.13.4 所示的图形（则绘制过程中系统会自动提示图 2.13.4 所示的对称约束）。

图 2.13.2　调整栅格到合适的大小

图 2.13.3　绘制中心线

Step3. 单击 "线链" 按钮 ∧线▾ ，绘制图 2.13.5 所示的图形。

图 2.13.4　绘制图形　　　　　　　　　　　　　图 2.13.5　绘制图形

Step4. 绘制圆角。单击 "圆角" 命令按钮 └圆角 ▾ 中的 └圆形修剪 ，单击图 2.13.6a 所示的直线 1 和直线 2，绘制图 2.13.6b 所示的图形。

　　　a）圆角前　　　　　　　　　　　　　　　　b）圆角后

图 2.13.6　绘制图形

Stage4．编辑草图

Step1. 编辑草图前的准备工作：确认 ▦ 按钮中的 □ ⊢⊣ 显示尺寸 复选框和 □ ⊥↙ 显示约束 复选框处于取消选中状态（即约束显示关闭）。

Step2. 修剪图元。

（1）单击 草绘 功能选项卡 编辑 区域中的 ✂ 按钮。

（2）按住鼠标左键并拖动，绘制图 2.13.7a 所示的路径，则与此路径相交的部分被剪掉。

　　　a）修剪图元前　　　　　　　　　　　　　　b）修剪图元后

图 2.13.7　修剪图元

Stage5．为草图添加约束

Step1. 确认 ▦ 按钮中的 ☑ ⊥↙ 显示约束 复选框处于选中状态（即显示约束）。

Step2. 单击 草绘 功能选项卡 约束 ▾ 区域中的 = 按钮，然后依次选取图 2.13.8a 所示的线段 1 和线段 2。

Step3. 系统弹出"解决草绘"对话框，删除"对称"约束。完成操作后，图形如图 2.13.8b 所示。

a) 添加约束前　　　　　　　　　　　　　　　　　　b) 添加约束后

图 2.13.8　添加约束

Stage6. 调整草图尺寸

Step1. 选中 按钮中的 ☑ 显示尺寸 复选框，打开尺寸显示，此时图形如图 2.13.9 所示。

Step2. 移动尺寸至合适的位置，如图 2.13.10 所示。

图 2.13.9　打开尺寸显示　　　　　　　　　图 2.13.10　移动尺寸至合适的位置

Step3. 锁定有用的尺寸。

当用户编辑、修改草图时（包括增加、修改草图尺寸），非锁定的尺寸有可能被自动删除或大小自动发生变化，这样很容易使所绘图形的外在形状面目全非或丢失有用的尺寸，因此在修改前可以先锁定有用的关键尺寸。

在图 2.13.11 所示的图形中，单击有用的尺寸，然后右击，在弹出的快捷菜单中选择 锁定 命令。此时被锁定的尺寸以深红色显示，如图 2.13.11 所示。

图 2.13.11　锁定有用的尺寸

Step4. 添加新的尺寸以创建所需的标注布局。单击 尺寸 ▾ 区域中的"标注"按钮 ↔️，然后选取图 2.13.12 所示的线段，中键单击位置 A 放置尺寸。增加新尺寸后，图形如图 2.13.13 所示。

图 2.13.12　操作过程

图 2.13.13　新尺寸添加完成

Step5. 修改尺寸值。

绘制出草图的大致形状后，就可以对草图尺寸进行修改，从而产生最终的精确图形。

（1）在图 2.13.14 所示的图形中，双击要修改的尺寸，然后在出现的文本框中输入正确的尺寸值，并按 Enter 键。

（2）用同样的方法修改其余的尺寸值，完成后的图形如图 2.13.15 所示。

图 2.13.14　修改尺寸

图 2.13.15　最终图形

2.14　Creo 草图设计综合应用范例 2

范例概述

本范例主要介绍草图的绘制、编辑和标注的过程，读者要重点掌握约束与尺寸的处理技巧。图形如图 2.14.1 所示，其绘制过程如下。

Stage1. 新建一个草绘文件

Step1. 选择下拉菜单 文件 ➡ 新建(N) 命令（或单击"新建"按钮）。

Step2. 系统弹出"新建"对话框，在该对话框中选中 ⊙ 草绘 单选项；在 名称 后的文本框中输入草图名 spsk2；单击 确定 按钮，进入草绘环境。

Stage2. 绘图前的必要设置

Step1. 在 草绘 选项卡中单击 栅格 按钮。

Step2. 此时系统弹出"栅格设置"对话框，在 间距: 选项组中选择 ⊙ 静态 单选项，然后在 X: 和 Y: 文本框中均输入间距值 10；单击 确定 按钮，结束栅格设置。

Step3. 在"视图"工具条中单击"草绘显示过滤器"按钮，在弹出的菜单中选中 ☑ ✿ 显示栅格 复选框，可以在图形区中显示栅格。

Step4. 此时，绘图区中的每一个栅格表示 10 个单位长度。为了便于查看和操作图形，可以滚动鼠标中键滚轮，调整栅格到合适的大小。单击"草绘显示过滤器"按钮，在弹出的菜单中取消选中 ☐ ✿ 显示栅格 复选框，将栅格的显示关闭。

Stage3. 创建草图以勾勒出图形的大概形状

Step1. 取消选中按钮中的 ☐ ⟷ 显示尺寸 复选框，关闭尺寸显示。

Step2. 单击 草绘 区域中的 中心线 按钮，绘制图 2.14.2 所示的中心线。

Step3. 单击"圆弧"命令按钮 弧 中的 3点/相切端，绘制图 2.14.3 所示的圆弧。

图 2.14.1　范例 2　　　　　图 2.14.2　绘制中心线　　　　　图 2.14.3　绘制圆弧

Step4. 单击"线"命令按钮 线 中 线链，绘制图 2.14.4 所示的直线。

Stage4. 编辑草图

Step1. 单击 编辑 区域中的 按钮。

Step2. 分别单击图 2.14.4 所示的图元中要去掉的部分，修剪后的图形如图 2.14.5 所示。

图 2.14.4　绘制直线　　　　　　　图 2.14.5　编辑草图

Stage5. 为草图创建约束

Step1. 单击 约束 区域中的 按钮。

Step2. 添加相切约束。在图 2.14.6a 所示的图形中选取要相切的圆弧和直线。完成操作后，图形如图 2.14.6b 所示。

a）添加约束前　　　　　　　　　　　　　b）添加约束后

图 2.14.6　添加约束

Step3. 单击 约束 ▾ 区域中的 ┴ 按钮,然后在图 2.14.7a 所示的图形中依次单击两个顶点。完成操作后, 图形如图 2.14.7b 所示。

注意: 本例在绘制过程中所自动生成的约束, 可能与读者操作时有所不同, 要根据具体情况与最终图形进行对照, 来处理草图约束。

图 2.14.7 添加约束

Stage6. 调整草图尺寸

Step1. 选中 ▦ 按钮中的 ☑ ↔ 显示尺寸 复选框,打开尺寸显示,此时图形如图 2.14.8 所示。

Step2. 移动尺寸至合适的位置, 此时图形如图 2.14.9 所示。

图 2.14.8 打开尺寸显示   图 2.14.9 移动尺寸至合适的位置

Step3. 锁定有用的尺寸标注。在图 2.14.10 所示的图形中, 单击有用的尺寸, 然后右击, 在系统弹出的快捷菜单中选择 锁定 命令。

Step4. 添加新的尺寸以创建所需的标注布局。

图 2.14.10 锁定有用的尺寸标注

(1) 单击 尺寸 ▾ 区域中的 "标注" 按钮 ↔。

(2) 在图 2.14.11a 所示的图形中, 先标注里面两直线之间的距离, 然后标注外面两直线之间的距离, 此时图形如图 2.14.11b 所示。

图 2.14.11 添加有用的尺寸标注

Step5. 对草图尺寸进行修改，从而产生精确的图形。

（1）在图 2.14.12 所示的图形中，双击要修改的尺寸，然后在系统弹出的文本框中输入正确的尺寸值，并按 Enter 键。

（2）用同样的方法修改其余的尺寸值。

图 2.14.12　修改尺寸

2.15　Creo 草图设计综合应用范例 3

范例概述

　　本范例主要介绍利用"添加约束"的方法进行草图编辑的过程。图形如图 2.15.1 所示，其编辑过程如下。

图 2.15.1　范例 3

Stage1．打开草绘文件

将工作目录设置至 D:\Creo3\work\ch02.15，打开文件 spsk3.sec。

Stage2．编辑草图前的准备工作

Step1. 确认 ▦ 按钮中的 □ ↔ 显示尺寸 复选框处于取消选中状态（即尺寸显示关闭）。

Step2. 确认 ▦ 按钮中的 ☑ ⊥ 显示约束 复选框处于选中状态（即显示约束）。

Stage3．处理草图约束（添加约束）

Step1. 单击 草绘 功能选项卡 约束 ▾ 区域中的 ⁹ 按钮。

Step2. 添加相切约束。在图 2.15.2a 所示的图形中添加相切约束。完成操作后，图形如图 2.15.2b 所示。

Step3. 拖动顶点到适当的位置，以便添加相切约束。在 操作 ▾ 区域中单击 ↖ 按钮，然

后在图 2.15.3a 所示的图形中拖动顶点到位置 A。完成操作后，图形如图 2.15.3b 所示。

a）添加约束前　　　　　b）添加约束后　　　　　a）拖动前　　　　　b）拖动后

图 2.15.2　添加约束　　　　　　　　　　图 2.15.3　拖动顶点位置

Step4. 添加相切约束。单击 按钮。在图 2.15.4a 所示的图形中添加相切约束。完成操作后，图形如图 2.15.4b 所示。

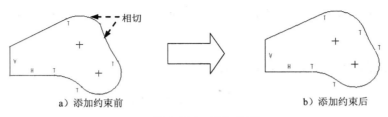

a）添加约束前　　　　　　　　　　　b）添加约束后

图 2.15.4　添加约束

第 3 章　零 件 设 计

3.1　使用 Creo 创建零件的一般过程

用 Creo 软件创建零件产品，其方法十分灵活，按大的方法分类，有以下几种。

1．"积木"式的方法

这是大部分机械零件的实体三维模型的创建方法。这种方法是先创建一个反映零件主要形状的基础特征，然后在这个基础特征上添加其他的一些特征，如伸出、切槽（口）、倒角、圆角等。

2．由曲面生成零件的实体三维模型的方法

这种方法是先创建零件的曲面特征，然后把曲面转换成实体模型。

3．从装配中生成零件的实体三维模型的方法

这种方法是先创建装配体，然后在装配体中创建零件。

本章将主要介绍用第一种方法创建零件的一般过程，其他的方法将在后面章节中陆续介绍。

下面以一个零件——轴承座（bearing_base）为例，说明用 Creo 软件创建零件三维模型的一般过程，同时介绍拉伸（Extrude）特征的基本概念及其创建方法。轴承座的模型如图3.1.1 所示。

图 3.1.1　轴承座三维模型

3.1.1　新建一个零件文件

准备工作：将目录 D:\Creo3\work\ch03.01 设置为工作目录。在后面的章节中，每次新

建或打开一个模型文件（包括零件、装配件等）之前，都应先将工作目录设置正确。

操作步骤如下。

Step1. 选择下拉菜单 文件 ➡ 新建(N) 命令（或单击"新建"按钮 ），此时系统弹出文件"新建"对话框。

Step2. 选择文件类型和子类型。在对话框中选中 类型 选项组中的 ◉ 零件 单选项，选中 子类型 选项组中的 ◉ 实体 单选项。

Step3. 输入文件名。在 名称 文本框中输入文件名。

说明：

● 每次新建一个文件时，Creo 会显示一个默认名。如果要创建的是零件，默认名的格式是 prt 后跟一个序号（如 prt0001），以后再新建一个零件，序号自动加 1。

● 在 公用名称 文本框中可输入模型的公共描述，该描述将映射到 Winchill 中的 CAD 文档名称中去。一般设计中不对此进行操作。

Step4. 取消选中 □ 使用默认模板 复选框并选取适当的模板。通过单击 □ 使用默认模板 复选框来取消使用默认模板，然后单击对话框中的 确定 按钮，系统弹出"新文件选项"对话框，在"模板"选项组中选取 PTC 公司提供的米制实体零件模板 mmns_part_solid 选项（如果用户所在公司创建了专用模板，可用 浏览... 按钮找到该模板），然后单击 确定 按钮，系统立即进入零件的创建环境。

注意：为了使本书的通用性更强，在后面各个 Creo 模块（包括零件、装配件、工程制图、钣金件、模具设计）的介绍中，无论是范例介绍还是章节练习，当新建一个模型（包括零件模型、装配体模型、模具制造模型）时，如未加注明，都是取消选中 □ 使用默认模板 复选框，而且都是使用 PTC 公司提供的以 mmns 开始的米制模板。

关于模板及默认模板说明。

Creo 的模板分为两种类型：模型模板和工程图模板。模型模板分零件模型模板、装配模型模板和模具模型模板等，这些模板其实都是一个标准 Creo 模型，它们都包含预定义的特征、层、参数、命名的视图、默认单位及其他属性，Creo 为其中各类模型分别提供了两种模板，一种是米制模板，以 mmns 开始，使用米制度量单位；一种是英制模板，以 inlbs 开始，使用英制单位。

工程图模板是一个包含创建工程图项目说明的特殊工程图文件，这些工程图项目包括视图、表、格式、符号、捕捉线、注释、参数注释及尺寸。另外，PTC 标准绘图模板还包含三个正交视图。

用户可以根据个人或本公司的具体需要，对模板进行更详细的定制，并可以在配置文件 config.pro 中将这些模板设置成默认模板。

3.1.2　创建零件的基础特征

基础特征是一个零件的主要轮廓特征，创建什么样的特征作为零件的基础特征比较重要，一般由设计者根据产品的设计意图和零件的特点灵活掌握。本例中的轴承座零件的基础特征是一个图 3.1.2 所示的拉伸（Extrude）特征。拉伸特征是将截面草图沿着草绘平面的垂直方向投影而形成的，它是最基本且经常使用的零件造型选项。

图 3.1.2　"拉伸"示意图

1．选取特征命令

进入 Creo 的零件设计环境后，屏幕的绘图区中应该显示图 3.1.3 所示的三个相互垂直的默认基准平面，如果没有显示，可单击"视图控制"工具栏中的 按钮，然后在弹出的菜单中选中 复选框，将基准平面显现出来。

图 3.1.3　三个默认基准平面

进入 Creo 的零件设计环境后，在软件界面上方会显示"模型"功能选项卡，该功能选项卡中包含 Creo 中所有的零件建模工具，特征命令的选取方法一般是单击其中的命令按钮。

本例中需要选择拉伸命令，在"模型"功能选项卡中单击 按钮即可。

说明：本书中的 按钮在后文中将简化为 按钮。

2．定义拉伸类型

在选择 命令后，屏幕上方会出现操控板。在操控板中，按下实体特征类型按钮（默认情况下，此按钮为按下状态）。

说明：利用拉伸工具，可以创建如下几种类型的特征。

- 实体类型：单击操控板中的"拉伸为实体"按钮□，可以创建实体类型的特征。在由截面草图生成实体时，实体特征的截面草图完全由材料填充，并沿草图平面的法向伸展来生成实体，如图 3.1.4 所示。
- 曲面类型：按下操控板中的"拉伸为曲面"按钮◯，可以创建一个拉伸曲面。在 Creo 中，曲面是一种没有厚度和重量的片体几何，但通过相关命令操作可变成带厚度的实体，如图 3.1.5 所示。
- 薄壁类型：单击"薄壁特征类型"按钮□，可以创建薄壁类型特征。在由截面草图生成实体时，薄壁特征的截面草图则由材料填充成均厚的环，环的内侧或外侧或中心轮廓线是截面草图，如图 3.1.6 所示。

图 3.1.4　"实体"特征

图 3.1.5　"曲面"特征

图 3.1.6　"薄壁"特征

- 切削类型：操控板中的"移除材料"按钮◿被按下时，可以创建切削特征。

一般来说，创建的特征可分为"正空间"特征和"负空间"特征。"正空间"特征是指在现有零件上添加材料，"负空间"特征是指在现有零件上移除材料，即切削。

如果"移除材料"按钮◿被按下，同时"拉伸为实体"按钮□也被按下，则用于创建"负空间"实体，即从零件中移除材料。当创建零件的第一个（基础）特征时，零件中没有任何材料，所以零件的第一个（基础）特征不可能是切削类型的特征，因而切削按钮◿是灰色的，不能选取。

如果"移除材料"按钮◿被按下，同时"拉伸为曲面"按钮◯也被按下，则用于曲面的裁剪，即使用正在创建的曲面特征裁剪已有曲面。

如果"移除材料"按钮◿被按下，同时"薄壁特征"按钮□及"拉伸为实体"按钮□也被按下，则用于创建薄壁切削实体特征。

3. 定义截面草图

Step1. 选取命令。在绘图区中右击，从弹出的快捷菜单中，选择 定义内部草绘... 命令，此时系统弹出"草绘"对话框。

Step2. 定义截面草图的放置属性。

（1）定义草绘平面。

选取 RIGHT 基准平面作为草绘平面，操作方法如下。

将鼠标指针移至图形区中的 RIGHT 基准平面的边线或 RIGHT 字符附近，该基准平面的边线外会出现绿色加亮的边线，此时单击 RIGHT 基准平面就被定义为草绘平面，并且"草绘"对话框中"草绘平面"区域的文本框中显示出"RIGHT：F1（基准平面）"。

（2）定义草绘视图方向。此例中我们不进行操作，采用模型中默认的草绘视图方向。

说明：完成 Step2 后，图形区中 RIGHT 基准平面的边线旁边会出现一个黄色的箭头（图 3.1.7），该箭头方向表示查看草绘平面的方向。如果要改变该箭头的方向，有三种方法。

方法一：单击"草绘"对话框中的 反向 按钮。

方法二：将鼠标指针移至该箭头上，单击。

方法三：将鼠标指针移至该箭头上，右击，在弹出的快捷菜单中选择 反向 命令。

> Creo 软件中有许多确定方向的地方，在图形区系统都会有相应的箭头加以明示，应多加留心观察

图 3.1.7   查看方向箭头

（3）对草绘平面进行定向。

说明：选取草绘平面后，开始草绘前，还必须对草绘平面进行定向，定向完成后，系统即让草绘平面与屏幕平行，并按所指定的定向方位来摆放草绘平面。要完成草绘平面的定向，必须进行下面的操作。

第一，先指定草绘平面的参考平面，即指定一个与草绘平面相垂直的平面作为参考。"草绘平面的参考平面"有时简称为"参考平面"或"参考"。

第二，再指定参考平面的方向，即指定参考平面的放置方位，参考平面可以朝向显示器屏幕的 上 部或 下 或 右 侧或 左 侧。

此例中，我们按如下方法定向草绘平面。

① 指定草绘平面的参考平面：此时"草绘"对话框的"参考"文本框自动加亮，单击图形区中的 FRONT 基准平面。

② 指定参考平面的方向：单击对话框中 方向 选框后面的 ▼ 按钮，在弹出的列表中选择 下 选项。完成这两步操作后，"草绘"对话框的显示如图 3.1.8 所示。

（4）单击对话框中的 草绘 按钮。此时系统进行草绘平面的定向，并使其与屏幕平行，如图 3.1.9 所示。从图中可看到，FRONT 基准平面现在水平放置，并且 FRONT 基准平面的橘黄色的一侧面在底部。至此，系统就进入了截面的草绘环境。

Step3．创建特征的截面草图。

基础拉伸特征的截面草图如图 3.1.10 所示。下面将以此为例介绍特征截面草图的一般创建步骤。

（1）定义草绘参考。进入 Creo 3.0 的草绘环境后，系统将自动为草图的绘制及标注选取足够的草绘参考（如本例中，系统默认选取了 TOP 和 FRONT 基准平面作为草绘参考）。本例中在此我们不进行操作。

说明：在用户的草绘过程中，Creo 会自动对图形进行尺寸标注和几何约束，但系统在自动标注和约束时，必须参考一些点、线、面，这些点、线、面就是草绘参考。

图 3.1.8　"草绘"对话框

图 3.1.9　草绘平面与屏幕平行　　图 3.1.10　基础特征的截面草图

关于 Creo 的草绘参考应注意如下几点。

- 查看当前草绘参考：在图形区中右击，在系统弹出的快捷菜单中选择 <u>参考(R)…</u> 选项，系统弹出"参考"对话框，在参考列表区系统列出了当前的草绘参考，（该图中的两个草绘参考 FRONT 和 TOP 基准平面是系统默认选取的）。如果用户想添加其他的点、线、面作为草绘参考，可以通过在图形上直接单击来选取。

- 要使草绘截面的参考完整，必须至少选取一个水平参考和一个垂直参考，否则会出现错误警告提示。

- 在没有足够的参考来摆放一个截面时，系统会自动弹出"参考"对话框，要求用户先选取足够的草绘参考。

- 在重新定义一个缺少参考的特征时，必须选取足够的草绘参考。

"参考"对话框中的几个选项介绍如下。

- ▶ 按钮：用于为尺寸和约束选取参考。单击此按钮后，再在图形区的二维草绘图形中单击欲作为参考基准的直线（包括平面的投影直线）、点（包括直线的投影点）等目标，系统立即将其作为一个新的参考显示在"参考"列表区中。

- ▶剖面(X) 按钮：单击此按钮，再选取目标曲面，可将草绘平面与某个曲面的交线作为参考。

- 删除(D) 按钮：如果要删除参考，可在参考列表区选取要删除的参考名称，然后单击此按钮。

（2）设置草图环境，调整草绘区。

（3）绘制截面草图并进行标注。下面将说明创建截面草图的一般流程，在以后的章节中，当创建截面草图时，可参考这里的内容。

① 草绘截面几何图形的大体轮廓。使用 Creo 软件绘制截面草图，开始时没有必要很精确地绘制截面的几何形状、位置和尺寸，只需勾勒截面的大概形状即可。

操作提示与注意事项。

为了使草绘时图形显示得更简洁、清晰，建议先将尺寸和约束符号的显示关闭。方法如下：

a）单击"视图控制"工具栏中的 ▦ 按钮，在弹出的菜单中取消选中 □ ▦ 显示尺寸 复选框，不显示尺寸。

b）选中 ▦ 按钮中的 ☑ ⊥▵ 显示约束 复选框，显示约束。

c）在 草绘 选项卡中单击"线链"命令按钮 ⌄线 ▾ 中的 ▾ ，再单击按钮 ⌄线链 ，绘制图 3.1.11 所示的 6 条直线（绘制时不要太在意图中直线的大小和位置，只要大概的形状与图 3.1.11 相似就可以）。

d）单击 草绘 区域中的 ⋮中心线 ▾ ，绘制图 3.1.12 所示的中心线。

② 建立约束。操作提示如下。

a）显示约束。确认 ▦ 按钮中的 ☑ ⊥▵ 显示约束 复选框被选中。

b）删除无用的约束。在绘制草图时，系统会自动添加一些约束，而其中有些是无用的，例如在图 3.1.13a 中，系统自动添加了"相等"约束（注意：读者绘制时，可能没有这个约束，这取决于绘制时鼠标的走向与停留的位置）。删除约束的操作方法：单击 草绘 功能选项卡 操作 ▾ 区域中的 ↖ 按钮，选取"相等"约束，右击，在弹出的快捷菜单中选择 删除(D) 命令。

图 3.1.11 草绘截面的初步图形　　　　图 3.1.12 绘制中心线

a）删除约束前　　　　　　　　　b）删除约束后

图 3.1.13 草绘截面的初步图形

c）添加重合约束。单击 约束 ▾ 区域中的 ◉ 按钮，然后在图 3.1.14a 所示的图形中，先单击中心线，再单击图中的基准平面边线。完成操作后，图形如图 3.1.14b 所示。

a）添加约束前　　　　　　添加约束　　　　　　b）添加约束后

图 3.1.14　添加重合约束

d）添加对称约束。单击 约束 ▾ 区域中的 ⁺⁺ 按钮，然后分别单击图 3.1.15a 所示的中心线及顶点 1 和顶点 2。完成操作后，图形如图 3.1.15b 所示。

a）添加约束前　　　　　　添加约束　　　　　　b）添加约束后

图 3.1.15　添加对称约束

e）添加竖直约束。单击 草绘 功能选项卡 约束 ▾ 区域中的 ╪ 按钮，然后单击图 3.1.16a 所示的线段。完成操作后，图形如图 3.1.16b 所示。

a）添加约束前　　　　　　添加约束　　　　　　b）添加约束后

图 3.1.16　添加竖直约束

③ 将尺寸修改为设计要求的尺寸。其操作提示与注意事项如下。

● 尺寸的修改往往安排在建立约束以后进行。

● 修改尺寸前要注意，如果要修改的尺寸的大小与设计目的尺寸相差太大，应该先用图元操纵功能将其"拖到"与目的尺寸相近，然后再双击尺寸，输入目的尺寸。

● 注意修改尺寸的顺序，先修改对截面外观影响不大的尺寸。

a）选中 ▦ 按钮中的 ☑⊢ᵀ┤ 显示尺寸 复选框，打开尺寸显示。此时图形如图 3.1.17 所示。

b）如图 3.1.18a 所示，双击要修改的尺寸，然后在弹出的文本框中输入正确的尺寸值，并按 Enter 键。修改后，图形如图 3.1.18b 所示。

说明： 在修改尺寸时，为防止图形变得很凌乱，要注意修改尺寸的先后顺序，先修改对截面外观影响不大的尺寸（如图 3.1.18a 所示的图形中，尺寸 118 是对截面外观影响不大的尺寸，所以建议先修改此尺寸）。

④ 调整尺寸位置。将草图的尺寸移动至适当的位置，如图 3.1.19 所示。

图 3.1.17　打开尺寸显示　　　a）尺寸值修改前　　　b）尺寸值修改后

图 3.1.18　修改尺寸

a）尺寸位置调整前　　　　　　b）尺寸位置调整后

图 3.1.19　尺寸位置调整

⑤ 将符合设计意图的"弱"尺寸转换为"强"尺寸。

作为正确的操作流程，在改变尺寸标注方式之前，应将符合设计意图的"弱"尺寸转换为"强"尺寸，以免在用户改变尺寸标注方式时，系统自动将符合设计意图的"弱"尺寸删掉。由于本例中的草图很简单，这一步操作可以省略，但在创建复杂的草图时，应该特别注意这一点。

⑥ 改变标注方式，满足设计意图。如图 3.1.20 所示，删除直线 1 的标注，而添加直线 2 的标注。

注意：

● 不要试图先手动删除直线 1 的尺寸 20.0，然后添加直线 2 的尺寸；而应先添加直线 2 的尺寸，在系统弹出的"解决草绘"对话框中，列出了冲突的尺寸及约束。依次单击对话框中各列出项，可看到草图中的相应尺寸变红。当在对话框中单击尺寸 20.0 时，草图中的尺寸 20.0 变红，此时单击 ████ **删除(D)** 按钮，该尺寸便被删除。

● 如果尺寸 20.0 是"弱"尺寸，则添加尺寸 100 后，系统会自动将尺寸 20 删除。

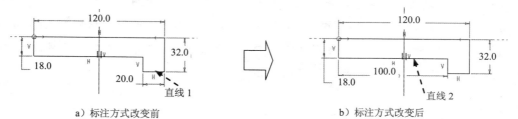

a）标注方式改变前　　　　　　b）标注方式改变后

图 3.1.20　改变标注方式

⑦ 编辑、修剪多余的边线。使用 编辑 区域中的"修剪"按钮 将草图中多余的边线去掉。为了确保草图正确，建议使用 按钮对图形的每个交点处进行进一步的修剪处理。

⑧ 将截面草图中的所有"弱"尺寸转换为"强"尺寸。

使用 Creo 软件，在完成特征截面草绘后，将截面草图中剩余的所有"弱"尺寸转换为"强"尺寸，是一个好的习惯。

⑨ 分析当前截面草图是否满足拉伸特征的设计要求。单击 检查 ▼ 区域中的"特征要求"命令 ，系统弹出图 3.1.21 所示的"特征要求"对话框，从对话框中可以看出当前的草绘截面拉伸特征的设计要求。单击 关闭 按钮以关闭"特征要求"对话框。

（4）单击草绘工具栏中的"确定"按钮 ，完成拉伸特征截面草绘，退出草绘环境。

注意：草绘"确定"按钮 的位置一般如图 3.1.22 所示。

注意：如果系统弹出图 3.1.23 所示的"未完成截面"错误提示，则表明截面不闭合或截面中有多余的线段，此时可单击 否(N) 按钮，然后修改截面中的错误，完成修改后再单击 按钮。

图 3.1.21　"特征要求"对话框　　图 3.1.22　"确定"按钮　　图 3.1.23　"未完成截面"错误提示

绘制实体拉伸特征的截面时，应该注意如下要求：

● 截面必须闭合，截面的任何部位不能有缺口，如图 3.1.24a 所示。如果有缺口，可用命令 修剪掉，将缺口封闭。

● 截面的任何部位不能探出多余的线头，如图 3.1.24b 所示，较长的多余的线头用修剪命令 修剪掉，如果线头特别短，即使足够放大也不可见，则必须用修剪命令 修剪掉。

● 截面可以包含一个或多个封闭环，生成特征后，外环以实体填充，内环则为孔。环与环之间不能相交或相切，如图 3.1.24c 和图 3.1.24d 所示；环与环之间也不能有直线（或圆弧等）相连，如图 3.1.24e 所示。

　　a）有缺口　　　　b）有线头　　　　c）相交　　　　d）相切　　　　e）相连

图 3.1.24　实体拉伸特征的几种错误截面

注意：曲面拉伸特征的截面可以是开放的，但截面不能有多于一个的开放环。

4．定义拉伸深度属性

Step1. 定义深度方向。不进行操作，采用模型中默认的深度方向。

注意： 按住鼠标的中键且移动鼠标，可将草图从图 3.1.25 所示的状态旋转到图 3.1.26 所示的状态，此时在模型中可看到一个黄色的箭头，该箭头表示特征拉伸的方向；当选取的深度类型为 ⊟ （对称深度），该箭头的方向没有太大的意义；如果为单侧拉伸，应注意箭头的方向是否为将要拉伸的深度方向。要改变箭头的方向，有如下几种方法。

方法一： 在操控板中，单击深度文本框 240.0 ▼ 后面的按钮 ✕ 。

方法二： 将鼠标指针移至深度方向箭头上，单击。

方法三： 将鼠标指针移至深度方向箭头附近，右击，选择 反向 命令。

方法四： 将鼠标指针移至模型中的深度尺寸 240.0 上，右击，系统弹出图 3.1.27 所示的深度快捷菜单中选择 反向深度方向 命令。

图 3.1.25　草绘平面与屏幕平行

深度方向箭头

图 3.1.26　草绘平面与屏幕不平行

反向深度方向 ——— 将特征的拉伸方向反向
○ 盲孔 ——— 特征将按照所输入的深度值向草绘平面的某一侧进行拉伸
● 对称 ——— 拉伸特征向草绘平面的两侧同时进行等深度的拉伸
○ 到选定项 ——— 将特征拉伸到指定的点、线和面处

图 3.1.27　深度快捷菜单

Step2. 选取深度类型。在操控板中，选取深度类型为 ⊟ （即"对称拉伸"）。

Step3. 定义深度值。在深度文本框 216.15 ▼ 中输入深度值 240.0，并按 Enter 键。

说明：

单击操控板中的 ⊥ 按钮后的 ▼ 按钮，可以选取特征的拉伸深度类型，各选项说明如下。

● 单击按钮 ⊥ （定值，以前的版本称为"盲孔"），可以创建"定值"深度类型的特征，此时特征将从草绘平面开始，按照所输入的数值（即拉伸深度值）向特征创建的方向一侧进行拉伸。

- 单击按钮 ⊟（对称），可以创建"对称"深度类型的特征，此时特征将在草绘平面两侧进行拉伸，输入的深度值被草绘平面平均分割，草绘平面两边的深度值相等。

- 单击按钮 ⊥（到选定的），可以创建"到选定的"深度类型的特征，此时特征将从草绘平面开始拉伸至选定的点、曲线、平面或曲面。

其他几种深度选项的相关说明：

- 当在基础特征上添加其他某些特征时，还会出现下列深度选项。

  ☑ ≡（到下一个）：深度在零件的下一个曲面处终止。
  ☑ ╫（穿透）：特征在拉伸方向上延伸，直至与所有曲面相交。
  ☑ ⊥（穿至）：特征在拉伸方向上延伸，直到与指定的曲面（或平面）相交。

- 使用"穿过"类选项时，要考虑下列规则：

  ☑ 如果特征要拉伸至某个终止曲面，则特征的截面草图的大小不能超出终止曲面（或面组）的范围。
  ☑ 如果特征应终止于其到达的第一个曲面，需使用 ≡（到下一个）选项，使用 ≡ 选项创建的伸出项不能终止于基准平面。
  ☑ 使用 ⊥（到选定的）选项时，可以选择一个基准平面作为终止面。
  ☑ 如果特征应终止于其到达的最后曲面，需使用 ╫（穿透）选项。
  ☑ 穿过特征没有与伸出项深度有关的参数，修改终止曲面可改变特征深度。

- 对于实体特征，可以选择以下类型的曲面为终止面：

  ☑ 零件的某个表面，它不必是平面的。
  ☑ 基准平面，它不必平行于草绘平面。
  ☑ 一个或多个曲面组成的面组。
  ☑ 在以"装配"模式创建特征时，可以选择另一个元件的几何作为 ⊥ 选项的参考。
  ☑ 用面组作为终止曲面，可以创建与多个曲面相交的特征。这对创建包含多个终止曲面的阵列非常有用。

图 3.1.28 显示了拉伸的有效深度选项。

a—定值　　　　　1—草绘平面
b—到下一个　　　2—下一个曲面
c—穿至　　　　　3、4、5—模型的表面
d—穿透

图 3.1.28　拉伸深度选项示意图

5. 完成特征的创建

Step1. 特征的所有要素被定义完毕后，单击操控板中的"预览"按钮 ∞，预览所创建的特征，以检查各要素的定义是否正确。预览时，可按住鼠标中键进行旋转查看，如果所创建的特征不符合设计意图，可选择操控板中的相关项，重新定义。

Step2. 预览完成后，单击操控板中的"完成"按钮 ✔，完成特征的创建。

3.1.3　添加其他特征

1. 添加拉伸特征

在创建零件的基本特征后，可以增加其他特征。现在要添加图 3.1.29 所示的实体拉伸特征，操作步骤如下。

Step1. 单击"拉伸"命令按钮 ⬚ 拉伸。

Step2. 在出现的操控板中选取拉伸类型：确认"实体类型"按钮 ▢ 被按下。

Step3. 定义截面草图。

（1）在绘图区中右击，从弹出的快捷菜单中选择 定义内部草绘… 命令。

（2）定义截面草图的放置属性。

① 设置草绘平面：选取图 3.1.30 所示的模型表面为草绘平面。

图 3.1.29　添加拉伸特征

系统自动选取了此左侧表面为参考平面

选取模型的此表面为草绘平面

图 3.1.30　设置草绘平面

② 设置草绘视图方向：采用模型中默认的黄色箭头的方向为草绘视图方向。

③ 对草绘平面进行定向。

a）指定草绘平面的参考平面。此时系统自动选取了图 3.1.30 所示的左侧表面为参考平面，在此我们可以修改参考平面。方法是：先单击 "参考" 后面的文本框，然后选取图 3.1.31 所示的模型表面为参考平面。

选取此表面为参考平面

图 3.1.31 重新设置参考平面

b）指定参考平面的方向：在"草绘"对话框中，选取 上 作为参考平面的方向。

④ 单击"草绘"对话框中的 草绘 按钮。至此，系统进入截面草绘环境。

（3）创建图 3.1.32 所示的特征截面，详细操作过程如下。

① 定义截面草绘参考。在此不进行操作，接受系统给出的默认参考。

② 为了使草绘时图形显示得更清晰，先需要设置视图的显示方式：在"视图控制"工具栏中单击按钮 □ ，在弹出的菜单中选择 □ 消隐 选项，切换到"不显示隐藏线"方式。

③ 绘制、标注截面的准备工作。

a）先绘制一条图 3.1.33 所示的垂直中心线。

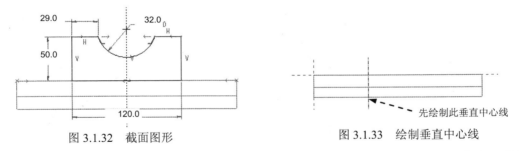

先绘制此垂直中心线

图 3.1.32 截面图形   图 3.1.33 绘制垂直中心线

b）将垂直中心线进行对称约束。分别选取图 3.1.34 中的垂直中心线和两个点，就能将垂直中心线对称到截面草图的中间。

选取这两点为对称点

进行约束

a）添加约束前   b）添加约束后

图 3.1.34 添加对称约束

说明：

"使用边"类型说明："使用边"分为"单个""链""环"三个类型，假如要使用图 3.1.35 中的上、下两条直线段，可先选中 ⊙ 单一(S) 单选项，然后逐一选取两条线段；假如要使用

图 3.1.36 中相连的两个圆弧和直线线段，可先选中 ⊙ 链⑾ 单选项，然后选取该"链"中的首尾两个图元——圆弧；假如要使用图 3.1.37 中闭合的两个圆弧和两条直线线段，可先选中 ⊙ 环⑴ 单选项，然后选取该"环"中的任意一个图元。另外，利用"链"类型也可选择闭合边线中的任意几个相连的图元链。

图 3.1.35　单个　　　　图 3.1.36　链　　　　图 3.1.37　环

还有一种"偏移使用边"命令（命令按钮 ⎧偏移），如图 3.1.38 所示。由图可见，所创建的边线与原边线有一定距离的偏移，偏移方向有相应的箭头表示。

图 3.1.38　偏移使用边

④ 绘制大概轮廓。

a）为了使图面显示得更简洁、清晰，建议将尺寸显示关闭。

b）显示约束。确认 ▦ 按钮中的 ☑ ⁺₌ 显示约束 复选框处于选中状态（即显示约束）。

c）绘制圆弧。单击"圆弧"命令按钮 ⌒弧▾ 中的 ⌒3点/相切端，绘制图 3.1.39 所示的圆弧。

注意：在绘制草图时，系统会自动加上一些约束，在这些约束中有些是无用的，读者绘制时，可能没有这个约束，自动添加的约束取决于绘制时鼠标的走向与停留的位置。

d）绘制截面的直线部分。单击"线"命令按钮 ⌇线▾ 中 ⌇线链，绘制图 3.1.40 所示的直线。

图 3.1.39　绘制圆弧　　　　　　图 3.1.40　绘制直线

⑤ 修剪截面的多余边线。

a）单击 编辑 区域中的 ⊁ 按钮。

b）按住鼠标左键并拖动，绘制图 3.1.41a 所示的路径，则与此路径相交的部分被剪掉。

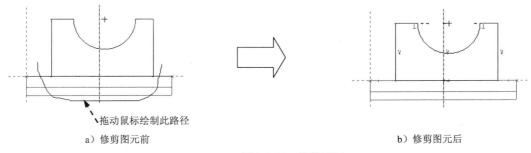

a）修剪图元前　　　　　　　　　　b）修剪图元后

图 3.1.41　修剪图元

c）为了确保草图正确，建议使用 编辑 区域中的 ⊤ 按钮对图形的每个交点处进行进一步的修剪处理。

⑥ 修改图 3.1.42 所示的直线的尺寸。

图 3.1.42　修改尺寸的失败情况

a）显示尺寸：选中 ⊞ 按钮中的 ☑ 显示尺寸 复选框，打开尺寸显示。

b）双击图 3.1.42 所示的尺寸 167.5，然后在弹出的文本框中输入正确的新尺寸 120.0，并按 Enter 键。此时原尺寸 167.5 没有被改变，这种情况表明系统不允许修改该尺寸。

c）修改尺寸时要注意，如果要修改的尺寸的大小与设计目的尺寸相差太大，系统不允许修改该尺寸，应该先用图元操纵功能将其"拖到"与目的尺寸相近，然后再修改。具体操作方法为：按住左键拖动图 3.1.43 所示的左右两个端点，使直线的尺寸接近 120.0，然后双击直线的尺寸 124.2，在弹出的文本框中输入正确的新尺寸 120.0，并按 Enter 键。

⑦ 按同样的操作方法修改其他的尺寸，并添加草图约束（图 3.1.44）。

（4）完成截面绘制后，单击"草绘"工具栏中的"确定"按钮 ☑。

图 3.1.43　成功修改直线的尺寸

a）修改前　　　　　　　　　　　　　　　　　b）修改后

图 3.1.44　修改其他的尺寸并添加约束

Step4. 定义拉伸深度属性。

（1）选取深度方向。采用模型中默认的相反的深度方向。

（2）选取深度类型。在操控板中，选取深度类型 ⏚ （定值）。

（3）定义深度值。输入深度值 75.0。

Step5. 完成特征的创建。

（1）特征的所有要素被定义完毕后，单击操控板中的"预览"按钮 ∞ ，预览所创建的特征，以检查各要素的定义是否正确。如果所创建的特征不符合设计意图，可选择操控板中的相关项，重新定义。

（2）在操控板中，单击"完成"按钮 ✔ ，完成特征的创建。

注意： 由上面的操作，我们知道该拉伸特征的截面几何中引用了基础特征的一条边线，这就形成了它们之间的父子关系，即该拉伸特征是基础特征的子特征。特征的父子关系很重要，父特征的删除或隐含等操作会直接影响到子特征。

2. 添加图 3.1.45 所示的切削拉伸孔特征

Step1. 选取特征命令。单击"拉伸"命令按钮 拉伸 ，屏幕上方出现拉伸操控板。

Step2. 定义拉伸类型。确认"实体"按钮 □ 被按下，并按下操控板中的"移除材料"按钮 ◿ 。

Step3. 定义截面草图。

（1）选取命令。在绘图区中右击，从弹出的快捷菜单中选择 定义内部草绘... 命令。

（2）定义截面草图的放置属性。

定义草绘平面。选取图 3.1.45 所示的零件表面为草绘平面。

① 设置草绘视图方向：采用模型中默认的黄色箭头方向为草绘视图方向。

② 对草绘平面进行定向。

a）指定草绘平面的参考平面：选取 RIGHT 基准平面作为参考平面。

b）指定参考平面的方向：在对话框的"方向"下拉列表中选择 左 作为参考平面的方向。

③ 单击"草绘"对话框中的 草绘 按钮。

（3）创建图 3.1.46 所示的特征截面。

① 进入截面草绘环境后，接受系统的默认参考。

图 3.1.45 添加切削拉伸特征

图 3.1.46 截面图形

② 绘制、标注截面（图 3.1.46）；完成绘制后，单击"草绘"工具栏中的"完成"按钮 。

Step4. 定义拉伸深度属性。

（1）选取深度类型并输入深度值。在操控板中，选取深度类型 （即"穿透"）。

（2）选取深度方向。本例不进行操作，采用模型中默认的深度方向。

Step5. 定义去除材料的方向。一般不进行操作，采用模型中默认的去除材料方向。

说明：如图 3.1.47 所示，在模型中的圆内可看到一个黄色的箭头，该箭头表示去除材料的方向。为了便于理解该箭头方向的意义，请将模型放大（操作方法是滚动鼠标的中键滑轮）到图 3.1.48 所示的状态，此时箭头在圆内。如果箭头指向圆内，系统会将圆圈内部的材料挖除掉，圆圈外部的材料保留；如果改变箭头的方向，使箭头指向圆外，则系统会将圆圈外部的材料去掉，圆圈内部的材料保留。要改变该箭头方向，有如下几种方法。

方法一：在操控板中，单击"薄壁拉伸"按钮 后面的按钮 。

方法二：将鼠标指针移至深度方向箭头上，单击。

方法三：将鼠标指针移至深度方向箭头上，右击，选择 反向 命令。

图 3.1.47 去除材料的方向   图 3.1.48 放大图

Step6. 在操控板中，单击"完成"按钮 ，完成切削拉伸特征的创建。

3.1.4 保存模型文件

1. 本例零件的保存操作

Step1. 单击"快速访问工具栏"中的按钮 📖 （或选择下拉菜单 **文件▾** ➡ 🖫 保存(S) 命令），系统弹出"保存对象"对话框，文件名出现在 模型名称 文本框中。

Step2. 单击 **确定** 按钮。如果不进行保存操作，单击 **取消** 按钮。

注意："保存"模型文件时，建议用户使用现有名称，如果要修改文件的名称，选择下拉菜单 文件(F) ➡ 管理文件(M) ➡ 🖫 重命名(R) 重命名当前对象和子对象。命令来实现。

2. 文件保存操作的几条命令的说明

- "保存"：关于"保存"文件的几点说明。
  - ☑ 如果从进程中（内存）删除对象或退出 Creo 而不保存，则会丢失当前进程中的所有更改。
  - ☑ Creo 在磁盘上保存模型对象时，其文件名格式为"对象名.对象类型.版本号"。例如，创建零件 bearing_base，第 1 次保存时的文件名为 bearing_base.prt.1，再次保存时版本号自动加 1，这样在磁盘中保存对象时，不会覆盖原有的对象文件。
  - ☑ 新建对象将保存在当前工作目录中；如果是打开的文件，保存时，将存储在原目录中，如果 override_store_back 设置为 no（默认设置），而且没有原目录的写入许可，同时又将配置选项 save_object_in_current 设置为 yes，则此文件将保存在当前目录中。

- "保存副本"：选择下拉菜单 **文件▾** ➡ 🖫 另存为(A) ➡ 🖫 保存副本(A) 保存活动窗口中对象的副本。命令，系统弹出"保存副本"对话框，可保存一个文件的副本。

说明：

- "保存副本"的作用是保存指定对象文件的副本，可将副本保存到同一目录或不同的目录中，无论哪种情况都要给副本命名一个新的（唯一）名称，即使在不同的目录中"保存副本"文件，也不能使用与原始文件名相同的文件名。

- "保存副本"对话框允许 Creo 将文件输出为不同格式，以及将文件另存为图像，这也许是 Creo 设立"保存副本"命令的一个很重要的原因，也是与文件"备份"命令的主要区别所在。

- "备份"：选择下拉菜单 **文件▾** ➡ 🖫 另存为(A) ➡ 🖫 保存备份(B) 将对象备份到当前目录。命令，可对一个文件进行备份。

关于文件备份的几点说明：

☑　可将文件备份到不同的目录。

☑　在备份目录中备份对象的修正版重新设置为 1。

☑　必须有备份目录的写入许可，才能进行文件的备份。

☑　如果要备份装配件、工程图或制造模型，Creo 在指定目录中保存其所有从属文件。

☑　如果装配件有相关的交换组，备份该装配件时，交换组不保存在备份目录中。

● 文件"重命名"：选择下拉菜单 文件(F) ➡ 管理文件(F) ➡ 重命名(R) 重命名当前对象和子对象。命令，可对一个文件进行重命名。

关于文件"重命名"的几点说明：

☑　"重命名"的作用是修改模型对象的文件名称。

☑　如果从非工作目录检索某对象，并重命名此对象，然后保存，它将保存到对其进行检索的原目录中，而不是当前的工作目录中。

3.2　打开 Creo 文件

假设已经退出 Creo 软件，重新进入软件后，要打开文件 bearing_base.prt，其操作过程如下。

Step1. 设置工作目录。选择下拉菜单 文件▾ ➡ 管理会话(M) ▸ ➡ 选择工作目录(W) 更改工作目录。命令，将工作目录设置为 D:\Creo3\work\ch03.02。

Step2. 选择下拉菜单 文件▾ ➡ 打开(O) 命令（或单击工具栏中的按钮 📂），系统弹出图 3.2.1 所示的"文件打开"对话框。

图 3.2.1　"文件打开"对话框

Step3. 通过单击"查找范围"列表框后面的按钮 ▾，找到模型文件所在的文件夹（目录）

后，在文件列表中选择要打开的文件名 bearing_base.prt，然后单击 [打开 ▼] 按钮，即可打开文件，或者双击文件名也可打开文件。

3.3   拭除与删除 Creo 文件

首先说明：本节中提到的"对象"是一个用 Creo 创建的文件，例如草绘、零件模型、制造模型、装配体模型、工程图等。

3.3.1   拭除文件

1．从内存中拭除未显示的对象

如果选择下拉菜单 [文件 ▼] ➡ [关闭(C)] 命令（或单击 [视图] 功能选项卡 [窗口 ▼] 区域中的 [ ] 按钮）关闭一个窗口，窗口中的对象便不在图形区显示，但只要工作区处于活动状态，对象仍保留在内存中，我们称这些对象为"未显示的对象"。

选择下拉菜单 [文件 ▼] ➡ [管理会话(M)] ➡ [拭除未显示的(D) 从此会话中移除，不在窗口中的所有对象。] 命令后，系统弹出"拭除未显示的"对话框，在该对话框中列出未显示对象，单击 [确定] 按钮，所有的未显示对象将从内存中拭除，但它们不会从磁盘中删除。当参考未显示对象的装配件或工程图仍处于活动状态时，系统则不能拭除该未显示对象。

2．从内存中拭除当前对象

第一种情况：如果当前对象为零件、格式、布局等类型时，选择下拉菜单 [文件 ▼] ➡ [管理会话(M)] ➡ [拭除当前(C) 从此会话中移除活动窗口中的对象。] 命令，系统弹出"拭除确认"对话框，单击 [是] 按钮，当前对象将从内存中拭除，但它们不会从磁盘中删除。

第二种情况：如果当前对象为装配、工程图、模具等类型，选择下拉菜单 [文件 ▼] ➡ [管理会话(M)] ➡ [拭除当前(C) 从此会话中移除活动窗口中的对象。] 命令，系统弹出"拭除"对话框，选取要拭除的关联对象后，再单击 [是] 按钮，则当前对象及选取的关联对象将从内存中被拭除。

3.3.2   删除文件

1．删除文件的旧版本

每次选择下拉菜单 [文件 ▼] ➡ [保存] 命令保存对象时，系统都创建对象的一个新版本，并将它写入磁盘。系统对存储的每一个版本连续编号（简称版本号），例如，对于零件文件，其格式为 bearing_base.prt1、bearing_base.prt 2、bearing_base.prt3 等。

注意：

● 这些文件名中的版本号（1、2、3 等），只有通过 Windows 操作系统的窗口才能看到，在 Creo 中打开文件时，在文件列表中则看不到这些版本号。

● 如果在 Windows 操作系统的窗口中还是看不到版本号，可进行这样的操作：在 Windows 窗口中选择下拉菜单 组织 ▼ 文件夹和搜索选项 命令（图 3.3.1），在"文件夹选项"对话框的 查看 选项卡中，选中 □隐藏已知文件类型的扩展名 复选框（图 3.3.2）。

图 3.3.1　"组织"下拉菜单

图 3.3.2　"文件夹选项"对话框

使用 Creo 软件创建模型文件时（包括零件模型、装配模型、制造模型等），在最终完成模型的创建后，可将模型文件的所有旧版本删除。

选择下拉菜单 文件▼ ➡ 管理文件(F) ➡ 删除旧版本(O) 删除指定对象除最高版本号以外的所有版本。 命令后，系统弹出图 3.3.3 所示的对话框，单击 ✔ 按钮（或按 Enter 键），系统就会将对象的除最新版本外的所有版本删除。

图 3.3.3　删除对象对话框

例如：假设轴承座零件（文件名为 bearing_base.prt）已经完成，选择下拉菜单 文件▼ ➡ 管理文件(F) ➡ 删除旧版本(O) 删除指定对象除最高版本号以外的所有版本。 命令，即可删除其旧版本文件。

2．删除文件的所有版本

在设计完成后，可将没有用的模型文件的所有版本删除。

选择下拉菜单 文件▼ ➡ 管理文件(F) ➡ 删除所有版本(A) 从磁盘删除指定对象的所有版本。 命令后，系统弹出警告对话框，单击 是(Y) 按钮，系统就会删除当前对象的所有版本。如果选择删除的对象是族表的一个实例，则实例和普通模型都不能被删除；如果选择删除的对象是普通模型，则将删除此普通模型。

3.4　模型的显示控制

在学习本节时，请先将工作目录设置为 D:\Creo3\work\ch03.04，然后打开模型文件 orient.prt。

3.4.1　模型的几种显示方式

在 Creo 软件中，模型有 5 种显示方式（图 3.4.1），单击图 3.4.2 所示的 视图 功能选项卡 模型显示 区域中的"显示样式"按钮，在弹出的菜单中选择相应的显示样式，可以切换模型的显示方式。

- 线框 显示方式：模型以线框形式显示，模型所有的边线显示为深颜色的实线，如图 3.4.1a 所示。

- 隐藏线 显示方式：模型以线框形式显示，可见的边线显示为深颜色的实线，不可见的边线显示为虚线（在软件中显示为灰色的实线），如图 3.4.1b 所示。

- 消隐 显示方式：模型以线框形式显示，可见的边线显示为深颜色的实线，不可见的边线被隐藏起来（即不显示），如图 3.4.1c 所示。

- 着色 显示方式：模型表面为灰色，部分表面有阴影感，所有边线均不可见，如图 3.4.1d 所示。

- 带边着色 显示方式：模型表面为灰色，部分表面有阴影感，高亮显示所有边线，如图 3.4.1e 所示。

a）线框显示方式

b）隐藏线显示方式

c）消隐显示方式

d）着色显示方式

e）带边着色显示方式

图 3.4.1　模型的 5 种显示方式

3.4.2　模型的移动、旋转与缩放

用鼠标可以控制图形区中的模型显示状态。

● 滚动鼠标中键，可以缩放模型：向前滚，模型缩小；向后滚，模型变大。

● 按住鼠标中键，移动鼠标，可旋转模型。

● 先按住 Shift 键，然后按住鼠标中键，移动鼠标可移动模型。

注意：采用以上方法对模型进行缩放和移动操作时，只是改变模型的显示状态，而不能改变模型的真实大小和位置。

3.4.3　模型的定向

1．关于模型的定向

利用模型"定向"功能可以将绘图区中的模型定向在所需的方位。例如在图 3.4.2 中，方位 1 是模型的默认方位，方位 2 是在方位 1 基础上将模型旋转一定的角度而得到的方位，方位 3、4、5 属于正交方位（这些正交方位常用于模型工程图中的视图）。可单击 视图 功能选项卡 方向 ▼ 区域的 下拉列表中单击 重定向 按钮（或单击"视图控制"工具栏中的 按钮，然后在弹出的菜单中单击 重定向(0) 按钮），打开"方向"对话框（图 3.4.3），通过该对话框对模型进行定向。

a）方位 1　　　　　　　　　　　　　b）方位 2

c）方位 3　　　　　d）方位 4　　　　　e）方位 5

图 3.4.2　模型的几种方位

2．模型定向的一般方法

常用的模型定向的方法为"参考定向"。这种定向方法的原理是：在模型上选取两个正交的参考平面，然后定义两个参考平面的放置方位。例如在图 3.4.4 中，如果能够确定模型上表面 1 和表面 2 的放置方位，则该模型的空间方位就能完全确定。参考的放置方位有如

下几种。

图 3.4.3   "方向"对话框   图 3.4.4   模型的定向

- 前：使所选取的参考平面与显示器的屏幕平面平行，方向朝向屏幕前方，即面对操作者。
- 后面：使参考平面与屏幕平行且朝向屏幕后方，即背对操作者。
- 上：使参考平面与显示器屏幕平面垂直，方向朝向显示器的上方，即位于显示器上部。
- 下：使参考平面与屏幕平面垂直，方向朝下，即位于屏幕下部。
- 左：使参考平面与屏幕平面垂直，方向朝左。
- 右：使参考平面与屏幕平面垂直，方向朝右。
- 竖直轴：选择该选项后，需选取模型中的某个轴线，系统将使该轴线竖直（即垂直于地平面）放置，从而确定模型的放置方位。
- 水平轴：选择该选项，系统将使所选取的轴线水平（即平行于地平面）放置，从而确定模型的放置方位。

3．动态定向

在"方向"对话框的 类型 下拉列表中选择 动态定向 选项，系统显示"动态定向"界面，如图 3.4.5 所示，移动界面中的滑块，可以方便地对模型进行移动、旋转与缩放。

4．定向的优先选项

选择 类型 下拉列表中的 首选项 选项，在弹出的图 3.4.6 所示的界面中，可以选择模型的旋转中心和模型默认的方向。模型默认的方向可以是"斜轴测"或"等轴测",也可以由用户定义。在工具栏中单击 按钮,可以控制模型上是否显示旋转符号(模型上的旋转中心符号如图 3.4.7 所示)。

图 3.4.5 "动态定向"界面   图 3.4.6 "首选项"界面   图 3.4.7 模型的旋转中心符号

5.模型视图的保存

模型视图一般包括模型的定向和显示大小。当将模型视图调整到某种状态后(即某个方位和显示大小),可以将这种视图状态保存起来,以便以后直接调用。

6.模型定向的举例

下面介绍图 3.4.3 中模型定向的操作过程。

Step1. 单击视图工具栏中的 按钮,然后在弹出的菜单中单击 重定向(O)... 按钮。

Step2. 确定参考 1 的放置方位。

(1)采用默认的方位 前 作为参考 1 的方位。

(2)选取模型的表面 1 作为参考 1。

Step3. 确定参考 2 的放置方位。

(1)在下拉列表中选择 右 作为参考 2 的方位。

(2)选取模型的表面 2 作为参考 2。此时系统立即按照两个参考所定义的方位重新对模型进行定向。

Step4. 完成模型的定向后，可将其保存起来以便下次能方便地调用。保存视图的方法是：在对话框中的 名称 文本框中输入视图名称 VIE20，然后单击 保存 按钮。

3.5　Creo 模型树的介绍、操作与应用

3.5.1　关于模型树

图 3.5.1 所示为 Creo 的模型树，在新建或打开一个文件后，它一般会出现在屏幕的左侧。如果看不见这个模型树，可在导航选项卡中单击"模型树"标签 ，如果此时显示的是"层树"，可选择导航选项卡中的 ➡ 模型树 (M) 命令。

模型树以树的形式列出了当前活动模型中的所有特征或零件，根（主）对象显示在树的顶部，从属对象（零件或特征）位于其下。在零件模型中，模型树列表的顶部是零件名称，零件名称下方是每个特征的名称；在装配体模型中，模型树列表的顶部是总装配，总装配下是各子装配和零件，每个子装配下方则是该子装配中各个零件的名称，每个零件的下方是零件中各个特征的名称。模型树只列出当前活动的零件或装配模型的零件级与特征级对象，不列出组成特征的截面几何要素（如边、曲面、曲线等）。例如，一个基准点特征包含多个基准点图元，模型树中则只列出基准点特征名。

如果打开了多个 Creo 窗口，则模型树内容只反映当前活动文件（即活动窗口中的模型文件）。

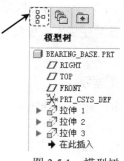

图 3.5.1　模型树

3.5.2　模型树界面介绍

模型树的操作界面及各下拉菜单命令功能如图 3.5.2 所示。

图 3.5.2　模型树操作界面

注意：选择模型树下拉菜单 中的 命令，可将模型树的设置保存在一个.cfg 文件中，并可重复使用，提高工作效率。

3.5.3　模型树的作用与操作

1．控制模型树中项目的显示

在模型树操作界面中，选择 命令，通过该对话框可控制模型中各类项目是否在模型树中显示。

2．模型树的作用

（1）在模型树中选取对象。可以从模型树中选取要编辑的特征或零件对象。当要选取的特征或零件在图形区的模型中不可见时，此方法尤为有用。当要选取的特征和零件在模型中禁止选取时，仍可在模型树中进行选取操作。

注意：Creo 的模型树中不列出特征的草绘几何（图元），所以不能在模型树中选取特征的草绘几何。

（2）在模型树中使用快捷命令。右击模型树中的特征名或零件名，可打开一个快捷菜单，从中可选择相对于选定对象的特定操作命令。

（3）在模型树中插入定位符。"模型树"中有一个带红色箭头的标识，该标识指明在创建特征时特征的插入位置。默认情况下，它的位置总是在模型树列出的所有项目的最后。可以在模型树中将其上下拖动，将特征插入到模型中的其他特征之间。将插入符移动到新位置时，插入符后面的项目将被隐含，这些项目将不在图形区的模型上显示。

3.5.4　模型搜索

利用"模型搜索"功能可以在模型中按照一定的规则搜索、过滤和选取项目，这对于较复杂的模型尤为重要。单击 工具 功能选项卡 调查 ▼ 区域中的"查找"按钮 ，系统弹出"搜索工具"对话框，通过该对话框可以设定某些规则来搜索模型。执行搜索后，满足搜索条件的项目将会在"模型树"窗口中加亮显示。如果选中了 ☑ 突出显示几何 (H) 命令，对象也会在图形区中加亮显示。

3.6　Creo 层的介绍、操作与应用

3.6.1　关于 Creo 的层

Creo 提供了一种有效组织模型和管理诸如基准线、基准平面、特征和装配中的零件等要素的手段，这就是"层（Layer）"。通过层，可以对同一个层中的所有共同的要素进行显示、隐藏和选择等操作。在模型中，想要多少层就可以有多少层。层中还可以有层，也就是说，一个层还可以组织和管理其他许多的层。通过组织层中的模型要素并用层来简化显示，可以使很多任务流水线化，并可提高可视化程度，极大地提高工作效率。

层显示状态与其对象一起局部存储，这意味着在当前 Creo 工作区改变一个对象的显示状态，不影响另一个活动对象的相同层的显示，然而装配中层的改变或许会影响到低层对象（子装配或零件）。

3.6.2　进入层的操作界面

有两种方法可进入层的操作界面。
- 方法一：在导航选项卡中选择 ▦ ▼ ➡ 层树 (L) 命令，即可进入"层"的操作界面。
- 方法二：单击 视图 功能选项卡 可见性 区域中的"层"按钮在 ，也可进入"层"的操作界面。

通过该操作界面可以操作层、层的项目及层的显示状态。

注意：使用 Creo 时，如果正在进行其他命令操作（例如正在进行伸出项拉伸特征的创建），

可以同时使用"层"命令，以便可按需要操作层显示状态或层关系，而不必退出正在进行的命令再进行"层"操作。"层"的操作界面反映了"轴承座"零件（bearing_base）中层的状态，由于创建该零件时使用 PTC 公司提供的零件模板 mmns_part_solid ，该模板提供了这些预设的层。

进行层操作的一般流程。

Step1. 选取活动层对象（在零件模式下无须进行此步操作）。

Step2. 进行"层"操作，比如创建新层、向层中增加项目、设置层的显示状态等。

Step3. 保存状态文件（可选）。

Step4. 保存当前层的显示状态。

Step5. 关闭"层"操作界面。

3.6.3 选取活动层对象

在一个总装配（组件）中，总装配和其下的各级子装配及零件下都有各自的层树，所以在装配模式下，在进行层操作前，要明确是在哪一级的模型中进行层操作，要在其上面进行层操作的模型称为"活动层对象"。为此，在进行有关层的新建、删除等操作之前，必须先选取活动层对象。

注意：在零件模式下，不必选取活动层对象，当前工作的零件自然就是活动层对象。

例如打开随书光盘中\Creo3\work\ch03.06 目录下的一个名为 display_mold.asm 的装配，该装配的层树。现在如果希望在零件 BODY_VOL.PRT 上进行层操作，需将该零件设置为"活动层对象"，其操作方法如下。

Step1. 在层操作界面中，单击 ▶ DISPLAY_MOLD.ASM（顶级模型，活动的） ▼ 后的 ▼ 按钮。

Step2. 系统弹出模型列表，从该列表中选取 BODY_VOL.PRT 零件。

3.6.4 创建新层

创建新层的步骤如下所示。

Step1. 在层的操作界面中，选择 🗀▼ ➡ 新建层 (N)... 命令。

Step2. 完成上步操作后，系统弹出"层属性"对话框。

（1）在 名称 后面的文本框内输入新层的名称（也可以接受默认名）。

注意：层是以名称来识别的，层的名称可以用数字或字母数字的形式表示，最多不能超过 31 个字符。在层树中显示层时，首先是数字名称层排序，然后是字母数字名称层排序。

字母数字名称的层按字母排序。不能创建未命名的层。

（2）在 层Id: 后面的文本框内输入"层标识"号。层的"标识"的作用是当将文件输出到不同格式（如 IGES）时，利用其标识，可以识别一个层。一般情况下可以不输入标识号。

（3）单击 确定 按钮。

3.6.5　在层中添加项目

层中的内容，如基准线、基准平面等，称为层的"项目"。向一个层中添加项目的方法如下。

Step1. 在"层树"中，单击一个欲向其中添加项目的层，然后右击，在系统弹出的快捷菜单中选择 层属性... 命令，此时系统弹出"层属性"对话框。

Step2. 向层中添加项目。首先确认对话框中的 包括... 按钮被按下，然后将鼠标指针移至图形区的模型上，可看到当鼠标指针接触到基准平面、基准轴、坐标系、伸出项特征等项目时，相应的项目变成淡绿色，此时单击，相应的项目就会添加到该层中。

Step3. 如果要将项目从层中排除，可单击对话框中的 排除... 按钮，再选取项目列表中的相应项目。

Step4. 如果要将项目从层中完全删除，先选取项目列表中的相应项目，再单击 移除 按钮。

Step5. 单击 确定 按钮，关闭"层属性"对话框。

3.6.6　设置层的隐藏

可以将某个层设置为"隐藏"状态，这样层中项目（如基准曲线、基准平面）在模型中将不可见。层的"隐藏"也叫层的"遮蔽"，设置的方法一般如下。

Step1. 在图 3.6.1 所示的"层树"中，选取要设置显示状态的层，右击，系统弹出的快捷菜单中选择 隐藏 命令。

Step2. 单击视图工具栏中的"重画"按钮 ，可以在模型上看到"隐藏"层的变化效果。

图 3.6.1　模型的层树

3.6.7　层树的显示与控制

单击层操作界面中的 下拉菜单，可对层树中的层进行展开、收缩等操作。

3.6.8　关于系统自动创建层

在 Creo 中，当创建某些类型的特征（如曲面特征、基准特征等）时，系统会自动创建新层，新层中包含所创建的特征或该特征的部分几何元素，以后如果创建相同类型的特征，系统会自动将该特征（或其部分几何元素）加入相应的层中。例如，在用户创建了一个基准平面 DTM1 特征后，系统会自动在层树中创建名为 DATUM 的新层，该层中包含刚创建的基准平面 DTM1 特征，以后如果创建其他的基准平面，系统会自动将其放入 DATUM 层中；又如，在用户创建旋转特征后，系统会自动在层树中创建名为 AXIS 的新层，该层中包含刚创建的旋转特征的中心轴线，以后用户创建含有基准轴的特征（截面中含有圆或圆弧的拉伸特征中均包含中心轴几何）或基准轴特征时，系统会自动将它们放入 AXIS 层中。

注意：对于其二维草绘截面中含有圆弧的拉伸特征，须在系统配置文件 config.pro 中将选项 show_axes_for_extr_arcs 的值设为 yes，图形区的拉伸特征中才显示中心轴线，否则不显示中心轴线。

3.6.9　将模型中层的显示状态与模型文件一起保存

将模型中的各层设为所需要的显示状态后，只有将层的显示状态先保存起来，模型中层的显示状态才能随模型的保存而与模型文件一起保存，否则下次打开模型文件后，以前所设置的层的显示状态会丢失。保存层的显示状态的操作方法是，选择层树中的任意一个层，右击，从弹出的图 3.6.2 所示的快捷菜单中选择 保存状况 命令。

注意：

● 在没有改变模型中的层的显示状态时， 保存状况 命令是灰色的。

● 如果没有对层的显示状态进行保存，则在保存模型文件时，系统会在屏幕下部的信息区提示 ⚠警告: 层显示状况未保存. ，如图 3.6.3 所示。

图 3.6.2　快捷菜单　　　　　　　　　　图 3.6.3　信息区的提示

3.7 零件材料与单位的设置

3.7.1 概述

在零件模块中，选择下拉菜单 文件 ➡ 准备(R) ➡ 模型属性(I)/编辑模型属性。命令，系统弹出"模型属性"对话框，通过该对话框可以定义基本的数据库输入值，如材料类型、零件精度和度量单位等。

3.7.2 零件材料的设置

下面说明设置零件材料属性的一般操作步骤。

Step1. 定义新材料。

（1）进入 Creo 系统，随便创建一个零件。

（2）选择下拉菜单 文件 ➡ 准备(R) ➡ 模型属性(I)/编辑模型属性。命令。

（3）在"模型属性"对话框中，选择 材料 ➡ 材料 ➡ 更改 命令，系统弹出"材料"对话框。

（4）在"材料"对话框中单击"创建新材料"按钮 ，系统弹出"材料定义"对话框。

（5）在"材料定义"对话框的 名称 文本框中，先输入材料名称 45steel；然后在其他各区域分别填入材料的一些属性值，如 说明 、 泊松比 、和 杨氏模量 等，再单击 保存到模型 按钮。

Step2. 将定义的材料写入磁盘有两种方法。

方法一：

在 "材料定义"对话框中，单击 保存到库... 按钮。

方法二：

（1）在"材料"对话框的 模型中的材料 列表中选取要写入的材料名称，比如 45steel。

（2）在"材料"对话框中单击"保存选定材料的副本"按钮 ，系统弹出"保存副本"对话框。

（3）在"保存副本"对话框的 新名称 文本框中，输入材料文件的名称，然后单击 确定 按钮，材料将被保存到当前的工作目录中。

Step3. 为当前模型指定材料。

（1）在图 3.7.1 所示的"材料"对话框的 库中的材料 列表中选取所需的材料名称，比如先前保存的材料 45steel.mtl 。

（2）在"材料"对话框中单击"将材料指定给模型"按钮 ，此时材料名称 45STEEL 被放置到 模型中的材料 列表中。

（3）在"材料"对话框中单击 确定 按钮。

图 3.7.1 "材料"对话框

3.7.3 零件单位的设置

每个模型都有一个基本的米制和非米制单位系统，以确保该模型的所有材料属性保持测量和定义的一贯性。Creo 提供了一些预定义单位系统，其中一个是默认单位系统。用户还可以定义自己的单位和单位系统（称为定制单位和定制单位系统）。在进行一个产品的设计前，应该使产品中各元件具有相同的单位系统。

选择下拉菜单 文件 → 准备(R) → 编辑模型属性 命令，在弹出的"模型属性"对话框中选择 材料 → 单位 → 更改 命令，可以设置、创建、更改、复制或删除模型的单位系统。

如果要对当前模型中的单位制进行修改，可参考下面的操作方法进行。

Step1. 在"零件"或"装配"环境中，选择下拉菜单 文件 → 准备(R) → 编辑模型属性 命令，在弹出的"模型属性"对话框中选择 材料 → 单位 → 更改 命令。

Step2. 系统弹出图 3.7.2 所示的"单位管理器"对话框，在 单位制 选项卡中，红色箭头指向当前模型的单位系统，用户可以选择列表中任何一个单位系统或创建自定义的单位系统。选择一个单位系统后，在 说明 区域会显示所选单位系统的描述。

Step3. 如果要对模型应用其他的单位系统，则须先选取某个单位系统，然后单击 设置... 按钮，此时系统会弹出图 3.7.3 所示的"改变模型单位"对话框，选中其中一个单选项，然后单击 确定 按钮。

Step4. 完成对话框操作后，单击 关闭 按钮。

图 3.7.2　"单位管理器"对话框

图 3.7.3　"改变模型单位"对话框

3.8　特征的编辑与编辑定义

3.8.1　特征的编辑

特征的编辑也叫特征的修改，即对特征的尺寸和尺寸的相关修饰元素进行修改，下面介绍其操作方法。

1. 进行特征编辑状态的两种方法

方法一：从模型树选择编辑命令，然后进行特征的编辑。

举例说明如下。

Step1. 选择下拉菜单 文件▼ ➡ 管理会话(M)▶ ➡ 选择工作目录(W) 更改工作目录. 命令，将工作目录设置置为 D:\Creo3\work\ch03.08。

Step2. 选择下拉菜单 文件▼ ➡ 打开(O) 命令，打开文件 bearing_base.prt。

Step3. 在零件（bearing_base）的模型树中（如果看不到模型树，选择导航区中的 ➡ 模型树(M) 命令），单击要编辑的特征，然后右击，在快捷菜单中选择 编辑 命令，此时该特征的所有尺寸都显示出来，以便进行编辑。

方法二：双击模型中的特征，然后进行特征的编辑。

这种方法是直接在图形区的模型上双击要编辑的特征，此时该特征的所有尺寸也都会显示出来。对于简单的模型，这是修改特征的一种常用方法。

2．编辑特征尺寸值

通过上述方法进入特征的编辑状态后，如果要修改特征的某个尺寸值，方法如下。

Step1. 在模型中双击要修改的特征的某个尺寸。

Step2. 按图 3.8.1 所示，输入新的尺寸，并按 Enter 键。

Step3. 编辑特征的尺寸后，必须进行"再生"操作，重新生成模型，这样修改后的尺寸才会重新驱动模型。方法是单击 模型 功能选项卡 操作 ▼ 区域中的 🔝 按钮。

3．修改特征尺寸的修饰

进入特征的编辑状态后，如果要修改特征的某个尺寸的修饰，其一般操作过程如下。

Step1. 在模型中单击要修改其修饰的某个尺寸。

Step2. 右击，在弹出的图 3.8.2 所示的快捷菜单中选择 属性... 命令，此时系统弹出"尺寸属性"对话框。

图 3.8.1　修改尺寸　　　　　图 3.8.2　快捷菜单

Step3. 可以在"尺寸属性"对话框中的 属性 选项卡、 显示 选项卡以及 文本样式 选项卡中进行相应修饰项的设置修改。

3.8.2　查看零件信息及特征父子关系

在模型树中选择某个特征，然后右击，选择菜单中的 信息▶ 命令，系统将显示图 3.8.3 所示的子菜单，通过该菜单可查看所选特征的信息、零件的信息和所选特征与其他特征间的父子关系。图 3.8.4 所示为轴承座零件（bearing_base）中基础拉伸特征与其他特征的父子关系信息的"参考查看器"对话框。

图 3.8.3　信息子菜单

图 3.8.4　"参考查看器"对话框

3.8.3　删除特征

在模型树中选择某个特征，然后右击，在菜单中选择 删除 命令，可删除所选的特征。如果要删除的特征有子特征，例如要删除轴承座（bearing_base）中的基础拉伸特征（图 3.8.5），系统将弹出图 3.8.6 所示的"删除"对话框，同时系统在模型树上加亮该拉伸特征的所有子特征。如果单击对话框中的 确定 按钮，则系统删除该拉伸特征及其所有子特征。

图 3.8.5　模型树

图 3.8.6　"删除"对话框

3.8.4　特征的隐含与隐藏

1. 特征的隐含（Suppress）与恢复隐含（Resume）

在菜单中选择 隐含 命令，即可"隐含"所选取的特征。"隐含"特征就是将特征从模型中暂时删除。如果要"隐含"的特征有子特征，子特征也会一同被"隐含"。类似地，在装配模块中，可以"隐含"装配体中的元件。隐含特征的作用如下。

- 隐含某些特征后，用户可更专注于当前工作区域。
- 隐含零件上的特征或装配体中的元件可以简化零件或装配模型，减少再生时间，加速修改过程和模型显示速度。
- 暂时删除特征（或元件）可尝试不同的设计迭代。

一般情况下，特征被"隐含"后，系统不在模型树上显示该特征名。如果希望在模型树上显示该特征名，可以在导航选项卡中选择 🔟 ➡ 树过滤器 (F)... 命令，系统弹出"模型树项"对话框，选中该对话框中的 ☑ 隐含的对象 复选框，然后单击 确定 按钮，这样被隐含的特征名就会显示在模型树中，注意被隐含的特征名前有一个填黑的小正方形标记，如图 3.8.7 所示。

如果想要恢复被隐含的特征，可在模型树中右击隐含特征名，再在弹出的快捷菜单中选择 恢复 命令，如图 3.8.8 所示。

图 3.8.7 特征的隐含

图 3.8.8 快捷菜单

2. 特征的隐藏（Hide）与取消隐藏（Unhide）

在轴承座零件（bearing_base）的模型树中，右击某些基准特征名（如 TOP 基准平面），从弹出的图 3.8.9 所示的快捷菜单中选择 隐藏 命令，即可"隐藏"该基准特征，也就是在零件上看不见此特征，这种功能相当于层的隐藏功能。

如果想要取消被隐藏的特征，可在模型树中右击隐藏特征名，再在弹出的快捷菜单中选择 取消隐藏 命令，如图 3.8.10 所示。

图 3.8.9 快捷菜单

图 3.8.10 "取消隐藏"命令

3.8.5　特征的编辑定义

当特征创建完毕后，如果需要重新定义特征的属性、截面的形状或特征的深度选项，就必须对特征进行"编辑定义"，也叫"重定义"。下面以轴承座（bearing_base）的拉伸特征为例说明其操作方法。

在轴承座（bearing_base）的模型树中，右击"拉伸 1"特征，再在弹出的快捷菜单中选择 ![icon] 命令，此时系统弹出操控板界面，按照图中所示的操作方法，可重新定义该特征的所有元素。

1．重定义特征的属性

在操控板中重新选定特征的深度类型和深度值及拉伸方向等属性。

2．重定义特征的截面

Step1. 在操控板中单击 放置 按钮，然后在弹出的界面中单击 编辑... 按钮（或者在绘图区中右击，从弹出的快捷菜单中选择 编辑内部草绘... 命令）。

Step2. 此时系统进入草绘环境，单击 草绘 功能选项卡 设置▾ 区域中的 ![icon] 按钮，系统会弹出"草绘"对话框。

Step3. 此时系统将加亮原来的草绘平面，用户可选取其他平面作为草绘平面，并选取方向。也可通过单击 使用先前的 按钮，来选择前一个特征的草绘平面及参考平面。

Step4. 选取草绘平面后，系统加亮原来的草绘平面的参考平面，此时可选取其他平面作为参考平面，并选取方向。

Step5. 完成草绘平面及其参考平面的选取后，系统再次进入草绘环境，可以在草绘环境中修改特征草绘截面的尺寸、约束关系、形状等。修改完成后，单击"完成"按钮 ![icon]。

3.9　多级撤销/重做功能

在所有对特征、组件和制图的操作中，如果错误地删除、重定义或修改了某些内容，只需一个简单的"撤销"操作就能恢复原状。下面以一个例子进行说明。

说明：系统配置文件 config.pro 中的配置选项 general_undo_stack_limit 可用于控制撤销或重做操作的次数，默认及最大值为 50。

Step1. 新建一个零件，将其命名为 Undo_op。

Step2. 创建图 3.9.1 所示的拉伸特征。

Step3. 创建图 3.9.2 所示的切削拉伸特征。

Step4. 删除上步创建的切削拉伸特征，然后单击工具栏中的 ![icon]（撤销）按钮，则刚刚被删除的切削拉伸特征又恢复回来了；如果再单击工具栏中的 ![icon]（重做）按钮，恢复的切削拉伸特征又被删除了。

图 3.9.1　拉伸特征

图 3.9.2　切削特征

3.10　旋　转　特　征

3.10.1　关于旋转特征

如图 3.10.1 所示，旋转（Revolve）特征是将截面绕着一条中心轴线旋转而形成的形状特征。注意旋转特征必须有一条绕其旋转的中心线。

要创建或重新定义一个旋转特征，可按下列操作顺序给定特征要素。

定义截面放置属性（包括草绘平面、参考平面和参考平面的方向）→绘制旋转中心线→绘制特征截面→确定旋转方向→输入旋转角。

3.10.2　旋转特征的一般创建过程

下面说明创建旋转特征的详细过程。

Task1.　新建文件

新建一个零件，文件名为 shaft，使用零件模板 `mmns_part_solid`。

图 3.10.1　旋转特征示意图

Task2. 创建如图 3.10.1 所示的实体旋转特征

Step1. 选取特征命令。单击 模型 功能选项卡 形状 ▼ 区域中的 中 旋转 按钮。

Step2. 定义旋转类型。完成上步操作后，弹出操控板，该操控板反映了创建旋转特征的过程及状态。在操控板中按下"实体类型"按钮 □ （默认选项）。

Step3. 定义特征的截面草图。

（1）在操控板中单击 放置 按钮，然后在弹出的界面中单击 定义... 按钮，系统弹出"草绘"对话框。

（2）定义截面草图的放置属性。选取 RIGHT 基准平面为草绘平面，采用模型中默认的方向为草绘视图方向；选取 TOP 基准平面为参考平面，方向为 左 ；单击对话框中的 草绘 按钮。

（3）系统进入草绘环境后，绘制图 3.10.2 所示的旋转特征截面草图。

说明： 本例接受系统默认的 TOP 基准平面和 FRONT 基准平面为草绘参考。

旋转特征截面绘制的规则：

● 旋转截面必须有一条中心线，围绕中心线旋转的草图只能绘制在该中心线的一侧。

图 3.10.2　截面草图

● 若草绘中使用的中心线多于一条，Creo 将自动选取草绘的第一条中心线作为旋转轴，除非用户另外选取。

● 实体特征的截面必须是封闭的，而曲面特征的截面则可以不封闭。

① 单击 草绘 选项卡 草绘 区域中的 ┊中心线 按钮，在 FRONT 基准平面所在的线上绘制一条旋转中心线（图 3.10.2）。

② 绘制绕中心线旋转的封闭几何；按图中的要求，标注、修改、整理尺寸；完成特征截面后，单击"确定"按钮 ✔ 。

Step4. 定义旋转角度参数。在操控板中，选取旋转角度类型 ⊥ （即草绘平面以指定的角度值旋转），再在角度文本框中输入角度值 360.0，并按 Enter 键。

说明： 单击操控板中的按钮 ⊥ 后的 ▾ 按钮，可以选取特征的旋转角度类型，各选项说明如下。

- 单击 ![按钮图标] 按钮，特征将从草绘平面开始按照所输入的角度值进行旋转。
- 单击 ![按钮图标] 按钮，特征将在草绘平面两侧分别从两个方向以输入角度值的一半进行旋转。
- 单击 ![按钮图标] 按钮，特征将从草绘平面开始旋转至选定的点、曲线、平面或曲面。

Step5. 完成特征的创建。单击操控板中的 ![按钮图标] 按钮。至此，图 3.10.1 所示的旋转特征已创建完成。

3.11　倒　角　特　征

构建特征是这样一类特征，它们不能单独生成，而只能在其他特征上生成。构建特征包括倒角特征、圆角特征、孔特征、修饰特征等。本节主要介绍倒角特征。

3.11.1　关于倒角特征

倒角（Chamfer）命令位于 ![模型] 功能选项卡 ![工程▼] 区域中（图 3.11.1），倒角分为以下两种类型。

- ![边倒角] ：边倒角是在选定边处截掉一块平直剖面的材料，以在共有该选定边的两个原始曲面之间创建斜角曲面（图 3.11.2）。
- ![拐角倒角] ：拐角倒角是在零件的拐角处去除材料（图 3.11.3）。

图 3.11.1　"倒角"命令　　　　　　图 3.11.2　边倒角　　　　图 3.11.3　拐角倒角

3.11.2　简单倒角特征的一般创建过程

下面说明在一个模型上添加倒角特征（图 3.11.4）的详细过程。

图 3.11.4　倒角特征

Stage1. 打开一个已有的零件三维模型

将工作目录设置为 D:\Creo3\work\ch03.11，打开文件 chamfer.prt。

Stage2. 添加倒角（边倒角）

Step1. 单击 模型 功能选项卡 工程 ▼ 区域中的 ↘倒角 ▼ 按钮，系统弹出倒角操控板。

Step2. 选取模型中要倒角的边线，如图 3.11.5 所示。

Step3. 选择边倒角方案。本例选取 45 x D 方案。

Step4. 设置倒角尺寸。在操控板中的倒角尺寸文本框中输入数值 1.8，并按 Enter 键。

说明：在一般零件的倒角设计中，通过移动图 3.11.6 中的两个小方框来动态设置倒角尺寸是一种比较好的设计操作习惯。

Step5. 在操控板中单击 ✔ 按钮，完成倒角特征的构建。

图 3.11.5 选取要倒角边线

移动这两个小方框可动态修改倒角尺寸

图 3.11.6 调整倒角大小

3.12 圆 角 特 征

3.12.1 关于圆角特征

使用圆角（Round）命令可创建曲面间的圆角或中间曲面位置的圆角。曲面可以是实体模型的表面，也可以是曲面特征。在 Creo 中，可以创建两种不同类型的圆角：简单圆角和高级圆角。创建简单的圆角时，只能指定单个参考组，并且不能修改过渡类型；当创建高级圆角时，可以定义多个"圆角组"，即圆角特征的段。

3.12.2 简单圆角的一般创建过程

下面以图 3.12.1 所示的模型为例，说明创建一般简单圆角的过程。

Step1. 将工作目录设置为 D:\Creo3\work\ch03.12，打开文件 round_ simple.prt。

Step2. 单击 模型 功能选项卡 工程 ▼ 区域中的 ↘倒圆角 ▼ 按钮，系统弹出操控板。

Step3. 选取圆角放置参考。在图 3.12.2 中的模型上选取要倒圆角的边线，此时模型的显示状态如图 3.12.3 所示。

圆角特征

图 3.12.1　创建一般简单圆角

选取此边线

图 3.12.2　选取圆角边线

50.0

用鼠标指针拖移此方框，可动态改变圆角的大小

图 3.12.3　调整圆角的大小

Step4. 在操控板中，输入圆角半径值 50.0，然后单击"完成"按钮 ✓ ，完成圆角特征的创建。

3.12.3　完全圆角的创建过程

如图 3.12.4 所示，通过指定一对边可创建完全圆角，此时这一对边所构成的曲面会被删除，圆角的大小被该曲面所限制。下面说明创建一般完全圆角的过程。

Step1. 将工作目录设置为 D:\Creo3\work\ch03.12，打开文件 round_full.prt。

Step2. 单击 模型 功能选项卡 工程 ▼ 区域中的 🔗 倒圆角 ▼ 按钮。

Step3. 选取圆角的放置参考。在模型上选取图 3.12.4 所示的两条边线，操作方法为：先选取一条边线，然后按住键盘上的 Ctrl 键，再选取另一条边线。

Step4. 在操控板中单击 集 按钮，系统弹出图 3.12.5 所示的界面，在该界面中单击 完全倒圆角 按钮。

Step5. 在操控板中单击"完成"按钮 ✓ ，完成特征的创建。

选取这两条边线

完全圆角

图 3.12.4　创建完全圆角

单击此按钮，即可创建完全圆角

在该参考列表中，系统会列出要圆角的边线等内容，如果要删除其中的某项，可先单击该项，然后右击，从弹出的快捷菜单中选择 移除 命令。

图 3.12.5　圆角的设置界面

3.12.4　自动倒圆角

通过使用"自动倒圆角"命令可以同时在零件的面组上创建多个恒定半径的倒圆角特征。下面通过图 3.12.6 所示的模型来说明创建自动倒圆角的一般过程。

图 3.12.6　创建自动倒圆角

Step1. 将工作目录设置至 D:\Creo3\work\ch03.12，打开文件 round_auto.prt。

Step2. 单击 模型 功能选项卡 工程 ▼ 区域中 倒圆角 ▼ 节点下的 自动倒圆角 命令，系统弹出操控板。

Step3. 设置自动倒圆角的范围。在操控板中单击 范围 按钮，在"范围"界面上选中 ⊙ 实体几何 单选项、☑ 凸边 和 ☑ 凹边 复选框。

Step4. 定义圆角大小。在凸边 文本框中输入凸边的半径值 6.0，在凹边 文本框中输入凹边的半径值 3.0。

说明：当只在凸边 文本框中输入半径值时，系统会默认凹边的半径值与凸边的相同。

Step5. 在操控板中单击"完成"按钮 ，系统自动弹出图 3.12.7 所示的"自动倒圆角播放器"窗口，完成"自动倒圆角"特征的创建。

图 3.12.7　"自动倒圆角播放器"窗口

3.13　孔　特　征

3.13.1　关于孔特征

在 Creo 中，可以创建三种类型的孔特征（Hole）。

- 直孔：具有圆截面的切口，它始于放置曲面并延伸到指定的终止曲面或用户定义的深度。
- 草绘孔：由草绘截面定义的旋转特征。锥形孔可作为草绘孔进行创建。
- 标准孔：具有基本形状的螺孔。它是基于相关的工业标准的，可带有不同的末端形状、标准沉孔和埋头孔。对选定的紧固件，既可计算攻螺纹，也可计算间隙直径；用户既可利用系统提供的标准查找表，也可创建自己的查找表来查找这些直径。

3.13.2　孔特征（直孔）的一般创建过程

下面说明在一个模型上添加孔特征（直孔）的详细操作过程。

Stage1. 打开一个已有的零件

将工作目录设置为 D:\Creo3\work\ch03.13，打开文件 hole_straight.prt（图 3.13.1）。

Stage2. 添加孔特征（直孔）

Step1. 单击 模型 功能选项卡 工程 ▾ 区域中的 孔 按钮。

Step2. 选取孔的类型。完成上步操作后，系统弹出孔特征操控板。本例是添加直孔，由于直孔为系统默认，这一步可省略。如果创建标准孔或草绘孔，可单击创建标准孔的按钮，或"草绘定义钻孔轮廓"按钮 。

Step3. 定义孔的放置。

（1）定义孔放置的放置参考。选取图 3.13.2 所示的端面为放置参考，此时系统以当前默认值自动生成孔的轮廓。可按照图中说明进行相应动态操作。

　　图 3.13.1　创建孔特征　　　　　　图 3.13.2　选取孔的放置参考

注意：孔的放置参考可以是基准平面或零件上的平面或曲面（如柱面、锥面等）也可以是基准轴。为了直接在曲面上创建孔，该孔必须是径向孔，且该曲面必须是凸起状。

（2）定义孔放置的方向。单击操控板中的 放置 按钮，系统弹出界面中单击 反向 按钮，可改变孔的放置方向（即孔放置在放置参考的那一边），本例采用系统默认的方向，即孔在实体这一侧。

（3）定义孔的放置类型。单击"类型"下拉列表后的按钮▼，选取 线性 选项。

孔的放置类型介绍如下。

- 线性：参考两边或两平面放置孔（标注两线性尺寸）。如果选择此放置类型，接下来必须选择参考边（平面）并输入距参考的距离。

- 径向：绕一中心轴及参考一个面放置孔（需输入半径距离）。如果选择此放置类型，接下来必须选择中心轴及角度参考的平面。

- 直径：绕一中心轴及参考一个面放置孔（需输入直径）。如果选择此放置类型，接下来必须选择中心轴及角度参考的平面。

- 同轴：创建一根中心轴的同轴孔。接下来必须选择参考的中心轴。

（4）定义次参考及定位尺寸。单击 偏移参考 下的"单击此处添加…"字符，然后选取 RIGHT 基准平面为第一线性参考，将距离设置为"对齐"； 按住 Ctrl 键，可选取第二个参考 TOP 基准平面，在后面的"距离"文本框中输入到 TOP 基准平面的距离值 8.0，再按 Enter 键。

Step4. 定义孔的直径及深度。在操控板中输入直径值 4.0，选取深度类型 ╪ （即"穿透"）。

说明： 在操控板中，单击"深度"类型后的▼按钮，可出现如下几种深度选项。

- ⊥ （定值）：创建一个平底孔。如果选中此深度选项，接下来必须指定"深度值"。

- ═ （穿过下一个）：创建一个一直延伸到零件的下一个曲面的孔。

- ╪ （穿透）：创建一个和所有曲面相交的孔。

- ⊥ （穿至）：创建一个穿过所有曲面直到指定曲面的孔。如果选取此深度选项，则也必须选取曲面。

- ⊥ （指定的）：创建一个一直延伸到指定点、顶点、曲线或曲面的平底孔。

- ⊟ （对称）：创建一个在草绘平面的两侧具有相等深度的双侧孔。

Step5. 在操控板中单击"完成"按钮 ✔，完成特征的创建。

3.13.3　螺孔的一般创建过程

下面说明创建螺孔（标准孔）的一般过程（图 3.13.3）。

Stage1. 打开一个已有的零件三维模型

将工作目录设置为 D:\Creo3\work\ch03.13，打开文件 hole_thread.prt。

Stage2. 添加螺孔特征

Step1. 单击 模型 功能选项卡 工程 ▼ 区域中的 孔 按钮，系统弹出孔特征操控板。

Step2. 定义孔的放置。

（1）定义孔放置的放置参考。单击操控板中的 放置 按钮，选取图 3.13.4 所示的模型表面——圆柱面为放置参考。

（2）定义孔放置的方向及类型。采用系统默认的放置方向，放置类型为 径向 。

（3）定义次参考 1（角度参考）。

① 单击操控板中 偏移参考 下的"单击此处添加…"字符。

② 选取图 3.13.4 所示的 FRONT 基准平面为次参考 1（角度参考）。

③ 在"角度"后面的文本框中，输入角度值 0（此角度值用于孔的径向定位），并按 Enter 键。

螺孔特征

图 3.13.3　创建螺孔

选取模型的此端面为次参考 2（轴向参考）

选取模型的此圆柱表面为主参考

FRONT

选取此 FRONT 基准平面为次参考 1（角度参考）

图 3.13.4　孔的放置

（4）定义次参考 2（轴向参考）。

① 按住 Ctrl 键，选取如图 3.13.4 所示的模型端面为次参考 2（轴向参考）。

② 在"轴向"后的文本框中输入距离值 20.0（此距离值用于孔的轴向定位），并按 Enter 键。

Step3. 在操控板中，按下螺孔类型按钮 ；选择 ISO 螺孔标准，螺孔大小为 M4×0.7，深度类型为 （穿透）。

Step4. 选择螺孔结构类型和尺寸。在操控板中，在操控板中按下 按钮，再单击 形状 按钮，再在图 3.13.5 所示的"形状"界面中选中 全螺纹 单选项。

Step5. 在操控板中单击"完成"按钮 ，完成特征的创建。

螺孔有 4 种结构形式。

（1）一般螺孔形式。在操控板中，单击 ，再单击 形状 ，系统弹出如图 3.13.5 所示的界面，如果选中 全螺纹 单选项，则螺孔形式如图 3.13.6 所示。

图 3.13.5　深度可变螺孔　　　　　　　图 3.13.6　全螺纹螺孔

（2）埋头螺钉螺孔形式。在操控板中单击 ⊕ 和 ＼ ，再单击 **形状** 按钮，系统弹出图 3.13.7 所示的界面，如果选中 ☑ 退出沉头孔 复选框，则螺孔形式如图 3.13.8 所示。

注意： 如果不选中 ☑ 包括螺纹曲面 复选框，则在生成工程图时，就不会有螺纹细实线。

图 3.13.7　埋头螺钉螺孔 1　　　　　　图 3.13.8　埋头螺钉螺孔 2

（3）沉头螺钉螺孔形式。在操控板中，在操控板中单击 ⊕ 和 ＼ ，再单击 **形状** 按钮，系统弹出图 3.13.9 所示的界面，如果选中 ● 全螺纹 单选项，则螺孔形式如图 3.13.10 所示。

图 3.13.9　沉头螺钉螺孔（可变）　　　图 3.13.10　沉头螺钉螺孔（全螺纹）

（4）螺钉过孔形式。有三种形式的过孔：

- 在操控板中取消选择 ⊕ 、 Y 和 ⊬ ，选择"间隙孔" ⫿ ，再单击 **形状** 按钮，则螺孔形式如图 3.13.11 所示。
- 在操控板中单击 Y ，再单击 **形状** 按钮，则螺孔形式如图 3.13.12 所示。
- 在操控板中单击 ⊬ ，再单击 **形状** 按钮，则螺孔形式如图 3.13.13 所示。

图 3.13.11　螺钉过孔

图 3.13.12　埋头螺钉过孔

图 3.13.13　沉头螺钉过孔

3.14　抽　壳　特　征

如图 3.14.1 所示，"（抽）壳"特征（Shell）是将实体的一个或几个表面去除，然后掏空实体的内部，留下一定壁厚的壳。在使用该命令时，各特征的创建次序非常重要。

下面以图 3.14.1 所示的模型为例，说明抽壳操作的一般过程。

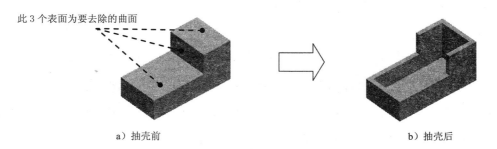

图 3.14.1　等壁厚的抽壳

Step1. 将工作目录设置为 D:\Creo3\work\ch03.14，打开文件 shell.prt。

Step2. 单击 模型 功能选项卡 工程 ▼ 区域中的 回壳 按钮。

Step3. 选取抽壳时要去除的实体表面。此时，系统弹出图 3.14.2 所示的"壳"特征操控板，并且在信息区提示 ➡ 选择要从零件移除的曲面. ，按住 Ctrl 键，选取图 3.14.1a 中的 3 个表面为要去除的曲面。

Step4. 定义壁厚。在操控板的"厚度"文本框中，输入抽壳的壁厚值 1.0。

注意：这里如果输入正值，则壳的厚度保留在零件内侧；如果输入负值，壳的厚度将增加到零件外侧。也可单击按钮 来改变内侧或外侧。

Step5. 在操控板中单击"完成"按钮 ，完成抽壳特征的创建。

3.15 筋 特 征

图 3.15.1 所示的特征为筋（Rib）特征。筋特征的创建过程与拉伸特征基本相似，不同的是筋特征的截面草图是不封闭的（图 3.15.1），筋的截面只是一条直线。但必须注意：截面两端必须与接触面对齐。

下面以图 3.15.1 所示的筋特征为例，说明筋特征创建的一般过程。

图 3.15.1 筋特征

Step1. 将工作目录设置为 D:\Creo3\work\ch03.15，打开文件 rib.prt。

Step2. 单击 模型 功能选项卡 工程 ▼ 区域 筋 ▼ 节点下的 轮廓筋 命令，系统弹出操控板，该操控板反映了筋特征创建的过程及状态。

Step3. 定义草绘截面放置属性。

（1）在操控板的 放置 界面中单击 定义... 按钮，选取 TOP 基准平面为草绘平面。

（2）选取图 3.15.1 中的模型表面为参考面，方向为 右 。

说明：如果模型的表面选取较困难，可用"列表选取"的方法。其操作步骤介绍如下。

● 将鼠标指针移至目标附近，右击。

● 在弹出的快捷菜单中选择 从列表中拾取 命令。

● 在弹出的列表对话框中，依次单击各项目，同时模型中对应的元素会变亮，找到所需的目标后，单击对话框下部的 确定(O) 按钮。

Step4. 定义草绘参考。单击 草绘 功能选项卡 设置▾ 区域中的 按钮，系统弹出"参考"对话框，选取图 3.15.2 所示的两条边线为草绘参考，单击 关闭(C) 按钮。

Step5. 绘制图 3.15.2 所示的筋特征截面图形。完成绘制后，单击"确定"按钮 。

Step6. 定义加材料的方向。在模型中单击"方向"箭头，直至箭头的方向如图 3.15.3 所示。

Step7. 定义筋的厚度值 4.0。

Step8. 在操控板中，单击"完成"按钮 ，完成筋特征的创建。

图 3.15.2 截面图形

图 3.15.3 定义加材料的方向

3.16 修 饰 特 征

修饰（Cosmetic）特征是在其他特征上绘制的复杂的几何图形，并能在模型上清楚地显示出来，如螺钉上的螺纹示意线、零件上的公司徽标等。由于修饰特征也被认为是零件的特征，因此它们一般也可以重定义和修改。下面将介绍几种修饰特征：Thread（螺纹）、Sketch（草图）和 Groove（凹槽）。

3.16.1 螺纹修饰特征

修饰螺纹（Thread）是表示螺纹直径的修饰特征。与其他修饰特征不同，不能修改修饰螺纹的线型，并且螺纹也不会受到"环境"菜单中隐藏线显示设置的影响。螺纹以默认极限公差设置来创建。

修饰螺纹可以是外螺纹或内螺纹，也可以是不通的或贯通的。可通过指定螺纹内径或螺纹外径（分别对于外螺纹和内螺纹）、起始曲面和螺纹长度或终止边，来创建修饰螺纹。

这里以前面创建的 shaft.prt 零件为例，说明如何在模型的圆柱面上创建图 3.16.1 所示的（外）螺纹修饰。

Step1. 先将工作目录设置为 D:\Creo3\work\ch03.16，然后打开文件 thread.prt。

Step2. 选择 模型 功能选项卡中 工程▾ 下拉菜单中的 修饰螺纹 命令（图

3.16.2）。

Step3. 选取要进行螺纹修饰的曲面。完成上步操作后，系统弹出"螺纹"对话框。单击其中的 放置 按钮，选取图 3.16.1 所示的要进行螺纹修饰的曲面。

Step4. 选取螺纹的起始曲面。单击"螺纹"操控板中的 深度 按钮，选取图 3.16.1 所示的螺纹起始曲面。

图 3.16.1　创建螺纹修饰特征　　　　　　图 3.16.2　"修饰"子菜单

注意：对于螺纹的起始曲面，可以是一般模型特征的表面（比如拉伸、旋转、倒角、圆角、扫描等特征的表面）或基准平面，也可以是面组。

Step5. 定义螺纹的长度方向和长度以及螺纹小径。完成上一步操作后，模型上显示图 3.16.3 所示的螺纹深度方向箭头，箭头必须指向附着面的实体一侧，如方向错误，可以单击 按钮反转方向。

（1）定义螺纹长度。在 文本框中输入螺纹长度值 10.0。

（2）定义螺纹小径。在 文本框中输入螺纹小径值 3.5。

（3）定义螺纹节距。在 文本框中输入数值 1。

注意：对于外螺纹，默认外螺纹小径值比轴的直径小 10%左右；对于内螺纹，这里要输入螺纹大径，默认螺纹大径值比孔的直径约大 10%。

Step6. 编辑螺纹属性。完成上步操作后，单击"螺纹"操控板中的 属性 按钮，系统弹出图 3.16.4 所示的"属性"界面，用户可以用此界面进行螺纹参数设置，并能将设置好的参数文件保存，以便下次直接调用。

图 3.16.3　螺纹深度方向　　　　　　　　图 3.16.4　"属性"界面

图 3.16.4 所示的"属性"界面中各命令的说明如下。

- **打开**... 按钮：用户可从硬盘（磁盘）上打开一个包含螺纹注释参数的文件，并把它们应用到当前的螺纹中。
- **保存**... 按钮：保存螺纹注释参数，以便以后再利用。
- **参数** 区域：修改螺纹参数（表 3.16.1）进行修改。

Step7. 单击"修饰：螺纹"对话框中的 ∞ 按钮，预览所创建的螺纹修饰特征（将模型显示换到线框状态，可看到螺纹示意线），如果定义的螺纹修饰特征符合设计意图，可单击对话框中的 ✔ 按钮。

表 3.16.1　螺纹参数

参 数 名 称	参 数 值	参 数 描 述
MAJOR_DIAMETER	数字	螺纹的公称直径
PITCH	数字	螺距
FORM	字符串	螺纹形式
CLASS	数字	螺纹等级
PLACEMENT	字符	螺纹放置（A—轴螺纹，B—孔螺纹）
METRIC	YES/NO	螺纹为米制

表 3.16.1 中列出了螺纹的所有参数的信息，用户可根据需要编辑这些参数。

注意：系统会两次提示有关直径的信息，这一重复操作的益处是，用户可将米制螺纹放置到英制单位的零件上，反之亦然。

3.16.2　草绘修饰特征

草绘修饰特征被"绘制"在零件的曲面上。例如公司徽标或序列号等可"绘制"在零件的表面上。另外，在进行"有限元"分析计算时，也可利用草绘修饰特征定义"有限元"局部负荷区域的边界。

注意：其他特征不能参考修饰特征，即修饰特征的边线既不能作为其他特征尺寸标注的起始点，也不能作为"使用边"来使用。

与其他特征不同，修饰特征可以设置线体（包括线型和颜色）。特征的每个单独的几何段，都可以设置不同的线体，其操作方法如下。

选择 **设置 ▼** 节点下的 **设置线造型** 命令(注意：单击 **模型** 功能选项卡中 **工程 ▼** 节点下的 **修饰草绘** 命令，并进入草绘环境后，此 **设置线造型** 命令才可见)，在系统弹出的"线造型"对话框中单击 **选择线**... 按钮，然后在 ➡ **选择要用新线造型显示的图元-** 的提示下，选择修饰特征的一个或多个图元，选择所需的线型和颜色，单击 **应用** 按钮。

3.16.3　凹槽修饰特征

凹槽修饰（Groove）是零件表面上凹下的绘制图形，它是一种投影类型的修饰特征。通过创建草绘图形并将其投影到曲面上即可创建凹槽，凹下的修饰特征是没有定义深度的。注意：凹槽特征不能跨越曲面边界。在数控加工中，应选取凹槽修饰（Groove）特征来定义雕刻加工。

3.17　常用的基准特征及其应用

Creo 中的基准包括基准平面、基准轴、基准曲线、基准点和坐标系。这些基准在创建零件一般特征、曲面、零件的剖切面、装配中都十分有用。

3.17.1　基准平面

基准平面也称基准面。在创建一般特征时，如果模型上没有合适的平面，用户可以将基准平面作为特征截面的草绘平面及其参考平面；也可以根据一个基准平面进行标注，就好像它是一条边。基准平面的大小都可以调整，以使其看起来适合零件、特征、曲面、边、轴或半径。

基准平面有两侧：橘黄色侧和灰色侧。法向方向箭头指向橘黄色侧。基准平面在屏幕中显示为橘黄色或灰色取决于模型的方向。当装配元件、定向视图和选择草绘参考时，应注意基准平面的颜色。

要选择一个基准平面，可以选择其名称，或选择它的一条边界。

1．创建基准平面的一般过程

下面以一个范例来说明基准平面的一般创建过程。如图 3.17.1 所示，现在要创建一个基准平面 DTM1，使其穿过图中模型的一个边线，并与模型上的一个表面成 40°的夹角。

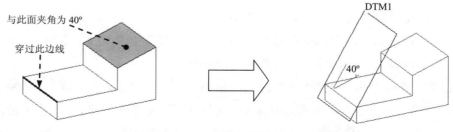

图 3.17.1　基准平面的创建

Step1．将工作目录设置为 D:\Creo3\work\ch03.17，打开 datum_plane.prt。

Step2. 单击 模型 功能选项卡 基准▼ 区域中的"平面"按钮 ▱ ，系统弹出对话框。

Step3. 选取约束。

（1）穿过约束。选取图 3.17.1 所示的边线，此时对话框的显示。

（2）角度约束。按住 Ctrl 键，选取图 3.17.1 所示的参考平面。

（3）给出夹角。在对话框下部的文本框中键入夹角值 40.0，并按 Enter 键。

Step4. 修改基准平面的名称。可在 属性 选项卡的 名称 文本框中键入新的名称。

2．创建基准平面的其他约束方法：通过平面

要创建的基准平面通过另一个平面，即与这个平面完全一致，该约束方法能单独确定一个平面。

Step1. 单击"平面"按钮 ▱ 。

Step2. 选取某一参考平面，再在对话框中选择 穿过 选项。

3．创建基准平面的其他约束方法：偏距平面

要创建的基准平面平行于另一个平面，并且与该平面有一个偏距距离。该约束方法能单独确定一个平面。

Step1. 单击"平面"按钮 ▱ 。

Step2. 选取某一参考平面，然后输入偏距的距离值 20.0。

4．创建基准平面的其他约束方法：偏距坐标系

用此约束方法可以创建一个基准平面，使其垂直于一个坐标轴并偏离坐标原点。当使用该约束方法时，需要选择与该平面垂直的坐标轴，以及给出沿该轴线方向的偏距。

Step1. 单击"平面"按钮 ▱ 。

Step2. 选取某一坐标系。

Step3. 选取所需的坐标轴，然后输入偏距的距离值 20.0。

5．控制基准平面的法向方向和显示大小

尽管基准平面实际上是一个无穷大的平面，但在默认情况下，系统根据模型大小对其进行缩放显示。显示的基准平面的大小随零件尺寸而改变。除了那些即时生成的平面以外，其他所有基准平面的大小都可以加以调整，以适应零件、特征、曲面、边、轴或半径。操作步骤如下。

Step1. 在模型树上单击一基准平面，然后右击，从弹出的快捷菜单中选择 编辑定义 命令。

Step2. 在对话框中，打开 显示 选项卡。

Step3. 在对话框中，单击 反向 按钮，可改变基准平面的法向方向。

Step4. 要确定基准平面的显示大小，有如下三种方法。

方法一：采用默认大小，根据模型（零件或组件）自动调整基准平面的大小。

方法二：拟合参考大小。在对话框中，选中 ☑ 调整轮廓 复选框，在下拉列表中选择 参考 选项，再通过选取特征/曲面/边/轴线/零件等参考元素，使基准平面的显示大小拟合所选参考元素的大小。

- 拟合特征：根据零件或组件特征调整基准平面大小。
- 拟合曲面：根据任意曲面调整基准平面大小。
- 拟合边：调整基准平面大小使其适合一条所选的边。
- 拟合轴线：根据一轴调整基准平面大小。
- 拟合零件：根据选定零件调整基准平面的大小。该选项只适用于组件。

方法三：给出拟合半径。根据指定的半径来调整基准平面大小，半径中心定在模型的轮廓内。

3.17.2　基准轴

如同基准平面，基准轴也可以用于特征创建时的参考。基准轴对创建基准平面、同轴放置项目和径向阵列特别有用。

基准轴的产生也分两种情况：一是基准轴作为一个单独的特征来创建；二是在创建带有圆弧的特征期间，系统会自动产生一个基准轴，但此时必须将配置文件选项 show_axes_for_extr_arcs 设置为 yes。

创建基准轴后，系统用 A_1、A_2 等依次自动分配其名称。要选取一个基准轴，可选择基准轴线自身或其名称。

1. 创建基准轴的一般过程

下面以一个范例来说明创建基准轴的一般过程。在图 3.17.2 所示的 datum_axis.prt 零件中，创建与轴线 A_1 相距为 10，并且位于 CENTER 基准平面内的基准轴特征。

图 3.17.2　基准轴的创建

Step1. 工作目录设置为 D:\Creo3\work\ch03.17，然后打开文件 datum_axis.prt。

Step2. 在 FRONT 下部，创建一个"偏距"基准平面 REF_DTM，偏距尺寸值为 10.0。

Step3. 单击 模型 功能选项卡 基准 ▼ 区域中的 轴 按钮。

Step4. 由于所要创建的基准轴通过基准平面 REF_DTM 和 CENTER 的相交线，为此应该选取这两个基准平面为约束参考。

选取第一约束平面。选取图 3.17.2 所示的模型的基准平面 CENTER，系统弹出图 3.17.3 所示的"基准轴"对话框，将约束类型改为 穿过 ，如图 3.17.4 所示。

图 3.17.3　"基准轴"对话框（一）　　　　图 3.17.4　"基准轴"对话框（二）

注意：由于 Creo 所具有的智能性，这里也可不必将约束类型改为 穿过 ，因为当用户再选取一个约束平面时，系统会自动将第一个平面的约束改为 穿过 。

选取第二约束平面。按住 Ctrl 键，选择 Step2 中所创建的"偏距"基准平面 REF_DTM。

注意：创建基准轴有如下一些约束方法。

● 过边界：要创建的基准轴通过模型上的一个直边。

● 垂直平面：要创建的基准轴垂直于某个"平面"。使用此方法时，应先选取基准轴要与其垂直的平面，然后分别选取两条定位的参考边，并定义到参考边的距离。

● 过点且垂直于平面：要创建的基准轴通过一个基准点并与一个"平面"垂直，"平面"可以是一个现成的基准平面或模型上的表面，也可以创建一个新的基准平面作为"平面"。

● 过圆柱：要创建的基准轴通过模型上的一个旋转曲面的中心轴。使用此方法时，再选择一个圆柱面或圆锥面即可。

● 两平面：在两个指定平面（基准平面或模型上的平面表面）的相交处创建基准轴。两平面不能平行，但在屏幕上不必显示相交。

● 两个点/顶点：要创建的基准轴通过两个点，这两个点既可以是基准点，也可以是模型上的顶点。

Step5. 修改基准轴的名称。在对话框中 属性 选项卡的"名称"文本框中键入新的名称。

2. 练习

练习要求：对图 3.17.5 所示的 plane_body 零件，在中部的切削特征上创建一个基准平面 REF_ZERO。

Step1. 将工作目录设置为 D:\Creo3\work\ch03.17，打开文件 plane_body.prt。

Step2. 创建一个基准轴 A_9。单击 ⌀ 轴 按钮，选取图 3.17.5 所示的圆柱面（见放大图）。

Step3. 创建一个基准平面 REF_ZERO。单击"平面"按钮 ▱；选取 A_9 轴，约束设置为"穿过"；按住 Ctrl 键，选取 TOP 基准平面，约束设置为"平行"，将此基准平面改名为 REF_ZERO。

图 3.17.5　plane_body.prt 零件

3.17.3　基准点

基准点用来为网格生成加载点、在绘图中连接基准目标和注释、创建坐标系及管道特征轨迹，也可以在基准点处放置轴、基准平面、孔和轴肩。

默认情况下，Creo 将一个基准点显示为叉号×，其名称显示为 PNTn，其中 n 是基准点的编号。要选取一个基准点，可选择基准点自身或其名称。

可以使用配置文件选项 datum_point_symbol 来改变基准点的显示样式。基准点的显示样式可使用下列任意一个：CROSS、CIRCLE、TRIANGLE 或 SQUARE。

可以重命名基准点，但不能重命名在布局中声明的基准点。

1．创建基准点的方法一：在曲线/边线上

用位置的参数值在曲线或边上创建基准点，该位置参数值确定从一个顶点开始沿曲线的长度。

如图 3.17.6 所示，现需要在模型边线上创建基准点 PNT0，操作步骤如下。

Step1. 先将工作目录设置为 D:\Creo3\work\ch03.17，然后打开 point_01.prt 文件。

Step2. 单击 模型 功能选项卡 基准 ▼ 区域中 ×× 点 ▼ 节点下的 ×× 点 命令（或直接单击 ×× 点 ▼ 按钮）。

说明：单击 模型 功能选项卡 基准 ▼ 区域 ×× 点 ▼ 按钮中的 ▼，会出现图 3.17.7 所示的"点"菜单。

图 3.17.6　线上基准点的创建

图 3.17.7　"点"菜单

图 3.17.7 中各按钮说明如下。

A: 创建基准点。

B: 创建偏移坐标系基准点。

C: 创建域基准点。

Step3. 选取图 3.17.8 所示的模型的边线，系统立即产生一个基准点 PNT0，如图 3.17.9 所示。

Step4. 在"基准点"对话框中，先选择基准点的定位方式（ 比率 或 实数 ），再键入基准点的定位数值（比率系数或实际长度值）。

图 3.17.8　选取边线　　　　　　　　　　　图 3.17.9　产生基准点

2. 创建基准点的方法二：顶点

在零件边、曲面特征边、基准曲线或输入框架的顶点上创建基准点。

如图 3.17.10 所示，现需要在模型的顶点处创建一个基准点 PNT0，操作步骤如下。

Step1. 先将工作目录设置为 D:\Creo3\work\ch03.17，然后打开文件 point_02.prt。

Step2. 单击 点 ▼ 按钮。

Step3. 如图 3.17.10 所示，选取模型的顶点，系统立即在此顶点处产生一个基准点 PNT0。

3. 创建基准点的方法三：过中心点

在一条弧、一个圆或一个椭圆图元的中心处创建基准点。

如图 3.17.11 所示，现需要在模型上表面的孔的圆心处创建一个基准点 PNT1，操作步骤如下。

Step1. 将工作目录设置为 D:\Creo3\work\ch03.17，打开文件 center_point.prt。

Step2. 单击 点 ▼ 按钮。

Step3. 如图 3.17.11 所示，选取模型上表面的孔边线。

图 3.17.10　顶点基准点的创建　　　　图 3.17.11　过中心点基准点的创建

Step4. 在"基准点"对话框的下拉列表中选取 居中 选项。

4．创建基准点的方法四：草绘进入草绘环境，绘制一个基准点。

如图 3.17.12 所示，现需要在模型的表面上创建一个草绘基准点 PNT0，操作步骤如下。

Step1. 先将工作目录设置为 D:\Creo3\work\ch03.17，然后打开文件 point_03.prt。

Step2. 单击 模型 功能选项卡 基准 ▼ 区域中的"草绘"按钮 ∿。

Step3. 选取图 3.17.12 所示的两平面为草绘平面和参考平面，单击 草绘 按钮。

Step4. 进入草绘环境后，选取图 3.17.13 所示的模型的边线为草绘环境的参考，单击 关闭(C) 按钮；单击 草绘 选项卡 基准 区域中的 ✖ （创建几何点）按钮（图 3.17.14），再在图形区选择一点。

Step5. 单击 ✔ 按钮，退出草绘环境。

图 3.17.12　草绘基准点的创建

图 3.17.13　截面图形

图 3.17.14　工具按钮位置

3.17.4　坐标系

坐标系是可以增加到零件和装配件中的参考特征，它可用于：

● 计算质量属性。

● 装配元件。

● 为"有限元分析（FEA）"放置约束。

- 为刀具轨迹提供制造操作参考。
- 用于定位其他特征的参考（坐标系、基准点、平面和轴线、输入的几何等）。

在 Creo 系统中，可以使用下列三种形式的坐标系：

- 笛卡尔坐标系。系统用 X、Y 和 Z 表示坐标值。
- 柱坐标系。系统用半径、theta（θ）和 Z 表示坐标值。
- 球坐标系。系统用半径、theta（θ）和 phi（ψ）表示坐标值。

创建坐标系方法：三个平面。

选择三个平面（模型的表平面或基准平面），这些平面不必正交，其交点成为坐标原点，选定的第一个平面的法向定义一个轴的方向，第二个平面的法向定义另一轴的大致方向，系统使用右手定则确定第三轴。

如图 3.17.15 所示，现需要在三个垂直平面（平面 1、平面 2 和平面 3）的交点上创建一个坐标系 CSO，操作步骤如下。

Step1. 将工作目录设置为 D:\Creo3\work\ch03.17，打开文件 create_csys.prt。

Step2. 单击 模型 功能选项卡 基准 ▾ 区域中的 坐标系 按钮。

Step3. 选择三个垂直平面。如图 3.17.15 所示，选择平面 1；按住键盘的 Ctrl 键，选择平面 2；按住键盘的 Ctrl 键，选择平面 3。此时系统就创建了图 3.17.16 所示的坐标系，注意字符 X、Y、Z 所在的方向正是相应坐标轴的正方向。

图 3.17.15　由三个平面创建坐标系

图 3.17.16　产生坐标系

Step4. 修改坐标轴的位置和方向。在"坐标系"对话框中，打开 方向 选项卡，在该选项卡的界面中可以修改坐标轴的位置和方向。

3.17.5　基准曲线

基准曲线可用于创建曲面和其他特征，或作为扫描轨迹。创建曲线有很多方法，下面介绍两种基本方法。

1. 草绘基准曲线

草绘基准曲线的方法与草绘其他特征相同。草绘曲线可以由一个或多个草绘段以及一个或多个开放或封闭的环组成。但是将基准曲线用于其他特征，通常限定在开放或封闭环的单个曲线（它可以由许多段组成）。

草绘基准曲线时，Creo 在离散的草绘基准曲线上边创建一个单一复合基准曲线。对于该类型的复合曲线，不能重定义起点。

由草绘曲线创建的复合曲线可以作为轨迹选择，例如作为扫描轨迹。使用"查询选取"可以选择底层草绘曲线图元。

如图 3.17.17 所示，现需要在模型的表面上创建一个草绘基准曲线，操作步骤如下。

Step1. 将工作目录设置为 D:\Creo3\work\ch03.17，打开文件 sketch_curve.prt。

Step2. 单击 模型 功能选项卡 基准 ▼ 区域中的"草绘"按钮 （图 3.17.18）。

图 3.17.17　创建草绘基准曲线

图 3.17.18　工具按钮的位置

Step3. 选取图 3.17.17 中的草绘平面及参考平面，单击 草绘 按钮进入草绘环境。

Step4. 进入草绘环境后，接受默认的平面为草绘环境的参考，然后单击 样条 按钮，草绘一条样条曲线。

Step5. 单击 ✔ 按钮，退出草绘环境。

2. 经过点创建基准曲线

可以通过空间中的一系列点创建基准曲线，经过的点可以是基准点、模型的顶点、曲线的端点。如图 3.17.19 所示，现需要经过基准点 PNT0、PNT1、PNT2 和 PNT3 创建一条基准曲线，操作步骤如下。

Step1. 将工作目录设置为 D:\Creo3\work\ch03.17，打开文件 point_curve.prt。

Step2. 单击 模型 功能选项卡中的 基准 ▼ 按钮，在系统弹出的菜单中单击 曲线 ▶ 选项后面的 ，然后选择 通过点的曲线 命令（图 3.17.20）。

图 3.17.19　经过点基准曲线的创建

图 3.17.20　创建基准命令的位置

Step3. 完成上步操作后，系统弹出"曲线：通过点"操控板，在图形区中依次选取图

3.17.19 中的基准点 PNT0、PNT1、PNT2 和 PNT3 为曲线的经过点。

Step4. 单击"曲线：通过点"操控板中的☑️按钮，完成曲线的创建。

3.18　特征的重新排序及插入操作

3.18.1　概述

在 3.14 节中，曾提到对一个零件进行抽壳时，零件中特征的创建顺序非常重要，如果各特征的顺序安排不当，抽壳特征会生成失败，有时即使能生成抽壳，但结果也不会符合设计的要求。

可按下面的操作方法进行验证：

Step1. 将工作目录设置为 D:\Creo3\work\ch03.18，打开文件 bottle.prt。

Step2. 将底部圆角半径从 R5 改为 R15，单击 模型 功能选项卡 操作 ▾ 区域中的 ⬚ 按钮重新生成模型，会看到瓶子的底部裂开一条缝，如图 3.18.1 所示。显然这不符合设计意图，之所以会产生这样的问题，是因为圆角特征和抽壳特征的顺序安排不当，解决办法是将圆角特征调整到抽壳特征的前面，这种特征顺序的调整就是特征的重新排序（Reorder）。

图 3.18.1　注意抽壳特征的顺序

3.18.2　特征的重新排序操作

这里以前面的酒瓶（bottle）为例，说明特征重新排序（Reorder）的操作方法。如图 3.18.2 所示，在零件的模型树中，单击瓶底"倒圆角 2"特征，按住左键不放并拖动鼠标，拖至"壳 1"特征的上面，然后松开左键，这样瓶底倒圆角特征就调整到抽壳特征的前面了。

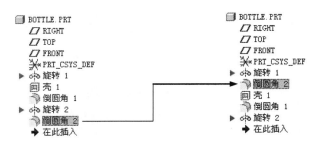

图 3.18.2　特征的重新排序

注意：特征的重新排序（Reorder）是有条件的，条件是不能将一个子特征拖至其父特征的前面。例如在这个酒瓶的例子中，不能把瓶口的伸出项（旋转）特征 ⊶ 旋转 2 移到完全圆角特征 ⌐ 倒圆角 1 的前面，因为它们存在父子关系，该伸出项特征是完全圆角的子特征。为什么存在这种父子关系呢？这要从该伸出项特征的创建过程说起，从图 3.18.3 可以看出，在创建该伸出项特征的草绘截面时，选取了属于完全圆角的一条边线为草绘参考，同时截面的定位尺寸 5.0，以这条边为参考进行标注，这样就在该伸出项特征与完全圆角间建立了父子关系。

如果要调整有父子关系的特征的顺序，必须先解除特征间的父子关系。解除父子关系有两种办法：一是改变特征截面的标注参考基准或约束方式；二是特征的重定次序（Reroute），即改变特征的草绘平面和草绘平面的参考平面。

图 3.18.3　查看草绘标注

3.18.3　特征的插入操作

在 3.18 节的酒瓶的练习中，当所有的特征完成以后，假如还要添加一个图 3.18.4 所示的切削旋转特征，并要求该特征添加在模型的底部圆角特征的后面、抽壳特征的前面（图 3.18.5），利用"特征的插入"功能可以满足这一要求。下面说明其操作过程。

Step1. 在模型树中，将特征插入符号 ➔ 在此插入 从末尾拖至抽壳特征的前面，如图 3.18.5 所示。

Step2. 单击 模型 功能选项卡 形状 ▾ 区域中的 ⊶ 旋转 按钮，创建槽特征，草图截面的尺寸如图 3.18.6 所示。

Step3. 完成槽的特征创建后，再将插入符号 ➔ 在此插入 拖至模型树的底部。

图 3.18.4　切削旋转特征　　　图 3.18.5　特征的插入操作　　　图 3.18.6　截面图形

3.19 特征失败及其解决方法

在特征创建或重定义时，由于给定的数据不当或参考的丢失，会出现特征生成失败。根据创建特征的环境类型（即特征是否使用对话框界面），特征失败的出现与解决方法进行讲解。

3.19.1 特征失败的出现

这里还是以酒瓶（bottle）为例进行说明。如果进行下列"编辑定义"操作（图 3.19.1），将会出现特征生成失败。

Step1. 将工作目录设置为 D:\Creo3\work\ch03.19，打开文件 bottle_fail.prt。

Step2. 在图 3.19.2 所示的模型树中，先单击 倒圆角 1，然后右击，从弹出的快捷菜单中选择 命令。

图 3.19.1 "编辑定义"圆角   图 3.19.2 模型树

Step3. 重新选取圆角选项。在系统弹出的操控板中，单击 集 按钮；在"集"界面的 参考 栏中右击，从弹出的快捷菜单中选择 全部移除 命令；按住 Ctrl 键，依次选取图 3.19.3 所示的瓶口的两条边线；在半径栏中输入圆角半径值 0.6，按 Enter 键。

图 3.19.3 选择圆角边线

Step4. 在操控板中单击"完成"按钮 后，系统弹出图 3.19.4 所示的"特征失败提示"对话框，此时模型树中"旋转 2"以红色高亮显示出来(图 3.19.5)。前面曾讲到，该特征截面中的一个尺寸（5.0）的标注是以完全圆角的一条边线为参考的，重定义后，完全圆角不存在，瓶口伸出项旋转特征截面的参考便丢失，所以便出现特征生成失败。

图 3.19.4　"特征失败提示"对话框

图 3.19.5　模型树

3.19.2　特征失败的解决方法

1．解决方法一：取消改变

在图 3.19.4 所示的"特征失败提示"对话框中，选择 取消 按钮。

说明：这是退出特征失败环境最简单的操作方法。

2．解决方法二：删除特征

Step1. 在图 3.19.4 所示的"特征失败提示"对话框中，选择 确定 按钮。

Step2. 从图 3.19.5 所示的模型树中，右击 旋转 2，在弹出的图 3.19.6 所示的快捷菜单中选择 删除 命令，在弹出的图 3.19.7 所示的删除对话框中选择 确定 按钮，删除操作后的模型如图 3.19.8 所示。

图 3.19.6　快捷菜单

图 3.19.7　"删除"对话框

图 3.19.8　删除操作后的模型

注意：

● 从模型树和模型上可看到瓶口伸出项旋转特征被删除。

● 如果想找回以前的模型文件，请按如下方法操作：

① 选择下拉菜单 文件 ➡ 关闭(C) 命令，关闭当前对话框。

② 选择下拉菜单 文件 ➡ 管理会话(M) ➡ 拭除未显示的(U) 从此会话中移除不在窗口中的所有对象。 命令，拭除不显示的内存中的文件。

③ 再次打开酒瓶模型文件 bottle_fail.prt。

3．解决方法三：重定义特征

Step1. 在图 3.19.4 所示的"特征失败提示"对话框中，选择 确定 按钮。

Step2. 从图 3.19.5 所示的模型树中，右击 ⬥⊠旋转 2，在弹出的快捷菜单中选择 命令，然后系统会弹出"旋转"操控板。

Step3. 重定义草绘参考并进行标注。

（1）在操控板中单击 放置 按钮，然后在弹出的菜单区域中单击 编辑... 按钮。

（2）在弹出的图 3.19.9 所示的草图"参考"对话框中，先删除过期和丢失的参考，再选取新的参考 TOP 和 FRONT 基准平面，关闭"参考"对话框。

（3）在草绘环境中，相对新的参考进行尺寸标注（即标注 195.0 这个尺寸），如图 3.19.10 所示。完成后，单击操控板中的 ✔ 按钮。

4．解决方法四：隐含特征

Step1. 在图 3.19.4 所示的"特征失败提示"对话框中，选择 确定 按钮。

Step2. 从图 3.19.5 所示的模型树中，右击 ⬥⊠旋转 2，在弹出的图 3.19.11 所示的快捷菜单中选择 隐含 命令，然后在弹出的图 3.19.12 所示的"隐含"对话框中选择 确定 按钮。

图 3.19.9 "参考"对话框

图 3.19.10 重定义特征

图 3.19.11 快捷菜单

图 3.19.12 "隐含"对话框

Step3. 至此，特征失败已经解决，如果想进一步解决被隐含的瓶口伸出项旋转特征，请继续下面的操作。

Step4. 如果右击该隐含的伸出项标识，然后从弹出的快捷菜单中选择 恢复 命令，那么系统再次进入特征"失败模式"，可参考上节介绍的方法进行重定义。

3.20　复　制　特　征

特征的复制（Copy）命令用于创建一个或多个特征的副本，如图 3.20.1 所示。Creo 的特征复制包括镜像复制、平移复制、旋转复制和新参考复制，下面几节将分别介绍它们的操作过程。

图 3.20.1　特征复制的多种方式

3.20.1　镜像复制

特征的镜像复制就是将源特征相对一个平面（这个平面称为镜像中心平面）进行镜像，从而得到源特征的一个副本。如图 3.20.2 所示，对这个圆柱体拉伸特征进行镜像复制的操作过程如下。

Step1. 将工作目录设置为 D:\Creo3\work\ch03.20，打开文件 copy_mirror.prt。

Step2. 选取要镜像的特征。在图形区中选取要镜像复制的圆柱体拉伸特征（或在模型树中选择"拉伸 2"特征）。

Step3. 选择镜像命令。单击 模型 功能选项卡 编辑 ▼ 区域中的"镜像"命令按钮 ⅅⅠⅭ，如图 3.20.3 所示。

图 3.20.2　镜像复制特征　　　　　　　　　　图 3.20.3　"镜像"命令按钮

Step4. 定义镜像中心平面。完成上步操作后，系统弹出图 3.20.4 所示的"镜像"操控板，选取 RIGHT 基准平面为镜像中心平面。

图 3.20.4　"镜像"操控板

Step5. 单击"镜像"操控板中的 ✓ 按钮，完成镜像操作。

3.20.2　平移复制

下面将对图 3.20.5 中的源特征进行平移（Translate）复制，操作步骤如下。

平移复制前　　　　　　平移复制　　　　　　平移复制后

图 3.20.5　平移复制特征

Step1. 将工作目录设置至 D:\Creo3\work\ch03.20，打开文件 copy_translate.prt。

Step2. 选取要平移复制的特征。在图形区中选取圆柱体拉伸特征为平移复制对象（或在模型树中选择"拉伸 2"特征）。

Step3. 选择平移复制命令。单击 模型 功能选项卡 操作 ▼ 区域中的 按钮，如图 3.20.6 所示，然后单击 ▼ 按钮中的 ▼，在弹出的菜单中选择 选择性粘贴 命令，系统弹出图 3.20.7 所示的"选择性粘贴"对话框。

图 3.20.6　"复制"命令

图 3.20.7　"选择性粘贴"对话框

Step4. 在"选择性粘贴"对话框中选中 ☑ 从属副本 和 ☑ 对副本应用移动/旋转变换 (A) 复选框，然后单击 确定 (0) 按钮，系统弹出图 3.20.8 所示的"移动（复制）"操控板。

图 3.20.8 "移动（复制）"操控板

Step5. 设置移动参数。单击"移动（复制）"操控板中的 ↔ 按钮，选取 RIGHT 基准平面为平移方向参考面；在操控板的文本框中输入平移的距离值 45.0，并按 Enter 键。

说明：如果此时单击"移动（复制）"操控板中的 变换 按钮，系统将显示图 3.20.9 所示的"变换"界面（一），单击其中的 新移动 选项，显示图 3.20.10 所示的"变换"界面（二）。在该界面中，可以选择新的方向参考进行源特征的第二次移动复制操作。如果在图 3.20.10 所示的下拉列表中选择 旋转 选项，则可以对源特征进行旋转复制操作。

图 3.20.9 "变换"界面（一）

图 3.20.10 "变换"界面（二）

Step6. 单击 ✓ 按钮，完成平移复制操作。

3.20.3 旋转复制

下面将对图 3.20.1 中的源特征进行旋转（Rotate）复制，操作提示如下：

请参考上一节的"平移"复制的操作方法，注意在菜单中选择 Rotate（旋转）命令，在选取旋转中心轴时，应先选择 Crv/Edg/Axis（曲线/边/轴）命令，然后选取图 3.20.1 中的边线。

3.20.4 新参考复制

下面将对图 3.20.11 中的源特征进行新参考（New Refs）复制。

Step1. 将工作目录设置为 D:\Creo3\work\ch03.20，打开文件 copy_newrefs.prt。

Step2. 选取要复制的特征。在图形区中选取圆柱体拉伸特征为平移复制对象（或在模型树中选择"拉伸 2"特征）。

a）新参考复制前　　　　新参考复制　　　　b）新参考复制后

图 3.20.11　新参考复制特征

Step3. 选择平移复制命令。单击 模型 功能选项卡 操作 ▼ 区域中的 按钮，然后单击 按钮中的 ▼，在弹出的菜单中选择 选择性粘贴 命令，系统弹出"选择性粘贴"对话框。

Step4. 在"选择性粘贴"对话框中选中 ☑ 高级参考配置 复选框，然后单击 确定(0) 按钮，系统弹出图 3.20.12 所示的"高级参考配置"对话框。

Step5. 单击"高级参考配置"对话框 原始特征的参考 区域中的 曲面:F5(拉伸_1)，在图形区中选取图 3.20.13 所示的模型表面 1 为替换参考；然后单击 RIGHT:F1(基准平面)，在图形区中选取图 3.20.13 所示的模型表面 2；最后单击 TOP:F2(基准平面)，在图形区中选取图 3.20.13 所示的 FRONT 基准平面。

Step6. 单击"高级参考配置"对话框中的 ✔ 按钮，系统弹出图 3.20.14 所示的"预览"对话框，并显示图 3.20.15 所示的预览模型。

Step7. 单击"预览"对话框中的 ✔ 按钮，完成特征的新参考复制操作。

图 3.20.12　"高级参考配置"对话框

图 3.20.13　选择替换参考 1

图 3.20.14　"预览"对话框

图 3.20.15　"预览"模型

3.21　阵　列　特　征

特征的阵列（Pattern）命令用于创建一个特征的多个副本，阵列的副本称为"实例"。阵列可以是矩形阵列（图 3.21.1），也可以是环形阵列，在阵列时，各个实例的大小也可以递增变化。下面将分别介绍其操作过程。

3.21.1　矩形阵列

下面介绍图 3.21.1 中圆柱体特征的矩形阵列的操作过程。

图 3.21.1　创建矩形阵列

Step1. 将工作目录设置为 D:\Creo3\work\ch03.21，打开文件 pattern_rect.prt。

Step2. 在模型树中选取要阵列的特征——拉伸 2，再右击，选择 阵列 命令（另一种方法是先选取要阵列的特征，然后单击 模型 功能选项卡 编辑 ▼ 区域中的"阵列"按钮 ⊞）。

注意：一次只能选取一个特征进行阵列，如果要同时阵列多个特征，应预先把这些特征组成一个"组（Group）"。

Step3. 选取阵列类型。在操控板的 选项 界面中单击 ▼ 按钮，然后选择 常规 选项。

注意：完成 Step2 操作后，系统出现阵列操控板，单击操控板中的 选项 按钮，Creo 将阵列分为三类。

- 相同 阵列的特点和要求：
  - ☑　所有阵列的实例大小相同。
  - ☑　所有阵列的实例放置在同一曲面上。
  - ☑　阵列的实例不与放置曲面边、其他实例边或放置曲面以外任何特征的边相交。

例如在图 3.21.2 所示的阵列中，虽然孔的直径大小相同，但其深度不同，所以不能用 相同 阵列，可用 可变 或 常规 进行阵列。

图 3.21.2　矩形阵列

- 可变 阵列的特点和要求：
  - ☑ 实例大小可变化。
  - ☑ 实例可放置在不同曲面上。
  - ☑ 没有实例与其他实例相交。

注意：对于"可变"阵列，Creo 分别为每个实例特征生成几何，然后一次生成所有交截。

- 常规 阵列的特点：

系统对"一般"特征的实例不做什么要求。系统计算每个单独实例的几何，并分别对每个特征求交。可用该命令使特征与其他实例接触、自交，或与曲面边界交叉。如果实例与基础特征内部相交，即使该交截不可见，也需要进行"一般"阵列。在进行阵列操作时，为了确保阵列创建成功，建议读者优先选中 常规 按钮。

Step4. 选择阵列控制方式。在操控板中选择以"尺寸"方式控制阵列。操控板中控制阵列的各命令。

Step5. 选取第一方向、第二方向引导尺寸并给出增量（间距）值。

（1）选取图 3.21.3 中的第一方向阵列引导尺寸 25，再在"方向 1"的"增量"文本栏中输入数值 30.0。

图 3.21.3　阵列引导尺寸

（2）在操控板中单击 尺寸 按钮后，在图 3.21.4 所示的"尺寸"界面中，单击"方向 2"区域内的"尺寸"栏中的"单击此处添加…"字符，然后选取第二方向阵列引导尺寸 22，再在"方向 2"的"增量"文本栏中输入数值 40.0。完成操作后的"尺寸"界面如图 3.21.5 所示。

图 3.21.4　"尺寸"界面　　　　图 3.21.5　完成操作后的"尺寸"界面

Step6. 给出第一方向、第二方向阵列的个数。在操控板中的第一方向的阵列个数栏中输入数值 3，在第二方向的阵列个数栏中输入数值 2。

Step7. 在操控板中单击"完成"按钮 ✔。完成后的模型如图 3.21.6 所示。

图 3.21.6　完成后的模型

3.21.2　"斜一字形"阵列

下面将要创建图 3.21.7 所示的圆柱体特征的"斜一字形"阵列。

图 3.21.7　创建"斜一字形"阵列

Step1. 将工作目录设置为 D:\Creo3\work\ch03.21，打开文件 pattern_01.prt。

Step2. 在模型树中右击 ⬛拉伸 2，在弹出的快捷菜单中选择 阵列... 命令。

Step3. 选取阵列类型。在操控板中单击 选项 按钮，在弹出的界面中选择 常规 选项。

Step4. 选取引导尺寸、给出增量。

（1）在操控板中单击 尺寸 按钮。

（2）在弹出的界面中，选取图 3.21.7 中第一方向的第一引导尺寸 55，按住 Ctrl 键再选取第一方向的第二引导尺寸值 10；在"方向 1"的"增量"栏中输入第一个增量值为 30.0，第二个增量值为 40.0。

Step5. 在操控板中的第一方向的阵列个数栏中输入数值 3，然后单击按钮 ✔，完成操作。

3.21.3　"异形"阵列

下面将要创建如图 3.21.8 所示的圆柱体特征的"异形"阵列，操作过程如下。

图 3.21.8　阵列引导尺寸

Step1. 将工作目录设置为 D:\Creo3\work\ch03.21，打开文件 dim_pattern.prt。

Step2. 在模型树中右击 <kbd>拉伸 2</kbd>，在弹出的快捷菜单中选择 <kbd>阵列...</kbd> 命令。

Step3. 选取阵列类型。在操控板中单击 <kbd>选项</kbd> 按钮，在弹出的界面中选择 <kbd>常规</kbd> 选项。

Step4. 选取第一方向、第二方向引导尺寸、给出增量。

（1）选取图 3.21.8 中第一方向的第一引导尺寸值 25，输入增量值 45.0；按住 Ctrl 键，再选取第一方向的第二引导尺寸值 26（即圆柱的高度），输入相应增量值 35.0。

（2）在操控板中单击 <kbd>尺寸</kbd> 按钮，单击"方向 2"的"单击此处添加..."字符，然后选取图 3.21.8 中第二方向的第一引导尺寸值 22，输入相应增量值 55.0；按住 Ctrl 键再选取第二方向的第二引导尺寸值ϕ16（即圆柱的直径），输入相应增量值 10.0。

Step5. 在操控板中第一方向的阵列个数栏中输入数值 3，在第二方向的阵列个数栏中输入数值 2。

Step6. 在操控板中单击 ✔ 按钮，完成操作。

3.21.4　删除阵列

下面举例说明删除阵列的操作方法：

如图 3.21.9 所示，在模型树中单击 <kbd>阵列 1 / 拉伸 2</kbd>，再右击，选择 <kbd>删除阵列</kbd> 命令。

3.21.5　环形阵列

先介绍用"引导尺寸"的方法进行环形阵列。下面要创建图 3.21.10 所示的孔特征的环形阵列。作为阵列前的准备，先创建一个圆盘形的特征，再添加一个孔特征，由于环形阵列需要有一个角度引导尺寸，因此在创建孔特征时，要选择"径向"选项来放置这个孔特征。对该孔特征进行环形阵列的操作过程如下。

Step1. 将工作目录设置为 D:\Creo3\work\ch03.21，打开文件 pattern_02.prt。

Step2. 在模型树中单击 <kbd>孔 1</kbd>，再右击，从弹出的快捷菜单中选择 <kbd>阵列...</kbd> 命令。

Step3. 选取阵列类型。在操控板的 <kbd>选项</kbd> 界面中选择 <kbd>常规</kbd> 选项。

Step4. 选取引导尺寸、给出增量。选取图 3.21.10 中的角度引导尺寸值 10º，在"方向 1"的"增量"文本栏中输入角度增量值 20.0。

Step5. 在操控板中输入第一方向的阵列个数 18；单击 ✔ 按钮，完成操作。

图 3.21.9   模型树   图 3.21.10   创建环形阵列

另外，还有一种利用"轴"进行环形阵列的方法。下面以图 3.21.11 为例进行说明。

Step1. 将工作目录设置为 D:\Creo3\work\ch03.21，打开文件 pattern_axis.prt。

Step2. 在图 3.21.12 所示的模型树中单击 拉伸 2 特征，再右击，选择 阵列... 命令。

Step3. 选取阵列中心轴和阵列数目。

（1）在操控板中的 尺寸 ▾ 下拉列表中选择 轴 选项，再选取绘图区中模型的基准轴 A_4。

（2）在操控板中的阵列数量栏中输入数量值 6，在增量栏中输入角度增量值 60.0。

Step4. 在操控板中单击 ✔ 按钮，完成操作。

图 3.21.11   利用轴进行环形阵列

图 3.21.12   模型树

3.22   特征的成组

图 3.22.1 所示的模型中的凸台由三个特征组成：实体旋转特征、倒角特征和圆角特征，如果要对这个带倒角和圆角的凸台进行阵列，必须将它们归成一组，这就是 Creo 中特征成组（Group）的概念（注意：欲成为一组的数个特征在模型树中必须是连续的）。下面以此为例说明创建"组"的一般过程。

Step1. 将工作目录设置为 D:\Creo3\work\ch03.22，打开文件 create_group.prt。

Step2. 按住 Ctrl 键，在图 3.22.2a 所示的模型树中选取拉伸 2、倒圆角 1 和倒角 1 特征。

Step3. 单击 模型 功能选项卡中的 操作 ▼ 按钮，在弹出的菜单中选择 组 命令，（图 3.22.3），此时拉伸 2、倒圆角 1 和倒角 1 的特征合并为 组 LOCAL_GROUP （图 3.22.2b），至此完成组的创建。

图 3.22.1　特征的成组　　　　　a）成组前　　　b）成组后　　　图 3.22.3　下拉菜单

图 3.22.2　模型树

3.23　扫 描 特 征

3.23.1　关于扫描特征

如图 3.23.1 所示，扫描（Sweep）特征是将一个截面沿着给定的轨迹"掠过"而生成的，所以也叫"扫掠"特征。要创建或重新定义一个扫描特征，必须给定两大特征要素，即扫描轨迹和扫描截面。

图 3.23.1　扫描特征

3.23.2　扫描特征的一般创建过程

下面以图 3.23.1 为例，说明创建扫描特征的一般过程。

Step1. 新建一个零件，文件名为 create_sweep .prt。

Step2. 绘制扫描轨迹曲线。

（1）单击 模型 功能选项卡 基准 ▼ 区域中的"草绘"按钮 ⬚。

（2）选取 TOP 基准平面作为草绘面，选取 RIGHT 基准平面作为参考面，方向为 右，单击 草绘 按钮，系统进入草绘环境。

（3）定义扫描轨迹的参考：接受系统给出的默认参考 FRONT 和 RIGHT。

（4）绘制并标注扫描轨迹，如图 3.23.2 所示。

创建扫描轨迹时应注意下面几点，否则扫描可能失败：

● 轨迹不能自身相交。

● 相对于扫描截面的大小，扫描轨迹中的弧或样条半径不能太小，否则扫描特征在经过该弧时会由于自身相交而出现特征生成失败。例如，图 3.23.2 中的圆角半径 R2.0，相对于后面将要创建的扫描截面不能太小。

图 3.23.2　扫描轨迹

（5）完成轨迹的绘制和标注后，单击"确定"按钮 ✔。

Step3. 选择扫描命令。单击 模型 功能选项卡 形状 ▾ 区域中的 扫描 ▾ 按钮（图 3.23.3），系统弹出图 3.23.4 所示的"扫描"操控板。

图 3.23.3　扫描命令

图 3.23.4　"扫描"操控板

Step4. 定义扫描轨迹。

（1）在操控板中确认"实体"按钮 □ 和"恒定轨迹"按钮 ⊢ 被按下。

（2）在图形区中选取图 3.23.2 所示的扫描轨迹曲线，扫描的起始点如图 3.23.5 所示。

Step5. 创建扫描特征的截面。

（1）在操控板中单击"创建或编辑扫描截面"按钮 ▨，系统自动进入草绘环境。

（2）定义截面的参考：此时系统自动以 L1 和 L2 为参考，使截面完全放置。

说明：

现在系统已经进入扫描截面的草绘环境。一般情况下，草绘区显示的情况如图 3.23.5 左边的部分所示。此时草绘平面与屏幕平行。前面在讲述拉伸（Extrude）特征和旋转（Revolve）特征时，都是建议在进入截面的草绘环境之前要定义截面的草绘平面，因此有的读者可能要问："现在创建扫描特征怎么没有定义截面的草绘平面呢？"其实，系统已自动为我们生成了一个草绘平面。现在请读者按住鼠标中键移动鼠标，把图形调整到如图 3.23.5 右边部分所示的方位，此时草绘平面与屏幕不平行。请仔细阅读图 3.23.5 中的注释，便可明白系统是如何生成草绘平面的。如果想返回到草绘平面与屏幕平行的状态，请单击工具栏中按钮。

L1 和 L2 虽然不在对话框中的 "参考" 列表区显示，但它们实际上是截面的参考。

这两条线为同一条线 L1（左边的为投影线），它在 RIGHT 基准平面上，并且在轨迹的起点与轨迹线垂直，显示为蓝色

扫描的轨迹线

扫描的起点

FRONT

TOP

RIGHT

FRONT

RIGHT

TOP

这两条线为同一条线 L2 （左边的为投影线），它在 TOP 基准面上，并且在轨迹的起点与轨迹线垂直，显示为蓝色

L1 和 L2 相互垂直，它们构成的平面就是扫描截面的草绘平面

图 3.23.5　查看不同的方位

（3）绘制并标注扫描截面的草图。

说明：在草绘平面与屏幕平行和不平行这两种视角状态下，都可创建截面草图，它们各有利弊，在图 3.23.6 所示的草绘平面与屏幕平行的状态下创建草图，符合用户在平面上进行绘图的习惯；在图 3.23.7 所示的草绘平面与屏幕不平行的状态下创建草图，一些用户虽不习惯，但可清楚看到截面草图与轨迹间的相对位置关系。建议读者在创建扫描特征（也包括其他特征）的二维截面草图时，交替使用这两种视角显示状态，在非平行状态下进行草图的定位；在平行状态下进行草图形状的绘制和大部分标注。但在绘制三维草图时，草图的定位、形状的绘制和相当一部分标注需在非平行状态下进行。

（4）完成截面的绘制和标注后，单击 "确定" 按钮。

图 3.23.6　草绘平面与屏幕平行　　　　图 3.23.7　草绘平面与屏幕不平行

Step6. 单击操控板中的 ✔ 按钮，此时系统弹出图 3.23.8 所示的"重新生成失败"对话框。单击 确定 按钮，特征失败的原因可从所定义的轨迹和截面两个方面来查找。

（1）查找轨迹方面的原因：检查是不是图 3.23.2 中的尺寸 R2 太小，将它改成 R5 试试看。操作步骤如下。

① 在模型树中右击 草绘 1 ，在弹出的快捷菜单中选择 编辑定义 命令，系统进入草绘环境。

② 在草绘环境中，将图 3.23.2 中的圆角半径尺寸 R2 改成 R5，然后单击"确定"按钮 ✔。

③ 仍然出现错误信息，说明不是轨迹中的圆角半径太小的原因。

（2）查找特征截面方面的原因：检查是不是截面距轨迹起点太远，或截面尺寸太大（相对于轨迹尺寸）。操作步骤如下。

① 在模型树中右击出错的特征 扫描 1 ，在弹出的快捷菜单中选择 编辑定义 命令，系统返回"扫描"操控板。在操控板中单击 按钮，系统进入草绘环境。

② 在草绘环境中，按图 3.23.9 所示修改截面尺寸。所有尺寸修改完毕后，单击"确定"按钮 ✔。

图 3.23.8　"重新生成失败"对话框

图 3.23.9　修改截面尺寸

Step7. 单击操控板中的 ✔ 按钮，完成扫描特征的创建。

3.24　混 合 特 征

3.24.1　关于混合特征

将一组截面沿其边线用过渡曲面连接形成一个连续的特征，就是混合（Blend）特征。混合特征至少需要两个截面。图 3.24.1 所示的混合特征是由三个截面混合而成的。

截面 1+截面 2+截面 3

混合特征

图 3.24.1　混合特征

3.24.2　混合特征的一般创建过程

下面以图 3.24.2 所示的混合特征为例，说明创建混合特征的一般过程。

图 3.24.2　混合特征

Step1. 新建一个零件，文件名为 create_blend.prt。

Step2. 在 模型 功能选项卡的 形状 ▾ 下拉菜单中选择 混合 命令。

Step3. 定义混合类型。在操控板中确认"混合为实体"按钮 和"与草绘截面混合"按钮 被按下。

Step4. 创建混合特征的第一个截面。单击"混合"操控板中的 截面 按钮，在系统弹出的界面中选中 ◉ 草绘截面 单选项，单击 定义... 按钮；然后选择 TOP 基准面作为草绘平面，选择 RIGHT 基准面作为参考平面，方向为 右 ，单击 草绘 按钮，进入草绘环境后，接受系统给出的默认参考 FRONT 和 RIGHT，绘制图 3.24.3 所示的截面草图 1。

图 3.24.3　截面草图 1

注意：先绘制两条中心线，单击 □ 矩形 ▼ 按钮绘制长方形，进行对称约束，修改、调整尺寸。

Step5. 创建混合特征的第二个截面。单击"混合"操控板中的 截面 按钮，选中 ◉ 截面 2 选项，定义"草绘平面位置定义方式"类型为 ◉ 偏移尺寸，偏移自"截面 1"的偏移距离为 100，单击 草绘... 按钮；绘制图 3.24.4 所示的截面草图 2，单击工具栏中的 ✔ 按钮，退出草绘环境。

注意：由于第二个截面与第一个截面实际上是两个相互独立的截面，所以在进行对称约束时，必须重新绘制中心线。

Step6. 改变第二个截面的起点和起点的方向。

（1）选取图 3.24.5 所示的点，再右击，从弹出的快捷菜单中选择 起点⑤ 命令（或者在 草绘 功能选项卡 设置 ▼ 下拉菜单中选择 特征工具 ▶ 起点 命令）。

图 3.24.4　截面草图 2　　　　图 3.24.5　定义截面起点

（2）如果想改变起点处的箭头方向，再右击，从弹出的快捷菜单中选择 起点⑤ 命令。

注意：混合特征中的各个截面的起点应该如图 3.24.5 所示靠近，且方向相同（同为顺时针或逆时针方向），否则会生成如图 3.24.6 所示的扭曲形状

图 3.24.6　扭曲的混合特征

Step7. 创建混合特征的第三个截面。单击"混合"操控板中的 截面 按钮，单击

![插入]按钮，定义"草绘平面位置定义方式" 类型为 ⊙ 偏移尺寸，偏移自"截面2"的偏移距离为 90，单击![草绘...]按钮；绘制图 3.24.7 所示的截面草图 3，单击工具栏中的![✓]按钮，退出草绘环境。

Step8. 将第三个截面（圆）切分成四个图元。

注意：在创建混合特征的多个截面时，Creo 要求各个截面的图元数（或顶点数）相同（当第一个截面或最后一个截面为一个单独的点时，不受此限制）。在本例中，前面两个截面都是长方形，它们都有四条直线（即四个图元），而第三个截面为一个圆，只是一个图元，没有顶点。所以这一步要做的是将第三个截面（圆）变成四个图元。

（1）单击"分割"按钮 ![]。

（2）分别在图 3.24.8 所示的四个位置选择四个点。

（3）绘制两条中心线，对四个点进行对称约束，修改、调整第一个点的尺寸。

图 3.24.7　截面草图 3　　　　　图 3.24.8　截面图形分成四个图元

Step9. 完成前面的所有截面后，单击草绘工具栏中的"确定"按钮![✓]。

Step10. 单击"混合"操控板中的![选项]按钮，在弹出的"选项"对话框中选择"混合曲面"的类型为 ⊙ 直 。

Step11. 单击"混合"操控板中的![✓]按钮。至此，完成混合特征的创建。

3.25　螺旋扫描特征

3.25.1　关于螺旋扫描特征

如图 3.25.1 所示，将一个截面沿着螺旋轨迹线进行扫描，可形成螺旋扫描（Helical Sweep）特征。

图 3.25.1　螺旋扫描特征

3.25.2　螺旋扫描特征的创建过程

这里以图 3.25.1 所示的螺旋扫描特征为例，说明创建这类特征的一般过程。

Step1. 新建一个零件，文件名为 create_helical_sweep.prt。

Step2. 选择命令。单击 模型 功能选项卡 形状 ▼ 区域 扫描 ▼ 按钮中的 ▼ ，在弹出的菜单中选择 螺旋扫描 命令，系统弹出"螺旋扫描"操控板。

Step3. 定义螺旋扫描轨迹。

（1）在操控板中确认"实体"按钮 □ 和"使用右手定则"按钮 被按下。

（2）单击操控板中的 参考 按钮，在弹出的界面中单击 定义... 按钮，系统弹出"草绘"对话框。

（3）选取 FRONT 基准平面作为草绘平面，选取 RIHGT 基准平面作为参考平面，方向为 右 ，系统进入草绘环境，绘制图 3.25.2 所示的螺旋扫描轨迹草图。

（4）单击 ✔ 按钮，退出草绘环境。

图 3.25.2　螺旋扫描轨迹线　　　　　　　图 3.25.3　截面图形

Step4. 定义螺旋节距。在操控板的 $\overset{\text{螺螺}}{}$ 8.0 文本框中输入节距值 8.0，并按 Enter 键。

Step5. 创建螺旋扫描特征的截面。在操控板中单击按钮 ，系统进入草绘环境，绘制和标注图 3.25.3 所示的截面——圆，然后单击草绘工具栏中的 按钮。

系统将自动选取草绘平面并进行定向。在三维场景中绘制截面比较直观。

Step6. 单击操控板中的 按钮，完成螺旋扫描特征的创建。

3.26　Creo 零件设计实际应用 1 ——轴承底座的设计

应用概述

该应用利用到的命令比较简单，但创建的思路和约束的使用值得借鉴（如拉伸特征 3、拉伸特征 6 的截面图形的创建）。

Step1. 新建并命名零件的模型为 BRACKET。

Step2. 创建图 3.26.1 所示的拉伸特征 1。

（1）单击 模型 功能选项卡 形状 ▼ 区域中的"拉伸"按钮 拉伸 。

（2）绘制截面草图。在图形区右击，从弹出的快捷菜单中选择 定义内部草绘... 命令；选取 RIGHT 基准平面为草绘平面，TOP 基准平面为参考平面，方向为 左 ；单击 草绘 按钮，绘制图 3.26.2 所示的截面草图。

图 3.26.1　拉伸特征 1

图 3.26.2　截面草图

（3）定义拉伸属性。在操控板中选择拉伸类型为 ，输入深度值 14.0，并按 Enter 键。

（4）在操控板中单击"完成"按钮 ，完成拉伸特征 1 的创建。

Step3. 创建图 3.26.3 所示的拉伸特征 2。在操控板中单击 拉伸 按钮。选取 FRONT 基准平面为草绘平面，RIGHT 基准平面为参考平面，方向为 上 ；单击 草绘 按钮，绘制图 3.26.4 所示的截面草图。在操控板中选取深度类型 ，输入深度值 26.0。

Step4. 创建图 3.26.5 所示的拉伸特征 3。在操控板中单击 拉伸 按钮；选取 FRONT 基

准平面为草绘平面，**RIGHT** 基准平面为参考平面，方向为 上；单击 草绘 按钮，绘制图
3.26.6 所示的截面草图；选取深度类型 止，输入深度值 15.0。

图 3.26.3　拉伸特征 2　　　　图 3.26.4　截面草图　　　　图 3.26.5　拉伸特征 3

　　Step5. 创建图 3.26.7 所示的切削拉伸特征 4。在操控板中单击 拉伸 按钮，按下操控板
中的"移除材料"按钮 ；选取图 3.26.8 所示的模型上表面作为草绘平面，**TOP** 基准平面
为参考平面，方向为 左；绘制图 3.26.9 所示的截面草图；选取深度类型 止，切削方向如图
3.26.10 所示。

图 3.26.6　截面草图　　　图 3.26.7　拉伸特征 4　　　　图 3.26.8　草绘平面

图 3.26.9　截面草图　　　　　　　　图 3.26.10　切削方向

　　Step6. 创建图 3.26.11 所示的切削拉伸特征 5。在操控板中单击 拉伸 按钮，按下操控
板中的"移除材料"按钮 ；选取图 3.26.12 所示的模型表平面作为草绘平面，**RIGHT** 基
准平面为参考平面，方向为 上；绘制图 3.26.13 所示的截面草图；选取深度类型 止（穿透），
切削方向如图 3.26.14 所示。

图 3.26.11 拉伸特征 5　　　　　　　　　图 3.26.12 草绘平面

图 3.26.13 截面草图　　　　　　　　　图 3.26.14 切削方向

Step7. 创建图 3.26.15 所示的切削拉伸特征 6。在操控板中单击 <kbd>拉伸</kbd> 按钮，按下操控板中的"移除材料"按钮 <kbd>△</kbd>；选取图 3.26.16 所示的筋的表平面作为草绘平面，RIGHT 基准平面为参考平面，方向为 <kbd>上</kbd>；绘制图 3.26.17 所示的截面草图；深度类型 <kbd>非</kbd>（穿透），切削方向如图 3.26.18 所示。

图 3.26.15 拉伸特征 6　　　　　　　　　图 3.26.16 草绘平面

图 3.26.17 截面草图　　　　　　　　　图 3.26.18 切削方向

Step8. 创建图 3.26.19 所示的切削拉伸特征 7。在操控板中单击 <kbd>拉伸</kbd> 按钮，按下操控板中的"移除材料"按钮 <kbd>△</kbd>；选取图 3.26.20 所示的凸台的表平面为草绘平面，RIGHT 基准平面为参考平面，方向为 **上**；绘制图 3.26.21 所示的截面草图；深度类型 **⊟⊟**（穿透），切削方向如图 3.26.22 所示。

图 3.26.19　拉伸特征 7　　　　　　图 3.26.20　草绘平面

图 3.26.21　截面草图　　　　　　图 3.26.22　切削方向

Step9. 创建图 3.26.23b 所示的倒圆角特征。单击 **模型** 功能选项卡 **工程** 区域中的 **倒圆角** 按钮；按住 Ctrl 键，选取图 3.26.23a 所示的两条边线为圆角的边线；输入圆角半径值 5.0；单击 ✔ 按钮，完成特征的创建。

a）倒圆角前　　　　　　　　　b）倒圆角后

图 3.26.23　倒圆角特征

3.27　Creo 零件设计实际应用 2
——蝶形螺母的设计

应用概述

　　本应用介绍蝶形螺母的设计过程。在其设计过程中，运用了实体旋转、拉伸、倒圆角及螺旋扫描等命令，其中螺旋扫描的创建是需要掌握的重点，另外倒圆角的顺序也是值得注意的地方。零件模型及模型树如图 3.27.1 所示。

图 3.27.1　零件模型及模型树

说明：本例前面的详细操作过程请参见随书光盘中　video\ch03.27\reference\文件下的语音视频讲解文件 instance_bfbolt-r01.exe。

Step1. 打开文件 D:\Creo3\work\ch03.27\instance_bfbolt_ex.prt。

Step2. 创建图 3.27.2 所示的拉伸特征 1。

（1）选择命令。单击 模型 功能选项卡 形状 ▾ 区域中的"拉伸"按钮 拉伸 。

（2）绘制截面草图。在图形区右击，从系统弹出的快捷菜单中选择 定义内部草绘... 命令；选取 FRONT 基准平面为草绘平面，选取 RIGHT 基准平面为参考平面，方向为 右 ；单击 草绘 按钮，绘制图 3.27.3 所示的截面草图。

（3）定义拉伸属性。在操控板中定义深度类型为 日 ，再在深度文本框中输入深度值 6.0。

（4）在操控板中单击"完成"按钮 ✔ ，完成拉伸特征 1 的创建。

图 3.27.2　拉伸特征 1

图 3.27.3　截面草图

Step3. 创建图 3.27.4b 所示的变半径倒圆角特征 1。

（1）单击 模型 功能选项卡 工程 ▾ 区域中的 倒圆角 ▾ 按钮。

（2）选取倒圆角的放置参考。在模型上选取图 3.27.4 所示的两条边线。

a）倒圆角前　　　　　　　　　　　　　　b）倒圆角后

图 3.27.4　变半径倒圆角特征 1

（3）在操控板中单击 集 按钮，在定义半径的栏中右击，选择 添加半径 命令。

（4）修改各顶点处的半径值。双击各顶点处的半径文本框，分别输入边线的上端半径值 1、下端半径值 5，完成后，"半径"界面如图 3.27.5 所示。

（5）单击按钮 ✓，完成变半径倒圆角特征 1 的创建。

Step4. 参照 Step3，创建图 3.27.6b 所示的另一侧两条边线的变半径倒圆角特征 2。

图 3.27.5　"半径"界面　　　　　　　　图 3.27.6　倒圆角特征 2

Step5. 创建图 3.27.7 所示的螺旋扫描特征 1。

（1）选择命令。单击 模型 功能选项卡 形状 ▾ 区域 ☜扫描 ▾ 按钮中的 ▾，从系统弹出的菜单中选择 螺旋扫描 命令，系统弹出"螺旋扫描"操控板。

（2）在操控板中确认"实体"按钮 □ 和"使用右手定则"按钮 ↻ 被按下，按下"移除材料"按钮 ◿。

（3）单击操控板中的 参考 按钮，在系统弹出的界面中单击 定义... 按钮，系统弹出"草绘"对话框。

（4）选取 FRONT 基准平面作为草绘平面，选取 RIGHT 基准平面作为参考平面，方向为 右；单击 草绘 按钮，系统进入草绘环境，绘制图 3.27.8 所示的螺旋扫描轨迹草绘。

（5）单击按钮 ✓，退出草绘环境。

（6）定义螺旋节距。在操控板的 〰8.0 ▾ 文本框中输入节距值 2.0，并按 Enter 键。

（7）创建螺旋扫描特征的截面草图。在操控板中单击按钮 ☑，系统进入草绘环境，绘制和标注图 3.27.9 所示的截面草图，然后单击草绘工具栏中的按钮 ✓。

（8）单击操控板中的 ✓ 按钮，完成螺旋扫描特征 1 的创建。

图 3.27.7　螺旋扫描特征 1　　图 3.27.8　螺旋扫描轨迹线　　图 3.27.9　截面草图

Step6. 后面的详细操作过程请参见随书光盘中 video\ch03.27\reference\文件下的语音视频讲解文件 instance_bfbolt-r02.exe。

3.28 Creo 零件设计实际应用 3
——儿童玩具篮的设计

应用概述

本应用是一个普通的儿童玩具篮，主要运用了实体建模的一些常用命令，包括实体拉伸、扫描、倒圆角和抽壳等，其中抽壳命令运用得很巧妙。零件模型及模型树如图 3.28.1 所示。

图 3.28.1 零件模型及模型树

说明： 本例前面的详细操作过程请参见随书光盘中 video\ch03.28\reference\文件下的语音视频讲解文件 toy_basket-r01.exe。

Step1. 打开文件 D:\Creo3\work\ch03.28\toy_basket_ex.prt。

Step2. 创建图 3.28.2 所示的拉伸特征 2。在 模型 功能选项卡 形状 ▼ 区域中单击"拉伸"按钮 拉伸 ，选取图 3.28.3 所示的草绘平面和参考平面，方向为 右 ；绘制图 3.28.4 所示的截面草图，在操控板中定义拉伸类型为 ，输入深度值 15，按 Enter 键确认；单击 按钮调整拉伸方向；单击 按钮，完成拉伸特征 2 的创建。

图 3.28.2 拉伸特征 2   图 3.28.3 定义草绘平面   图 3.28.4 截面草图

Step3. 创建图 3.28.5 所示的拉伸特征 3。在 模型 功能选项卡 形状 ▼ 区域中单击"拉伸"按钮 拉伸 ，选取图 3.28.6 所示的草绘平面和参考平面，方向为 右 ；绘制图 3.28.7 所示的截面草图，在操控板中定义拉伸类型为 ⊥ ，输入深度值 8，按 Enter 键确认；单击 ✕ 按钮调整拉伸方向；单击 ⬠ 按钮，单击 ✔ 按钮，完成拉伸特征 3 的创建。

模型表面 1
为草绘平面

模型表面 2
为参考平面

图 3.28.5 拉伸特征 3   图 3.28.6 定义草绘平面   图 3.28.7 截面草图

Step4. 创建图 3.28.8 所示的倒圆角特征 1。单击 模型 功能选项卡 工程 ▼ 区域中的 倒圆角 ▼ 按钮，选取图 3.28.8a 所示的六条边线为倒圆角的边线；在倒圆角半径文本框中输入数值 20.0。

这六条边线为
圆角放置参考

a）倒圆角前

b）倒圆角后

图 3.28.8 倒圆角特征 1

Step5. 创建图 3.28.9 所示的倒圆角特征 2。选取图 3.28.9a 所示的四条边线为倒圆角的边线；倒圆角半径值为 10.0。

这四条边线为
圆角放置参考

a）倒圆角前   b）倒圆角后

图 3.28.9 倒圆角特征 2

Step6. 创建图 3.28.10 所示的倒圆角特征 3。选取图 3.28.10a 所示的边线为倒圆角的边线；倒圆角半径值 6.0。

此边线为圆
角放置参考

a）倒圆角前   b）倒圆角后

图 3.28.10 倒圆角特征 3

Step7. 创建图 3.28.11 所示的倒圆角特征 4。选取图 3.28.11a 所示的边线为倒圆角的边线；倒圆角半径值 4.0。

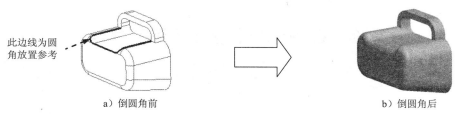

图 3.28.11　倒圆角特征 4

Step8. 创建图 3.28.12 所示的倒圆角特征 5。选取图 3.28.12a 所示的边线为倒圆角的边线；倒圆角半径值 3.0。

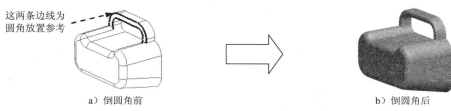

图 3.28.12　倒圆角特征 5

Step9. 创建图 3.28.13 所示的倒圆角特征 6。选取图 3.28.13a 所示的两条边线为倒圆角的边线；倒圆角半径值 3.0。

图 3.28.13　倒圆角特征 6

Step10. 创建图 3.28.14 所示的抽壳特征 1。

（1）选择命令。单击 模型 功能选项卡 工程 ▼ 区域中的"壳"按钮 回 壳 。

（2）定义移除面。选取图 3.28.14a 所示的面为移除面。

（3）定义壁厚。在 厚度 文本框中输入壁厚值 1.5。

（4）在操控板中单击 ✔ 按钮，完成抽壳特征 1 的创建。

图 3.28.14　抽壳特征 1

Step11. 后面的详细操作过程请参见随书光盘中 video\ch03.28\reference\文件下的语音视频讲解文件 toy_basket-r02.exe。

3.29　Creo 零件设计实际应用 4
——泵盖的设计

应用概述

　　本应用介绍了一个普通的泵盖，主要运用了实体建模的一些常用命令，包括实体拉伸、倒角、倒圆角、阵列、镜像等，其中本实例中的阵列特征所使用的"曲线"阵列方式运用很巧妙，此处需要读者注意。模型及模型树如图 3.29.1 所示。

图 3.29.1　模型及模型树

　　说明：本例前面的详细操作过程请参见随书光盘中 video\ch03.29\reference\文件下的语音视频讲解文件 pump-r01.exe。

　　Step1. 打开文件 D:\Creo3\work\ch03.29\pump_ex.prt。

　　Step2. 创建图 3.29.2a 所示的旋转特征。在操控板中单击"旋转"按钮 旋转 。在操控板中按下"移除材料"按钮 。选取 TOP 基准平面为草绘平面，RIGHT 基准平面为参考平面，方向为 左 ；单击 草绘 按钮，绘制图 3.29.2b 所示的截面草图（包括中心线）；在操控板中选择旋转类型为 ，在角度文本框中输入角度值 360.0，单击 按钮，完成旋转特征的创建。

a）实体旋转特征　　　　　　　　b）截面草图

图 3.29.2　旋转特征

　　Step3. 创建图 3.29.3b 所示的阵列特征。在模型树中选取"旋转 1"特征后右击，选择阵列...命令。在阵列操控板的　选项　选项卡的下拉列表中选择　一般　选项。在"阵列"操控板中选取　曲线　选项；在阵列操控板的　参考　选项卡下单击　定义...　按钮。选取图 3.29.4 所示的平面为草绘平面，选取 RIGHT 基准面为草绘参照平面，方向为　左　；单击对话框中的　草绘　按钮。绘制图 3.29.5 所示的截面草图。在操控板　后输入值 6。单击　按钮，完成阵列特征的创建。

a）阵列前　　　　　　　　　　　　　　　　b）阵列后

图 3.29.3　创建"曲线"阵列特征

图 3.29.4　操作过程定义草绘平面　　　　　　　图 3.29.5　操作过程

Step4. 创建图 3.29.6 所示的拉伸特征。在操控板中单击"拉伸"按钮　拉伸　。在操控板中按下"移除材料"按钮　。选取图 3.29.7 所示的平面为草绘平面，选取 RIGHT 基准平面为参考平面，方向为　左　；单击　草绘　按钮，绘制图 3.29.8 所示的截面草图，在操控板中选择拉伸类型为　，输入深度值 5.0。单击　按钮，完成拉伸特征的创建。

图 3.29.6　拉伸特征　　　　　图 3.29.7　设置草绘与参照平面　　　　图 3.29.8　截面草图

Step5. 创建图 3.29.9 所示的孔特征。单击　模型　功能选项卡　工程 ▾　区域中的　孔　按钮。选取图 3.29.10 所示的模型表面为主参考；按住 Ctrl 键，选取图 3.29.10 轴线为次参考。在操控板中单击"简单孔"按钮　，类型选择　，在直径文本框中输入数值 6。拉伸类型为　，输入深度值 9.7。在操控板中，单击　形状　按钮，按照图 3.29.11 所示的"形状"界面中的参数设置来定义孔的形状。在操控板中单击　按钮，完成孔特征的创建。

Step6. 创建图 3.29.12b 所示的镜像特征。在图形区中选取图 3.29.12a 所示的镜像特征；选取 RIGHT 基准平面为镜像平面，单击　按钮，完成镜像特征的创建。

图 3.29.9　创建孔特征　　　　图 3.29.10　孔的放置　　　　图 3.29.11　螺孔参数设置

图 3.29.12　创建镜像特征

Step7. 后面的详细操作过程请参见随书光盘中 video\ch03.29\reference\文件下的语音视频讲解文件 pump-r02.exe。

3.30　Creo 零件设计实际应用 5
——塑料凳的设计

应用概述

　　本应用讲解了一款塑料凳的设计过程，该设计过程运用了如下命令：实体拉伸、拔模、壳、阵列和倒圆角等。其中拔模的操作技巧性较强，需要读者用心体会。零件模型及模型树如图 3.30.1 所示。

图 3.30.1　零件模型及模型树

说明：本例前面的详细操作过程请参见随书光盘中 video\ch03.30\reference\文件下的语音视频讲解文件 plastic_stool-r01.exe。

Step1. 打开文件 D:\Creo3\work\ch03.30\plastic_stool_ex.prt。

Step2. 创建图 3.30.2b 所示的抽壳特征 1。单击 模型 功能选项卡 工程▼ 区域中的"壳"按钮 回壳 ，选取图 3.30.2a 所示的面为移除面，在 厚度 文本框中输入壁厚值为 2.0，单击 ✔ 按钮，完成抽壳特征 1 的创建。

要去除的面

a)　抽壳前　　　　　　　　　　　　　　　b) 抽壳后

图 3.30.2　抽壳特征 1

Step3. 创建图 3.30.3 所示的拉伸特征 1。在操控板中单击"拉伸"按钮 ◻拉伸 。在操控板中按下"移除材料"按钮 ◿ 。选取 TOP 基准平面为草绘平面，选取 RIGHT 基准平面为参考平面，方向为 右 ；单击 草绘 按钮，绘制图 3.30.4 所示的截面草图，单击操控板中的 选项 按钮，在"深度"界面中将 侧 1 的深度类型设置为 � 穿透 ；将 侧 2 的深度类型也设置为 � 穿透 ，单击 ✔ 按钮，完成拉伸特征 1 的创建。

Step4. 创建图 3.30.5 所示的拉伸特征 2。在操控板中单击"拉伸"按钮 ◻拉伸 。在操控板中按下"移除材料"按钮 ◿ 。选取 RIGHT 基准平面为草绘平面，选取 TOP 基准平面为参考平面，方向为 右 ；单击 草绘 按钮，绘制图 3.30.6 所示的截面草图，单击操控板中的 选项 按钮，在"深度"界面中将 侧 1 和 侧 2 的深度类型均设置为 ⓘ 穿透 ，单击 ✔ 按钮，完成拉伸特征 2 的创建。

图 3.30.3　拉伸特征 1　　　　　　图 3.30.4　截面草图　　　　　　图 3.30.5　拉伸特征 2

Step5. 创建图 3.30.7b 所示的倒圆角特征 1。单击 模型 功能选项卡 工程▼ 区域中的 ◝倒圆角 ▼ 按钮，选取图 3.30.7a 所示的边线为倒圆角的边线；输入倒圆角半径值 3.0。

图 3.30.6　截面草图　　　　　　　　　　　图 3.30.7　倒圆角特征 1

Step6. 创建图 3.30.8b 所示的倒圆角特征 2。单击 **模型** 功能选项卡 **工程 ▼** 区域中的 **倒圆角 ▼** 按钮，选取图 3.30.8a 所示的边线为倒圆角的边线；输入倒圆角半径值 15.0。

图 3.30.8　倒圆角特征 2

Step7. 创建图 3.30.9b 所示的倒圆角特征 3。单击 **模型** 功能选项卡 **工程 ▼** 区域中的 **倒圆角 ▼** 按钮，选取图 3.30.9a 所示的边线为倒圆角的边线；输入倒圆角半径值 15.0。

图 3.30.9　倒圆角特征 3

Step8. 创建图 3.30.10b 所示的倒圆角特征 4。单击 **模型** 功能选项卡 **工程 ▼** 区域中的 **倒圆角 ▼** 按钮，选取图 3.30.10a 所示的边线为倒圆角的边线；输入倒圆角半径值 10.0。

图 3.30.10　倒圆角特征 4

Step9. 创建图 3.30.11b 所示的倒圆角特征 5。单击 模型 功能选项卡 工程 ▾ 区域中的 ⌐倒圆角 ▾ 按钮，选取图 3.30.11a 所示的边线为倒圆角的边线；输入倒圆角半径值 5.0。

a）倒圆角前　　　　　　　　　　　　　　　　b）倒圆角后

图 3.30.11　倒圆角特征 5

Step10. 创建图 3.30.12 所示的拉伸特征 3。在操控板中单击"拉伸"按钮 ⬜拉伸。在操控板中按下"移除材料"按钮 ⬜。选取 FRONT 基准平面为草绘平面，选取 RIGHT 基准平面为参考平面，方向为 右；单击 草绘 按钮，绘制图 3.30.13 所示的截面草图，在操控板中选择拉伸类型为 ⯀，单击 ⬜ 按钮，单击 ✔ 按钮，完成拉伸特征 3 的创建。

图 3.30.12　拉伸特征 3　　　　　　　　　　　　图 3.30.13　截面草图

Step11. 创建图 3.30.14 所示的阵列特征 1。选中上一步创建的"拉伸特征 3"特征，右击，选择 阵列... 命令。在阵列操控板的 选项 选项卡的下拉列表中选择 一般 选项。在阵列控制方式下拉列表中选择 方向 选项。选取 RIGHT 基准面为第一方向参照，在操控板中输入阵列个数值 5，设置增量（间距）值 34.0，单击第二方向参考后的文本框。选取 TOP 基准面为第二方向参照，在操控板中输入阵列个数值 4，设置增量（间距）值 32.0，单击 ✔ 按钮，完成阵列特征 1 的创建。

a）阵列前　　　　　　　　　　　　　　　　b）阵列后

图 3.30.14　阵列特征 1

Step12. 保存创建的文件。

3.31　Creo 零件设计实际应用 6
——挖掘机铲斗的设计

应用概述

　　本应用主要运用了拉伸、倒圆角、抽壳、阵列和镜像等命令，其中的主体造型是通过实体倒了一个大圆角后抽壳而成，构思很巧妙。零件模型及模型树如图 3.31.1 所示。

图 3.31.1　零件模型及模型树

　　说明：本例前面的详细操作过程请参见随书光盘中 video\ch03.31\reference\文件下的语音视频讲解文件 dig_hand-r01.exe。

　　Step1. 打开文件 D:\Creo3\work\ch03.31\dig_hand_ex.prt。

　　Step2. 创建图 3.31.2 所示的拉伸特征 1。在 模型 功能选项卡 形状 ▾ 区域中单击"拉伸"按钮 拉伸；选取图 3.31.3 所示的模型表面为草绘平面，RIGHT 基准平面为参考平面，方向为 右；绘制图 3.31.4 所示的截面草图；在操控板中定义拉伸类型为 土，输入深度值 40.0；单击 ✔ 按钮，完成拉伸特征 1 的创建。

图 3.31.2　拉伸特征 1 　　图 3.31.3　定义草绘平面 　　　　图 3.31.4　截面草图

　　Step3. 创建图 3.31.5 所示的阵列特征 1。

　　（1）选取阵列特征。在模型树中单击选中 Step2 中所创建的拉伸特征 1 并右击，选择 阵列... 命令（或单击 模型 功能选项卡 编辑 ▾ 区域中的"阵列"按钮 ⊞ ）。

　　（2）定义阵列类型。在"阵列"操控板的 选项 选项卡的下拉列表中选择 常规 选项。

（3）选择阵列控制方式。在操控板中的阵列控制方式下拉列表中选择 方向 选项，选取图 3.31.6 所示的平面为阵列参考，单击 ✗ 按钮调整方向。

（4）定义阵列参数。在操控板中输入第一方向阵列个数 5.0，间距值 80.0。

（5）在操控板中单击 ✔ 按钮，完成阵列特征 1 的创建。

Step4. 创建图 3.31.7 所示的 DTM1 基准平面。

（1）选择命令。单击 模型 功能选项卡 基准 ▾ 区域中的"平面"按钮 ▱。

（2）定义平面参考。在模型树中选取 TOP 基准平面为偏距参考面，在"基准平面"对话框中输入偏移距离值 192.0。

（3）单击该对话框中的 确定 按钮。

选取该平面

图 3.31.5　阵列特征 1　　　　图 3.31.6　定义阵列参考平面　　　　图 3.31.7　DTM1 基准平面

Step5. 创建图 3.31.8 所示的拉伸特征 2。在 模型 功能选项卡 形状 ▾ 区域中单击"拉伸"按钮 拉伸；选取 DTM1 基准平面为草绘平面，选取 RIGHT 基准平面为参考平面，方向为 右；绘制图 3.31.9 所示的截面草图；在操控板中定义拉伸类型为 �ᅪ；单击 ✔ 按钮，完成拉伸特征 2 的创建。

图 3.31.8　拉伸特征 2　　　　　　　　图 3.31.9　截面草图

Step6. 创建图 3.31.10b 所示的镜像特征 1。

（1）选取镜像特征。在模型树中选取拉伸特征 2 为镜像特征。

（2）选择镜像命令。单击 模型 功能选项卡 编辑 ▾ 区域中的"镜像"按钮 ▯▯。

（3）定义镜像平面。在图形区选取 TOP 基准平面为镜像平面。

（4）在操控板中单击 ✔ 按钮，完成镜像特征 1 的创建。

Step7. 创建图 3.31.11 所示的拉伸特征 3。在 模型 功能选项卡 形状 ▾ 区域中单击"拉伸"按钮 拉伸；选取 TOP 基准平面为草绘平面，选取 RIGHT 基准平面为参考平面，方向

为 右 ；绘制图 3.31.12 所示的截面草图；在操控板中定义拉伸类型为 ⊟ ，输入深度值 180；单击 ✔ 按钮，完成拉伸特征 3 的创建。

a）镜像前　　　　　　　　　　　　　　　b）镜像后

图 3.31.10　镜像特征 1

图 3.31.11　拉伸特征 3　　　　　　　　　　图 3.31.12　截面草图

Step8. 创建图 3.31.13 所示的拉伸特征 4。在 模型 功能选项卡 形状 ▼ 区域中单击"拉伸"按钮 拉伸 ，按下"移除材料"按钮 ⬜ ；选取图 3.31.14 所示的面为草绘平面和参考平面，方向为 右 ；绘制图 3.31.15 所示的截面草图；在操控板中定义拉伸类型为 ⪥ ；单击 ✔ 按钮，完成拉伸特征 4 的创建。

图 3.31.13　拉伸特征 4　　　　图 3.31.14　定义草绘平面　　　　图 3.31.15　截面草图

Step9. 保存零件模型文件。

3.32　Creo 零件设计实际应用 7
——发动机排气部件的设计

应用概述

该应用中使用的命令比较多，主要运用了拉伸、扫描、混合、倒圆角及抽壳等命令。建模思路是先创建互相交叠的拉伸、扫描、混合特征，再对其进行抽壳，从而得到模型的主体结构，其中扫描、混合特征的综合使用是重点，务必保证草绘的正确性，否则此后的倒圆角将难以创建。零件模型及模型树如图 3.32.1 所示。

图 3.32.1 零件模型及模型树

说明： 本例前面的详细操作过程请参见随书光盘中 video\ch03.32\reference\文件下的语音视频讲解文件 Iinstance_main_housing-r01.exe。

Step1. 打开文件 D:\Creo3\work\ch03.32\instance_main_housing_ex.prt。

Step2. 创建图 3.32.2 所示的扫描特征。

（1）绘制扫描轨迹曲线。

① 单击 模型 功能选项卡 基准 ▼ 区域中的 "草绘" 按钮 。

② 选取 TOP 基准平面为草绘平面，选取 FRONT 基准平面作为参考平面，方向为 底部 ；单击 草绘 按钮，系统进入草绘环境。

③ 绘制并标注扫描轨迹，如图 3.32.3 所示。

图 3.32.2 扫描特征

图 3.32.3 绘制扫描轨迹

④ 单击 按钮，退出草绘环境。

（2）选择扫描命令。单击 模型 功能选项卡 形状 ▼ 区域中的 扫描 ▼ 按钮。

（3）定义扫描轨迹。

① 在操控板中确认 "实体" 按钮 和 "恒定截面" 按钮 被按下。

② 在图形区中选取图 3.32.4 所示的扫描轨迹曲线。

③ 单击箭头，切换扫描的起始点，切换后的扫描轨迹曲线如图 3.32.4 所示。

（4）创建扫描特征的截面。

① 在操控板中单击 "创建或编辑扫描截面" 按钮 ，系统自动进入草绘环境。

② 绘制并标注扫描截面的草图，如图 3.32.5 所示。

③ 完成截面的绘制和标注后，单击 "确定" 按钮 。

（5）单击操控板中的 按钮，完成扫描特征的创建。

图 3.32.4　扫描轨迹曲线

图 3.32.5　扫描截面草图

Step3. 创建图 3.32.6 所示的混合特征。

（1）选择命令。在 模型 功能选项卡的 形状 ▼ 下拉菜单中选择 混合 命令。

（2）定义混合类型。在操控板中确认"混合为实体"按钮 和"与草绘截面混合"按钮 被按下。

（3）创建混合特征的第一个截面。单击"混合"选项卡中的 截面 按钮，在系统弹出的界面中选中 ⊙ 草绘截面 单选项，单击 定义... 按钮；在绘图区选取图 3.32.7 所示的平面为草绘平面，选取 FRONT 基准平面为参考平面，方向为 顶；单击 草绘 按钮，进入草绘环境后，选取草绘平面的边线作为参考，绘制图 3.32.8 所示的截面草图 1。

说明：定义截面草图 1 中起点及方向位置如图 3.32.8 所示（具体操作：选中起点并右击，在系统弹出的快捷菜单中选择 起点(S) 命令）。

图 3.32.6　混合特征

图 3.32.7　定义草绘平面

（4）创建混合特征的第二个截面。单击"混合"选项卡中的 截面 按钮，选中 ⊙ 截面 2 选项，定义"草绘平面位置定义方式" 类型为 ⊙ 偏移尺寸，偏移自"截面 1"的偏移距离为 160，单击 草绘... 按钮；绘制图 3.32.9 所示的截面草图 2，单击工具栏中的 ✔ 按钮，退出草绘环境。

图 3.32.8　截面草图 1

图 3.32.9　截面草图 2

（5）单击 ✔ 按钮，完成混合特征的创建。

Step4. 创建图 3.32.10 所示的拉伸特征 1。在 模型 功能选项卡 形状 ▼ 区域中单击"拉伸"按钮 拉伸 ，选取图 3.32.11 所示的平面为草绘平面和参考平面，方向为 底部 ；绘制图 3.32.12 所示的截面草图，在操控板中定义拉伸类型为 ，输入深度值 15，单击 按钮调整拉伸方向；单击 按钮，完成拉伸特征 1 的创建。

图 3.32.10　拉伸特征 1　　　　图 3.32.11　定义草绘参考　　　　图 3.32.12　截面草图

Step5. 创建图 3.32.13b 所示的倒圆角特征 1。单击 模型 功能选项卡 工程 ▼ 区域中的 倒圆角 ▼ 按钮，选取图 3.32.13a 所示的四条边线为倒圆角的边线；在倒圆角半径文本框中输入数值 30.0。

a）倒圆角前　　　　　　　　　　　　　　　b）倒圆角后

图 3.32.13　倒圆角特征 1

Step6. 创建图 3.32.14b 所示的倒圆角特征 2。选取图 3.32.14a 所示的边线为倒圆角的边线；倒圆角半径值为 30.0。

a）倒圆角前　　　　　　　　　　　　　　　b）倒圆角后

图 3.32.14　倒圆角特征 2

Step7. 创建图 3.32.15b 所示的倒圆角特征 3。选取图 3.32.15a 所示的边线为倒圆角的边线；倒圆角半径值为 400.0。

a）倒圆角前　　　　　　　　　　　　　　　b）倒圆角后

图 3.32.15　倒圆角特征 3

Step8. 创建图 3.32.16 所示的拉伸特征 2。

（1）选择命令。单击 模型 功能选项卡 形状 ▼ 区域中的"拉伸"按钮 拉伸 。

（2）绘制截面草图。在图形区右击，从系统弹出的快捷菜单中选择 定义内部草绘... 命令；选取图 3.32.17 所示的面为草绘平面和参考平面，方向为 顶；单击 草绘 按钮，绘制图 3.32.18 所示的截面草图。

（3）定义拉伸属性。在操控板中选择拉伸类型为 非，单击 ╱ 按钮调整拉伸方向，按下"移除材料"按钮 ╱ 。

（4）在操控板中单击"完成"按钮 ✔，完成拉伸特征 2 的创建。

图 3.32.16　拉伸特征 2   图 3.32.17　定义草绘参考   图 3.32.18　截面草图

Step9. 创建图 3.32.19 所示的阵列特征。

（1）选取阵列特征。在模型树中右击 Step9 所创建的拉伸特征 2，选择 阵列... 命令（或单击 模型 功能选项卡 编辑 ▾ 区域中的"阵列"按钮 ▦ ）。

（2）定义阵列类型。在"阵列"操控板的 选项 选项卡的下拉列表中选择 一般 选项。

（3）选择阵列控制方式。在操控板中的阵列控制方式下拉列表中选择 尺寸 选项。

（4）定义阵列增量。在操控板中单击 尺寸 选项卡，选取图 3.32.20 所示的尺寸 20 作为第一方向阵列参考尺寸，在 方向1 区域的 增量 文本框中输入增量值 90.0。

（5）定义阵列个数。在操控板中的第一方向阵列个数文本框中输入值 3。

（6）在操控板中单击 ✔ 按钮，完成阵列特征的创建。

图 3.32.19　阵列特征   图 3.32.20　阵列方向设置

Step10. 创建图 3.32.21 所示的镜像特征。

（1）选取镜像特征。按住 Ctrl 键，在模型树中选取拉伸特征 2 和阵列特征为镜像源。

（2）选择镜像命令。单击 模型 功能选项卡 编辑 ▾ 区域中的"镜像"按钮 ◫ 。

（3）定义镜像平面。在图形区选取 RIGHT 基准平面为镜像平面。

（4）在操控板中单击 ✔ 按钮，完成镜像特征的创建。

a）镜像前   b）镜像后

图 3.32.21　镜像特征

Step11. 创建图 3.32.22b 所示的抽壳特征。

（1）选择命令。单击 模型 功能选项卡 工程 ▾ 区域中的"壳"按钮 回 壳 。

（2）定义移除面。按住 Ctrl 键，选取图 3.32.22a 所示的两个表面为要移除的面。

（3）定义壁厚。在 厚度 文本框中输入壁厚值 8.0。

（4）在操控板中单击 ✔ 按钮，完成抽壳特征的创建。

a）抽壳前　　　　　　　　　　　　　　　　　b）抽壳后

图 3.32.22　抽壳特征

Step12. 后面的详细操作过程请参见随书光盘中 video\ch03.32\reference\文件下的语音视频讲解文件 Iinstance_main_housing-r02.exe。

第 4 章 曲 面 设 计

4.1 概　述

Creo 的曲面（Surface）设计模块主要用于设计形状复杂的零件。在 Creo 中，曲面是一种没有厚度的几何特征，不要将曲面与实体里的薄壁特征相混淆，薄壁特征有一个壁的厚度值，薄壁特征本质上是实体，只不过它的壁很薄。

在 Creo 中，通常将一个曲面或几个曲面的组合称为面组（Quilt）。

用曲面创建形状复杂的零件的主要过程如下。

Step1. 创建数个单独的曲面。

Step2. 对曲面进行修剪（Trim）、切削（Cut）、偏移（Offset）等操作。

Step3. 将单独的各个曲面合并（Merge）为一个整体的面组。

Step4. 将曲面（面组）变成实体零件。

4.2　曲面的创建

4.2.1　平整曲面

模型 功能选项卡 曲面 ▼ 区域中的 填充 命令是用于创建平整曲面——填充特征，它创建的是一个二维平面特征。利用 拉伸 命令也可创建某些平整曲面，不过 拉伸 有深度参数而 填充 无深度参数（图 4.2.1）。

b）平整曲面　　　　　　　a）相同的特征截面　　　　　　　c）拉伸曲面

图 4.2.1　平整曲面与拉伸曲面

创建平整曲面的一般操作步骤如下。

Step1. 进入零件设计环境后，单击 模型 功能选项卡 曲面 ▼ 区域中的 填充 按钮，此时屏幕上方会出现图 4.2.2 所示的"填充"操控板。

Step2. 在绘图区中右击，从弹出的快捷菜单中选择 定义内部草绘... 命令，进入草绘环境；创建一个封闭的草绘截面，完成后单击 ✔ 按钮。

图 4.2.2　"填充"操控板

注意：填充特征的截面草图必须是封闭的。

Step3. 在操控板中单击"完成"按钮 ✔，完成平整曲面特征的创建。

4.2.2　拉伸和旋转曲面

拉伸、旋转、扫描、混合等曲面的创建方法与相应类型的实体特征基本相同。下面仅以拉伸曲面和旋转曲面为例进行介绍。

1．创建拉伸曲面

如图 4.2.3 所示的曲面特征为拉伸曲面，创建过程如下。

Step1. 单击 模型 功能选项卡 形状 ▼ 区域中的 拉伸 按钮，此时系统弹出图 4.2.4 所示的"拉伸"操控板。

图 4.2.3　不封闭曲面　　　　　　　　　图 4.2.4　"拉伸"操控板

Step2. 按下操控板中的"曲面类型"按钮 ▢。

Step3. 定义草绘截面放置属性：右击，从弹出的菜单中选择 定义内部草绘... 命令；指定

FRONT 基准平面为草绘面，采用模型中默认的黄色箭头的方向为草绘视图方向，指定 RIGHT 基准平面为参考面，方向为 **右** 。

　　Step4. 创建特征截面。进入草绘环境后，首先接受默认参考，然后绘制图 4.2.5 所示的截面草图，完成后单击 ✓ 按钮。

　　Step5. 定义曲面特征的"开放"或"闭合"。单击操控板中的 **选项** 按钮，在其界面中：选中 ☑ **封闭端** 复选框，使曲面特征的两端部封闭。注意：对于封闭的截面草图才可选择该项（图 4.2.6）。

图 4.2.5　截面草图

图 4.2.6　封闭曲面

取消选中 ☐ **封闭端** 复选框，可以使曲面特征的两端部开放（图 4.2.3）。

Step6. 选取深度类型及其深度：选取深度类型 ⊥ ，输入深度值 250.0。

Step7. 在操控板中单击"完成"按钮 ✓ ，完成曲面特征的创建。

2. 创建旋转曲面

图 4.2.7 所示的曲面特征为旋转曲面，创建的操作步骤如下。

Step1. 单击 **模型** 功能选项卡 **形状 ▼** 区域中的 **旋转** 按钮，单击操控板中的"曲面类型"按钮 ▢ 。

Step2. 定义草绘截面放置属性。指定 FRONT 基准平面为草绘面，RIGHT 基准平面为参考面，方向为 **右** 。

Step3. 创建特征截面：接受默认参考；绘制图 4.2.8 所示的特征截面（截面可以不封闭），注意必须有一条中心线作为旋转轴，完成后单击 ✓ 按钮。

图 4.2.7　旋转曲面

图 4.2.8　截面图形

Step4. 定义旋转类型及角度：选取旋转类型 ⊥⊥（即草绘平面以指定角度值旋转），角度值为 360.0。

Step5. 在操控板中单击"完成"按钮 ✓，完成曲面特征的创建。

4.2.3　曲面的网格显示

单击 **分析** 功能选项卡 检查几何 ▾ 区域中的 网格曲面 按钮，系统弹出图 4.2.9 所示的"网格"对话框，利用该对话框可对曲面进行网格显示设置，如图 4.2.10 所示。

单击此按钮，可激活曲面
"选取"对话框

控制网格大小

图 4.2.9　"网格"对话框

图 4.2.10　曲面网格显示

4.2.4　边界曲面

边界混合曲面，即是参考若干曲线或点（它们在一个或两个方向上定义曲面）来创建的混合曲面。在每个方向上选定的第一个和最后一个图元定义曲面的边界。如果添加更多的参考图元（如控制点和边界），则能更精确、更完整地定义曲面形状。

选取参考图元的规则如下：
- 曲线、模型边、基准点、曲线或边的端点可作为参考图元使用。
- 在每个方向上，都必须按连续的顺序选择参考图元。
- 对于在两个方向上定义的混合曲面来说，其外部边界必须形成一个封闭的环，这意味着外部边界必须相交。

1. 边界混合曲面创建的一般过程

下面以图 4.2.11 为例说明边界混合曲面创建的一般过程。

Step1. 设置工作目录和打开文件。

（1）选择下拉菜单 文件 ▾ ➡ 管理会话 (M) ▸ ➡ 选择工作目录 (D) 更改工作目录。命令，将工作目录设置为 D:\Creo3\work\ch04.02。

（2）选择下拉菜单 文件 ▾ ➡ 打开 (O) 命令，打开文件 surf_border_blended.prt。

图 4.2.11　创建边界曲面

Step2. 单击 模型 功能选项卡 曲面 ▼ 区域中的"边界混合"按钮 ，屏幕上方出现图
4.2.12 所示的"边界混合"操控板。

图 4.2.12　"边界混合"操控板

Step3. 定义第一方向的边界曲线。按住 Ctrl 键，分别选取图 4.2.11 所示的第一方向的
三条边界曲线。

Step4. 定义第二方向的边界曲线。在操控板中单击按钮 后面的第二方向曲线操作栏
中的"单击此处添加项"字符，按住 Ctrl 键，分别选取第二方向的两条边界曲线。

Step5. 在操控板中单击"完成"按钮 ，完成边界曲面的创建。

2．边界曲面的练习

下面将介绍用"边界混合曲面"的方法创建图 4.2.13 所示的手机盖曲面的详细操作流
程。

Stage1．创建基准曲线

Step1. 新建一个零件的三维模型，将其命名为 cellphone_cover。

Step2. 创建图 4.2.14 所示的基准曲线 1_1 和基准曲线 1_2，相关提示如下。

（1）单击 模型 功能选项卡 基准 ▼ 区域中的"草绘"按钮 。

（2）设置 FRONT 基准平面为草绘平面，RIGHT 基准平面为参考平面，方向为 右 ；接
受系统默认参考 TOP 和 RIGHT 基准平面。

（3）绘制基准曲线。

图 4.2.13　手机盖曲面

图 4.2.14　创建基准曲线

① 创建基准曲线 1_1。绘制图 4.2.15 所示的一条样条曲线。

② 创建镜像曲线 1_2，相关提示如下。

a）绘制图 4.2.15 所示的中心线。

b）选中前面创建的基准曲线；单击"草绘"工具栏中的 镜像 按钮，再单击中心线，即得到一镜像曲线。

③ 单击"确定"按钮。

Step3. 创建图 4.2.16 所示的基准曲线 2，相关提示如下。

（1）创建基准平面 DTM1，使其平行于 RIGHT 基准平面并且过基准曲线 1_1 的顶点。

图 4.2.15　截面草图　　　　　　　　　　图 4.2.16　创建曲线

（2）在操控板中单击"草绘"按钮 ；选取 DTM1 基准平面为草绘平面，TOP 基准平面为参考平面，方向为 右；绘制图 4.2.17 所示的截面草图。

注意：草绘时，为了绘制方便，可先将草绘平面旋转、调整到图 4.2.17 所示的空间状态。注意应将基准曲线 2 的顶点与基准曲线 1_1 和基准曲线 1_2 的顶点对齐，为了确保对齐，可创建基准点 PNT1 和 PNT0，它们分别过基准曲线 1_1 和基准曲线 1_2 的顶点，然后选取这两个基准点作为草绘参考。创建这两个基准点的操作方法如下。

① 创建基准点时，无须退出草绘环境，直接单击 点 按钮。

② 选择基准曲线 1_1 或基准曲线 1_2 的顶点；在"基准点"对话框中单击 确定 按钮。

Step4. 创建图 4.2.18 所示的基准曲线 3，相关提示如下。

图 4.2.17 截面草图

图 4.2.18 创建基准曲线

在操控板中单击"草绘"按钮 ；选取 FRONT 基准平面为草绘平面，RIGHT 基准平面为参考平面，方向为 右 ；绘制图 4.2.19 所示的样条曲线（为了便于将基准曲线 3 的顶点与基准曲线 1_1 和基准曲线 1_2 的顶点对齐，有必要选取基准曲线 1_1 和基准曲线 1_2 作为草绘参考）。

Step5. 创建图 4.2.20 所示的基准曲线 4。

说明：草绘平面为 RIGHT 基准平面，截面草图如图 4.2.21 所示。

图 4.2.19 截面草图

图 4.2.20 创建基准曲线

Stage2. 创建边界曲面 1

如图 4.2.22 所示，该手机盖零件模型包括两个边界曲面，创建边界曲面 1 的操作步骤如下。

图 4.2.21 截面草图

图 4.2.22 两个边界曲面

Step1. 单击 模型 功能选项卡 曲面▾ 区域中的"边界混合"按钮 。

Step2. 选取边界曲线。在操控板中单击 曲线 按钮，系统弹出图 4.2.23 所示的"曲线"界面，按住 Ctrl 键，选取图 4.2.24 所示第一方向的两条曲线；单击"第二方向"区域中的

"单击此处…"字符，然后按住 Ctrl 键，选取图 4.2.24 所示第二方向的两条曲线。

图 4.2.23　"曲线"界面

图 4.2.24　选取边界曲线

Step3. 在操控板中单击 ^{oo} 按钮预览所创建的曲面，确认无误后，再单击 ✓ 按钮。

Stage3. 创建边界曲面 2

说明：参考 Stage2 的操作，选取图 4.2.25 所示的两条边线为边界曲线。

Stage4. 合并边界曲面 1 和边界曲面 2

按住 Ctrl 依次选取图 4.2.26 所示的边界曲面 1 和边界曲面 2，单击 模型 功能选项卡 编辑 ▾ 区域中的 合并 按钮对两个边界曲面进行合并。

图 4.2.25　选取边界曲线

图 4.2.26　边界曲面合并

4.2.5　偏移曲面

单击 模型 功能选项卡 编辑 ▾ 区域中的 偏移 按钮，注意要激活 偏移 工具，首先必须选取一个曲面。偏移操作由图 4.2.27 所示的"偏移"操控板完成。

图 4.2.27　"偏移"操控板

曲面"偏移"操控板的说明。

● 参考：用于指定要偏移的曲面，操作界面如图 4.2.28 所示。

● 选项：用于指定偏移方式及要排除的曲面等，操作界面如图 4.2.29 所示。

图 4.2.28 "参考"界面   图 4.2.29 "选项"界面

☑ 垂直于曲面：偏距方向将垂直于原始曲面（默认项）。

☑ 自动拟合：系统自动将原始曲面进行缩放，并在需要时平移它们。不需要其他的用户输入。

☑ 控制拟合：在指定坐标系下将原始曲面进行缩放并沿指定轴移动，以创建"最佳拟合"偏距。要定义该元素，应选择一个坐标系，并通过在 X 轴、Y 轴和 Z 轴选项之前放置选中标记，选择缩放的允许方向（图 4.2.30）。

● 偏移特征类型：如图 4.2.31 所示。

图 4.2.30 选择"控制拟合"   图 4.2.31 偏移类型

1. 标准偏移

标准偏移是从一个实体的表面创建偏移的曲面（图 4.2.32），或者从一个曲面创建偏移的曲面（图 4.2.33）。操作步骤如下。

图 4.2.32 实体表面偏移

图 4.2.33 曲面面组偏移

Step1. 将工作目录设置为 D:\Creo3\work\ch04.02，打开文件 surf_offset.prt。

Step2. 在屏幕下方的智能选取栏中选择"几何"或"面组"选项，然后选取要偏移的曲面。

Step3. 单击 模型 功能选项卡 编辑 ▾ 区域中的 偏移 按钮。

Step4. 定义偏移类型。在操控板中的偏移类型栏中选取 （标准）。

Step5. 定义偏移值。在操控板中输入偏移距离值 40。

Step6. 在操控板中，单击 按钮预览所创建的偏移曲面，然后单击 按钮，完成操作。

2．拔模偏移

曲面的拔模偏移就是在曲面上创建带斜度侧面的区域偏移。拔模偏移特征可用于实体表面或面组。下面介绍在图 4.2.34 所示的面组上创建拔模偏移的操作过程。

Step1. 将工作目录设置为 D:\Creo3\work\ch04.02，打开 surf_draft_offset.prt。

Step2. 选取图 4.2.34 所示的要拔模的面组。

Step3. 单击 模型 功能选项卡 编辑 ▾ 区域中的 偏移 按钮。

Step4. 定义偏移类型：在操控板中的偏移类型栏中选取 （即带有斜度的偏移）。

Step5. 定义偏移选项：单击操控板中的 选项 按钮，选取 垂直于曲面 ；然后选取 侧曲面垂直于 为 ◉ 曲面 ，选取 侧面轮廓 为 ◉ 直 。

Step6. 定义偏移参考：单击操控板中的 参考 按钮，在弹出的界面中单击 定义... 按钮；系统弹出"草绘"对话框，草绘拔模区域。选取 FRONT 基准平面为草绘平面，RIGHT 基准平面为参考平面，方向为 左 ；创建图 4.2.35 所示的封闭图形（可以绘制多个封闭图形）。

Step7. 输入偏移值-5.0；输入侧面的拔模角度 15.0，系统使用该角度相对于它们的默认位置对所有侧面进行拔模。

图 4.2.34　拔模偏移

图 4.2.35　截面图形

Step8. 在操控板中单击 按钮，预览所创建的偏移曲面，然后单击 按钮，完成操作。

4.2.6　曲面的复制

模型 功能选项卡 操作▼ 区域中的"复制"按钮和"粘贴"按钮可以用于曲面的复制，复制的曲面与源曲面形状和大小相同。曲面的复制功能在模具设计中定义分型面时特别有用。注意要激活工具，首先必须选取一个曲面。

1．曲面复制的一般过程

曲面复制的一般操作过程如下。

Step1. 在屏幕下方的智能选取栏中选择"几何"或"面组"选项，然后在模型中选取某个要复制的曲面。

Step2. 单击 模型 功能选项卡 操作▼ 区域中的"复制"按钮。

Step3. 单击 模型 功能选项卡 操作▼ 区域中的"粘贴"按钮，系统弹出图 4.2.36 所示的操控板，在该操控板中进行设置（按住 Ctrl 键，可选取其他要复制的曲面）。

Step4. 在操控板中单击"完成"按钮，则完成曲面的复制操作。

图 4.2.36 所示"曲面：复制"操控板的说明。

- 参考 按钮：指定复制参考。操作界面如图 4.2.37 所示。
- 选项 按钮

图 4.2.36　"曲面：复制"操控板　　　　图 4.2.37　"复制参考"界面

- ☑ ◉按原样复制所有曲面 单选项：按照原来样子复制所有曲面。
- ☑ ◉排除曲面并填充孔 单选项：复制某些曲面，可以选择填充曲面内的孔。操作界面如图 4.2.38 所示。
- ☑ 排除轮廓：选取要从当前复制特征中排除的曲面。
- ☑ 填充孔/曲面：在选定曲面上选取要填充的孔。
- ☑ ◉复制内部边界 单选项：仅复制边界内的曲面。操作界面如图 4.2.39 所示。
- ☑ 边界曲线：定义包含要复制的曲面的边界。

图 4.2.38　"排除曲面并填充孔"界面　　　　　　图 4.2.39　"复制内部边界"界面

2．曲面选取的方法介绍

读者可打开文件 D:\Creo3\work\ch04.02\surf_copy.prt 进行练习。

● 选取独立曲面：在曲面复制状态下，选取图 4.2.40 所示的"智能选取"工具栏中的 **曲面**，可选取要复制的曲面。选取多个独立曲面须按 Ctrl 键；要去除已选的曲面，只需按住 Ctrl 键并单击此面即可，如图 4.2.41 所示。

图 4.2.40　"智能选取"工具栏　　　　　　　图 4.2.41　选取要复制的曲面

● 通过定义种子曲面和边界曲面来选择曲面：此种方法将选取从种子曲面开始向四周延伸直到边界曲面的所有曲面（其中包括种子曲面，但不包括边界曲面）。如图 4.2.42 所示，选取螺钉的底部平面，使该曲面成为种子曲面，然后按住键盘上的 Shift 键，同时选取螺钉头的顶部平面，使该曲面成为边界曲面，完成这两个操作后，从螺钉的底部平面到顶部平面间的所有曲面都将被选取（不包括顶部平面），如图 4.2.43 所示。

● 选取面组曲面：在图 4.2.40 所示的"智能选取"工具栏中，选择"面组"选项，再在模型上选择一个面组，面组中的所有曲面都将被选取。

图 4.2.42　定义"种子"面　　　　　　　　　图 4.2.43　完成曲面的复制

● 选取实体曲面：在图形区右击，系统弹出图 4.2.44 所示的快捷菜单，选择 **实体曲面** 命令，实体中的所有曲面都将被选取。

● 选取目的曲面：模型中多个相关联的曲面组成目的曲面。

先在图 4.2.40 所示的"智能选取"工具栏中选择"目的曲面"，然后再选取某一曲面，如选取图 4.2.45 所示的曲面，可形成图 4.2.46 所示的目的曲面；选取图 4.2.47 所示的曲面，可形成图 4.2.48 所示的目的曲面。

图 4.2.44　快捷菜单　　　　　图 4.2.45　操作过程 1　　　　　图 4.2.46　操作过程 2

图 4.2.47　操作过程 3　　　　　图 4.2.48　操作过程 4

4.3　曲面的修剪

曲面的修剪（Trim）就是将选定曲面上的某一部分剪除掉，它类似于实体的切削（Cut）功能。曲面的修剪有许多方法，下面将分别介绍。

4.3.1　一般的曲面修剪

在 模型 功能选项卡 形状▾ 区域中各命令特征的操控板中按下"曲面类型"按钮 ⌓ 及"切削特征"按钮 ⧄，可产生一个"修剪"曲面，用这个"修剪"曲面可将选定曲面上的某一部分剪除掉。注意：产生的"修剪"曲面只用于修剪，而不会出现在模型中。

下面以图 4.3.1 所示的曲面修剪为例，介绍曲面修剪的一般方法。

a）修剪前　　　　　　　　　　　　　　　　b）修剪后

图 4.3.1　曲面的修剪

Step1. 将工作目录设置为 D:\Creo3\work\ch04.03，打开文件 surf_trim.prt。

Step2. 单击 模型 功能选项卡 形状 ▼ 区域中的 拉伸 按钮。

Step3. 按下操控板中的"曲面类型"按钮 及"移除材料"按钮 。

Step4. 选取要修剪的曲面，如图 4.3.2 所示。

Step5. 定义修剪曲面特征的截面要素：选取 TOP 基准平面为草绘面，RIGHT 基准平面为参考面，方向为 左 ；绘制图 4.3.3 所示的截面草图。

Step6. 在操控板中，选取两侧深度类型均为 非 （穿过所有）；切削方向如图 4.3.4 所示。

Step7. 单击 ✔ 按钮，完成操作。

图 4.3.2　选择要修剪的曲面　　　　图 4.3.3　截面图形　　　　图 4.3.4　切削方向

4.3.2　用面组或曲线修剪面组

通过 模型 功能选项卡 编辑 ▼ 区域中的 修剪 命令按钮，可以用另一个面组、基准平面或沿一个选定的曲线链来修剪面组。

下面以图 4.3.5 为例，说明其操作过程。

图 4.3.5　修剪面组

Step1. 将工作目录设置为 D:\Creo3\work\ch04.03，打开 sweep_surf_trim.prt。

Step2. 选取图 4.3.5 中要修剪的曲面。

Step3. 单击 模型 功能选项卡 编辑 ▼ 区域中的 修剪 按钮，系统弹出"修剪"操控板。

Step4. 在系统 ➡ 选择任意平面、曲线链或曲面以用作修剪对象 的提示下，选取修剪对象，此例中选取 FRONT 基准平面作为修剪对象。

Step5. 确定要保留的部分。一般采用默认的箭头方向。

Step6. 在操控板中单击 ∞ 按钮，预览修剪的结果；单击 ✔ 按钮，则完成修剪。

如果用曲线进行曲面的修剪，要注意如下几点：

- 修剪面组的曲线可以是基准曲线，或者是模型内部曲面的边线，或者是实体模型边的连续链。
- 用于修剪的基准曲线应该位于要修剪的面组上，并且不应延伸超过该面组的边界。
- 如果曲线未延伸到面组的边界，系统将计算其到面组边界的最短距离，并在该最短距离方向继续修剪。

4.3.3　用"顶点倒圆角"选项修剪面组或曲线修剪面组

 按钮中的 顶点倒圆角 工具，可以创建一个圆角来修剪面组，如图 4.3.6 和图 4.3.7 所示。

图 4.3.6　选择倒圆角的顶点　　　　　　　图 4.3.7　顶点倒圆角后

操作步骤如下。

Step1.　先将工作目录设置为 D:\Creo3\work\ch04.03，然后打开文件 surf_trim_ adv.prt。

Step2.　单击 模型 功能选项卡中的 曲面 ▼ 下拉菜单中的 顶点倒圆角 命令，此时系统弹出图 4.3.8 所示的"顶点倒圆角"操控板。

Step3.　此时系统提示 ➡ 选择顶点以在其上放置圆角，选取图 4.3.6 中的两个顶点。

Step4.　输入半径值 2.0，并按 Enter 键。

Step5.　在操控板中单击按钮 ✔，完成操作。

图 4.3.8　"顶点倒圆角"操控板

4.3.4　薄曲面的修剪

薄曲面的修剪（Thin Trim）也是一种曲面的修剪方式，它类似于实体的薄壁切削功能。

在 模型 功能选项卡 形状▼ 区域中各命令特征的操控板中按下"曲面类型"按钮🖭、"切削特征"按钮🔲 及"薄壁"按钮🔲，可以产生一个"薄壁"曲面，用这个"薄壁"曲面将选定曲面上的某一部分剪除掉。同样，产生的"薄壁"曲面只用于修剪，而不会出现在模型中，如图 4.3.9 所示。

a) 薄曲面修剪前　　　　　　　　　　　　b) 薄曲面修剪后

图 4.3.9　薄曲面的修剪

4.4　曲面的合并与延伸操作

4.4.1　曲面的合并

使用 模型 功能选项卡 编辑▼ 区域中的 🔲合并 命令按钮，可以对两个相邻或相交的曲面（或者面组）进行合并（Merge）。

合并后的面组是一个单独的特征，"主面组"将变成"合并"特征的父项。如果删除"合并"特征，原始面组仍保留。在"组件"模式中，只有属于相同元件的曲面，才可用曲面合并。

1. 合并两个面组

下面以一个例子来说明合并两个面组的操作过程。

Step1. 将工作目录设置为 D:\Creo3\work\ch04.04，打开文件 surf_merge_01.prt。

Step2. 按住 Ctrl 键，选取要合并的两个面组（曲面）。

Step3. 单击 模型 功能选项卡 编辑▼ 区域中的 🔲合并 按钮，系统弹出"合并"操控板，如图 4.4.1 所示。

图 4.4.1　"合并"操控板

图 4.4.1 中操控板各选项或按钮的说明如下。

A: 合并两个相交的面组，可有选择性地保留原始面组的各部分。

B: 合并两个相邻的面组，一个面组的一侧边必须在另一个面组上。

C: 改变要保留的第一面组的侧。

D: 改变要保留的第二面组的侧。

Step4. 定义合并类型。默认时，系统使用◎相交合并类型。

● ◎相交单选项：交截类型，合并两个相交的面组。通过单击图 4.4.1 中的 C 按钮或 D 按钮，可分别指定两个面组的哪一侧包括在合并特征中，如图 4.4.2 所示。

图 4.4.2 "求交"类型

● ◎连接单选项：即连接类型，合并两个相邻面组，其中一个面组的边完全落在另一个面组上，如图 4.4.3 所示。如果一个面组超出另一个，通过单击图 4.4.1 中的 C 按钮或 D 按钮，可指定面组的哪一部分包括在合并特征中。

Step5. 单击 ∞ 按钮，预览合并后的面组，确认无误后，单击 ✔ 按钮。

2. 合并多个面组

下面以图 4.4.4 所示的模型为例，来说明合并多个面组的操作过程。

Step1. 将工作目录设置至 D:\Creo3\work\ch04.04，打开文件 surf_merge_02.prt。

Step2. 按住 Ctrl 键，选取要合并的 4 个面组（曲面）。

图 4.4.3 "连接"类型

图 4.4.4 合并多个面组

Step3. 单击 模型 功能选项卡 编辑 ▼ 区域中的 合并 按钮。

Step4. 单击 ∞ 按钮，预览合并后的面组，确认无误后；单击 ✔ 按钮。

注意:

●　如果多个面组相交，将无法合并。

●　所选面组的所有边不得重叠，而且必须彼此邻接。

●　选取要合并的面组时，必须按照它们的邻接关系来按次序排列。

●　面组会以选取时的顺序放在 面组 列表框中。不过，如果使用区域选取，面组 列表框中的面组会根据它们在"模型树"上的特征编号加以排序。

4.4.2　曲面的延伸

曲面的延伸（Extend）就是将曲面延长某一距离或延伸到某一平面，延伸部分曲面与原始曲面类型可以相同，也可以不同。下面以图 4.4.5 所示为例，说明曲面延伸的一般操作过程。

a) 延伸前　　　　　　　　　　　　　　　　　b) 延伸后

图 4.4.5　曲面延伸

Step1. 将工作目录设置为 D:\Creo3\work\ch04.04，打开文件 surf_extend.prt。

Step2. 在智能选取栏中选取 几何 选项，然后选取图 4.4.5 中的边作为要延伸的边。

Step3. 单击 模型 功能选项卡 编辑 ▾ 区域中的 ↦延伸 按钮，此时系统弹出图 4.4.6 所示的"延伸"操控板。

Step4. 在操控板中按下按钮 （延伸类型为"至平面"）。

Step5. 选取延伸终止面，如图 4.4.5 所示。

图 4.4.6　"延伸"操控板

延伸类型说明：

- 📄：将曲面边延伸到一个指定的终止平面。
- 📄：沿原始曲面延伸曲面，包括下列三种方式，如图 4.4.6 所示。
  - ☑ **相同**：创建与原始曲面相同类型的延伸曲面（例如平面、圆柱、圆锥或样条曲面）。将按指定距离并经过其选定的原始边界延伸原始曲面。
  - ☑ **相切**：创建与原始曲面相切的延伸曲面。
  - ☑ **逼近**：延伸曲面与原始曲面形状逼近。

Step6. 单击 👓 按钮，预览延伸后的面组，确认无误后，单击"完成"按钮 ✔。

4.5 曲面面组的转化

4.5.1 使用"实体化"命令创建实体

使用 **模型** 功能选项卡 **编辑 ▾** 区域中的 **实体化** 按钮命令，可将面组用作实体边界来创建实体。

1. 用封闭的面组创建实体

如图 4.5.1 所示，将把一个封闭的面组转化为实体特征，操作过程如下。

图 4.5.1　用封闭的面组创建实体

Step1. 将工作目录设置为 D:\Creo3\work\ch04.05，打开文件 surf_to_solid.prt。

Step2. 选取要将其变成实体的面组。

Step3. 单击 **模型** 功能选项卡 **编辑 ▾** 区域中的 **实体化** 按钮，系统弹出图 4.5.2 所示的"实体化"操控板（一）。

图 4.5.2　"实体化"操控板（一）

图 4.5.3　模型树

Step4. 单击 ✔ 按钮，完成实体化操作。完成后的模型树如图 4.5.3 所示。

注意：使用该命令前，需将模型中所有分离的曲面"合并"成一个封闭的整体面组。

2．用"曲面"创建实体表面

如图 4.5.4 所示，可以用一个面组替代实体表面的一部分，替换面组的所有边界都必须位于实体表面上，操作过程如下。

箭头指向要保留的实体部分　　要替换的曲面

实体特征

a)"实体化"前　　　　　　　　　　　　　b)"实体化"后

图 4.5.4　用"曲面"创建实体表面

Step1. 将工作目录设置为 D:\Creo3\work\ch04.05，打开 solid_replace_surf.prt。

Step2. 选取要将其变成实体的曲面。

Step3. 单击 模型 功能选项卡 编辑 ▼ 区域中的 实体化 按钮，此时出现图 4.5.5 所示的"实体化"操控板（二）。

图 4.5.5　"实体化"操控板（二）

Step4. 在操控板中单击"用面组替换部分曲面"按钮。

Step5. 确认实体保留部分的方向。

Step6. 单击"完成"按钮 ✔，完成实体化操作。

4.5.2　使用"偏移"命令创建实体

在 Creo 中，可以用一个面组替换实体零件的某一整个表面，如图 4.5.6 所示。其操作过程如下。

Step1. 将工作目录设置为 D:\Creo3\work\ch04.05，打开文件 surf_patch_solid.prt。

Step2. 选取要被替换的一个实体表面，如图 4.5.6 所示。

Step3. 单击 模型 功能选项卡 编辑 ▼ 区域中的 偏移 按钮。

图 4.5.6 用"偏移"命令创建实体

Step4. 定义偏移特征类型。在操控板中选取 （替换曲面）类型。

Step5. 在系统 ➡选择要替换实体曲面的面组. 的提示下，选取替换曲面，如图 4.5.6 所示。

Step6. 单击 ✓ 按钮，完成替换操作。

4.5.3 使用"加厚"命令创建实体

Creo 软件可以将开放的曲面（或面组）转化为薄板实体特征，图 4.5.7 所示即为一个转化的例子，其操作过程如下。

图 4.5.7 用"加厚"创建实体

Step1. 将工作目录设置为 D:\Creo3\work\ch04.05，打开文件 cover_surf_solid.prt。

Step2. 选取要将其变成实体的面组。

Step3. 单击 模型 功能选项卡 编辑▼ 区域中的 加厚 按钮，系统弹出图 4.5.8 所示的"加厚"操控板。

图 4.5.8 "加厚"操控板

Step4. 选取加材料的侧（采用系统默认向外的加厚方向），输入薄板实体的厚度值 4.0，选取偏距类型 垂直于曲面 。

Step5. 单击 ✓ 按钮，完成加厚操作。

4.6　Creo 曲面设计实际应用 1
——香皂盒的设计

应用概述

本应用介绍了一款香皂盒的曲面设计过程。曲面零件设计的一般方法是先创建一系列基准曲线，然后利用所创建的基准曲线构建几个独立的曲面，再利用合并等工具将独立的曲面变成一个整体面组，最后将整体面组变成实体模型。肥皂盒外壳模型如图 4.6.1 所示。

Step1. 新建一个零件的三维模型，将其命名为 soap_cover。

Step2. 创建图 4.6.2 所示的基准曲线 1。单击"草绘"按钮 ⟋；选取 TOP 基准平面为草绘面，RIGHT 基准平面为草绘参考平面，方向为 右 ；单击 草绘 按钮，绘制图 4.6.3 所示的截面草图。

图 4.6.1　模型　　　图 4.6.2　创建基准曲线 1　　　图 4.6.3　截面草图

Step3. 创建图 4.6.4 所示的基准曲线 2。单击"草绘"按钮 ⟋；选取 FRONT 基准平面为草绘平面，RIGHT 基准平面为草绘参考平面；方向为 右 ；单击 草绘 按钮，绘制图 4.6.5 所示的截面草图。

图 4.6.4　创建基准曲线 2　　　　　图 4.6.5　截面草图

Step4. 创建图 4.6.6 所示的基准平面 DTM1。单击"平面"按钮 ▱ ，按住 Ctrl 键，选取基准曲线 1 的端点和 FRONT 基准平面；单击对话框中的 确定 按钮。

Step5. 创建图 4.6.7 所示的基准曲线 3。单击"草绘"按钮 ；选取 DTM1 基准平面为草绘平面，RIGHT 基准平面为草绘平面的参考，方向为 左 ；单击 草绘 按钮，绘制图 4.6.8 所示的截面草图。

图 4.6.6　创建基准平面 DTM1

图 4.6.7　创建基准曲线 3

图 4.6.8　截面草图

Step6. 创建图 4.6.9 所示的基准曲线 4。单击"草绘"按钮 ；选取 TOP 基准平面为草绘平面，DTM1 基准平面为草绘平面的参考，方向为 上 ；单击 草绘 按钮，绘制图 4.6.10 所示的截面草图。

图 4.6.9　创建基准曲线 4

图 4.6.10　截面草图

Step7. 创建图 4.6.11 所示的边界曲面 1。

（1）单击 模型 功能选项卡 曲面▼ 区域中的"边界混合"按钮 。

（2）定义边界曲线。

① 选择第一方向曲线。按住 Ctrl 键，依次选取基准曲线 3、基准曲线 2（图 4.6.12）为第一方向边界曲线。

② 选择第二方向曲线。单击操控板中第二方向曲线操作栏，按住 Ctrl 键，依次选择基准曲线 1、基准曲线 1_1（图 4.6.13）为第二方向边界曲线。

图 4.6.11　创建边界曲面 1

图 4.6.12　选择第一方向曲线

图 4.6.13　选择第二方向曲线

（3）设置垂直。为了使后面的曲面镜像操作后，镜像曲面和源曲面有较好的结合（没有印痕和尖角），需要在边界混合操控板的"约束"界面中，将"方向 1-最后一条链"的"条件"设置为"垂直"，然后接受系统默认的 FRONT 基准平面为垂直平面。

（4）单击操控板中的"完成"按钮 ✓。

Step8. 创建图 4.6.14 所示的边界曲面 2。

（1）单击 模型 功能选项卡 曲面 ▾ 区域中的"边界混合"按钮 ⌀ 。

（2）定义边界曲线。按住 Ctrl 键，依次选择基准曲线 3、基准曲线 4（图 4.6.15）为第一方向边界曲线。

（3）设置相切。在操控板中单击 约束 按钮，在弹出界面的第一列表区域中，将 方向 1 - 第一条链 设置为 相切 ；然后单击第二列表区域，在图 4.6.16 所示的模型中选取边界曲面 1 的右半部分；单击操控板中的"完成"按钮 ✓。

Step9. 创建曲面合并 1。按住 Ctrl 键，选取图 4.6.16 所示的曲面（边界曲面 1 和边界曲面 2）为合并对象，然后单击 模型 功能选项卡 编辑 ▾ 区域中的 🗗合并 按钮，单击"完成"按钮 ✓。

图 4.6.14　创建边界曲面 2　　　图 4.6.15　定义边界曲线　　　图 4.6.16　创建面组 12

Step10. 在面组上创建图 4.6.17 所示的局部偏移。

（1）选取 Step9 合并后的面组。

（2）单击 模型 功能选项卡 编辑 ▾ 区域中的 🗇偏移 按钮，系统出现操控板。

（3）定义偏移类型：在操控板中的偏移类型栏中选取 🗇 （即带有斜度的偏移）。

（4）定义偏移方式：单击操控板中的 选项 按钮，选择 垂直于曲面 命令，然后选中 侧曲面垂直于 中的 ◉ 曲面 单选项，选取 侧面轮廓 中的 ◉ 直 单选项。

（5）单击操控板中的 参考 按钮，在弹出的界面中单击 定义... 按钮；系统弹出"草绘"对话框，设置草绘平面为 FRONT 基准平面，参考平面为 RIGHT 基准平面，方向为 左 ；然后单击 草绘 按钮；绘制图 4.6.18 所示的截面草图。

（6）输入偏距值 1.0。斜角值 50.0；单击"完成"按钮 ✓。

图 4.6.17　创建局部偏移

图 4.6.18　截面草图

Step11. 创建图 4.6.19 所示的圆角。单击 模型 功能选项卡 工程 ▾ 区域中的 倒圆角 ▾ 按钮，在模型上选择偏移特征的内边线创建圆角；输入圆角半径值 1.5；单击"完成"按钮 ✔，完成特征的创建。

Step12. 创建图 4.6.20 所示的圆角，相关操作参见 Step11，圆角半径为 2.0。

Step13. 创建图 4.6.21 所示的镜像曲面并将其合并。

（1）选取图 4.6.21 所示的镜像源曲面后，单击 模型 功能选项卡 编辑 ▾ 区域中的 镜像 按钮，然后选取 FRONT 基准平面作为镜像平面，单击操控板中的 ✔ 按钮。

图 4.6.19　创建圆角

图 4.6.20　创建圆角

图 4.6.21　创建镜像曲面

（2）将镜像曲面和源曲面进行合并，操作过程可参考 Step9。

Step14. 创建图 4.6.22 所示的切削拉伸特征。在操控板中单击"拉伸"按钮 拉伸，按下操控板中的"曲面类型"按钮 和"移除材料"按钮 ；选取 TOP 基准平面为草绘平面，RIGHT 基准平面为参考平面，方向为 左；绘制图 4.6.23 所示的截面草图；深度类型为 。

图 4.6.22　拉伸特征 1

图 4.6.23　截面草图

Step15. 将曲面加厚，如图 4.6.24 所示。

（1）选取要将其变成实体的面组。

（2）单击 模型 功能选项卡 编辑 ▼ 区域中的 加厚 按钮。

（3）选取加材料的侧；输入薄板实体的厚度值 0.5；单击"完成"按钮 ✓，完成加厚操作。

放大图

图 4.6.24　曲面加厚

Step16. 创建一个拉伸特征将模型一侧切平，如图 4.6.25 所示。

（1）单击 模型 功能选项卡 形状 ▼ 区域中的 拉伸 按钮，在操控板中单击"实体特征类型"按钮 □ 和"移除材料"按钮 ◢。

（2）选取 FRONT 基准平面为草绘平面，RIGHT 基准平面为参考平面，方向为 左；绘制图 4.6.26 所示的截面草图；在"选项"界面中，设置两侧拉伸深度类型均为 ≣≣（穿透）。

图 4.6.25　拉伸特征 2　　　　　　　　　　图 4.6.26　截面图形

4.7　Creo 曲面设计实际应用 2
——肥皂的设计

应用概述

本应用主要讲述了一款肥皂的创建过程，在整个设计过程中运用了曲面拉伸、旋转、合并、扫描、倒圆角等命令。零件模型及模型树如图 4.7.1 所示。

说明：本例前面的详细操作过程请参见随书光盘中 video\ch04.07\reference\文件下的语音视频讲解文件 soap-r01.exe。

图 4.7.1 零件模型及模型树

Step1. 打开文件 D:\Creo3\work\ch04.07\soap_ex.CATPart。

Step2. 创建图 4.7.2 所示的基准曲线 1。单击"草绘"按钮 ；选取 RIGHT 基准平面为草绘面，TOP 基准平面为草绘参考平面，方向为 上 ；单击 草绘 按钮，选取点 1 和点 2 为参照，绘制图 4.7.3 所示的截面草图，完成后单击按钮 。

图 4.7.2 基准曲线 1

图 4.7.3 草绘截面

Step3. 创建图 4.7.4 所示的基准点 PNT0。单击"创建基准点"按钮 ，选择上一步创建的基准曲线 1 和 FRONT 基准面为参照；完成后单击 确定 按钮。

Step4. 创建图 4.7.5 所示的基准曲线 2。单击"草绘"按钮 ；选取 FRONT 基准平面为草绘面，RIGHT 基准平面为草绘参考平面，方向为 右 ；单击 草绘 按钮，绘制图 4.7.6 所示的截面草图，完成后单击按钮 。

图 4.7.4 PNT0   图 4.7.5 基准曲线 2   图 4.7.6 草绘截面

Step5. 创建图 4.7.7 所示的 ISDX 曲面。单击 模型 功能选项卡 曲面 ▼ 区域中的 造型 按钮。单击 样式 功能选项卡 曲面 区域中的"曲面"按钮 。在操控板中单击 参考 选项卡，首要栏选取图 4.7.7 所示的曲线为 2。横切栏选取曲线 1，单击 按钮，退出 ISDX 曲面造型环境。

a）混合前

b）混合后

图 4.7.7 ISDX 曲面

Step6. 创建图 4.7.8 所示的曲面延伸 1。单击 "智能" 选取栏后面的按钮 [▼]，选择 [几何] 选项，选取图 4.7.9 所示的边线为要延伸的参考；单击 [→]延伸 按钮；输入延伸长度值 6.0；单击按钮 [✓]，完成曲面延伸 1 的创建。

图 4.7.8　曲面延伸 1

图 4.7.9　延伸参考边线

Step7. 创建图 4.7.10 所示的曲面延伸 2。具体操作步骤参见上一步。

图 4.7.10　曲面延伸 2

Step8. 创建图 4.7.11 所示的曲面合并 1。按住 Ctrl 键，选取图 4.7.11 所示的面组为合并对象；单击 [合并] 按钮，单击按钮 [✓]，完成曲面合并 1 的创建。

延伸曲面

拉伸曲面

a）合并前

b）合并后

图 4.7.11　曲面合并 1

Step9. 创建图 4.7.12 所示的填充曲面。单击 [填充] 按钮；选取 TOP 基准平面为草绘平面，RIGHT 基准平面为参考平面，方向为 [上]；绘制图 4.7.13 所示的截面草图；单击 [✓] 按钮，完成填充曲面的创建。

平整曲面

图 4.7.12　填充曲面

图 4.7.13　草绘截面

Step10. 创建图 4.7.14 所示的曲面合并 2。按住 Ctrl 键，选取图 4.7.14 所示的填充 1 与合并 1，单击 [合并] 按钮，单击按钮 [✓]，完成曲面合并 2 的创建。

Step11. 创建图 4.7.15 所示的旋转曲面。在操控板中单击 "旋转" 按钮 [旋转]，按下操控板中的 "曲面类型" 按钮 [◻]。选取 FRONT 基准平面为草绘平面，RIGHT 基准平面为参考平面，方向为 ；单击 草绘 按钮，绘制图 4.7.16 所示的截面草图（包括中心线）；在操控板中选择旋转类型为 ，在角度文本框中输入角度值 360.0，单击 ✔ 按钮，完成旋转曲面的创建。

填充 1

合并 1

图 4.7.14　曲面合并 2

图 4.7.15　旋转曲面

5.0

57.0.

120.0

60.0

图 4.7.16　截面草绘

Step12. 创建图 4.7.17 所示的曲面合并 3。按住 Ctrl 键，选取图 4.7.17 所示的合并 3 与旋转 1 特征，单击 合并 按钮，单击按钮 ✔，完成曲面合并 3 的创建。

说明： 在合并操控板中分别单击两个 ✗ 按钮，可以改变合并后曲面的所保留的部分。

a）合并前

b）合并后

图 4.7.17　曲面合并 3

Step13. 添加实体化特征。在"智能选取"栏中选取 几何 选项，然后选取上一步的合并曲面。单击 实体化 按钮，单击按钮 ✔，完成曲面实体化的创建。

Step14. 创建图 4.7.18 所示的拉伸特征。在操控板中单击"拉伸"按钮 拉伸。在操控板中按下"移除材料"按钮 。选取 TOP 基准平面为草绘平面，选取 RIGHT 基准平面为参考平面，方向为 右；单击 草绘 按钮，绘制图 4.7.19 所示的截面草图，单击 ✗ 按钮。在操控板中选择拉伸类型为 ，在操控板中单击最后面的 ✗ 按钮，单击 ✔ 按钮，完成拉伸特征的创建。

图 4.7.18　拉伸特征

90.0

25.0

25.0

图 4.7.19　草绘截面

Step15. 创建图 4.7.20b 所示的倒圆角特征 1。单击 模型 功能选项卡 工程 ▾ 区域中的 倒圆角 ▾ 按钮，选取图 4.7.20a 所示的边线为倒圆角的边线；输入倒圆角半径值 10.0。

a）倒圆角前

b）倒圆角后

图 4.7.20　倒圆角特征 1

Step16. 创建图 4.7.21b 所示的倒圆角特征 2。单击 模型 功能选项卡 工程 ▼ 区域中的 倒圆角 ▼ 按钮，选取图 4.7.21a 所示的边线为倒圆角的边线；输入倒圆角半径值 5.0。

a）倒圆角前　　　　　　　　　　　　　　　b）倒圆角后

图 4.7.21　倒圆角特征 2

Step17. 创建图 4.7.22b 所示的倒圆角特征 3。单击 模型 功能选项卡 工程 ▼ 区域中的 倒圆角 ▼ 按钮，选取图 4.7.22a 所示的边线为倒圆角的边线；输入倒圆角半径值 10.0。

a）倒圆角前

b）倒圆角后

图 4.7.22　倒圆角特征 3

Step18. 创建图 4.7.23 所示的基准平面特征。单击 模型 功能选项卡 基准 ▼ 区域中的 "平面" 按钮 ▢ ，在模型树中选取 TOP 基准平面为偏距参考面，在对话框中输入偏移距离值为-20.0，单击对话框中的 确定 按钮。

Step19. 创建图 4.7.24 所示的草图。在操控板中单击 "草绘" 按钮 ；选取 DTM1 基准平面作为草绘平面，选取 RIGHT 基准平面为参考平面，方向为 上 ，单击 草绘 按钮，绘制图 4.7.25 所示的草图。

图 4.7.23　创建基准 DTM1

图 4.7.24　草图（建模环境）

图 4.7.25　草图（草绘环境）

Step20. 创建图 4.7.26 所示的扫描特征。单击 模型 功能选项卡 形状 ▼ 区域中的

![扫描]按钮。在操控板中按下"移除材料"按钮![ ]。选择图 4.7.27 所示的轨迹线。在操控板中单击"创建或编辑扫描截面"按钮![ ]，绘制图 4.7.28 所示的扫描截面草图。单击![ ]按钮，完成扫描特征的创建。

　　图 4.7.26　扫描特征　　　　　　图 4.7.27　扫描轨迹线　　　　　图 4.7.28　草绘截面

Step21. 创建图 4.7.29b 所示的倒圆角特征 4。单击![模型]功能选项卡![工程 ▼]区域中的![倒圆角 ▼]按钮，选取图 4.7.29a 所示的边线为倒圆角的边线；输入倒圆角半径值 3.0。

　　　　　a）倒圆角前　　　　　　　　　　　　　　　b）倒圆角后

图 4.7.29　倒圆角特征 4

Step22. 创建图 4.7.30 所示的旋转复制特征。单击![模型]功能选项卡![操作 ▼]区域中的![ ]按钮，然后单击![ ]▼按钮中的![▼]，在弹出的菜单中选择![选择性粘贴]命令，在"选择性粘贴"对话框中选中![✔ 从属副本]和![✔ 对副本应用移动/旋转变换 (A)]复选框，然后单击![确定(O)]按钮，单击"移动（复制）"操控板中的![ ]按钮，选取 Y 轴为旋转轴线；在操控板的文本框中输入旋转角度值 180，并按 Enter 键；单击![ ]按钮，完成旋转复制操作。

　　　　a）旋转前　　　　　　　　　　　　　　　b）旋转后

图 4.7.30　旋转复制特征

Step23. 创建图 4.7.31b 所示的倒圆角特征 5。单击![模型]功能选项卡![工程 ▼]区域中的![倒圆角 ▼]按钮，选取图 4.7.31a 所示的边线为倒圆角的边线；输入倒圆角半径值 3.0。

　　　　a）倒圆角前　　　　　　　　　　　　　　b）倒圆角后

图 4.7.31　倒圆角特征 5

Step24. 保存零件模型文件。

4.8 Creo 曲面设计实际应用 3
——笔帽的设计

应用概述

本应用主要运用了"造型曲面""曲面投影""曲面填充""曲面合并""实体化"等命令，在设计此零件的过程中应注意基准面及基准点的创建，便于特征截面草图的绘制。零件模型及模型树如图 4.8.1 所示。

图 4.8.1　零件模型及模型树

说明：本例前面的详细操作过程请参见随书光盘中 video\ch04.08\reference\文件下的语音视频讲解文件 cap_pen-r01.exe。

Step1. 打开文件 D:\Creo3.0\work\ch04.08\cap_pen_ex.CATPart。

Step2. 创建图 4.8.2 所示的基准平面特征 1。单击"平面"按钮 ⬜，在模型树中选取 TOP 基准平面为偏距参考面，向下偏移 3.0；单击对话框中的 **确定** 按钮。

Step3. 创建图 4.8.3 所示的基准平面特征 2。单击"平面"按钮 ⬜，在模型树中选取 DTM1 基准平面为偏距参考面，向下偏移 15.0；单击对话框中的 **确定** 按钮。

Step4. 创建图 4.8.3 所示的基准平面特征 3。单击"平面"按钮 ⬜，在模型树中选取 DTM2 基准平面为偏距参考面，向下偏移 25.0；单击对话框中的 **确定** 按钮。

图 4.8.2　创建基准面 DTM1

图 4.8.3　基准面 DTM2 和 DTM3

Step5. 创建图 4.8.4 所示的基准曲线——投影 1。单击"草绘"按钮 ➿；选取 FRONT 基准平面为草绘面，TOP 基准平面为草绘参考平面，方向为 顶；单击 **草绘** 按钮，绘制图

4.8.5 所示的截面草图，完成后单击按钮 ✔。选择创建的草绘 1，单击 模型 功能选项卡 编辑 ▼ 区域中的"投影" ≥ 按钮。选取图 4.8.6 所示的面为投影面，在操控板中单击"完成"按钮 ✔。

图 4.8.4　投影 1

图 4.8.5　截面草图

图 4.8.6　选取投影面

Step6. 创建图 4.8.7 所示的基准曲线 2。单击"草绘"按钮 ∿；选取 DTM1 基准面为草绘平面，RIGHT 基准面为参照平面，方向为 右；单击 草绘 按钮，绘制图 4.8.7 所示的截面草图，完成后单击按钮 ✔。

Step7. 创建图 4.8.8 所示的基准曲线 3。单击"草绘"按钮 ∿；选取 DTM2 基准面为草绘平面，RIGHT 基准面为参照平面，方向为 右；单击 草绘 按钮，绘制图 4.8.8 所示的截面草图，完成后单击按钮 ✔。

Step8. 创建图 4.8.9 所示的基准曲线 4。单击"草绘"按钮 ∿；选取 DTM3 基准面为草绘平面，RIGHT 基准面为参照平面，方向为 右；单击 草绘 按钮，绘制图 4.8.9 所示的截面草图，完成后单击按钮 ✔。

图 4.8.7　基准曲线 2

图 4.8.8　基准曲线 3

图 4.8.9　基准曲线 4

Step9. 创建基准点。

（1）创建图 4.8.10 所示的基准点 PNT0、PNT1。单击"创建基准点"按钮 ×× 点 ▼，按住 Ctrl 键，选择基准曲线 4 和基准平面 RIGHT 为参考，即可完成基准点 PNT0 的创建；在"基准点"列表框中单击 新点 命令，按住 Ctrl 键，分别选取基准曲线 4 的边线和 FRONT 基准面为参考，即可完成基准点 PNT1 的创建。

图 4.8.10　基准点 PNT0、PNT1

（2）创建图 4.8.11 所示的基准点 PNT2、PNT3。单击 新点 命令，按住 Ctrl 键，分别选取基准曲线 3 边线和 RIGHT 基准面即可完成基准点 PNT2 的创建；单击 新点 命令，按住 Ctrl 键，分别选取基准曲线 3 的边线和 RIGHT 基准面即可完成基准点 PNT3 的创建。

图 4.8.11 基准点 PNT2、PNT3

（3）参照上一步创建图 4.8.12 所示的基准点 PNT4、PNT5。按住 Ctrl 键，分别选取基准曲线 2 边线和 RIGHT 基准面即可完成基准点 PNT4 的创建；按住 Ctrl 键，分别选取基准曲线 2 的边线和 RIGHT 基准面即可完成基准点 PNT5 的创建。

图 4.8.12 基准点 PNT4、PNT5

（4）参照上一步创建图 4.8.13 所示的基准点 PNT6、PNT7。按住 Ctrl 键，分别选取投影曲线 1 边线和 RIGHT 基准面即可完成基准点 PNT6 的创建；按住 Ctrl 键，分别选取投影曲线 1 的边线和 RIGHT 基准面即可完成基准点 PNT7 的创建。完成后单击 确定 按钮。

Step10. 创建图 4.8.14 所示的基准曲线 5。单击"草绘"按钮 ；选取 RIGHT 基准平面为草绘面，TOP 基准平面为草绘参考平面，方向为 右 ；单击 草绘 按钮，绘制图 4.8.14 所示的截面草图，完成后单击按钮 。

图 4.8.13 基准点 PNT6、PNT7   图 4.8.14 基准曲线 5

Step11. 创建图 4.8.15 所示的造型曲面特征。

图 4.8.15 造型曲面特征

（1）单击 模型 功能选项卡 曲面 ▾ 区域中的"造型"按钮 造型 。

（2）单击 样式 功能选项卡 曲面 区域中的"曲面"按钮 。在操控板中单击 参考 按钮，在 首要 的界面中。选取图 4.8.16 所示的边线为主曲线，在 内部 的界面中。按住 Ctrl 键依次选取图 4.8.17 所示的边线为链参照，单击操控板中的"确定"按钮 ✔ 。完成图 4.8.18 所示的曲面特征 1 的创建。

图 4.8.16　定义曲面的主曲线　　　图 4.8.17　定义曲面的边界曲线链参照　　　图 4.8.18　曲面特征 1

（3）单击 样式 功能选项卡 曲面 区域中的"曲面"按钮 🎵。单击 样式 功能选项卡 曲面 区域中的"曲面"按钮 🎵。在操控板中单击 参考 按钮，在 首要 的界面中。选取图 4.8.19 所示的边线为主曲线，在 内部 的界面中。按住 Ctrl 键依次选取图 4.8.20 所示的边线为链参照，单击操控板中的"确定"按钮 ✔ 。完成图 4.8.21 所示的曲面特征 2 的创建。

图 4.8.19　定义曲面的主曲线　　　　　图 4.8.20　定义曲面的边界曲线链参照

图 4.8.21　曲面特征 2

（4）单击 样式 功能选项卡 曲面 区域中的"曲面"按钮 🎵。在操控板中单击 🎵 后的 单击此处添加项目 命令，按住 Ctrl 键，选取图 4.8.22 所示的两条曲面边界为参照。单击操控板中的"确定"按钮 ✔ 。完成图 4.8.23 所示的曲面特征 3 的创建。

（5）单击 样式 功能选项卡 曲面 区域中的"曲面"按钮 🎵。在操控板中单击 🎵 后的 单击此处添加项目 命令，按住 Ctrl 键，选取图 4.8.24 所示的两条曲面边界为参照。单击操控板中的"确定"按钮 ✔ 。完成图 4.8.25 所示的曲面特征 4 的创建。

图 4.8.22　设置曲面边界　　　　　　　　图 4.8.23　曲面特征 3

（6）单击工具栏中的"造型特征完成"按钮 ✔ ，完成造型曲面的创建。

图 4.8.24　定义曲面边界

图 4.8.25　曲面特征 4

Step12. 创建图 4.8.26 所示的填充曲面 1。选择图 4.8.26 所示的曲线为参照，单击 ✓ 按钮，完成填充曲面 1 的创建。

Step13. 创建图 4.8.27 所示的曲面合并 1。按住 Ctrl 键，分别选取类型 1 和填充 1 为合并对象。单击 合并 按钮，单击按钮 ✓，完成曲面合并 1 的创建。

此曲线为参照

图 4.8.26　填充曲面 1

图 4.8.27　曲面合并 1

Step14. 创建图 4.8.28 所示的曲面合并 2。先选取图 4.8.29 所示的面 1，按住 Ctrl 键，选取图 4.8.29 所示的面 2，单击 合并 按钮，单击第二个 ✗ 按钮。单击按钮 ✓，完成曲面合并 2 的创建。

图 4.8.28　曲面合并 2

面 2

面 1

图 4.8.29　定义合并对象

Step15. 创建图 4.8.30 所示的基准平面特征 4。单击"平面"按钮 □，选取图 4.8.30 所示的边线为放置参照，将其设置为 穿过；单击对话框中的 确定 按钮。

Step16. 创建图 4.8.31 所示的填充曲面 2。单击 填充 按钮；选取 DTM4 基准面为草绘平面，选取 RIGHT 基准面为参照平面，方向为 顶；绘制图 4.8.32 所示的截面草图；单击 ✓ 按钮，完成填充曲面 2 的创建。

此边线为
放置参照

DTM4

图 4.8.30　基准面 DTM4

图 4.8.31　填充曲面 2

图 4.8.32　截面草图

Step17. 创建图 4.8.33 所示的曲面合并 3。分别选取填充 2 和合并 2 为合并对象。单击

按钮 ，完成曲面合并 3 的创建。

Step18. 创建图 4.8.34 所示的曲面实体化。选取 Step18 中合并 3 的曲面为实体化对象。单击 按钮；单击按钮 ，完成曲面实体化的创建。

图 4.8.33　曲面合并 3   图 4.8.34　曲面实体化

Step19. 后面的详细操作过程请参见随书光盘中 video\ch04.08\reference\文件下的语音视频讲解文件 cap_pen-r02.exe。

4.9　Creo 曲面设计实际应用 4
——叶轮的设计

应用概述

本应用的关键点是创建叶片，首先利用复制和偏距方式创建曲面，再利用这些曲面及创建的基准平面，结合草绘、投影等方式创建所需要的基准曲线，由这些基准曲线创建边界混合曲面，最后通过加厚、阵列等命令完成整个模型。零件模型及模型树如图 4.9.1 所示。

图 4.9.1　零件模型及模型树

说明：本例前面的详细操作过程请参见随书光盘中 video\ch04.09\reference\文件下的语音视频讲解文件 impeller-r01.exe。

Step1. 打开文件 D:\ Creo3\work\ch04.09\impeller_ex.CATPart。

Step2. 创建复制曲面 1。

（1）选取复制对象。在屏幕下方的"智能选取"栏中选择"几何"选项，按住 Ctrl 键，选取图 4.9.2 所示的圆柱的外表面。

（2）选择命令。单击 模型 功能选项卡 操作 ▾ 区域中的"复制"按钮，然后单击"粘贴"按钮。

（3）单击 按钮，完成复制曲面 1 的创建。

图 4.9.2　定义复制面组

Step3. 创建图 4.9.3 所示的偏移曲面。

（1）选取偏移对象。选取图 4.9.3 所示的曲面为要偏移的曲面。

（2）选择命令。单击 模型 功能选项卡 编辑 ▼ 区域中的 偏移 按钮。

（3）定义偏移参数。在操控板的偏移类型栏中选择"标准偏移特征"选项 ，在操控板的偏移数值栏中输入偏移距离 102.0。

（4）单击 按钮，完成偏移曲面的创建。

Step4. 创建图 4.9.4 所示的 DTM1 基准平面。

（1）选择命令。单击 模型 功能选项卡 基准 ▼ 区域中的"平面"按钮 。

（2）定义平面参考。选择基准轴 A_1，将约束设置为 穿过 ；按住 Ctrl 键，选取 TOP 基准平面，将约束设置为 偏移 ，输入旋转值-45.0。

（3）单击该对话框中的 确定 按钮。

图 4.9.3　偏移曲面

图 4.9.4　DTM1 基准平面

Step5. 用相同的方法创建图 4.9.5 所示的 DTM2 基准平面。

Step6. 用曲面求交的方法创建图 4.9.6 所示的相交曲线——相交 1。

图 4.9.5　DTM2 基准平面

图 4.9.6　相交 1

（1）在模型中选取圆柱的外表面。

（2）单击 模型 功能选项卡 编辑 ▼ 区域中的"相交"按钮 ，系统弹出"曲面相交"操控板。

（3）按住 Ctrl 键，选取图中的 DTM1 基准平面，系统将生成图 4.9.6 所示的相交曲线，然后单击操控板中的"完成"按钮 。

Step7. 用曲面求交的方法创建图 4.9.7 所示的相交曲线——相交 2。在模型中选取偏移曲面 1；单击"相交"按钮 ，选取图中的 DTM1 基准平面，系统将生成图 4.9.7 所示的相交曲线；单击 按钮。

Step8. 用曲面求交的方法创建图 4.9.8 所示的相交曲线——相交 3。 在模型中选取圆柱的外表面；单击"相交"按钮 ，选取图中的基准平面 DTM2，系统将生成图 4.9.8 所示的相交曲线；单击 按钮。

图 4.9.7　相交 2

图 4.9.8　相交 3

Step9. 用曲面求交的方法创建图 4.9.9 所示的相交曲线——相交 4。在模型中选取偏移曲面 1；单击"相交"按钮 ，选取图中的 DTM2 基准平面，系统将生成图 4.9.9 所示的相交曲线；单击 按钮。

Step10. 创建图 4.9.10 所示的 DTM3 基准平面。单击 模型 功能选项卡 基准 ▼ 区域中的"平面"按钮 ，在模型树中选取 TOP 基准平面为偏距参考面；然后在"基准平面"对话框中的 平移 文本框中输入值 150.0，并按 Enter 键；单击该对话框中的 确定 按钮。

图 4.9.9　相交 4

图 4.9.10　DTM3 基准平面

Step11. 创建图 4.9.11 所示的草绘 1。

（1）单击 模型 功能选项卡 基准 ▼ 区域中的"草绘"按钮 ，系统弹出"草绘"对话框。

（2）定义草绘截面放置属性。选取 DTM3 基准平面为草绘平面，RIGHT 基准平面为参考平面，方向为 底部 ；单击"草绘"对话框中的 草绘 按钮。

（3）进入草绘环境后，绘制图 4.9.12 所示的草绘 1，完成后单击 ✔ 按钮。

图 4.9.11 草绘 1（建模环境）　　　　图 4.9.12 草绘 1（草绘环境）

Step12. 创建图 4.9.13 所示的投影曲线——投影 1。在图 4.9.11 所示的模型中，选取草绘曲线 1；单击 模型 功能选项卡 编辑 ▾ 区域中的"投影"按钮 ⌇，此时系统弹出"投影"操控板；选取圆柱的外表面，系统立即产生图 4.9.13 所示的投影曲线；在操控板中单击"完成"按钮 ✔ 。

Step13. 创建图 4.9.14 所示的草绘 2。在操控板中单击"草绘"按钮 ⌇ ；选取 DTM3 基准平面作为草绘平面，选取 RIGHT 基准平面为参考平面，方向为 底部 ；单击 草绘 按钮，绘制图 4.9.15 所示的草绘 2。

图 4.9.13 投影 1　　　图 4.9.14 草绘 2（建模环境）　　　图 4.9.15 草绘 2（草绘环境）

Step14. 创建图 4.9.16 所示的投影曲线——投影 2。选取草绘曲线 2，单击 模型 功能选项卡 编辑 ▾ 区域中的"投影"按钮 ⌇ ；选取图 4.9.16 所示的偏移曲面，系统立即产生图 4.9.16 所示的投影曲线；在操控板中单击"完成"按钮 ✔ 。

Step15. 创建图 4.9.17 所示的草绘 3。单击 "草绘"按钮 ⌇ ，系统弹出"草绘"对话框；选取 DTM1 基准平面为草绘平面，FRONT 基准平面为参考平面，方向为 顶 ；绘制图 4.9.18 所示的草绘 3。

图 4.9.16　投影 2　　　　图 4.9.17　草绘 3（建模环境）　　　图 4.9.18　草绘 3（草绘环境）

Step16. 创建图 4.9.19 所示的草绘 4。单击 "草绘"按钮 ⚬，系统弹出"草绘"对话框；选取 DTM2 基准平面为草绘平面，选取 FRONT 基准平面为参考平面，方向为 顶；绘制图 4.9.2 所示的草绘 4。

图 4.9.19　草绘 4（建模环境）　　　　　图 4.9.20　草绘 4（草绘环境）

Step17. 为了使屏幕简洁，将部分曲线和曲面隐藏起来。

（1）隐藏偏移曲面。在模型树中单击 偏移 1 ，再右击，在快捷菜单中选择 隐藏 命令。

（2）用相同的方法隐藏相交 1、相交 2、相交 3、相交 4、草绘 1 和草绘 2。

Step18. 创建图 4.9.21 所示的拉伸特征。在操控板中单击"拉伸"按钮 拉伸；选取图 4.9.21 所示的圆柱的底面为草绘平面，RIGHT 基准平面为参考平面，方向为 底部；单击 草绘 按钮，绘制图 4.9.22 所示的截面草图；在操控板中定义拉伸类型为 坐，选取图 4.9.21 所示的圆柱的顶面作为拉伸终止面；单击 ✗ 按钮调整拉伸方向，单击 ✔ 按钮，完成拉伸特征的创建。

注意：创建拉伸特征 2 的目的是为了使后面的叶片曲面加厚、叶片阵列、倒圆角等操作能顺利完成，否则，这些操作可能失败。

Step19. 创建图 4.9.23 所示的边界混合曲面。

（1）选择命令。单击 模型 功能选项卡 曲面 ▾ 区域中的"边界混合"按钮 ⬡。

（2）选取边界曲线。在操控板中单击 曲线 按钮，系统弹出"曲线"界面，按住 Ctrl 键，依次选取投影曲线 1 和投影曲线 2 为第一方向边界曲线；单击"第二方向"区域中的"单击此…"字符，按住 Ctrl 键，依次选择草绘 3 和草绘 4 为第二方向边界曲线。

（3）在操控板中单击按钮，预览所创建的曲面，确认无误后，单击 ✔ 按钮，完成边界混合曲面的创建。

图 4.9.21　拉伸特征　　　　图 4.9.22　截面草图　　　　图 4.9.23　边界混合曲面

Step20. 创建图 4.9.24 所示的曲面加厚特征。

（1）选取加厚对象。选取图 4.9.23 所示的曲面为要加厚的对象。

（2）选择命令。单击 **模型** 功能选项卡 编辑 ▼ 区域中的 ⫛ 加厚 按钮。

（3）定义加厚参数。在操控板中输入厚度值 3.0，调整加厚方向如图 4.9.25 所示。

（4）单击 ✔ 按钮，完成加厚操作。

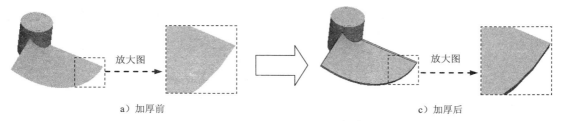

a）加厚前　　　　　　　　　　　　　c）加厚后

图 4.9.24　曲面加厚特征

Step21. 为了进行叶片的阵列，创建组特征——组 1。

（1）按住 Ctrl 键，在模型树中选取 Step19 和 Step20 所创建的边界混合曲面和曲面加厚特征。

（2）单击 **模型** 功能选项卡 操作 ▼ 区域中的 组 按钮。此时边界混合曲面和曲面加厚特征合并为 ⫶组LOCAL_GROUP_2，先单击 ⫶组LOCAL_GROUP_2，然后右击，单击将 ⫶组LOCAL_GROUP_2 重名为 ⫶组1，完成组 1 的创建。

Step22. 创建图 4.9.26 所示的"轴"阵列特征——阵列特征。

加厚方向　　3.0　　　　　a）阵列前　　　　　　　　b）阵列后

图 4.9.25　加厚方向　　　　　图 4.9.26　阵列特征

（1）在模型树中单击 后右击，在快捷菜单中选取 阵列... 命令，系统弹出"阵列"操控板。

（2）在操控板中选择 轴 选项，在模型中选取基准轴 A_1；在操控板中输入阵列的个数 3，按 Enter 键；输入角度增量值为 120.0，并按 Enter 键。

（3）单击操控板中的"完成"按钮 ✔，完成阵列特征的创建。

Step23. 后面的详细操作过程请参见随书光盘中 video\ch04.09\reference\文件下的语音视频讲解文件 impeller-r02.exe。

4.10　Creo 曲面设计实际应用 5
——灯罩的设计

应用概述

本应用主要介绍了利用方程创建曲线的特征，通过对边界混合曲面进行加厚操作，就实现了零件的实体特征，读者在绘制过程中应注意坐标系类型的选择。零件模型及模型树如图 4.10.1 所示。

```
INSTANCE_LAMP_SHADE.PRT
  RIGHT
  TOP
  FRONT
  PRT_CSYS_DEF
  曲线 1
  DTM1
  草绘 1
  边界混合 1
  加厚 1
➜ 在此插入
```

图 4.10.1　零件模型及模型树

Step1. 新建零件模型。新建一个零件模型，命名为 instance_lamp_shade。

Step2. 创建图 4.10.2 所示的基准曲线 1。单击 模型 功能选项卡 基准 ▼ 下 ～ 曲线 后的 ～ 来自方程的曲线，坐标系类型选择 柱坐标。在模型树中单击选取 PRT_CSYS_DEF 坐标系，单击 方程... 按钮。在系统弹出的"方程"窗口中，输入螺旋曲线的方程组：

r=150

theta=t*360

z=9*sin(10*t*360)

单击 确定 按钮，完成后单击 ✔ 按钮。

Step3. 创建图 4.10.3 所示的基准平面特征 1。单击 模型 功能选项卡 基准 ▼ 区域中的

"平面"按钮 ，在模型树中选取 FRONT 基准平面为偏距参考面，在对话框中输入偏移距离值 150，单击对话框中的 **确定** 按钮。

Step4. 创建图 4.10.4 所示的基准曲线 2。单击"草绘"按钮 ；选取 DTM1 基准面为草绘平面，RIGHT 基准面为参照平面，方向为 右 ；单击 **草绘** 按钮，绘制图 4.10.4 所示的截面草图，完成后单击 ✔ 按钮。

图 4.10.2　创建基准曲线 1　　　　图 4.10.3　创建基准面 DTM　　　　图 4.10.4　创建基准曲线 2

Step5. 创建图 4.10.5 所示的边界混合曲面。单击"边界混合"按钮 ；按住 Ctrl 键不放，分别选取"基准曲线 1"和"基准曲线 2"为第一方向的边界曲线；单击 ✔ 按钮，完成边界混合曲面的创建。

Step6. 创建图 4.10.6 所示的曲面加厚。选取"边界混合曲面 1"为加厚对象，单击 □加厚 按钮；输入厚度值 3.0，单击 ✔ 按钮，完成加厚操作。

Step7. 保存零件模型文件。

图 4.10.5　边界混合曲面　　　　　　　　　　图 4.10.6　曲面加厚

4.11　Creo 曲面设计实际应用 6
——圆柱齿轮的参数化设计

应用概述

本应用将创建一个由用户参数通过关系式所控制的圆柱齿轮模型，使用的是一种典型的系列化产品的设计方法，它使产品的更新换代更加快捷、方便。零件模型及模型树如图 4.11.1 所示。

Step1. 新建零件模型。新建一个零件模型，命名为 GEAR。

Step2. 创建齿轮的部分参数：齿轮模数——M，齿轮齿数——Z，齿轮厚度——WIDTH，齿轮压力角——A。单击 **工具** 功能选项卡区域中的"参数"按钮 **〔〕参数** 。设置图 4.11.2 所示的"参数"对话框，单击 **确定** 按钮。

图 4.11.1　零件模型及模型树

图 4.11.2　"参数"对话框

Step3. 创建图 4.11.3 所示的旋转特征。在操控板中单击"旋转"按钮 **中 旋转**。选取 FRONT 基准平面为草绘平面，RIGHT 基准平面为参考平面，方向为 **右**；单击 **草绘** 按钮，绘制图 4.11.4 所示的截面草图（包括中心线；外圆直径值可任意给出，此后将由关系式控制）；单击按钮 **工具** ➡ **d=关系** 命令，系统弹出关系对话框，草绘截面将变成如图 4.11.4b 所示的参数草绘。在关系对话框中输入关系式：

sd0=width

sd13=0.25*width

sd12=m*z+2.5*m

单击参数对话框中的确定按钮。单击"草绘完成"按钮 ☑ 。在操控板中选择旋转类型为 ⊥ ，在角度文本框中输入角度值 360.0，单击 ☑ 按钮，完成旋转特征的创建。

说明：关系式中，sd0、sd13、sd12 是本例中的三个尺寸值，读者可根据自己创建的草图进行修改。

图 4.11.3　旋转特征　　　　　　　　　　　a）打开关系窗口前　　　　　b）打开关系窗口后

　　　　　　　　　　　　　　　　　　　　　　　图 4.11.4　截面草绘

Step4. 创建图 4.11.5 所示的拉伸特征 1。在操控板中单击"拉伸"按钮 拉伸。在操控板中按下"移除材料"按钮 。选取 RIGHT 基准平面为草绘平面，选取 TOP 基准平面为参考平面，方向为 左；单击 草绘 按钮，绘制图 4.11.6 所示的截面草图，单击操控板中的 选项 按钮，在"深度"界面中将 侧 1 与 侧 2 的深度类型均设置为 穿透，单击 按钮，完成拉伸特征 1 的创建。

图 4.11.5　拉伸特征 1　　　　　　　　　　　图 4.11.6　截面草图

Step5. 创建图 4.11.7 所示的拉伸特征 2。在操控板中单击"拉伸"按钮 拉伸。在操控板中按下"移除材料"按钮 。选取 RIGHT 基准平面为草绘平面，选取 TOP 基准平面为参考平面，方向为 左；单击 草绘 按钮，绘制图 4.11.8 所示的截面草图，单击操控板中的 选项 按钮，在"深度"界面中将 侧 1 与 侧 2 的深度类型均设置为 穿透，单击 按钮，完成拉伸特征 2 的创建。

Step6. 创建图 4.11.9 所示的草绘图形。单击"草绘"按钮 ；选取 RIGHT 基准平面为草绘面，TOP 基准平面为草绘参考平面，方向为 底部；单击 草绘 按钮，绘制图 4.11.9 所示的截面草图（直径值可任意给出，此后将由关系式控制），单击按钮 工具 ➡ $d=$ 关系 命令，系统弹出关系对话框，在关系对话框中输入关系式：

$$sd0=m*(z+2)$$

$$sd1=m*z$$

$$sd2=m*z*\cos(pa)$$

$$sd3=m*z-2.5*m$$

$$db=sd2$$

完成后单击按钮 。

图 4.11.7　拉伸特征 2

图 4.11.8　截面草绘

图 4.11.9　参数化草绘图形

Step7. 通过渐开线方程创建图 4.11.10 所示的曲线。单击 模型 功能选项卡 基准 ▼ 下的 ～曲线 按钮下的 ～来自方程的曲线 按钮。坐标系类型选择 笛卡尔。在系统 ➡选取坐标系。提示下，在模型树中单击选取 PRT_CSYS_DEF 坐标系，单击 方程... 按钮。在系统弹出的"方程"窗口中，输入渐开线方程：

r=db/2

theta=t*60

x=0

y=r*cos(theta)+r*(theta*pi/180)*sin(theta)

z=r*sin(theta)-r*(theta*pi/180)*cos(theta)

单击 确定 按钮，完成后单击 ✔ 按钮。

Step8. 创建图 4.11.11 所示的基准点 PNT0。单击"创建基准点"按钮 ×× 点 ▼，按住 Ctrl 键，选择图 4.11.11 所示的曲线和分度圆曲线，该边线上立即出现一个基准点 PNT0。完成后单击 确定 按钮。

图 4.11.10　曲线

图 4.11.11　创建基准点 PNT0

Step9. 创建图 4.11.12 所示的基准平面特征 1。单击"平面"按钮 ▱，选择图 4.11.12 所示的 A_1 轴为参照，在对话框中选择约束类型为 穿过。按住 Ctrl 键，再选取 PNT0 为参照；在对话框中选择约束类型为 穿过。单击对话框中的 确定 按钮。

Step10. 创建图 4.11.13 所示的基准平面特征 2。单击"平面"按钮 ▱，选择图 4.11.13 所示的 A_1 轴为参照，在对话框中选择约束类型为 穿过。按住 Ctrl 键，再选取 DTM1 基准面为参照；在对话框中选择约束类型为 偏移，在旋转角度中输入-0.7。单击对话框中的 确定 按钮。

图 4.11.12　基准面 DTM1

图 4.11.13　基准面 DTM2

Step11. 创建图 4.11.14 所示的镜像特征。在图形区中选取图 4.11.14a 所示的镜像特征。选取 DTM2 基准平面为镜像平面，单击 ✔ 按钮，完成镜像特征的创建。

a）镜像前

b）镜像后

图 4.11.14　镜像特征

Step12. 创建图 4.11.15b 所示的倒角特征 1。选取图 4.11.15a 所示的两条边线为倒角的边线；输入倒角值 2.0。

a）倒角前

b）倒角后

图 4.11.15　倒角特征 1

Step13. 创建图 4.11.16 所示的拉伸特征 3。在操控板中单击"拉伸"按钮 ⬚拉伸。在操控板中按下"移除材料"按钮 ⬚。选取 RIGHT 基准平面为草绘平面，选取 TOP 基准平面为参考平面，方向为 左；单击 草绘 按钮，绘制图 4.11.17 所示的截面草图，单击操控板中的 选项 按钮，在"深度"界面中将 侧 1 与 侧 2 的深度类型均设置为 ⬚穿透，单击 ✔ 按钮，完成拉伸特征 3 的创建。

图 4.11.16　拉伸特征 3

图 4.11.17　创建草绘图形

Step14. 创建图 4.11.18b 所示的阵列特征。在模型树中，选中上步切削拉伸特征右击，选择 阵列... 命令。在阵列控制方式下拉列表中选择 轴 选项。在模型中选择基准轴 A_1；在操控板中输入阵列的个数 125 和旋转角度 360/z，并按 Enter 键确认，阵列后如图 4.11.18b 所示。单击 ✔ 按钮，完成阵列特征的创建。

a）阵列前   b）阵列后

图 4.11.18   阵列特征

Step15. 编辑参数关系。右击阵列的特征，选择 编辑 命令，单击 工具 ➡ d=关系 命令，选中模型上产生的齿轮数（此时以是参数），在关系对话框中输入齿轮参数等于 Z，单击 确定 完成参数的编辑。

Step16. 创建图 4.11.19b 所示的倒角特征 2。选取图 4.11.19a 所示的两条边线为倒角的边线；输入倒角值 2.0。

这两条边线为倒角参照

放大图

a）倒角前   b）倒角后

图 4.11.19   倒角特征 2

Step17. 通过改变 工具 ➡ d=关系 中的齿数参数可以改变齿轮的齿数（120－130）。

Step18. 保存零件模型。

第 5 章　装配设计

Creo 的装配模块用来建立零件间的相对位置关系，从而形成复杂的装配体。

Creo 提供了自底向上和自顶向下两种装配功能。如果首先设计好全部零件，然后将零件作为部件添加到装配体中，则称之为自底向上装配；如果是首先设计好装配体模型，然后在装配体中组建模型，最后生成零件模型，则称之为自顶向下装配。自底向上装配是一种常用的装配模式，本书主要介绍自底向上装配。

5.1　各种装配约束的概念

利用装配约束，可以指定一个元件相对于装配体（组件）中其他元件（或装配环境中基准特征）的放置方式和位置。装配约束的类型包括匹配（Mate）、对齐（Align）、插入（Insert）等。在 Creo 中，一个元件通过装配约束添加到装配体中后，它的位置会随着与其有约束关系的元件的改变而相应改变，而且约束设置值作为参数可随时修改，并可与其他参数建立关系方程，这样整个装配体实际上是一个参数化的装配体。

关于装配约束，请注意以下几点：

- 一般来说，建立一个装配约束时，应选取元件参考和组件参考。元件参考和组件参考分别是元件和装配体中用于约束定位和定向的点、线、面。例如通过对齐（Align）约束将一根轴放入装配体的一个孔中，轴的中心线就是元件参考，而孔的中心线就是组件参考。
- 系统一次只添加一个约束。例如不能用一个"对齐"约束将一个零件上两个不同的孔与装配体中的另一个零件上的两个不同的孔对齐，必须定义两个不同的对齐约束。
- 要对一个元件在装配体中完整地指定放置和定向（即完整约束），往往需要定义数个装配约束。
- 在 Creo 中装配元件时，可以将多于所需的约束添加到元件上。即使从数学的角度来说，元件的位置已完全约束，还可能需要指定附加约束，以确保装配件达到设计意图。建议将附加约束限制在 10 个以内，系统最多允许指定 50 个约束。

1. "面与面"重合

当约束对象是两平面或基准平面时，两零件的朝向可以通过"反向"按钮来切换，如图 5.1.1 所示。

图 5.1.1　"平面"重合

当约束对象是具有中心轴线的圆柱面时，圆柱面的中心轴线将重合，如图 5.1.2 所示。

图 5.1.2　"圆柱面"重合

2. "线与线" 重合

当约束对象是直线或基准轴时，直线或基准轴相重合，如图 5.1.3 所示。

图 5.1.3　"线与线"重合

注意：图 5.1.3 所示的"线与线" 重合与图 5.1.2 所示的"圆柱面"重合结果是一样的，但是选取的约束对象不同，前者需要选取轴线，后者需要选取旋转面。

3. "距离"约束

使用"距离"约束定义两个装配元件中的点、线和平面之间的距离值。约束对象可以是元件中的平整表面、边线、顶点、基准点、基准平面和基准轴，所选对象不必是同一种类型，例如可以定义一条直线与一个平面之间的距离。当约束对象是两平面时，两平面平行（图 5.1.4）；当约束对象是两直线时，两直线平行；当约束对象是一直线与一平面时，直线与平面平行。当距离值为 0 时，所选对象将重合、共线或共面。

图 5.1.4　"距离"约束

4. "相切"约束

用"相切（Tangent）"约束可控制两个曲面相切，如图 5.1.5 所示。

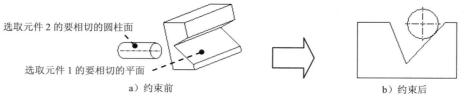

选取元件 2 的要相切的圆柱面

选取元件 1 的要相切的平面

a）约束前　　　　　　　　　　　b）约束后

图 5.1.5　　"相切"约束

5. "坐标系"约束

用"坐标系（Coord Sys）"约束可将两个元件的坐标系对齐，或者将元件的坐标系与装配件的坐标系对齐，即一个坐标系中的 X 轴、Y 轴、Z 轴与另一个坐标系中的 X 轴、Y 轴、Z 轴分别对齐，如图 5.1.6 所示。

选取元件 2 上的坐标系 CSO2

选取元件 1 上的坐标系 CSO1

约束后，两坐标系对齐

a）约束前　　　　　　　　　　　b）约束后

图 5.1.6　　"坐标系"约束

6. "线上点"约束

用"线上点（Pnt On Line）"约束可将一条线与一个点对齐。"线"可以是零件或装配件上的边线、轴线或基准曲线；"点"可以是零件或装配件上的顶点或基准点，如图 5.1.7 所示。

选取元件 1 上的此边线

选取元件 2 上的此顶点

元件 2 上的顶点紧贴在元件 1 的边线上

a）约束前　　　　　　　　　　　b）约束后

图 5.1.7　　"线上点"约束

7. "曲面上的点"约束

用"曲面上的点（Pnt On Srf）"约束可使一个曲面和一个点对齐。"曲面"可以是零件或装配件上的基准平面、曲面特征或零件的表面；"点"可以是零件或装配件上的顶点或基准点，如图 5.1.8 所示。

图 5.1.8　"面与点"约束

8.　"线与面"约束

"线与面"约束可将一个曲面与一条边线对齐。"曲面"可以是零件或装配件中的基准平面、表面或曲面面组；"边线"为零件或装配件上的边线，如图 5.1.9 所示。

图 5.1.9　"线与面"约束

9.　"默认"约束

"默认"约束也称为"缺省"约束，可以用该约束将元件上的默认坐标系与装配环境的默认坐标系对齐。当向装配环境中引入第一个元件（零件）时，常常对该元件实施这种约束形式。

10.　"固定"约束

"固定"约束也是一种装配约束形式，可以用该约束将元件固定在图形区的当前位置。当向装配环境中引入第一个元件（零件）时，也可对该元件实施这种约束形式。

5.2　装配模型创建的一般过程

下面以一个装配体模型——轴和轴套的装配（asm_shaft.asm）为例（图 5.2.1），说明装配体创建的一般过程。

5.2.1　新建装配文件

新建装配文件的步骤如下。

Step1. 选择下拉菜单 文件▼ ➡ 管理会话(M)▶ ➡ 选择工作目录(W) 更改工作目录. 命令，将工作目录设置为 D:\Creo3\work\ch05.02。

Step2. 单击"新建"按钮 □ ，在弹出的文件"新建"对话框中，进行下列操作。

（1）选中 类型 选项组下的 ◉ ▣ 装配 单选项。

（2）选中 子类型 选项组下的 ◉ 设计 单选项。

（3）在 名称 文本框中输入文件名 actuating_rod_asm。

（4）通过取消 □ 使用默认模板 复选框中的"√"号，来取消"使用默认模板"。后面将介绍如何定制和使用装配默认模板。

（5）单击该对话框中的 确定 按钮。

Step3. 在系统弹出的"新文件选项"对话框中（图 5.2.2），进行下列操作。

（1）选取适当的装配模板。在模板选项组中，选取 mmns_asm_design 模板命令。

（2）对话框中的两个参数 DESCRIPTION 和 MODELED_BY 与 PDM 有关，一般不对此进行操作。

（3）□ 复制关联绘图 复选框一般不用进行操作。

（4）单击该对话框中的 确定 按钮。

完成这一步操作后，系统进入装配模式（环境），此时在图形区可看到三个正交的装配基准平面（图 5.2.3）。

图 5.2.1　轴和轴套的装配　　图 5.2.2　"新文件选项"对话框　　图 5.2.3　三个默认的基准平面

5.2.2　装配第一个元件

在向装配环境中添加装配元件之前，一般应先建立三个正交的装配基准平面，方法为：进入装配模式后，单击 模型 功能选项卡 基准▼ 区域中的"平面"按钮 ▱，系统便自动创建三个正交的装配基准平面。

如果不创建三个正交的装配基准平面，那么基础元件就是放置到装配环境中的第一个零件、子组件或骨架模型，此时无须定义位置约束，元件只按默认放置。如果用互换元件来替换基础元件，则替换元件也总是按默认放置。

说明：本例中，由于选取了 `mmns_asm_design` 模板命令，系统便自动创建三个正交的装配基准平面，所以无须再创建装配基准平面。

Step1. 引入第一个零件。

（1）单击 `模型` 功能选项卡 `元件 ▼` 区域（图 5.2.4）中的"组装"按钮 （或单击 `组装 ▼` 按钮，然后在弹出的菜单中选择 `组装` 选项，如图 5.2.5 所示。

图 5.2.4 "元件"区域   图 5.2.5 "组装"子菜单

`元件 ▼` 区域及 `组装 ▼` 菜单下的几个命令的说明。

`组装`：将已有的元件（零件、子装配件或骨架模型）装配到装配环境中。用"元件放置"对话框，可将元件完整地约束在装配件中。

（创建）：选择此命令，可在装配环境中创建不同类型的元件：零件、子装配件、骨架模型及主体项目，也可创建一个空元件。

（重复）：使用现有的约束信息在装配中添加一个当前选中零件的新实例，但是当选中零件以"默认"或"固定"约束定位时无法使用此功能。

`封装`：选择此命令可将元件不加装配约束地放置在装配环境中，它是一种非参数形式的元件装配。关于元件的"封装"详见后面的章节。

`包括`：选择此命令，可在活动组件中包括未放置的元件。

`挠性`：选择此命令可以向所选的组件添加挠性元件（如弹簧）。

（2）此时系统弹出文件"打开"对话框，选择驱动杆零件模型文件 shaft.prt，然后单击 `打开 ▼` 按钮。

Step2. 完全约束放置第一个零件。完成上步操作后，系统弹出元件放置操控板，在该操控板中单击 `放置` 按钮，在"放置"界面的 `约束类型` 下拉列表中选择 `默认` 选项，将元件按默认放置，此时操控板中显示的信息为 `状况:完全约束`，说明零件已经完全约束放置；单击操控板中的 按钮。

5.2.3　装配第二个元件

1. 引入第二个零件

单击 模型 功能选项卡 元件▼ 区域中"组装"按钮 ；然后在弹出的文件"打开"对话框中，选取轴套零件模型文件 bush.prt，单击 打开 ▼ 按钮。

2. 放置第二个零件前的准备

第二个零件引入后，可能与第一个零件相距较远，或者其方向和方位不便于进行装配放置。解决这个问题的方法有两种。

方法一：移动元件（零件）

Step1. 在元件放置操控板中单击 移动 按钮，系统弹出"移动"界面。

Step2. 在 运动类型 下拉列表中选择 平移 选项。

Step3. 选取运动参考。在"移动"界面中选中 ◉ 在视图平面中相对 单选项（相对于视图平面移动元件）。

Step4. 在绘图区按住鼠标左键，并移动鼠标，可看到装配元件（如轴套零件模型）随着鼠标的移动而平移，将其从图 5.2.6 中的位置平移到图 5.2.7 中的位置。

Step5. 与前面的操作相似，在"移动"界面的 运动类型 下拉列表中选择 旋转 ，然后选中 ◉ 在视图平面中相对 单选项，将轴套从图 5.2.7 所示的状态旋转至图 5.2.8 所示的状态，此时的位置状态比较便于装配元件。

　　图 5.2.6　位置 1　　　　　　　　图 5.2.7　位置 2　　　　　　　　图 5.2.8　位置 3

Step6. 在元件放置操控板中单击 放置 按钮，弹出"放置"界面，可对元件进行放置。

方法二：打开辅助窗口

在元件放置操控板中，单击 按钮即可打开一个包含要装配元件的辅助窗口，如图 5.2.9 所示。在此窗口中可单独对要装入的元件（如轴套零件模型）进行缩放（中键滚轮）、旋转（中键）和平移（Shift＋中键）。这样就可以将要装配的元件调整到方便选取装配约束参考的位置。

3．完全约束放置第二个零件

当引入元件到装配件中时，系统将选择"自动"放置。从装配体和元件中选择一对有效参考后，系统将自动选择适合指定参考的约束类型。约束类型的自动选择可省去手动从约束列表中选择约束的操作步骤，从而有效地提高工作效率。但某些情况下，系统自动指定的约束不一定符合设计意图，需要重新进行选取。这里需要说明一下，本书中的例子，都是采用手动选择装配的约束类型，这主要是为了方便讲解，使讲解内容条理清楚。

Step1. 定义第一个装配约束。

（1）在"放置"界面的 约束类型 下拉列表中选择 距离 选项。

（2）分别选取图 5.2.10 所示的两个平面为约束对象。

图 5.2.9　辅助窗口

此两平面重合

此两中心轴线对齐

图 5.2.10　选取约束面和对齐

注意： 为了保证参考选择的准确性，建议采用列表选取的方法选取参考。

此时"放置"界面的 状况 选项组中显示的信息为 部分约束 ，所以还得继续添加装配约束，直至显示 完全约束 。

Step2. 定义第二个装配约束。

（1）在"放置"界面中单击 ➜新建约束 字符，在 约束类型 下拉列表中选择 重合 选项。

（2）分别选取两个元件上要对齐的轴线（图 5.2.10）。此时界面下部的 状况 栏中显示的信息为 完全约束 。

Step3. 单击"元件放置"操控板中的 ✔ 按钮，完成装配体的创建。

5.3　允　许　假　设

在装配过程中，Creo 会自动启用"允许假设"功能，通过假设存在某个装配约束，使元件自动地被完全约束，从而帮助用户高效率地装配元件。☑ 允许假设 复选框位于"放置"

界面的 状况 选项组，用以切换系统的约束定向假设开关。在装配时，只要能够做出假设，系统即显示 ☑允许假设 复选框，并自动将其选中（即使之有效）。"允许假设"的设置是针对具体元件的，并与该元件一起保存。

　　例如：图 5.3.1 所示的例子，现要将图中的一个轴套装配到轴上，在分别添加一个平面匹配约束和一个对齐约束后，"元件放置"界面中的 状况 选项组就显示 完全约束，如图 5.3.2 所示，这是因为系统自动启用了"允许假设"，假设存在第三个约束，该约束限制轴套在轴中的径向位置，这样就完全约束了该轴套，完成了轴套装配。

图 5.3.1　元件装配

图 5.3.2　"元件放置"界面

　　有时系统假设的约束，虽然能使元件完全约束，但有可能并不符合设计意图，如何处理这种情况呢？可以先取消选中 ☐允许假设 复选框，添加和明确定义另外的约束，使元件重新完全约束；如果不定义另外的约束，用户可以使元件在"假定"位置保持包装状态，也可以将其拖出假定的位置，使其在新位置上保持包装状态（当再次单击 ☑允许假设 复选框时，元件会自动回到假设位置），下面以图 5.3.1 所示的例子来进行说明。

　　先将元件 1 引入装配环境中，并使其完全约束。然后引入元件 2，并分别添加"匹配"约束和"对齐"约束，此时 状况 选项组下的 ☑允许假设 复选框被自动选中，并且系统在对话框中显示 完全约束 信息，两个元件的装配效果如图 5.3.3 所示，而我们的设计意图如图 5.3.4 所示。

图 5.3.3　操作前

图 5.3.4　操作后

请按下面的操作方法进行练习。

Step1. 设置工作目录和打开文件。

（1）选择下拉菜单 文件▾ ➡ 管理会话(M) ▶ ➡ 选择工作目录(W) 更改工作目录. 命令，将工作目录设置为 D:\Creo3\work\ch05.03。

（2）选择下拉菜单 文件▾ ➡ 打开(O) 命令，打开文件 if_asm_shaft.asm。

Step2. 编辑定义元件 if_bush.prt，在系统弹出"元件放置"操控板中进行如下操作。

（1）在操控板中单击 放置 按钮，在弹出的"放置"界面中取消选中 □ 允许假设 复选框。

（2）设置元件的定向。

① 在"放置"界面中，单击"新建约束"字符，在 约束类型 下拉列表中选择 ∠ 角度偏移 选项。

② 分别选取图 5.3.5 所示元件 1 上的表面 1 以及元件 2 上的表面 2；偏移角度值设为 0.0。

（3）在元件放置操控板中单击 ✔ 按钮。

图 5.3.5 对齐表面选取

5.4 元件的复制

可以对完成装配后的元件进行复制。如图 5.4.1 和图 5.4.2 所示，现需要对图中的螺钉元件进行复制，下面介绍其操作过程。

Step1. 将工作目录设置为 D:\Creo3\work\ch05.04，打开 component_copy.asm。

Step2. 作为元件复制的准备工作，先创建一个图 5.4.1 所示的坐标系。

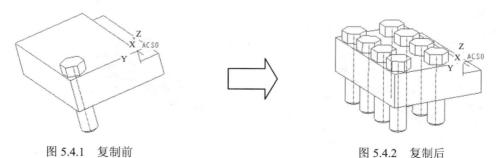

图 5.4.1 复制前　　　　　　　　　　图 5.4.2 复制后

Step3. 单击 模型 功能选项卡 元件▾ 节点下的 元件操作 命令。

Step4. 在弹出的菜单管理器中选择 Copy (复制) 命令。

Step5. 在弹出的菜单中选择 Select (选择) 命令，并选择刚创建的坐标系。

Step6. 选择要复制的螺钉元件，并在"选择"对话框中单击 确定 按钮。

Step7. 选择复制类型。在"复制"子菜单中选择 Translate (平移) 命令。

Step8. 在 X 轴方向进行平移复制。（注此处复制会根据所建坐标轴方向不同而选择不同的轴方向）

（1）在菜单中选择 X Axis (X轴) 命令。

（2）在系统 输入 平移的距离x方向: 的提示下，输入沿 X 轴的移动距离值-25.0。

（3）选择 Done Move (完成移动) 命令。

（4）在系统 输入沿这个复合方向的实例数目: 的提示下，输入沿 X 轴的实例个数 4。

Step9. 在 Z 轴方向进行平移复制。

（1）选择 Z Axis (Z 轴) 命令。

（2）在系统提示下，输入沿 Z 轴的移动距离-35.0。

（3）选择 Done Move (完成移动) 命令。

（4）在系统提示下，输入沿 Z 轴的实例个数 2。

Step10. 选择菜单中的 Quit Move (退出移动) 命令，选择 Done (完成) 命令。

5.5　元件的阵列

与在零件模型中特征的阵列（Pattern）一样，在装配体中，也可以进行元件的阵列（Pattern），装配体中的元件包括零件和子装配件。元件阵列的类型主要包括"参考阵列"和"尺寸阵列"。

1.　参考阵列

如图 5.5.1 至图 5.5.3 所示，元件"参考阵列"是以装配体中某一零件中的特征阵列为参考，来进行元件的阵列。图 5.5.3 中的 6 个阵列螺钉，是参考装配体中元件 1 上的 6 个阵列孔来进行创建的，所以在创建"参考阵列"之前，应提前在装配体的某一零件中创建参考特征的阵列。

图 5.5.1　装配前　　　　　　　　图 5.5.2　装配后　　　　　　　　图 5.5.3　元件阵列

在 Creo 中，用户还可以用参考阵列后的元件为另一元件创建"参考阵列"。在图 5.5.3 的例子中，已使用"参考阵列"选项创建了 6 个螺钉阵列，因此可以再一次使用"参考阵列"命令将螺母阵列装配到螺钉上。

下面介绍创建元件 2 的参考阵列的操作过程。

Step1. 将工作目录设置为 D:\Creo3\work\ch05.05，打开文件 pattern_ref.asm。

Step2. 在图 5.5.4 所示的模型树中单击 BOLT.PRT（元件 2），右击，从系统弹出的图 5.5.5 所示的快捷菜单中选择 阵列... 命令。

图 5.5.4　模型树　　　　　　　　　　图 5.5.5　快捷菜单

说明：在装配环境中，另一种进入的方式：单击 模型 功能选项卡 修饰符 ▾ 区域中的"阵列"命令 ⊞ 。

Step3. 在"阵列"操控板的阵列类型框中选取 参考 ，单击"完成"按钮 ✓ 。此时，系统便自动参考元件 1 中的孔的阵列，创建图 5.5.3 所示的元件阵列。如果修改阵列中的某一个元件，则系统就会像在特征阵列中一样修改每一个元件。

2.　尺寸阵列

如图 5.5.6 所示，元件的"尺寸阵列"是使用装配中的约束尺寸创建阵列，所以只有使用诸如"距离"或"角度偏移"这样的约束类型才能创建元件的"尺寸阵列"。创建元件的"尺寸阵列"，也遵循"零件"模式中"特征阵列"的规则。这里请注意：如果要重定义阵列化的元件，必须在重定义元件放置后再重新创建阵列。

a）装配前　　　　　　　　　　　　　　b）装配后

图 5.5.6　装配元件

下面开始创建元件 2 的尺寸阵列，操作步骤如下。

Step1. 将工作目录设置为 D:\Creo3\work\ch05.05，打开 scale_pattern.asm。

Step2. 在模型树中选取元件 2，右击，从弹出的快捷菜单中选择 阵列... 命令。

Step3. 系统提示 ⇨ 选择要在第一方向上改变的尺寸，选取图 5.5.7 中的尺寸 5.0。

Step4. 在出现的增量尺寸文本框中输入数值 11.0，并按 Enter 键，如图 5.5.7 所示。也可单击"阵列"操控板中的 尺寸 按钮，在弹出的"尺寸"界面中作相应的设置或修改。

Step5. 在"阵列"操控板中输入实例总数 4。

Step6. 单击操控板中的 ✓ 按钮，此时即得到图 5.5.8 所示的元件 2 的阵列。

图 5.5.7　选取尺寸

图 5.5.8　阵列后

5.6　修改装配体中的元件

一个装配体完成后，可以对该装配体中的任何元件（包括零件和子装配件）进行下面的一些操作：元件的打开与删除、元件尺寸的修改、元件装配约束偏距值的修改（如匹配约束和对齐约束偏距的修改）、元件装配约束的重定义等。这些操作命令一般从模型树中获取。

下面以修改装配体 asm_modify.asm 中的 asm_bush.prt 零件来进行说明。

Step1. 将工作目录设置为 D:\Creo3\work\ch05.06，打开文件 asm_modify.asm。

Step2. 在装配模型树界面中选择 👕▾ ➡ 树过滤器(F)... 命令，然后选中"显示"选项组下的 ☑ 特征 复选框，这样每个零件中的特征都将在模型树中显示。

Step3. 单击模型树中 ▶ MODIFY_BUSH.PRT 前面的 ▶ 号。

Step4. 此时 ▶ MODIFY_BUSH.PRT 中的特征显示出来，右击要修改的特征（如 ▶ 拉伸 1），系统弹出的快捷菜单中，可选取所需的编辑、编辑定义等命令，对所选特征进行相应操作。

如图 5.6.1 所示，在装配体 asm_modify.asm 中，如果要将零件 modify_bush 中的尺寸 8.0 改成 14.0，操作方法如下。

Step1. 显示要修改的尺寸。在模型树中，右击零件 MODIFY_BUSH.PRT 中的 ▶ 拉伸 1

特征，选择 编辑 命令，系统即显示该特征的尺寸，如图 5.6.1 所示。

图 5.6.1　修改尺寸

Step2. 双击要修改的尺寸 8.0，输入新尺寸 14.0，然后按 Enter 键。

Step3. 装配模型的再生：右击零件 ▶ ☐ MODIFY_BUSH.PRT ，在弹出的菜单中选择 重新生成 命令。

注意：修改装配模型后，必须进行"重新生成"操作，否则模型不能按修改的要求更新。

说明：再生，单击 模型 功能选项卡 操作 ▼ 区域中的 ⌗ 按钮，（或者在模型树中，右击要进行再生的元件，然后从弹出的快捷菜单中选取 重新生成 命令），此方式只再生被选中的对象。

5.7　装配体中的层操作

当向装配体中引入更多的元件时，屏幕中的基准面、基准轴等太多，这就要用"层"的功能，将暂时不用的基准元素遮蔽起来。

可以对装配体中的各元件分别进行层的操作，下面以装配体 layer.asm 为例介绍其操作方法。

Step1. 将工作目录设置为 D:\Creo3\work\ch05.07，打开文件 layer.asm。

Step2. 在导航选项卡中选择 ☷ ▼ ➡ 层树(L) 命令，此时在导航区显示装配层树。

Step3. 选取对象。从装配模型下拉列表中选取零件 SHAFT.PRT，此时 SHAFT 零件所有的层显示在层树中。

Step4. 对 shaft 零件中的层进行诸如隐藏、新建层、设置层的属性等操作。

5.8　模型的测量与分析

5.8.1　模型的测量

1. 测量距离

下面以一个简单的模型为例，说明距离测量的一般操作过程和测量类型。

Step1. 将工作目录设置为 D:\Creo3\work\ch05.08，打开文件 meas_ distance.prt。

Step2. 选择 分析 功能选项卡 测量 ▾ 区域中的"测量"命令 📏，系统弹出"测量：汇总"对话框。

Step3. 测量面到面的距离。

（1）在系统弹出图 5.8.1 所示的"测量：距离"对话框（一）中，单击"距离"按钮 📐，然后单击"展开对话框"按钮 ▾。

（2）先选取图 5.8.2 所示的模型表面 1，按住 Ctrl 键，选取图 5.8.2 所示的模型表面 2。

（3）在图 5.8.1 所示的"测量：距离"对话框（一）的结果区域中，可查看测量后的结果。

图 5.8.1　"测量：距离"对话框（一）

图 5.8.2　测量面到面的距离

说明： 可以在"测量：距离"对话框的结果区域中查看测量结果，也可以在模型上直接显示测量或分析结果。

Step4. 测量点到面的距离，如图 5.8.3 所示。操作方法参见 Step3。

Step5. 测量点到线的距离，如图 5.8.4 所示。操作方法参见 Step3。

Step6. 测量线到线的距离，如图 5.8.5 所示。操作方法参见 Step3。

图 5.8.3 点到面的距离

图 5.8.4 点到线的距离

图 5.8.5 线到线的距离

Step7. 测量点到点的距离，如图 5.8.6 所示。操作方法参见 Step3。

Step8. 测量点到坐标系的距离，如图 5.8.7 所示。操作方法参见 Step3。

Step9. 测量点到曲线的距离，如图 5.8.8 所示。操作方法参见 Step3。

图 5.8.6 点到点的距离

图 5.8.7 点到坐标系的距离

图 5.8.8 点到曲线的距离

Step10. 测量点与点间的投影距离，投影参考为平面。在图 5.8.9 所示的"测量：距离"对话框（二）中进行下列操作。

（1）选取图 5.8.10 所示的点 1。

（2）按住 Ctrl 键，选取图 5.8.10 所示的点 2。

（3）在"投影"文本框中的"单击此处添加项目"字符上单击，然后选取图 5.8.10 中的模型表面 3。

图 5.8.9 "测量：距离"对话框（二）

图 5.8.10 投影参考为平面

（4）在图 5.8.9 所示的"测量：距离"对话框（二）的结果区域中，可查看测量的结果。

Step11. 测量点与点间的投影距离（投影参考为直线）。

（1）选取图 5.8.11 所示的点 1。

（2）按住 Ctrl 键，选取图 5.8.11 所示的点 2。

（3）在"投影"文本框中的"单击此处添加项"字符上单击，然后选取图 5.8.11 中的模型边线 3。

（4）在图 5.8.12 所示的"测量：距离"对话框（三）的结果区域中，可查看测量的结果。

图 5.8.11　投影参考为直线

图 5.8.12　"测量：距离"对话框（三）

2. 测量角度

Step1. 将工作目录设置为 D:\Creo3\work\ch05.08，打开文件 meas_angle.prt。

Step2. 择 分析 功能选项卡 测量▼ 区域中的"测量"命令，系统弹出"测量：汇总"对话框。

Step3. 在弹出的"测量：汇总"对话框中，单击"角度"按钮，如图 5.8.13 所示。

图 5.8.13　"测量：角度"对话框（一）

图 5.8.14　测量面与面间的角度

Step4. 测量面与面间的角度。

（1）选取图 5.8.14 所示的模型表面 1。

（2）按住 Ctrl 键，选取图 5.8.14 所示的模型表面 2。

（3）在图 5.8.13 所示的"测量：角度"对话框的结果区域中，可查看测量的结果。

Step5. 测量线与面间的角度。

（1）选取图 5.8.15 所示的模型表面 1。

（2）按住 Ctrl 键，选取图 5.8.15 所示的边线 2。

（3）在图 5.8.16 所示的"测量：角度"对话框（二）的结果区域中，可查看测量的结果。

图 5.8.15 测量线与面间的角度

图 5.8.16 "测量：角度"对话框（二）

Step6. 测量线与线间的角度。

（1）选取图 5.8.17 所示的边线 1。

（2）按住 Ctrl 键，选取图 5.8.17 所示的边线 2。

（3）在图 5.8.18 所示的"测量：角度"对话框（三）的结果区域中，可查看测量的结果。

图 5.8.17 测量线与线间的角度

图 5.8.18 "测量：角度"对话框（三）

3. 测量曲线长度

Step1. 将工作目录设置为 D:\Creo3\work\ch05.08，打开文件 curve_length.prt。

Step2. 选择 分析 功能选项卡 测量 ▼ 区域中的"测量"命令 ✏,系统弹出"测量：汇总"对话框。

Step3. 在弹出的"测量：汇总"对话框中，单击"长度"按钮 ⌇，如图 5.8.19 所示。

Step4. 测量多个相连的曲线的长度，在图 5.8.19 所示的"测量：长度"对话框（一）中进行下列操作。

（1）首先选取图 5.8.20 所示的边线 1，再按住 Ctrl 键，选取图 5.8.20 所示的其余边线，直到图 5.8.20 所示的一整圈边线被选取。

图 5.8.19　"测量：长度"对话框（一）

图 5.8.20　测量模型边线

说明：当只需要测量一条曲线时，只需选取要测量的曲线，就会在结果区域中查看到测量的结果。

（2）在图 5.8.19 所示的"测量：长度"对话框的结果区域中，可查看测量的结果。

Step5. 测量曲线特征的总长。在图 5.8.22 所示的"测量：长度"对话框中进行下列操作。

（1）在模型树中选取图 5.8.21 所示的草绘曲线特征。

（2）在图 5.8.22 所示的"测量：长度"对话框（二）的结果区域中，可查看测量的结果。

4. 测量面积

Step1. 工作目录设置为 D:\Creo3\work\ch05.08，打开文件 meas_area.prt。

图 5.8.22 "测量：长度"对话框（二）

图 5.8.21 测量草绘曲线

选取此草绘曲线特征

Step2. 选择 **分析** 功能选项卡 **测量 ▼** 区域中的"测量"命令 ，系统弹出"测量：汇总"对话框。

Step3. 在弹出的"测量：汇总"对话框中，单击"面积"按钮，如图 5.8.23 所示。

Step4. 测量曲面的面积。

（1）选取图 5.8.24 所示的模型表面。

（2）在图 5.8.23 所示的"测量：面积"对话框的结果区域中，可查看测量的结果。

图 5.8.23 "测量：面积"对话框

选取此模型表面

图 5.8.24 测量面积

5. 计算两坐标系间的转换值

模型测量功能还可以对任意两个坐标系间的转换值进行计算。

Step1. 将工作目录设置为 D:\Creo3\work\ch05.08，打开文件 csys_transform.prt。

Step2. 选择 分析 功能选项卡 测量 ▾ 区域中的"测量"命令 ，系统弹出"测量：汇总"对话框。

Step3. 在弹出的"测量：汇总"对话框中，单击"变换"按钮 ，如图 5.8.25 所示。

Step4. 选取测量目标。

（1）在视图控制工具栏中 节点下选中 ☑ 坐标系显示 复选框，显示坐标系。

（2）选取图 5.8.26 所示的坐标系 1，按住 Ctrl 键，选取坐标系 2。

（3）在图 5.8.25 所示的"测量：变换"对话框的结果区域中，可查看测量的结果。

图 5.8.25　"测量：变换"对话框

图 5.8.26　计算两坐标系间的转化值

5.8.2　模型的基本分析

1. 模型的质量属性分析

通过模型质量属性分析，可以获得模型的体积、总的表面积、质量、重心位置、惯性力矩、惯性张量等数据。下面简要说明其操作过程。

Step1. 将工作目录设置为 D:\Creo3\work\ch05.08，打开文件 mass_analysis.prt。

Step2. 选择 分析 功能选项卡 模型报告 区域 质量属性 ▾ 节点下的 质量属性 命令。

Step3. 在弹出的"质量属性"对话框中，打开 分析 选项卡，如图 5.8.27 所示。

Step4. 在视图控制工具栏中 节点下选中 ☑ 坐标系显示 复选框，显示坐标系。

Step5. 在 坐标系 区域取消选中 ☐ 使用默认设置 复选框（否则系统自动选取默认的坐标系），然后选取图 5.8.28 所示的坐标系。

Step6. 在图 5.8.27 所示的 分析 选项卡（一）的结果区域中，显示出分析后的各项数据。

说明：这里模型质量的计算是采用默认的密度，如果要改变模型的密度，可选择下拉菜单 文件 ▾ ➙ 准备 ⑻ ➙ 编辑模型属性 命令。

2. 横截面质量属性分析

通过横截面（剖截面）质量属性分析，可以获得模型上某个横截面的面积、重心位置、惯性张量、截面模数等数据。

Step1. 将工作目录设置为 D:\Creo3\work\ch05.08，打开文件 x_sect_analysis.prt。

Step2. 选择 分析 功能选项卡 模型报告 区域 质量属性 ▾ 节点下的 横截面质量属性 命令。

Step3. 在弹出的"横截面属性"对话框中，打开 分析 选项卡。

Step4. 在视图控制工具栏中 节点下选中 ✓ 坐标系显示 和 ✓ 平面显示 复选框，显示坐标系和基准平面。

Step5. 在 分析 选项卡的 名称 下拉列表中选择 XSEC0001 横截面。

说明：XSEC0001 是提前创建的一个横截面。

Step6. 在 坐标系 区域取消选中 □ 使用默认设置 复选框，然后选取图 5.8.29 所示的坐标系。

Step7. 在图 5.8.30 所示的 分析 选项卡（二）的结果区域中，显示出分析后的各项数据。

图 5.8.28 模型质量属性分析

图 5.8.27 "分析"选项卡（一）   图 5.8.29 横截面质量属性分析   图 5.8.30 "分析"选项卡（二）

3. 配合间隙

通过配合间隙分析，可以计算模型中的任意两个曲面之间的最小距离，如果模型中布置有电缆，配合间隙分析还可以计算曲面与电缆之间、电缆与电缆之间的最小距离。下面简要说明其操作过程。

Step1. 将工作目录设置为 D:\Creo3\work\ch05.08，打开文件 clearance _analysis.prt。

Step2. 选择 分析 功能选项卡 检查几何 ▼ 区域中的 配合间隙 命令。

Step3. 在弹出的"配合间隙"对话框中，打开 分析 选项卡，如图 5.8.31 所示。

Step4. 在 几何 区域的 自 文本框中单击"选取项"字符，然后选取图 5.8.32 所示的模型表面 1。

Step5. 在 几何 区域的 至 文本框中单击"选取项"字符，然后选取图 5.8.32 所示的模型表面 2。

Step6. 在图 5.8.31 所示的 分析 选项卡的结果区域中，显示出分析后的结果。

4．体积块

通过体积块分析可以计算模型中的某个基准平面一侧的模型体积，下面简要说明其操作过程。

Step1. 将工作目录设置为 D:\Creo3\work\ch05.08，打开文件 one_side_vol.prt。

Step2. 选择 分析 功能选项卡 测量 ▼ 区域中的"体积"命令 。

Step3. 在弹出的"体积块"对话框中，打开 分析 选项卡。

Step4. 在视图控制工具栏中 节点下选中 ☑ 平面显示 复选框，显示基准平面。

Step5. 在 平面 文本框中单击"选取项"字符，然后选取图 5.8.33 所示的基准平面 DTM1。

Step6. 在图 5.8.34 所示的"测量：体积"对话框的结果区域中，显示出分析后的结果。

图 5.8.31　"配合间隙"对话框

图 5.8.32　成对间隙分析

图 5.8.33　体积分析

图 5.8.34　"测量：体积"对话框

5. 装配干涉检查

在实际的产品设计中，当产品中的各个零部件组装完成后，设计人员往往比较关心产品中各个零部件间的干涉情况：有没有干涉？哪些零件间有干涉？干涉量是多大？而通过 检查几何 ▼ 子菜单中的 全局干涉 ▼ 命令可以解决这些问题。下面以一个简单的装配体模型为例，说明干涉分析的一般操作过程。

Step1. 将 工 作 目 录 设 置 为 D:\Creo3\work\ch05.08\asm_shaft，打 开 文 件 inter_analysis.asm。

Step2. 在装配模块中，选择 分析 功能选项卡 检查几何 ▼ 区域的 全局干涉 ▼ 命令。

Step3. 在弹出的"全局干涉"对话框中，打开 分析 选项卡，如图 5.8.35 所示。

图 5.8.35　"分析"选项卡

Step4. 由于 设置 区域中的 ⊙ 仅零件 单选项已经被选中（接受系统默认的设置），所以此步操作可以省略。

Step5. 单击 分析 选项卡下部的"计算当前分析以供预览"按钮 ∞ 。

Step6. 在图 5.8.35 所示的 分析 选项卡的结果区域中，可看到干涉分析的结果：干涉的零件名称、干涉的体积大小，同时在图 5.8.36 所示的模型上可看到干涉的部位以红色加亮的方式显示。如果装配体中没有干涉的元件，则系统在信息区显示 ⊠没有干涉零件。。

此黑色线部位为编号 1 的两个零件的干涉部位

图 5.8.36 装配干涉检查

5.8.3 曲线与曲面的曲率分析

1. 曲线的曲率分析

下面简要说明曲线的曲率分析的操作过程。

Step1. 将工作目录设置为 D:\Creo3\work\ch05.08，打开文件 curve_analysis.prt。

Step2. 选择 分析 功能选项卡 检查几何 ▾ 区域 ⅏曲率 ▾ 节点下的 ⅏曲率 命令。

Step3. 在图 5.8.37 所示的"曲率"对话框的 分析 选项卡中进行下列操作。

（1）单击 几何 文本框中的"选取项"字符，然后选取要分析的曲线。

（2）在 质量 文本框中输入质量值 50。

（3）在 比例 文本框中输入比例值 150.00。

（4）其余参数均采用默认设置值，此时在绘图区中显示图 5.8.38 所示的曲率图，通过显示的曲率图可以查看该曲线的曲率走向。

Step4. 在 分析 选项卡的结果区域中，可查看曲线的最大曲率和最小曲率，如图 5.8.37 所示。

图 5.8.37 "分析"选项卡

图 5.8.38 曲率图

2. 曲面的曲率分析

下面简要说明曲面的曲率分析的操作过程。

Step1. 将工作目录设置为 D:\Creo3\work\ch05.08，打开文件 surface_analysis.prt。

Step2. 选择 分析 功能选项卡 检查几何 ▾ 区域 曲率 ▾ 节点下的 着色曲率 命令。

Step3. 在图 5.8.39 所示的"着色曲率"对话框中，打开 分析 选项卡，单击 曲面 文本框中单击"选取项"字符，然后选取要分析的曲面，此时曲面上呈现出一个彩色分布图（图 5.8.40），同时系统弹出"颜色比例"对话框（图 5.8.41）。彩色分布图中的不同颜色代表不同的曲率大小，颜色与曲率大小的对应关系可以从"颜色比例"对话框中查阅。

图 5.8.39 "着色曲率"对话框

图 5.8.40 要分析的曲面

图 5.8.41 "颜色比例"对话框

Step4. 在 分析 选项卡的结果区域中，可查看曲面的最大高斯曲率和最小高斯曲率。

5.9　模型的视图管理

5.9.1　模型的定向视图

定向（Orient）视图功能可以将组件以指定的方位进行摆放，以便观察模型或为将来生成工程图做准备。图 5.9.1 是装配体 view_manage.asm 定向视图的例子，下面说明创建定向视图的操作方法。

图 5.9.1　定向视图

1.　创建定向视图

Step1. 将工作目录设置为 D:\Creo3\work\ch05.09.01，打开文件 view_manage.asm。

Step2. 选择 视图 功能选项卡 模型显示 区域 管理视图 节点下的 视图管理器 命令，在弹出的"视图管理器"对话框的 定向 选项卡中单击 新建 按钮，命名新建视图为 VIEW_1，并按 Enter 键。

Step3. 选择 编辑 ▼ ➡ 重新定义 命令，系统弹出"方向"对话框；在 类型 下拉列表中选取 按参考定向 选项，如图 5.9.2 所示。

Step4. 定向组件模型。

（1）定义放置参考 1：在 参考1 下面的下拉列表中选择 前，再选取图 5.9.3 中的装配基准平面 ASM_FRONT。该步操作的意义是使所选的装配基准平面 ASM_FRONT 朝前（即与屏幕平行且面向操作者）。

（2）定义放置参考 2：在 参考2 下面的列表中选择 右，再选取图中的模型表面，即使所选表面朝向右边。

Step5. 单击 确定 按钮，关闭"方向"对话框，再单击"视图管理器"对话框的 关闭 按钮。

2．设置不同的定向视图

用户可以为装配体创建多个定向视图，每一个都对应于装配体的某个局部或层，在进行不同局部的设计时，可将相应的定向视图设置到当前工作区中，操作方法是在"视图管理器"对话框的 定向 选项卡中，选择相应的视图名称，然后双击；或选中视图名称后，选择 选项 ➡ 激活 命令。

图 5.9.2　"方向"对话框　　　　　图 5.9.3　定向组件模型

5.9.2　模型的样式视图

样式（Style）视图可以将指定的零部件遮蔽起来或以线框、隐藏线等样式显示。图 5.9.4 是装配体 view_manage.asm 样式视图的例子，下面说明创建样式视图的操作方法。

图 5.9.4　样式视图

1．创建样式视图

Step1. 将工作目录设置为 D:\Creo3\work\ch05.09.02，打开文件 view_manage.asm。

Step2. 选择 视图 功能选项卡 模型显示 区域 管理视图 ▼ 节点下的 视图管理器 命令。

Step3. 在"视图管理器"对话框的 样式 选项卡中，单击 新建 按钮，输入样式视图的名称 STYLE_1，并按 Enter 键。

Step4. 系统弹出图 5.9.5 所示的"编辑"对话框，此时 遮蔽 选项卡中提示"选取将被遮蔽的元件"，在模型树中选取 BUSH_1.PRT, BUSH_2.PRT。

Step5. 在"编辑"对话框中打开 显示 选项卡，在 方法 选项组中选中 ● 线框 单选项，如图 5.9.6 所示，然后在模型树中选取元件 SHAFT，此时模型树的显示如图 5.9.7 所示。

图 5.9.6 中"显示"选项卡的方法项的说明。

图 5.9.5 "编辑"对话框

图 5.9.6 "显示"选项卡

- ● 线框 单选项：将所选元件以"线条框架"的形式显示，显示其所有的线，对线的前后位置关系不加以区分，如图 5.9.4 所示。

- ● 隐藏线 单选项：与"线框"方式的区别在于它区分线的前后位置关系，将被遮挡的线以"灰色"线表示。

- ● 消隐 单选项：将所选元件以"线条框架"的形式显示，但不显示被遮挡的线。

- ● 着色 单选项：以"着色"方式显示所选元件。

- ● 透明 单选项：以"透明"方式显示所选元件。

Step6. 单击"编辑"对话框中的 ✔ 按钮，完成视图的编辑，再单击"视图管理器"对话框中的 关闭 按钮。

2. 设置不同的样式视图

用户可以为装配体创建多个样式视图，每一个都对应于装配体的某个局部，在进行不同局部的设计时，可将相应的样式视图设置到当前工作区中。操作方法：在"视图管理器"对话框中的 样式 选项卡中，选择相应的视图名称，然后双击，或选中视图名称后，选择 ● 选项 ▾ ➡ ➡ 激活 命令。此时在当前视图名称前有一个红色箭头指示。

5.9.3 模型的横截面

1. 横截面概述

横截面（X-Section）也称 X 截面、剖截面，它的主要作用是查看模型剖切的内部形状和结构。在零件模块或装配模块中创建的横截面，可用于在工程图模块中生成剖视图。

在 Creo 中，横截面分两种类型。

● "平面"横截面：用平面对模型进行剖切，如图 5.9.8 所示。

● "偏距"横截面：用草绘的曲面对模型进行剖切，如图 5.9.9 所示。

图 5.9.7　模型树　　　　图 5.9.8　"平面"横截面　　图 5.9.9　"偏距"横截面

选择 视图 功能选项卡 模型显示 区域"管理视图" 节点下的 视图管理器 命令，在弹出的对话框中单击 截面 选项卡，即可进入横截面操作界面。

2. 创建一个"平面"横截面

下面以零件模型 x_section.prt 为例，说明创建图 5.9.8 所示的"平面"横截面的一般操作过程。

Step1. 将工作目录设置为 D:\Creo3\work\ch05.09.03，打开文件 x_section.prt。

Step2. 选择 视图 功能选项卡 模型显示 区域 管理视图 节点下的 视图管理器 命令。

Step3. 选择截面类型。单击 截面 选项卡，在弹出的视图管理器操作界面中，单击 新建 ➡ 平面 命令，输入名称 section_1，并按 Enter 键，此时系统弹出"截面"操控板。

Step4. 定义截面参考。

（1）单击"截面"操控板的"参考"按钮 参考 。

（2）在模型中选取 DTM1 基准面，此时模型上显示新建的剖面。

（3）单击"截面"对话框中的 ✔ 按钮，完成截面"section_1"的创建。

3. 创建一个"偏距"横截面

下面还是以零件模型 x_section.prt 为例，说明创建图 5.9.9 所示的"偏距"横截面的一般操作过程。

Step1. 将工作目录设置为 D:\Creo3\work\ch05.09.03，打开文件 x_section.prt。

Step2. 选择 视图 功能选项卡 模型显示 区域 管理视图 节点下的 视图管理器 命令。

Step3. 单击 截面 选项卡，在其选项卡中单击 新建 按钮，选择"偏移"选项 偏移，输入名称 section2，并按 Enter 键。

Step4. 系统弹出"截面"操控板，如图 5.9.10 所示。

图 5.9.10 "截面"操控板

Step5. 绘制偏距横截面草图。

（1）定义草绘平面。在图 5.9.10 所示的"截面"操控板的 草绘 界面中单击 定义... 按钮，然后选取图 5.9.11 所示的平面为草绘平面。

（2）绘制图 5.9.12 所示的偏距横截面草图，完成后单击"确定"按钮 ✓。

图 5.9.11 选取草绘平面

图 5.9.12 偏距剖截面草图

4. 创建装配的横截面

下面以图 5.9.13 为例，说明创建装配件横截面的一般操作过程。

a）创建"剖截面"前   b）创建"剖截面"后

图 5.9.13 装配件的剖截面

Step1. 将工作目录设置为 D:\Creo3\work\ch05.09.03，打开文件 lip_section.asm。

Step2. 选择 视图 功能选项卡 模型显示 区域 管理视图▼ 节点下的 视图管理器 命令。

Step3. 在 截面 选项卡中单击 新建 按钮，选择"平面"选项 平面，接受系统默认的名称，并按 Enter 键，系统弹出"截面"操控板。

Step4. 选取装配基准平面。

（1）在"截面"操控板中单击 参考 按钮，选取模型中的 ASM_TOP 基准平面为草绘平面。

（2）在"截面"操控板中单击"确定"按钮 ✔。

5.9.4 模型的简化表示

对于复杂的装配体的设计，存在下列问题。

（1）重绘、再生和检索的时间太长。

（2）在设计局部结构时，感觉图面太复杂、太乱，不利于局部零部件的设计。

为了解决这些问题，可以利用简化表示（Simplfied Rep）功能，将设计中暂时不需要的零部件从装配体的工作区中移除，从而可以减少装配体的重绘、再生和检索的时间，并且简化装配体。例如在设计轿车的过程中，设计小组在设计车厢里的座椅时，并不需要发动机、油路系统、电气系统，这时就可以用简化表示的方法将这些暂时不需要的零部件从工作区中移除。

图 5.9.14 是装配体 view_manage.asm 简化表示的例子，下面说明创建简化表示的操作方法。

图 5.9.14　简化表示

Step1. 将工作目录设置为 D:\Creo3\work\ch05.09.04，打开文件 view_manage.asm。

Step2. 选择 视图 功能选项卡 模型显示 区域 管理视图▼ 节点下的 视图管理器 命令，在"视图管理器"对话框的（图 5.9.15）的 简化表示 选项卡中单击 新建 按钮，输入简化表示的名称 Rep_1，并按 Enter 键。

Step3. 完成上步操作后，系统弹出图 5.9.16 所示的"编辑"对话框（一），单击图 5.9.16 所示的位置，系统弹出图 5.9.16 所示的下拉列表。

图 5.9.15　"视图管理器"对话框

Step4. 完成上步操作后，系统弹出"编辑"对话框，单击图 5.9.16 所示的位置。

图 5.9.16　"编辑"对话框（一）

Step5. 在"编辑"对话框进行图 5.9.17 所示的设置。

Step6. 单击"编辑"对话框中的 确定 按钮，完成视图的编辑，然后单击"视图管理器"对话框中的 关闭 按钮。

用户可以为装配体创建多个简化表示，每一个都对应于装配体的某个局部，在进行不同局部的设计时，可将相应的简化表示设置到当前工作区中。操作方法：在"视图管理器"对话框中，选择相应的视图名称，然后双击；或选中视图名称后，选择 选项 ➡️ ➡️激活 命令。此时在当前视图名称前有一个红色箭头指示。

图 5.9.17 "编辑"对话框（二）

5.9.5 模型的分解视图（爆炸图）

装配体的分解（Explode）状态也叫爆炸状态，就是将装配体中的各零部件沿着直线或坐标轴移动或旋转，使各个零件从装配体中分解出来，如图 5.9.18 所示。分解状态对于表达各元件的相对位置十分有帮助，因而常常用于表达装配体的装配过程、装配体的构成。

1. 创建分解视图

下面以装配体 view_manage.asm 为例，说明创建装配体的分解状态的一般操作过程。

Step1. 将工作目录设置为 D:\Creo3\work\ch05.09.05，打开文件 view_ manage.asm。

图 5.9.18 装配体的分解图

Step2. 选择 视图 功能选项卡 模型显示 区域 管理视图 节点下的 视图管理器 命令，在 "视图管理器" 对话框的 分解 选项卡中单击 新建 按钮，输入分解的名称 explode_1，并按 Enter 键。

Step3. 单击 "视图管理器" 对话框中的 属性>> 按钮，在图 5.9.19 所示的 "视图管理器" 对话框中单击 按钮，系统弹出图 5.9.20 所示的 "分解工具" 操控板（一）。

图 5.9.19　"视图管理器" 对话框

平移 旋转 视图平面

图 5.9.20　"分解工具" 操控板（一）

Step4. 定义沿运动参考 1 的平移运动。

（1）在 "分解工具" 操控板中单击 "平移" 按钮 。

（2）在图 5.9.20 所示的 "分解工具" 操控板（一）中激活 "单击此处添加项"，再选取图 5.9.18 中的螺钉过孔的轴线作为运动参考，即螺钉将沿该孔的轴线平移。

（3）单击操控板中的 选项 按钮，然后选中 随子项移动 复选框。

（4）分别选取上下螺钉（screw），移动鼠标，进行移动操作。

Step5. 定义沿运动参考 2 的平移运动。

（1）在 "分解工具" 操控板中单击 "平移" 按钮 （由于前面运动也是平移运动，可省略本步操作），将原有的中心轴线移除（在操控板中右击 1个项 ，然后选择 移除 命令即可）。

（2）选取图 5.9.18 中轴的中心轴线作为运动参考，轴上装配的轴套将沿该中心轴线平移。

（3）单击操控板中的 选项 按钮，然后取消选择 ☑ 随子项移动 复选框。

（4）分别选取 bush_1，bush_2，bush_3 进行移动操作。

（5）完成以上分解移动后，单击"分解工具"对话框中的 ✔ 按钮。

Step6. 保存分解状态。

（1）在"视图管理器"对话框中单击 《... 按钮。

（2）在"视图管理器"对话框中单依次单击 编辑 ▾ ➡ 保存... 按钮。

（3）在"保存显示元素"对话框中单击 确定 按钮。

Step7. 单击"视图管理器"对话框中的 关闭 按钮。

2．设定当前状态

用户可以为装配体创建多个分解状态，根据需要，可以将某个分解状态设置到当前工作区中。操作方法：在"视图管理器"对话框的 分解 选项卡中，选择相应的视图名称，然后双击，或选中视图名称后，选择 选项 ▾ ➡ 激活 命令。此时在当前视图位置有一个红色箭头指示。

3．取消分解视图的分解状态

选择 视图 功能选项卡 模型显示 区域中的 分解图 命令，可以取消分解视图的分解状态，从而回到正常状态。

4．创建分解状态的偏距线

下面以图 5.9.21 为例，说明创建偏距线的一般操作过程。

Step1. 将工作目录设置为 D:\Creo3\work\ch05.09.05，打开文件 view_manage.asm。

图 5.9.21　创建装配体的分解状态的偏距线

Step2. 选择 视图 功能选项卡 模型显示 区域 管理视图 节点下的 视图管理器 命令，在"视图管理器"对话框的 分解 选项卡中单击 新建 按钮，输入简化表示的名称 explode_2。

Step3. 创建装配体的分解状态。将装配体中的各零件移至图 5.9.21 所示的方位。

Step4. 修改偏距线的样式。

（1）单击"分解工具"操控板中的 分解线 按钮，然后再单击 默认线造型 按钮。

（2）系统弹出图 5.9.22 所示的"线造型"对话框，在下拉列表中选择 短划线 线型，单击 应用 ➡ 关闭 按钮。

图 5.9.22　"线造型"对话框

Step5. 创建装配体的分解状态的偏距线。

（1）单击"分解工具"操控板（二）中的 分解线 按钮，然后再单击"创建修饰偏移线"按钮 ，如图 5.9.23 所示。

图 5.9.23　"分解工具"操控板（二）

（2）详细操作方法和过程如图 5.9.24 所示。

图 5.9.24　操作过程

注意：选取轴线时，在轴线上单击的位置不同，会出现不同的结果，如图 5.9.25 所示。

Step6. 保存分解状态。

（1）在"视图管理器"对话框中单击 << ... 按钮。

（2）在"视图管理器"对话框中依次单击 编辑 ▼ ➡ 保存... 按钮。

（3）在"保存显示元素"对话框中单击 确定 按钮。

a）结果 1　　　　　　b）结果 2

图 5.9.25　不同的结果对比

Step7. 单击"视图管理器"对话框中的 关闭 按钮。

5.9.6　模型的组合视图

组合视图可以将以前创建的各种视图组合起来，形成一个新的视图，例如在图 5.9.26 所示的组合视图中，既有分解视图，又有样式视图、剖面视图等视图。下面以此为例，说明创建组合视图的操作方法。

Step1. 将工作目录设置为 D:\Creo3\work\ch05.09.06，打开文件 view_ manage.asm。

Step2. 选择 视图 功能选项卡 模型显示 区域 管理视图 ▼ 节点下的 视图管理器 命令，在"视图管理器"对话框的 全部 选项卡中单击 新建 按钮，组合视图名称为默认的 Comb0001，并按 Enter 键。

Step3. 如果系统弹出图 5.9.27 所示的"新建显示状态"对话框，可单击 参考原件 按钮。

Step4. 在"视图管理器"对话框中选择 编辑 ▼ ➡ 重定义 命令。

Step5. 在"组合视图"对话框中，分别在定向视图、简化视图、样式视图等列表中选择要组合的视图，各视图名称和设置如图 5.9.28 所示。

说明：如果各项设置正确，但模型不显示分解状态，需选择下拉菜单 视图(V) ➡ 分解图 命令。

Step6. 单击 ✓ 按钮，在"视图管理器"对话框中单击 关闭 按钮。

图 5.9.26　模型的组合视图　　　　图 5.9.27　新建显示状态"对话框

图 5.9.28　"组合视图"对话框

5.10　在装配体中创建零件

5.10.1　概述

在实际产品开发过程中，产品中的一些零部件的尺寸、形状可能依赖于产品中其他零部件，这些零件如果在零件模块中单独进行设计，会存在极大的困难和诸多不便，同时也很难建立各零部件间的相关性。Creo 软件提供在装配体中直接创建零部件的功能，下面用两个例子说明在装配体中创建零部件的一般操作过程。

5.10.2　在装配体中创建零件举例

本范例是在装配体中创建零件，其目的是装配尺寸和基座的孔直径的变化能够驱动轴

AXES 的轴头的尺寸及长度的变化。

如图 5.10.1 所示，现需要在装配体 AXES_EX.ASM 中创建一个零件轴 axes，操作过程如下。

Step1. 先将工作目录设置为 D:\Creo3\work\ch05.10，然后打开文件 AXES_EX. ASM。

Step2. 打开装配体模型文件后，为了使绘图区简洁，可关闭除 BODY 以外的所有模型中的基准面；也可使用简化表示功能，保留零件 Base1，Base2 和 Body，将其他元件从工作区移去。

Step3. 在图 5.10.2 所示的装配体模型树中，右击 AXES_EX.ASM，从弹出的快捷菜单中，选择 激活 命令（如果该对象已经是激活状态，则没有此命令）；单击 模型 功能选项卡 元件 ▾ 区域中的"创建"按钮 。

在装配体中创建此轴 axes

Base1

Base2

Body

图 5.10.1 练习 1

图 5.10.2 模型树

说明： 在模型树中启动元件的创建命令，要注意选取合适的对象，否则会出现不同的结果。如图 5.10.3 所示，如果通过激活模型树中的 AXES_EX.ASM 创建零件轴 axes，则该轴属于装配体 AXES_EX.ASM；如果某个装配体中有子装配，如图 5.10.4 所示，若激活子装配 BASE01_ASM.ASM，则将要创建的零件属于 BASE01_ASM.ASM。

图 5.10.3 结果 1

图 5.10.4 结果 2

Step4. 定义元件的类型及创建方法。

（1）此时系统弹出"元件创建"对话框，选中 类型 选项组中的 ◉ 零件，选中 子类型 选项组中的 ◉ 实体，然后在 名称 文本框中输入文件名 axes；单击 确定 按钮。

（2）此时系统弹出 "创建选项"对话框，选择 ◉ 创建特征 单选项，并单击 确定
按钮。

Step5. 创建旋转特征。在操控板中单击"旋转"按钮 中 旋转 。设置零件 BODY 的 FRONT
基准面为草绘平面，RIGHT 基准面为参考平面，方向为 右 ；选取螺孔特征的边线为草绘参
考；绘制图 5.10.5 所示的截面草图；选取旋转角度类型 坐 （即草绘平面以指定的角度值旋
转），角度值为 360.0。

注意： 在进行草绘时，为了使创建的轴 AXES.PRT 能够随装配尺寸的变化而相应改变，
即装配尺寸的改变能够驱动轴 AXES.PRT 的变化，需要手动选取参考，应该将视图设为 回
（线框状态），选取参考如图 5.10.5 所示。

图 5.10.5　截面草图

Step6. 创建该轴的其他特征（例如倒角等）。在模型树中右击 AXES.PRT，选择 打开 命
令，系统进入零件模型环境，即可添加其他零件特征。

Step7. 验证：在该装配体中改变基座 BASE1 和基座 BASE2 的孔的尺寸，轴 AXES 的
轴头的尺寸也相应改变；将基座 BASE1 和基座 BASE2 之间的装配距离增大或减小（改变
BODY 上螺孔到 RIGHT 基准面的距离），轴的长度也相应变化，这就实现了在装配体中创
建零件的最终目的。

5.11　装配挠性元件

Creo 软件提供了挠性元件的装配功能。最常见的挠性元件为弹簧，由于弹簧零件在装
配后其形状和尺寸均会产生变化，所以装配弹簧需要较特殊的装配方法和技巧。下面以图
5.11.1 中的弹簧装配为例，说明挠性元件装配的一般操作过程。

Stage1. 设置目录

将工作目录设置为 D:\Creo3\work\ch05.11，打开文件 spring.prt。

Stage2. 建立关系

a）修改挠性值前　　　　　　　　　　　　　　　　　　　b）修改挠性值后

图 5.11.1　挠性元件的装配

Step1. 单击 **工具** 功能选项卡 **模型意图 ▾** 区域中 **d= 关系** 按钮，系统弹出图 5.11.2 所示的"关系"对话框。

图 5.11.2　"关系"对话框

Step2. 在绘图区选取弹簧零件模型，在弹出的菜单管理器中选择 **Specify (指定)** ➡ **☑轮廓** ➡ **Done (完成)** 命令，如图 5.11.3 所示。此时尺寸参数符号如图 5.11.4 所示。

图 5.11.3　菜单管理器

图 5.11.4　显示尺寸参数符号

Step3. 在"关系"对话框中输入关系式：

cmass=mp_mass("")

d2=d29/6

然后单击"关系"对话框中的 确定 按钮。

Step4. 保存零件模型文件。

Stage3. 装配图 5.11.5 所示的弹簧

Step1. 打开装配体文件 spring_asm.asm。

Step2. 单击 模型 功能选项卡 元件▼ 区域中的"组装"按钮 ，打开零件模型文件 spring.prt。

Step3. 如图 5.11.6 所示，定义第一个约束 重合 （SPRING 零件的 TOP 基准平面和 BASE_DOWN 零件的圆柱形特征周围的凹面）；定义第二个约束 重合 （两轴线对齐），在"元件放置"操控板中单击 按钮。

图 5.11.5 装配弹簧

图 5.11.6 定义装配约束

Stage4. 将弹簧变成挠性元件（图 5.11.7）

Step1. 在模型树中右击弹簧零件模型（spring.prt），选择 挠性化 命令。

Step2. 选取绘图区的弹簧零件模型，从菜单管理器中选择 Specify (指定) ➡ ✔轮廓 ➡ Done (完成) 命令，然后选取图 5.11.8 所示的尺寸 "45"，并在 "SPRING：可变项"对话框中单击一下。

a）变成挠性元件前

b）变成挠性元件后

图 5.11.7 将弹簧变成挠性元件

单击此尺寸

图 5.11.8 选取尺寸

Step3. 在图 5.11.9 所示的"SPRING：可变项"对话框中选择 距离 方式。此时，系统弹出图 5.11.10 所示的"距离"对话框。

Step4. 选取图 5.11.11 中的两个模型表面为测量面，系统即可测出这两个面的距离。单击 ✓ 按钮，再单击"SPRING：可变项"对话框中的 确定 按钮。

Step5. 在"元件放置"操控板中单击 ✓ 按钮。

Stage5. 验证弹簧的挠性

Step1. 在模型树中右击 BASE_UP.PRT 零件，选择 编辑定义 命令。

Step2. 系统弹出图 5.11.12 所示的元件放置操控板，将"匹配偏移值"修改为 50.0，然后单击 ✓ 按钮。

Step3. 在系统工具栏中单击"再生模型"按钮 🔄，此时绘图区的弹簧零件模型将按新"偏移值"拉长，表明挠性元件——弹簧已成功装配。

图 5.11.9　"SPRING：可变项"对话框

图 5.11.10　"距离"对话框

图 5.11.11　测量距离

a）修改前

b）修改后

图 5.11.12　验证挠性

5.12　元件的布尔运算

5.12.1　合并元件

　　元件合并操作就是对装配体中的两个零件进行合并。下面以图 5.12.1 为例，说明元件合并操作的一般方法和过程。

　a）零件 1 与零件 2　　　　　　　b）装配后进行合并　　　　　　　　c）合并后（零件 1+零件 2）

图 5.12.1　元件的合并

Stage1. 设置目录

　　将工作目录设置为 D:\Creo3\work\ch05.12.01。

Stage2. 创建装配

　　Step1. 新建一个装配体模型，命名为 merge，采用 `mmns_asm_design` 模板。

　　Step2. 装配第一个零件。

　　Step3. 单击 `模型` 功能选项卡 `元件 ▾` 区域中的"组装"按钮，打开零件模型文件 part1.prt。

　　Step4. 在系统弹出的元件放置操控板中的 `放置` 界面中，选择 `约束类型` 下拉列表中的 `默认` 选项，将其固定，然后单击 按钮。

　　Step5. 装配第二个零件。

　　（1）单击 `模型` 功能选项卡 `元件 ▾` 区域中的"组装"按钮，打开零件模型文件 part2.prt。

　　（2）如图 5.12.2 所示，定义第一个约束 `重合`（PART1 的 RIGHT 基准面与 PART2 的 RIGHT 基准面对齐）；定义第二个约束 `重合`（PART1 的 TOP 基准面与 PART2 的 FRONT 基准面对齐），定义第三个约束 `重合`；在"元件放置"操控板中单击 按钮。

Stage3. 创建合并

图 5.12.2　装配元件

Step1. 在 模型 功能选项卡中选择 元件 ▾ ━━▶ 元件操作 命令，系统弹出图 5.12.3 所示的菜单，选择 Merge (合并) 命令。

Step2. 在系统 ⇨ 选择要对其执行合并处理的零件. 的提示下，选取零件模型 PART1（建议从模型树上选取），并单击"选择"对话框中的 确定 按钮。

Step3. 在系统 ⇨ 为合并处理选择参考零件. 的提示下，选取零件模型 PART2（建议从模型树上选取），并单击"选择"对话框中的 确定 按钮。

Step4.在弹出的菜单中，选择 Reference (参考) ━━▶ No Datums (无基准) ━━▶ Done (完成) 命令。

Step5. 在"元件"菜单中单击 Done/Return (完成/返回) 按钮。

Step6. 保存装配体模型。

Stage4. 验证结果

打开零件模型 PART1，可看到此时的零件 PART1 是由原来的 PART1 和 PART2 合并而成的，如图 5.12.1c 所示。

5.12.2　切除元件

元件切除操作就是从装配体的一个零件的体积中减去另一个零件与其相交部位的体积。下面以图 5.12.3 为例，说明元件切除操作的一般方法和过程。

Stage1. 设置目录

将工作目录设置为 D:\Creo3\work\ch05.12.02。

Stage2. 创建装配

详细操作过程参见 5.12.1 节中的 Stage 2 （装配体的文件名为 cutout）。

a）零件 1 与零件 2　　　　　　　　b）装配后　　　　　　　　　c）切除后（零件 1+零件 2）

图 5.12.3　元件的切除

Stage3. 创建切除

Step1. 在 模型 功能选项卡中选择 元件 ▾ ➡ 元件操作 命令。然后在菜单中选择 Cut Out（切除）命令。

Step2. 在系统 ➡选择要对其执行切出处理的零件. 的提示下，从模型树上选取 PART1，并单击"选择"对话框中的 确定 按钮。

Step3. 在系统 ➡为切出处理选择参考零件. 的提示下，从模型树上选取 PART2，并单击"选择"对话框中的 确定 按钮。

Step4. 在系统弹出的"选项"菜单中选择 Reference（参考）➡ Done（完成）命令。

Step5. 系统返回到"元件"菜单，单击 Done/Return（完成/返回）按钮。

Stage4. 验证结果

打开零件模型 PART1，可看到此时的零件 PART1。

5.12.3　创建相交元件

创建相交零件就是由装配体中两个零件的相交部位生成新的零件。下面以图 5.12.4 为例，说明其一般操作方法和过程。

a）零件 1 与零件 2　　　　　　　　b）装配后　　　　　　　　　c）零件 3 为相交零件

图 5.12.4　创建相交零件

Stage1. 设置目录

将工作目录设置为 D:\Creo3\work\ch05.12.03。

Stage2. 创建装配

详细操作过程参见 5.12.1 节中的 Stage2（装配体的文件名为 intersect.asm）。

Stage3. 创建相交零件

Step1. 单击 模型 功能选项卡 元件▼ 区域中的"创建"按钮 ，在图 5.12.5 所示的"元件创建"对话框中选中 类型 中的 ⊙ 零件，选中 子类型 中的 ⊙ 相交，输入文件名 PART3，然后单击 确定 按钮。

Step2. 在 ➡选择第一个零件. 的提示下，在模型树中选取 PART1.PRT 。

Step3. 在 ➡选择零件求交. 的提示下，在模型树中选取 PART2.PRT ，然后单击"选择"对话框中的 确定 按钮，此时系统提示 • 已经创建交集零件PART3. 。

Step4. 保存装配模型。

Stage4. 验证结果

打开零件模型 PART3，可看到此时的零件模型 PART3。

5.12.4 创建镜像元件

创建镜像零件就是将装配体中的某个零件相对一个平面进行镜像，从而产生另外一个新的零件。下面以图 5.12.6 例，说明其一般操作方法和过程。

图 5.12.5 "元件创建"对话框

图 5.12.6 创建镜像零件

Stage1. 设置目录

将工作目录设置为 D:\Creo3\work\ch05.12.04。

Stage2. 创建装配

Step1. 新建一个装配体模型，命名为 mirror，选用 mmns_asm_design 模板。

Step2. 装配第一个零件。

（1）单击 模型 功能选项卡 元件 ▼ 区域中的"组装"按钮 ，打开零件模型文件 block.prt。

（2）在系统弹出的元件放置操控板中的 放置 界面中，选择 约束类型 下拉列表中的 默认 选项，将其固定，然后单击 按钮。

Stage3. 创建镜像零件

Step1. 新建零件。

（1）单击 模型 功能选项卡 元件 ▼ 区域中的"创建"按钮 。

（2）在图 5.12.7 所示的"元件创建"对话框中，选中 类型 中的 零件 单选项，选中 子类型 中的 镜像 单选项，输入文件名 BLOCK_MIR，单击 确定 按钮。

Step2. 系统弹出图 5.12.8 所示的"镜像零件"对话框，并且提示 选择要进行镜像的零件.，在模型树中选取 BLOCK.PRT 。

Step3. 在"镜像零件"对话框的 平面参考 区域中单击 单击此处添加项 字符，在系统 选择一个平面或创建一个基准以其作镜象. 的提示下，选取图 5.12.9 中的 RIGHT 基准面，并单击"镜像零件"对话框中的 确定 按钮，此时系统提示 成功创建镜像零件。。

图 5.12.7　"元件创建"对话框

图 5.12.8　"镜像零件"对话框

图 5.12.9　镜像平面

第 6 章　工程图设计

6.1　工程图设计概述

在 Creo 的工程图模块中，可创建 Creo 三维模型的工程图，可以用注解来注释工程图、处理尺寸以及使用层来管理不同项目的显示。工程图中的所有视图都是相关的，例如改变一个视图中的尺寸值，系统就相应地更新其他工程图视图。

工程图模块还支持多个页面，允许定制带有草绘几何的工程图，定制工程图格式等。另外，还可以利用有关接口命令，将工程图文件输出到其他系统或将文件从其他系统输入到工程图模块中。

创建工程图的一般过程如下。

Stage1. 通过新建一个工程图文件，进入工程图模块环境

Step1. 选取文件新建命令或按钮。

Step2. 选取"绘图"（即工程图）文件类型。

Step3. 输入文件名称，选择工程图模型及工程图图框格式或模板。

Stage2. 创建视图

Step1. 添加主视图。

Step2. 添加主视图的投影图（左视图、右视图、俯视图、仰视图）。

Step3. 如有必要，可添加详细视图（即放大图）、辅助视图等。

Step4. 利用视图移动命令，调整视图的位置。

Step5. 设置视图的显示模式，如视图中的不可见的孔，可进行消隐或用虚线显示。

Stage3. 尺寸标注

Step1. 显示模型尺寸，将多余的尺寸拭除。

Step2. 添加必要的草绘尺寸。

Step3. 添加尺寸公差。

Step4. 创建基准，进行几何公差标注，标注表面粗糙度。

注意：Creo 软件的中文简化汉字版和有些参考书，将 Drawing 翻译成"绘图"，本书则一概翻译成"工程图"。

6.2　设置工程图环境

我国国家标准（GB 标准）对工程图规定了许多要求，例如尺寸文本的方位和字高、尺寸箭头的大小等都有明确的规定。本书随书光盘中的 Creo3_system_file 文件夹中提供了一些 Creo 软件的系统文件，正确地配置系统文件，可以使创建的工程图基本符合我国国家标准。下面将介绍其配置方法。

Step1. 将随书光盘中的 Creo3_system_file 文件夹复制到 C 盘中。

Step2. 将随书光盘中 Creo3_system_file 文件夹的 config.pro 文件复制到 Creo 安装目录中的\text 目录下（假设 Creo3 软件安装在 C:\Program Files 目录中，则将该文件复制到 C:\ Program Files\Creo3\text 下）。

Step3. 启动 Creo3.0。注意如果在进行上述操作前，已经启动了 Creo，应先退出 Creo，然后再次启动 Creo。

Step4. 选择"文件"下拉菜单中的 文件 ➡ 选项 命令，在弹出的"Creo Parametric 选项"对话框中选择 配置编辑器 选项，即可进入软件环境设置界面，如图 6.2.1 所示。

图 6.2.1　"配置编辑器"设置界面

Step5. 设置配置文件 config.pro 中的相关选项的值，如图 6.2.1 所示。

（1）drawing_setup_file 的值设置为 C:\Creo3_system_file\drawing.dtl。

（2）format_setup_file 的值设置为 C:\Creo3_system_file\format.dtl。

（3）pro_format_dir 的值设置为 C:\Creo3_system_file\GB_format。

（4）template_designasm 的值设置为 C:\Creo3_system_file\temeplate\asm_start.asm。

（5）template_drawing 的值设置为 C:\Creo3_system_file\temeplate\draw.drw。

（6）template_mfgcast 的值设置为 C:\ Creo3_system_file\temeplate\cast.mfg。

（7）template_mfgmold 的值设置为 C:\Creo3_system_file\temeplate\mold.mfg。

（8）template_sheetmetalpart 的值设置为 C:\Creo3_system_file\temeplate\sheetstart.prt。

（9）template_solidpart 的值设置为 C:\Creo3_system_file\temeplate\start.prt。

Step6. 把设置加到工作环境中。在图 6.2.1 所示的"配置编辑器"设置界面中单击 确定 按钮。

Step7. 退出 Creo，再次启动 Creo，系统新的配置即可生效。

6.3　新建工程图文件

新建工程图文件的步骤如下。

Step1. 在工具栏中单击"新建"按钮 。

Step2. 在弹出的文件"新建"对话框中输入文件名，取消选中 □ 使用默认模板 复选框。在弹出的文件"新建"对话框中，进行下列操作（见图 6.3.1）。

图 6.3.1　"新建"对话框

（1）选中 类型 选项组中的 绘图 单选项。

注意：在这里不要将"草绘"和"绘图"两个概念相混淆。

（2）在 名称 文本框中输入工程图的文件名，例如 bracket_drw。

（3）取消 ☑ 使用默认模板 中的"√"号，不使用默认的模板。

（4）单击该对话框中的 确定 按钮。

Step3. 选取适当的工程图模板或图框格式。在系统弹出的"新建绘图"对话框（一）中（图 6.3.2），进行下列操作。

图 6.3.2 "新建绘图"对话框（一）

（1）在"默认模型"选项组中选取要对其生成工程图的零件或装配模型。一般系统会自动选取当前活动的模型，如果要选取活动模型以外的模型，请单击 浏览... 按钮，然后选取模型文件，并将其打开，如图 6.3.3 所示。

图 6.3.3 "打开"对话框

（2）在 指定模板 选项组中选取工程图模板。该区域下有三个选项。

● 使用模板：创建工程图时，使用某个工程图模板。

● 格式为空：不使用模板，但使用某个图框格式。

- ◉空：既不使用模板，也不使用图框格式。

如果选中其中的 ◉空 单选项，需进行下列操作（图 6.3.2）。

如果图纸的幅面尺寸为标准尺寸（例如 A2、A0 等），应先在 方向 选项组中，单击"纵向"放置按钮或"横向"放置按钮，然后在 大小 选项组中选取图纸的幅面；如果图纸的尺寸为非标准尺寸，则应先在 方向 选项组中单击"可变"按钮，然后在 大小 选项组中输入图幅的高度和宽度尺寸及采用的单位。

如果选中 ◉格式为空 单选项，需进行下列操作（图 6.3.2 和图 6.3.4）：

在 格式 选项组中，单击 浏览... 按钮，然后选取某个格式文件，并将其打开。

注意：在实际工作中，经常采用 ◉格式为空 单选项。

如果选中 ◉使用模板 单选项，需进行下列操作（见图 6.3.2 和图 6.3.5）：

图 6.3.4 "新建绘图"对话框（二）

图 6.3.5 "新建绘图"对话框（三）

在 模板 选项组中，从模板文件列表中选择某个模板或单击 浏览... 按钮，然后选取其他某个模板，并将其打开。

（3）单击对话框中的 确定 按钮。完成这一步操作后，系统即进入工程图模式（环境）。

6.4 工程图视图的创建

6.4.1 基本视图

图 6.4.1 所示为 bracket.prt 零件模型的工程图，本节先介绍其中的两个基本视图：主视图和投影侧视图的一般创建过程。

图 6.4.1　各种视图

1. 创建主视图

下面介绍如何创建 bracket.prt 零件模型主视图，如图 6.4.2 所示。操作步骤如下。

Step1. 设置工作目录：选择下拉菜单 文件 ➡ 管理会话 (M) ➡ 更改工作目录 (W) 命令，将工作目录设置至 D:\Creo3\work\ch06.04。

Step2. 在工具栏中单击"新建"按钮，参考 6.3 节"新建工程图"的操作过程，选择三维模型 bracket.prt 为绘图模型，进入工程图模块。

Step3. 在绘图区中右击，系统弹出图 6.4.3 所示的快捷菜单（一），选择 常规 命令。

图 6.4.2　主视图

图 6.4.3　快捷菜单（一）

说明：

（1）还有一种进入"普通视图"（即"一般视图"）命令的方法，就是在工具栏区选择 布局 ➡ 命令。

（2）如果在图 6.3.2 所示的"新建绘图"对话框中没有默认模型，也没有选取模型，那么在执行 🖫 常规 命令后，系统会弹出一个文件"打开"对话框，让用户选择一个三维模型来创建其工程图。

Step4. 在系统 ➡ 选择绘图视图的中心点. 的提示下，在屏幕图形区选择一点。系统弹出图 6.4.4 所示的"绘图视图"对话框（一）。

图 6.4.4　"绘图视图"对话框（一）

Step5. 定向视图。视图的定向一般采用下面两种方法。

方法一：选取参考进行定向。

（1）定义放置参考 1。

① 在"绘图视图"对话框中，选择"类别"下的"视图类型"；在其选项卡界面的 视图方向 选项组中，选中 选取定向方法 中的 ⦿ 几何参考 ，如图 6.4.5 所示。

② 单击对话框中"参考 1"旁的箭头▼，在弹出的方位列表中，选择前选项（图 6.4.6），再选择图 6.4.7 中的模型表面 1。这一步操作的意义是使所选模型表面朝前（即与屏幕平行且面向操作者）。

（2）定义放置参考 2。单击对话框中"参考 2"旁的箭头▼，在弹出的方位列表中，选择 底部选项，再选取图 6.4.7 中的模型表面 2。这一步操作的意义是使所选模型表面朝向屏幕的底部。这时模型即按图 6.4.2 所示的方位摆放在屏幕中。

说明：如果此时希望返回以前的默认状态，请单击对话框中的 默认方向 按钮。

图 6.4.5 "绘图视图"对话框（二）　　　　图 6.4.6 "参考"选项

图 6.4.7 模型的定向

方法二：采用已保存的视图方位进行定向。

（1）在零件或装配环境中，可以很容易地将模型摆放在工程图视图所需的方位。方法如下。

① 选择 视图 功能选项卡 模型显示 区域 节点下的 视图管理器 命令，系统弹出图 6.4.8 所示的"视图管理器"对话框，在 定向 选项卡中单击 新建 按钮，并命名新建视图为 V1，然后选择 编辑 ➡ 重新定义 命令。

② 系统弹出图 6.4.9 所示的"方向"对话框，可以按照方法一中的操作步骤将模型在空间摆放好，然后单击 确定 ➡ 关闭 按钮。

（2）在模型的零件或装配环境中保存了视图 V1 后，就可以在工程图环境中用第二种方法定向视图。操作方法：在图 6.4.10 所示的对话框中，找到并选取视图名称 V1，则系统即按 V1 的方位定向视图。

图 6.4.8　"视图管理器"对话框　　　　图 6.4.9　"方向"对话框

图 6.4.10　"绘图视图"对话框（三）

Step6. 定制比例。在弹出的对话框中，选择 类别 选项组中的 比例 选项，选中 ⦿ 自定义比例 单选项，并输入比例值 1.0。

Step7. 单击"绘图视图"对话框中的 确定 按钮，关闭对话框。至此，就完成了主视图的创建。

2. 创建投影图

在 Creo 中，可以创建投影视图，投影视图包括右视图、左视图、俯视图和仰视图。下面以创建左视图为例，说明创建这类视图的一般操作过程。

Step1. 选择图 6.4.11 所示的主视图，然后右击，系统弹出图 6.4.12 所示的快捷菜单（二），然后选择该快捷菜单中的 ⟨□□ 投影⟩ 命令。

说明：还有一种进入"投影视图"命令的方法，就是在工具栏区选择 【布局】 ➡ ⟨□□投影⟩命令。利用这种方法创建投影视图，必须先单击选中其父视图。

Step2. 在系统 ⟨➡选择绘图视图的中心点·⟩ 的提示下，在图形区的主视图的右部任意选择一点，系统自动创建左视图，如图 6.4.11 所示。如果在主视图的左边任意选择一点，则会产生右视图。

图 6.4.11 投影视图

图 6.4.12 快捷菜单（二）

6.4.2 移动视图

在创建完主视图和左视图后，如果它们在图纸上的位置不合适、视图间距太紧或太松，用户可以移动视图，操作方法图 6.4.13 所示（如果移动的视图有子视图，子视图也随着移动）。如果视图被锁定了，就不能移动视图，只有取消锁定后才能移动。

如果视图位置已经调整好，可启动"锁定视图移动"功能，禁止视图的移动。操作方法：在绘图区的空白处右击，系统弹出图 6.4.14 所示的快捷菜单，选择该菜单中的 【锁定视图移动】 命令。如果要取消"锁定视图移动"功能，可再次选择该命令，去掉该命令前面的 【✓】。

6.4.3 删除视图

要将某个视图删除，可先选择该视图，然后右击，系统弹出图 6.4.14 所示的快捷菜单，选择 【删除⒟】命令。注意：当要删除一个带有子视图的视图时，系统会弹出图 6.4.15 所示的提示窗口，要求确认是否删除该视图，此时若选择"是"，就会将该视图的所有子视图连同该视图一并删除！因此在删除带有子视图的视图时，请务必注意这一点。

图 6.4.13　移动视图　　　　　　　　　　　图 6.4.14　快捷菜单

6.4.4　视图的显示模式

1. 视图显示

工程图中的视图可以设置为下列几种显示模式，设置完成后，系统保持这种设置而与"环境"对话框中的设置无关，且不受视图显示按钮 、 和 的控制。

隐藏线：视图中的不可见边线以虚线显示。

线框：视图中的不可见边线以实线显示。

无隐藏线：视图中的不可见边线不显示。

配置文件 config.pro 中的选项 hlr_for_quilts 控制在隐藏线删除过程中系统如何显示面组。如果将其设置为 yes，系统将在隐藏线删除过程中包括面组；如果设置为 no，系统则在隐藏线删除过程中不包括面组。

下面以模型 bracket 的左视图为例，说明如何通过"视图显示"操作将左视图设置为无隐藏线显示状态，如图 6.4.16 所示。

a）视图的默认显示　　　　b）视图的消隐显示

图 6.4.15　"确认"对话框　　　　　　图 6.4.16　视图的消隐

Step1. 先选择图 6.4.16a，然后双击。

说明：还有一种方法是，先选择图 6.4.16a，再右击，从弹出的快捷菜单中选择 属性(R) 命令。

Step2. 系统弹出图 6.4.17 所示的"绘图视图"对话框，在该对话框中选择 类别 选项组中的 视图显示 选项。

Step3. 按照图 6.4.17 所示的对话框进行参数设置，即"显示线型"设置为"消隐"，然后单击对话框中的 确定 按钮，关闭对话框。

Step4. 如有必要，单击重画命令按钮 ，查看视图显示的变化。

图 6.4.17　"绘图视图"对话框

2．边显示

可以设置视图中个别边线显示方式。例如在图 6.4.18 所示的模型中，箭头所指的边线有隐藏线、拭除直线、消隐方式和隐藏等几种显示方式，分别如图 6.4.19、图 6.4.20、图 6.4.21 和图 6.4.22 所示。

配置文件config.pro中的命令select_hidden_edges_in_dwg用于控制工程图中的不可见边线能否被选取。

此边线在工程图中有隐藏线、拭除直线、隐藏方式和消隐等几种显示方式

图 6.4.18　三维模型

隐藏线（Hidden Line）　　　　　拭除直线（Erase Line）

图 6.4.19　隐藏线　　　　　图 6.4.20　拭除直线

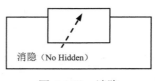

图 6.4.21　消隐　　　　　　　　　　　图 6.4.22　隐藏方式

下面以此模型为例，说明边显示的操作过程。

Step1. 如图 6.4.23 所示，在工程图环境中的功能区中选择 布局 ➡ 边显示... 命令。

Step2. 系统此时弹出图 6.4.24 所示的"选择"对话框，以及图 6.4.25 所示的菜单管理器，选取要设置的边线，然后在菜单管理器中分别选取 Hidden Line (隐藏线) 、 Erase Line (拭除直线) 、 No Hidden (消隐) 或 Hidden Style (隐藏方式) 命令，以达到图 6.4.19、图 6.4.20、图 6.4.21 和图 6.4.22 所示的效果；选择 Done (完成) 命令。

图 6.4.23　"编辑"子菜单　　　　　　图 6.4.24　"选择"对话框

Step3. 如有必要，单击重画命令按钮 🖼，查看视图显示的变化。

图 6.4.25　菜单管理器

6.4.5　高级视图

1.　"部分"视图

下面创建图 6.4.26 所示的"部分"视图，操作方法如下。

Step1. 先单击图 6.4.26 所示的主视图，然后右击，从系统弹出的快捷菜单中选择 ⊞ 投影 命令。

Step2. 在系统 ➡选择绘图视图的中心点. 的提示下，在图形区的主视图的下面选择一点，系统立即产生投影图。

Step3. 双击上一步中创建的投影视图。

Step4. 系统弹出图 6.4.27 所示的对话框，在该对话框中，选择 类别 选项组中的 可见区域 选项，将 视图可见性 设置为 局部视图 。

图 6.4.26　"部分"视图　　　　　　　　图 6.4.27　"绘图视图"对话框（一）

Step5. 绘制部分视图的边界线。

（1）此时系统 ➡选择新的参考点. 单击"确定"完成. 的提示下，在投影视图的边线上选择一点（如果不在模型的边线上选择点，系统则不认可），这时在拾取的点附近出现一个红色的十字线，图 6.4.28 所示。注意：如果移动或缩放视图区，此十字线将会消失，但这不妨碍操作的进行。

（2）在系统 ➡在当前视图上草绘样条来定义外部边界. 的提示下，绘制图 6.4.29 所示的样条线来定义部分视图的边界，当绘制到封合时，单击鼠标中键结束绘制（在绘制边界线前，不要选择样条线的绘制命令，而是直接单击进行绘制）。

Step6. 单击对话框中的 确定 按钮，关闭对话框。

图 6.4.28　边界中心点　　　　　　　　　　　　图 6.4.29　草绘轮廓线

2. 局部放大视图

下面创建图 6.4.30 所示的"局部放大视图"，操作过程如下。

图 6.4.30　局部放大视图

Step1. 在功能区中选择 布局 ➡ 详细... 命令。

Step2. 在系统 ➡在一现有视图上选择要查看细节的中心点. 的提示下，在图 6.4.31 所示的圆的边线上选择一点（在主视图的非边线的地方选择的点，系统不认可），此时在拾取的点附近出现一个红色的十字线。注意：如果移动或缩放视图区，此十字线将会消失，但这不妨碍操作的进行。

Step3. 绘制放大视图的轮廓线。在系统 ➡草绘样条, 不相交其他样条, 来定义一轮廓线. 的提示下，绘制图 6.4.32 所示的样条线以定义放大视图的轮廓，当绘制到封合时，单击鼠标中键结束绘制（在绘制边界线前，不要选择样条线的绘制命令，而是直接单击进行绘制）。

图 6.4.31　放大图的中心点　　　　　　　　图 6.4.32　放大图的轮廓线

Step4. 在系统 ➡选择绘图视图的中心点. 的提示下，在图形区中选择一点用来放置放大图。

Step5. 设置轮廓线的边界类型。

（1）在创建的局部放大视图上双击，系统弹出图 6.4.33 所示的对话框。

图 6.4.33　"绘图视图"对话框（二）

（2）在 视图名 文本框中输入放大图的名称 D1；在 父项视图上的边界类型 下拉菜单中，选择 圆 选项，然后单击 应用 按钮，此时轮廓线变成一个双点画线的圆，如图 6.4.34 所示。

Step6. 设置局部放大视图的比例。在图 6.4.33 所示的"绘图视图"对话框的 类别 选项组中选择 比例 选项，在 比例和透视图选项 区域的 ⊙ 自定义比例 单选框中输入定制比例值 2。

Step7. 单击对话框中的 确定 按钮，关闭对话框。

图 6.4.34　注释文本的放置位置

3．轴测图

在工程图中创建图 6.4.35 所示的轴测图的目的主要是为方便读图，其创建方法与主视图基本相同，它也是作为"一般"视图来创建。通常轴测图是作为最后一个视图添加到图纸上的。下面说明操作的一般过程。

Step1. 在绘图区中右击，从弹出的快捷菜单中选择 🖾 常规 命令。

Step2. 在系统 ➡选择绘图视图的中心点. 的提示下，在图形区选择一点作为轴测图位置点。

Step3. 系统弹出"绘图视图"对话框，选择合适的查看方位（可以先在 3D 模型中创建合适的方位，本例中选择 默认方向 选项）。

Step4. 定制比例。在"绘图视图"对话框中，选择 类别 选项组中的 比例 选项，选中 ⊙ 自定义比例 单选项，并输入比例值 1.0。

Step5. 单击该对话框中的 确定 按钮，关闭对话框。

注意：轴测图的定位方法一般是先在零件或装配模块中，将模型在空间摆放到合适的视角方位，然后将这个方位存成一个视图名称（如 V2）；然后在工程图中，在添加轴测图时，选取已保存的视图方位名称（如 V2），即可进行视图定位。

4. "全"剖视图

"全"剖视图如图 6.4.36 所示。

图 6.4.35　轴测图　　　　　　图 6.4.36　"全"剖视图

Step1. 选择图 6.4.36 所示的主视图，然后右击，从弹出的快捷菜单中选择 ⊞ 投影 命令。

Step2. 在系统 ➡选择绘图视图的中心点. 的提示下，在图形区的主视图的下部选择一点。

Step3. 双击上一步创建的投影视图，系统弹出图 6.4.37 所示的对话框。

图 6.4.37　"绘图视图"对话框（三）

Step4. 设置剖视图选项。

（1）在图 6.4.37 所示的对话框中，选择 类别 选项组中的 截面 选项。

（2）将 截面选项 设置为 ◉ 2D 横截面，然后单击 ＋ 按钮。

（3）将 模型边可见性 设置为 ◉ 全部 。

（4）在 名称 下拉列表中选取剖截面 ✔ A（A 剖截面在零件模块中已提前创建），在
"剖切区域"下拉列表中选择 完全 选项。

（5）单击对话框中的 确定 按钮，关闭对话框。

注意：如果在上面 Step4 中，在图 6.4.37 所示的对话框中，选择 模型边可见性 中的 ◉ 区域 单
选项，则产生的视图如图 6.4.38 所示，一般将这样的视图称为"剖视图"。

Step5. 添加箭头。

（1）选择图 6.4.36 所示的全剖视图，然后右击，从图 6.4.39 所示的快捷菜单中选择
添加箭头 命令。

（2）在系统 给箭头选出一个截面在其处垂直的视图。中键取消。 的提示下，单击主视图。

图 6.4.38　"区域剖截面"视图

图 6.4.39　快捷菜单

6.5　工程图的尺寸标注与编辑

6.5.1　概述

在工程图模式下，可以创建下列几种类型的尺寸。

1. 被驱动尺寸

被驱动尺寸来源于零件模块中的三维模型的尺寸，它们源于统一的内部数据库。在工
程图模式下，可以利用 注释 工具栏下的"显示模型注释"命令，将被驱动尺寸在工程

图中自动地显现出来或拭除（即隐藏），但它们不能被删除。在三维模型上修改模型的尺寸，在工程图中，这些尺寸随着变化，反之亦然。这里有一点要注意：在工程图中可以修改被驱动尺寸值的小数位数，但是舍入之后的尺寸值不驱动模型几何。

2. 草绘尺寸

在工程图模式下利用 注释 工具栏下的 尺寸 命令，可以手动标注两个草绘图元间、草绘图元与模型对象间以及模型对象本身的尺寸，这类尺寸称为"草绘尺寸"，其可以被删除。还要注意：在模型对象上创建的"草绘尺寸"不能驱动模型，也就是说，在工程图中改变"草绘尺寸"的大小，不会引起零件模块中的相应模型的变化，这一点与"被驱动尺寸"有根本的区别，所以如果在工程图环境中发现模型尺寸标注不符合设计的意图（例如标注的基准不对），最佳的方法是进入零件模块环境，重定义截面草绘图的标注，而不是简单地在工程图中创建"草绘尺寸"来满足设计意图。

由于草绘图可以与某个视图相关，也可以不与任何视图相关，因此"草绘尺寸"的值有两种情况：

（1）当草绘图元不与任何视图相关时，草绘尺寸的值与草绘比例（由绘图设置文件 drawing.dtl 中的选项 draft_scale 指定）有关，例如假设某个草绘圆的半径值为 5。

- 如果草绘比例为 1.0，该草绘圆半径尺寸显示为 5。
- 如果草绘比例为 2.0，该草绘圆半径尺寸显示为 10。
- 如果草绘比例为 0.5，在绘图中出现的图元就为 2.5。

注意：改变选项 draft_scale 的值后，应该进行再生。方法为选择下拉菜单 审阅 ⇨ 更新绘制 命令。

虽然草绘图的草绘尺寸的值随草绘比例变化而变化，但草绘图的显示大小不受草绘比例的影响。

配置文件 config.pro 中的选项 create_drawing_dims_only 用于控制系统如何保存被驱动尺寸和草绘尺寸，该选项设置为 no（默认）时，系统将被驱动尺寸保存在相关的零件模型（或装配模型）中；设置为 yes 时，仅将草绘尺寸保存在绘图中。所以用户正在使用 intralink 时，如果尺寸被存储在模型中，则在修改时要对此模型进行标记，并且必须将其重新提交给 intralink，为避免绘图中每次参考模型时都进行此操作，可将选项设置为 yes。

（2）当草绘图元与某个视图相关时，草绘图的草绘尺寸的值不随草绘比例而变化，草绘图的显示大小也不受草绘比例的影响，但草绘图的显示大小随着与其相关的视图的比例变化而变化。

3．草绘参考尺寸

在工程图模式下，在功能区中选择 注释 ➡️ 参考尺寸 命令，可以将两个草绘图元间、草绘图元与模型对象间以及模型对象本身的尺寸标注成参考尺寸，参考尺寸是草绘尺寸中的一个分支。所有的草绘参考尺寸一般都带有符号 REF，从而与其他尺寸相区别；如果配置文件选项 parenthesize_ref_dim 设置为 yes，系统则将参考尺寸放置在括号中。

注意：当标注草绘图元与模型对象间的参考尺寸时，应提前将它们关联起来。

6.5.2　被驱动尺寸

下面以图 6.5.1 所示的零件 bracket 为例，说明创建被驱动尺寸的一般操作过程。

图 6.5.1　创建被驱动尺寸

Step1. 在功能区中选择 注释 ➡️ 显示模型注释 命令。按住 Ctrl 键，在图形中选择图 6.5.1 所示的主视图和投影视图。

Step2. 在系统弹出的图 6.5.2 所示的对话框中，进行下列操作。

（1）单击对话框顶部的 选项卡。

（2）选取显示类型：在对话框的 类型 下拉列表中选择 全部 选项，然后单击 按钮，如果还想显示轴线，则在对话框中单击 选项卡，然后单击 按钮。

（3）单击对话框底部的 确定 按钮。

图 6.5.2 所示的"显示模型注释"对话框中各选项卡说明如下。

● ：显示模型尺寸。

- ![图标]: 显示模型几何公差。
- ![图标]: 显示模型注解。
- ![图标]: 显示模型表面粗糙度（光洁度）。
- ![图标]: 显示模型符号。
- ![图标]: 显示模型基准。
- ![图标]: 全部选取。
- ![图标]: 全部取消选取。

图 6.5.2   "显示模型注释" 对话框

在进行被驱动尺寸显示操作时，请注意下面几点。

- 使用图 6.5.2 所示的 "显示模型注释" 对话框，不仅可以显示三维模型中的尺寸，还可以显示在三维模型中创建的几何公差、基准和表面粗糙度（光洁度）等。

- 如果要在工程图的等轴侧视图中显示模型的尺寸，应先将工程图设置文件 drawing.dtl 中的选项 allow_3D_dimensions 设置为 yes，然后在 "显示模型注释" 对话框中的 "显示方式" 区域中选中 ⚪零件和视图 等单选项。

- 在工程图中，显示尺寸的位置取决于视图定向，对于模型中拉伸或旋转特征的截面尺寸，在工程图中显示在草绘平面与屏幕垂直的视图上。

- 如果用户想拭除被驱动尺寸，可以通过在 "绘图树" 中选中要拭除的被驱动尺寸并右击，在弹出的快捷菜单中选择 拭除 命令，即可将被驱动尺寸拭除，这里要特别注意：在拭除后，如果再次显示尺寸，各尺寸的显示位置、格式和属性（包括尺寸公差、前缀、后缀等）均恢复为上一次拭除前的状态，而不是更改以前的状态。

- 如果用户想删除被驱动尺寸，可以通过在 "绘图树" 中选中要拭除的被驱动尺寸并右击，在弹出的快捷菜单中选择 删除(D) 命令，即可将被驱动尺寸删除。

6.5.3　草绘尺寸

在 Creo 中，草绘尺寸分为一般的草绘尺寸、草绘参考尺寸和草绘坐标尺寸三种类型，它们主要用于手动标注工程图中两个草绘图元间、草绘图元与模型对象间以及模型对象本身的尺寸，坐标尺寸是一般草绘尺寸的坐标表达形式。

从在功能区 注释 选项中，"尺寸"、"参考尺寸"和"纵坐标尺寸"下拉选项说明如下。

● "新参考"：每次选取新的参考进行标注。

● "纵坐标尺寸"：创建单一方向的坐标表示的尺寸标注。

由于草绘尺寸和草绘参考尺寸的创建方法一样，所以下面仅以一般的草绘尺寸为例，说明"新参考"尺寸的创建方法。

下面以图 6.5.3 所示的零件模型 bracket 为例，说明在模型上创建草绘"新参考"尺寸的一般操作过程。

Step1. 在功能区中选择 注释 ➡ 尺寸 命令。

Step2. 在图 6.5.4 所示的 ▼ ATTACH TYPE （依附类型） 菜单中，选择 Midpoint （中点） 命令，然后在图 6.5.3 所示的"1"点处单击（"1"点在模型的边线上），以选取该边线的中点。

图 6.5.3　"新参考"尺寸标注　　　　　　图 6.5.4　菜单管理器

Step3. 在图 6.5.4 所示的菜单管理器中，选择 Center （中心） 命令，然后在图 6.5.3 所示的"2"点处单击（"2"点在圆的弧线上），以选取该圆的圆心。

Step4. 在图 6.5.3 所示的"3"点处单击鼠标中键，确定尺寸文本的位置。

Step5. 在 ▼ DIM ORIENT （尺寸方向） 菜单中，选择 Horizontal （水平） 命令，创建水平方向的尺寸（在标注点到点的距离时，菜单才可见）。

Step6. 如果继续标注，重复 Step2 至 Step5；如果要结束标注，在 ▼ ATTACH TYPE （依附类型） 菜单中，选择 Return （返回） 命令。

6.5.4　尺寸的编辑

从前面一节创建被驱动尺寸的操作中，我们会注意到，由系统自动显示的尺寸在工程图上有时会显得杂乱无章，尺寸相互遮盖，尺寸间距过松或过密，某个视图上的尺寸太多，出现重复尺寸（例如：两个半径相同的圆标注两次），这些问题通过尺寸的操作工具都可以解决，尺寸的操作包括尺寸（包括尺寸文本）的移动、拭除、删除（仅对草绘尺寸），尺寸的切换视图，修改尺寸的数值和属性（包括尺寸公差、尺寸文本字高、尺寸文本字型）等。下面分别进行介绍。

1．移动尺寸及其尺寸文本

移动尺寸及其尺寸文本的方法：选择要移动尺寸，当尺寸加亮变红后，再将鼠标指针放到要移动的尺寸文本上，按住鼠标的左键，并移动鼠标，尺寸及尺寸文本会随着鼠标移动，移到所需的位置后，松开鼠标的左键。

2．尺寸编辑的快捷菜单

如果要对尺寸进行其他的编辑，可以这样操作：选择要编辑的尺寸，当尺寸加亮变红后，右击，此时系统会依照单击位置的不同弹出不同的快捷菜单，具体有以下几种情况。

第一种情况：如果右击在尺寸标注位置线或尺寸文本上，则弹出图 6.5.5 所示的快捷菜单，其各主要选项的说明如下。

● **拭除**：选择该选项后，系统会拭除选取的尺寸（包括尺寸文本和尺寸界线），也就是使该尺寸在工程图中不显示。

尺寸"拭除"操作完成后，如果要恢复它的显示，操作方法如下。

Step1. 在绘图树中单击 ▶ 注释 前的节点。

Step2. 选中被拭除的尺寸并右击，在弹出的快捷菜单中选择 **取消拭除** 命令。

● **修剪尺寸界线**：该选项的功能是修剪尺寸界线。

● **移动到视图**：该选项的功能是将尺寸从一个视图移动到另一个视图，操作方法：选择该选项后，接着选择要移动到的目的视图。

下面将在模型 bracket 的工程图的放大图中创建图 6.5.6 所示的尺寸，方法如下。

Step1. 将工作目录设置至 D:\Creo3\work\ch06.05，打开文件 move_dim_ drw. drw。

Step2. 在图 6.5.7 所示的主视图中选取尺寸"1.5"，然后右击，从弹出的快捷菜单中选择 **移动到视图** 命令。

Step3. 在系统 的提示下，选择图 6.5.7 所示的放大图，此时"主视图"中的尺寸"1.5"被移动到"放大图"中。

图 6.5.5　快捷菜单　　　　　　　　　图 6.5.6　将尺寸从"主视图"移动到"放大图"

Step4. 参考 Step2 和 Step3。将"主视图"中的尺寸"3"移动到"放大图"中。

- **边显示**：该选项的功能是在绘图视图中修改零件或组件边的显示。

- **修改公称值**：该选项的功能是修改工程图中的尺寸值（即尺寸的大小），如果被修改的尺寸是草绘尺寸，则不会引起三维模型的变化；如果是被驱动尺寸，工程图中尺寸的修改将导致三维模型的相应变化。其操作方法如下。

Step1. 选择该选项。

Step2. 在编辑文本框中输入新的尺寸值，并按 Enter 键。

Step3. 单击快速工具栏中的"重新生成"命令。

- **切换纵坐标/线性(L)**：该选项的功能是将线性尺寸转换为纵坐标尺寸或将纵坐标尺寸转换为线性尺寸。在由线性尺寸转换为纵坐标尺寸时，需选取纵坐标基线尺寸。

- **反向箭头**：选择该选项即可切换所选尺寸的箭头方向，如图 6.5.8 所示。

图 6.5.7　操作过程　　　　　　　　　图 6.5.8　切换箭头方向

- **属性**: 选择该选项后，系统弹出图 6.5.9 所示"尺寸属性"对话框，该对话框有三个选项卡，即 **属性**、**显示** 和 **文本样式** 选项卡的内容分别如图 6.5.9、图 6.5.10 和图 6.5.11 所示，下面对其中各功能进行简要介绍。

图 6.5.9 "尺寸属性"对话框的"属性"选项卡

- ☑ **属性** 选项卡
- ☑ 在 **公差** 选项组中，可单独设置所选尺寸的公差，设置项目包括公差显示模式、尺寸的公称值和尺寸的上下公差值。
- ☑ 在 **格式** 选项组中，可选择尺寸显示的格式，即尺寸是以小数形式显示还是分数形式显示，保留几位小数位数，角度单位是度还是弧度。
- ☑ 在 **值和显示** 选项组中，用户可以将工程图中零件的外形轮廓等基础尺寸按"基本"形式显示，将零件中重要的、需检验的尺寸按"检查"形式显示。另外在该区域中，还可以设置尺寸箭头的反向。
- ☑ 在对话框下部的区域中，可单击相应的按钮来移动尺寸及其文本或修改尺寸的附件。
- ☑ **显示** 选项卡可在"前缀"文本栏内输入尺寸的前缀，例如可将尺寸 Φ4 加上前缀 2-，变成 2-Φ4。当然也可以给尺寸加上后缀。
- ☑ **文本样式** 选项卡
- ☑ 在 **字符** 选项组中，可选择尺寸、文本的字体，取消"默认"复选框可修改文本的字高等。

☑　如果选取的是注释文本，在 注解/尺寸 选项组中，可调整注释文本的水平和竖直
　　两个方向的对齐特性和文本的行间距，单击 ▢ 预览 ▢ 按钮可立即查看
　　显示效果。

图 6.5.10　"尺寸属性"对话框的"显示"选项卡

图 6.5.11　"尺寸属性"对话框的"文本样式"选项卡

第二种情况：在尺寸界线上右击，弹出图 6.5.12 所示的快捷菜单，其各主要选项的说明如下。

- **拭除**：**拭除** 命令的作用是将尺寸界线拭除（即不显示），如图 6.5.13 所示；如果要将拭除的尺寸界线恢复为显示状态，则要先选取尺寸，然后右击并在弹出的快捷菜单中选取 **显示尺寸界线** 命令。

图 6.5.12　快捷菜单　　　　　　图 6.5.13　拭除与恢复尺寸界线

- **插入角拐**：该选项的功能是创建尺寸边线的角拐，如图 6.5.14 所示。操作方法：选择该选项后，接着选择尺寸边线上的一点作为角拐点，移动鼠标，直到该点移到所希望的位置，然后再次单击，单击中键结束操作。

选中尺寸后，右击角拐点的位置，在弹出的快捷菜单中选取 **删除(D)** 命令，即可删除角拐。

图 6.5.14　创建角拐

第三种情况：在尺寸标注线的箭头上右击，弹出图 6.5.15 所示的快捷菜单，其各主要选项的说明如下。

- **箭头样式 ▶**：该选项的功能是修改尺寸箭头的样式，箭头的样式可以是箭头、实心点、斜杠等，如图 6.5.16 所示，可以将尺寸箭头改成实心点，其操作方法如下。

Step1. 选择 **箭头样式 ▶** 命令。

Step2. 系统弹出图 6.5.17 所示的"箭头样式"菜单，从该菜单中选取 **〈circle_filled〉实心点** 命令。

Step3. 选择 **Done/Return（完成/返回）** 命令。

第四种情况：如果先选择某尺寸，再单击该尺寸的尺寸文本，然后右击，则弹出图 6.5.18 所示的快捷菜单，其各主要选项的说明如下。

- 文本样式 ：参见 属性 说明中的"文本样式"。
- 编辑值 ：编辑标注文本值。

箭头样式 ▶

图 6.5.15　快捷菜单

图 6.5.17　"箭头样式"菜单

图 6.5.16　箭头样式

文本样式
修剪尺寸界线
编辑值

图 6.5.18　快捷菜单

3．尺寸界线的破断

尺寸界线的破断是将尺寸界线的一部分断开，如图 6.5.19 所示；而删除破断的作用是将尺寸线断开的部分恢复。其操作方法是在工具栏中选择 注释 ➡ 断点 命令，在要破断的尺寸界线上先选择一点，此时系统弹出图 6.5.20 所示的"断裂线类型"菜单，然后在尺寸界线上选择另一点，"破断"即可形成，单击中键完成；如果先在破断的尺寸界线上的断点处单击，然后右击，在弹出的图 6.5.21 所示的快捷菜单中选取"移除断点"命令，即可将断开的部分恢复。

将尺寸界线破断　　　将破断删除（不破断）

图 6.5.19　尺寸界线的破断及恢复

4．清理尺寸（Clean Dims）

对于杂乱无章的尺寸，Creo 系统提供了一个强有力的整理工具，这就是"清理尺寸（Clean

Dims）"功能。该功能可以：

- 在尺寸界线之间居中尺寸（包括带有螺纹、直径、符号、公差等的整个文本）。
- 在尺寸界线间或尺寸界线与草绘图元交截处，创建断点。
- 向模型边、视图边、轴或捕捉线的一侧，放置所有尺寸。
- 反向箭头。
- 将尺寸的间距调到一致。

下面以零件模型 bracket 为例，说明"清理尺寸"的一般操作过程。

Step1. 在功能区中选择 **注释** ➡ **清理尺寸**命令。

Step2. 此时系统提示 **选择要清除的视图或独立尺寸**，如图 6.5.22 所示，选择模型 bracket 的主视图，并单击鼠标中键一次。

图 6.5.20　"断裂线类型"菜单

图 6.5.21　快捷菜单

图 6.5.22　整理尺寸

Step3. 完成上步操作后，"清除尺寸"对话框被激活，该对话框有 **放置** 选项卡和 **修饰** 选项卡，这两个选项卡的内容分别如图 6.5.23 和图 6.5.24 所示，现对其中各选项的操作进行简要介绍。

- **放置** 选项卡
  - ☑ 选中 ☑**分隔尺寸** 复选框后，可调整尺寸线的偏距值和增量值。
  - ☑ **偏移** 是视图轮廓线（或所选基准线）与视图中最靠近它们的某个尺寸间的距离（图 6.5.23）。输入偏距值，并按 Enter 键，然后单击对话框中的 **应用** 按钮，可将输入的偏距值立即施加到视图中，并可看到效果。一般以"视图轮廓"为"偏移参考"，也可以选取某个基准线为参考。
  - ☑ **增量** 是两相邻尺寸的间距（图 6.5.23）。输入增量值，并按 Enter 键，然后单

击对话框中的 应用 按钮，可将输入的增量值立即施加到视图中，并可看到效果。

☑　选中 ☑创建捕捉线 复选框后，工程图中便显示捕捉线，捕捉线是表示水平或垂直尺寸位置的一组虚线。单击对话框中的 应用 按钮，可看到屏幕中立即显示这些虚线。

☑　选中 ☑破断尺寸界线 复选框后，在尺寸界线与其他草绘图元相交位置处，尺寸界线会自动产生破断。注意：证示线就是尺寸界线。

● 修饰 选项卡

☑　选中 ☑反向箭头 复选框后，如果视图中某个尺寸的尺寸界线内放不下箭头，该尺寸的箭头自动反向到外面。

☑　选中 ☑居中文本 复选框后，每个尺寸的文本自动居中。

☑　当视图中某个尺寸的文本太长，在尺寸界线间放不下时，系统可自动将它们放到尺寸线的外部，不过应该预先在 水平 和 垂直 区域单击相应的方位按钮，告诉系统将尺寸文本移出后放在什么方位。

图 6.5.23　"放置"选项卡

图 6.5.24　"修饰"选项卡

6.5.5　关于尺寸公差的显示设置

配置文件 drawing.dtl 中的选项 tol_display 和配置文件 config.pro 中的选项 tol_mode 与工程图中的尺寸公差有关，如果要在工程图中显示和处理尺寸公差，必须先配置这两个选项。

- tol_display 选项：该选项控制尺寸公差的显示。如果设置为 yes，则尺寸标注显示公差；如果设置为 no，则尺寸标注不显示公差。

- tol_mode 选项：该选项控制尺寸公差的显示形式。如果设置为 nominal，则尺寸只显示名义值，不显示公差；如果设置为 limits，则公差尺寸显示为上限和下限；如果设置为 plusminus，则公差值为正负值，正值和负值是独立的；如果设置为 plusminussym，则公差值为正负值，正负公差的值用一个值表示。

6.6 工程图中基准的创建

6.6.1 创建工程图基准

1. 在工程图模块中创建基准轴

下面将在模型 bracket 的工程图中创建图 6.6.1 所示的基准轴 D，以此说明在工程图模块中创建基准轴的一般操作过程。

Step1. 将工作目录设置至 D:\Creo3\work\ch06.06，打开文件 datum_drw.drw。

Step2. 在功能区中选择 注释 ➡ ☐ 模型基准 ▾ ➡ ✏ 模型基准轴 命令。

Step3. 系统弹出图 6.6.2 所示的基准"轴"对话框，在此对话框中进行下列操作。

图 6.6.1 创建基准轴

图 6.6.2 "轴"对话框

（1）在"轴"对话框的"名称"文本栏中输入基准名 D。

（2）单击该对话框中的 定义... 按钮，在弹出的图 6.6.3 所示的"基准轴"菜单中选取 Thru Cyl（过柱面）命令，然后选取图 6.6.1 所示的圆柱的边线。

（3）在"轴"对话框的 显示 选项组中单击 A◀ 按钮。

（4）在"轴"对话框的 放置 选项组中选中 ⊙ 在基准上 单选项。

（5）在"轴"对话框中单击 确定 按钮，系统即在每个视图中创建基准符号。

Step4. 分别将基准符号移至合适的位置，基准的移动操作与尺寸的移动操作方法一样。

Step5. 视情况将某个视图中不需要的基准符号拭除。

图 6.6.3　"基准轴"菜单

2．在工程图模块中创建基准面

下面将在模型 bracket 的工程图中创建图 6.6.4 所示的基准 P，以此说明在工程图模块中创建基准面的一般操作过程。

Step1. 在功能区中选择 注释 ➡ ☐ 模型基准 ▾ ➡ ☐ 模型基准平面 命令。

Step2. 系统弹出图 6.6.5 所示的"基准"对话框，在此对话框中进行下列操作。

图 6.6.4　创建基准面

图 6.6.5　"基准"对话框

（1）在"基准"对话框中的"名称"文本栏中输入基准名 P。

（2）单击该对话框中的 定义 选项组中的 在曲面上… 按钮，然后选择图 6.6.4 所示的端面的边线。

说明：如果没有现成的平面可选取，可单击"基准"对话框中 定义 选项组中的 定义… 按钮，此时系统弹出图 6.6.6 所示的菜单管理器，利用该菜单管理器可以定义所需的基准平面。

（3）在"基准"对话框的 显示 选项组中单击 A◀ 按钮。

（4）在"基准"对话框的 放置 选项组中选中 ◉ 在基准上 单选项。

（5）在"基准"对话框中单击 确定 按钮。

Step3. 将基准符号移至合适的位置。

图 6.6.6　菜单管理器

Step4. 视情况将某个视图中不需要的基准符号拭除。

6.6.2　工程图基准的拭除与删除

拭除基准的真正含义是在工程图环境中不显示基准符号，同尺寸的拭除一样；而基准的删除是将其从模型中真正完全地去除，所以基准的删除要切换到零件模块中进行，其操作方法如下。

（1）切换到模型窗口。

（2）从模型树中找到基准名称，并单击该名称，再右击，从弹出的菜单中选择"删除"命令。

注意：一个基准被拭除后，系统还不允许重名，只有切换到零件模块中，将其从模型中删除后才能给出同样的基准名。

如果一个基准被某个几何公差所使用，则只有先删除该几何公差，才能删除该基准。

6.7　几 何 公 差

下面将在模型 bracket 的工程图中的几何公差（形位公差），以此说明在工程图模块中创建几何公差的一般操作过程。

Step1. 首先将工作目录设置至 D:\Creo3\work\ch06.07，打开文件 tol_drw.drw。

Step2. 在功能区中选择 注释 ➡️ ▷¹M 命令。

Step3. 系统弹出图 6.7.1 所示的"几何公差"对话框，在此对话框中进行下列操作。

（1）在左边的公差符号区域中，单击位置公差符号 ⊕ 。

（2）在 模型参考 选项卡中进行下列操作。

① 定义公差参考。如图 6.7.1 所示，单击 参考: 选项组中的 类型 箭头 ▼，从弹出的菜单中选取 轴 选项，如图 6.7.2 所示；查询选取图 6.7.3 中的轴 A_10（操作步骤是：先将鼠标指针移至轴 A_10 的位置右击，从快捷菜单中选择 从列表中拾取 命令，在图 6.7.4 所示的"从列表中拾取"对话框中，选取列表中的 A_10(轴):F8(拉伸_4) ，然后单击 确定(O) 按钮）。

注意：由于当前所标注的是一个孔相对于一个基准轴 D 的位置公差，它实质上是指这个孔的轴线相对于基准轴 D 的位置公差，所以其公差参考要选取孔的轴线。

② 定义公差的放置。如图 6.7.1 所示，单击 放置: 选项组中的 类型 箭头 ▼，从弹出的菜单中选取 尺寸 选项，如图 6.7.5 所示；选择图 6.7.3 中的尺寸 Φ12。

注意：选取"尺寸"选项的意义，是要把该位置公差附着在尺寸 Φ4 上。

（3）在 基准参考 选项卡中单击 首要 子选项卡中的 基本 箭头 ▼（图 6.7.6），从弹出的列表中选取基准 D，如图 6.7.7 所示。

图 6.7.1   "几何公差"对话框

图 6.7.2   参考"类型"选项

图 6.7.5   放置"类型"选项

图 6.7.3   几何公差

图 6.7.4   "从列表中拾取"对话框

图 6.7.6   "几何公差"对话框的"基准参考"选项卡   图 6.7.7   "基本"选项

注意：如果该位置公差参考的基准不止一个，请选择 第二 和 第三 子选项卡，再进行同样的操作，以增加第二、第三参考。

（4）在 公差值 选项卡中输入公差值 0.01，按 Enter 键。

注意：如果要注明材料条件，请单击"公差值"选项卡中 材料条件 选项组中的箭头 ，从弹出的列表中选取所希望的选项，如图 6.7.8 和图 6.7.9 所示。

图 6.7.8　"几何公差"对话框的"公差值"选项卡　　　　图 6.7.9　材料条件

（5）在 符号 选项卡中选中 Ø 直径符号 复选框，如图 6.7.10 所示。

（6）单击"几何公差"对话框中的 确定 按钮。

图 6.7.10　"几何公差"对话框的"符号"选项卡

说明：在"几何公差"对话框中，附加文本 选项卡（如图 6.7.11 所示），此选项卡用于添加附加文本和文本符号。

图 6.7.11 所示的 附加文本 选项卡中各选项的说明。

- ☑ 上方的附加文本 复选框：选中此复选框，系统会弹出图 6.7.12 所示"文本符号"对话框，系统将"文本符号"对话框中选取的符号或 ☑ 上方的附加文本 复选框下方的文本框中输入的文本添加到在"几何公差"的控制框上方。

- ☑ 右侧附加文本 复选框：该复选框的功能与 ☑ 上方的附加文本 功能相同，区别在于该复选框可以将文本或文本符号添加到"几何公差"的控制框右侧。

- ☑ 前缀 或 ☑ 后缀 复选框：在 ☑ 前缀 或 ☑ 后缀 复选框下方的文本框中输入文本或文本符号，前缀会插入到几何公差文本的"公差值"的前面，后缀则会插入到几何公差文本的"公差值"的后面，并且具有与几何公差文本相同的文本样式。

图 6.7.11　"几何公差"对话框的"附加文本"选项卡

图 6.7.12　"文本符号"对话框

6.8　工程图中的注释

6.8.1　注释菜单简介

在功能区中选择 **注释** ➡ 注解▾ 命令，系统弹出图 6.8.1 所示的"注解类型"菜单。在该菜单下，可以创建用户所要求的属性的注释，例如注释可连接到模型的一个或多个边上，也可以是"独立"。

图 6.8.1　"注解类型"菜单

6.8.2　创建无方向指引注释

下面以图 6.8.2 所示的注释为例，说明创建无方向指引注释的一般操作过程。

Step1. 将工作目录设置至 D:\Creo3\work\ch06.08，打开文件 drw_datum.drw。

Step2. 在功能区中选择 **注释** ➡ 注解▾ ➡ 独立注解 命令。

Step3. 在弹出的图 6.8.3 所示的"选择点"对话框中选取 命令，并在屏幕选择一点作为注释的放置点。

Step4. 输入"技术要求",在图纸的空白处单击两次,退出注释的输入。

Step5. 在功能区中选择 注释 ➡ A≣注解 ▾ ➡ A≣ 独立注解 命令,在注释"技术要求"下面选择一点。

Step6. 输入"1. 未注圆角 R3",按 Enter 键,然后输入"2. 未注倒角 1×45°",在图纸的空白处单击两次,退出注释的输入。

Step7. 调整注释中的文本——"技术要求"的位置和大小。

图 6.8.2　无方向指引的注释　　　　图 6.8.3　"选择点"对话框

6.8.3　创建有方向指引注释

下面以图 6.8.4 中的注释为例,说明创建有方向指引注释的一般操作过程。

图 6.8.4　有方向指引的注释

Step1. 在功能区中选择 注释 ➡ A≣注解 ▾ ➡ ∕ᴬ 引线注解 命令。

Step2. 定义注释导引线的起始点。选择注释导引线的起始点,如图 6.8.4 所示。

Step3. 定义注释文本的位置。在屏幕中将注释移至合适的位置,如图 6.8.4 所示,然后单击鼠标中键确定位置。

Step4. 输入"此孔需铰削加工",在图纸的空白处单击两次,退出注释的输入。

6.8.4　注释的编辑

双击要编辑的注释,此时系统弹出图 6.8.5 所示的"格式"选项卡。在该选项卡中可以修改注释样式,文本样式及格式样式。

图 6.8.5 "格式"选项卡

6.9 打印工程图

6.9.1 概述

打印出图是 CAD 工程设计中必不可少的一个环节。在 Creo 软件中，无论是在零件（Part）模式、装配（Assembly）模式还是在工程图（Drawing）模式下，都可以在功能区中选择 文件▼ ➡ 打印(P) ➡ 打印活动对象 命令，然后进行打印出图操作。

Creo 的打印出图应注意以下一些事项：

● 打印操作前，应该对 Creo 的系统配置文件（config.pro）进行必要的打印选项设置。

● 用打印机时应注意：

在工程图（Drawing）模式下，要打印出图，一般选择系统打印机（MS Printer Manager）。

在零件（Part）模式、装配（Assembly）模式下，如果模型是线框状态（即当显示方式按钮⊞、⊞ 或 □ 被按下时），打印出图时，一般选择系统打印机；如果模型是着色状态（即当显示方式按钮■被按下时），不能选择系统打印机，一般可以选择 Generic Color Postscript 命令。

● 隐藏线在屏幕上显示为灰色，在打印输出到图纸上时为虚线。

6.9.2 工程图打印的一般过程

下面以一张工程图为例，说明打印的一般操作过程。本例操作的有关说明和要求如下。

● 这是一张 A2 幅面的工程图。

● 要求打印在 A4 幅面的纸上。

● 打印设备为 HP 打印机，型号为 MS Printer Manager。

Step1. 将工作目录设置至 D:\Creo3\work\ch06.09，打开文件 drw_dim.drw。

Step2. 在功能区中选择 文件▾ ➜ 打印(P)▸ ➜ 打印(P) 打印活动对象. 命令，系统弹出"打印预览"选项区域，在该区域中单击 按钮。

Step3. 在系统弹出的图 6.9.1 所示的"打印机配置"对话框中进行下列操作。

将打印结果输送到文件
将打印结果输送到打印机

图 6.9.1　"打印机配置"对话框

（1）单击"打印机配置"对话框中打印机 右侧的 按钮，然后选择 MS Printer Manager 命令。

（2）在"页面"区域，选用系统默认的 ⦿当前 单选项。

（3）在"份数"区域，无需进行操作。

（4）在"绘图仪命令"区域，无需进行操作。

（5）单击"打印机配置"对话框中的 确定 按钮。

图 6.9.1 所示的"打印机配置"对话框中部分选项说明如下。

●　"页面"　如果一个模型的工程图分多个页面，可控制打印哪些页面。

　　☑"全部"　打印所有页面。

　　☑"当前"　打印当前页面，本例打印操作采用此默认选项。

　　☑"范围"　给出页面编号的范围，进行打印。

●　"份数"　用来指定要打印的份数，可打印多达 99 份。

●　"绘图仪命令"用来输入操作系统的出图命令（可从系统管理员或工作站的操作系统手册获得此命令），或者使用默认命令。

（6）单击"打印预览"选项区域 纸张 中的 ⬛，系统弹出图 6.9.2 所示的"纸张"对话框；在"尺寸"区域选择 A4 幅面的打印纸，然后单击 **确定** 按钮。

选择此项,可以定义任意尺寸的图幅大小

在此处可以定义图纸幅面的大小

图 6.9.2　"纸张"对话框

Step4. 在"打印预览"选项区域中单击 🖨 按钮，弹出图 6.9.3 所示的"打印"对话框；单击该对话框中"名称（N）"后的箭头，选择合适的打印设备，然后单击 **确定** 按钮，即可进行打印。

单击箭头，选择合适的打印设备

图 6.9.3　"打印"对话框

第 7 章 关系、族表及其他

7.1 使用模型关系

7.1.1 关于关系

1. 关系的基本概念

关系（也称参数关系）是用户定义的尺寸和参数之间的数学表达式。关系捕捉特征之间、参数之间或装配元件之间的设计联系，是捕捉设计意图的一种方式。用户可用它驱动模型——改变关系也就改变了模型。例如在图 7.1.1 所示的模型中，通过创建关系 d10＝2*d9，可以使孔特征 2 的直径总是孔特征 1 的直径的两倍，而且孔特征 2 的直径始终由孔特征 1 的直径所驱动和控制。

孔特征 1 直径：d9　　　　　　　　　　　　　　　　　　孔特征 2 直径：d10

图 7.1.1　关系的基本概念

有两种类型的关系。

- 等式：使等式左边的一个参数等于右边的表达式。这种关系用于给尺寸和参数赋值。例如：简单的赋值 d1 = 3.86，复杂的赋值 d4= d3*（SQRT（d2/9.0+d4））。
- 比较：比较左边的表达式和右边的表达式。这种关系一般用来作为一个约束或用于逻辑分支的条件语句中。例如：

  作为约束（d9 + d7）>（d5 + 5.8）

  在条件语句中 IF（d5 + 3.6）<= d11

可以把关系增加到：

- 特征的截面草图中（在二维草绘模式下）。
- 特征（在零件或装配模式下）。
- 零件（在零件或装配模式下）。
- 装配（在装配模式下）。

在零件和装配模式下，要进入关系操作界面，单击 工具 功能选项卡 模型意图 ▾ 区域中 d=关系 按钮，此时系统弹出图 7.1.2 所示的"关系"对话框。当第一次进入关系操作界面时，系统默认查看或改变当前模型中的关系，可从"对象类型"列表中选择下列选项之一。

图 7.1.2 "关系"对话框

● 装配：访问装配中的关系。

● 骨架：访问装配中骨架模型的关系（只对装配适用）。

● 零件：访问零件中的关系。

● 元件：访问元件中的关系（只对装配适用）。

● 特征：访问特征特有的关系。

● 继承：访问继承关系。适用于"零件"和"装配"。

● 截面：如果特征有一个截面，那么用户就可对截面中关系或者对作为一个整体的特征中的关系进行访问。

● 阵列：访问阵列所特有的关系。

2. 关系中使用的参数符号

在关系中，Creo 支持 4 种类型的参数符号。

（1）尺寸符号

－d#：零件或装配模式下的尺寸。

－d#:#：装配模式下的尺寸。第二个 # 为装配或元件的进程标识。

－rd#：零件或顶层装配中的参考尺寸。

－rd#:#：装配模式中的参考尺寸。第二个 # 为装配或元件的进程标识。

－rsd#：草绘环境中截面的参考尺寸。

－kd#：在草绘环境下，截面中的已知尺寸（在父零件或装配中）。

（2）公差：与公差格式相关的参数，当尺寸由数字转向参数的时候出现这些符号。

－tpm#：加减对称格式中的公差，#是尺寸数。

－tp#：加减格式中的正公差，#是尺寸数。

－tm#：加减格式中的负公差，#是尺寸数。

（3）实例数：这是整数参数，比如阵列方向上的实例个数。

－p#——阵列实例的个数。

注意：如果将实例数输入为一个非整数值，Creo 将截去其小数部分。例如，4.75 将变为 4。

（4）用户参数：这是由用户所定义的参数。

例如：Vol = d10*d11*d12　　　　　　Ven = "TWTI Corp."

注意：

● 用户参数名必须以字母开头（如果它们要用于关系的话）。

● 用户参数名不能包含非字母数字字符，例如!、@、#、$。

● 不能使用 d#、kd#、rd#、tm#、tp#或 tpm#作为用户参数名，因为它们是由尺寸保留使用的。

● 下列参数是由系统保留使用的。

　☑ PI（几何常数）：3.14159（不能改变该值）。

　☑ G（引力常数）：9.8m/s2。

　☑ C1、C2、C3 和 C4：默认值，分别等于 1.0、2.0、3.0 和 4.0。

3．关系中的运算符

下列三类运算符可用于关系中。

（1）算术运算符

+ 加　　　　－ 减　　　　／ 除

* 乘　　　　^ 指数　　　（）分组括号

（2）赋值运算符

= 是一个赋值运算符，它使得两边的式子或关系相等。应用时，等式左边只能有一个参数。

（3）比较运算符：只要能返回 TRUE 或 FALSE 值，就可使用比较运算符。

系统支持下列比较运算符：

== 　　等于　　　　　　　<= 　　小于或等于

<	小于	>	大于
>=	大于或等于	&	与
|	或	～或！	非
～=	不等于		

运算符 |、&、! 和 ～ 扩展了比较关系的应用，它们使得能在单一的语句中设置若干条件。例如，当 d0 在 5 和 7 之间且不等于 6 时，下面关系返回 TRUE：

d0 > 5 & d0 < 7 & d0 ～= 6

4．关系中使用的函数

（1）数学函数

cos（）余弦	asin（）反正弦	cosh（）双曲线余弦
tan（）正切	acos（）反余弦	tanh（）双曲线正切
sin（）正弦	atan（）反正切	
sqrt（）平方根	sinh（）双曲线正弦	
log（）以 10 为底的对数		abs（）绝对值
Ln（）自然对数	ceil（）不小于其值的最小整数	
exp（）e 的幂	floor（）不超过其值的最大整数	

注意：

- 所有三角函数都使用单位"度"。
- 可以给函数 ceil 和 floor 加一个可选的自变量，用它指定要保留的小数位数。

  这两个函数的语法如下：

  ceil（参数名或数值, 小数位数）

  floor（参数名或数值, 小数位数）

  其中，小数位数是可选值。

  ☑ 可以被表示为一个数或一个用户自定义参数。如果该参数值是一个实数，则被截尾成为一个整数。

  ☑ 它的最大值是 8。如果超过 8，则不会舍入要舍入的数（第一个自变量），并使用其初值。

  ☑ 如果不指定它，则功能同前期版本一样。

  使用不指定小数部分位数的 ceil 和 floor 函数，其举例如下：

  ceil（3.8）值为 4　　　　　　　floor（3.8）值为 3

  使用指定小数部分位数的 ceil 和 floor 函数，其举例如下：

  ceil（3.8125, 1）等于 3.9　　　floor（3.8125, 3）等于 3.812

  ceil（3.8125, 2）等于 3.82　　　floor（3.8125, 0）等于 3

（2）曲线表计算：使用户能用曲线表特征通过关系来驱动尺寸。尺寸可以是截面、零件或装配尺寸。格式如下：evalgraph（"gra_name", x）

其中 gra_name 是曲线表的名称，x 是沿曲线表 x 轴的值，返回 y 值。

对于混合特征，可以指定轨道参数 trajpar 作为该函数的第二个自变量。

注意：*曲线表特征通常是用于计算 x 轴上所定义范围内 x 值对应的 y 值。当超出范围时，y 值是通过外推的方法来计算的：对于小于初始值的 x 值，系统通过从初始点延长切线的方法计算外推值；同样，对于大于终点值的 x 值，系统通过将切线从终点往外延伸计算外推值。*

（3）复合曲线轨道函数：在关系中可以使用复合曲线的轨道参数 trajpar_of_pnt。

此函数返回一个 0.0~1.0 的值，格式如下：trajpar_of_pnt（"trajname", "pointname"），其中，trajname 是复合曲线名，pointname 是基准点名。

5．关系中的条件语句

● IF 语句

IF 语句可以加到关系中以形成条件语句。例如：

IF d0 >= d1	length = 15.0
ENDIF	IF d0 < d1
length = 20.0	ENDIF

条件是一个值为 TRUE（或 YES）或 FALSE （或 NO）的表达式，这些值也可以用于条件语句中。例如：

IF ANSWER == YES

IF ANSWER == TRUE

IF ANSWER

● ELSE 语句

即使再复杂的条件结构,也可以通过在分支中使用 ELSE 语句来实现。用这一语句,前一个关系可以修改成如下的样子：

IF d1 >= d2	length = 6.5
ELSE	length =15.0
ENDIF	

在 IF、ELSE 和 ENDIF 语句之间可以有若干个特征。此外，IF-ELSE-ENDIF 结构可以在特征序列（它们是其他 IF-ELSE-ENDIF 结构的模型）内嵌套。IF 语句的语法如下：

IF <条件>

若干个关系的序列或 IF 语句

ELSE （可选项）

若干个关系的序列或 IF 语句

ENDIF

注意：

- ENDIF 必须作为一个字来拼写。
- ELSE 必须本身占一行。
- 条件语句中的相等必须使用两个等号 （==）；赋值号必须是一个等号（=）。

6．关系中的联立方程组

联立方程组是这样的若干关系，在其中必须联立解出若干变量或尺寸。例如，假设有一个宽为 d1、高为 d2 的长方形，并要指定下列条件：其面积等于 600，且其周长要等于 100。

可以输入下列方程组：

SOLVE   d1*d2 = 600

2*（d1+d2）= 100   FOR d1 d2 （或 FOR d1,d2）

所有 SOLVE 和 FOR 语句之间的行成为方程组的一部分。FOR 行列出要求解的变量；所有在联立方程组中出现而在 FOR 列表中不出现的变量被解释为常数。

用在联立方程组中的变量必须预先初始化。

由联立方程组定义的关系可以同单变量关系自由混合。选择"显示关系"时，两者都显示，并且它们可以用"编辑关系"进行编辑。

注意： 即使方程组有多组解，也只返回一组。但用户可以通过增加额外的约束条件来解决他所需要的那一组方程解。比如，上例中有两组解，用户可以增加约束 d1 <= d2，程序为：

IF d1 >d2   temp = d1

d1 = d2   d2 = temp

ENDIF

7．用参数来传递字符串

可以给参数赋予字符串值，字符串值放在双引号之间。例如，在工程图注释内可使用参数名，参数关系可以表示如下：

IF d1 > d2

MIL_REF = "M-ST XXXX1"

ELSE

MIL_REF = "M-ST XXXX2"

ENDIF

8. 字符串运算符和函数

字符串可以使用下列运算符：

==　　　　　　比较字符串的相等。

!=, <>, ~=　　　比较字符串的不等。

+　　　　　　合并字符串。

下面是与字符串有关的几个函数。

（1）itos（int）：将整数转换为字符串。其中，int 可以是一个数或表达式，非整数将被舍入。

（2）search（字符串，子串）：搜索子串。结果值是子串在串中的位置（如未找到，返回 0）。

（3）extract（字符串，位置，长度）：提取一个子串。

（4）string_length（）：返回某参数中字符的个数。例如，串参数 robbot 的值是 model，则 string_length（robbot）等于 5，因为 model 有 5 个字母。

（5）rel_model_name（）：返回当前模型名。例如，如果当前在零件 par 中工作，则 rel_model_name（）等于 par。要在装配的关系中使用该函数，关系应为：

名称 = rel_model_name:2（）

注意括号（）内是空的。

（6）rel_model_type（）：返回当前模型的类型。如果正在"装配"模式下工作，则 rel_model_type（）等于装配名。

（7）exists（）：判断某个项目（如参数、尺寸）是否存在。该函数适用于正在计算关系的模型。例如：

if exists（"d0:11"）检查运行时标识为 11 的模型的尺寸是否为 d0。

if exists ("par:fid_25:cid_12")检查元件标识 12 中特征标识为 25 的特征是否有参数 par。

该参数只存在于大型装配的一个零件中。例如，在机床等大型装配中有若干系统（诸如液压的、气动的、电气的系统），但大多数对象不属于任何系统，在这种情况下，为了进行基于参数的计算评估，只需给系统中所属的模型指派适当的参数。例如，电气系统中的项目需要使用 BOM 报表中的零件号，而不是模型名，则可以创建一个报表参数 bom_name，并写出如下关系：

if exists（"asm_mbr_cabling"）　　　bom_name = part_no

else　　　　　　　　　　　　　　bom_name = asm_mbr_name

endif

9. 关系错误信息

系统会检查刚刚编辑的文件中关系的有效性，并且如果发现了关系文件中的错误，则立即返回到编辑模式，并给错误的关系打上标记，然后可以修正有标记的关系。

在关系文件中可能出现三种类型的错误信息：

（1）长行：关系行超过 80 个字符。可编辑改行，或把该行分成两行（其方法是输入反斜杠符号\，以表示关系在下一行继续）。

（2）长符号名：符号名超过 31 个字符。

（3）错误：发生语法错误。例如，出现没有定义的参数。此时可检查关系中的错误并编辑。

注意：这种错误检查捕捉不到约束冲突。如果联立关系不能成立，则在消息区出现警告；如果遇到不确定的联立关系，则在最后一个关系行下的空行上出现错误信息。

7.1.2 创建关系举例

1. 在零件模型中创建关系

在本节中，将给图 7.1.3 所示的零件模型中两个孔的直径添加关系，注意这里的两个孔应该是两个独立的特征。

Step1. 将工作目录设置为 D:\Creo3\work\ch07.01，打开文件 rod.prt。

Step2. 在零件模块中，单击 工具 功能选项卡 模型意图 ▼ 区域中 d=关系 按钮。

Step3. 此时系统弹出"关系"对话框（图 7.1.4），然后从"对象类型"列表中选择 零件 。

Step4. 在屏幕中单击模型，此时在模型上显示所有尺寸的参数符号（图 7.1.3）；在工具栏中单击 按钮（即图 7.1.4 中的按钮 G），可以使模型尺寸在符号与数值间进行切换。

图 7.1.3 　在零件模型中创建关系

图 7.1.4 　"关系"对话框中的命令按钮

图 7.1.4 中各命令按钮的说明如下。

A：撤销　　　　　　　　　　　　　　　B：重做

C：剪切　　　　　　　　　　　　　　　D：复制

E：粘贴　　　　　　　　　　　　　　　F：删除选定项目

G：在尺寸值与名称间切换　　　　　　　H：计算尺寸、参数和表达式的值

I：显示当前模型中的特定尺寸　　　　　J：将关系设置为对参数和尺寸的单位敏感

K：从列表中插入函数　　　　　　　　　L：从列表中插入参数名称

M：从列表中为关系选取单位　　　　　　N：排序关系

O: 执行/校验关系并按关系创建新参数

Step5. 添加关系：在对话框中的关系编辑区，输入关系式 d9＝1.5*d10。

Step6. 单击对话框中的 确定 按钮。

Step7. 验证所创建的关系：改变 d10 的值，再生后，d9 的值按关系式的约束自动改变。

注意：添加关系后，用户不能直接修改 d9 的值。

在"关系"对话框中，除上例用到的选项外，其他几个主要选项的说明如下。

- 在"关系"对话框的 参数 菜单中：
  - ☑ 添加参数 通过该命令，可在模型中增加用户参数。
  - ☑ 删除参数 通过该命令，可在模型中删除用户参数。
- 单击按钮 ⊢⊣ 后，再输入一个尺寸名（即尺寸参数符号，如 d9），系统即在模型上显示该参数符号的位置。
- 通过按钮 =? ，可计算某个参数或某一个表达式（可为单一参数或等式）的值。
- 无论何时选择按钮 📇 ，系统将对模型中的关系进行排序，从而使得依赖于另一关系值的关系在另一关系之后计算。

例如，用户按下列顺序输入了关系式：

d1 = 5*d4 　　　　　　d4 = 3*d2 + d3

则单击"排序关系"按钮后，关系式的顺序如下：

d4 = 3*d2 + d3 　　　　d1 = 5*d4

这就是计算关系时应该有的次序。

注意：

- 如果模型内存在多个关系式，关系的计算从输入的第一个关系开始，以输入的最近的关系结束。因此，如果两个关系驱动一个参数，则后一个关系覆盖前一个关系。在有些情况下，在不同层级定义的关系会相互矛盾。可使用有关工具查看关系，确保实现设计意图。
- 如果尺寸由关系驱动，则不能直接修改它。如果用户试图修改它，系统会显示错误信息。例如，本例中已输入关系 d9 = 1.5*d10，则不能直接修改 d9 的值，如果一定要改变 d9 的值，可以通过修改 d10 的值或者编辑关系来实现。如果修改尺寸符号，这种改变会自动地反映在关系文件中。
- 关系式 d9 = 1.5*d10 和 d10 = 0.9*d12 的区别：在关系式 d9 = 1.5*d10 中，d10 是驱动尺寸，d9 是被驱动尺寸，d9 的值由 d10 驱动和控制；而在关系式 d10 = 0.9*d12 中，d10 是被驱动尺寸，d12 则是驱动尺寸，d10 的值由 d12 驱动和控制。

2. 在特征的截面中创建关系

这里将给图 7.1.3 所示的零件模型中的基础特征的截面添加关系。该特征的截面草图如图 7.1.5 所示。

Step1. 将工作目录设置为 D:\Creo3\work\ch07.01，打开文件 rod_section.prt。

Step2. 通过对模型的"拉伸特征 1"进行编辑定义，进入截面的草绘环境。

Step3. 在草绘环境中，单击 工具 功能选项卡 模型意图 ▼ 区域中 d=关系 按钮。

Step4. 通过单击 按钮可以使截面尺寸在符号与数值间进行切换（注意要单击尺寸显示按钮 ）。

Step5. 添加关系：在弹出的关系对话框的编辑区中，输入关系式 d9=1.5*d10，单击对话框中的 确定 按钮，此时可立即看到刚才输入的关系已经起作用了。

在截面中创建或修改关系时的注意事项：

（1）截面关系与截面一起存储，不能在零件模型环境中编辑某个特征截面中的关系，但可以查看。

（2）不能在一个特征的截面关系式中，直接引入另一个特征截面的尺寸。

例如，sd15 是一个截面中的草绘尺寸，而 sd20 是另一特征（特征标识 feat_1）截面中的草绘尺寸，系统不会接受截面关系：sd15=6*sd20:feat_1

但在模型级中，可以使用不同截面中的等价尺寸（d#）来创建所需的关系。另外，也可以在模型中创建一个过渡用户参数，然后可以从截面中访问它。

例如，在前面的 sd15=6*sd20:feat_1 中，如果 sd15 在模型环境中显示为 d25，而 sd20:feat_1 在模型环境中显示为 d30，则在模型级中创建的关系式 d25=6*d30，可以实现相同的设计意图。

（3）在截面级（草绘环境模式）中，只能通过关系创建用户参数（因为此时"增加参数"命令不能用），在模型级中用户可以像任何其他模型参数一样使用它们。

例如，在前面的基础特征的截面环境中可以通过关系 relat＝2*sd9 来创建用户参数 relat，再在模型中添加新的关系 d11＝relat，然后再单击"关系"对话框中的 （排序关系）按钮。

3．在装配体中创建关系

为了方便下面的学习，建议读者将工作目录设置为 D:\Creo3\work\ch07.01，打开文件 axes_relation.asm。

在装配体中创建关系与在零件中创建关系的操作方法和规则基本相同。不同的是，要注意装配中的进程标识。

当创建装配或将装配带入工作区时，每一个模型（包括顶层装配、子装配和零件）都被赋予一个进程标识（Session Id）。例如，在图 7.1.6 所示的装配模型中，尺寸符号后面的"0"、"2"和"4"分别是装配体三个零件的进程标识。在装配中创建关系时，必须将各元件的进程标识作为后缀包括在尺寸符号中。

例如，装配关系式 d0:4=2.0*d0:2 是正确的关系式，而不带进程标识的关系式 d0=2*d2
则是无效的。

图 7.1.5　截面草图　　　　　　图 7.1.6　查看各元件的进程标识号

7.2　使用用户参数

7.2.1　关于用户参数

单击 **工具** 功能选项卡 模型意图 ▼ 区域中的 〔〕参数 按钮，可以创建用户参数并给其赋值，
我们也可以使用"模型树"将参数增加到项目中。用户参数同模型一起保存，不必在关系
中定义。

用户参数的值不会在再生时随模型的改变而更新，即使是使用系统参数（如模型的尺
寸参数或质量属性参数），定义的用户参数值也是这样。例如假设系统将 d0 这个参数自动
分配给模型中某一尺寸 25，而又用 〔〕参数 命令创建了一个用户参数 material，那么可用关系
式 material = d0，将系统参数 d0 的值 25 赋给用户参数 material，当尺寸 d0 的值从 25 修改
为 50 时，material 的值不会随 d0 的改变而更新，仍然为 25。

但要注意，如果把用户参数的值赋给系统参数，则再生时系统参数的值会随用户参数
值的改变而更新。例如，用 〔〕参数 命令创建 material=60，然后建立关系 d0=material，那么
在模型再生后，d0 将更新为新的值 60。

7.2.2　创建用户参数举例

下面以零件模型连杆（rod）为例，说明创建用户参数的一般操作步骤。

Step1. 将工作目录设置为 D:\Creo3\work\ch07.02，打开 rod_par.prt 零件模型，然后单击

工具 功能选项卡 **模型意图 ▼** 区域中 **〔〕参数** 按钮。

Step2. 在系统弹出的图 7.2.1 所示的 "参数" 对话框中的 **查找范围** 栏下，选取对象类型为 **零件**，然后单击对话框下部的 **+** 按钮。

图 7.2.1　"参数" 对话框

Step3. 在 **名称** 栏中输入参数名 len，按 Enter 键。

注意：参数名称不能包含非字母字符，如!、"、@和#等。

Step4. 定义用户参数的类型。在 **类型** 栏中，选取 "整数"。

Step5. 在 **值** 栏中输入参数 len 的值 36，按 Enter 键。

Step6. 单击对话框中的 **确定** 按钮。

其他选项栏的说明如下。

- **指定**（Designate）：如果选定此选项，则在 PDM 中此参数是可见的。
- **访问**（Access）：选取此参数的可访问类型，包括以下几项。
  - ☑ **完全**：完整访问参数是用户定义的参数，可在任何地方修改它们。
  - ☑ **限制的**：完整访问参数可被设置为 "受限制的" 访问，这意味着它们不能被 "关系" 修改。"受限制的" 参数可由 "族表" 和 Pro/PROGRAM 修改。
  - ☑ **锁定**：锁住访问意味着参数是由 "外部应用程序"（数据管理系统、分析特征、关系、Pro/PROGRAM 或族表）创建的。被锁住的参数只能从外部应用程序进行修改。
- **源**（Source）：反映参数的访问情况，如用户定义。

● 　说明　（Description）：对已添加的新参数进行注释。

7.3　用户自定义特征

7.3.1　关于用户自定义特征

在 Creo 中，用户可将经常使用的某个特征和几个特征定义为自定义特征（UDF），这样在以后的设计中可以方便地调用它们，从而有效地提高工作效率。例如，可将图 7.3.1 所示模型中的加强筋（肋）部分定义为自定义特征（UDF），该加强筋（肋）部分包括一个实体拉伸特征和一个孔特征。

图 7.3.1　自定义特征（UDF）

1．UDF 包含的要素

每个 UDF 包含选定的特征、它们的所有相关尺寸、选定特征之间的任何关系以及在零件上放置 UDF 的参考列表。在创建和修改 UDF 过程中，UDF 对话框提供这些 UDF 元素的当前状态。

2．使用 UDF 的建议

● 　确保有预期的标注形式。

● 　在创建 UDF 之前，提供定义的特征之间的必要关系。

3．UDF 的使用限制

● 　在创建 UDF 时，不能将合并几何组及其外部特征作为用户自定义特征。

● 　关系中未使用的参数不能与 UDF 一起复制到其他零件。

● 　如果复制带有包含用户定义过渡的高级倒圆角的组，系统将从生成的特征中删除用户定义的过渡，并在新特征中重定义适当的倒圆角过渡。

7.3.2　创建用户自定义特征

这里将把图 7.3.1 所示的部分定义为用户自定义特征。

1．创建原始模型

首先创建一个图 7.3.1 所示的零件模型，创建过程如下。

Step1. 先将工作目录设置为 D:\Creo3\work\ch07.03。

Step2. 新建一个名称为 udf 的零件。

Step3. 创建图 7.3.2 所示的零件基础拉伸特征 1。在操控板中单击 拉伸 按钮；设置 FRONT 基准平面为草绘平面，TOP 基准平面为参考平面，方向为顶；绘制图 7.3.3 所示的截面草图；拉伸深度选项为 日，深度为 36.0。

Step4. 创建图 7.3.4 所示的实体拉伸特征 2，产生加强筋（肋）。在操控板中单击 拉伸 按钮；设置 FRONT 基准平面为草绘平面，TOP 基准平面为参考平面，方向为顶；绘制图 7.3.5 所示的截面草图；拉伸深度选项为 日，深度为 6.0。

图 7.3.2　拉伸特征 1

图 7.3.3　截面草图

图 7.3.4　拉伸特征 2

Step5. 创建图 7.3.6 所示的左侧孔特征。单击 模型 功能选项卡 工程 ▾ 区域中的 孔 按钮；孔放置的主参考面和次参考面如图 7.3.6 所示，放置方式为线性，其偏移的距离均为 4.0（参见放大图），孔的类型为直孔，孔直径为 5.0；孔深选项为 ⊥，选取主参考面后面的平面为孔终止面。

图 7.3.5　截面草图

图 7.3.6　孔特征

2．创建用户自定义特征

创建了上面的零件模型后，就可以创建用户自定义特征。

Step1. 单击 工具 功能选项卡 实用工具 区域中 UDF 库 按钮。

Step2. 在系统弹出的图 7.3.7 所示的 ▼ UDF (UDF) 菜单中，选择 Create (创建) 命令。

Step3. 在系统 UDF名[退出]: 的提示下，输入名称 tend，并按 Enter 键。

Step4. 在图 7.3.8 所示的"UDF 选项"菜单中，选择 Stand Alone (独立) 命令，然后选择 Done (完成) 命令。

图 7.3.7　"UDF（UDF）"菜单

图 7.3.8　"UDF 选项"菜单

图 7.3.8 所示的"UDF 选项"菜单说明如下。

- Stand Alone (独立)（注：此处应将 Stand Alone 翻译成"独立的"）选择该命令后，表明所创建的用户自定义特征（UDF）是"独立的"，即相对于原始模型是独立的，如果改变原始模型，其变化不会反映到 UDF 中。创建独立的 UDF 时，通过对从中生成该 UDF 的原始零件进行复制，可创建参考零件。参考零件与 UDF 名称相同，只是多了一个扩展名 _gp。例如，本例中将 UDF 命名为 tend，则参考零件命名为 tend_gp.prt。参考零件通过原始参考，显示 UDF 参考和元素。注意：在钣金模块中，冲孔和切口 UDF 应该是"独立"的。

- Subordinate (从属的) 从属的 UDF 直接从原始模型获得其值，如果在原始模型中改变尺寸值，它们会自动反映到 UDF 中。

Step5. 完成上步操作后，在系统弹出的"确认"对话框中，选择 是(Y) 按钮。

注意：这里回答"是"，则在以后放置该 UDF 特征时，系统会显示一个包含原始模型的窗口，这样便于用户放置 UDF 特征，所以建议用户在这里都回答"是"。

Step6. 完成上步操作后，系统弹出图 7.3.9 所示的信息对话框和图 7.3.10 所示的"UDF 特征"菜单，选择 Add (添加) Select (选择) 命令，然后按住 Ctrl 键，选取拉伸的加强筋（肋）特征及其上面的孔特征（建议从模型树上选取这些特征）；在"选择"对话框中单击 确定 按钮；选择 Done (完成) Done/Return (完成/返回) 命令。

图 7.3.9 所示的信息对话框中各元素的含义说明如下。

- Features（特征）：选取要包括在 UDF 中的特征。

- Ref Prompts（参考提示）：为放置参考输入提示。放置 UDF 时，系统将显示这些提示，以便用户选取对应的放置参考。

- Var Elements（可变元素）：在零件中放置 UDF 时，指定要重定义的特征元素。

- Var Dims（可变尺寸）：（可选）在零件中放置 UDF 时，选取要修改的尺寸，并为它们输入提示。

- **Dim Prompts**（尺寸提示）：（在定义了可变尺寸后才会出现此提示）选取要修改其提示的尺寸，并为其输入新提示。
- **Dim Value**（尺寸值）：（可选）选取属于 UDF 的尺寸，并输入其新值。
- **Var Parameters**（可变参数）：添加/移除可变参数。
- **Family Table**（族表）：（可选）创建 UDF 的族表。
- **Units**（单位）：（可选）改变当前单位。
- **Ext Symbols**（外部符号）：（可选）在 UDF 中包括外部尺寸和参数。

图 7.3.9　信息对话框

图 7.3.10　"UDF 特征"菜单

Step7. 为参考输入提示。这是为了以后使用 UDF 时，确定其如何放置。

（1）模型中图 7.3.11 所示的参考平面变亮，在系统 以参考颜色为曲面输入提示: 的提示下，可输入提示信息 cen，按 Enter 键。

（2）模型中图 7.3.12 所示的参考平面变亮，输入提示信息 bot，按 Enter 键。

图 7.3.11　操作过程（一）

图 7.3.12　操作过程（二）

注意：由于模型中各特征创建的顺序、方法，选取的草绘平面和草绘参考等不一样，加亮的参考（包括参考的个数）及其顺序也会不一样。

说明：系统加亮每个参考，并要求输入提示。例如为加亮曲面输入［选择底面］，那么在放置 UDF 时，系统将提示"选择底面"。

（3）此时模型中图 7.3.13 所示的参考平面变亮，系统提示 以参考颜色为边输入提示: ；输入提示信息 flo，按 Enter 键。

（4）此时模型中图 7.3.14 所示的参考平面变亮，输入提示信息 bac，按 Enter 键。

（5）所有的参考提示完成后，系统弹出图 7.3.15 所示的 ▼ MOD PRMPT （修改提示）菜单，该菜单给用户再次修改参考提示的机会，通过单击 Next （下一个）和 Previous （先前）可以找到某个参考，通过选择 Enter Prompt （输入提示）命令可以对该参考重新输入提示，然后选择 Done/Return （完成/返回）命令退出该菜单。

Step8. 单击 UDF 对话框中的 确定 按钮，完成 UDF 特征的创建，然后保存零件模型。

图 7.3.13 操作过程（三）

图 7.3.14 操作过程（四）

图 7.3.15 "修改提示"菜单

7.4 使 用 族 表

7.4.1 关于族表

族表是本质上相似零件（或装配或特征）的集合，这些零件在一两个方面稍有不同。例如，在图 7.4.1 中，这些轴虽然尺寸各有不同，但它们看起来本质是一样的，并且具有相同的功能。这些零件构成一个族表，族表中的零件也称为表驱动零件。

族表的功能与作用如下：
- 把零件生成标准化，既省时又省力。
- 从零件文件中生成各种零件而无须重新构造。
- 可以对零件产生细小的变化而无须用关系改变模型。
- 族表提高了标准化元件的用途。它们允许在 Creo 中表示实际的零件清单。此外，族表使得装配中的零件和子装配容易互换，因为来自同一族表的实例之间可以自动互换。

7.4.2 创建零件族表

下面说明创建图 7.4.1 所示的轴族表的操作步骤。

图 7.4.1　零件的族表

Step1. 先将工作目录设置为 D:\Creo3\work\ch07.04，然后打开文件 AXIS_ FA.PRT，注意：打开文件前，建议关闭所有窗口并将内存中的文件全部拭除。

Step2. 单击 工具 功能选项卡 模型意图 ▾ 区域中"族表"按钮 ⊞，系统弹出图 7.4.2 所示的"族表 AXIS_ FA"对话框。

图 7.4.2　"族表 AXIS_FA"对话框

Step3. 增加族表的列。在"族表"对话框中，选择 插入(I) 菜单中的 列(C)... 命令，然后在弹出的图 7.4.3 所示的"族项"对话框中进行如下操作。

（1）在 添加项 区域下选中 ● 尺寸 单选项，然后单击模型中的 3 个拉伸特征，系统立即显示该 3 个特征的所有尺寸，如图 7.4.4 所示。

（2）分别选择模型中的尺寸 50、30、60 和 4 后，这四个尺寸的参数代号 d0、d3、d4 和 d2 立即显示在图 7.4.3 所示的"族项"对话框的项目列表中。

（3）单击"族项"对话框中的 确定 按钮。

Step4. 增加族表的行。

（1）选择<u>插入(I)</u>菜单中的<u>实例行(R)</u>命令，系统立即添加新的一行，如图 7.4.5 所示。

图 7.4.3 "族项"对话框   图 7.4.4 选择尺寸

图 7.4.5 操作前

（2）分别在 d0、d3、d4 和 d2 列中输入数值 40、60、30 和 8。经过这样的操作，系统便产生该轴的一个实例，该实例像其他模型一样可以检索和使用。

（3）重复上面的操作步骤，添加其他新的实例，如图 7.4.6 所示。

图 7.4.6 操作后

Step5. 单击"族表"对话框中的 确定(0) 按钮，完成族表的创建。

Step6. 选择下拉菜单 文件(F) 保存(S) 命令。保存模型或它的一个实例时，系统会自动保存该模型的所有"族表"信息。

Step7. 验证已定义的族表。退出 Creo，再重新进入 Creo，然后打开文件 AXIS_FA.PRT，系统会显示该零件的族表清单，可选取普通模型或其他实例零件并将其打开。

族表结构的说明如下：如图 7.4.6 所示，族表本质上是电子数据表，由行和列组成。其三个组成部分分别是：

● 普通模型对象，族的所有成员都建立在它的基础上。

● 尺寸和参数、特征、自定义特征名、装配成员名都可作为表驱动的项目，如图 7.4.3 所示。

● 由表产生的所有族成员名（实例）和每一个表驱动项目的相应值。行包含零件的实例名及其相应的值，列用于项目。列标题包含实例名和表中所有尺寸、参数、特征名、成员和组的名称，尺寸用名称列出（如 d0、d3），参数也用其名称列出（灰暗符号），特征按特征编号及名称列出。普通模型位于表的第一行。不能在"族表"中对普通模型进行任何改变。

注意： 族表的名称不区分大小写。因此，后面用大写字母表示其名称。

7.4.3 创建装配族表

本节将介绍装配族表的创建过程。装配族表的创建以装配体中零件的族表为基础。也就是说，要创建一个装配体的族表，该装配体中应该至少有一个元件族表。下面以图 7.4.7 所示的装配（轴与轴套的装配）为例，说明创建装配族表的一般操作过程。

Bush_1（轴套）

axis_fa（轴）

图 7.4.7 轴与轴套的装配

Step1. 将工作目录设置为 D:\Creo3\work\ch07.04，打开文件 AXES_ BUSH.ASM。

注意： 打开文件前，建议关闭所有窗口并将内存中的文件全部拭除。

该普通装配模型包括两个零件：轴与轴套，其中轴是 7.4.2 中轴族表中的普通模型，垫圈也是族表中的普通模型。

Step2. 在装配模块中，单击 工具 功能选项卡 模型意图 ▾ 区域中"族表"按钮 ⊞。

Step3. 增加族表的列。在弹出的"族表"对话框中，选择 插入(I) 菜单中的 列(C)... 命令，再在弹出的图 7.4.3 所示的"族项"对话框中进行下列操作。

（1）在 添加项 区域下选中 ● 元件 单选项。

（2）单击装配模型中的零件轴与轴套，系统立即在项目列表中显示这两个零件。

（3）单击"族项"对话框中的 确定 按钮。

Step4. 增加族表的行。选择 插入(I) 菜单中的 实例行(R) 命令，并将此操作重复两次。

Step5. 完成装配族表。此时系统生成图 7.4.8a 所示装配族表，通过该族表可以生成许多装配实例。关于装配实例的生成，要明白一个道理：装配实例的构成是由装配体中各元件的家族实例来决定的，如本例中，轴装配的各实例是由轴族表中的实例决定的。

a）操作前

b）操作后

图 7.4.8　"族表 AXES_BUSH"对话框

要完成装配的族表，还必须理解表中元件项目取值的含义。

- ■ Y ■：在装配实例中显示该元件的普通模型，并且普通模型中的隐含特征会被恢复。

- ■ N ■：在装配实例中显示该元件的普通模型，并且普通模型中的隐含特征会被继续隐含。

- ■ * ■：在装配实例中显示该元件的普通模型，普通模型中的任何特征都会显示。

- 元件的某个实例名称：在装配实例中用该元件的一个实例替代该元件的普通模型，并将其显示。

根据对以上概念的理解，可完成装配族表（图 7.4.8b）。操作提示如下。

（1）在轴（AXIS_FA）列下分别输入轴族表的各实例名。

（2）在本教学例子中，由于装配族表的实例名与轴（AXIS_FA）族表的实例名部分相同，所以可用"族表"中 编辑(E) 菜单下的 复制单元(C) 和 粘贴单元(P) 命令来快速完成族表中轴（AXIS_FA）实例名的填写。

（3）完成族表后，单击"族表"对话框中的 确定(O) 按钮。

7.5 创建和使用快捷键

利用 Creo 的"快捷键（Map Key）"功能可以创建快捷键（或快捷命令），这将大大提高操作速度。例如，通常创建一个对称拉伸曲面特征时，首先要进行下列三步操作。

第一步：单击 模型 功能选项卡 形状 ▼ 区域中的"拉伸"按钮 拉伸。

第二步：在"拉伸"操控板中单击"曲面类型"按钮 。

第三步：在出现的操控板中选择深度类型 。使用快捷键功能可将这三步操作简化为几个字母（如 pe2）或某个 F 功能键。下面介绍其操作方法。

Step1. 选择下拉菜单 文件 ▼ ➡ 选项 命令，系统弹出"Creo Parametric 选项"对话框，在该对话框的左侧列表区域中选择 环境 选项，在该对话框的 普通环境选项 区域中单击 映射键设置... 按钮。

Step2. 系统弹出图 7.5.1 所示的"Creo Parametric 选项"对话框，在该对话框中单击 是(Y) 按钮，在系统弹出的"另存为"对话框中单击 OK 按钮。

Step3. 系统弹出图 7.5.2 所示的"映射键"对话框（一），在该对话框中单击 新建... 按钮。

图 7.5.1　"Creo Parametric 选项"对话框　　　图 7.5.2　"映射键"对话框（一）

Step4. 系统弹出图 7.5.3 所示的"录制映射键"对话框，在其中进行下列操作。

（1）在 文本框中输入快捷命令字符 pe2，将来在键盘上输入该命令，系统会自动执行相应的操作；也可在此区域输入某个 F 功能键，此时要注意在 F 功能键前加一符号$，例如$F12。

（2）在 名称 文本框中输入快捷命令的主要含义，在此区域也可以不填写内容。

（3）在 说明 文本框中输入快捷命令的相关说明，在此区域也可以不填写内容。

（4）在 提示处理 区域中选中 录制键盘输入 单选项，然后单击该对话框中的 录制 按钮。

（5）按前面所述的三个操作步骤进行操作，完成操作后单击 停止 按钮。

（6）单击该对话框中的 确定 按钮。

Step5. 试运行快捷命令。在图 7.5.4 所示的"映射键"对话框（二）中，先在列表中选取刚创建的快捷命令 pe2，再单击 运行 按钮，可进行该快捷命令的试运行。如发现问题，可单击 修改... 按钮进行修改或者单击 删除 按钮将其删除，然后重新创建。

Step6. 保存快捷命令。单击"映射键"对话框中的 保存... 按钮，可将快捷命令 pe2 保存在配置文件 config.pro 中。这样该快捷命令将永久保存在系统中，然后关闭"映射键"对话框。

Step7. 运行快捷命令。中断当前环境中的所有命令和过程，使系统处于接受命令状态。在键盘上输入命令字符 pe2（无需按 Enter 键），即可验证该快捷命令。

图 7.5.3   "录制映射键"对话框

图 7.5.4   "映射键"对话框（二）

第 8 章　高级特征的创建及应用

8.1　基准点的高级创建方法

8.1.1　在曲面上创建基准点

在曲面上创建基准点时，可以参考两个平面或两条边来对其进行定位。创建基准点后如要进行阵列，可将定位尺寸作为阵列的引导尺寸。如果在属于面组的曲面上创建基准点，则该点参考整个面组，而不是单独的曲面。

下面将在某个模型的圆弧曲面上创建基准点，操作步骤如下。

Step1. 将工作目录设置为 D:\Creo3\work\ch08.01，打开文件 point_on_suf.prt。

Step2. 单击 模型 功能选项卡 基准 ▾ 区域中的"点"按钮 ×·点 ▾ 。

单击"点"按钮 ×·点 ▾ 后的 ▾ ，会出现图 8.1.1 所示的"点"下拉菜单，各按钮说明如下。

- ×·点：通过选取放置参考并定义约束关系来创建基准点。
- ×·偏移坐标系：通过偏移坐标系创建基准点。
- ×·域：创建域基准点。

Step3. 在图 8.1.2 所示的曲面上单击，系统立即产生一个缺少定位的基准点 PNT0，并弹出图 8.1.3 所示的"基准点"对话框。

图 8.1.1　"点"下拉菜单

图 8.1.2　缺少定位的基准点

Step4. 在"基准点"对话框中进行如下操作。

（1）在 偏移参考 下面的空白区单击，以激活此区域。

（2）按住 Ctrl 键，选取图 8.1.4 所示的平面 1 和平面 2 为偏移参考，然后修改偏移尺寸。

图 8.1.3 "基准点"对话框   图 8.1.4 创建基准点

8.1.2 偏移曲面创建基准点

可在一个曲面的外部创建基准点，此时应给出基准点从曲面偏移的距离值，并参考两平面（边）对其进行定位。

如图 8.1.5 所示，现需要在模型圆弧曲面的外部创建一个基准点 PNT0，方法如下。

Step1. 将工作目录设置为 D:\Creo3\work\ch08.01，打开文件 point_off_suf.prt。

Step2. 单击 模型 功能选项卡 基准 ▼ 区域中的 "点" 按钮 ⁛点▼。

Step3. 在图 8.1.5 所示的圆弧曲面上单击，系统立即产生一个缺少定位的基准点 PNT0。

Step4. 在图 8.1.6 所示的 "基准点" 对话框中进行如下操作。

图 8.1.5 创建基准点   图 8.1.6 "基准点"对话框

（1）在 参考 栏的下拉列表中选择"偏移"选项，并在 偏移 文本框中输入从该曲面偏移的距离值。

（2）在 偏移参考 栏内单击，激活此区域，然后按住 Ctrl 键，选取图 8.1.5 所示的平面 1 和平面 2 为定位参考，并修改定位尺寸。

8.1.3　在曲线与曲面相交处创建基准点

可在一条曲线和一个曲面的相交处创建基准点。曲线可以是零件边、曲面特征边、基准曲线（包括输入的基准曲线）或轴；曲面可以是零件曲面、曲面特征或基准平面。

如图 8.1.7 所示，现需要在曲面与模型边线的相交处创建一个基准点 PNT0，操作步骤如下。

Step1. 将工作目录设置为 D:\Creo3\work\ch08.01，打开文件 point_int_suf.prt。

Step2. 单击 模型 功能选项卡 基准 ▼ 区域中的"点"按钮 ××点 ▼。

Step3. 选取放置参考。选取图 8.1.7 中的曲面 A；按住 Ctrl 键，选取模型的边线，系统立即在其相交处创建一个基准点 PNT0。

8.1.4　在坐标系原点上创建基准点

在一个坐标系的原点处创建基准点的方法如下。

Step1. 单击 模型 功能选项卡 基准 ▼ 区域中的"点"按钮 ××点 ▼。

Step2. 选取一个坐标系为参考，该坐标系的原点处即产生一个基准点 PNT0。

8.1.5　偏移坐标系创建基准点

此方法是通过给定基准点的坐标值来创建基准点。

如图 8.1.8 所示，CSYS1 是一个坐标系，现需要创建三个基准点 PNT0、PNT1 和 PNT2，它们相对该坐标系的坐标值分别为（10.0，5.0，0.0）、（20.0，5.0，0.0）和（30.0，0.0，0.0），操作步骤如下。

图 8.1.7　创建基准点

图 8.1.8　创建基准点

Step1. 将工作目录设置为 D:\Creo3\work\ch08.01，打开文件 point_by_csys.prt。

Step2. 在 模型 功能选项卡的 基准 ▼ 区域中选择 ╳╳ 点 ▼ ➡ ╳╳ 偏移坐标系 命令。系统弹出图 8.1.9 所示的"偏移坐标系基准点"对话框。

Step3. 单击选取坐系 CSYS1。

Step4. 在对话框中，单击 名称 下面的方格，则该方格中显示出 PNT0；分别输入其 ╳轴 、Y轴 和 Z轴 坐标值 15.0、8.0 和 5.0。以同样的方法创建点 PNT1 和 PNT2。

8.1.6　在三个曲面相交处创建基准点

可在三个曲面的相交处创建基准点。每个曲面可以是零件曲面、曲面特征或基准平面。

如图 8.1.9 所示，现需要在曲面 A、模型圆柱曲面和 RIGHT 基准平面相交处创建一个基准点 PNT0，操作步骤如下。

Step1. 将工作目录设置为 D:\Creo3\work\ch08.01，打开文件 point_on_3surf.prt。

Step2. 单击 模型 功能选项卡 基准 ▼ 区域中的"点"按钮 ╳╳ 点 ▼。

Step3. 选取参考。如图 8.1.9 所示，选取曲面 A；按住 Ctrl 键，选取模型的圆柱曲面及 RIGHT 基准平面，系统立即在其交点处创建一个基准点 PNT0。此时"基准点"对话框如图 8.1.10 所示。

图 8.1.10　"基准点"对话框

图 8.1.9　创建基准点

注意：

（1）如图 8.1.11 所示，如果曲面 A、模型圆柱曲面和 RIGHT 基准平面有两个或两个以上的交点，则图 8.1.10 对话框中的 下一相交 按钮将变亮，单击该按钮，系统则在另一交点处创建基准点。

（2）在 Creo 软件中，一个完整的圆柱曲面由两个半圆柱面组成（图 8.1.12），在计算曲面与曲面、曲面与曲线的交点个数时要注意这一点。

图 8.1.11　创建的交点　　　　　　　　图 8.1.12　圆柱曲面的组成元素

8.1.7　用两条曲线创建基准点

可在一条曲线上距另一曲线最近的位置创建基准点（不要求这两条曲线相交）。曲线可以是零件边、曲面特征边、轴、基准曲线或输入的基准曲线。

如图 8.1.13 所示，现需要在模型表面上的曲线 A 和模型边线的相交处创建一个基准点，操作步骤如下。

Step1. 将工作目录设置为 D:\Creo3\work\ch08.01，打开文件 point_on_2curve.prt。

Step2. 单击 模型 功能选项卡 基准 ▼ 区域中的"点"按钮 ×× 点 ▼。

Step3. 选取参考。如图 8.1.13 所示，选取曲线 A；按住 Ctrl 键，选取模型边线，系统立即在其相交处创建一个基准点 PNT0。

图 8.1.13　曲线与曲线相交

8.1.8　偏移一点创建基准点

可沿某个方向在与一点有一定距离的位置创建基准点。

如图 8.1.14 所示，现需要创建模型顶点 A 的偏移基准点，该点沿边线 B 方向的偏移值为 40.0，操作步骤如下。

Step1. 将工作目录设置为 D:\Creo3\work\ch08.01，打开文件 point_off_p.prt。

Step2. 单击 模型 功能选项卡 基准 ▼ 区域中的"点"按钮 ×× 点 ▼。

Step3. 选取参考。如图 8.1.14 所示，选取模型顶点 A；按住 Ctrl 键，选取边线 B。

Step4. 在图 8.1.15 所示的"基准点"对话框中输入偏移值 40.0，并按 Enter 键。此时系统在指定位置创建一个基准点 PNT0。

图 8.1.14　偏移点　　　　　　　　　图 8.1.15　"基准点"对话框

8.1.9　创建域点

可在一个曲面、曲线上的任意位置创建基准点而无须进行尺寸定位，这样的基准点称为域点。

1. 域点的一般创建过程

如图 8.1.16 所示，现需要在模型的圆锥面上创建一个域点 FPNT0，操作步骤如下。

Step1. 将工作目录设置为 D:\Creo3\work\ch08.01，打开文件 point_fie.prt。

Step2. 在 模型 功能选项卡的 基准 ▾ 区域中选择 ×ו 点 ▾ ➡ 域 命令。

Step3. 如图 8.1.16 所示，在圆锥面上的某位置单击，系统即在单击处创建一个基准点 FPNT0。可用鼠标拖移该点，以改变其在曲面上的位置。

2. 域点的应用

练习要求：在图 8.1.17 所示的柱内曲面的曲线上创建域点。

Step1. 将工作目录设置为 D:\Creo3\work\ch08.01，打开文件 point_fie_surf.prt。

Step2. 在 模型 功能选项卡的 基准 ▾ 区域中选择 ×ו 点 ▾ ➡ 域 命令。

Step3. 在图 8.1.17 所示的柱内曲面的曲线上任意单击一点，系统立即创建基准点。

Step4. 将此基准点的名称改为 fie_point。

图 8.1.16　域点　　　　　　　　　图 8.1.17　创建域点

8.2　坐标系的高级创建方法

8.2.1　使用一个点和两个不相交的轴（边）创建坐标系

可以参考一点和两个不相交的轴来创建坐标系。系统将参考点作为坐标系的原点，两个不相交的轴定义坐标系两个轴的方向。点可以是基准点、模型的顶点、曲线的端点，轴（边）可以是模型的边线、曲面边线、基准轴和特征中心轴线。

如图 8.2.1 所示，现要通过模型的一个顶点和两条边线创建一个坐标系，操作步骤如下。

Step1. 单击 模型 功能选项卡 基准 ▼ 区域中的"坐标系"按钮 ⊁坐标系 。

Step2. 如图 8.2.1 所示，选取模型顶点为参考，此时"坐标系"对话框如图 8.2.2 所示。

图 8.2.1　由点+两不相交的轴创建坐标系　　　　图 8.2.2　"坐标系"对话框

Step3. 定义坐标系两个轴的方向。

（1）在"坐标系"对话框中，单击 方向 选项卡。

（2）在 方向 选项卡中，单击第一个 使用 后的文本框，然后选取图 8.2.1 中的模型边线 1，并确定其方向为 X 轴；选取模型边线 2，并确定其方向为 Y 轴。此时便创建了图 8.2.1 所示的坐标系。

8.2.2　使用两个相交的轴（边）创建坐标系

可以参考两条相交的轴线（或模型的边线）来创建坐标系，系统在其交点处设置原点。

如图 8.2.3 所示，现需要在模型两条边线的交点处创建一个坐标系，操作步骤如下。

Step1. 单击 模型 功能选项卡 基准 ▼ 区域中的"坐标系"按钮 ⊁坐标系 。

Step2. 选取参考。如图 8.2.3 所示，选取模型边线 1；按住 Ctrl 键，选取模型边线 2，此时系统便在两边线的交点处创建坐标系 CSO，"坐标系"对话框如图 8.2.4 所示。

8.2.3　创建偏距坐标系

可通过对参考坐标系进行偏移和旋转来创建坐标系。

如图 8.2.5 所示，现需要参考坐标系 PRT_CSYS_DEF 创建偏距坐标系 CSO，操作步骤如下。

图 8.2.3   由两相交轴创建坐标系

图 8.2.4   "坐标系"对话框

图 8.2.5   创建偏距坐标系

Step1. 将工作目录设置为 D:\Creo3\work\ch08.02，打开文件 csys_ offset.prt。

Step2. 单击 模型 功能选项卡 基准 ▼ 区域中的"坐标系"按钮 ✗ 坐标系 。

Step3. 如图 8.2.5 所示，选取坐标系 PRT_CSYS_DEF 为参考。

Step4. 在图 8.2.6 所示的"原点"选项卡中，输入偏距坐标系与参考坐标系在 X、Y、Z 三个方向上的偏距值。

Step5. 在图 8.2.7 所示的"方向"选项卡中，输入偏距坐标系与参考坐标系在 X、Y、Z 三个方向上的旋转角度值。

图 8.2.6   "原点"选项卡

图 8.2.7   "方向"选项卡

8.2.4　创建与屏幕正交的坐标系

可通过参考坐标系来创建与屏幕正交的坐标系（Z 轴垂直于屏幕并指向用户）。在图 8.2.8a "坐标系" 对话框的 方向 选项卡中，如果单击 设置 Z 垂直于屏幕 按钮，系统便自动对参考坐标系进行旋转并给出各轴的旋转角，使 Z 轴与屏幕垂直，如图 8.2.8b 所示。

a）操作前　　　　　　　　　　　　　　　b）操作后

图 8.2.8　"坐标系" 对话框

8.2.5　使用一个平面和两个轴（边）创建坐标系

一个平面和两个轴（边）来创建坐标系，平面与第一个选定轴线的交点成为坐标原点。

Step1. 将工作目录设置为 D:\Creo3\work\ch08.02，打开文件 pln_2axis_ csys.prt。

Step2. 单击 模型 功能选项卡 基准 ▾ 区域中的 "坐标系" 按钮 ⁂ 坐标系 。

Step3. 选取参考。如图 8.2.9a 所示，选取模型表面 1；按住 Ctrl 键，选取边线 1，则在其相交处出现一个临时坐标系，且所选边线方向成为 X 轴方向。

Step4. 定义坐标系另一轴的方向。

（1）在 "坐标系" 对话框中，打开 方向 选项卡。

a）操作前

b）操作后

图 8.2.9　一个平面＋两个轴

（2）在 方向 选项卡中，单击第二个 使用 后的空白区，然后选取模型边线 2，系统立即创建坐标系。

（3）在"坐标系"对话框中单击 确定 按钮。

8.2.6 从文件创建偏距坐标系

如图 8.2.10 和图 8.2.11 所示，先指定一个参考坐标系，然后使用数据文件，创建参考坐标系的偏距坐标系。

图 8.2.10　操作前　　　　　　　　　　　　　图 8.2.11　操作后

8.3　基准曲线的高级创建方法

8.3.1　使用横截面创建基准曲线

使用横截面创建基准曲线就是创建横截面与零件表面的相交线。下面以图 8.3.1 所示的模型为例介绍这种曲线的创建方法。

Step1. 将工作目录设置为 D:\Creo3\work\ch08.03，然后打开文件 sec_curve.prt。

Step2. 单击 模型 功能选项卡 基准 ▼ 下拉菜单中选择 ～ 曲线 ▶ ➡ ～ 来自横截面的曲线 命令，系统弹出"曲线"操控板。

Step3. 在横截面的下拉列表中选择 XSEC001，此时即在模型上创建了图 8.3.2 所示的基准曲线。

注意：不能使用"偏距横截面"的边界创建基准曲线。

图 8.3.1　使用横截面创建基准曲线　　　　　　　图 8.3.2　基准曲线

8.3.2　从方程创建基准曲线

该方法是使用一组方程创建基准曲线。图 8.3.3 所示为一个灯罩模型，下面将介绍用方程创建图 8.3.4 所示的灯罩下缘基准曲线的操作过程。

图 8.3.3　灯罩模型　　　　　　　　　　图 8.3.4　创建基准曲线

Step1. 将工作目录设置为 D:\Creo3\work\ch08.03，然后打开文件 equ_curve.prt。

Step2. 单击 模型 功能选项卡 基准 ▼ 下拉菜单中选择 ∿ 曲线 ▶ ➡ ∿ 来自方程的曲线 命令，系统弹出图 8.3.5 所示的"曲线：从方程"操控板。

Step3. 选取坐标系 PRT_CSYS_DEF，在操控板的坐标系类型下拉列表中选择 柱坐标 选项。

图 8.3.5　"曲线：从方程"操控板

Step4. 输入螺旋曲线方程。在操控板中单击 方程... 按钮，系统弹出"方程"对话框，在"方程"对话框的编辑区域输入曲线方程，结果如图 8.3.6 所示。

Step5. 单击对话框中的 确定 按钮。

Step6. 单击"曲线：从方程"操控板中 ✔ 按钮，完成曲线的创建。

图 8.3.6　输入曲线方程

8.3.3　在两个曲面相交处创建基准曲线

这种方法可在模型表面、基准平面与曲面特征间两者的交截处、任意两个曲面特征的交截处创建基准曲线。

每对交截曲面产生一个独立的曲线段，系统将相连的段合并为一条复合曲线。

如图 8.3.7 所示，现需要在曲面 1 和模型表面 2 的相交处创建一条曲线，操作方法如下。

图 8.3.7　用曲面求交的方法

Step1. 将工作目录设置为 D:\Creo3\work\ch08.03，打开文件 curve_by_surf.prt。

Step2. 选择曲面 1。

Step3. 单击 模型 功能选项卡 编辑 ▾ 区域中的"相交"按钮 相交，系统弹出"曲面相交"操控板。

Step4. 按住 Ctrl 键，选取图中的模型表面 2，系统立即创建基准曲线，单击操控板中的 ✔ 按钮。

注意：

不能在两个实体表面的相交处创建基准曲线。

不能在两基准平面的相交处创建基准曲线。

8.3.4　用修剪创建基准曲线

通过对基准曲线进行修剪，将曲线的一部分截去，可产生一条新的曲线。创建修剪曲线后，原始曲线将不可见。

如图 8.3.8a 所示，曲线 1 是模型表面上的一条草绘曲线，FPNT0 是曲线 1 上的基准点，现需要在 FPNT0 处修剪曲线，操作步骤如下。

a）修剪前　　　　　　　　　　　　　　　b）修剪后

图 8.3.8　用修剪创建基准曲线

Step1. 将工作目录设置为 D:\Creo3\work\ch08.03，打开文件 curve_trim.prt。

Step2. 在图 8.3.8 所示的模型中，选择草绘曲线 1。

Step3. 单击 模型 功能选项卡 编辑 ▼ 区域中的"修剪"按钮 修剪，系统弹出"曲线修剪"操控板。

Step4. 选择基准点 FPNT0。此时基准点 FPNT0 处出现一方向箭头（图 8.3.9），用于确定修剪后的保留侧。

说明：单击操控板中的按钮，切换箭头的方向（图 8.3.10），这也是本例所要的方向。再次单击按钮，出现两个箭头（图 8.3.11），这意味着将保留整条曲线。

Step5. 在操控板中单击"完成"按钮 ✔，系统立即创建图 8.3.8b 所示的修剪曲线。

图 8.3.9　切换方向 1　　　　图 8.3.10　切换方向 2　　　　图 8.3.11　切换方向 3

8.3.5　沿曲面创建偏移基准曲线

可以沿曲面对现有曲线进行偏移来创建基准曲线。可以使用正、负尺寸值修改方向。如图 8.3.12a 所示，曲线 1 是模型表面上的一条草绘曲线，现需要创建图 8.3.12b 所示的偏移曲线，操作步骤如下。

Step1. 将工作目录设置为 D:\Creo3\work\ch08.03，打开文件 curve_along_ surf.prt。

Step2. 选取 8.3.12a 所示的曲线 1（先单击曲线将其选中，然后再单击将其激活）。

图 8.3.12　沿曲面偏移的方法

Step3. 单击 模型 功能选项卡 编辑 ▾ 区域中的"偏移"按钮 偏移，系统弹出操控板。

Step4. 此时操控板中的"沿参考曲面偏移"类型按钮 自动按下，在文本框中输入偏移值 50，即产生如图 8.3.12b 所示的曲线；单击"完成"按钮 。

8.3.6　垂直于曲面创建偏移基准曲线

可以垂直于曲面对现有曲线进行偏移来创建基准曲线。

如图 8.3.13 所示，曲线 1 是模型表面上的一条草绘曲线，现需要垂直于该表面创建一条偏移曲线，其偏移值由一图形特征来控制（图 8.3.13）。操作步骤如下。

图 8.3.13　垂直于曲面偏移基准曲线

Step1. 将工作目录设置为 D:\Creo3\work\ch08.03，然后打开文件 curve_offset_surf.prt。在打开的模型中，已经创建了一个图形特征。

Step2. 在图 8.3.13a 所示的模型中，选取曲线 1。

Step3. 单击 模型 功能选项卡 编辑 ▾ 区域中的"偏移"按钮 偏移。

Step4. 在"曲线偏移"操控板中选择 按钮，然后单击 选项 选项卡，在弹出的"选项"界面中，单击"单位图形"栏，然后在模型树中选择 图形1 特征；在操控板的文本框中输入曲线的端点从选定曲面偏移的距离值 60.0；此时即产生了图 8.3.13b 所示的偏移曲线，单击操控板中的"完成"按钮 。

8.3.7　从曲面边界偏移创建基准曲线

可以从曲面的边界偏移一定距离以创建基准曲线。

如图 8.3.14 所示，现需要参考一个曲面特征的边界来创建一条基准曲线，操作步骤如下。

Step1. 将工作目录设置为 D:\Creo3\work\ch08.03，打开文件 curve_by_border.prt。

Step2. 如图 8.3.15 所示，选中曲面的任一边线。

　　图 8.3.14　从曲面边界创建基准曲线　　　　　图 8.3.15　选中曲面的一条边线

Step3. 单击 模型 功能选项卡 编辑 ▼ 区域中的"偏移"按钮 偏移 ，系统弹出"曲线：基准曲线边界偏移"操控板。

Step4. 按住 Shift 键，再单击曲面另外的三条边线，在操控板中输入偏移值-40.0，系统立即创建图 8.3.14 所示的基准曲线。

Step5. 在操控板的"测量"界面中的空白处右击，选择 添加 命令，可增加新的偏距条目（图 8.3.16）。编辑新条目中的"距离""距离类型""边""参考""位置"等选项可改变曲线的形状。

点	距离	距离类型	边	参考	位置
1	40.0	垂直于边	边:F5(拉伸_1)	顶点:F5(拉...	0.0
2	40.0	垂直于边	边:F5(拉伸_1)	顶点:F5(拉...	1.0
3	40.0	垂直于边	边:F5(拉伸_1)	点:边:F5(拉伸_1)	0.5
4	40.0	垂直于边	边:F5(拉伸_1)	点:边:F5(拉伸_1)	0.8

此比例值用于确定"点：边：F5（拉伸_1）"在"边：F5（拉伸_1）"上的位置

图 8.3.16　增加新的偏距条目

8.3.8　通过投影创建基准曲线

通过将曲线投影到一个或多个曲面，可创建投影基准曲线。可把基准曲线投影到实体表面、曲面、面组或基准平面上。投影基准曲线将"扭曲"原始曲线。

如果曲线是通过在平面上草绘来创建的，那么可对其阵列。

投影曲线不能是截面线。如果选择截面线基准曲线来投影，那么系统将忽略该截面线。

如图 8.3.17 所示，现需要将 DTM1 基准平面上的草绘曲线 1 投影到曲面特征 2 上，产生投影曲线，操作步骤如下。

Step1. 将工作目录设置为 D:\Creo3\work\ch08.03，打开文件 proj _curve.prt。

Step2. 在图 8.3.17 所示的模型中，选择草绘曲线 1。

图 8.3.17　通过投影创建基准曲线

Step3. 单击 **模型** 功能选项卡 编辑 ▼ 区域中的"投影"按钮 ☒ 投影，系统弹出"投影曲线"操控板。

Step4. 选择曲面特征 2，系统立即创建图 8.3.17 所示的投影曲线。

Step5. 在操控板中单击"完成"按钮 ✓。

8.3.9　创建包络曲线

可使用"包络（Wrap）"工具在曲面上创建印贴的基准曲线，就像将贴花转移到曲面上一样。包络（印贴）曲线保留原曲线的长度。基准曲线只能在可展开的曲面上印贴（如圆锥面、平面和圆柱面）。

如图 8.3.18 所示，现需要将 DTM1 基准平面上的草绘曲线印贴到实体表面上，产生一包络曲线，操作步骤如下。

图 8.3.18　创建包络曲线

Step1. 将工作目录设置为 D:\Creo3\work\ch08.03，打开文件 wrap _curve.prt。

Step2. 选取图 8.3.18 所示的草绘曲线 1。

Step3. 选择 **模型** 功能选项卡 编辑 ▼ 节点下的"包络"命令 ⬛ 包络。

Step4. 此时弹出"包络"操控板，从该操控板中可看出，系统自动选取了实体表面作为包络曲面，因而便产生了图 8.3.18 所示的包络曲线。

　　说明：系统通常在与原始曲线最近的一侧实体曲面上创建包络曲线。

　　Step5. 在操控板中单击"完成"按钮✔。

8.3.10　用二次投影创建基准曲线

　　此方法可参考不平行的草绘平面上的两条草绘曲线来创建一条基准曲线。系统将沿其各自的草绘平面投影两个草绘曲线，产生的交线便是二次投影曲线。或者说，系统将由两草绘曲线分别创建拉伸曲面，两个拉伸曲面在空间的交线就是二次投影曲线。

　　如图 8.3.19 所示，曲线 1 是基准平面 DTM1 上的一条草绘曲线，曲线 2 是基准平面 DTM2 上的一条草绘曲线，现需要创建这两条曲线的二次投影曲线（图 8.3.19b），操作步骤如下。

图 8.3.19　用二次投影创建基准曲线

　　Step1. 将工作目录设置为 D:\Creo3\work\ch08.03，打开文件 curve_by_2proj.prt。

　　Step2. 按住 Ctrl 键，选取图 8.3.19a 所示的草绘曲线 1 和草绘曲线 2。

　　Step3. 单击 模型 功能选项卡 编辑▼ 区域中的"相交"按钮 相交，即产生图 8.3.19b 所示的二次投影曲线。

8.3.11　基准曲线的应用范例

　　在下面的练习中，我们先创建基准曲线，然后借助该基准曲线创建图 8.3.20 所示的筋（Rib）特征，操作步骤如下。

　　Step1. 将工作目录设置为 D:\Creo3\work\ch08.03，打开文件 curve_appl_ex.prt。

　　Step2. 创建基准曲线。

　　（1）选取图 8.3.21 所示的 TOP 基准平面。

　　（2）单击 模型 功能选项卡 编辑▼ 区域中的"相交"按钮 相交。

　　（3）按住 Ctrl 键，选取图 8.3.21 中的两个圆柱表面。

先创建这两条基准曲线

TOP 基准面为
草绘平面

TOP

筋（Rib）特征

图 8.3.20　筋特征

按住 Ctrl 键，选取这两个圆柱表面

TOP

图 8.3.21　选取参考对象

（4）单击 ∞ 按钮，预览所创建的基准曲线，然后单击"完成" 按钮 $\checkmark$ 。

Step3. 创建筋特征。选择 **模型** 功能选项卡 **工程 ▼** 区域中 **筋 ▼** 节点下的 **轮廓筋** 命令；设置 TOP 基准面为草绘面，RIGHT 基准面为参考面，方向为 **左** ；选取图 8.3.22 所示的基准曲线为草绘参考；绘制该图所示的截面草图；加材料的方向如图 8.3.23 所示；筋的厚度值为 2。

选取这两条基准曲线为参考

20.0

图 8.3.22　截面图形

"方向"
箭头

2.0

图 8.3.23　定义加材料的方向

8.4　图　形　特　征

1. 图形特征概述

图形特征允许将功能与零件相关联。图形用于关系中，特别是多轨迹扫描中。

Creo 通常按其定义的 X 轴值计算图形特征。当图形计算超出定义范围时，Creo 外推计算 Y 轴值。对于小于初始值的 X 值，系统通过从初始点延长切线的方法计算外推值。同样，对于大于终点值的 X 值，系统通过将切线从终点往外延伸计算外推值。

图形特征不会在零件上的任何位置显示——它不是零件几何，它的存在反映在零件信息中（图 8.4.1）。

2. 图形特征的一般创建过程

Step1. 新建一个零件模型，选择 **模型** 功能选项卡 **基准 ▼** 节点下的 **图形** 命令。

Step2. 输入图形名称，系统进入草绘环境。

Step3. 在草绘环境中，单击 草绘 功能选项卡 草绘 区域中的"坐标系"按钮 坐标系，创建一个坐标系。

Step4. 创建轮廓草图。

注意： 截面中应含有一个坐标系；截面必须为开放式，并且只能包含一个轮廓（链），该轮廓可以由直线、弧、样条等组成，沿 X 轴的每一点都只能对应一个 Y 值。

Step5. 单击"确定"按钮 ✔，退出草绘环境，系统即创建一个图形特征。

3．图形特征应用范例

本范例运用了一些很新颖、技巧性很强的创建实体的方法，首先利用从动件的位移数据表创建图形特征，然后利用该图形特征及关系式创建扫描曲面，这样便得到凸轮的外轮廓线，再由该轮廓线创建拉伸实体得到凸轮模型。零件模型如图 8.4.2 所示。

Step1. 先将工作目录设置为 D:\Creo3\work\ch08.04，然后新建一个零件模型，命名为 instance_cam。

Step2. 利用从动件的位移数据表创建图 8.4.3 所示的图形特征。

图 8.4.1　图形特征　　　　　　　　　　图 8.4.2　零件模型

（1）选择 模型 功能选项卡 基准▾ 节点下的 图形 命令。

（2）在系统提示 为 feature 输入一个名字 时，输入图形名称 cam01，并按 Enter 键。

（3）系统进入草绘环境，单击 草绘 功能选项卡 草绘 区域中的"坐标系"按钮 坐标系，创建一个坐标系。

（4）通过坐标原点分别绘制水平、垂直中心线。

（5）绘制图 8.4.4 所示的样条曲线（绘制此样条曲线时，首尾点的坐标要正确，其他点的位置及个数可任意绘制，其将由后面的数据文件控制）。

图 8.4.3　用位移数据表创建图形

图 8.4.4　截面图形

（6）生成数据文件（注：本步的详细操作过程请参见随书光盘中 video\ch08\ch08.04\03 \reference\文件下的语音视频讲解文件 instance_cam-r01.exe）。

（7）利用文本编辑软件如"记事本"等，修改上面所生成的数据文件 cam01.pts，最后形成的数据如图 8.4.5 所示（此数据文件为从动件的位移数据文件）；存盘退出。

```
cam01.pts - 记事本                                    _ □ ×
文件(F) 编辑(E) 格式(O) 查看(V) 帮助(H)
            Coordinates  of  spline  points:
(they  may  be  edited  using  available  editor;  changes  in  X  and  Y
 coordinates  of  the  first  and  the  last  points  will  be  ignored)

CARTESIAN COORDINATES:

X                   Y                   Z
0                   0                   0
30                  5                   0
60                  14                  0
90                  30                  0
120                 50                  0
150                 74                  0
180                 95                  0
210                 109                 0
240                 118                 0
270                 123.5               0
300                 125                 0
```

图 8.4.5　修改数据文件

（8）利用数据文件重新生成样条曲线。

① 打开数据文件 cam1.pts。

② 在系统弹出的"确认"对话框中单击 **是(I)** 按钮；然后单击操控板中的 ✔ 按钮。

（9）完成后单击"确定"按钮 ✔ 。

Step3. 创建图 8.4.6 所示的基准曲线。单击"草绘"按钮 ；选取 FRONT 基准面为草绘平面，RIGHT 基准面为参考平面，方向为 右 ；绘制图 8.4.7 所示的截面草图。

Step4. 创建图 8.4.8 所示的扫描曲面。

（1）单击 **模型** 功能选项卡 **形状 ▾** 区域中的 **扫描 ▾** 按钮，系统弹出 "扫描"操控板。

（2）定义扫描特征类型。在操控板中按下"曲面"类型按钮 □ 和 ⌐ 按钮。

（3）定义扫描轨迹。单击操控板中的 **参考** 按钮，在出现的操作界面中，选择 Step3 创建的基准曲线——直线作为原始轨迹。

图 8.4.6　创建基准曲线　　　　图 8.4.7　截面草图　　　　图 8.4.8　扫描曲面

（4）定义扫描中的截面控制。在 参考 界面的截平面控制 下拉列表中选择垂直于轨迹选项。

（5）创建扫描特征的截面。

① 在操控板中单击 按钮，进入草绘环境后，创建图 8.4.9 所示的特征截面——直线（直线段到原始轨迹直线的距离值将由关系式定义）。

② 定义关系。单击 工具 功能选项卡 模型意图 ▼区域中的 d=关系 按钮，在弹出的"关系"对话框中的编辑区输入关系 sd4=evalgraph（"cam01",trajpar*300），如图 8.4.10 和图 8.4.11 所示。

图 8.4.9　截面草图　　　　　　　图 8.4.10　切换至符号状态

图 8.4.11　"关系"对话框

③ 单击工具栏中的 按钮。

（6）单击操控板中的按钮 进行预览，然后单击"完成"按钮 。

Step5. 创建图 8.4.12 所示的实体拉伸特征。在操控板中单击 拉伸 按钮；选取 FRONT 基准面为草绘平面，RIGHT 基准面为参考平面，方向为 右 ；绘制图 8.4.13 所示的截面草图；选取深度类型 ，深度值为 50.0。

图 8.4.12　实体拉伸特征　　　　　　图 8.4.13　截面图形

Step6. 保存零件模型文件。选择下拉菜单 文件 ▼ ➡ 保存(S) 命令。

8.5　参　考　特　征

1. 关于参考特征

参考特征是模型中一组边或曲面的自定义集合。与目的边或目的曲面类似，可以将参考特征用作其他特征的基础。例如，要在零件中对一组边进行倒圆角，可以收集这一组边创建参考特征，然后对该特征进行倒圆角。参考特征会作为模型中的一项而存在，可重命名、删除、修改及查看。

2. 参考特征应用范例

Step1. 将工作目录设置为 D:\Creo3\work\ch08.05，打开文件 ref_feature.prt。

Step2. 创建参考特征。

（1）在屏幕右下方的"智能选择"栏中选择 几何 ，然后按住 Ctrl 键，选取图 8.5.1 中的八条边线。

（2）在 模型 功能选项卡区域选择 基准 ▼ ➡ 参考 命令，在系统弹出的"基准参考"对话框中单击 确定 按钮。

Step3. 对参考特征进行倒圆角。在模型树中选择 参考 1，单击 模型 功能选项卡 工程 ▼ 区域中的 倒圆角 ▼ 按钮，即可一次性对 参考 1 中的八条边线同时进行倒圆角（图 8.5.2）。

图 8.5.1　选择边线　　　　　　　　　　图 8.5.2　对参考特征倒圆角后

8.6　拔　模　特　征

8.6.1　关于拔模特征

注射件和铸件往往需要一个拔模斜面，才能顺利脱模，Creo 的拔模（斜度）特征就是用来创建模型的拔模斜面。下面先介绍有关拔模的几个关键术语。

● 拔模曲面：要进行拔模的模型曲面（图 8.6.1）。

● 枢轴平面：拔模曲面可绕着枢轴平面与拔模曲面的交线旋转而形成拔模斜面（图 8.6.1）。

- 枢轴曲线：拔模曲面可绕着一条曲线旋转而形成拔模斜面。这条曲线就是枢轴曲线，它必须在要拔模的曲面上（图 8.6.1）。
- 拔模参考：用于确定拔模方向的平面、轴、模型的边。
- 拔模方向：拔模方向可用于确定拔模的正负方向，它总是垂直于拔模参考平面或平行于拔模参考轴或参考边。
- 拔模角度：拔模方向与生成的拔模曲面之间的角度（图 8.6.1）。如果拔模曲面被分割，则可为拔模的每个部分定义两个独立的拔模角度。
- 旋转方向：拔模曲面绕枢轴平面或枢轴曲线旋转的方向。
- 分割区域：可对其应用不同拔模角的拔模曲面区域。

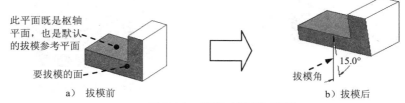

a）　拔模前　　　　　　　　　　　　b）拔模后

图 8.6.1　拔模（斜度）特征

8.6.2　使用枢轴平面创建拔模特征

1. 使用枢轴平面创建不分离的拔模特征

下面以图 8.6.1 为例，讲述如何使用枢轴平面创建一个不分离的拔模特征。

Step1. 将工作目录设置为 D:\Creo3\work\ch08.06，打开文件 general _draft.prt。

Step2. 单击 模型 功能选项卡 工程 ▾ 区域中的 拔模 ▾ 按钮，此时系统弹出"拔模"操控板。

Step3. 选取图 8.6.2 所示的表面为要拔模的曲面。

Step4. 选取拔模枢轴平面。

（1）在操控板中单击 图标后的 单击此处添加项 字符。

（2）选取图 8.6.3 所示的模型表面为拔模枢轴平面。完成此步操作后，模型如图 8.6.4 所示。

图 8.6.2　选取要拔模的曲面

图 8.6.3　选取拔模枢轴平面

说明：拔模枢轴既可以为一个平面，也可以是一条曲线。当选取一个平面作为拔模枢轴，该平面称为枢轴平面，此时拔模以枢轴平面的方式进行拔模；当选取一条曲线作为拔模枢轴，该曲线称为枢轴曲线，此时拔模以枢轴曲线的方式进行拔模。

Step5. 选取拔模参考平面及改变拔模方向。一般情况下不进行此步操作，因为用户在选取拔模枢轴平面后，系统通常默认地以拔模枢轴平面为拔模参考平面（图 8.6.4）；如果要重新选取拔模参考平面，例如选取图 8.6.5 中的模型表面为拔模参考平面，可进行如下操作。

图 8.6.4　拔模参考平面　　　　　　图 8.6.5　拔模参考平面

（1）在"拔模"操控板中，单击 图标后的 1个平面 字符。

（2）选取图 8.6.5 所示的模型表面。如果要改变拔模方向，可单击 按钮。

Step6. 修改拔模角度及方向。在操控板中，可输入新的拔模角度值（图 8.6.6）和改变拔模角的方向（图 8.6.7）。

Step7. 在操控板中单击 按钮，完成拔模特征的创建。

图 8.6.6　调整拔模角大小　　　　　　图 8.6.7　改变拔模角方向

2．使用枢轴平面创建分离的拔模特征

图 8.6.8a 所示为拔模前的模型，图 8.6.8b 所示为拔模后的模型。由该图可看出，拔模面被枢轴平面分离成两个拔模侧面（拔模 1 和拔模 2），这两个拔模侧面可以有独立的拔模角度和方向。下面以此模型为例，讲述如何使用枢轴平面创建一个分离的拔模特征。

Step1. 将工作目录设置为 D:\Creo3\work\ch08.06，打开文件 split_draft.prt。

Step2. 单击 模型 功能选项卡 工程 ▼ 区域中的 ⟳拔模 ▼ 按钮。

此平面既是枢轴平面，也可以作为拔模参考平面

要拔模的面

a）拔模前

分离的拔模 1

分离的拔模 2

b）拔模后

图 8.6.8　创建分离的拔模特征

Step3. 选取要拔模的曲面。选取图 8.6.9 中的模型表面为要拔模的曲面。

Step4. 选取拔模枢轴平面。选取图 8.6.10 所示的模型表面为拔模枢轴平面。

Step5. 采用系统默认的拔模方向参考，如图 8.6.11 所示。

选取此表面为要拔模的曲面

选取此表面为拔模枢轴平面

拔模方向箭头

此平面同时也是拔模参考平面

1.0

图 8.6.9　要拔模的曲面　　　　图 8.6.10　拔模枢轴平面　　　　图 8.6.11　拔模参考平面

Step6. 选取分割选项和侧选项。

（1）选取分割选项：在"拔模"操控板中单击 分割 选项卡，然后在 分割选项 下拉列表中选取 根据拔模枢轴分割 。

（2）选取侧选项：接着在 侧选项 下拉列表中选取 独立拔模侧面 。

Step7. 在操控板中的相应区域修改两个拔模侧的拔模角度和方向。

Step8. 单击操控板中的 ✔ 按钮，完成拔模特征的创建。

8.6.3　使用草绘分割创建拔模特征

图 8.6.12a 为拔模前的模型，图 8.6.12b 是进行草绘分割拔模后的模型。由此图可看出，拔模面被草绘截面分离成两个拔模面，这两个拔模面可以有独立的拔模角度和方向。下面以此模型为例，讲述如何创建一个草绘分割的拔模特征。

此平面既是枢轴平面，也可以作为拔模参考平面

要拔模的面

a）拔模前

草绘区的拔模

非草绘区的拔模

b）拔模后

图 8.6.12　草绘分割的拔模特征

Step1. 将工作目录设置为 D:\Creo3\work\ch08.06，打开文件 sketch_draft.prt。

Step2. 单击 模型 功能选项卡 工程 ▼ 区域中的 拔模 按钮。

Step3. 选取图 8.6.13 中的模型表面为要拔模的曲面。

Step4. 选取图 8.6.14 中的模型表面为拔模枢轴平面。

Step5. 采用系统默认的拔模方向参考，如图 8.6.15 所示。

图 8.6.13　拔模曲面　　　图 8.6.14　拔模枢轴平面　　　图 8.6.15　拔模方向

Step6. 选取草绘分割选项、绘制分割截面。

（1）在"拔模"操控板中单击 分割 选项卡，然后在 分割选项 下拉列表中选取 根据分割对象分割 。

（2）在 分割 选项卡中单击 定义... 按钮，进入草绘环境。设置图 8.6.16 中的拔模面为草绘平面，图中另一表面为参考平面，方向为 左；绘制图 8.6.16 所示的三角形。

Step7. 在操控板中的相应区域修改两个拔模区的拔模角度和方向，也可在模型上动态修改拔模角度，如图 8.6.17 所示。

Step8. 单击操控板中的 ✔ 按钮，完成特征的创建。

图 8.6.16　定义草绘属性　　　图 8.6.17　修改拔模角度和方向

8.6.4　使用枢轴曲线创建拔模特征

图 8.6.18a 为拔模前的模型，图 8.6.18b 是进行枢轴曲线拔模后的模型。下面以此为例，讲述如何创建一个枢轴曲线拔模特征。

Step1. 将工作目录设置为 D:\Creo3\work\ch08.06，打开文件 curve_draft.prt。

图 8.6.18　枢轴曲线的拔模

Step2. 先绘制一条基准曲线，方法是在操控板中单击"草绘"按钮 ；草绘一条由数个线段构成的基准曲线，注意曲线的两端点必须与模型边线重合。

Step3. 单击 模型 功能选项卡 工程 ▼ 区域中的 拔模 ▼ 按钮。

Step4. 选取图 8.6.19 中的模型表面为要拔模的曲面。

Step5. 选取图 8.6.20 中的草绘曲线为拔模枢轴曲线。选中后的模型如图 8.6.21 所示。

图 8.6.19　选取拔模的曲面　　　图 8.6.20　选取拔模枢轴曲线前　　　图 8.6.21　选取拔模枢轴曲线后

Step6. 选取图 8.6.22 中的模型表面为拔模参考平面。

Step7. 动态修改拔模角度，如图 8.6.23 所示；也可在操控板中修改拔模角度和方向。

Step8. 单击操控板中的"完成"按钮 ，完成操作。

图 8.6.22　选取参考平面

图 8.6.23　修改拔模角度及方向

8.6.5　拔模特征的延伸相交

在图 8.6.24a 所示的模型中，有两个特征（实体拉伸特征和旋转特征），现要对图中所示拉伸特征的表面进行拔模，该拔模面势必会遇到旋转特征的边。如果在操控板中选择合适选项和拔模角，可以创建图 8.6.24b 所示的延伸相交拔模特征，下面说明其操作过程。

Step1. 将工作目录设置为 D:\Creo3\work\ch08.06，打开文件 extend_draft.prt。

Step2. 单击 模型 功能选项卡 工程 ▾ 区域中的 拔模 ▾ 按钮。

a）拔模前   b）拔模后

图 8.6.24　拔模特征的延伸相交

Step3. 选取图 8.6.25 中的模型表面为要拔模的曲面。

Step4. 选取图 8.6.26 中的模型底面为拔模枢轴平面。

图 8.6.25　选取要拔模的曲面　　　　　图 8.6.26　选取拔模枢轴平面

Step5. 调整拔模方向，如图 8.6.27 所示。

Step6. 在操控板的"选项"界面中选中 ☑ 延伸相交曲面 复选框，如图 8.6.28 所示。

注意： 如果不选中 ☐ 延伸相交曲面 复选框，结果会如图 8.6.29 所示。

Step7. 在操控板中修改拔模角度和方向，拔模角度值为 12.0。

注意： 如果拔模角度太大，拔模面将超出旋转特征的圆锥面，这时即使选中了 ☑ 延伸相交曲面 复选框，系统也将创建悬垂在模型边上的拔模斜面，与未选中 ☐ 延伸相交曲面 复选框的结果一样。

Step8. 单击操控板中的 ☑ 按钮，完成特征的创建。

图 8.6.27　拔模参考平面　　　　图 8.6.28　"选项"界面　　　　图 8.6.29　结果

8.7　混　合　特　征

8.7.1　一般混合特征

在 [模型] 功能选项卡中选择 [形状 ▼] ➡ [混合] 命令，系统弹出图 8.7.1 所示的"混合"操控板。各部分的基本功能介绍如下。

图 8.7.1　"混合"操控板

1．"截面"选项卡

单击"混合"操控板中的 [截面] 选项卡，系统弹出图 8.7.1 所示的"截面"选项卡。在该选项卡中选中 ◉ 草绘截面 单选项，可以绘制草绘截面作为混合截面；选中 ◉ 选定截面 单选项，可以选定已有的截面作为混合截面。

图 8.7.2　"截面"选项卡

2．"选项"选项卡

单击"混合"操控板中的 [选项] 选项卡，系统弹出图 8.7.3 所示的"选项"选项卡。在该选项卡中设置混合属性，还可以对混合曲面进行封闭端处理。

3．"相切"选项卡

单击"混合"操控板中的 [相切] 选项卡，系统弹出图 8.7.4 所示的"相切"选项卡。在该选项卡中设置混合曲面的边界属性。

图 8.7.3　"选项"选项卡　　　　图 8.7.4　"相切"选项卡　　　　图 8.7.5　混合特征

下面以图 8.7.5 所示的模型为例，介绍根据选定截面创建混合特征的一般过程。

Step1. 将工作目录设置至 D：\Creo3\work\ch08.07，打开文件 mix.prt。

Step2. 创建混合截面。

（1）绘制第一个截面。在"混合"操控板中单击"草绘"按钮，选取图 8.7.6 所示的表面 1 为草绘平面，选取图 8.7.6 所示的表面 2 为参考平面，方向为 顶 ；单击 草绘 按钮，绘制图 8.2.7 所示的第一个截面草图。

图 8.7.6　选取草绘平面　　　　　　　图 8.7.7　第一个截面草图

（2）绘制第二个截面。在"混合"操控板中单击"草绘"按钮，选取图 8.7.9 所示的表面 1 为草绘平面，选取图 8.7.8 所示的表面 2 为参考平面，方向为 顶 ；单击 草绘 按钮，绘制图 8.7.9 所示的第二个截面草图。

图 8.7.8　选取草绘平面　　　　　　　图 8.7.9　第二个截面

Step3. 创建混合特征。

（1）选择命令。在 模型 功能选项卡中选择 形状 ▼ ➡ 混合 命令。

（2）定义截面 1。单击"混合"操控板中的 截面 选项卡，在系统弹出的选项卡中选中

◉ 选定截面 单选项，选取 Step2 中创建的第一个截面为混合截面 1。

（3）定义截面 2。单击选项卡中的 ▭ 插入 ▭ 按钮，然后选取 Step2 中创建的第二个截面为混合截面 2。

（4）单击"混合"操控板中的"移除材料"按钮 ◪，单击 ✔ 按钮，完成混合特征的创建，结果如图 8.7.6 所示。

8.7.2　旋转混合特征

使用旋转混合命令可以使用互成角度的若干截面来创建混合特征，其操作方法和混合类似。在 模型 功能选项卡中选择 形状 ▾ ➡ 旋转混合 命令，系统弹出图 8.7.10 所示的"旋转混合"操控板。

图 8.7.10　"旋转混合"操控板

下面以图 8.7.11 所示的模型为例，介绍根据选定截面创建旋转混合特征的一般过程。

Step1. 将工作目录设置至 D：\Creo3\work\ch08.07，打开文件 revolution.prt。

Step2. 创建混合特征。

（1）选择命令。在 模型 功能选项卡中选择 形状 ▾ ➡ 旋转混合 命令。

（2）定义截面 1。单击"旋转混合"操控板中的 截面 选项卡，在系统弹出的选项卡中选中 ◉ 草绘截面 单选项，单击 定义... 按钮，选取图 8.7.12 所示的模型表面为草绘平面，选取 TOP 基准面为参考平面，方向为 左；绘制图 8.7.13 所示的第一个截面草图，单击 ✔ 按钮，完成截面 1 的绘制。

草绘平面

图 8.7.12　选取草绘平面

20.0　　70.0

图 8.7.11　混合特征　　　　　图 8.7.13　第一个截面草图

（3）定义旋转轴。在系统 ◆ `Select axis of revolution.` 的提示下，选取图 8.7.14 所示的边线为旋转轴。

（4）定义截面 2。单击"旋转混合"操控板中的 截面 选项卡，单击选项卡中的 插入 按钮，在偏移自下的文本框中输入旋转角度值 100.0。然后单击 草绘... 按钮，绘制图 8.7.15 所示的第二个截面草图，单击 ✔ 按钮，完成截面 2 的绘制。

（5）单击"旋转混合"操控板中的 ✔ 按钮，完成旋转混合特征的创建，结果如图 8.7.15 所示。

图 8.7.14　选择旋转轴　　　　　图 8.7.15　第二个截面草图

8.8　扫描混合特征

8.8.1　扫描混合特征创建的一般过程

将一组截面使用过渡曲面沿某一条轨迹线进行连接，形成一个连续特征，这就是扫描混合（Swept Blend）特征，它既具扫描特征的特点，又有混合特征的特点。扫描混合特征需要一条扫描轨迹和至少两个截面。图 8.8.1 所示的扫描混合特征是由三个截面和一条轨迹线扫描混合而成的。

图 8.8.1　扫描混合特征

下面说明图 8.8.2 中扫描混合特征的创建过程。

Step1. 设置工作目录和打开文件。将工作目录设置为 D:\Creo3\work\ch08.08，然后打开文件 nrmtoorigintraj.prt。

a）扫描前　　　　　　　　　　　　　　　b）扫描后

图 8.8.2　扫描混合特征

Step2. 单击 模型 功能选项卡 形状 ▼ 区域中的 扫描混合 按钮，在弹出的"扫描混合"操控板中按下"实体"类型按钮 □ 。

Step3. 定义扫描轨迹：选取图 8.8.3 所示的曲线，箭头方向如图 8.8.4 所示。

Step4. 定义混合类型。在操控板中单击 参考 选项卡，在其界面的 截平面控制 下拉列表中选择 垂直于轨迹 选项。由于 垂直于轨迹 为默认的选项，此步可省略。

Step5. 创建扫描混合特征的第一个截面。

（1）在操控板中单击 截面 选项卡，在弹出的"截面"界面中接受系统默认的设置值。

图 8.8.3　选择曲线

图 8.8.4　扫描方向

（2）定义第一个截面定向。在"截面"界面中单击 截面 X 轴方向 文本框中的 默认 字符，然后选取图 8.8.5 所示的边线，接受图 8.8.6 所示的箭头方向。

（3）定义第一个截面在轨迹线上的位置点。在"截面"界面中单击 截面位置 文本框中的 开始 字符，选取图 8.8.6 所示的轨迹的起始端点作为截面在轨迹线上的位置点。

（4）在"截面"界面中，将"截面 1"的 旋转 角度值设置为 0.0。

（5）在"截面"界面中单击 草绘 按钮，此时系统进入草绘环境。

（6）进入草绘环境后，绘制和标注图 8.8.7 所示的截面，单击"确定"按钮 ✔ 。

图 8.8.5　扫描方向

图 8.8.6　选取轨迹线的起始端点

图 8.8.7 混合特征的第一个截面图形

Step6. 创建扫描混合特征的第二个截面。

（1）在 截面 界面中单击 插入 按钮。

（2）定义第二个截面定向。在"截面"界面中单击 截面 X 轴方向 文本框中的 默认 字符，然后选取图 8.8.8a 所示的边线，此时的方向箭头如图 8.8.8a 所示，在"截面"界面中单击 ％ 按钮，将方向箭头调整到图 8.8.8b 所示的方向。

a）正向　　　　　　　　　　　　b）反向

图 8.8.8 切换方向

（3）定义第二截面在轨迹线上的位置点。在"截面"界面中单击 截面位置 文本框中的 结束 字符，选取图 8.8.9 所示的轨迹的终点作为截面在轨迹线上的位置点。

（4）在"截面"界面中，将"截面 2"的 旋转 角度值设置为 0.0。

（5）在"截面"界面中单击 草绘 按钮，此时系统进入草绘环境。

（6）绘制和标注图 8.8.10 所示的截面图形，单击"确定"按钮 ✓。

图 8.8.9 选取轨迹线的终点　　　　　图 8.8.10 第二个截面图形

Step7. 单击 ∞ 按钮，预览所创建的扫描混合特征。

Step8. 在操控板中单击"完成"按钮 ✓，完成扫描混合特征的创建。

Step9. 编辑特征。

（1）在模型树中选择 ⌒扫描混合 1，右击，从弹出的快捷菜单中选择 编辑 命令。

（2）在图 8.8.11a 所示的图形中双击 0Z，然后将该值改为-90（图 8.8.11b）。

（3）单击"再生"按钮 🔳，对模型进行再生。

a）修改前　　　　　　　　　　　　　　　　　　b）修改后

图 8.8.11　编辑特征

Step10. 验证原始轨迹是否与截面垂直。

（1）单击 分析 功能选项卡 测量 ▾ 区域中的 △ 按钮。

（2）在系统弹出的"角"对话框中，打开 分析 选项卡。

（3）定义起始参考。单击 起始 文本框中的"选取项"字符，然后选取 8.8.12 所示的曲线部分。

（4）定义至点参考。选取图 8.8.12 所示的模型表面。

（5）此时在 分析 选项卡中显示角度值为 90°，这个结果表示原始轨迹与截面垂直，验证成功。

8.8.2　重定义扫描混合特征的轨迹和截面

下面举例说明如何重新定义扫描混合特征的轨迹和截面：

Step1. 设置工作目录和打开文件。将工作目录设置为 D:\Creo3\work\ch08.08，然后打开文件 redefine_sweepblend.prt。

Step2. 在模型树中选择 ⌒扫描混合 1，右击，从弹出的快捷菜单中选择 🖐 命令。系统弹出"扫描混合"操控板。

Step3. 重定义轨迹。

（1）在"扫描混合"操控板中单击 参考 选项卡，在弹出的"参考"界面中单击 细节... 按钮，系统弹出的"链"对话框。

（2）在"链"对话框中单击 选项 选项卡，在 排除 文本框中单击 单击此处添加项 字符，在

系统 的提示，选取图 8.8.13 所示的曲线部分为要排除的链。

图 8.8.12 操作过程

图 8.8.13 选取要排除的曲线

（3）在"链"对话框中单击 确定 按钮。

Step4. 重定义第二个截面。

（1）在"扫描混合"操控板中单击 截面 选项卡，在"截面"界面中单击"截面"列表中的 截面 2 。

（2）重定截面形状。在"截面"界面中单击 草绘 按钮，进入草绘环境后，将图 8.8.14a 所示的截面四边形改成图 8.8.14b 所示的梯形，单击"确定"按钮 。

Step5. 在操控板中单击 ∞ 按钮，预览所创建的扫描混合特征；单击 按钮，完成扫描混合特征的创建。

a）修改前

b）修改后

图 8.8.14 截面草图

8.8.3 扫描混合的选项说明

1. 截面控制

三个混合选项的区别如下。

- 垂直于轨迹

特征的各个截面在扫描过程中保持与"原始轨迹"垂直，如图 8.8.15a 所示。此选项为系统默认的设置。如果用"截面"界面中的 截面 X 轴方向 确定截面的定向，则截面的 X 向量（即截面坐标系的 X 轴方向）与选取的平面的法线方向、边线/轴线方向或者与选取的坐标系的某个坐标轴一致，如图 8.8.15b 所示。

查看模型 D:\Creo3\work\ch08.08\normtotraj_ok.prt。

a）扫描混合特征　　　　　　　b）X 轴与边线方向一致

图 8.8.15　垂直于轨迹

- 垂直于投影

沿投影方向看去，特征的各个截面在扫描过程中保持与"原始轨迹"垂直，Z 轴与指定方向上的"原始轨迹"的投影相切，此时需要首先选取一个方向参考，并且截面坐标系的 Y 轴方向与方向参考一致，如图 8.8.16b 所示。

查看模型 D:\Creo3\work\ch08.08\normtopro_ok.prt。

a）扫描混合特征　　　　　　　b）Y 轴与边线方向一致

图 8.8.16　垂直于投影

- 恒定法向

在扫描过程中，特征各个截面的 Z 轴平行于指定方向向量，此时需要首先选取一个方向参考，如图 8.8.17b 所示。

查看模型 D:\Creo3\work\ch08.08\consnormdire_ok.prt。

2．混合控制

在"扫描混合"操控板中单击 选项 选项卡，系统弹出图 8.8.18 所示的"选项"界面（一），在该界面中选中不同的选项，可以控制特征截面的形状。

a）扫描混合特征　　　　　　b）Z 轴平行于所选参考的方向

图 8.8.17　恒定法向　　　　　　　　　图 8.8.18　"选项"界面（一）

- ☐ **封闭端点** 复选框：设置曲面的封闭端点。
- ⦿ **无混合控制** 单选项：将不设置任何混合控制。
- ⦿ **设置周长控制** 单选项：混合特征中的各截面的周长将沿轨迹线呈线性变化，这样通过修改某个已定义截面的周长便可以控制特征中各截面的形状。当选中 ⦿ **设置周长控制** 单选项时，"选项"界面如图 8.8.19 所示，若选中 ☑ **通过折弯中心创建曲线** 复选框，可将曲线放置在扫描混合的中心。
- ⦿ **设置横截面面积控制** 单选项：用户可以通过修改截面的面积来控制特征中各截面的形状。在下面的例子中，可以通过调整轨迹上基准点 PNT0 处的截面面积来调整特征的形状（图 8.8.20）。

图 8.8.19　"选项"界面（二）　　　　　图 8.8.20　调整特征形状

Step1. 设置工作目录和打开文件。将工作目录设置为 D:\Creo3\work\ch08.08，然后打开文件 sweepblend_area.prt。

Step2. 在模型树中选择 ⌇**扫描混合_1**，右击，从弹出的快捷菜单中选择 🖌 命令。在"扫描混合"操控板中单击 **选项** 选项卡，在"选项"界面中选中 ⦿ **设置横截面面积控制** 单选项（图 8.8.21）。

Step3. 定义控制点。

（1）在系统 ⇨**在原点轨迹上选择一个点或顶点以指定区域。** 的提示下，选取图 8.8.22 所示的基准点 PNT0。

（2）在"选项"界面中，将"PNT0：F6（基准点）"的"面积"改为 300。

图 8.8.21　"选项"界面

图 8.8.22　选择基准点

Step4. 单击"完成"按钮 ✔，完成扫描混合特征的创建。

3. 相切

在"扫描混合"操控板中单击 **相切** 选项卡，系统图 8.8.23 所示的界面，用于控制扫描混合特征与其他特征的相切过渡，如图 8.8.24 所示。

图 8.8.23　"相切"界面

图 8.8.24　相切

Step1. 设置工作目录和打开文件。将工作目录设置为 D:\Creo3\work\ch08.08，然后打开文件 sweepblend_tangent.prt。

Step2. 在模型树中选择 扫描混合 1，右击，从弹出的快捷菜单中选择 编辑定义 命令。在"扫描混合"操控板中单击 **相切** 选项卡，系统弹出"相切"界面。

Step3. 在"相切"界面中选择"终止截面"，将"终止截面"设置为"相切"，此时图 8.8.25 所示的边线被加亮显示。

Step4. 在模型上依次选取图 8.8.26、图 8.8.27 所示的曲面。

图 8.8.25　边线被加亮显示

图 8.8.26　选取一相切的面

图 8.8.27　选取另一相切的面

Step5. 单击操控板中的 ∞ 按钮，预览所创建的扫描混合特征；单击 ✓ 按钮，完成扫描混合特征的创建。

说明：要注意特征截面图元必须在要选取的相切面上。在本例打开的模型中，可先在轨迹的端点处创建一个与轨迹垂直的基准平面 DTM1（图 8.8.28），然后用"相交"命令得到 DTM1 与混合特征的交线（图 8.8.29），用交线作为扫描混合特征的第一个截面（图 8.8.33），这样便保证了扫描混合特征第一个截面的图元在要相切的混合特征的表面上。

图 8.8.28　创建相交曲线　　　　　　图 8.8.29　扫描混合特征的第一个截面

8.9　扫　描　特　征

8.9.1　关于扫描特征

扫描（Sweep）特征是一种在扫描过程中，截面的方向和形状由若干轨迹线所控制的特征。如图 8.9.1 所示，扫描特征一般要定义一条原始轨迹线、一条 X 轨迹线、多条一般轨迹线和一个截面。其中，原始轨迹是截面经过的路线，即截面开始于原始轨迹的起点，终止于原始轨迹的终点；X 轨迹线决定截面上坐标系的 X 轴方向；多条一般轨迹线用于控制截面的形状。另外，还需要定义一条法向轨迹线以控制特征截面的法向，法向轨迹线可以是原始轨迹线、X 轨迹线或某条一般轨迹线。

图 8.9.1　扫描特征

8.9.2　扫描的选项说明

单击 模型 功能选项卡 形状 ▼ 区域中的 ⬦扫描 ▼ 按钮，系统弹出"扫描"操控板。

1．截面方向控制

在"扫描"操控板中单击 参考 按钮，在其界面中可看到，截平面控制列表框中有如下三个选项。

- 垂直于轨迹：扫描过程中，特征截面始终垂直于某个轨迹，该轨迹可以是原始轨迹线、X 轨迹线或某条一般轨迹线。
- 垂直于投影：扫描过程中，特征截面始终垂直于一条假想的曲线，该曲线是某个轨迹在指定平面上的投影曲线。
- 恒定法向：截面的法向与指定的参考方向保持平行。

2．截面形状控制

- ∟ 按钮：草绘截面在扫描过程中可变。
- ﹂ 按钮：草绘截面在扫描过程中不变。

8.9.3　用"垂直于轨迹"确定截面的法向

在图 8.9.2 中，特征的截面保持与曲线 2 垂直，其创建过程如下。

a）特征　　　　　　　　　　　　　　b）轨迹曲线

图 8.9.2　截面垂直于轨迹

Step1．设置工作目录和打开文件。将工作目录设置为 D:\Creo3\work\ch08.09，然后打开文件 varsecsweep_normtraj.prt。

Step2．单击 模型 功能选项卡 形状 ▼ 区域中的 扫描 ▼ 按钮。

Step3．在操控板中按下"实体"类型按钮 □ 。

Step4．选择轨迹曲线。第一个选择的轨迹必须是原始轨迹，先选择基准曲线 1，然后按住 Ctrl 键，选择基准曲线 2。

Step5．定义截面的控制。

（1）选择控制类型。在操控板中单击 参考 选项卡，在其界面的 截平面控制 下拉列表中选择 垂直于轨迹 选项。由于 垂直于轨迹 为默认的选项，此步可省略。

（2）选择控制轨迹。在 参考 界面中选中"链 1"中的 N 栏，如图 8.9.3 所示。

Step6. 创建扫描特征的截面。在操控板中单击"创建或编辑扫描截面"按钮 ；进入草绘环境后创建图 8.9.4 所示的截面草图，然后单击"确定"按钮 。

图 8.9.3　"参考"界面　　　　　　　图 8.9.4　截面草图

Step7. 单击"完成" 按钮，完成特征的创建。

8.9.4　用"垂直于投影"确定截面的法向

在图 8.9.5 中，特征的截面在扫描过程中始终垂直于投影曲线 2 的投影，该特征的创建过程如下。

Step1. 设置工作目录和打开文件。将工作目录设置为 D:\Creo3\work\ch08.09，然后打开文件 varsecsweep_normproject.prt。

Step2. 单击 模型 功能选项卡 形状 ▼ 区域中的 扫描 ▼ 按钮。

Step3. 在操控板中按下"实体"类型按钮 。

Step4. 选择轨迹曲线。第一个选择的轨迹必须是原始轨迹，在图 8.9.5 中，先选择基准曲线 1，然后按住 Ctrl 键，选择基准曲线 2。

Step5. 定义截面的控制。

（1）选择控制类型。在操控板中单击 参考 按钮，在 截平面控制 列表框中选择 垂直于投影 。

（2）选择方向参考。在图 8.9.5 所示的模型中选取基准平面 DTM1。

Step6. 创建扫描特征的截面。在操控板中单击"创建或编辑扫描截面"按钮 ，进入草绘环境后，绘制图 8.9.6 所示的特征截面，然后单击"确定"按钮 。

Step7. 单击操控板中 按钮，完成特征的创建。

图 8.9.5　垂直于投影　　　　　　　　　　　　图 8.9.6　截面草图

8.9.5　用"恒定法向"确定截面的法向

在图 8.9.7 中，特征截面的法向在扫描过程中是恒定的，该特征的创建过程如下。

Step1. 设置工作目录和打开文件。将工作目录设置为 D:\Creo3\work\ch08.09，然后打开文件 varsecsweep_const.prt。

Step2. 单击 模型 功能选项卡 形状 ▼ 区域中的 扫描 ▼ 按钮。

Step3. 在操控板中按下"实体"类型按钮 。

Step4. 选择轨迹曲线。第一个选择的轨迹必须是原始轨迹，在图 8.9.8 中，先选择基准曲线 1，然后按住 Ctrl 键，选择基准曲线 2。

图 8.9.7　恒定的法向　　　　　　　　　　　图 8.9.8　截面草图

Step5. 定义截面的控制。

（1）选择控制类型。在操控板中单击 参考 按钮，在 截平面控制 列表框中选择 恒定法向 。

（2）选择方向参考。在如图 8.9.7 所示的模型中选择 DTM2 基准平面。

Step6. 创建扫描特征的截面。在操控板中单击"创建或编辑扫描截面"按钮 ，进入草绘环境后，绘制图 8.9.8 所示的特征截面，然后单击"确定"按钮 。

Step7. 改变特征长度。单击曲线 2，使其两端显示 T＝0.0，将其左端的 T 值改为 50.0，如图 8.9.9 所示。

　　Step8. 单击操控板中的 ![checkmark]按钮，完成特征的创建。

8.9.6　使用 X 轨迹线

　　在图 8.9.10 中，特征截面坐标系的 X 轴方向在扫描过程中由曲线 2 控制，该特征的创建过程如下。

　　Step1. 设置工作目录和打开文件。将工作目录设置为 D:\Creo3\work\ch08.09，然后打开文件 varsecsweep_xvector.prt。

　　Step2. 单击 模型 功能选项卡 形状 ▾ 区域中的 扫描 ▾ 按钮。

　　Step3. 在操控板中按下"实体"类型按钮 □。

　　Step4. 选择轨迹曲线。第一个选择的轨迹必须是原始轨迹，在图 8.9.10 中，先选择基准曲线 1，然后按住 Ctrl 键，选择基准曲线 2。

　　Step5. 定义截面的控制。在操控板中单击 参考 按钮，选中"链 1"中的 X 栏。

图 8.9.9　改变特征长度　　　　　　　　图 8.9.10　使用 X 轨迹线

　　Step6. 创建扫描特征的截面。在操控板中单击"创建或编辑扫描截面"按钮 ![icon]，进入草绘环境后，绘制图 8.9.11 所示的特征截面，然后单击"确定"按钮 ![checkmark]。

　　Step7. 单击操控板板中的 ![checkmark]按钮，完成特征的创建。从完成后的模型中可以看到前后两个截面成 90°，如图 8.9.12 所示。

图 8.9.11　截面草图　　　　　　　　　图 8.9.12　完成后的模型结果

8.9.7　使用轨迹线控制特征的形状

在图 8.9.13 中，特征的形状在扫描过程中由曲线 2 和曲线 3 控制，该特征的创建过程如下。

Step1. 将工作目录设置为 D:\Creo3\work\ch08.09，打开文件 varsecsweep_traj.prt。

Step2. 单击 模型 功能选项卡 形状 ▼ 区域中的 扫描 ▼ 按钮。

Step3. 在操控板中按下"实体"类型按钮 □。

Step4. 选择轨迹曲线。第一个选择的轨迹必须是原始轨迹，在图 8.9.13 中，先选择基准曲线 1，然后按住 Ctrl 键，选择基准曲线 2 和曲线 3。

图 8.9.13　用轨迹线控制特征的形状

Step5. 创建扫描特征的截面。在操控板中单击"创建或编辑扫描截面"按钮 ，进入草绘环境后，绘制图 8.9.14 所示的截面草图。注意：点 P0、P1 是曲线 2 和曲线 3 端点，为了使曲线 2 和曲线 3 能够控制可变扫描特征的形状，截面草图必须与点 P0、P1 对齐。绘制完成后，然后单击"确定"按钮 。

Step6. 单击操控板中的 按钮，完成特征的创建。

a）草绘平面与屏幕平行　　　　　b）草绘平面与屏幕不平行

图 8.9.14　截面草图

8.9.8　扫描特征应用举例

图 8.9.15 所示的模型是用扫描特征创建的异形壶，这是一个关于扫描特征的综合练习，

下面介绍其操作过程。

Step1. 将工作目录设置为 D:\Creo3\work\ch08.09，打开文件 tank_design.prt。打开的文件中，基准曲线 0、基准曲线 1、基准曲线 2、基准曲线 3 和基准曲线 4 是一般的平面草绘曲线，基准曲线 5 是用方程创建的螺旋基准曲线。

Step2. 创建扫描特征。

（1）单击 模型 功能选项卡 形状 ▼ 区域中的 ⬚扫描 ▼ 按钮。

（2）在操控板中按下"实体"类型按钮 ⬚。

（3）选择轨迹曲线。第一个选择的轨迹必须是原始轨迹，在图 8.9.16 中，先选择基准曲线 0，然后按住 Ctrl 键，选择基准曲线 1、曲线 2、曲线 3、曲线 4 和曲线 5。

（4）创建扫描特征的截面。在操控板中单击"创建或编辑扫描截面"按钮 ⬚，进入草绘环境后，绘制图 8.9.17 所示的截面草图。完成后，然后单击"确定"按钮 ✓。

图 8.9.15　练习　　　　　　图 8.9.16　选择曲线　　　　　　图 8.9.17　截面草图

注意： P1、P2、P3 和 P4 是曲线 1、曲线 2、曲线 3 和曲线 4 的端点，为了使这四条曲线能够控制可变扫描特征的形状，截面草图必须与点 P1、P2、P3 和 P4 对齐。曲线 5 是一个具有 15° 旋转角的螺旋曲线。

（5）在操控板中单击 ∞ 按钮，预览所创建的特征；单击"完成"按钮 ✓。

Step3. 对模型的侧面进行圆角。

（1）单击 模型 功能选项卡 工程 ▼ 区域中的 ⬚倒圆角 ▼ 按钮。

（2）选取图 8.9.18 所示的四条边线，圆角半径值为 8.0。

Step4. 对图 8.9.19 所示的模型底部进行圆角，圆角半径值为 10.0。

Step5. 创建抽壳特征。

（1）单击 模型 功能选项卡 工程 ▼ 区域中的"壳"按钮 ⬚壳。

（2）要去除的面如图 8.9.20 所示，抽壳厚度值为 5.0。

图 8.9.18　侧面圆角　　　　图 8.9.19　底部圆角　　　　图 8.9.20　抽壳特征

8.10　环形折弯特征

环形折弯（Toroidal Bend）命令是一种改变模型形状的操作，它可以对实体特征、曲面、基准曲线进行环状的折弯变形。图 8.10.1 所示的模型是使用环形折弯命令产生的汽车轮胎，该模型的创建方法是先在平直的实体上构建切削花纹并进行阵列，然后用环形折弯命令将模型折弯成环形，再镜像成为一个整体轮胎模型。

图 8.10.1　模型及模型树

说明：本例前面的详细操作过程请参见随书光盘中 video\ch08\ch08.10\reference\文件下的语音视频讲解文件 instance_tyre-r01.exe。

Step1. 打开文件 D:\Creo3\work\ch08.10\instance_tyre_ex.prt。

Step2. 创建图 8.10.2 所示的拉伸特征。在操控板中单击"拉伸"按钮 ⬛拉伸，单击"移除材料"按钮 ⬛；选取图 8.16.2 所示的草绘平面和参考平面，方向为 右；绘制图 8.10.3 所示的截面草图，定义拉伸类型为 ⬛，输入深度值 3.0。

Step3. 创建图 8.10.4 所示的平移复制特征。

（1）在模型树中选取上步创建的拉伸特征，然后单击 模型 功能选项卡 操作 ▾ 区域中的"复制"按钮 ⬛。

图 8.10.2　拉伸特征　　　　　　　　　　　　　　图 8.10.3　截面草图

（2）单击 模型 功能选项卡 操作 ▼ 区域中的"粘贴"按钮 📋 ▼ 下的 📋 选择性粘贴 选项，系统弹出"选择性粘贴"对话框。

（3）在"选择性粘贴"对话框中设置如图 8.10.5 所示的参数，然后单击 确定(O) 按钮。系统弹出"移动（复制）"操控板。

（4）在"移动（复制）"操控板单击平移特征按钮 ↔，选取图 8.10.6 所示的面为方向参考，并在其后的文本框中输入值-12，按 Enter 键确认。

（5）在"移动（复制）"操控板单击 ✔ 按钮，完成特征移动复制的操作。

图 8.10.4　移动复制特征　　　　图 8.10.5　"选择性粘贴"对话框　　　　图 8.10.6　选取移动方向参

Step4. 创建图 8.10.7 所示的特征阵列。选取上一步创建的平移复制特征右击，选择 阵列... 命令。在阵列控制方式下拉列表中选择 尺寸 选项。单击 尺寸 选项卡，选取图 8.10.7 所示的尺寸 12.0 作为第一方向阵列参考尺寸，在 方向1 区域的 增量 文本栏中输入增量值 12.0；在操控板中的第一方向阵列个数栏中输入数值 49。单击 ✔ 按钮，完成阵列特征的创建。

Step5. 创建图 8.10.8 所示的环形折弯特征。

（1）在 模型 功能选项卡选择 工程 ▼ ➡ ⟋环形折弯 命令。

（2）在图形区右击，然后在弹出的快捷菜单中选择 定义内部草绘... 命令。

（3）选取图 8.10.9 所示的端面为草绘平面，接受默认的草绘参考。

图 8.10.7　选择引导尺寸　　　　　　图 8.10.8　创建环形折弯特征

（4）进入草绘环境后，先选取图 8.10.10 所示的边线为参考，然后绘制特征截面草图。

（5）创建图 8.10.10 所示的草绘坐标系。

（6）在"环形折弯"操控板中的"折弯类型"下拉列表中选择 360 度折弯 ；然后分别单击其后的 ● 单击此处添加项 字符，分别选取图 8.10.11 所示的两个端面。

（7）在操控板中单击 参考 选项卡，选中 ☑ 实体几何 复选框，单击 ✔ 按钮。

图 8.10.9　选取草绘平面　　　　　　图 8.10.10　截面草图

Step6. 创建图 8.10.12 中所示的基准平面 DTM1。单击 模型 功能选项卡 基准 ▾ 区域中的"平面"按钮 ▱ ，选取环形折弯特征的端面为参考，输入偏移值 0.0。单击对话框中的 确定 按钮。

Step7. 创建图 8.10.14 所示的镜像复制特征。

（1）选取镜像特征。在模型树中选择上一步创建的复制特征为要镜像的特征。

（2）选择镜像命令。单击 模型 功能选项卡 编辑 ▾ 区域中的"镜像"按钮 ▯◁ 。

（3）选择镜像平面。选取图 8.10.13 所示的 DTM1 基准平面为镜像中心平面。

图 8.10.11　选取端面　　图 8.10.12　创建 DTM1　　图 8.10.13　选取曲面　　图 8.10.14　镜像特征

8.11　特征阵列的高级应用

8.11.1　填充阵列

填充阵列就是用阵列的成员来填充所草绘的区域，如图 8.11.1 所示。

a）阵列前　　　　　　　b）阵列后

图 8.11.1　创建填充阵列

下面说明填充阵列的创建过程：

Step1. 将工作目录设置为 D:\Creo3\work\ch08.11，打开文件 fill_array.prt。

Step2. 在模型树中单击 组GROUP_1，再右击，选择 阵列... 命令。

Step3. 选取阵列类型。在"阵列"操控板的 选项 选项卡下拉列表中选择 一般 选项。

Step4. 选取控制阵列方式。在"阵列"操控板中选取以"填充"方式来控制阵列。

Step5. 绘制填充区域。

（1）在绘图区中右击，从弹出的快捷菜单中选择 定义内部草绘... 命令，选取图 8.11.2 所示的表面为草绘平面，接受系统默认的参考平面和方向。

（2）进入草绘环境后，绘制图 8.11.3 所示的草绘图作为填充区域。

Step6. 设置填充阵列形式并输入控制参数值。在操控板的 A 区域中选取"圆"作为排列阵列成员的方式；在 B 区域中输入阵列成员中心之间的距离值 25；在 C 区域中输入阵列成员中心和草绘边界之间的最小距离值 0.0；在 D 区域中输入栅格绕原点的旋转角度值 0.0；

在 E 区域输入径向间距值 20。

图 8.11.2　选择草绘平面　　　　　　　图 8.11.3　绘制填充区域

Step7. 在操控板中单击 ✔ 按钮，完成操作。

8.11.2　表阵列

图 8.11.4 中的几个孔是用"表阵列"的方法创建的。下面介绍其创建方法。

Step1. 将工作目录设置为 D:\Creo3\work\ch08.11；打开文件 table_array.prt。

Step2. 在模型树中选择 组GROUP_1，右击，选择 阵列... 命令。

a）阵列前　　　　　　　　　　　　　b）阵列后

图 8.11.4　创建表阵列

Step3. 在"阵列"操控板的下拉列表中选择"表"。

Step4. 选择表阵列的尺寸。在操控板中单击 表尺寸 选项卡，系统弹出界面；按住 Ctrl 键，在图 8.11.5 中分别选取尺寸 25、26、12、24，此时"表尺寸"界面如图 8.18.6 所示。

图 8.11.5　选取尺寸　　　　　　　图 8.11.6　"表尺寸"界面

Step5. 编辑表。在操控板中单击 编辑 按钮，系统弹出图 8.11.7a 所示的"Pro/TABLE"窗口，按照图 8.11.7b 所示的窗口修改值。

Step6. 在操控板中单击 ✔ 按钮，完成操作。

a）修改前

b）修改后

图 8.11.7　"Pro/TABLE"窗口

第 9 章　特征的变形

9.1　特征的扭曲

9.1.1　扭曲操控板

使用特征的扭曲（Warp）命令可以对实体、曲面、曲线的结构与外形进行变换。为了便于学习扭曲命令的各项功能，下面先打开一个图 9.1.1 所示的模型，然后启动扭曲命令，进入其操控板。具体操作如下。

Step1. 设置工作目录和打开文件。将工作目录设置为 D:\Creo3\work\ch09.01，打开文件 warp_instance.prt。

Step2. 在 模型 功能选项卡选择 编辑 ▼ ➡ ⚙ 扭曲 命令。

Step3. 系统弹出"扭曲"操控板（此时操控板中的各按钮以灰色显示，表示其未被激活），选取图 9.1.1 中的模型。

图 9.1.1　模型

Step4. 完成以上操作后，"扭曲"操控板中的各按钮加亮显示（图 9.1.2），然后就可以选择所需工具按钮进行模型的各种扭曲操作了。

图 9.1.2 所示"扭曲"操控板中的各按钮如下。

A: 启动变换工具；　　B: 启动扭曲工具；　　C: 启动骨架工具；　　D: 启动拉伸工具；

E: 启动折弯工具；　　F: 启动扭转工具；　　G: 启动雕刻工具。

- 　参考　：单击该选项卡，在打开的面板中可以设定要进行扭曲操作的对象及其操作参考。
  - ☑ ☑ 隐藏原件：在扭曲操作过程中，隐藏原始几何体。
  - ☑ ☑ 复制原件：在扭曲操作过程中，仍保留原始几何体。

☑　☑ 小平面预览：启用小平面预览。

图 9.1.2　"扭曲"操控板

- **列表**：单击该选项卡，在打开的面板中将列出所有的扭曲操作过程，选择其中的一项，图形窗口中的模型将显示在该操作状态时的形态。

- **选项**：单击该选项卡，在打开的面板中可以进行一些扭曲操作的设置。选择不同的扭曲工具，面板中显示的内容各不相同。

9.1.2　变换操作

使用变换工具，可对几何体进行平移、旋转或缩放。下面以打开的模型 warp_instance.prt 为例，说明其操作过程。

Step1. 在操控板中按下变换按钮 ，操控板进入图 9.1.3 所示的"变换"操作界面，同时图形区中的模型周围出现图 9.1.4 所示的控制杆和背景对罩框。

图 9.1.3　"变换"操作界面

Step2. "变换"操作。利用控制杆和背景对罩框可进行旋转和缩放操作（操作中，可用多级撤销功能），下面具体介绍。

- "旋转"操作：拖动控制杆的某个端点（图 9.1.5），可对模型进行旋转。
- "缩放"操作分以下几种情况。

　　☑　三维缩放操作：用鼠标拖动背景对罩框的某个拐角，如图 9.1.6a 所示，可以对模型进行三维缩放。

图 9.1.4　进入"变换"环境　　　　　　　　　图 9.1.5　"旋转"操作

说明：用鼠标拖动某点的操作方法是，将光标移至某点处，按下左键不放，同时移动鼠标，将该点移至所需位置后再松开左键。

　　☑　二维缩放操作：当将鼠标指针移至边线上的边控制滑块时，出现操作手柄（图 9.1.6b），拖动边控制滑块，可以对模型进行二维缩放。

　　☑　一维缩放操作：如图 9.1.6b 所示，若只拖动边控制滑块操作手柄的某个箭头，则相对于该边的对边进行一维缩放。

注意：若在进行缩放操作的同时按住 Alt+Shift 键（或在操控板的 缩放 下拉列表中选择 中心 ），则将相对于中心进行缩放。

Step3. 在操控板中单击"完成"按钮 ✔ 。

a）三维缩放　　　　　　　　　　　　　　b）一维和二维缩放

图 9.1.6　"缩放"操作

9.1.3　扭曲操作

使用扭曲（Warp）工具可改变所选对象的形状，如使对象的顶部或底部变尖、偏移对象的重心等。下面以打开的模型 warp_instance.prt 为例，说明其操作过程。

Step1. 在操控板中按下扭曲按钮 $\square$，操控板进入图 9.1.7 所示的"扭曲"操作界面，同时图形区中的背景对罩框上出现图 9.1.8 所示的控制滑块。

图 9.1.7　"扭曲"操作界面

Step2. "扭曲"操作。利用背景对罩框可进行不同的扭曲，下面分别介绍。

● 将鼠标指针移至背景对罩框的某个拐角，系统即在该拐角处显示操作手柄（图 9.1.9 ），拖动各箭头可调整模型的形状,其中沿某个边拖动该边的边箭头如图 9.1.10 所示。

图 9.1.8　进入"扭曲"环境　　　图 9.1.9　在背景对罩框的拐角处操作

● 将鼠标指针移至边线上的边控制滑块时，立即显示图 9.1.11 所示的操作手柄，在平面中或沿边拖动箭头可调整模型的形状。

注意：若在拖动的同时按住 Alt 键（或在操控板的 扭曲 下拉列表中选择 自由 ），可以进行自由拖动；若按住 Alt+Shift 键（或在操控板的 扭曲 下拉列表中选择 中心 ），则可以相对于中心进行拖动。

图 9.1.10　拖动控制滑块的边箭头　　　图 9.1.11　在背景对罩框的边上操作

Step3. 在操控板中单击"完成"按钮 ✓。

9.1.4　骨架操作

骨架（Spline）操作是通过对模型某边线进行操作，使模型产生变形。下面将以模型 spline_instance.prt 为例，说明其操作过程。

Step1. 在操控板中按下骨架按钮 ，操控板进入图 9.1.12 所示的"骨架"操作界面。

图 9.1.12　"骨架"操作界面

图 9.1.12 所示的"骨架"操作界面中的各按钮说明如下。

A：相对于矩形罩框扭曲。

B：从中心快速扭曲。

C：沿轴快速扭曲。

Step2. 定义参考。

（1）在"扭曲"操控板中按下 按钮，然后在系统 ➡选择一条曲线以定义变形. 的提示下，单击操控板中的 参考 按钮，在"参考"界面中单击 细节 按钮，系统弹出"链"对话框。

（2）选取图 9.1.13a 所示的模型边线，并单击"链"对话框中的 确定 按钮。

Step3. 完成以上操作后，在图形区中的所选边线上出现图 9.1.13b 所示的若干控制点和控制线。

Step4. 骨架操作：拖动控制点和控制线可使模型发生变形。

Step5. 在操控板中单击"完成"按钮 ✓。

a）选取模型边线　　　　　b）操作前　　　　　c）操作后

图 9.1.13　"骨架"操作

9.1.5　拉伸操作

使用拉伸（Stretch）工具，可沿指定的坐标轴方向对所选对象进行拉长或缩短。下面以模型 stretch_instance.prt 为例，说明其操作过程。

Step1. 在"扭曲"操控板中按下"启动拉伸工具"按钮，操控板进入图 9.1.14 所示的"拉伸"操作界面，同时图形区中出现图 9.1.15 所示的背景对罩框和控制柄。

图 9.1.14　"拉伸"操作界面

Step2. 在该界面中选中 比例 复选框，然后输入拉伸比例值 1.5，并按 Enter 键，此时模型如图 9.1.16 所示。

Step3. 可进行如下"拉伸"操作。

● 拖动控制柄可以对模型进行拉伸，如图 9.1.17 所示。

● 拖动加亮面，可以调整拉伸的起点和长度。

● 拖动背景对罩框可以进行定位或调整大小（按住 Shift 键不放，进行法向拖动）。

Step4. 在操控板中单击"完成"按钮。

图 9.1.15　"拉伸"环境　　　　　图 9.1.16　设置拉伸比例值后　　　　　图 9.1.17　操作过程

9.1.6　折弯操作

使用折弯（Bend）工具，可以沿指定的坐标轴方向对所选对象进行弯曲，下面说明其操作过程。"折弯"操作界面如图 9.1.18 所示。

图 9.1.18　"折弯"操作界面

图 9.1.18 所示的"折弯"操作界面中的各按钮说明如下。

A：切换到下一个轴。

B：反转轴的方向。

C：以 90° 增大倾角。

Step1. 将工作目录设置为 D:\Creo3\work\ch09.01，打开文件 bend_instance.prt。

Step2. 在 模型 功能选项卡 编辑 ▼ 下拉菜单中选择 扭曲 命令。

Step3. 在系统 ➡选择要扭曲的实体、面组、小平面或曲线。 的提示下，在图形区选取图 9.1.19a 所示的模型；单击操控板中的 参考 选项卡，在系统弹出的"参考"界面中单击激活 方向 下的文本框，再在模型树中选取 RIGHT 基准平面。

Step4. 在操控板中按下"启动折弯工具"按钮 ，操控板进入图 9.1.18 所示的"折弯"操作界面，同时图形区中的模型进入"折弯"环境，如图 9.1.19b 所示。

Step5."折弯"操作。

- 在操控板中选中 角度 复选框，输入折弯角度值 120.0，并按 Enter 键。此时模型按指定的角度折弯，如图 9.1.19c 所示。

- 拖动控制柄（图 9.1.20），可以控制折弯角度的大小。

- 拖动加亮面（图 9.1.19d），可以调整拉伸的起点和长度。

- 拖动背景对罩框可对其定位（按住 Alt 键，进行法向拖动）。

- 拖动轴心点或拖动斜箭头（图 9.1.20），可以旋转背景对罩框。

a）选取实体和参考平面　　b）进入"折弯"环境　　c）设置折弯角度值后　　d）操作过程

图 9.1.19　"折弯"操作

图 9.1.20 "折弯"环境中的各元素

Step6. 在操控板中单击"完成"按钮 ✔ 。

9.1.7 扭转操作

使用扭转（Twist）工具可将所选对象进行扭转。下面以模型 twist_instance.prt 为例，说明其操作过程。

Step1. 将工作目录设置为 D:\Creo3\work\ch09.01，打开文件 twist_instance.prt。

Step2. 在 模型 功能选项卡 编辑 ▼ 下拉菜单中选择 🧿 扭曲 命令。

Step3. 在系统 ➡选择要扭曲的实体、面组、小平面或曲线. 的提示下，选取图形区中的模型；单击操控板中的 参考 选项卡，在系统弹出的"参考"界面中单击激活 方向 区域下文本框，再在模型树中选取 🗗 RIGHT 基准平面。

Step4. 在操控板中按下"启动扭转工具"按钮 🧿，操控板进入图 9.1.21 所示的"扭转"操作界面，同时图形区中的模型进入"扭曲"环境，如图 9.1.22a 所示。

图 9.1.21 "扭转"操作界面

图 9.1.21 所示的"扭曲"操控板中的各按钮说明如下。

A：切换到下一个轴。

B：反转轴的方向。

Step5. 扭转操作。

● 拖动图 9.1.22b 中的控制柄可以进行扭转。

● 拖动加亮面调整拉伸的起点和长度；拖动背景对罩框进行定位（按住 Shift 键不放，进行法向拖动），如图 9.1.22c 所示。

a）进入"扭转"环境

拖动该操控柄进行扭转
b）"扭转"操作

c）进行定位

图 9.1.22　"扭转"操作

Step6. 在操控板中单击"完成"按钮 ✓ 。

9.1.8　雕刻操作

雕刻（Sculpt）操作是通过拖动网格的点使模型产生变形。下面以模型 sculpt_instance.prt 为例，说明其操作过程。

Step1. 在操控板中按下"启动雕刻工具"按钮 🔘 ，操控板进入图 9.1.23 所示的"雕刻"操作界面，同时图形区中的模型进入"雕刻"环境，如图 9.1.24a 所示。

图 9.1.23　"雕刻"操作界面

a）操作前

拖动此控制点进行操作
b）操作后

图 9.1.24　"雕刻"操作

图 9.1.23 所示的"雕刻"操作界面中的各按钮说明如下。

A：将雕刻网格的方位切换到下一罩框面。

B：应用到选定项目的一侧。

C：应用到选定项目的双侧。

D：对称应用到选定项目的双侧。

E: 雕刻网格的行数。

F: 雕刻网格的列数。

Step2. 雕刻操作。

（1）在操控板中按下 button 按钮，然后在 行 文本框中输入雕刻网格的行数 3，在 列 文本框中输入雕刻网格的列数 3。

（2）拖动网格控制点进行雕刻操作，如图 9.1.24b 所示。

Step3. 在操控板中单击"完成"按钮 ✓。

9.2　实体自由形状

实体自由形状（Solid Free Form）命令是一种利用网格对实体表面进行变形的工具，下面以一个例子说明其一般操作过程。

Step1. 将工作目录设置为 D:\Creo3\work\ch09.02，打开文件 solid_free.prt。

Step2. 在 模型 功能选项卡 编辑 ▼ 下拉菜单中选择 实体自由成型 命令。

Step3. 系统弹出图 9.2.1 所示的 ▼ FORM OPTS（形式选项）菜单，选择 Pick Surf（选出曲面） Done（完成）命令。

Step4. 在系统 ⇨ 为自由印贴特征选择基础曲面. 的提示下，选取图 9.2.2 所示的模型表面为要变形的曲面。

图 9.2.1　"形式选项"菜单　　　图 9.2.2　选择变形表面

Step5. 在系统 输入在指定方向的控制曲线号 的提示下，分别输入所选曲面上第一、第二方向的网格线数量 10 和 6。

Step6. 定义变形区域。

（1）此时系统弹出图 9.2.3 所示的"修改曲面"对话框，在 ▼ 区域 栏的 第一方向 中选中 ✓ 区域 复选框，按住 Ctrl 键，在变形曲面上选取第一方向的两条控制曲线（图 9.2.4）。

（2）在 第二方向 中选中 ✓ 区域 复选框，并在 ⇨ 在暗红色箭头所指的方向上选取两条控制曲线. 的提示下，按住 Ctrl 键，在曲面上选取第二方向的两条控制曲线（图 9.2.5）。

Step7. 在系统 ➡选择要移动的点. 提示下，在曲面上拖移控制点，可使所定义的区域产生变形（图 9.2.6）。完成操作后，在"修改曲面"对话框中单击 ✔ 按钮。

Step8. 单击信息对话框中的 预览 按钮，再单击 📷 按钮，预览所创建的"实体自由形状"特征，然后单击 确定 按钮，完成特征的创建，结果如图 9.2.7 所示。

此区域用于定义拖移网格点方向

可定义两个方向的四条网格线确定变形区域

图 9.2.3 "修改曲面"对话框

选取这两条控制曲线

图 9.2.5 选取两条控制曲线

拖移此控制点

图 9.2.6 拖移控制点

选取这两条控制曲线

图 9.2.4 选取两条控制曲线

图 9.2.7 特征创建结果

第 10 章 ISDX 曲面造型

10.1   ISDX 曲面样式基础

10.1.1   关于 ISDX 曲面样式

ISDX 是 Interactive Surface Design Extensions 缩写，即交互式曲面设计模块。该模块用于工业样式设计，设计曲面特别复杂的零件，用该模块创建的曲面也称"样式"（Style）曲面。

1. ISDX 曲面样式的特点

ISDX 曲面的特点如下：

- ISDX 曲面以曲线为基础。利用曲率分布图，能直观地编辑曲线，从而可快速获得光滑、高质量的 ISDX 曲线，进而产生高质量的"样式"（Style）曲面。该模块通常用于产品的概念设计、外形设计、逆向工程等设计领域。
- 与以前的高级曲面样式模块 CDRS（Pro/Designer）相比，ISDX 曲面模块与 Creo 的其他模块（零件模块、曲面模块、装配模块等）紧密集成在一起，为工程师提供了统一的零件设计平台，消除了两个设计系统间的双向切换和交换数据，因而极大地提高了工作质量和效率。

2. 进入 ISDX 曲面模块

进入 ISDX 曲面模块，操作方法如下。

单击 模型 功能选项卡 曲面 ▼ 区域中的"样式"按钮 样式 ，进入样式环境。

10.1.2   ISDX 曲面样式用户界面

将工作目录设置为 D:\Creo3\work\ch10.01，打开模型文件 down_cover_ok.prt；单击 模型 功能选项卡 曲面 ▼ 区域中的"样式"按钮 样式 ，进入样式环境。

ISDX 曲面模块用户界面如图 10.1.1 所示，图中用虚线框示意的部分是 ISDX 曲面模块常用的下拉菜单和命令按钮，后面将进一步说明。

图 10.1.1　ISDX 曲面模块用户界面

10.1.3　ISDX 曲面样式入门

1. 查看 ISDX 曲线及曲率图、ISDX 曲面

下面我们将打开图 10.1.2 所示的模型，查看 ISDX 曲线、曲率图和 ISDX 曲面，以建立对 ISDX 曲线和 ISDX 曲面的初步认识。

图 10.1.2　查看 ISDX 曲线及曲率图、ISDX 曲面

Step1. 设置工作目录和打开文件。

（1）选择下拉菜单 文件 ▾ ➡ 管理会话(M) ▶ ➡ 选择工作目录(D) 更改工作目录. 命令，将工作目录

设置为 D:\Creo3\work\ch10.01。

（2）选择下拉菜单 文件▼ ➡ 打开(O) 命令，打开文件 down_cover.prt。

Step2. 设置模型显示状态。

（1）单击视图工具栏中的 按钮，将模型设置为着色显示状态。

（2）单击视图工具栏中的 按钮，在弹出的界面中取消选中 □ 轴显示 和 □ 坐标系显示 复选框，使基准轴、坐标系不显示；选中 ☑ 平面显示 复选框，使基准面显示。

（3）单击 按钮，然后选择图 10.1.3 所示的 VIEW_3 视图。

Step3. 设置层的显示状态。

（1）在图 10.1.4 所示的导航选项卡中单击 按钮，在系统弹出的快捷菜单中选择 层树(L) 命令。

图 10.1.3   选择 VIEW_3 视图

图 10.1.4   导航选项卡

（2）在层树中，选取模型曲线层 ⊂ CURVE，右击，从快捷菜单中选择 隐藏 命令；单击"重画"按钮 ，这样模型的基准曲线将不显示。

（3）返回到模型树。单击导航选项卡中的 按钮，在弹出的快捷菜单中选择 模型树(M) 命令。

Step4. 进入 ISDX 环境。在模型树中右击 类型 1 ，从弹出的快捷菜单中选择 命令，此时系统进入 ISDX 环境。

注意：一个样式（Style）特征中可以包含多个 ISDX 曲面和多条 ISDX 曲线；也可以只含 ISDX 曲线，不含 ISDX 曲面。在编辑定义的时候，可以对每条曲线分别进行编辑。

Step5. 查看 ISDX 曲线及曲率图。

（1）在 样式 功能选项卡中的 分析▼ 区域中单击"曲率"按钮 曲率，系统弹出"曲率"对话框，然后选择图 10.1.3 所示的某个 ISDX 曲面，可查看其曲率图。

（2）在"曲率"对话框的 快速 ▼ 下拉列表中选择 已保存，然后单击"曲率"对话框中的 按钮，关闭"曲率"对话框。

（3）此时可看到曲线曲率图仍保留在模型上。如果要关闭曲率图的显示，可在"样式"操控板中选择 分析▼ ➡ 删除所有曲率 命令。

Step6. 旋转及缩放模型，从各个角度查看 ISDX 曲面。

2．查看及设置活动平面

"活动平面"是 ISDX 中一个非常重要的参考平面，在许多情况下，ISDX 曲线的创建和编辑必须考虑到当前所设置的"活动平面"。在图 10.1.5 中可看到，此时 TOP 基准面上布满了"网格"（Grid），这表明其为"活动平面"（Active Plane）。如要重新定义活动平面，单击 样式 功能选项卡 平面 区域中的"设置活动平面"按钮，然后选取另一个基准平面（如 FRONT 面 ） 为 " 活 动 平 面 "， 如 图 10.1.6 所示。在 样式 功能选项卡中选择 操作 ▼ ➡ 首选项 命令，在系统弹出的"造型首选项"对话框中可以设置"活动平面"的网格是否显示以及网格的大小等参数，这一点后面还将进一步介绍。

图 10.1.5　查看活动平面　　　　图 10.1.6　重新设置"活动平面"

3．查看 ISDX 环境中的四个视图及设置视图方向

单击 视图 功能选项卡 方向 ▼ 区域中的"已命名视图"按钮，然后选择"默认方向"视图。在图形区右击，从弹出的快捷菜单中选择 显示所有视图 命令（或在 ISDX 环境中的视图工具条中单击按钮），即可看到图 10.1.7 所示的画面，此时整个图形区被分割成四个独立的部分（即四个视图），其中右上角的视图为三维（3D）视图，其余三个为正投影视图，这样的布局非常有利于复杂曲面的设计，在一些工业设计和动画制作专业软件中，这是相当常见的。注意：四个视图是各自独立的，也就是说，我们可以像往常一样随意缩放、旋转、移动每个视图中的模型。

图 10.1.7　ISDX 环境中的四个视图

如果希望返回单一视图状态，只需再次单击 ⊞ 按钮。

（1）将某个视图设置到"活动平面方向"。

下面以图 10.1.7 中的右下视图为例来说明。先单击右下视图，然后右击，系统弹出图 10.1.8 所示的快捷菜单中选择 活动平面方向 命令，此时该视图的定向如图 10.1.9 所示，可看到该视图中的"活动平面"与屏幕平面平行。由此可见，如将某个视图设为活动平面方向，则系统按这样的规则定向该视图：视图中的"活动平面"平行于屏幕平面。

（2）设置三个正投影视图的方向。

单击视图工具栏中的"活动平面方向"按钮 ⌨，可以同时设置三个正投影视图的方向，此时三个正投影视图的方位如图 10.1.10 所示，可看到这样的变化，此时"左下"视图中的 FRONT 基准平面与屏幕平面平行，其余两个正投影视图则按"高平齐、左右对齐"的视图投影规则自动定向。

图 10.1.9　视图的定向

图 10.1.8　快捷菜单

图 10.1.10　设置三个正投影视图的活动平面方向

（3）设置某个视图的标准方向。

图 10.1.7 中四个视图的方向为系统的"标准方向"，当缩放、旋转、移动某个视图中的模型而导致其方向改变时，如要恢复"标准方向"，可右击该视图，从系统弹出的快捷菜单中选择 标准方向 命令。

4．ISDX 环境的优先设置

在 样式 功能选项卡中选择 操作 ▼ ➡ 首选项 命令，系统弹出"造型首选项"对话框，在该对话框中可以进行这样一些设置：活动平面的栅格显示和栅格大小、曲面网格显示的开、关等。

10.2　ISDX 曲线的创建

10.2.1　ISDX 曲线的类型

在创建 ISDX 曲面时，必须认识到，曲线是形成曲面的基础，要得到高质量的曲面，必须先有高质量的曲线，质量差的曲线不可能得到质量好的曲面。通过下面的学习，我们会知道，ISDX 模块为创建高质量的曲线提供了非常方便的工具。

1．ISDX 曲线的基本概念

如图 10.2.1 所示，ISDX 曲线是经过两个端点（Endpoint）及多个内部点（Internal Point）的一条光滑样条（Spline）线，如果只有两个端点、没有内部点，则 ISDX 曲线为一条直线，如图 10.2.2 所示。

2．ISDX 曲线的类型

ISDX 曲线有 4 种类型。

● 　自由（Free）ISDX 曲线：曲线在三维空间自由创建。

● 　平面（Planar）ISDX 曲线：曲线在某个平面上创建。平面曲线一定是一个 2D 曲线。

● 　COS（Curve On Surface ）曲线：曲线在某个曲面上创建。

● 　下落（Drop）曲线：将曲线"投影"到指定的曲面上，便产生了落下曲线。投影方向是某个选定平面的法线方向。

3．创建自由类型的 ISDX 曲线

下面将介绍一个自由（Free）类型的 ISDX 曲线创建的全过程。

Step1. 设置工作目录和新建文件。

（1）将工作目录设置为 D:\Creo3\work\ch10.02。

（2）新建一个零件模型文件，文件名为 free_spline。

Step2. 单击 模型 功能选项卡 曲面 ▼ 区域中的"样式"按钮 ⌐造型 ，进入 ISDX 环境。

Step3. 设置活动平面。进入 ISDX 环境后，系统一般会自动地选取 TOP 基准平面为活动平面（图 10.2.3），如果没有特殊的要求，我们常常采用这种默认设置。

Step4. 创建 ISDX 曲线。

（1）单击 样式 功能选项卡 曲线 ▼ 区域中的"曲线"按钮 ～ 。

（2）选择曲线类型。在图 10.2.4 所示的"造型：曲线"操控板中单击"创建自由曲线" ～ 按钮。

图 10.2.1　有内部点的 ISDX 曲线　　图 10.2.2　无内部点的 ISDX 曲线　　图 10.2.3　设置活动平面

图 10.2.4　"造型：曲线"操控板

（3）在空间单击一系列点，即可产生一条"自由"ISDX 曲线（图 10.2.5），该曲线包含两个端点（Endpoint）和若干内部点（Internal Point）。此时，曲线上的四个点以小圆点（●）形式显示，表明这些点是自由点。后面我们还将进一步介绍曲线上点的类型。

注意： 在拾取点时，如果要"删除"前一个点（也就是要"撤销上一步操作"），可单击工具栏按钮↶；如果要恢复撤销的操作，可单击按钮↷。

（4）切换到四个视图状态，查看所创建的"自由"ISDX 曲线。单击工具栏按钮⊞，即可看到图 10.2.6 所示的曲线的四个视图，观察下部的两个视图，可发现曲线上的所有点都在 TOP 基准平面上，但不能就此认为该曲线是"平面"（Planar）曲线，因为我们可以使用点的拖拉编辑功能，将曲线上的所有点拖离开 TOP 基准平面（请参见后面的操作）。

图 10.2.5　"自由"ISDX 曲线

图 10.2.6　四个视图状态

（5）单击"造型：曲线"操控板中的![按钮]按钮。

Step5. 对"自由"ISDX 曲线进行编辑，将曲线上的点拖离 TOP 基准平面。

（1）单击![样式]功能选项卡 曲线 ▼ 区域中的"曲线编辑"按钮![曲线编辑]，此时系统弹出"造型：曲线编辑"操控板，然后选中图形区中的 ISDX 曲线。

（2）在"左下"视图中，用鼠标左键选取曲线上的点，并将其拖离 TOP 基准平面（图 10.2.7）。现在我们可以认识到：在单个视图状态下，很难观察 ISDX 曲线上点的分布，如果要准确把握 ISDX 曲线上点的分布，应该使用四个视图状态。

（3）单击"造型：曲线编辑"操控板中的按钮![按钮]。

注意：关于 ISDX 曲线的编辑功能，目前初步掌握到这种程度，后面的章节还将进一步介绍。

Step6. 退出样式环境。单击![样式]功能选项卡中的![按钮]按钮。

图 10.2.7　四个视图状态

4．创建平面类型的 ISDX 曲线

下面将介绍一个平面（Planar）类型 ISDX 曲线创建的主要过程。

Step1. 设置工作目录和新建文件。

（1）将工作目录设置为 D:\Creo3\work\ch10.02。

（2）新建一个零件模型文件，文件名为 planar_spline。

Step2. 进入 ISDX 环境。单击![模型]功能选项卡 曲面 ▼ 区域中的"样式"按钮![造型]。

Step3. 设置活动平面。采用系统默认的 TOP 基准平面为活动平面。

Step4. 单击![样式]功能选项卡 曲线 ▼ 区域中的"曲线"按钮![曲线]。

Step5. 选择曲线类型。在"造型：曲线"操控板中单击"创建平面曲线"按钮 ⬚ 。

注意：在创建自由和平面 ISDX 曲线时，操作到这一步时，可在操控板中单击"参考"按钮，然后改选其他的基准平面为活动平面或输入偏移值平移活动平面，如图 10.2.8 和图 10.2.9 所示。

Step6. 与创建自由曲线一样，在空间单击若干点，即产生一条平面 ISDX 曲线（图 10.2.10）。

图 10.2.8　设置活动平面　　图 10.2.9　将活动平面偏移　　图 10.2.10　创建 ISDX 曲线

Step7. 单击工具栏按钮 ⬚ ，切换到四个视图状态（图 10.2.11），查看所创建的"平面"ISDX 曲线。

Step8. 单击"造型：曲线"操控板中的按钮 ✔ 。

Step9. 拖移"平面"ISDX 曲线上的点。单击 样式 功能选项卡 曲线 ▾ 区域中的"曲线编辑"按钮 ✍ 曲线编辑 ，然后在图 10.2.12 的"左下"视图中选取曲线上的一点进行拖移，此时可以发现，无论怎样拖移该点，该点只能左右移动，而不能上下移动（即不能离开活动平面——TOP 基准平面），尝试其他的点，也是如此，可见我们创建的 ISDX 曲线是一条位于活动平面（TOP 基准面）上的"平面"曲线。

注意：可以将"平面"曲线转化为"自由"曲线，操作方法为：在"造型：曲线编辑"操控板中单击"更改为自由曲线"按钮 ～ ，系统弹出"确认"对话框，并提示 将平面曲线转换为自由曲线? ，单击 是(Y) 按钮。将"平面"曲线转化成"自由"曲线后，我们便可以将曲线上的点拖离开活动平面也可将"自由"曲线转化为"平面"曲线，操作方法为：单击"造型：曲线编辑"操控板单击"创更改为平面曲线"按钮 ⬚ ，在系统 ➡ 选择一个基准平面或曲线参考以将自由曲线转换为平面. 的提示下，单击一个基准平面或曲线参考，这样"自由"曲线便会转化为活动平面上的"平面"曲线。

图 10.2.11　四个视图状态

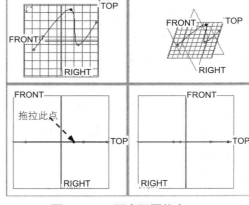

图 10.2.12　四个视图状态

5．创建 COS 类型的 ISDX 曲线

COS（Curve Of Surface）曲线是在选定的曲面上建立的曲线，选定的曲面为父特征，此 COS 曲线为子特征，所以修改作为父特征的曲面，会导致 COS 曲线的改变。作为父特征的曲面可以是模型的表面、一般曲面和 ISDX 曲面。

下面将打开一个带有曲面的模型文件，然后在选定的曲面上创建 COS 曲线。

Step1．设置工作目录和打开文件。将工作目录设置为 D:\Creo3\work\ch10.02，打开文件 cos_spline.prt。

Step2．设置模型显示状态。

（1）单击视图工具栏中的 按钮，将模型设置为着色显示状态。

（2）单击视图工具栏中的 按钮，在弹出的界面中取消选中 轴显示 、 坐标系显示 和 平面显示 复选框，使基准轴、坐标系和基准平面不显示。

（3）单击 按钮，然后选择 VIEW_1 视图。

（4）隐藏曲线层。在导航选项卡中选择导航选项卡中的 层树(L) 命令，然后选取模型曲线层 03___PRT_ALL_CURVES 进行隐藏。此时模型如图 10.2.13 所示。

Step3．单击 模型 功能选项卡 曲面 ▼ 区域中的"样式"按钮 造型 ，进入 ISDX 环境。

Step4．设置活动平面。接受系统默认的 TOP 基准平面为活动平面。

Step5．遮蔽活动平面的栅格显示。在 样式 功能选项卡中选择 操作 ▼ 首选项 命令；在系统弹出的"造型首选项"对话框中的 栅格 区域取消选中 显示栅格 复选框，然后单击 确定 按钮，关闭"造型首选项"对话框。

Step6．单击 样式 功能选项卡 曲线 ▼ 区域中的"曲线"按钮 。

Step7．选择曲线类型。在"造型：曲线"操控板中单击"创建曲面上的曲线"按钮 。

Step8．选择父曲面。

（1）在操控板中单击 参考 按钮，在弹出的"参考"界面中，单击 曲面 区域后的
● 单击此处添加项 字符，然后选取曲面。

（2）在操控板中再次单击 参考 按钮，退出"参考"界面。

Step9. 在选取的曲面上单击四个点，创建图 10.2.14 所示的 COS 曲线。

注意：此时，曲线上的四个点以小方框（□）形式显示，表明这些点是曲面上的软点。后面我们将进一步介绍曲线上点的类型。

Step10. 单击工具栏中的按钮 田，切换到四个视图状态，查看所创建的 COS 曲线，如图 10.2.15 所示。

图 10.2.13　隐藏曲线层

图 10.2.14　创建 COS 曲线

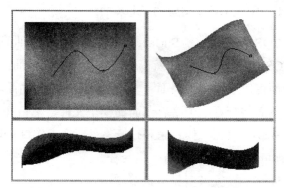

图 10.2.15　在四个视图状态查看 COS 曲线

Step11. 单击"造型：曲线"操控板中的按钮 ✔。

Step12. 单击 样式 功能选项卡 曲线 ▾ 区域中的"曲线编辑"按钮 ∠ 曲线编辑，然后在图 10.2.16 的"右上"视图中选取曲线上一点进行拖移，此时我们将发现，无论怎样拖移该点，该点在"左下"和"右下"视图中的对应投影点始终不能离开所选的曲面，尝试其他的点，也都如此。由此可见，COS 曲线上的点将始终贴在所选的曲面上，不仅如此，整条 COS 曲线也始终贴在所选的曲面上。

注意：

（1）可以将 COS 曲线转化为"自由"曲线，操作方法为：在"造型：曲线编辑"操控板中单击"更改为自由曲线"按钮 ～，系统弹出"确认"对话框，并提示 将平面曲线转换为自由曲线?，单击 是(I) 按钮。COS 曲线转化成"自由"曲线后，我们会注意到，曲线点的形式从小方框（□）变为小圆点（●），如图 10.2.17 所示。此时，我们便可以将曲线上的点拖离开所选的曲面。

（2）可以将 COS 曲线转化为"平面"曲线，操作方法为：在"造型：曲线编辑"操控

板中单击"更改为平面曲线"按钮, 在系统 的提示下, 单击一个基准平面或曲线参考。

（3）不能将"自由"曲线和"平面"曲线转化为 COS 曲线。

6. 创建下落类型的 ISDX 曲线

下落（Drop）曲线是将选定的曲线"投影"到选定的曲面上所得到的曲线，投影方向是某个选定平面的法向。选定的曲线、选定的曲面以及取其法向为投影方向的平面是父特征，最后得到的落下曲线为子特征，无论哪个父特征修改，都会导致落下曲线的改变。从本质上说，下落（Drop）曲线是一种 COS 曲线。

作为父特征的曲线可以是一般的曲线，也可以是前面介绍的 ISDX 曲线（可以选择多条曲线为父特征曲线）；作为父特征的曲面可以是模型的表面、一般曲面和 ISDX 曲面（可以选择多个曲面为父特征曲面）。

下面将打开一个带有曲线、曲面、平面的模型文件，然后创建下落曲线。

Step1. 设置工作目录和打开文件。先将工作目录设置为 D:\Creo3\work\ch10.02，然后打开文件 drop_spline.prt。

Step2. 设置模型显示状态。

（1）单击视图工具栏中的按钮，将模型设置为着色显示状态。

（2）单击视图工具栏中的按钮，在弹出的界面中取消选中 和 复选框，使基准轴和坐标系不显示。

（3）选中 复选框，使基准面显示出来。

（4）单击按钮，然后选择 VIEW_1 视图。

（5）隐藏相关的一些层。在导航选项卡中选择 ➡ 命令，选取层 、、 进行隐藏，此时模型如图 10.2.18 所示。

图 10.2.17　将 COS 曲线转化为"自由"曲线

图 10.2.16　在四个视图状态拖拉点

图 10.2.18　模型

Step3. 单击 模型 功能选项卡 曲面 ▼ 区域中的"样式"按钮 ⬛样式，进入 ISDX 环境。

Step4. 设置活动平面。设置 FRONT 基准平面为活动平面。

Step5. 遮蔽活动平面的栅格显示。在 样式 功能选项卡中选择 操作 ▼ ➡ 📋首选项 命令；在系统弹出的"造型首选项"对话框中的 栅格 区域取消选中 □ 显示栅格 复选框，然后单击 确定 按钮，关闭"造型首选项"对话框。

Step6. 单击 样式 功能选项卡 曲线 ▼ 区域中的"下落曲线"按钮 ⬛下落曲线，系统弹出下降曲线操控板。

Step7. 选择父特征曲线。在系统 ➡选择曲线以放置到曲面上. 的提示下，按住 Ctrl 键，选取图 10.2.19 所示的两条曲线。

Step8. 选择父特征曲面。在"下落"曲线操控板中单击 参考 按钮，在 曲面 区域中单击 ● 单击此处添加项 字符，在系统 ➡选择要进行放置曲线的曲面. 的提示下，选取图 10.2.20 所示的父特征曲面。此时系统以活动平面的法向为投影方向对曲线进行投影，从而父特征曲面上产生图 10.2.21 所示的下落曲线。

图 10.2.19　选择父特征曲线　　图 10.2.20　选择父特征曲面　　图 10.2.21　得到落下曲线

Step9. 单击工具栏中的按钮 ⊞，切换到四个视图状态，查看所创建的下落曲线。

Step10. 在"造型：下降曲线"操控板中单击 ✓ 按钮，完成操作。

注意： 如果希望重定义某个落下曲线，可先选取该落下曲线，然后右击，在系统弹出的快捷菜单中选择 ✐ 命令。

10.2.2　ISDX 曲线上点的类型

ISDX 曲线是经过一系列点的光滑样条线。ISDX 曲线上的点可分为四种类型：自由点（Free）、软点（Soft）、固定点（Fixed）和相交点（Intersection），各种类型的点有不同的显示样式。

1. 自由点

自由点是 ISDX 曲线上没有坐落在空间其他点、线、面元素上的点，因此可以对这种类型的点进行自由的拖移。自由点显示样式为小圆点（●）。

下面我们打开一个带有自由点的模型文件进行查看。

Step1. 设置工作目录和打开文件。先将工作目录设置为 D:\Creo3\work\ch10.02，然后打开文件 free_spot.prt。

Step2. 设置模型显示状态。

（1）单击视图工具栏中的 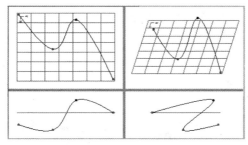 按钮，将模型设置为着色显示状态。

（2）单击视图工具栏中的 按钮，在弹出的界面中取消选中 轴显示 、 坐标系显示 和 平面显示 复选框，使基准轴、坐标系和基准平面不显示。

（3）单击 按钮，然后选择 VIEW_1 视图。

Step3. 编辑定义样式特征。在模型树中右击 类型 1 ，从系统弹出的快捷菜单中选择 命令，此时系统进入 ISDX 环境。

Step4. 单击工具栏中的按钮 ，切换到四个视图状态。

Step5. 单击 样式 功能选项卡 曲线 ▼ 区域中的"曲线编辑"按钮 曲线编辑 ，然后选择图 10.2.22 中的 ISDX 曲线。此时我们会看到 ISDX 曲线上四个点的显示样式为小圆点（●），说明这四个点为自由点。

Step6. 对 ISDX 曲线上的点进行拖移，将发现其可以在空间任意移动，不受任何约束。

图 10.2.22　四个视图状态

2．软点

如果 ISDX 曲线的点坐落在空间其他曲线（Curve）、模型边（Edge）、模型表面（Surface）和曲面（Surface）元素上，我们则将这样的点称为"软点"。软点坐落其上的点、线、面元素称为软点的"参考"，它们是软点所在的曲线的父特征，而软点所在的曲线则为子特征。可以对软点进行拖移，但不能自由地拖移，软点只能在其所在的点、线、面上移动。

软点的显示样式取决于其"参考"元素的类型：

● 当软点坐落在曲线、模型的边线上时，其显示样式为小圆圈（○）。

● 当软点坐落在曲面、模型的表面上时，其显示样式为小方框（□）。

下面以一个例子来进行说明。

Step1. 设置工作目录和打开文件。先将工作目录设置为 D:\Creo3\work\ch10.02，然后打开文件 soft_spot.prt。

Step2. 设置模型显示状态。

（1）单击视图工具栏中的 按钮，在弹出的界面中取消选中 □ / 轴显示 、□ ⅹ 坐标系显示 和 □ ◿ 平面显示 复选框，使基准轴、坐标系和基准平面不显示。

（2）单击 按钮，然后选择 VIEW_1 视图。

Step3. 编辑定义样式特征。在模型树中右击 类型 1 ，从快捷菜单中选择 命令。此时系统进入 ISDX 环境。

Step4. 遮蔽活动平面的栅格显示。在 样式 功能选项卡中选择 操作 ▼ ➡ 首选项 命令；在系统弹出的"造型首选项"对话框中的 栅格 区域取消选中 □ 显示栅格 复选框，然后单击 确定 按钮，关闭"造型首选项"对话框。

Step5. 单击 样式 功能选项卡 曲线 ▼ 区域中的"曲线编辑"按钮 曲线编辑 ，选取图 10.2.23 中的 ISDX 曲线。

Step6. 查看 ISDX 曲线上的软点。如图 10.2.24 所示，ISDX 曲线上有四个软点，软点 1、软点 2 和软点 3 的显示样式为小圆圈（〇），因为它们在曲线或模型的边线上，而软点 4 的显示样式为小方框（□），因为它在模型的表面上。

图 10.2.23　选择 ISDX 曲线　　　　图 10.2.24　查看 ISDX 曲线上的软点

Step7. 拖移 ISDX 曲线上的软点。移动四个软点，我们将会发现软点 1 只能在圆柱特征的当前半个圆弧边线上移动，不能移到另一个半圆弧上；软点 2 只能在长方体特征的当前边线上移动，不能移到该特征的其他边线上；软点 3 只能在曲线 1 上移动；软点 4 只能在长方体特征的上表面移动，不能移到该特征的其他表面上。

3. 固定点

如果 ISDX 曲线的点坐落在空间的某个基准点（Datum Point）或模型的顶点（Vertex）上，我们则称之为"固定点"，固定点坐落其上的基准点或顶点所属的特征为固定点的"参考"。不能对固定点进行拖移。固定点的显示样式为小叉（×）。

下面将以一个例子来说明。

Step1. 设置工作目录和打开文件。先将工作目录设置为 D:\Creo3\work\ch10.02，然后打开文件 fixed_spot.prt。

Step2. 设置模型显示状态。

（1）单击视图工具栏中的 ▢ 按钮，将模型设置为着色显示状态。

（2）单击视图工具栏中的 ⚒ 按钮，在弹出的界面中取消选中 ▢ ⸝ 轴显示 、▢ ⸝ 坐标系显示 和 ▢ ⸝ 平面显示 复选框，使基准轴、坐标系和基准平面不显示。

（3）选中 ☑ ⸝ 点显示 复选框，使基准点显示。

（4）单击 ⸝ 按钮，然后选择 VIEW_1 视图。

Step3. 进入 ISDX 环境。在模型树中右击 ⊙ 类型 1，从弹出的快捷菜单中选择 ⸝ 命令。

Step4. 单击 样式 功能选项卡 曲线 ▾ 区域中的"曲线编辑"按钮 ⸝ 曲线编辑，选取图 10.2.25 中的 ISDX 曲线。

Step5. 查看 ISDX 曲线上的固定点。如图 10.2.26 所示，ISDX 曲线上有两个固定点，它们的显示样式均为小叉（×）。

Step6. 尝试拖移 ISDX 曲线上的两个固定点，但根本不能移动。

图 10.2.25　选取 ISDX 曲线　　　　　　图 10.2.26　查看 ISDX 曲线上的固定点

4．相交点

在创建平面（Planar）ISDX 曲线时，如果 ISDX 曲线中的某个点正好坐落在空间的其他曲线（Curve）或模型边（Edge）上，也就是说这个点既坐落在活动平面上，又坐落在某个曲线或模型边上，这样的点称为"相交点"。我们不能拖移相交点。显然，相交点是一种特殊的"固定点"，相交点的显示样式也为小叉（×）。

下面以一个例子来说明。

Step1. 设置工作目录和打开文件。先将工作目录设置为 D:\Creo3\work\ch10.02，然后打开文件 intersection_spot.prt。

Step2. 设置模型显示状态。

（1）单击视图工具栏中的 ▢ 消隐 按钮，将模型设置为消隐显示状态。

（2）单击视图工具栏中的 ⚒ 按钮，在弹出的界面中取消选中 ▢ ⸝ 轴显示 、▢ ⸝ 坐标系显示 和 ▢ ⸝ 平面显示 复选框，使基准轴、坐标系和基准平面不显示。

（3）单击 ⸝ 按钮，然后选择 VIEW_1 视图。

Step3. 进入 ISDX 环境。在模型树中右击 ⊙ 类型 1，从弹出的快捷菜单中选择 ⸝ 命令。

Step4. 单击 样式 功能选项卡 曲线 ▼ 区域中的"曲线编辑"按钮 ✐ 曲线编辑 ，选取图 10.2.27 中的 ISDX 曲线。

Step5. 查看 ISDX 曲线上的相交点。如图 10.2.28 所示，ISDX 曲线上有一个相交点，其显示样式为小叉（×）。

图 10.2.27　选取 ISDX 曲线　　　　　图 10.2.28　查看 ISDX 上的相交点

Step6. 尝试拖移 ISDX 曲线上的相交点，但根本不能移动。

10.3　编辑 ISDX 曲线

要得到高质量的 ISDX 曲线，必须对 ISDX 曲线进行编辑。ISDX 曲线的编辑包括曲线上点的拖移、点的添加或删除、曲线端点切向量的设置以及曲线的分割、组合、延伸、复制和移动等，进行这些编辑操作时，应该使用曲线的"曲率图"（Curvature Plot），以获得最佳的曲线形状。

10.3.1　ISDX 曲线的曲率图

如图 10.3.1 所示，曲率图是显示曲线上每个几何点处的曲率或半径的图形，从曲率图上可以看出曲线变化方向和曲线的光滑程度，它是查看曲线质量的最好工具。在 ISDX 环境下，在 样式 功能选项卡中的 分析 ▼ 区域中单击"曲率"按钮 ✍ 曲率 ，然后选取要查看其曲率的曲线，即可显示曲线曲率图。

使用曲率图要注意以下几点。

● 在图 10.3.2 所示的"曲率"对话框中，可以设置曲率图的"质量""比例""类型"，所以同一条曲线会由于设置的不同而显示不同的疏密程度、大小和类型的曲率图。

● 在样式设计时，每创建一条 ISDX 曲线后，最好都用曲率图查看曲线的质量，不要单凭曲线的视觉表现。例如，凭视觉表现，图 10.3.3 所示的曲线应该还算光滑，但从它的曲率图（图 10.3.4）可发现有尖点，说明曲线并不光滑。

图 10.3.1　显示曲线曲率图

图 10.3.2　"曲率"对话框

● 在 ISDX 环境中，要产生质量较高的曲面，应注意构成曲面的 ISDX 曲线上的点数不要太多，点的数量只要能形成所需要的曲线形状就可以。在曲率图上我们会发现，曲线上的点越多，其曲率图就越难看，所以曲线的质量就越难保证，因而曲面的质量也难达到要求。

● 从曲率图上看，构成曲面的 ISDX 曲线上尽可能不要出现反曲点，如图 10.3.5 所示。

图 10.3.3　曲线　　　　　　　　图 10.3.4　曲率图　　　　　　　　图 10.3.5　曲率图

10.3.2　编辑 ISDX 曲线上的点

创建一条符合要求的 ISDX 曲线，一般分两步：第一步是定义数个点形成初步的曲线，第二步是对初步的曲线进行编辑使其符合要求。在曲线的整个创建过程中，编辑往往占用绝大部分工作量，而在曲线的编辑工作中，曲线上的点编辑显得尤为重要。

下面将打开一个含有 ISDX 曲线的模型并进入 ISDX 环境，然后对点的编辑方法逐一进行介绍。

Step1. 设置工作目录和打开文件。先将工作目录设置为 D:\Creo3\work\ch10.03。打开文件 edit_spot_on_curve.prt。

Step2. 进入 ISDX 环境。在模型树中，右击 ，从弹出的快捷菜单中选择 命令。

Step3. 在 样式 功能选项卡 曲线 ▾ 区域中单击 曲线编辑 按钮，选取图 10.3.6 中的

ISDX 曲线。此时系统显示"造型：曲线编辑"操控板，模型如图 10.3.7 所示。

Step4. 针对不同的情况，编辑 ISDX 曲线。

在进行曲线的编辑操作之前，有必要先介绍曲线外形的两种编辑控制方式。

第一种方式：直接的控制方式。

如图 10.3.8 所示，拖移 ISDX 曲线的某个端点或者内部点，可直接调整曲线的外形。

第二种方式：控制点方式。

在"造型：曲线编辑"操控板中，如果激活 🔲 按钮，ISDX 曲线上会出现图 10.3.9 所示的"控制折线"，控制折线由数个首尾相连的线段组成，每个线段的端部都有一个小圆点，它们是曲线的外形控制点。拖移这些小圆点，便可间接地调整曲线的外形，但这种方式只可以编辑有自由点组成曲线。

在以上两种调整曲线外形的操作过程中，鼠标各键的功能如下。

● 单击左键拾取曲线上的关键点或控制点，按住左键并移动鼠标可移动、调整点的位置。

● 单击中键完成曲线的编辑。

● 单击右键，弹出快捷菜单。

图 10.3.6　模型　　　　　图 10.3.7　编辑曲线　　　　　图 10.3.8　直接的控制方式

图 10.3.9　控制点方式

1. 移动 ISDX 曲线上的点

第一种情况：移动 ISDX 曲线上的自由点。

如图 10.3.10 所示，将鼠标指针移至某个自由点上，按住左键并移动鼠标，该自由点即自由移动；也可配合 Ctrl 和 Alt 键来控制移动的方向。

● 水平/竖直方向移动：按住 Ctrl 和 Alt 键，仅可在水平、竖直方向移动自由点；也可单击操控板中的 **点** 按钮，在 **点移动** 区域的 **拖动** 下拉列表中选择 **水平/竖直(Ctrl + Alt)** 选项，如图 10.3.11 所示。注意：在图 10.3.12 的"左上视图"中，"水平"移动方向是指活动平面上图标的 H 方向，"竖直"移动方向是指活动平面上图标中的 V 方向。注意：水平/竖直方向移动操作应在"左上视图"进行。

● 垂直方向移动：按住 Alt 键，仅可在垂直于活动平面的方向移动自由点；也可单击操控板中的 点 按钮，选择 法向(Alt) 选项（注意：垂直方向移动操作应在"左下视图"进行）。

图 10.3.10　移动 ISDX 曲线　　　　　　图 10.3.11　"点"界面
　　　　　上的自由点

说明：误操作后，可进行"恢复"操作，方法是直接单击快速工具栏中的"撤销"按钮 ↶。配合键盘的 Shift 键，可改变点的类型。按住 Shift 键，移动 ISDX 曲线上的点，可使点的类型在自由点、软点、固定点和相交点（必须是平面曲线上的点）之间进行任意的切换，当然在将非自由点变成自由点时，有时先要进行"断开链接"操作，其操作方法为右击要编辑的点，然后选择 断开链接 命令。

图 10.3.12　四个视图

第二种情况：移动 ISDX 曲线上的软点。

如图 10.3.13 所示，将鼠标指针移至某一软点上，按住左键并移动鼠标，即可在其参考边线（曲面）上移动该点；也可右击该软点，系统弹出图 10.3.14 所示的快捷菜单，选择菜单中的长度比例、长度、参数、距离平面的偏距、锁定到点、链接以及断开链接等选项来定义该点的位置（也可单击操控板中进行操作）。

图 10.3.13 拖移 ISDX 曲线上的软点

图 10.3.14 快捷菜单

- **长度比例**：将参考曲线的长度视为 1，通过输入软点距曲线某端点长度的比例值来控制该点位置。可单击操控板中的 **点** 按钮，在弹出的界面中输入长度比例值。

- **长度**：通过输入软点距参考曲线端点的长度值来控制该点的位置。可单击操控板中的 **点** 按钮，在弹出的界面中输入"长度"值。

- **参数**：预设情况，类似"长度比例"，但比例值稍有不同。单击操控板中的 **点** 按钮，在弹出的界面中可输入"参数"值，如图 10.3.15 所示。

- **自平面偏移**：指定一基准面，通过输入软点至基准面的距离值来控制其位置。单击操控板中的 **点** 按钮，在弹出的界面中可输入"自平面偏移"值，如图 10.3.16 所示。

图 10.3.15 设置"参数"值

图 10.3.16 设置"自平面偏移"值

- **锁定到点**：选择此项，软点将自动锁定到一个最近的点（有可能是内部点或端点）。如图 10.3.17（左图）所示，在曲线 A 的右端点处右击，从快捷菜单中选择"锁定到点"命令，该点即锁定到一个最近的点（图 10.3.17 右图）。以此方式锁定的点，将不再具有移动的自由度（也就是无法拖曳），在屏幕上显示为"×"。

图 10.3.17 锁定到点

说明：练习时，请读者先将工作目录设置为 D:\Creo3\work\ch10.03，然后打开文件 lock_to_spot.prt。

- **断开链接**：当 ISDX 曲线上某一点为软点或固定点时，该点表现为一种"链接"（Link）状态，例如点落在曲面、曲线或基准点上等。"断开链接"（Unlink）则是使软点或固定点"脱离"参考点/曲线/曲面等父项的约束而成为自由点，故符号会转为实心圆点"·"，如图 10.3.18 所示。

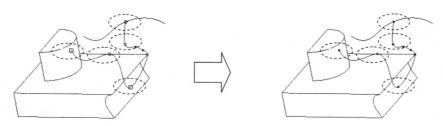

图 10.3.18　链接与断开链接

2．比例更新（Proportional Update）

如果 ISDX 曲线具有两个（含）以上软点，可选中操控板上的 ☑ **按比例更新** 复选框，进行这样的设置后，如果拖拉其中一个软点，则两软点间的曲线外形会随拖拉而成比例地调整。如图 10.3.19 所示，该 ISDX 曲线含有两个软点，如果选中 ☑ **按比例更新** 复选框，当拖拉软点 2 时，软点 1 和软点 2 间的曲线外形将成比例地缩放（图 10.3.20）；如果不选中 ☐ **按比例更新** 复选框，则拖拉软点 2 时，软点 1 和软点 2 间的曲线形状会产生变化（图 10.3.21）。

说明：练习时，请读者先将工作目录设置为 D:\Creo3\work\ch10.03，然后打开文件 proportional_change.prt。

图 10.3.19　ISDX 曲线含有两个软点

图 10.3.20　按比例更新

3．ISDX 曲线端点的相切编辑

在编辑 ISDX 曲线的端点时，会出现一条黄色线段（相切指示线如图 10.3.22 所示），这条线段为该端点的切向量（Tangent Vector）。拖拉黄色线段可控制切线的长度、角度及高度。

图 10.3.21　不按比例更新

图 10.3.22　ISDX 曲线端点的相切编辑

另外，单击操控板中的 **相切** 选项卡，在界面中，选择自然（Natural）、自由（Free）、固定角度（Fix Angle）、水平（Horizontal）、竖直（Vertical）、法向（Normal）、对齐（Align）、对称（Symmetric）、相切（Tangent）、曲率（Curvature）、曲面相切（Surface Tangent）、曲面曲率（Surface Curvature）以及相切拔模（Tangent Pluck Up）选项，下面将分别进行介绍。

说明：练习时，请读者先将工作目录设置为 D:\Creo3\work\ch10.03，然后打开文件 spline_change.prt。

- 自然（Natural）：由系统自动确定切线长度及方向。如果移动或旋转相切指示线，则该项会自动转换为自由（Free）。

- 自由（Free）：可自由地改变切线长度及方向。可在图 10.3.23 所示的"相切"界面中输入切线长度、角度及高度值；也可通过在模型中拖拉、旋转黄色相切指示线来改变切线长度、角度及高度，在此过程中可配合如下操作。

图 10.3.23　"相切"界面

　☑　改变切线的长度：按住 Alt 键，可将切线的角度和高度固定，任意改变切线的长度；也可在操控板 相切 界面的 相切 区域选择 等长（Alt）选项，如图 10.3.23 所示。

　☑　改变切线的角度和高度：按住 Ctrl 和 Alt 键，可将切线的长度固定，任意改变切线的角度和高度；也可在 相切 区域选择 角度 + 高度（Alt + Ctrl）选项，如图 10.3.23 所示。

- 固定角度（Fix Angle）：保持当前相切指示线的角度和高度，只能更改其长度。

- 水平（Horizontal）：使相切指示线方向与活动平面中的水平方向保持一致，仅能改变切线长度。可单击按钮 ⊞，显示四个视图，将发现相切指示线在左上视图中的方向与图标的水平（H）方向一致，如图 10.3.24 所示。

- 竖直（Vertical）：使相切指示线方向与活动平面中的竖直方向保持一致，仅能改变切线长度。此时在左上视图中，相切指示线的方向与图标的竖直（V）方向一致，如图 10.3.25 所示。

- 法向（Normal）：选择该选项后，需选取一参考平面，这样 ISDX 曲线端点的切线方向将与该参考平面垂直。

● **对齐**（Align）：选择该选项后，在另一参考曲线上单击，则端点的切线方向将与参考曲线上单击处的切线方向保持一致，如图 10.3.26 所示。

相切指示线在此视图中的方向与图标的水平（H）方向一致   此网格平面为当前活动平面

注意此方向图标的水平（H）和垂直（V）指向

图 10.3.24   水平 （Horizontal）

相切指示线在此视图中的方向与图标中的竖直（V）方向一致

单击圆弧的此处，则曲线端点的相切方向与该圆弧上单击处的切线方向相同

图 10.3.25   竖直 （Vertical）   图 10.3.26   对齐 （Align）

● **相切**（Tangent）：如图 10.3.27 所示，如果 ISDX 曲线 1 的端点落在 ISDX 曲线 2 上，则对 ISDX 曲线 1 进行编辑时，可在其端点设置"相切"（Tangent），完成操作后，曲线 1 在其端点处与曲线 2 相切。

ISDX 曲线 1

ISDX 曲线 2

ISDX 曲线 1 在此端点与 ISDX 曲线 2 相切

ISDX 曲线 1 的此端点落在 ISDX 曲线 2 上

图 10.3.27   相切（Tangent）

说明：练习时，请先将工作目录设置为 D:\Creo3\work\ch10.03，然后打开文件 tangent1_change.prt。

如图 10.3.28 所示，如果 ISDX 曲线 1 的端点刚好落在 ISDX 曲线 2 的某一端点上，则对曲线 1 进行编辑时，可在其端点设置"相切"（Tangent），这样两条曲线将在此端点相切。

说明：此时端点两边的相切指示线呈不同样式（一边为直线、一边为单箭头），无箭头的一端为"主控端"，此端所在的曲线（ISDX 曲线 2）为主控曲线，拖拉此端相切指示线，可调整其长度，也可旋转其角度（同时带动另一边的相切指示线旋转）；有箭头的一端为"受控端"，此端所在的曲线（ISDX 曲线 1）为受控曲线，拖拉此端相切指示线将只能调整其长度，而不能旋转其角度。

单击"主控端"的尾部，可将其变为"受控端"，如图 10.3.29 所示。

图 10.3.28　操作过程　　　　图 10.3.29　将"主控端"变为"受控端"

说明：练习时，请先将工作目录设置为 D:\Creo3\work\ch10.03，然后打开文件 tangent2_change.prt。

- **对称**（Symmetric）：如果 ISDX 曲线 1 的端点刚好落在 ISDX 曲线 2 的端点上，则对曲线 1 进行编辑时，可在该端点设置"对称"，完成操作后，两条 ISDX 曲线在该端点的切线方向相反，切线长度相同，如图 10.3.30 所示，此时如果拖拉相切指示线调整其长度及角度，则该端点的相切类型会自动变为"相切"（Tangent）。

图 10.3.30　对称（Symmetric）

说明：练习时，请先将工作目录设置为 D:\Creo3\work\ch10.03，然后打开文件 symmetric_change.prt。

- **曲率**（Curvature）：如图 10.3.31 所示，如果 ISDX 曲线 1 的端点落在 ISDX 曲线 2 上，则编辑曲线 1 时，可在其端点设置"曲率"（Curvature），完成操作后，曲线 1 在其端点处与曲线 2 的曲率相同。

说明：练习时，请先将工作目录设置为 D:\Creo3\work\ch10.03，然后打开文件 curvature1_change.prt。

图 10.3.31　设置"曲率"（Curvature）

● 如图 10.3.32 所示，如果 ISDX 曲线 1 的端点恰好落在 ISDX 曲线 2 的端点上，则编辑曲线 1 时，可在其端点设置"曲率"（Curvature），这样两条曲线在此端点处曲率相同。注意：与曲线的相切相似，此时相切指示线在端点两边呈不同样式（一边为直线，一边为复合箭头），无箭头的一端为"主控端"，拖拉此段相切指示线可调整其长度，也可旋转其角度（同时带动另一端相切指示线旋转）；有箭头的一端为"受控端"，拖拉此段相切指示线将只能调整其长度，而不能旋转其角度。

图 10.3.32　设置"曲率"（Curvature）

与曲线的相切一样，单击"主控端"的尾部，可将其变为"受控端"。

说明：练习时，请先将工作目录设置为 D:\Creo3\work\ch10.03，然后打开文件 curvature2_change.prt。

● 曲面相切（Surface Tangent）：如图 10.3.33 所示，如果 ISDX 曲线的端点落在一个曲面上，则可在此端点设置"曲面相切"（Surface Tangent），完成操作后，曲线在其端点处与曲面相切。

说明：练习时，请先将工作目录设置为 D:\Creo3\work\ch10.03，然后打开文件 surface_tangent_change.prt。

图 10.3.33　设置"曲面相切"（Surface Tangent）

● 曲面曲率（Surface Curvature）：如图 10.3.34 所示，如果 ISDX 曲线的端点落在一个曲面上，则可在其端点设置"曲面曲率"（Surface Curvature），完成操作后，曲线在其端点处与曲面曲率相同。

说明：练习时，请先将工作目录设置为 D:\Creo3\work\ch10.03，然后打开文件 surface_curvature_change.prt。

图 10.3.34　设置"曲面曲率"（Surface Curvature）

- **相切拔模**（Draft Tangent）：选取这个选项时，是指所要编辑的曲线与选定平面或曲面成某一角度设置选定曲线相切。对于平面拔模，曲线端点必须是任何其他曲线的软点；对于曲面拔模，曲线必须是曲面边界或 COS 上的软点。

10.3.3　在 ISDX 曲线上添加点

如果要在 ISDX 曲线上添加点，操作方法如下。

Step1. 设置工作目录和打开文件。先将工作目录设置为 D:\Creo3\work\ch10.03，然后打开文件 add_spot_on_spline.prt。

Step2. 编辑定义模型树中的样式特征，进入 ISDX 环境，单击 **样式** 功能选项卡 **曲线 ▾** 区域中的"曲线编辑"按钮 **✎ 曲线编辑**。

Step3. 选取图 10.3.35 中的 ISDX 曲线。

Step4. 在图 10.3.36 所示的曲线位置右击，此时系统弹出图 10.3.37 所示的快捷菜单。

Step5. 在该菜单中，如果选择 **添加点 (A)** 命令，则系统将在单击处添加一个点（图 10.3.38）；如果选择 **添加中点 (M)** 命令，则系统将在单击处所在区间段的中点处添加一个点（图 10.3.39）。

Step6. 完成编辑后，单击"样式：编辑曲线"操控板中的 ✔ 按钮。

图 10.3.35　选取 ISDX 曲线

图 10.3.36　右击 ISDX 曲线

图 10.3.37　快捷菜单

图 10.3.38　添加点

10.3.4　删除 ISDX 曲线

如果要删除 ISDX 曲线，操作方法如下。

Step1. 在 ISDX 环境中，单击 [样式] 功能选项卡 [曲线 ▾] 区域中的"曲线编辑"按钮 [✎ 曲线编辑]，然后选取图 10.3.40 所示的 ISDX 曲线。

Step2. 在曲线上右击，在弹出的快捷菜单中选择 [删除曲线(D)] 命令，如图 10.3.37 所示。

Step3. 此时系统弹出"确认"对话框，并提示 [是否删除选定图元?]，单击 [是(Y)] 按钮，该 ISDX 曲线即被删除。

10.3.5　删除 ISDX 曲线上的点

如果要删除 ISDX 曲线上的点，操作方法如下。

Step1. 在 ISDX 环境中，单击 [样式] 功能选项卡 [曲线 ▾] 区域中的"曲线编辑"按钮 [✎ 曲线编辑]，然后选取图 10.3.41 所示的 ISDX 曲线。

Step2. 将鼠标指针移至曲线的某一点上（图 10.3.42），然后右击，系统弹出图 10.3.43 所示的快捷菜单，选择 [删除(D)] 命令，该点即被删除。此时 ISDX 曲线如图 10.3.44 所示。

图 10.3.39　添加中点

图 10.3.40　删除 ISDX 曲线

图 10.3.41　单击 ISDX 曲线

图 10.3.42　右击"点"

图 10.3.43　快捷菜单

图 10.3.44　删除点

10.3.6　分割 ISDX 曲线

可对 ISDX 曲线进行分割，也就是将一条 ISDX 曲线破断为两条 ISDX 曲线，操作方法如下。

Step1. 在 ISDX 环境中，单击 [样式] 功能选项卡 [曲线 ▾] 区域中的"曲线编辑"按钮 [✎ 曲线编辑]，然后选取图 10.3.45 中的 ISDX 曲线。

Step2. 在曲线的某一点上右击（图 10.3.46），系统弹出图 10.3.47 所示的快捷菜单，选择 分割 命令，则曲线将从该点处分割为两条 ISDX 曲线，如图 10.3.48 所示。

图 10.3.45　单击 ISDX 曲线　　图 10.3.46　右击点　　图 10.3.47　快捷菜单

10.3.7　组合 ISDX 曲线

如果两条 ISDX 曲线首尾相连，则可选择其中任一曲线进行编辑，将两条曲线合并为一条 ISDX 曲线。操作方法如下。

Step1. 设置工作目录和打开文件。先将工作目录设置为 D:\Creo3\work\ch10.03，然后打开文件 combine_spline.prt。

Step2. 编辑定义模型树中的样式特征，进入 ISDX 环境。

Step3. 在 ISDX 环境中，单击 样式 功能选项卡 曲线 ▼ 区域中的"曲线编辑"按钮 曲线编辑 ，然后在两条首尾相连的 ISDX 曲线中选取任意一条曲线（例如选取图 10.3.49 所示的 ISDX 曲线 2）。

Step4. 在图 10.3.50 所示的公共端点上右击，在系统弹出的快捷菜单中选择 组合 命令，则两条曲线便被合并为一条 ISDX 曲线，如图 10.3.51 所示。

图 10.3.48　分割 ISDX 曲线

图 10.3.49　选取 ISDX 曲线 2

图 10.3.50　右击公共端点　　　　　　图 10.3.51　组合 ISDX 曲线

10.3.8　延伸 ISDX 曲线

如图 10.3.52 所示，可从一条 ISDX 曲线的端点处向外延长该曲线，操作方法如下。

Step1. 设置工作目录和打开文件。先将工作目录设置为 D:\Creo3\work\ch10.03，然后打开文件 spline_change.prt。

Step2. 编辑定义模型树中的样式特征，进入 ISDX 环境。

Step3. 在 ISDX 环境中，单击 样式 功能选项卡 曲线▼ 区域中的"曲线编辑"按钮 曲线编辑 ，然后选取图 10.3.53 中的 ISDX 曲线。

Step4. 选择延伸的连接方式。如图 10.3.53 所示，单击操控板中的 点 选项卡，在弹出的界面中，可以看到 ISDX 曲线延伸时端点处的连接方式有如下三种。

图 10.3.52　"造型：曲线编辑"操控板　　　图 10.3.53　单击 ISDX 曲线

- 自由：源 ISDX 曲线与其延长的曲线段在端点处自由连接，如图 10.3.54 所示。
- 相切：源 ISDX 曲线与其延长的曲线段在端点处相切连接，如图 10.3.55 所示。
- 曲率：源 ISDX 曲线与其延长的曲线段在端点处曲率相等连接，如图 10.3.56 所示。

Step5. 选择一种连接方式，然后按住 Shift 和 Alt 键，在 ISDX 曲线端点外的某位置单击，该曲线即被延长。

图 10.3.54　自由　　　　　图 10.3.55　相切　　　　　图 10.3.56　曲率

10.3.9　ISDX 曲线的复制和移动（Copy、Move）

在 ISDX 环境中，选择 样式 功能选项卡中 曲线▼ 区域下的 复制 、 按比例复制 和 移动 命令，可对 ISDX 曲线进行复制和移动，具体说明如下。

- 复制：复制 ISDX 曲线。如果 ISDX 曲线上有软点，则复制后系统不会断开曲线上软点的链接。操作时，可在操控板中输入 X、Y、Z 坐标值以便精确定位。

- ● 按比例复制 ：复制选定的曲线并按比例缩放它们。

- ● 移动 ：移动 ISDX 曲线。如果 ISDX 曲线上有软点，则移动后系统不会断开曲线上的软点的链接。操作时，可在操控板中输入 X、Y、Z 坐标值以便精确定位。

注意：

（1）ISDX 曲线的 复制 、 移动 功能仅限于自由（Free）与平面（Planar）曲线，并不适用于落下曲线、COS 曲线。

（2）在复制移动过程中，ISDX 曲线在其端点的相切设置会保持不变。

下面举例说明 ISDX 曲线复制和移动的操作过程。

Step1. 设置工作目录和打开文件。先将工作目录设置为 D:\Creo3\work\ch10.03，然后打开文件 copy_change.prt。

Step2. 设置模型显示状态。

（1） 单击视图工具栏中的 按钮，在弹出的界面中取消选中 □ 轴显示 、 □ 坐标系显示 和 □ 平面显示 复选框，使基准轴、坐标系和基准平面不显示。

（2）单击按钮 ，选择 copy 视图。

Step3. 编辑定义模型树中的样式特征，进入 ISDX 环境。

Step4. 在 ISDX 环境中，单击 样式 功能选项卡 曲线 ▼ 区域中的"曲线编辑"按钮 曲线编辑 ，然后选取图 10.3.57 中的 ISDX 曲线 1。

图 10.3.57 选取 ISDX 曲线 1

Step5. 对曲线进行复制和移动。

（1）在 样式 操控板中选择 曲线 ▼ ➡ 复制 命令，则此时的"样式"操控板如图 10.3.58 所示，同时模型周围会出现图 10.3.59 所示的控制杆和背景对罩框。

图 10.3.58 "样式：复制"操控板

（2）选取 ISDX 曲线 1 并移动鼠标，即可产生 ISDX 曲线 1 的副本，如图 10.3.60 所示。

图 10.3.59　进入"复制"环境

图 10.3.60　复制 ISDX 曲线 1

（3）在 样式 操控板中选择 曲线 ▼ ➡ 按比例复制 命令，然后在操控板中选中 ☑ 断开链接 复选项，则可得到图 10.3.61 所示的 ISDX 曲线 1 的副本。

（4）在 样式 操控板中选择 曲线 ▼ ➡ 移动 命令，则此时弹出"样式：移动"操控板，同时模型周围将出现图 10.3.59 所示的控制杆和背景对罩框。选取 ISDX 曲线 1 并移动鼠标，即可移动 ISDX 曲线 1，如图 10.3.62 所示。

Step6. 完成复制、移动操作后，单击操控板中的 ✔ 按钮。

图 10.3.61　按比例复制

图 10.3.62　移动 ISDX 曲线 1

10.4　ISDX 曲面创建与编辑

10.4.1　ISDX 曲面的创建

前面讲解了如何创建、编辑 ISDX 曲线，下面将介绍如何利用 ISDX 曲线来创建 ISDX 曲面。ISDX 曲面的创建需要至少三条曲线，这些曲线应形成封闭图形，但不一定首尾相连。

下面将举例说明 ISDX 曲面的创建过程。

Step1. 设置工作目录和打开文件。首先，将工作目录设置为 D:\Creo3\work\ch10.04。然后，打开文件 definite_isdx.prt。

Step2. 模型显示状态。

（1）单击视图工具栏中的 ▣ 按钮，将模型设置为着色显示状态。

（2）单击视图工具栏中的 按钮，在弹出的界面中取消选中 □ 轴显示 、□ 坐标系显示 和 □ 平面显示 复选框，使基准轴、坐标系和基准平面不显示。

（3）单击 按钮，然后选择 VIEW_1 视图。此时模型如图 10.4.1 所示。

图 10.4.1　模型

Step3. 在模型树中右击 类型 1 ，从弹出的快捷菜单中选择 命令，此时系统进入 ISDX 环境。

Step4. 优先选项设置。在 样式 功能选项卡中选择 操作 ▼ ➡ 首选项 命令；在系统弹出的"造型首选项"对话框中的 栅格 区域取消选中 □ 显示栅格 复选框，然后单击 确定 按钮，关闭"造型首选项"对话框。

Step5. 单击 样式 功能选项卡 曲面 区域中的"曲面"按钮 ，此时系统弹出"样式：曲面"操控板。

Step6. 定义曲面的边界曲线。按住 Ctrl 键，选取图 10.4.1 中的 ISDX 曲线 1、曲线 2、曲线 3 和曲线 4（可按任意顺序选取），此时系统便以这四条曲线为边界创建一个 ISDX 曲面。此时"样式：曲面"操控板如图 10.4.2 所示。

Step7. 定义曲面的内部曲线。如果希望 ISDX 曲面通过图 10.4.1 所示的 ISDX 曲线 5，则可在图 10.4.2 所示的操控板中单击 内部 下面的区域，然后选取 ISDX 曲线 5，以定义其为内部曲线。此时曲面如图 10.4.3 所示。

Step8. 完成 ISDX 曲面的创建后，单击"造型：曲面"操控板中的 按钮。

图 10.4.2　"造型：曲面"操控板

10.4.2　ISDX 曲面的编辑

1. 用编辑 ISDX 曲线的方法对 ISDX 曲面进行编辑

对 ISDX 曲面进行编辑，主要是编辑 ISDX 曲面中的 ISDX 曲线。下面将以一个例子来介绍 ISDX 曲面的各种编辑操作方法。

Step1. 设置工作目录和打开文件。首先，将工作目录设置为 D:\Creo3\work\ch10.04，然后打开文件 isdx_change.prt。

Step2. 设置模型显示状态。

（1）单击视图工具栏中的 按钮，将模型设置为着色显示状态。

（2）单击视图工具栏中的 按钮，在弹出的界面中取消中 轴显示 、 坐标系显示 和 平面显示 复选框，使基准轴、坐标系和基准平面不显示。

（3）单击 按钮，然后选择 VIEW_1 视图。此时模型如图 10.4.4 所示。

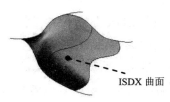

图 10.4.3　创建 ISDX 曲面　　　　　　　　　图 10.4.4　模型

Step3. 进入 ISDX 环境。在模型树中右击 类型 1 ，从弹出的快捷菜单中选择 命令。

Step4. 优先选项设置。在 样式 功能选项卡中选择 操作 ▼ ➡ 首选项 命令；在系统弹出的"造型首选项"对话框中的 栅格 区域取消选中 显示栅格 复选框，然后单击 确定 按钮，关闭"造型首选项"对话框。

Step5. 对曲面进行编辑。

曲面的编辑方式主要有如下几种。

（1）通过移动 ISDX 曲面中的 ISDX 曲线来改变曲面的形状。

① 移动图 10.4.5 中的 ISDX 曲线 3 至图 10.4.5 所示的位置。

② 单击 样式 功能选项卡 操作 ▼ 区域中的"全部重新生成"按钮 全部重新生成 ，再生后的 ISDX 曲面如图 10.4.6 所示。

a）移动前　　　　　　　　　　　　　b）移动后

图 10.4.5　移动 ISDX 曲线 3

图 10.4.6　再生后的 ISDX 曲面

（2）通过编辑 ISDX 曲线上的点来改变曲面的形状。

① 在 样式 功能选项卡 曲线 ▼ 区域中的"曲线编辑"按钮 曲线编辑 ，然后选取图 10.4.7 所示的 ISDX 曲线进行编辑。

② 此时拖拉该 ISDX 曲线上的点，将观察到曲面的形状不断变化。

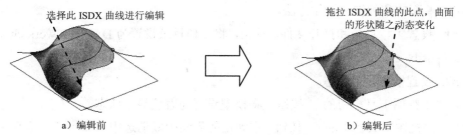

图 10.4.7　编辑 ISDX 曲面

（3）通过在 ISDX 曲面上添加一条内部控制线来改变曲面的形状。

① 创建一条曲线。单击 样式 功能选项卡 曲线 ▼ 区域中的"曲线"按钮 ，绘制图 10.4.8 所示的 ISDX 曲线 6（绘制时可按住 Shift 键，以将曲线端点对齐到曲面的边界线上），然后单击操控板中的 按钮。

注意：ISDX 曲面的内部控制线可以有多条，但它们不能相交。例如：图 10.4.9 中的两条 ISDX 曲线相交，所以不能同时作为 ISDX 曲面的内部控制线。另外，ISDX 曲面的内部控制线的端点要落在曲面的边线上。

② 选取 ISDX 曲面，然后右击，系统弹出图 10.4.10 所示的快捷菜单，选择该菜单中的 编辑定义 (N) 命令。

图 10.4.8　绘制 ISDX 曲线 6

图 10.4.9　两条 ISDX 曲线相交

图 10.4.10　快捷菜单

③ 添加内部控制曲线。在"样式：曲面"操控板中，单击 参考 选项卡，在弹出的界面中单击 内部 下面的区域，然后按住 Ctrl 键，选取 ISDX 曲线 6 为另一条内部控制曲线，此时曲面如图 10.4.11 所示。

ISDX 曲线 5

ISDX 曲线 6

图 10.4.11　设置内部控制曲线

注意：此时操控板的内部控制曲线列表中有两条 ISDX 曲线，它们分别为 ISDX 曲线 5 和 ISDX 曲线 6。

2. 使用"曲面编辑"命令编辑 ISDX 曲面

下面将以图 10.4.12 所示的例子来介绍使用"曲面编辑"命令编辑 ISDX 曲面的操作方法。

选取此曲面

a）编辑前　　　　　　　　　　　　　　　　　　b）编辑后

图 10.4.12　编辑 ISDX 曲面

Step1. 设置工作目录和打开文件。将工作目录设置为 D:\Creo3\work\ch10.04，打开文件 edit_isdx_surface.prt。

Step2. 在模型树中右击 类型 1 ，从弹出的快捷菜单中选择 命令。

Step3. 编辑 ISDX 曲面 1。在 样式 功能选项卡 曲面 区域中单击 曲面编辑 按钮，系统弹出"样式：曲面编辑"操控板。

Step4. 在系统 选择要编辑的曲面 的提示下，选取图 10.4.12a 所示的曲面，此时在曲面上显示图 10.4.13 所示的网格。

Step5. 在操控板中，将 最大行数 设置为 6，将 列 设置为 8，将 移动 设置为 自由 ，将 过滤 设置为 ，将 调整 设置为 0.1，其余的各选项接受系统默认的设置值。

Step6. 在系统 选择并拖动网格点或行/列以编辑形状 的提示下，选取图 10.4.14 所示的网格点并拖移到图中所示的位置。

Step7. 单击操控板中的 按钮，完成 ISDX 曲面的编辑。

图 10.4.13　显示网格　　　　　　　　　　图 10.4.14　拖移网格

10.4.3　ISDX 曲面的连接

通过前面的学习，我们已了解到 ISDX 曲面的质量主要取决于曲线的质量。除此之外，还有一个重要的因素影响 ISDX 曲面质量，这就是相邻曲面间的连接方式，曲面的连接方式有三种：衔接（Matched）、相切（Tangent）和曲率（Curvature）。如果要使两个相邻曲面间光滑过渡，应该设置相切（Tangent）或曲率（Curvature）连接方式。

下面将以一个例子来介绍 ISDX 曲面的各种连接方式及其设置方法。

Step1. 设置工作目录和打开文件。将工作目录设置为 D:\Creo3\work\ch10.04，打开文件 link_surface.prt。

Step2. 设置模型显示状态。

（1）单击视图工具栏中的 按钮，将模型设置为着色显示状态。

（2）单击视图工具栏中的 按钮，在弹出的界面中取消选中 轴显示 、 坐标系显示 和 平面显示 复选框，使基准轴、坐标系和基准平面不显示。

（3）单击 按钮，然后选择 VIEW_1 视图。此时模型如图 10.4.15 所示。

Step3. "编辑定义"模型树中的样式特征。在模型树中右击 类型 1 ，从弹出的快捷菜单中选择 命令，此时系统进入 ISDX 环境。

图 10.4.15　模型

Step4. 优先选项设置。在 样式 功能选项卡中选择 操作 ▼ ➡ 首选项 命令；在系统弹出的"造型首选项"对话框中的 栅格 区域取消选中 显示栅格 复选框，然后单击 确定 按钮，关闭"造型首选项"对话框。

Step5. 创建 ISDX 曲面 1。

（1）单击 样式 功能选项卡 曲面 区域中的"曲面"按钮🛒。

（2）按住 Ctrl 键，选取图 10.4.15 所示的 ISDX 曲线 1、曲线 2、曲线 5 和曲线 4，此时系统便以这 4 条 ISDX 曲线为边界创建一个 ISDX 曲面，如图 10.4.16 所示。

（3）单击"样式：曲面"操控板中的✔按钮，完成 ISDX 曲面 1 的创建。

Step6. 创建 ISDX 曲面 2。

（1）单击 样式 功能选项卡 曲面 区域中的"曲面"按钮🛒。

（2）按住 Ctrl 键，选取图 10.4.17 所示的 ISDX 曲线 2、曲线 3、曲线 4 和曲线 5，此时系统便以这 4 条 ISDX 曲线为边界创建 ISDX 曲面 2，如图 10.4.17 所示。注意：此时在 ISDX 曲面 1 与 ISDX 曲面 2 的公共边界线（ISDX 曲线 5）上出现一个小小的图标，这是 ISDX 曲面 2 与 ISDX 曲面 1 间的连接标记，我们可以改变此图标的大小，操作方法为：在 样式 功能选项卡中选择 操作 ▼ ➡ 首选项 命令，在"造型首选项"对话框的 曲面 下的 连接图标比例 文本框中输入数值 4，并按 Enter 键。此时可看到图标变大，如图 10.4.18 所示。

（3）单击"样式：曲面"操控板中的✔按钮，完成 ISDX 曲面 2 的创建。

Step7. 修改 ISDX 曲面 2 与 ISDX 曲面 1 间的连接方式。

（1）选取 ISDX 曲面 2。

（2）单击"曲面连接"按钮 曲面连接，系统弹出图 10.4.19 所示的"造型：曲面连接"操控板。

图 10.4.16　创建 ISDX 曲面 1　　　图 10.4.17　创建 ISDX 曲面 2　　　图 10.4.18　连接标记

图 10.4.19　"造型：曲面连接"操控板

（3）曲面间的连接方式有以下三种。

● 相切（Tangent）

两个 ISDX 曲面在连接处相切，如图 10.4.20 所示，此时连接图标显示为单线箭头。注意：与 ISDX 曲线的相切相似，无箭头的一端为"主控端"，此端所在的曲面（即 ISDX 曲面 1）为主控曲面；有箭头的一端为"受控端"，此端所在的曲面（即 ISDX 曲面 2）为受控曲面。单击"主控端"的尾部,可将其变为"受控端",如图 10.4.21 所示,此时可看到两个曲面均会产生一些变化。

● 曲率(Curvature)

注意:在图 10.4.20 中,单击相切连接图标的中部,则连接图标变成多线箭头(图 10.4.22),此时两个 ISDX 曲面在连接处曲率相等,这就是"曲率"(Curvature)连接。

与 ISDX 曲面的相切连接一样,无箭头的一端为"主控端",此端所在的曲面(即 ISDX 曲面 1)为主控曲面;有箭头的一端为"受控端",此端所在的曲面(即 ISDX 曲面 2)为受控曲面。同样,单击"主控端"的尾部,可将其变为"受控端"。

图 10.4.20　设置为"相切"方式 1　　图 10.4.21　设置为"相切"方式 2　　图 10.4.22　设置为"曲率"方式

● 衔接(Matched)

按住 Shift 键,然后单击相切连接图标或曲率连接图标的中部,则连接图标将变成"虚线"(图 10.4.23),此时两个 ISDX 曲面在连接处既不相切、曲率也不相等,这就是"衔接"(Matched)连接。

两个曲面"衔接"(Matched)时,曲面间不是光滑连接。单击中间的公共曲线,然后右击,从弹出的快捷菜单中选择 隐藏(H) 命令,可立即看到曲面的连接处有一道凸出"痕迹",如图 10.4.24 所示。

图 10.4.23　设置为"衔接"方式　　　　　图 10.4.24　隐藏连接边线

10.4.4　ISDX 曲面的修剪

可以用 ISDX 曲面上的一条或多条 ISDX 曲线来修剪该曲面。例如在图 10.4.25 中,中间一条 ISDX 曲线是 ISDX 曲面上的内部曲线,可用这条内部曲线对整个 ISDX 曲面进行修剪。下面以此例说明 ISDX 曲面修剪的一般操作过程。

Step1. 设置工作目录和打开文件。将工作目录设置为 D:\Creo3\work\ch10.04,打开文件

surface_cut.prt。

Step2. 设置模型显示状态。

（1）单击视图工具栏中的 [□] 按钮，将模型设置为着色显示状态。

（2）单击视图工具栏中的 [X] 按钮，在弹出的界面中取消选中 [□ ⟋ 轴显示]、[□ ⤬ 坐标系显示] 和 [□ ⌷ 平面显示] 复选框，使基准轴、坐标系和基准平面不显示。

（3）单击 [口] 按钮，选择 VIEW_1 视图。此时模型如图 10.4.25 所示。

图 10.4.25　模型

Step3. 编辑定义模型树中的样式特征。在模型树中右击 [□ 类型 1]，从弹出的快捷菜单中选择 [🖌] 命令。此时系统进入 ISDX 环境。

Step4. 优先选项设置。在 [样式] 功能选项卡中选择 [操作 ▾] ➡ [⊞ 首选项] 命令；在系统弹出的"造型首选项"对话框中的 [栅格] 区域取消选中 [□ 显示栅格] 复选框，然后单击 [确定] 按钮，关闭"造型首选项"对话框。

Step5. 修剪 ISDX 曲面。

（1）单击"曲面修剪"按钮 [🔍 曲面修剪]。

（2）在系统 [➡ 选择要修剪的面组.] 的提示下，选取图 10.4.25 中的 ISDX 曲面为要修剪的曲面。

（3）单击 [∼] 图标后的 [● 单击此处添加项] 字符，选取图 10.4.25 所示的内部 ISDX 曲线为修剪曲线。

（4）单击 [🖊] 图标后的 [单击此处添加项] 字符，选取图 10.4.26 所示的要剪掉的 ISDX 曲面部分。

（5）单击操控板中的 [✔] 按钮，可看到修剪后的 ISDX 曲面如图 10.4.27 所示。

图 10.4.26　选择要修剪掉的 ISDX 曲面部分

图 10.4.27　修剪后

10.5   ISDX 曲面实际应用 1

——充电器下盖样式设计

应用概述

    本应用中，模型的底部为一个平整曲面，而模型的侧面则可由 ISDX 曲面来构建。本应用是一个典型的 ISDX 曲面建模的例子，其建模思路是先创建几个基准平面和基准曲线（它们主要用于控制 ISDX 曲线的位置和轮廓），然后进入 ISDX 模块，先创建 ISDX 曲线并对其进行编辑，再利用这些 ISDX 曲线构建 ISDX 曲面。通过本例的学习，读者可认识到，ISDX 曲面样式的关键是 ISDX 曲线，只有高质量的 ISDX 曲线才能获得高质量的 ISDX 曲面。充电器下盖模型及模型树如图 10.5.1 所示。

Stage1. 设置工作目录和打开文件

    Step1. 设置工作目录和打开文件。将工作目录设置为 D:\Creo3\work\ch10.05，打开文件 DOWN_ COVER.PRT。

    Step2. 设置视图。单击按钮 ⬚, 选择 VIEW_ORIGIN 视图。

图 10.5.1   充电器下盖模型及模型树

    注意：打开空的 DOWN_ COVER.PRT 模型，是为了使用该模型中的一些层、视图、单位制等设置。

Stage2. 创建基准平面、基准曲线以及基准轴

    注意：创建基准平面、基准轴线和基准曲线是为了后面绘制 ISDX 曲线时，用以确定其

位置及控制其轮廓和尺寸。

Stage3．创建图 10.5.2 所示的基准曲线 1（此时视图为 VIEW_ORIGIN）

在操控板中单击"草绘"按钮 ，选取 TOP 基准面为草绘平面，FRONT 基准面为参考平面，方向为 下 ；单击 草绘 按钮，绘制图 10.5.3 所示的草图。

图 10.5.2　创建基准曲线 1

图 10.5.3　截面草图

Step1．创建图 10.5.4 所示的基准曲线 2（此时视图为 VIEW_ORIGIN）。在操控板中单击"草绘"按钮 ；选取 FRONT 基准面为草绘平面，TOP 基准面为参考平面，方向为 上 ；绘制图 10.5.5 所示的草图。

图 10.5.4　创建基准曲线 2

图 10.5.5　截面草图

Step2．创建图 10.5.6 所示的基准平面 DTM1。单击 模型 功能选项卡 基准 ▼ 区域中的"平面"按钮 ，选取 FRONT 基准面为参考平面，偏移值为-10.0，单击对话框中的 确定 按钮。

Step3．创建图 10.5.7 所示的基准曲线 3（此时视图为 VIEW_ORIGIN）。在操控板中单击"草绘"按钮 ；选取 DTM1 基准面为草绘平面，TOP 基准面为参考平面，方向为 上 ；绘制图 10.5.8 所示的草图。

图 10.5.6　创建 DTM1

图 10.5.7　创建基准曲线 3

Step4．创建图 10.5.9 所示的基准平面 DTM2。单击 模型 功能选项卡 基准 ▼ 区域中的"平面"按钮 ，选取 TOP 基准面为参考平面，偏移值为-20.0，单击对话框中的 确定 按钮。

图 10.5.8　截面草图

图 10.5.9　创建 DTM2

Step5. 创建图 10.5.10 所示的基准轴 A_1。单击 模型 功能选项卡 基准 ▼ 区域中的 ✎轴 按钮，按住 Ctrl 键，选取 TOP 和 RIGHT 基准面为参考，单击对话框中的 确定 按钮。

Step6. 创建图 10.5.11 所示的基准平面 DTM3。单击 模型 功能选项卡 基准 ▼ 区域中的 "平面" 按钮 ▱，选取 RIGHT 基准面为参考平面，偏移值为-35.0，单击对话框中的 确定 按钮。

图 10.5.10 创建基准轴 A_1

图 10.5.11 创建 DTM3

Step7. 创建图 10.5.12 所示的基准平面 DTM4。单击 模型 功能选项卡 基准 ▼ 区域中的 "平面" 按钮 ▱，选取 RIGHT 基准面为参考平面，偏移值为 35.0，单击对话框中的 确定 按钮。

Step8. 创建图 10.5.13 所示的基准轴 A_2。单击 模型 功能选项卡 基准 ▼ 区域中的 ✎轴 按钮，按住 Ctrl 键，选取 DTM2 和 DTM3 基准面为参考，单击对话框中的 确定 按钮。

图 10.5.12 创建 DTM4

图 10.5.13 创建基准轴 A_2

Step9. 创建图 10.5.14 所示的基准轴 A_3。单击 模型 功能选项卡 基准 ▼ 区域中的 ✎轴 按钮，按住 Ctrl 键，选取 DTM2 和 DTM4 基准面，单击对话框中的 确定 按钮。

Step10. 创建图 10.5.15 所示的基准平面 DTM5。单击 模型 功能选项卡 基准 ▼ 区域中的 "平面" 按钮 ▱，按住 Ctrl 键，选取基准轴 A_1 和基准轴 A_2，单击对话框中的 确定 按钮。

图 10.5.14 创建基准轴 A_3

图 10.5.15 创建 DTM5

Step11. 创建图 10.5.16 所示的基准平面 DTM6。单击 模型 功能选项卡 基准 ▼ 区域中的 "平面" 按钮 ▱，按住 Ctrl 键，选取基准轴 A_1 和基准轴 A_3，单击对话框中的 确定 按钮。

Stage4．创建 ISDX 样式曲面特征

Step1. 进入样式环境。单击 模型 功能选项卡 曲面 ▾ 区域中的"样式"按钮 造型 。
Step2. 创建图 10.5.17 所示的 ISDX 曲线 1。

图 10.5.16　创建 DTM6

图 10.5.17　创建 ISDX 曲线 1

（1）设置活动平面。单击 样式 功能选项卡 平面 区域中的"设置活动平面"按钮 ，
选择 FRONT 基准平面为活动平面。

注意：如果活动平面的栅格太稀或太密，在 样式 功能选项卡中选择 操作 ▾ ➡
首选项 命令，在系统弹出的"造型首选项"对话框中可以设置"活动平面"的网格是否显
示以及网格的大小等参数。

（2）完成以上操作后，模型如图 10.5.18 所示，显然当前的显示状态很难进行 ISDX 曲
线的创建，为了使图面清晰便于查看，应进行如下显示状态设置。

① 单击视图工具栏中的 按钮，在弹出的界面中取消选中 轴显示 、 坐标系显示 和
平面显示 复选框，使基准轴、坐标系和基准平面不显示。

② 关闭活动平面的栅格。在 样式 功能选项卡中选择 操作 ▾ ➡ 首选项 命令；在
系统弹出的"造型首选项"对话框中的 栅格 区域取消选中 显示栅格 复选框，然后单击 确定
按钮，关闭"造型首选项"对话框。

③ 单击按钮 ，选择 VIEW_1 视图，此时模型如图 10.5.19 所示。

图 10.5.18　设置模型显示状态

图 10.5.19　VIEW_1 视图状态

（3）创建初步的 ISDX 曲线 1。

① 单击 样式 功能选项卡 曲线 ▾ 区域中的"曲线"按钮 。

② 在操控板中选择 曲线类型（创建位于活动平面上的曲线）。

③ 绘制图 10.5.20 所示的初步的 ISDX 曲线 1，然后单击操控板中的 按钮。

图 10.5.20　初步的 ISDX 曲线 1

（4）对初步的 ISDX 曲线 1 进行编辑。

① 单击 样式 功能选项卡 曲线 ▼ 区域中的 曲线编辑 按钮，然后选取 ISDX 曲线 1，此时系统显示编辑操控板。

② 移动曲线 1 的端点。按住 Shift 键，拖移 ISDX 曲线 1 的左端点，使其与基准曲线 1 的左下顶点对齐（当显示"×"符号时，表明两点对齐，如图 10.5.21 所示）；按同样的方法将 ISDX 曲线 1 的右端点与基准曲线 1 的右下顶点对齐（图 10.5.22）。

图 10.5.21　对齐左端点　　　　　　　　图 10.5.22　对齐右端点

③ 按照同样的方法，将 ISDX 曲线 1 上图 10.5.23 所示的点对齐到基准曲线 1 的边线上。

④ 拖移 ISDX 曲线 1 的其余自由点，如图 10.5.24 所示。

图 10.5.23　对齐中间点　　　　　　　　图 10.5.24　拖移其余自由点

⑤ 设置 ISDX 曲线 1 两个端点处的切线方向和长度。

a）单击按钮 AB ，选择 VIEW_3 视图，以便在三维状态下进行查看。

b）选取 ISDX 曲线 1 的右端点，然后单击操控板上的 相切 选项卡，在"相切"界面中选择切线方向为 法向 ，并选取 TOP 基准面为法向参考平面，这样该端点的切线方向便与 TOP 基准面垂直（图 10.5.25）；在该界面的 长度 文本框中输入切线的长度值 35.0，并按 Enter 键。

图 10.5.25　右端点切向与 TOP 垂直

c）按同样的方法，设置 ISDX 曲线 1 左端点的切向与 TOP 基准平面垂直，切线长度值为 30.0。

说明：在后面操作中，需对创建的 ISDX 曲面进行镜像，而镜像中心平面正是 TOP 基准平面，为了使镜像后两个曲面间光滑连接，这里必须将 ISDX 曲线 1 左、右两个端点的切向约束设置为法向，否则镜像后两个曲面的连接处会有一道明显不光滑的"痕迹"。后面还要创建多条 ISDX 曲线，在其端点都将如此进行约束设置。

⑥ 对照曲线的曲率图，编辑 ISDX 曲线 1。

a）单击按钮，选择 VIEW_1 视图。

b）在编辑操控板中单击❚❚按钮（此时❚❚按钮变为▶），暂时退出曲线编辑状态，在 样式 功能选项卡中的 分析▾ 区域中单击 曲率 按钮，再选取 ISDX 曲线 1，以显示其曲率图，如图 10.5.26 所示（在对话框的 比例 文本框中输入比例值 40.0）。

说明：如果曲率图太大或太密，可在"曲率"对话框中，调整 质量 滑块和 比例 滚轮。

c）在"曲率"对话框的下拉列表中，选择 已保存，然后单击 ✔ 按钮。关闭对话框。

d）单击操控板中的 ▶ 按钮，回到曲线编辑状态，然后对照曲率图来对曲线 1 上的其他几个点进行拖拉编辑，可观察到曲率图随着点的移动而不断变化。

e）如果要关闭曲线曲率图的显示，在"样式"操控板中选择 分析▾ ➡ 删除所有曲率 命令。

f）完成编辑后，单击操控板中的 ✔ 按钮。

Step3. 创建图 10.5.27 所示的 ISDX 曲线 2。

图 10.5.26　ISDX 曲线 1 的曲率图

图 10.5.27　创建 ISDX 曲线 2

（1）设置模型显示状态。

① 单击视图工具栏中的 按钮，选中 ☑ 平面显示 复选框，使基准面显示。

② 显示活动平面栅格。在 样式 功能选项卡中选择 操作▾ ➡ 首选项 命令；在系统弹出的"造型首选项"对话框中的 栅格 区域选中 ☑ 显示栅格 复选框，然后单击 确定 按钮，关闭"造型首选项"对话框。

③ 单击按钮，选择 VIEW_1 视图。

（2）设置活动平面。单击 样式 功能选项卡 平面 区域中的"设置活动平面"按钮，选择 DTM1 基准平面为活动平面，此时模型如图 10.5.28 所示。

（3）再次设置模型显示状态。

① 单击视图工具栏中的 按钮，取消选中 ☐ 平面显示 复选框，使基准面不显示。

② 关闭活动平面的栅格。在 样式 功能选项卡中选择 操作▾ ➡ 首选项 命令；在系统弹出的"造型首选项"对话框中的 栅格 区域取消选中 ☐ 显示栅格 复选框，然后单击 确定 按钮，关闭"造型首选项"对话框。此时模型如图 10.5.29 所示。

图 10.5.28　设置活动平面

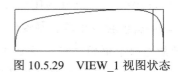

图 10.5.29　VIEW_1 视图状态

（4）创建初步的 ISDX 曲线 2。单击 样式 功能选项卡 曲线 ▾ 区域中的"曲线"按钮 ～；在操控板中单击 ⬚ 按钮，绘制图 10.5.30 所示的初步的 ISDX 曲线 2，然后单击操控板中的 ✔ 按钮。

（5）编辑初步的 ISDX 曲线 2。

① 单击 样式 功能选项卡 曲线 ▾ 区域中的 ⬚ 曲线编辑 按钮，然后选取 ISDX 曲线 2。

② 按住 Shift 键，拖动 ISDX 曲线 2 的左、右端点，分别将其与基准曲线 3 的下面两个顶点对齐，如图 10.5.31 所示。

图 10.5.30　创建初步的 ISDX 曲线 2

图 10.5.31　对齐左、右端点

③ 拖移 ISDX 曲线 2 的其余自由点，直至图 10.5.32 所示。

④ 设置 ISDX 曲线 2 两个端点处切线的方向和长度。

a）单击按钮 ⬚ ▾，选择 VIEW_3 视图，以便进行查看、选取。

b）选取 ISDX 曲线 2 的右端点，然后单击操控板中的 相切 按钮，在其界面中选择切向为 法向，并选取 TOP 基准面为法向参考平面（即该端点处的切线方向与 TOP 基准面垂直，如图 10.5.33 所示）；在 长度 文本框中输入切线的长度值 30.0，并按 Enter 键。

c）按同样的方法，设置 ISDX 曲线 2 左端点的切向与 TOP 基准平面垂直，切线长度值为 25.0。

⑤ 对照曲线的曲率图，编辑 ISDX 曲线 2。

a）单击按钮 ⬚ ▾，选择 VIEW_1 视图。

b）单击操控板中的 ⏸ 按钮（此时 ⏸ 按钮变为 ▶），暂时退出曲线编辑状态，然后单在 样式 功能选项卡中的 分析 ▾ 区域中单击 ⬚ 曲率 按钮，再选取 ISDX 曲线 2，即可显示出图 10.5.34 所示的曲率图（可在 比例 文本框中输入比例值 30.00）；单击操控板中的 ▶ 按钮，然后再次对 ISDX 曲线 2 上的几个自由点进行拖拉编辑。

c）如果要关闭曲线曲率图的显示，在"样式"操控板中选 分析 ▾ ➡ ⬚ 删除所有曲率 命令。

设置曲线 2 的这两个端点
的切向与 TOP 基准面垂直

图 10.5.32 拖移其余自由点

图 10.5.33 法向约束

图 10.5.34 ISDX 曲线 2 的曲率图

d）完成编辑后，单击操控板中的 ☑ 按钮。

Step4. 创建图 10.5.35 所示的 ISDX 曲线 3。

（1）设置模型显示状态。

① 单击视图工具栏中的 ⛏ 按钮，选中 ☑ ⬜ 平面显示 复选框，使基准面显示。

② 显示活动平面栅格。在 样式 功能选项卡中选择 操作 ▾ ➡ 首选项 命令；在系统弹出的"造型首选项"对话框中的 栅格 区域选中 ☑ 显示栅格 复选框，然后单击 确定 按钮，关闭"造型首选项"对话框。

③ 单击按钮 📷，选择 VIEW_3 视图。

（2）设置活动平面。单击 样式 功能选项卡 平面 区域中的"设置活动平面"按钮 🔲，选择 TOP 基准平面为活动平面，此时模型如图 10.5.36 所示。

图 10.5.35 创建 ISDX 曲线 3

图 10.5.36 设置活动平面

（3）再次设置模型显示状态。

① 单击视图工具栏中的 ⛏ 按钮，取消选中 ⬜ ⬜ 平面显示 复选框，使基准面不显示。

② 关闭活动平面栅格。在 样式 功能选项卡中选择 操作 ▾ ➡ 首选项 命令；在系统弹出的"造型首选项"对话框中的 栅格 区域取消选中 ⬜ 显示栅格 复选框，然后单击 确定 按钮，关闭"造型首选项"对话框。

③ 单击按钮 📷，选择 VIEW_2 视图，此时模型如图 10.5.37 所示。

图 10.5.37 VIEW_2 视图状态

（4）创建初步的 ISDX 曲线 3。

① 单击 样式 功能选项卡 曲线 ▾ 区域中的"曲线"按钮 〰。

② 在操控板中单击 ⬧ 按钮。

③ 绘制图 10.5.38 所示的初步的 ISDX 曲线 3，然后单击操控板中的 ✔ 按钮。

（5）编辑初步的 ISDX 曲线 3。

① 单击 样式 功能选项卡 曲线 ▼ 区域中的 ✐曲线编辑 按钮，然后选取 ISDX 曲线 3。

② 单击按钮 ▣ ，选择 VIEW_3 视图；按住 Shift 键，拖动 ISDX 曲线 3 的两个端点，分别将其对齐至 ISDX 曲线 1、曲线 2 在活动平面上的两个交点处，如图 10.5.39 所示（对齐时，显示"×"符号）。

图 10.5.38　创建初步的 ISDX 曲线 3　　　　图 10.5.39　对齐两个端点

③ 单击按钮 ▣ ，选择 VIEW_2 视图，然后拖移 ISDX 曲线 3 的其余自由点，直至出现图 10.5.40。

图 10.5.40　拖移其余自由点

④ 选取图 10.5.41 所示的端点，然后单击操控板上的 相切 按钮，在其界面中选择切向为 法向 ，并选取 FRONT 基准面为法向参考平面（此端点处的切线方向与 FRONT 基准面垂直）；在 长度 文本框中输入切线的长度值 3.0，并按 Enter 键。

设置此点切向与 FRONT 垂直

图 10.5.41　设置法向约束

⑤ 对照曲线的曲率图，编辑 ISDX 曲线 3。

a）单击按钮 ▣ ，选择 VIEW_2 视图。

b）单击操控板中的 ▌▌ 按钮（此时 ▌▌ 按钮变为 ▶ ），然后在 样式 功能选项卡中的 分析 ▼ 区域中单击 曲率 按钮，再选取 ISDX 曲线 3，即可显示图 10.5.42 所示的曲率图（可在 比例 文本框中输入数值 15.00）；单击 ▶ 按钮，再次对 ISDX 曲线 3 上的几个自由点进行拖拉编辑。

c）如果要关闭曲线曲率图的显示，在"样式"操控板中选择 分析 ▼ ➡ 删除所有曲率 命令。

d）完成编辑后，单击操控板中的 ✔ 按钮。

Step5. 创建图 10.5.43 所示的 ISDX 曲线 4。

（1）设置活动平面。ISDX 曲线 4 的活动平面仍然是 TOP 基准平面。

图 10.5.42　ISDX 曲线 3 的曲率图

图 10.5.43　创建 ISDX 曲线 4

（2）创建初步的 ISDX 曲线 4。

① 单击 **样式** 功能选项卡 **曲线 ▼** 区域中的"曲线"按钮 ~。

② 在操控板中单击 按钮。

③ 绘制图 10.5.44 所示的初步的 ISDX 曲线 4，然后单击操控板中的 ✔ 按钮。

图 10.5.44　创建初步的 ISDX 曲线 4

（3）编辑初步的 ISDX 曲线 4。

① 单击 **样式** 功能选项卡 **曲线 ▼** 区域中的 **曲线编辑** 按钮，选取 ISDX 曲线 4。

② 单击按钮 ，选择 VIEW_3 视图；按住 Shift 键，拖动 ISDX 曲线 4 的两个端点，分别将其与 ISDX 曲线 1、曲线 2 在活动平面上的两个交点对齐，如图 10.5.45 所示。

放大图

图 10.5.45　对齐端点

③ 单击按钮 ，选择 VIEW_2 视图；选取图 10.5.46 所示的端点，然后单击操控板中的 **相切** 按钮，在其界面中选择切向为 **法向**，并选取 FRONT 基准面为法向参考平面（此端点处的切线方向与 FRONT 基准面垂直）；在 **长度** 文本框中输入切线长度值 2.5，并按 Enter 键。

图 10.5.46　设置法向约束

④ 单击操控板中的 ▌▌按钮（此时 ▌▌按钮变为 ▶），再在 **样式** 功能选项卡中的 **分析 ▼** 区域中单击 **曲率** 按钮，然后选取 ISDX 曲线 4，以显示其曲率图（曲率图如图 10.5.47 所示，其比例值为 20.00）；单击 ▶ 按钮，可再次对曲线的自由点进行编辑。

注意：如果曲率图太大或太密，可在"曲率"对话框中，调整 质量 滑块和 比例 滚轮。

⑤ 如果要关闭曲线曲率图的显示，在"样式"操控板中选 分析 ▼ ➡ 删除所有曲率 命令。

⑥ 完成编辑后，单击操控板中的 ✔ 按钮。

Step6. 创建图 10.5.48 所示的 ISDX 曲线 5。

（1）设置模型显示状态。

① 单击视图工具栏中的 按钮，选中 ✔ 平面显示 复选框，使基准面显示。

② 显示活动平面栅格。在 样式 功能选项卡中选择 操作 ▼ ➡ 首选项 命令；在系统弹出的"造型首选项"对话框中的 栅格 区域选中 ✔显示栅格 复选框，然后单击 确定 按钮，关闭"造型首选项"对话框。

③ 单击按钮 ，选择 VIEW_3 视图。

（2）单击 样式 功能选项卡 平面 区域中的"设置活动平面"按钮 ，选择 DTM5 基准平面为活动平面，此时模型如图 10.5.49 所示。

图 10.5.47　ISDX 曲线 4 的曲率图

图 10.5.48　创建 ISDX 曲线 5　　　　图 10.5.49　选择 DTM5 为活动平面

（3）再次设置模型显示状态。

① 单击视图工具栏中的 按钮，取消选中 □ 平面显示 复选框，使基准面不显示。

② 关闭活动平面栅格。在 样式 功能选项卡中选择 操作 ▼ ➡ 首选项 命令；在系统弹出的"造型首选项"对话框中的 栅格 区域取消选中 □显示栅格 复选框，然后单击 确定 按钮，关闭"造型首选项"对话框。

③ 单击按钮 ，选择 VIEW_4 视图。

（4）创建初步的 ISDX 曲线 5。

① 单击 样式 功能选项卡 曲线 ▼ 区域中的"曲线"按钮 。

② 在操控板中单击 按钮。

③ 绘制图 10.5.50 所示的初步的 ISDX 曲线 5，然后单击操控板中的 ✔ 按钮。

（5）编辑初步的 ISDX 曲线 5。

① 单击 样式 功能选项卡 曲线 ▾ 区域中的 曲线编辑 按钮，选取 ISDX 曲线 5。

② 单击按钮 ，选择 VIEW_3 视图。

③ 按住 Shift 键，拖移曲线的两个端点，分别将其与 ISDX 曲线 1、曲线 2 在活动平面（DTM5）上的两个交点对齐，如图 10.5.51 所示（对齐时，显示"×"符号）。

图 10.5.50　创建初步的 ISDX 曲线 5

图 10.5.51　对齐各端点

④ 设置曲线端点的切线方向和长度。

选取图 10.5.52 所示的端点，然后在操控板的 相切 界面中选择切向为 法向，并选取 FRONT 基准面为法向参考平面（该端点的切线方向与 FRONT 基准面垂直）；在 长度 文本框中输入切线长度值 4，并按 Enter 键。

⑤ 对照曲线的曲率图，编辑 ISDX 曲线 5。

a）单击按钮 ，选择 VIEW_4 视图。

b）在 样式 功能选项卡中的 分析 ▾ 区域中单击 曲率 按钮，对照图 10.5.53 所示的曲率图（曲率图比例值为 15.00），再次对曲线的几个自由点进行拖拉编辑。如果要关闭曲线曲率图的显示，在"样式"操控板中选 分析 ▾ ➡ 删除所有曲率 命令。

c）完成编辑后，单击操控板中的 ✓ 按钮。

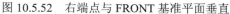

图 10.5.52　右端点与 FRONT 基准平面垂直

图 10.5.53　ISDX 曲线 5 的曲率图

Step7. 创建图 10.5.54 所示的 ISDX 曲线 6。

（1）设置模型显示状态。

① 单击视图工具栏中的 按钮，选中 ☑ 平面显示 复选框，使基准面显示。

② 显示活动平面栅格。在 样式 功能选项卡中选择 操作 ▾ ➡ 首选项 命令；在系统弹出的"造型首选项"对话框中的 栅格 区域选中 ☑ 显示栅格 复选框，然后单击 确定 按钮，关闭"造型首选项"对话框。

③ 单击按钮 ，选择 VIEW_3 视图。

（2）单击 样式 功能选项卡 平面 区域中的"设置活动平面"按钮 ，选择 DTM6 基准平面为活动平面，此时模型如图 10.5.55 所示。

图 10.5.54　创建 ISDX 曲线 6　　　　图 10.5.55　DTM6 为活动平面

（3）再次设置模型显示状态。

① 单击视图工具栏中的 按钮，取消选中 □ 平面显示 复选框，使基准面不显示。

② 关闭活动平面栅格。在 样式 功能选项卡中选择 操作 ▼ ➡ 首选项 命令；在系统弹出的"造型首选项"对话框中的 栅格 区域取消选中 □ 显示栅格 复选框，然后单击 确定 按钮，关闭"造型首选项"对话框。

③ 单击按钮 ，选择 VIEW_5 视图。

（4）创建初步的 ISDX 曲线 6。

① 单击 样式 功能选项卡 曲线 ▼ 区域中的"曲线"按钮 。

② 在操控板中单击 按钮。

③ 绘制图 10.5.56 所示的初步的 ISDX 曲线 6，然后单击操控板中的 按钮。

（5）编辑初步的 ISDX 曲线 6。

① 单击 样式 功能选项卡 曲线 ▼ 区域中的 曲线编辑 按钮，选取 ISDX 曲线 6。

② 单击按钮 ，选择 VIEW_3 视图。

③ 按住 Shift 键，拖动曲线的两个端点，分别将其与 ISDX 曲线 1、曲线 2 在活动平面（DTM6）上的两个交点对齐，如图 10.5.57 所示（对齐时，显示"×"符号）。

图 10.5.56　创建初步的 ISDX 曲线 6　　　　图 10.5.57　对齐两端点

④ 设置曲线端点的切线方向和长度。选取图 10.5.58 所示的端点，然后在操控板的 相切 界面中选择切向为 法向 ，并选取 FRONT 基准面为法向参考平面（该端点的切线方向与 FRONT 基准面垂直）；在 长度 文本框中输入切线长度值 4，并按 Enter 键。

⑤ 对照曲线的曲率图，编辑 ISDX 曲线 6。

a）单击按钮 ，选择 VIEW_5 视图。

b）在 样式 功能选项卡中的 分析 ▼ 区域中单击 曲率 按钮，对照图 10.5.59 所示的曲率图（比例值为 10.00），再次对曲线的几个自由点进行拖拉编辑。如果要关闭曲率图的显示，在"样式"操控板中选 分析 ▼ ➡ ◎册除所有曲率 命令。

c）完成编辑后，单击操控板中的 ✔ 按钮。

此点切向与 FRONT 面垂直

图 10.5.58　端点切向与 FRONT 基准平面垂直　　　图 10.5.59　ISDX 曲线 6 的曲率图

Step8. 创建图 10.5.60 所示的 ISDX 样式曲面。

该 ISDX 曲面由三部分组成，下面介绍其创建过程。

（1）遮蔽基准曲线。

① 选择导航选项卡中的 ▤ ▼ ➡ 层树(L) 命令。

② 在图 10.5.61 所示的层树中，选取模型曲线层 🗐 D3　PRT_ALL_CURVES ，右击，从弹出的的快捷菜单中选择 隐藏 命令；单击"重画"按钮 🔁 ，这样模型的基准曲线将不显示。

③ 返回到模型树显示。选择导航选项卡中的 ▤ ▼ ➡ 模型树(M) 命令。

图 10.5.60　创建样式曲面　　　　　　　　　图 10.5.61　层树

（2）创建图 10.5.62 所示的第一个 ISDX 曲面。

① 单击按钮 🖼 ，选择 VIEW_3 视图；单击 样式 功能选项卡 曲面 区域中的"曲面"按钮 🏳 。

② 选取边界曲线。按住 Ctrl 键，选取图 10.5.62 所示的 ISDX 曲线 6、曲线 4、曲线 1 和曲线 2，系统便以这四条 ISDX 曲线为边界创建一个局部 ISDX 曲面。

图 10.5.62　创建第一个曲面

③ 完成 ISDX 曲面的创建后，单击操控板中的 ✔ 按钮。

（3）按照同样的方法，创建图 10.5.63 所示的第二个 ISDX 曲面。

① 单击 样式 功能选项卡 曲面 区域中的"曲面"按钮 。

② 选取边界曲线。按住 Ctrl 键，选取图 10.5.62 所示的 ISDX 曲线 5、曲线 3、曲线 1 和曲线 2，此时系统便以这四条 ISDX 曲线为边界创建一个 ISDX 曲面。

③ 单击操控板中的 按钮。

（4）按照同样的方法，创建图 10.5.64 所示的第三个 ISDX 曲面。

图 10.5.63　创建第二个曲面　　　　图 10.5.64　创建第三个曲面

① 单击 样式 功能选项卡 曲面 区域中的"曲面"按钮 。

② 选取边界曲线。按住 Ctrl 键，选取图 10.5.62 所示的 ISDX 曲线 5、曲线 6、曲线 1 和曲线 2，此时系统便以这四条 ISDX 曲线为边界创建一个 ISDX 曲面。

③ 单击操控板中的 按钮。

Step9. 设置 ISDX 曲面相切。

（1）单击"曲面连接"按钮 曲面连接 。

（2）在系统的提示下，选取图 10.5.65a 所示的曲面。此时如果该曲面上显示出虚线图标（"衔接"方式），则需单击连接图标的中部，使该图标变成单箭头实线（"相切"方式），如图 10.5.65b 所示。

（3）单击操控板中的 按钮。

Step10. 完成样式设计，退出样式环境。

Stage5. 创建平整平面，并与 ISDX 曲面合并

Step1. 创建图 10.5.66 所示的填充曲面。

（1）单击 模型 功能选项卡 曲面 ▼ 区域中的 填充 按钮。

（2）在图形区右击，从弹出的快捷菜单中选择 定义内部草绘 命令；选取 DTM1 基准平面为草绘平面；选择 RIGHT 基准面为参考平面，方向为 左 ；绘制图 10.5.67 所示的截面草图。

（3）单击操控板中的 按钮。

图 10.5.65　设置 ISDX 曲面相切　　　　图 10.5.66　填充曲面

Step2. 创建图 10.5.68b 所示的合并曲面 1。按住 Ctrl 键，选取 ISDX 曲面和上一步创建的填充曲面，然后单击 模型 功能选项卡 编辑 ▼ 区域中的 合并 按钮，调整图形区中的箭头使其指向要保留的部分，如图 10.5.68a 所示。单击 ✔ 按钮，完成曲面合并 1 的创建。

图 10.5.67　截面草图

a）合并前　　　　　　b）合并后

图 10.5.68　合并曲面 1

Stage6．创建镜像曲面，并将其与源曲面合并

Step1. 创建图 10.5.69 所示的镜像曲面。选取 Stage4 中创建的合并面组为镜像源，单击 模型 功能选项卡 编辑 ▼ 区域中的 镜像 按钮，选取 TOP 基准平面为镜像平面；单击 ✔ 按钮，完成镜像曲面的创建。

镜像后的曲面

图 10.5.69　镜像曲面

Step2. 创建的镜像面组与源面组进行合并。选取合并曲面 1 和镜像曲面 1 为合并对象，单击 合并 按钮，单击 ✔ 按钮，完成曲面合并 2 的创建。

Stage7．创建圆角特征

单击 模型 功能选项卡 工程 ▼ 区域中的 倒圆角 ▼ 按钮；选取边为要圆角的边线，输入半径值 2.0。

Stage8．加厚曲面

Step1. 选取前面创建的曲面。

Step2. 单击 模型 功能选项卡 编辑 ▼ 区域中的 加厚 按钮；加厚的箭头方向如图 10.5.70 所示；输入薄壁实体的厚度值 1.5。

Step3. 单击"完成"按钮 ✔，完成加厚操作。

Stage9．创建一个拉伸特征将模型一侧切平

下面将创建一个拉伸特征将模型一侧切平，如图 10.5.71 所示。

图 10.5.70 加厚曲面

图 10.5.71 拉伸特征

Step1. 在操控板中单击 <kbd>拉伸</kbd> 按钮；在操控板中单击 <kbd>□</kbd> 按钮和 <kbd>◿</kbd> 按钮。

Step2. 选取 TOP 基准面为草绘平面，RIGHT 基准面为参考平面，方向为 <kbd>左</kbd>；单击 <kbd>草绘</kbd> 按钮，绘制图 10.5.72 所示的截面草图（在 <kbd>□</kbd> 状态下）；深度类型为 <kbd>日</kbd>，深度值为 60.0。

Step3. 单击"完成"按钮 <kbd>✔</kbd>，则完成切削操作。

Stage10. 创建拉伸切削特征

下面创建图 10.5.73 所示的拉伸切削特征。

图 10.5.72 截面图形

图 10.5.73 创建拉伸切削特征

Step1. 在操控板中单击"拉伸"按钮 <kbd>拉伸</kbd>，按下"移除材料"按钮 <kbd>◿</kbd>。

Step2. 选取图 10.5.74 所示的模型表面为草绘平面，接受系统默认的参考平面，方向为 <kbd>底部</kbd>；单击 <kbd>草绘</kbd> 按钮，绘制图 10.5.75 所示的截面草图。

Step3. 在操控板中定义拉伸类型为 <kbd>⊥</kbd>，输入深度值 1。

Step4. 单击"完成"按钮 <kbd>✔</kbd>，则完成切削操作。

图 10.5.74 草绘平面

图 10.5.75 截面草图

Stage11. 创建孔

下面将创建图 10.5.76 所示的实体切削拉伸特征（孔）。

Step1. 在操控板中单击"拉伸"按钮 <kbd>拉伸</kbd>，单击"移除材料"按钮 <kbd>◿</kbd>。

Step2. 定义草绘截面。选取 FRONT 基准面为草绘平面；RIGHT 基准面为参考平面，方向为 左。进入草绘环境后，绘制图 10.5.77 所示的截面草图。

Step3. 在操控板中选取深度类型 ；切削方向如图 10.5.78 所示；单击 按钮，完成特征的创建。

图 10.5.76　实体拉伸切削特征

图 10.5.77　截面草图

Stage12. 创建尾部插线口

下面创建图 10.5.79 所示的实体切削拉伸特征——尾部插线口。

图 10.5.78　设置切削方向

图 10.5.79　拉伸特征 4——尾部插线口

Step1. 在操控板中单击"拉伸"按钮 拉伸，单击"移除材料"按钮 。

Step2. 定义草绘截面放置属性。选取 RIGHT 基准面为草绘平面；FRONT 基准面为参考平面，方向为 底部。进入草绘环境后，绘制图 10.5.80 所示的特征截面草图。

Step3. 在操控板中选取深度类型 （穿过所有）；定义切削方向如图 10.5.81 所示；单击 按钮，完成特征的创建。

图 10.5.80　截面草图

图 10.5.81　设置切削方向

Stage13. 隐藏 ISDX 曲线和曲面并存盘

Step1. 在模型树中选择 类型 1，右击，从弹出的快捷菜单中选择 隐藏 命令。在模型树中选择 类型 2，右击，从弹出的快捷菜单中选择 隐藏 命令。

Step2. 隐藏曲线和曲面。

（1）选择导航选项卡中的 ➡ 层树(L) 命令。

（2）在层树中选取 ⌐ CURVE 层，右击，从弹出的快捷菜单中选择 隐藏 命令。用同样的方法隐藏 ⌐ QUILT 层。

Step3. 保存零件模型文件。

10.6   ISDX 曲面实际应用 2——水嘴旋钮

应用概述

本应用主要运用了如下的关键特征操作技巧：ISDX 曲线、投影曲线、边界混合曲面、阵列、曲面合并和曲面实体化等，其中 ISDX 曲线的创建、曲面的合并技巧性很强，值得借鉴。零件模型及模型树如图 10.6.1 所示。

图 10.6.1   零件模型及模型树

说明：本例前面的详细操作过程请参见随书光盘中 video\ch10.06\reference\文件下的语音视频讲解文件 faucet_knob-r01.exe。

Step1. 打开文件 D:\Creo3\work\ch10.06\faucet_knob_ex.CATPart。

Step2. 创建图 10.6.2 所示的 ISDX 曲线——类型 1。

（1）进入样式环境。单击 模型 功能选项卡 曲面 ▼ 区域中的 样式 按钮。

（2）设置活动平面。单击 样式 操控板中的 按钮（或在图形区空白处右击，在系统弹出的快捷菜单中选择 设置活动平面(P) 命令），选取 FRONT 基准平面为活动平面，如图 10.6.3 所示。

a）着色视图　　　　　b）线框视图

图 10.6.2   类型 1　　　　　图 10.6.3   定义 FRONT 基准平面为活动平面

注意：如果活动平面的栅格太稀或太密，可选择下拉菜单 操作▾ ➡ 首选项 命令，在"造型首选项"对话框的 栅格 区域中调整 间距 值；也可以取消选中 ☐ 显示栅格 使栅格不显示。

（3）设置模型显示状态。完成以上操作后，模型如图 10.6.3 所示，显然这样的显示状态很难进行 ISDX 曲线的创建。为了使图面清晰和查看方便，进行如下模型显示状态设置。

① 单击"视图"工具栏中的按钮 ✖️，取消选中基准轴和基准点的显示。

② 选择下拉菜单 操作▾ ➡ 首选项 命令，在"造型首选项"对话框的 栅格 区域中，取消选中 ☐ 显示栅格 复选框，关闭"造型首选项"对话框。

③ 在模型树中右击 FRONT 基准平面，然后从系统弹出的快捷菜单中选择 隐藏 命令。

④ 在图形区右击，从系统弹出的快捷菜单中选择 活动平面方向 命令（或单击"视图"工具栏中的 按钮），使模型按图 10.6.4 所示的方位摆放；单击"视图"工具栏中的"显示样式"按钮 ，选择 消隐 选项，将模型设置为消隐显示状态。

（4）创建初步的 ISDX 曲线 1。单击"曲线"按钮 ～；在操控板中按下 按钮，绘制图 10.6.5 所示的初步的 ISDX 曲线 1，然后单击操控板中的 ✔ 按钮。

图 10.6.4　活动平面的方向

图 10.6.5　初步的 ISDX 曲线 1

（5）编辑初步的 ISDX 曲线 1。单击 曲线编辑 按钮，选取图 10.6.5 所示的初步的 ISDX 曲线 1；将模型调整至图 10.6.5 所示的视图方位，然后按住 Shift 键，分别将 ISDX 曲线 1 的上、下两个端点拖移到投影曲线 1 和圆柱的底边，直到这两个端点变成小叉"×"，如图 10.6.6 所示。

图 10.6.6　编辑 ISDX 曲线 1

（6）设置 ISDX 曲线 1 两个端点的"曲面相切"约束。

① 选取 ISDX 曲线 1 的上部端点，单击操控板上的 相切 按钮，选择"曲面相切"选项，选取图 10.6.7a 所示的圆柱的顶面作为相切曲面。

② 选取 ISDX 曲线 1 的下部端点，单击操控板上的 相切 按钮，选择"曲面相切"选项，选取图 10.6.7b 所示的圆柱的侧表面作为相切曲面。

a）设置 ISDX 曲线 1 的上部端点   b）设置 ISDX 曲线 1 的下部端点

图 10.6.7　设置"曲面相切"约束

（7）对照曲线的曲率图，进一步编辑 ISDX 曲线 1。

① 单击编辑操控板中的 ❚❚ 按钮，当 ❚❚ 按钮变为 ▶ 时，在图形区空白处单击鼠标，确保未选中任何几何，再单击"曲率"按钮 ，系统弹出"曲率"对话框，然后单击图 10.6.8 所示的 ISDX 曲线 1，在对话框的 比例 文本框中输入数值 12.00。

② 在 快速 ▼ 下拉列表中选择 已保存 选项，然后单击"曲率"对话框中的 ✔ 按钮，退出"曲率"对话框。

③ 单击操控板中的 ▶ 按钮，完成曲率选项的设置。

④ 对照图 10.6.9 所示的曲率图，对 ISDX 曲线 1 上的几个点进行拖拉编辑。此时可观察到曲线的曲率图随着点的移动而即时变化。

图 10.6.8　ISDX 曲线 1

图 10.6.9　ISDX 曲线 1 的曲率图

注意：如果曲率图太大或太密，可在"曲率"对话框中调整 质量 滑块和 比例 滚轮。

（8）完成编辑后，单击操控板中的 ✔ 按钮。

（9）单击 分析 ▼ 按钮，然后选择 删除所有曲率 ，关闭曲线曲率的显示。

（10）单击"样式"操控板中的 ✔ 按钮，退出样式环境。

Step3．创建图 10.6.10 所示的交截曲线——交截 1。按住 Ctrl 键，在模型中选取图 10.6.11 所示的圆柱的侧表面、倒圆角面、圆柱的顶面以及图 10.6.11 所示的 DTM1 基准平面；单击 模型 功能选项卡 编辑 ▼ 区域中的"相交"按钮 ，此时系统显示"交截"操控板并产生交截曲线。

图 10.6.10　交截 1　　　　　　　　　　　图 10.6.11　定义交截参考

Step4. 创建复制曲面——复制 1。设置"选择"类型，在屏幕下方的"智能选取"栏中选择"几何"选项（这样将会很轻易地选取到模型上的几何目标，例如模型上的表面、边线和顶点等）；按住 Ctrl 键，在模型中选取除底面的其余六个面（两个侧表面、两个倒圆角面和两个圆柱的顶面），如图 10.6.12 所示；单击 模型 功能选项卡 操作 ▼ 区域中的"复制"按钮，然后单击"粘贴"按钮；单击操控板中的 ✔ 按钮。

Step5. 创建图 10.6.13 所示的边界曲面 1。

图 10.6.12　定义复制面参考　　　　　　　图 10.6.13　边界曲面 1

（1）单击 模型 功能选项卡 曲面 ▼ 区域中的"边界混合"按钮。

（2）定义边界曲线。

① 选择第一方向曲线。按住 Ctrl 键，依次选取 ISDX 曲线 1 和交截 1（图 10.6.14）为第一方向边界曲线。

② 选择第二方向曲线。单击操控板中第二方向曲线操作栏，按住 Ctrl 键，依次选取投影 1 和圆柱的底边线（图 10.6.15）为第二方向边界曲线。

图 10.6.14　定义第一方向边界曲线　　　　图 10.6.15　定义第二方向边界曲线

（3）设置边界条件。

① 设置"第一方向"的"第一条链"与 FRONT 基准平面"垂直"。在操控板中单击 约束

按钮，在系统弹出的界面中将"第一方向"的"第一条链"的"条件"设置为 垂直 ，然后选取 FRONT 基准平面。

② 设置"第一方向"的"最后一条链"与模型表面"相切"。在 约束 界面中，将"第一方向"的"最后一条链"的"条件"设置为 相切 。

③ 设置"第二方向"的"第一条链"与"最后一条链"与模型表面 相切 。

（4）单击操控板中的 ✓ 按钮。

Step6. 创建图 10.6.16b 所示的曲面镜像特征 1。选取 Step5 所创建的边界曲面 1 为镜像对象，单击"镜像"按钮 凹 ，选取图 10.6.17 所示的 FRONT 基准平面为镜像平面，单击 ✓ 按钮。

a）镜像前　　　　　　　　b）镜像后

图 10.6.16　曲面镜像特征 1

图 10.6.17　定义镜像平面

Step7. 创建图 10.6.18 所示的曲面合并特征——合并 1。设置"选择"类型；在屏幕下方的"智能选取"栏中选择 面组 选项；按住 Ctrl 键，选取图 10.6.18 所示的面为要合并的曲面；单击 合并 按钮，单击"完成"按钮 ✓ 。

Step8. 创建组特征——组 G1。按住 Ctrl 键，在模型树中选取 Step5、Step6 和 Step7 所创建的边界混合曲面特征、镜像特征以及合并特征后右击，在快捷菜单中选择 组 命令，此时选取的特征合并为 组 LOCAL GROUP ，将其重命名为组 G1，完成组 G1 的创建。

Step9. 创建图 10.6.19b 所示的阵列特征 1。

（1）在模型树中选取 Step8 所创建的组 G1 后右击，从系统弹出的快捷菜单中选取 阵列 命令。

选取这两个曲面

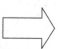

a）阵列前

图 10.6.18　合并 1　　　　　　图 10.6.19　阵列特征 1

b）阵列后

（2）在操控板中选取 轴 选项，在图 10.6.20 所示的模型中选取基准轴 A_1 为阵列参考，在操控板中输入阵列个数 4，输入角度增量值 90.0，并按 Enter 键，单击 ✓ 按钮。

Step10. 创建曲面合并特征——合并 5。按住 Ctrl 键，选取图 10.6.21 所示的复制曲面 1 和合并 1，单击 模型 功能选项卡 编辑 ▾ 区域中的 合并 按钮；在 选项 界面中定义合并类型为 ◉ 连接 ，保留侧的箭头指示方向如图 10.6.21 所示；单击 ✓ 按钮。

图 10.6.20　定义旋转轴

图 10.6.21　定义合并 5 的参考

Step11. 创建曲面合并特征——合并 6。按住 Ctrl 键，选取阵列曲面 1_1 和 Step10 所创建的合并 5，单击 合并 按钮；在 选项 界面中定义合并类型为 ◎ 连接，保留侧面的箭头指示方向如图 10.6.22 所示；单击 ✓ 按钮。

Step12. 创建曲面合并特征——合并 7。按住 Ctrl 键，选取阵列曲面 1_2 和 Step11 所创建的合并 6，合并类型为 ◎ 连接，保留侧面的箭头指示方向如图 10.6.23 所示。

图 10.6.22　定义合并 6 的参考

图 10.6.23　定义合并 7 的参考

Step13. 创建曲面合并特征——合并 8。按住 Ctrl 键，选取阵列曲面 1_3 和 Step12 所创建的合并 7，合并类型为 ◎ 连接，保留侧面的箭头指示方向如图 10.6.24 所示。

Step14. 创建曲面实体化特征 1。

（1）选取要变成实体的面组，即选取 Step13 所创建的合并 8，如图 10.6.25 所示。

图 10.6.24　定义合并 8 的参考

图 10.6.25　定义实体化参考

（2）单击 模型 功能选项卡 编辑 ▼ 区域中的 实体化 按钮。

（3）确认实体保留部分的方向如图 10.6.25 所示。

（4）单击"完成"按钮 ✓，完成曲面实体化特征 1 操作。

Step15. 为了使图面清晰和查看方便，将曲线层和曲面层遮蔽起来。

（1）在模型树中选取▢ 类型 1，然后右击，在快捷菜单中选择 隐藏 命令。

（2）选择导航命令卡中的 ▤▾ ➡ 层树(L) 命令，即可进入"层树"的操作界面。

（3）在"层树"的操作界面中，选取曲线所在的层 ▤ 03　PRT ALL CURVES，然后右击，在快捷菜单中选择 隐藏 命令，再次右击曲线所在的层 ▤ 03　PRT ALL CURVES，在快捷菜单中选择 保存状况 命令。

（4）参考步骤（1）、（2）、（3），用相同的方法，隐藏层 CURVE 和层 QUILT。

Step16. 后面的详细操作过程请参见随书光盘中 video\ch10.06\reference\文件下的语音视频讲解文件 faucet_knob-r02.exe。

第 11 章 钣 金 设 计

11.1 钣金设计概述

钣金件一般是指具有均一厚度的金属薄板零件，机电设备的支撑结构（如电器控制柜）、护盖（如机床的外围护罩）等一般都是钣金件。与实体零件模型一样，钣金件模型的各种结构也是以特征的形式创建的，但钣金件的设计也有自己独特的规律。使用 Creo 软件创建钣金件的过程大致如下。

Step1. 通过新建一个钣金件模型，进入钣金设计环境。

Step2. 以钣金件所支持或保护的内部零部件大小和形状为基础，创建第一钣金壁（主要钣金壁）。例如设计机床床身护罩时，先要按床身的形状和尺寸创建第一钣金壁。

Step3. 添加附加钣金壁。在第一钣金壁创建之后，往往需要在其基础上添加另外的钣金壁，即附加钣金壁。

Step4. 在钣金模型中，还可以随时添加一些实体特征，如实体切削特征、孔特征、圆角特征和倒角特征等。

Step5. 创建钣金冲孔（Punch）和切口（Notch）特征，为钣金的折弯做准备。

Step6. 进行钣金的折弯（Bend）。

Step7. 进行钣金的展平（Unbend）。

Step8. 创建钣金件的工程图。

11.2 钣金设计用户界面

首先打开指定的钣金文件。

Step1. 选择下拉菜单 文件 ▼ ➡ 管理会话 (M) ▶ ➡ 选择工作目录 (T) 更改工作目录. 命令，将工作目录设置为 D:\Creo3\work\ch11.02。

Step2. 选择下拉菜单 文件 ▼ ➡ 打开 (O) 命令，打开文件 heater_cover-ok.prt。打开文件 heater_cover-ok.prt 后，系统显示图 11.2.1 所示的钣金设计界面，下面对该工作界面进行简要说明。

钣金工作界面包括下拉菜单区、功能选项区、顶部工具栏按钮区、视图工具栏、消息区、图形区及导航器选项卡区，另外还包括智能选取栏区。

图 11.2.1　Creo3.0 钣金设计界面

1．导航选项卡区

导航选项卡包括 4 个页面选项："模型树"（或"层树"）、"文件夹浏览器""收藏夹""连接"。各页面选项的具体介绍参见 1.7 节。

2．快速访问工具栏

快速访问工具栏中包含新建、保存、修改模型和设置 Creo 环境的一些命令。快速访问工具栏为快速进入命令及设置工作环境提供了极大的方便，用户可以根据具体情况定制快速访问工具栏。

3．工具栏按钮区

工具栏中的命令按钮为快速进入命令及设置工作环境提供了极大的方便，用户可以根据具体情况定制工具栏。

钣金工具栏如图 11.2.2 所示，简要说明如下。

注意：用户会看到有些菜单命令和按钮处于非激活状态（呈灰色，即暗色），这是因为它们目前还没有处在发挥功能的环境中，一旦它们进入相关的环境，便会自动激活。

![平整图标]（平整）：创建附加的平整壁。   ![法兰图标]（法兰）：创建附加的凸缘壁。

![拉伸图标]拉伸：拉伸工具。   ![平面图标]平面：创建平面壁。

![边界混合图标]边界混合：定义边界混合。   ![扯裂图标]（扯裂）：创建边缝。

![形状图标]（形状）：创建面组的成形。   ![拐角止裂槽图标]拐角止裂槽：创建拐角止裂槽。

![转换图标]转换：创建转换。   ![展平图标]（展平）：创建展平特征。

![折弯图标]折弯：创建折弯。   ![折弯回去图标]折弯回去：创建折回。

![平整形态图标]平整形态：创建平整形态。   ![偏移图标]偏移：创建偏移。

![延伸图标]延伸：创建延伸面组到指定的距离或指定的平面。

![分割区域图标]分割区域…：将曲面分割成两部分，但不能分割侧曲面。

图 11.2.2　钣金工具栏

11.3　进入钣金设计环境

以新建零件方式进入钣金环境的方法有两种，分别介绍如下。

方法一：在新建一个零件时，选取零件的 子类型 为 ⊙ 钣金件 ，从而进入钣金设计环境。

Step1. 单击工具栏中的"新建"按钮 ![新建按钮] 。

Step2. 在弹出的"新建"对话框中，进行下列操作。

（1）选取文件类型。在 类型 区域选中 ⊙ □ 零件 单选项；在 子类型 区域选中 ⊙ 钣金件 单选项。

（2）在 名称 文本框中输入文件名，取消选中 □ 使用默认模板 复选框，来取消系统默认模板，单击对话框中的 确定 按钮。

Step3. 选取适当的模板。在弹出的"新文件选项"对话框中，进行以下操作。

（1）在对话框中的模板区域，选取 mmns_part_sheetmetal 模板。

（2）参数区域的两个参数 DESCRIPTION 和 MODELED BY 与 PDM 有关， 一般不对此进行操作；单击 确定 按钮。

方法二：在新建一个零件时，在 子类型 选项组中选中 ⊙ 实体 单选项；进入实体零件设计环境后，选择 模型 功能选项卡 操作 ▼ 节点下的 转换为钣金件 命令，从而进入钣金件设计环境，其操作过程如下。

Step1. 单击"新建"按钮 ![新建按钮] 。

Step2. 在弹出的"新建"对话框中，进行下列操作。

（1）在 类型 区域选中 ⊙ □ 零件 单选项；在 子类型 选项组选中 ⊙ 实体 单选项。

（2）在 名称 文本框中输入文件名，取消选中 □ 使用默认模板 复选框，以取消系统默认模板，单击对话框中的 确定 按钮。

Step3. 在弹出的"新文件选项"对话框中，选取 mmns_part_solid 模板，单击 确定 按钮。

Step4. 选择 模型 功能选项卡 操作 ▾ 节点下的 转换为钣金件 命令。

11.4　创建钣金壁

11.4.1　钣金壁概述

钣金壁（Wall）是指厚度一致的薄板，它是一个钣金零件的"基础"，其他的钣金特征（如冲孔、成形、折弯、切割等）都要在这个"基础"上构建，因而钣金壁是钣金件最重要的部分。在 Creo 系统中，用户创建的第一个钣金壁特征称为第一钣金壁（First Wall），之后在第一钣金壁外部创建的其他钣金壁均称为分离的钣金壁（Unattached Wall）。

11.4.2　创建第一钣金壁

第一钣金壁和分离的钣金壁的创建均使用 形状 ▾ 选项卡中的命令（图 11.4.1），使用这些命令创建第一钣金壁的原理和方法与创建相应类型的曲面特征极为相似。另外单击 模型 功能选项卡 形状 ▾ 区域中的"拉伸"按钮 拉伸 ，可创建拉伸类型的第一钣金壁。

1. 拉伸类型的第一钣金壁

在以拉伸（Extrude）的方式创建第一钣金壁时，需要先绘制钣金壁的侧面轮廓草图，然后给定钣金厚度值和拉伸深度值，则系统将轮廓草图延伸至指定的深度，形成薄壁实体，如图 11.4.2 所示，其详细操作步骤说明如下。

图 11.4.1　"形状"选项卡中的子菜单

图 11.4.2　第一钣金壁

Step1. 新建零件模型。选择下拉菜单 文件▾ ➡ 新建(N) 命令，系统弹出"新建"对话框，在 类型 选项组中选中 ⦿ □ 零件 单选项，在 子类型 选项组中选中 ⦿ 钣金件 单选项，在 名称 文本框中输入文件名称 extrude_wall；取消选中 □ 使用默认模板 复选框，单击 确定 按钮，在系统弹出的"新文件选项"对话框的 模板 选项组中选择 mmns_part_sheetmetal 模板，单击 确定 按钮，系统进入钣金设计环境。

Step2. 选取命令。单击 模型 功能选项卡 形状 ▾ 区域中的"拉伸"按钮 ⬚拉伸 。

Step3. 选取拉伸特征的类型。在选择 ⬚拉伸 命令后，屏幕上方会出现"拉伸"操控板。在操控板中，单击实体特征类型按钮 □ （系统默认情况下，此按钮为按下状态）。

Step4. 定义草绘截面放置属性。

（1）在绘图区中右击，从弹出的快捷菜单中选择 定义内部草绘... 命令，此时系统弹出 "草绘"对话框。

说明：也可以在操控板中单击 放置 按钮，然后在系统弹出的界面中单击 定义... 按钮。

（2）定义草绘平面。选取 RIGHT 基准平面作为草绘平面。

（3）草绘平面的定向。

① 指定草绘平面的参考平面：先在"草绘"对话框的"参考"文本框中单击，再单击图形区中的 FRONT 基准平面。

② 指定参考平面的方向：单击对话框中 方向 后面的 ▾ 按钮，在弹出的列表中选择 下 选项。

（4）单击对话框中的 草绘 按钮。这时系统进行草绘平面的定向。从图中可看到，现在草绘平面与屏幕平行放置，并且 FRONT 基准平面橘黄色的一侧面朝向屏幕的底部。至此系统就进入了截面的草绘环境。

Step5. 创建特征的截面草绘图形。拉伸特征的截面草绘图形如图 11.4.3 所示，创建特征截面草绘图形的步骤如下。

（1）定义草绘参考。在进入 Creo 3.0 的草绘环境后，系统会自动为草图的绘制和标注选取足够的参考（如本例系统默认选取了 TOP 和 FRONT 基准平面作为草绘参考），所以系统不再自动打开"参考"对话框。在此我们不进行操作。

（2）创建截面草图。绘制并标注图 11.4.3 所示的截面草图。完成绘制后，单击"草绘"工具栏中的"确定"按钮 ✔ 。

Step6. 定义拉伸深度及厚度并完成基础特征。

（1）选取深度类型并输入其深度值。在操控板中，选取深度类型 ⊥ （即"定值拉伸"，再在深度文本框 216.5 ▾ 中输入深度值 30，并按 Enter 键。

（2）选择加厚方向（钣金材料侧）并输入其厚度值。接受图 11.4.4 中的箭头方向为钣金加厚的方向。在薄壁特征类型图标 ⊏ 后面的文本框中输入钣金壁的厚度值 3.0，并按 Enter 键。

（3）特征的所有要素定义完毕后，可以单击操控板中的"预览"按钮^{……}，预览所创建的特征，以检查各要素的定义是否正确。预览时，可按住鼠标中键进行旋转查看，如果所创建的特征不符合设计意图，可选择操控板中的相关项，重新定义。

（4）预览完成后，单击操控板中的"完成"按钮[✓]，才能最终完成特征的创建。

注意：将模型切换到线框显示状态（即按下工具栏按钮[⊡]、[⊡]或[⊡]），可看到钣金件的两个表面的边线分别显示为白色和绿色（图 11.4.5）。在操控板中单击"切换材料侧"按钮[％]（图 11.4.6），可改变白色面和绿色面的朝向。由于钣金都较薄，这种颜色的区分有利于用户查看和操作。

图 11.4.3　截面草图　　　　图 11.4.4　深度方向和加厚方向　　　　图 11.4.5　切换到线框显示状态

图 11.4.6　切换材料侧按钮的位置

2. 平面类型的第一钣金壁

平面（Flat）钣金壁是一个平整的薄板（图 11.4.7），在创建这类钣金壁时，需要先绘制钣金壁的正面轮廓草图（必须为封闭的线条），然后给定钣金厚度值即可。注意：拉伸钣金壁与平面钣金壁创建时最大的不同在于：拉伸钣金壁的轮廓草图不一定要封闭，而平整钣金壁的轮廓草图则必须封闭。详细操作步骤说明如下。

Step1. 新建一个钣金件模型，将其命名为 flat1_wall，选用 <kbd>mmns_part_sheetmetal</kbd> 模板。

Step2. 单击 <kbd>模型</kbd> 功能选项卡 <kbd>形状 ▾</kbd> 区域中的"平面"按钮 <kbd>🗇 平面</kbd>，系统弹出图 11.4.8 所示的"平面"操控板。

图 11.4.7　平面类型的第一钣金壁　　　　11.4.8　"平面"操控板

Step3. 定义草绘平面。右击，选择 <kbd>定义内部草绘…</kbd> 命令；选择 TOP 基准平面作为草绘面；

选取 RIGHT 基准平面作为参考平面；方向为 右 ；单击 草绘 按钮。

Step4. 绘制截面草图。绘制图 11.4.9 所示的截面草图，完成绘制后，单击"确定"按钮 ✓ 。

Step5. 在操控板的钣金壁厚文本框中，输入钣金壁厚值 3.0，并按 Enter 键。

Step6. 单击操控板中的"预览"按钮 ∞ ，预览所创建的平面钣金壁特征，然后单击操控板中的"完成" 按钮 ✓ ，完成创建。

Step7. 保存零件模型文件。

3. 旋转类型的第一钣金壁

在以旋转（Revolve）的方式创建第一钣金壁时，需要先绘制钣金壁的侧面轮廓草图（须包含有中心线），然后给定钣金厚度值和旋转角度值，则系统将轮廓草图绕中心线旋转至指定的角度，形成薄壁实体，如图 11.4.10 所示，其详细操作步骤说明如下。

图 11.4.9　截面草图　　　　　图 11.4.10　旋转类型的第一钣金壁

Step1. 新建一个钣金件模型，将其命名为 revolve_wall，模板为 mmns_part_sheetmetal 。

Step2. 创建图 11.4.10 所示的旋转类型的钣金壁特征，操作步骤如下。

（1）单击 模型 功能选项卡 工程 ▼ 区域 形状 ▼ 下的 旋转 按钮，系统弹出图 11.4.11 所示的"旋转"操控板。

图 11.4.11　"旋转"操控板

（2）定义草绘平面。在绘图区右击，从系统弹出的快捷菜单中选择 定义内部草绘... 命令；选取 FRONT 基准平面为草绘平面，RIGHT 基准平面为参考平面，方向为 右 ；单击 草绘 按钮，进入草绘环境。

（3）绘制截面草图。

① 接受默认的草绘参考 RIGHT 和 TOP。

② 单击 基准 区域中的 ┊ 按钮，在 RIGHT 基准平面的位置绘制一条中心线（图 11.4.12）。

③ 绘制绕中心线旋转的几何（图 11.4.12）。完成后，单击 ✓ 按钮。

注意： 在绘制旋转类型钣金壁的截面草图时，需注意以下规则。

● 旋转截面必须有一条中心线，围绕该中心线旋转的几何只能绘制在中心线的一侧。

● 若草绘中使用的中心线多于一条，系统将自动选取草绘的第一条中心线作为旋转轴，除非用户另外选取。

（4）确认图 11.4.13 所示的箭头方向为钣金加厚的方向。

说明： 若方向相反应单击操控板最右侧的 ⬜ 按钮。

图 11.4.12　截面草图　　　　　　图 11.4.13　钣金加厚的方向

（5）在系统提示下，输入钣金壁厚值 2，并按 Enter 键。

（6）定义旋转属性。在操控板中选择旋转类型为 ⬜，在角度文本框中输入角度值 360.0，并按 Enter 键。

（7）在操控板中单击 ⬜ 按钮，预览所创建的旋转特征，确认无误后，单击 ⬜ 按钮。

4. 将实体零件转化为第一钣金壁

创建钣金零件还有另外一种方式，就是先创建实体零件，然后将实体零件转化为钣金件。对于复杂钣金护罩的设计，使用这种方法可简化设计过程，提高工作效率。

当打开（或新创建）的零件为实体零件时，选择 **模型** 功能选项卡 **操作 ▾** 节点下的 ⬜ **转换为钣金件** 命令，然后通过弹出的操控板可将实体零件转换成钣金零件，转换方式有两种，分别介绍如下。

● ⬜（驱动曲面）：选择该选项，可将材料厚度均一的实体零件转化为钣金零件。其操作方法是先在实体零件上选取某一曲面为驱动曲面，然后输入钣金厚度值，即可产生钣金零件。完成转换后，驱动曲面所在的一侧表面为钣金零件的绿色面。

注意：以这种方式转换时，实体上与驱动曲面不垂直的特征，在转换成钣金零件后，其与驱动曲面垂直，如图 11.4.14 所示。

● ⬜（壳）：选择该选项，可将材料厚度为非均一的实体零件转化为"壳"式钣金零件。其操作方法与抽壳特征相同。

a）实体零件（转换前）　　　　　　　　b）钣金零件（转换后）

图 11.4.14　"驱动曲面"转换方式举例

在设计一个零部件（或产品）的护盖时，本例所介绍的方法是一个很好的选择。这种方法的原理是：在装配环境中，先根据钣金件将要保护的内部零部件大小和形状，创建一个实体零件，然后将该实体零件转变成第一钣金壁，完成转变后系统便自动进入钣金环境，这样就可以添加其他钣金特征，如附加钣金壁、冲孔、印贴等。这里介绍以 回 (壳)的方式将实体零件转化为钣金件的例子，其操作过程如下。

Stage1．创建一个实体零件

创建一个实体零件模型，将其命名为 solid_1_wall，该零件模型中仅包含一个实体拉伸特征，该特征的截面草图和拉伸尺寸如图 11.4.15 和图 11.4.16 所示。

Stage2．将实体零件转换成第一钣金壁

Step1．选择 模型 功能选项卡 操作 ▼ 节点下的 转换为钣金件 命令。

Step2．在系统弹出的"第一壁"操控板中选择 回 命令，此时系统弹出"特征参考"菜单。

Step3．在系统 选择要从零件移除的曲面 的提示下，选取图 11.4.17 所示的表面为壳体移除面。

Step4．输入钣金壁厚数值 3，并按 Enter 键。

图 11.4.15　截面草图　　　　图 11.4.16　拉伸尺寸　　　　图 11.4.17　选择模型表面

Step5．在操控板中单击"完成"按钮 ✔。

Step6．创建边缝。经过前几步的操作，已经将实体零件转换成钣金件，这一步是在转换后的封闭壳体钣金件中创建边缝（图 11.4.18），以便于后面进行钣金展平操作。

（1）单击 模型 功能选项卡 工程 ▼ 区域中的 转换 按钮。

（2）在"转换"操控板中单击 按钮，此时系统弹出"边缝"操控板，选取模型上图 11.4.19 所示的三条边线为边缝，单击 ✔ 按钮。

（3）单击"边缝"操控板中的 按钮，预览所创建的边缝，然后单击 ✔ 按钮。

Step7．保存零件模型文件。

图 11.4.18　创建边缝　　　　　　　　　　图 11.4.19　选取边线

11.4.3　创建附加钣金壁

在创建了第一钣金壁后，在 ▣模型 功能区选项卡 ▣形状 ▾ 区域中还提供了▣、▣两种创建附加钣金壁的方法。

11.4.3.1　平整附加钣金壁

平整（Flat）附加钣金壁是一种正面平整的钣金薄壁，其壁厚与主钣金壁相同。

1. 选择平整附加壁命令的方法

单击 ▣模型 功能选项卡 ▣形状 ▾ 区域中的"平整"按钮▣。

2. 创建平整附加壁的一般过程

在创建平整类型的附加钣金壁时，需先在现有的钣金壁（主钣金壁）上选取某条边线作为附加钣金壁的附着边，其次需要定义平整壁的正面形状和尺寸，给出平整壁与主钣金壁间的夹角。下面以图 11.4.20 为例，说明平整附加钣金壁的一般创建过程。

图 11.4.20　带圆角的"平整"附加钣金壁

Step1. 将工作目录设置为 D:\Creo3\work\ch11.04，打开文件 add_flat1_wall.prt。

Step2. 单击 ▣模型 功能选项卡 ▣形状 ▾ 区域中的▣按钮，系统弹出操控板。

Step3. 选取附着边。在系统 ▣选择一个边连到壁上. 的提示下，选取图 11.4.21 所示的模型边线为附着边。

Step4. 定义平整壁的形状。在操控板中，选取形状类型为▣矩形▣。

Step5. 定义平整壁与主钣金壁间的夹角。在操控板的▣图标后面的文本框中输入角度值 75。

Step6. 定义折弯半径。确认按钮▣（在附着边上使用或取消折弯圆角）被按下，然后在后面的文本框中输入折弯半径值 3；折弯半径所在侧为▣（内侧，即标注折弯的内侧曲面的半径）。此时模型如图 11.4.22 所示。

图 11.4.21　定义附着边　　　　a）无折弯圆角　　　　b）有折弯圆角

图 11.4.22　定义折弯半径

Step7. 定义平整壁正面形状的尺寸。单击操控板中的 **形状** 按钮，在系统弹出的界面中，分别输入 15.0，0.0，0.0，并分别按 Enter 键。

Step8. 在操控板中单击 👓 按钮，预览所创建的特征；确认无误后，单击"完成"按钮 ✔。

3. 平整操控板各项说明

在平整操控板的"形状"下拉列表中，可设置平整壁的正面形状。

矩形：创建矩形的平整附加壁，如图 11.4.23a 所示。

梯形：创建梯形的平整附加壁，如图 11.4.23b 所示。

L：创建 L 形的平整附加壁，如图 11.4.23c 所示。

T：创建 T 形的平整附加壁，如图 11.4.23d 所示。

用户定义：创建自定义形状的平整附加壁，如图 11.4.23e 所示。

a）矩形的平整附加壁　　b）梯形的平整附加壁　　c）L 形的平整附加壁　　d）T 形的平整附加壁　　e）用户自定义形状的平整附加壁

图 11.4.23　平整附加壁的正面形状

在"平整"操控板的 按钮后面的下拉列表中（图 11.4.24），可以输入或选择折弯角度的值。几种折弯角度如图 11.4.25 所示。

图 11.4.24　"平整"操控板

a）薄壁角的值为 30°　　b）薄壁角的值为 90°　　c）薄壁角为"平整"

图 11.4.25　设置折弯角度

单击操控板中的 按钮，可切换折弯角的方向（图 11.4.26）。

a）反向前　　　　　　　　　　　　　　　　b）反向后

图 11.4.26　设置折弯的方向

单击操控板中的 按钮，可切换附加壁厚度的方向（图 11.4.27）。

图 11.4.27　设置厚度的方向

单击操控板中的 按钮，可使用或取消折弯半径。

在图 11.4.28 所示的文本框中，可设置折弯半径。

图 11.4.28　设置折弯半径

在图 11.4.29 所示的列表框中，可设置折弯半径标注于折弯外侧或内侧。选择 项，则折弯半径标注于折弯外侧（这时折弯半径值为外侧圆弧的半径值，如图 11.4.30 所示）；选择 项，则折弯半径标注于折弯内侧（这时折弯半径值为内侧圆弧的半径值，如图 11.4.31 所示）。

图 11.4.29　设置折弯半径的标注侧

单击操控板中的 放置 按钮，系统弹出图 11.4.32 所示的"放置"界面，通过该界面可重新定义平整壁的附着边。

图 11.4.30　折弯半径标注于折弯外侧　　　图 11.4.31　折弯半径标注于折弯内侧　　　图 11.4.32　"放置"界面

形状 按钮用于设置平整壁的正面形状的尺寸。选择不同的形状，单击 **形状** 按钮会出现不同的图形界面，例如当选择 矩形 形状时，其 **形状** 界面如图 11.4.33 所示。

图 11.4.33　"形状"界面

偏移 按钮相对于附着边，将平整壁偏移一段距离。在前面的例子中，如果在 **偏移** 界面中将偏移值设为 4（图 11.4.34），则平整壁向下偏移 4（图 11.4.35）。注意：如果在折弯角度下拉列表中选择"平整"项（图 11.4.36），则 **偏移** 按钮为灰色，此时该按钮不起作用。

a）没有设置偏移　　　　　　　　　b）设置了偏移

图 11.4.34　"偏移"界面

a）没有设置偏移　　　　　　　　　b）设置了偏移

图 11.4.35　平整壁的偏移

图 11.4.36　角度为"平整"

止裂槽:用于设置止裂槽。有关止裂槽的内容将在后面的"创建止裂槽"中做详细介绍。

注意：软件中将 Relief 翻译为"减轻"有些不妥，本书将其翻译为"止裂槽"。

弯曲余量:用于设置钣金折弯时的弯曲系数，以便准确计算折弯展开长度。 **弯曲余量** 界面如图 11.4.37 所示。有关折弯展开长度的计算将在后面的章节中做详细介绍。

属性:该界面可显示特征的属性，包括特征的名称及各项特征信息（例如钣金的厚度），如图 11.4.38 所示。

图 11.4.37 "弯曲余量"界面　　　　图 11.4.38　"属性"界面

4. 无折弯角的平整附加钣金壁

下面将创建一个无折弯角的"平整"附加钣金壁，如图 11.4.39 所示。

图 11.4.39　无折弯角的"平整"附加钣金壁

Step1. 将工作目录设置为 D:\Creo3\work\ch11.04，打开文件 add_flat2_wall.prt。

Step2. 单击 模型 功能选项卡 形状 ▾ 区域中的 按钮，系统弹出"平整"操控板。

Step3. 选取附着边。在系统 ➡ 选径一个边连到壁上· 的提示下，选取图 11.4.40 所示的模型边线为附着边。

Step4. 选取平整壁的形状类型 矩形 。

Step5. 定义角度。在操控板的 按钮后面的下拉列表中选择 平整 。

Step6. 定义平整壁的形状尺寸。单击 形状 按钮，在系统弹出的界面中，分别输入数值 8.0，−5.0，−10.0，并分别按 Enter 键（注意：在文本框中输入负值，按 Enter 键后，则显示为正值），此时模型如图 11.4.41 所示。

图 11.4.40　定义附着边

图 11.4.41　定义形状后

Step7. 在操控板中，单击"预览"按钮 ，查看所创建的平整壁特征；确认无误后，单击"完成" 按钮 。

5．自定义形状的平整附加钣金壁

从操控板的"形状"下拉列表中选择 用户定义 选项，用户可以自由定义平整壁的正面形状。在绘制平整壁正面形状草图时，系统会默认附着边的两个端点为草绘参考，用户还应选取附着边为草绘参考，草图的起点与终点都需位于附着边上（即与附着边对齐），草图应为开放形式（即不需在附着边上创建草绘线以封闭草图）。下面以图 11.4.42 为例，说明自定义形状的平整壁的一般创建过程。

图 11.4.42　自定义形状的平整附加钣金壁

Step1．将工作目录设置为 D:\Creo3\work\ch11.04，然后打开文件 add_flat3 _wall.prt。

Step2．单击 模型 功能选项卡 形状 ▼ 区域中的 按钮。

Step3．选取附着边。在系统 ➡选择一个边连到壁上· 的提示下，选取图 11.4.43 所示的模型边线为附着边。

Step4．选取平整壁的形状类型 用户定义 。

Step5．定义角度。在操控板的 按钮后面的下拉列表中选择 平整 。

Step6．绘制自定义的平整壁的正面形状草图。单击 形状 按钮，在弹出的界面中单击 草绘... 按钮，在弹出的对话框中接受系统默认的草绘平面和参考，并单击 草绘 按钮；进入草绘环境后，选取图 11.4.44 中所示的边线为草绘参考；绘制图 11.4.44 所示的草图（图形不能封闭），然后单击"确定"按钮 。

Step7．在操控板中单击 按钮，预览所创建的特征；确认无误后，单击"完成"按钮 。

图 11.4.43　定义附着边　　　　　　图 11.4.44　截面草图

11.4.3.2　法兰附加钣金壁

法兰（Flange）附加钣金壁是一种可以定义其侧面形状的钣金薄壁，其壁厚与主钣金壁相同。在创建法兰附加钣金壁时，须先在现有的钣金壁（主钣金壁）上选取某条边线作为附加钣金壁的附着边，其次需要定义其侧面形状和尺寸等参数。

1. 选择法兰命令的方法

单击 模型 功能选项卡 形状 ▼ 区域中的"法兰"按钮 。

2. 凸缘操控板选项说明

在凸缘操控板的"形状"下拉列表中（图 11.4.45），可设置法兰壁的侧面形状，具体效果见图 11.4.46。

图 11.4.45　凸缘操控板

a）I 形的法兰附加壁　　b）圆弧形的法兰附加壁　　c）S 形的法兰附加壁　　d）打开形的法兰附加壁

e）平齐的法兰附加壁　f）鸭形的法兰附加壁　g）C 形的法兰附加壁　h）Z 形的法兰附加壁　i）自定义形状的法兰附加壁

图 11.4.46　法兰附加壁的侧面形状

在操控板中，如图 11.4.47 所示的区域一用于设置第一个方向的长度，区域二用于设置第二个方向的长度。第一、二两个方向的长度分别为附加壁偏移附着边两个端点的尺寸，如图 11.4.48 所示。区域一和区域二各包括两个部分：长度定义方式下拉列表和长度文本框。在文本框中输入正值并按 Enter 键，附加壁向外偏移；输入负值，则附加壁向里偏移。也可拖动附着边上的两个滑块来调整相应长度值。

<table>
<tr><td>图 11.4.47　在操控板中设置两个方向的长度</td><td>图 11.4.48　设置两个方向的长度</td></tr>
</table>

单击操控板中的 按钮，可切换薄壁厚度的方向（图 11.4.49）。

图 11.4.49　设置厚度的方向

放置 按钮：定义法兰壁的附着边。单击操控板中的 **放置** 按钮，系统弹出图 11.4.50 所示的界面，通过该界面可重新定义法兰壁的附着边。这里需要注意，法兰生成的方向是附着边面对的方向，如图 11.4.51 所示。

图 11.4.50　"放置"界面

图 11.4.51　法兰生成方向

形状：设置法兰壁的侧面图形的尺寸。选择不同的侧面形状，单击 **形状** 按钮会出现不同图形的界面，例如，当选择 **I** 形状时，其 **形状** 界面如图 11.4.52 所示。

长度 按钮：用于设置第一、二两个方向的长度。**长度** 界面如图 11.4.53 所示，该界面的作用与图 11.4.54 所示的区域是一样的。

图 11.4.52　"形状"界面　　　　　　　　　　图 11.4.53　"长度"界面（一）

图 11.4.54　"长度"界面（二）

斜切口 按钮：用于设置斜切口的各项参数，**斜切口** 界面如图 11.4.55 所示。同时在相邻且相切的直边和折弯边线上创建法兰壁时可以设置斜切口。

边处理 按钮：用于设置两个相邻的法兰附加钣金壁连接处的形状，**边处理** 界面如图 11.4.56 所示，边处理的类型有：开放的、间隙、盲孔和重叠（图 11.4.57）。

图 11.4.55　"斜切口"界面

图 11.4.56　"边处理"界面

a）开放的　　　　　　　b）间隙　　　　　　　c）盲孔　　　　　　　d）重叠

图 11.4.57　"边处理"的类型

3．创建 I 型法兰附加钣金壁

下面介绍图 11.4.58 所示的 I 型法兰附加钣金壁的创建过程。

Step1．将工作目录设置为 D:\Creo3\work\ch11.04，打开文件 add_fla1_wall.prt。

Step2．单击 **模型** 功能选项卡 **形状 ▼** 区域中的"法兰"按钮，系统弹出"凸缘"操控板。

　　　　　　a）操作前　　　　　　　　　　　　　　b）操作后

图 11.4.58　创建 I 型法兰附加钣金壁（1）

Step3．选取附着边。在系统 选择要连接到薄壁的边或边链 的提示下，选取图 11.4.59 所示的模型边线为附着边。

Step4．选取法兰壁的侧面形状类型 I 。

Step5．定义折弯半径。确认按钮（在附着边上添加折弯）被按下，然后在后面的文本框中输入折弯半径值 4.0；折弯半径所在侧为（内侧）。

Step6．定义法兰壁的轮廓尺寸。单击 **形状** 按钮，在系统弹出的界面中，分别输入数值 20.0、90.0（角度值），并分别按 Enter 键。

Step7．在操控板中单击 ∞ 按钮，预览所创建的特征；确认无误后，单击"完成"按钮。

4．创建 I 型和 C 型法兰附加钣金壁

下面介绍图 11.4.60 所示的附加钣金壁的创建过程。

图 11.4.59 定义附着边　　　　a）操作前　　　　　　　　b）操作后

图 11.4.60　创建 I 型和 C 型法兰附加钣金壁

Step1．将工作目录设置为 D:\Creo3\work\ch11.04，打开文件 add_fla10_wall.prt。

Step2. 创建图 11.4.61 所示的圆角。

（1）选择 **模型** 功能选项卡 **工程 ▼** 节点下的 倒圆角 命令。

（2）选取圆角的放置参考：按住 Ctrl 键，在模型上选取图 11.4.61 所示的 5 条边线。

（3）给出圆角的半径值：在操控板中输入圆角半径值 7.0，并按 Enter 键。

（4）单击 ✔ 按钮，完成圆角特征的创建。

图 11.4.61　创建圆角

Step3. 创建图 11.4.62 所示的 I 型法兰附加钣金壁。

（1）单击 **模型** 功能选项卡 **形状 ▼** 区域中的"法兰"按钮，系统弹出"凸缘"操控板。

（2）选取附着边。在系统 选择要连接到薄壁的边或边链. 的提示下，先选取图 11.4.63 所示的模型边线 1，然后按住 Shift 键，选取图 11.4.63 所示的模型边线 2。

图 11.4.62　创建 I 型法兰附加钣金壁　　　　图 11.4.63　定义附着边

（3）选取法兰壁的形状类型 **I**。

（4）定义折弯半径。确认按钮 （在连接边上添加折弯）被按下，然后在后面的文本框中输入折弯半径值 5.0；折弯半径所在侧为 （外侧，即标注折弯的外侧曲面）；单击 按钮，切换厚度的方向。

（5）定义法兰钣金壁的侧面轮廓尺寸。单击 **形状** 按钮，在系统弹出的界面中，分别输入数值 18.0，90.0（角度值），并分别按 Enter 键。

（6）在操控板中单击 ∞ 按钮，预览所创建的特征；确认无误后，单击"完成"按钮 ✔。

Step4. 创建图 11.4.64 所示的 C 型法兰附加钣金壁。

图 11.4.64　创建 C 型法兰附加钣金壁

（1）单击 模型 功能选项卡 形状 ▾ 区域中的"法兰"按钮 ◎ 。

（2）选取附着边。在系统 ➡ 选择要连接到薄壁的边或边链. 的提示下，先选取图 11.4.65 所示的模型边线 1，然后按住 Shift 键，选取图 11.4.65 所示的模型边线 2。

（3）选取法兰壁的形状类型 C 。

（4）定义法兰钣金壁的侧面轮廓尺寸。单击 形状 按钮，在系统弹出的界面中，分别输入数值 10.0，4.0，1，并分别按 Enter 键。

（5）在操控板中单击 ∞ 按钮，预览所创建的特征；确认无误后，单击"完成"按钮 ✓ 。

11.4.4　止裂槽

当附加钣金壁部分地与附着边相连，并且弯曲角度不为 0 时，需要在连接处的两端创建止裂槽（Relief），如图 11.4.66 所示。

Creo 系统提供的止裂槽分为 4 种，下面分别予以介绍。

第 1 种止裂槽——拉伸止裂槽（Stretch Relief）

在附加钣金壁的连接处用材料拉伸折弯构建止裂槽，如图 11.4.67 所示。当创建该类止裂槽时，需要定义止裂槽的宽度及角度。

图 11.4.65　定义附着边　　　　　a）源模型　　　　b）添加部分附着钣金壁

　　　　　　　　　　　　　　　　图 11.4.66　止裂槽

第 2 种止裂槽——扯裂止裂槽（Rip Relief）

在附加钣金壁的连接处，通过垂直切割主壁材料至折弯线处来构建止裂槽，如图 11.4.68 所示。当创建该类止裂槽时，无须定义止裂槽的尺寸。

图 11.4.67　拉伸止裂槽　　　　　　　图 11.4.68　扯裂止裂槽

第 3 种止裂槽——矩形止裂槽（Rect Relief）

在附加钣金壁的连接处，将主壁材料切割成矩形缺口来构建止裂槽，如图 11.4.69 所示。当创建该类止裂槽时，需要定义矩形的宽度及深度。

第 4 种止裂槽——长圆形止裂槽（Obrnd Relief）

在附加钣金壁的连接处，将主壁材料切割成长圆形缺口来构建止裂槽，如图 11.4.70 所示。当创建该类止裂槽时，需要定义圆弧的直径及深度。

矩形止裂槽（Rect Relief）

放大图

图 11.4.69 矩形止裂槽

圆弧形止裂槽（Obrnd Relief）

放大图

图 11.4.70 长圆形止裂槽

下面介绍图 11.4.71 所示的止裂槽的创建过程。

a）操作前

长圆形止裂槽

矩形止裂槽

b）操作后

图 11.4.71 止裂槽创建范例

Step1. 将工作目录设置为 D:\Creo3\work\ch11.04，打开文件 relief_fla.prt。

Step2. 单击 模型 功能选项卡 形状 ▼ 区域中的"法兰"按钮 。

Step3. 选取附着边。系统 选择要连接到薄壁的边或边链. 的提示下，选取图 11.4.72 所示的模型边线。

Step4. 选取平整壁的形状类型 I 。

Step5. 定义法兰壁的侧面轮廓尺寸。单击 形状 按钮，在系统弹出的界面中，分别输入数值 18.0，90.0（角度值），并分别按 Enter 键。

Step6. 定义长度。单击 长度 按钮，在弹出界面中的下拉列表中选择 选项，然后在文本框中分别输入数值 -15.0 和 -10.0（注意：在文本框中输入负值，按 Enter 键后，则显示为正值）。

Step7. 定义折弯半径。确认按钮 （在连接边上添加折弯）被按下，然后在后面的文本框中输入折弯半径值 3.0；折弯半径所在侧为 （内侧）。

Step8. 定义止裂槽。

（1）在操控板中单击 止裂槽 按钮，在系统弹出的界面中，接受系统默认的"止裂槽类别"为 折弯止裂槽 ，并选中 ☑ 单独定义每侧 复选框。

（2）定义侧 1 止裂槽。选中 ◉ 侧 1 单选项，在 类型 下拉列表中选择 矩形 选项，止裂槽的深度及宽度尺寸采用默认值。

注意：深度选项 至折弯 表示止裂槽的深度至折弯线处，如图 11.4.73 所示。

图 11.4.72　定义附着边

图 11.4.73　止裂槽的深度说明

（3）定义侧 2 止裂槽。选中 ⦿ 侧 2 单选项，在 类型 下拉列表中选择 长圆形 选项，止裂槽尺寸采用默认值。

注意：深度选项 与折弯相切 表示止裂槽矩形部分的深度至折弯线处。

Step9. 在操控板中单击 👓 按钮，预览所创建的特征；确认无误后，单击"完成"按钮 ✔。

说明：在模型上双击所创建的止裂槽，可修改其尺寸。

11.4.5　钣金壁的延伸

在创建钣金壁时，可使用延伸（Extend）命令将现有的钣金壁延伸至一个平面或延伸一定的距离，如图 11.4.74 所示。

图 11.4.74　钣金壁的延伸

下面以图 11.4.74 为例，说明钣金壁延伸的一般操作过程。

Step1. 将工作目录设置为 D:\Creo3\work\ch11.04，打开文件 extend.prt。

Step2. 选取要延伸的边。选取图 11.4.75 所示的模型边线作为要延伸的边。

Step3. 单击 模型 功能选项卡 编辑 ▼ 区域中的 ➡ 延伸 按钮。

Step4. 定义延伸距离。

（1）在系统弹出的"延伸"操控板中单击"将壁延伸到参考平面"按钮 🔲。

（2）在系统 ➡ 选择一个平面作为延伸的参考. 的提示下，选取图 11.4.76 所示的钣金表面为延伸的参考平面。

图 11.4.75　定义要延伸的边

图 11.4.76　定义延伸的参考平面

Step5. 单击"延伸"操控板中的 按钮,预览所创建的特征,然后单击 ✔ 按钮完成"延伸"特征的操作。

11.5 钣金的折弯

1. 钣金折弯概述

钣金折弯(Bend)是将钣金的平面区域弯曲某个角度或弯成圆弧状,图 11.5.1 是一个典型的折弯特征。在进行折弯操作时,应注意折弯特征仅能在钣金的平面区域建立,不能跨越另一个折弯特征。

钣金折弯特征包括三个要素(**图 11.5.1**)。

- 折弯线(Bend Line):确定折弯位置和折弯形状的几何线。
- 折弯角度(Bend Angle):控制折弯的弯曲程度。
- 折弯半径(Bend Radius):折弯处的内侧或外侧半径。

2. 选取钣金折弯命令

选取钣金折弯命令的方法。

单击 模型 功能选项卡 折弯 ▼ 区域 ⚒折弯 ▼ 按钮。

3. 钣金折弯的类型

在图 11.5.2 所示的"折弯"下拉菜单中,可以选择折弯类型。

图 11.5.1 折弯特征的三个要素

图 11.5.2 "折弯"下拉菜单

4. 角度折弯

角度类型折弯的一般创建步骤如下。

(1)选取草绘平面及参考平面后,绘制折弯线。

(2)指定折弯侧及固定侧。

(3)指定折弯角度。

(4)指定折弯半径。

本范例将介绍图 11.5.3 所示的折弯的操作过程。

图 11.5.3　范例

Step1. 将工作目录设置为 D:\Creo3\work\ch11.05，打开文件 bend_angle_2.prt。

Step2. 单击 模型 功能选项卡 折弯 ▾ 区域 折弯 ▾ 节点下的 折弯 按钮，系统弹出图 11.5.4 所示的"折弯"操控板。

图 11.5.4　"折弯"操控板

Step3. 选取折弯类型。在"折弯"操控板中单击 按钮和 按钮（使其处于被按下的状态）。

Step4. 绘制折弯线。单击 折弯线 按钮，选取图 11.5.5 所示的模型表面 1 为草绘平面，单击该界面中的 草绘... 按钮，在弹出的"参考"对话框中选取图 11.5.5 所示模型表面 2 以及对侧的面为参考平面，再单击对话框中的 关闭(C) 按钮；进入草绘环境后，绘制图 11.5.6 所示的折弯线。

注意：折弯线的两端必须与钣金边线对齐。

图 11.5.5　定义草绘平面　　　　　　　图 11.5.6　绘制折弯线

Step5. 定义折弯方向和固定侧。折弯箭头方向和固定侧箭头方向如 11.5.7 所示。

说明：如果方向跟图形中不一致可以直接单击箭头或在操控板中单击 按钮，来改变方向。

Step6. 单击 止裂槽 按钮，在系统弹出界面中的 类型 下拉列表中选择 无止裂槽 选项。

Step7. 在操控板中的 后文本框中输入折弯角度值 90.0，并单击其后的 按钮改变折弯方向；在 后的文本框中选择 厚度 选项，折弯半径所在侧为 。

Step8. 单击操控板中的 按钮，预览所创建的折弯特征，然后单击 按钮，完成折弯特征的创建。

5. 轧折弯

轧折弯的一般创建步骤如下：

（1）选取草绘平面及参考平面后，绘制折弯线。

（2）指定折弯侧及固定侧。

（3）指定折弯半径。

下面以图 11.5.8 所示为例，介绍轧折弯的操作过程。

图 11.5.7　定义折弯方向和固定侧　　　　图 11.5.8　钣金轧折弯

Step1. 将工作目录设置为 D:\Creo3\work\ch11.05，打开文件 bend_roll_1.prt。

Step2. 单击 模型 功能选项卡 折弯▼ 区域 ▓折弯 ▼ 节点下的 ▓折弯 按钮。

Step3. 单击折弯操控板中的"折弯折弯线两侧的材料"按钮 ▣ 和 ▣ 按钮（使其处于被按下的状态）。

Step4. 绘制折弯线。单击 折弯线 按钮，选取图 11.5.9 所示的模型表面 1 为草绘平面，然后单击"折弯线"界面中的 草绘... 按钮，选取图 11.5.9 所示的模型表面 2 为参考平面，再选取图 11.5.10 所示边线为参考边线。再单击 关闭(C) 按钮，进入草绘环境，绘制 11.5.10 示的折弯线。

图 11.5.9　定义草绘平面　　　　图 11.5.10　绘制折弯线

Step5. 定义折弯方向和固定侧。折弯箭头方向和固定侧箭头方向如 11.5.11 所示。

说明： 如果方向跟图形中不一致可以直接单击箭头或在操控板中单击 ✗ 按钮，来改变方向。

Step6. 定义止裂槽。单击 止裂槽 按钮，在系统弹出界面中的 类型 下拉列表中选择 无止裂槽 选项。

Step7. 定义参数。在 ╝ 后的文本框中输入折弯半径值 65.0，折弯半径所在侧为 ⤵ 。

Step8. 单击操控板中的 ✓ 按钮，完成折弯特征的创建。

说明： 在模型中双击所创建的折弯特征，可查看折弯特征的各尺寸，如图 11.5.12 所示。

图 11.5.11　定义折弯方向和固定侧

图 11.5.12　查看折弯尺寸

6．平面折弯

平面折弯的特点是钣金在折弯之后仍然保持平面状态。在创建平面折弯时，确定折弯角度与半径的值是操作的关键，如果其值不合理，特征就无法生成。图 11.5.13 所示是一个平面折弯的例子，下面说明其操作过程。

Step1．将工作目录设置为 D:\Creo3\work\ch11.05，打开文件 bend_planar _1.prt。

Step2．单击 模型 功能选项卡 折弯 ▾ 区域中 折弯 ▾ 节点下的 平面折弯 命令。

Step3．选择折弯方式。在 ▾ OPTIONS （选项）菜单中，选择 Angle （角度）➡ Done （完成）命令。

Step4．在系统弹出的 ▾ USE TABLE （使用表）菜单中，选择 Part Bend Tbl （零件折弯表）➡ Done/Return （完成/返回）命令。

Step5．定义草绘平面。选择 ▾ SETUP PLANE （设置平面）菜单中的 Plane （平面）命令，选取图 11.5.14 所示的模型表面 1 为草绘平面，再选择 Okay （确定）命令，接受图中的箭头方向；选择 Bottom （底部）命令，然后选取图 11.5.14 所示的模型表面 2 为参考平面。

图 11.5.13　钣金平面折弯

图 11.5.14　定义草绘平面

Step6．绘制折弯线。进入草绘环境后，选取图 11.5.15 中的边线为参考，绘制图 11.5.15 所示的一条折弯线。完成绘制后，单击 ✔ 按钮。

Step7．选择折弯侧。在系统 ➡ 指明在图元的哪一侧创建特征 的提示下，选择 Okay （确定）命令，确认图 11.5.16 所示的折弯侧。

图 11.5.15　绘制折弯线

图 11.5.16　选择折弯侧

Step8. 选择固定侧。在系统 ⇨箭头指示着要固定的区域。拾取反向或确定。 的提示下，选择 Okay (确定) 命令，确认图 11.5.17 所示的固定侧。

Step9. 在 ▼ DEF BEND ANGLE 菜单中选择折弯角度值为 60.000 ，再选中 ✔Flip (反向) 复选框，使折弯方向反向，然后选择 Done (完成) 命令。

Step10. 在 ▼ SEL RADIUS (选取半径) 菜单中选择 Enter Value (输入值) 命令，然后输入折弯半径值 10.0，并按 Enter 键。

Step11. 定义弯曲方向。此时系统提示 ⇨箭头表示折弯轴边。选择"反向"或"确定"。 ，使弯曲方向如图 11.5.18 所示，再选择 Okay (确定) 命令。

图 11.5.17　选择固定侧

图 11.5.18　定义弯曲方向

Step12. 单击对话框中的 预览 按钮，预览所创建的折弯特征，然后单击 确定 按钮，完成创建。

7. 带转接区的卷曲折弯

对于图 11.5.19 所示的平面钣金壁，假如要求在一端创建卷曲折弯时，另一端仍保持平面（图 11.5.20），则在它们中间必须有一个转接区（过渡区）。这种带转接区的钣金折弯操作方法如下。

图 11.5.19　平面钣金壁　　　　　　图 11.5.20　创建卷曲折弯

Stage1. 准备工作

创建一个图 11.5.19 所示的平面钣金壁，相关提示如下。

Step1. 新建一个钣金件模型，命名为 transition_bend，模板为 mmns_part_sheetmetal 。

Step2. 单击 模型 功能选项卡 形状 ▼ 区域中的"平面"按钮 平面 。

Step3. 定义草绘平面。在图形区右击，从弹出的快捷菜单中选择 定义内部草绘... 命令；选取 TOP 基准平面为草绘平面,然后选取 RIGHT 基准平面为参考平面,方向为 右 ;单击 草绘 按钮。

Step4. 绘制截面草图。进入草绘环境后，接受默认参考 FRONT 和 RIGHT，然后绘制图 11.5.21 所示的截面草图。完成绘制后，单击"确定"按钮 ✔ 。

Step5. 输入钣金壁厚度值 3.0，并按 Enter 键。

Step6. 单击操控板中的"完成"按钮 ✓，完成平面钣金壁特征的创建。

Step7. 保存零件模型文件。

Step8. 创建转接区的卷曲折弯。

Stage2. 创建带转接区的钣金折弯

Step1. 单击 模型 功能选项卡 折弯 ▾ 区域中的 💥 折弯 ▾ 命令。

Step2. 选取折弯类型。单击"折弯"操控板中的"折弯线两侧的材料"按钮 🔛 和 🔌 按钮（使其处于被按下的状态）。

Step3. 绘制折弯线。单击 折弯线 按钮，选取图 11.5.22 所示的模型表面 1 为草绘平面，接受默认的特征创建方向；然后单击"折弯线"界面中的 草绘... 按钮，绘制图 11.5.23 所示的折弯线。

图 11.5.21　截面草图　　　　图 11.5.22　定义草绘平面　　　　图 11.5.23　绘制折弯线

Step4. 选择折弯方向和固定侧。折弯箭头方向和固定侧箭头方向如图 11.5.24 所示。

Step5. 绘制过渡区界线。单击"折弯"操控板中的 过渡 按钮，从弹出的界面中单击 添加过渡 字符，然后单击该界面中的 草绘... 按钮，进入草绘环境，绘制图 11.5.25 所示的两条线段，第一条线段的绘制技巧参见图中的说明。绘制时，请注意两条线段的端点需与钣金边线对齐。完成绘制后，单击"确定"按钮 ✓。

图 11.5.24　定义折弯侧和固定侧　　　　图 11.5.25　截面草图

Step6. 在操控板中的 ⌐ 后的文本框中输入折弯半径值 15.0，折弯半径所在侧为 🔌（这里的折弯半径不能太小，否则生成折弯特征会失败）。

Step7. 单击"折弯"操控板中的 ∞ 按钮，预览所创建的带转接区的折弯特征（图

11.5.26），然后单击 ✔ 按钮，完成折弯特征的创建。

　　说明：在模型中双击所创建的折弯特征，可查看折弯特征的各尺寸，如图 11.5.27 所示。

图 11.5.26　带转接区的折弯特征

图 11.5.27　查看折弯尺寸

11.6　钣　金　展　平

11.6.1　钣金展平概述

　　在钣金设计中，可以用展平命令（Unbend）将三维的折弯钣金件展平为二维的平面薄板（图 11.6.1），钣金展平的作用如下。

a）展平前   b）展开后

图 11.6.1　钣金展平

- 钣金展平后，可更容易了解如何剪裁薄板以及其各部分的尺寸、大小。
- 有些钣金特征（如止裂切口）需要在钣金展平后创建。
- 钣金展平对于钣金的下料和创建钣金的工程图十分有用。

1．选取钣金展平命令

选取钣金展平命令的方法：单击 模型 功能选项卡 折弯 ▾ 区域中的"展平"按钮 ⬚。

2．一般的钣金展平的方式

在图 11.6.2 所示的 ⬚ "展平"下拉菜单中，系统列出了三种展平方式，分别是规则展平、过渡展平和横截面驱动展平，后面的章节将分别介绍这几种展平的操作方法。

图 11.6.2　"展平"下拉菜单

11.6.2　规则展平方式

规则展平（Regular Unbend）是一种最为常用、限制最少的钣金展平方式。利用这种展平方式可以对一般的弯曲钣金壁进行展平，也可以对由折弯（Bend）命令创建的钣金折弯进行展平，但它不能展平不规则的曲面。

规则展平的操作过程分为两步。

Step1. 选取一个平面为钣金展平的固定面（Fixed plane），或选取一条边线为钣金展平的固定边（Fixed edge）。

Step2. 选取要展平的钣金面或利用 选项展平所有钣金壁。

下面是几个规则展平的范例。

1. 范例 1

在本范例中，我们将展平部分钣金壁（图 11.6.3 所示），其操作方法如下。

a）展开前　　　　　　　　　　b）展开后

图 11.6.3　钣金的部分展平

Step1. 将工作目录设置为 D:\Creo3\work\ch11.06，打开文件 unbend_g1.prt。

Step2. 单击 模型 功能选项卡 折弯 ▼ 区域中的"展平"按钮 ，系统弹出"展平"操控板。

Step3. 定义钣金展平选项。在操控板中单击 按钮，然后单击 参考 按钮，系统弹出图 11.6.4 所示的"参考"界面，在该界面中先将 折弯几何 区域的选项全部移除，再按住 Ctrl 键，选取图 11.6.5 所示的两个曲面为展平面。

Step4. 选取固定面（边）。在"参考"界面中单击 固定几何 下的文本框，同时在系统 选择要在展平时保持固定的曲面或边 的提示下，选取图 11.6.6 所示的表面为固定面。

Step5. 单击操控板中的 按钮，预览所创建的展平特征，然后单击 按钮，完成展平特征的创建。

Step6. 保存零件模型文件。

图 11.6.4　"参考"界面

图 11.6.5　选取展平面

图 11.6.6　选取固定面

说明：如果在操控板中选择 按钮，然后单击 ✔ 按钮，则所有的钣金壁都将展平，如图 11.6.7 所示。

a）展开前　　　　　　　　　　b）展开后

图 11.6.7　钣金的全部展开

2. 范例 2

在本范例中，我们将展平所有的钣金壁（图 11.6.8），其操作方法如下。

Step1. 将工作目录设置为 D:\Creo3\work\ch11.06，打开文件 unbend_g3.prt。

Step2. 单击 模型 功能选项卡 折弯 ▾ 区域中的"展平"按钮 ⬆。

Step3. 定义固定面。在"展平"操控板中单击 按钮，在系统 ➡ 选择要在展平时保持固定的曲面或边。 的提示下，选取图 11.6.9 所示的模型表面为固定面。

Step4. 单击操控板中的 ✔ 按钮，完成展平特征的创建。

a）展开前　　　　　　　　b）展开后

图 11.6.8　钣金的全部展平

选取此表面为固定面

图 11.6.9　选取固定面

3. 范例 3

在本范例中，我们将展平含转接区的折弯壁（图 11.6.10），其操作方法如下。

Step1. 将工作目录设置为 D:\Creo3\work\ch11.06，打开文件 unbend_g4.prt。

Step2. 单击 模型 功能选项卡 折弯 ▾ 区域中的"展平"按钮 ⬆。

Step3. 定义固定面。在"展平"操控板中单击 按钮，在系统 ➡ 选择要在展平时保持固定的曲面或边。 的提示下，选取图 11.6.10 所示的边为固定边。

选取此边为固定边

转接区

a）展开前　　　　　　　　　　　b）展开后

图 11.6.10　含转接区的展开

Step4. 单击操控板中的 ✔ 按钮，完成展平特征的创建。

11.7　钣金的折弯回去

11.7.1　关于钣金折弯回去

可以将展平后的钣金壁部分或全部地折弯回去（BendBack），简称为钣金的折回，如图 11.7.1 所示。

a）原钣金件　　　　　　　b）展开钣金件　　　　　　c）钣金的折弯回去

将该钣金壁折弯回去

图 11.7.1　钣金的折弯回去

1．选取钣金折弯回去命令

选取钣金折弯回去命令的方法：单击 模型 功能选项卡 折弯 ▼ 区域中的"折弯回去"按钮 🔧 折弯回去 。

2．使用折弯回去的注意事项

虽然删除一个展平（Unbend）特征也可以使部分或全部钣金壁折弯回去，但要注意增加一个折弯回去（BendBack）特征与删除展平特征具有不同的操作意义。

如果进行展平操作（增加一个展平特征），只是为了查看钣金件在二维（平面）状态下的外观，那么在执行下一个操作之前请记得将前面的展平特征删除。

不要增加不必要的展平/折回特征对，否则它们会增大零件尺寸，并可能导致再生失败。

如果需要在二维平整状态下建立某些特征，则可先增加一个展平特征，再在二维平整状态下进行某些特征的创建，然后增加一个折弯回去特征恢复钣金件原来的三维状态。注意：在此情况下，不要删除展平特征，否则参考它的特征再生时会失败。

11.7.2　钣金折弯回去的一般操作过程

1．范例 1：一般形式的折弯回去

图 11.7.1 所示是一个一般形式的钣金折弯回去，其操作步骤说明如下。

Step1. 将工作目录设置为 D:\Creo3\work\ch11.07，打开文件 bendback.prt。

Step2. 单击 模型 功能选项卡 折弯 ▼ 区域中的"折弯回去"按钮 🔧 折弯回去 ，系统弹出"折回"操控板。

Step3. 选取固定面。在系统 ➡选择固定几何 的提示下，选取图 11.7.2 所示的表面为固定面。

Step4. 选取要折回的曲线或边。在"折回"操控板中单击 ⬉ 按钮，然后单击 **参考** 按钮，系统弹出的"参考"界面，先将该界面 展平几何 下的选项全部移除，然后选取图 11.7.3 中的曲面为要折弯回去的曲面。

说明： 如果选择 ⬈ 按钮，则钣金全部展平的面都将折弯回去。

Step5. 单击操控板中的 ✔ 按钮，完成折弯回去特征的创建。

图 11.7.2 选取固定面

图 11.7.3 选取折弯回去的曲面

2．范例 2：含转接区的钣金折弯回去

本范例将介绍图 11.7.4 所示的钣金折弯回去，这是一个含转接区的折弯回去，其操作步骤说明如下。

图 11.7.4 含转接区的钣金折弯回去

Step1. 将工作目录设置为 D:\Creo3\work\ch11.07，打开文件 transitio _bendback.prt。

Step2. 单击 **模型** 功能选项卡 折弯 ▾ 区域中的"折弯回去"按钮 ⬛折弯回去。

Step3. 在系统 ➡选择固定几何 的提示下，选取图 11.7.4 所示的边为固定边。

Step4. 单击操控板中的 ✔ 按钮，完成折弯回去特征的创建。

11.8 钣金的平整形态

平整形态（Flat Pattern）特征与展平（Unbend）特征的功能基本相同，都可以将三维钣金件全部展平为二维平整薄板。但要注意，平整形态特征会被自动调整到新加入的特征之后，也就是当在模型上添加平整形态特征后，钣金会以二维展平方式显示在屏幕上，但在添加新的特征时，平整形态特征即会自动被暂时隐含（Suppress），钣金模型仍显示为三维状态，以利于新的特征的三维定位和定向，而在完成新特征之后，系统又自动恢复平整形

态特征，因此钣金又显示为二维展平的状态。系统会永远把平整形态特征放在模型树的最后。在实际钣金设计中，作为操作技巧之一，应尽早加入平整形态特征，以利于钣金的二维工程图的创建和加工制造；另外，若不希望钣金的显示在三维与二维展平模式间来回切换，则可将平整形态特征进行隐含，当要查看钣金的二维展平状况时，再恢复被隐含的平整形态特征。

1. 选取钣金平整形态命令

选取钣金平整形态命令的方法：单击 模型 功能选项卡 折弯 ▼ 区域中的 平整形态 命令。

注意： 一个钣金件中只能创建一个平整形态特征。在创建了平整形态特征之后，菜单中的 平整形态 命令呈灰色（不起作用）。

2. 平整形态特征的一般创建过程

下面以图 11.8.1 为例，说明平整形态特征的一般创建过程。

选取此表面为固定面

图 11.8.1　钣金的平整形态

Step1. 将工作目录设置为 D:\Creo3\work\ch11.08，打开文件 flat_pattern.prt。

Step2. 单击 模型 功能选项卡 折弯 ▼ 区域中的 平整形态 命令。

Step3. 在系统的 ➡选择要在展平时保持固定的曲面或边. 提示下，选取图 11.8.1 所示的表面为固定面。此时钣金即被全部展平。

Step4. 读者可继续在钣金件上添加其他特征（如钣金切削特征），操作时仔细观察屏幕中钣金的显示变化，即二维与三维的切换。

11.9　钣金的切削

11.9.1　钣金切削与实体切削的区别

单击 模型 功能选项卡 形状 ▼ 区域中的 拉伸 按钮后，屏幕上方会出现图 11.9.1 所示的"拉伸"操控板，可看到当操控板中的切削按钮 被按下时，同时出现钣金切削按钮。钣金切削（Sheetmetal Cut）与实体切削（Solid Cut）都是在钣金件上切除材料，它们之间的区别如下。

图 11.9.1　"拉伸"操控板（一）

若要使用钣金切削，则在图 11.9.1 所示的操控板中按下"SMT"按钮。

若要使用实体切削（Solid Cut），则单击"SMT"按钮，使其处于弹起状态。

当草绘平面与钣金面平行时，二者没有区别；当草绘平面与钣金面不平行时，二者有很大的不同。钣金切削是将截面草图投影至模型的绿色或白色面，然后垂直于该表面去除材料，形成垂直孔，如图 11.9.2 所示；实体切削的孔是垂直于草绘平面去除材料，形成斜孔，如图 11.9.3 所示。

图 11.9.2　钣金切削

图 11.9.3　实体切削

11.9.2　钣金切削的一般创建过程

下面说明钣金切削的一般创建过程。

Step1. 将工作目录设置为 D:\Creo3\work\ch11.09，打开文件 sm_cut.prt。

Step2. 单击 模型 功能选项卡 形状 ▾ 区域中的 拉伸 按钮，此时系统弹出图 11.9.1 所示的操控板。

Step3. 先确认"实体"类型按钮 被按下，然后确认操控板中的"切削"按钮 和"SMT 切削选项"按钮 被按下。

Step4. 绘制截面草图。在图形区右击，从系统弹出的快捷菜单中选择 定义内部草绘... 命令；选取图 11.9.4 所示的 DTM1 基准平面为草绘平面，确认图中箭头指向为特征的创建方向；然后选取图 11.9.4 所示的侧面为参考平面，方向为 下 ；单击 草绘 按钮，绘制图 11.9.5 所示的截面草图。

Step5. 接受图 11.9.6 所示的箭头方向为去材料的方向，在操控板中定义拉伸类型为 ，选择材料移除的方向类型为 （图 11.9.7）。

Step6. 在操控板中单击"完成"按钮 ，完成拉伸特征的创建。

图 11.9.4 设置草绘平面　　　图 11.9.5 截面草图　　　图 11.9.6 确定去材料的方向

图 11.9.7 "拉伸"操控板（二）

注意：在操控板中，如果选取 ⁄⁄ 按钮，则切削效果如图 11.9.8 所示；如果选取 ⁄⁄ 按钮后，切削效果如图 11.9.9 所示；如果选取 ⁄⁄ 按钮，则切削效果如图 11.9.10 所示。

图 11.9.8 切削到驱动侧　　　图 11.9.9 切削到　　　图 11.9.10 切削到
（绿色面）和偏移侧（白色面）　　驱动侧（绿色面）　　偏移侧（白色面）

11.10　钣金成形特征

11.10.1　成形特征概述

把一个实体零件（冲模）上的某个形状印贴在钣金件上，这就是钣金成形（Form）特征，成形特征也称之为印贴特征。例如：图 11.10.1a 所示的实体零件为成形冲模，该冲模中的凸起形状可以印贴在一个钣金件上而产生成形特征（图 11.10.1b）。

a）成形零件（冲模）　　　　　　　　　　　b）钣金件

图 11.10.1 钣金成形特征

1. 选取钣金成形命令

单击 模型 功能选项卡 工程 ▼ 区域 ⬇ 下的 凹模 按钮，即可选择凹模成形特征命令。

2. 钣金成形类型

钣金成形分为凹模（Die）成形和凸模工具（Punch）成形。

单击 模型 功能选项卡 工程 ▼ 区域 ⬇ 下的 凹模 按钮，系统弹出图 11.10.2 所示的"选项"菜单，该菜单中各元素的说明如下。

- Reference（参考）：钣金件上的成形形状是参照冲模零件的几何形状而得到的，因此如果冲模零件有任何几何设计变更，则由冲模生成的成形特征也会随之改变。
- Copy（复制）：将冲模的几何形状复制到钣金件上，冲模的变更不会影响到钣金上成形特征的几何形状。

3. 凹模成形和凸模工具成形的区别

凹模成形和凸模工具成形区别主要在于这两种成形所使用的冲模的不同，在凹模成形的冲模中，必须有一个基础平面作为边界面（图 11.10.3），而在冲压成形的冲模零件中，则没有此基础平面（图 11.10.4）。

图 11.10.2 "选项"菜单　　　图 11.10.3 凹模成形的冲模　　　图 11.10.4 凸模成形的冲模

凸模成形的冲模的所有表面必须都是凸起的，所以凸模成形只能冲出凸起的成形特征；而凹模成形的冲模的表面可以是凸起的，也可以是凹陷的（图 11.10.5a），所以凹模成形可以冲出既有凸起又有凹陷的成形特征（图 11.10.5b）。

图 11.10.5 模具成形特征

4. 成形特征的一般创建过程

Step1. 创建冲模零件。在创建成形特征之前，必须先创建一个参考零件（即冲模零件），该参考零件中应包含成形几何形状的特征，参考零件可在零件（Part）模式下建立。

Step2. 根据冲模零件创建成形特征。

11.10.2　以凹模方式创建成形特征

下面举例说明以凹模方式创建成形特征的一般创建过程。在本例中将先在零件（Part）模式下创建一个 Die 冲模零件，然后打开一个钣金件并创建成形特征，其操作步骤说明如下。

Stage1. 创建 Die 冲模零件

Step1. 新建一个零件的三维模型，将零件的模型命名为 sm_die。

Step2. 创建图 11.10.6 所示的拉伸特征 1。

（1）选择命令。单击 模型 功能选项卡 形状 ▾ 区域中的"拉伸"按钮 拉伸 。

（2）绘制截面草图。选取 FRONT 基准平面为草绘平面， RIGHT 基准平面为参考平面，方向为 右 ；单击 草绘 按钮，绘制图 11.10.7 所示的截面草图。

（3）在操控板中定义拉伸类型为 ，输入深度值 10.0；单击 按钮，完成拉伸特征的创建。

Step3. 创建图 11.10.8 所示的拉伸特征 2。

图 11.10.6　拉伸特征 1

图 11.10.7　截面草图

图 11.10.8　拉伸特征 2

（1）选择命令。单击 模型 功能选项卡 形状 ▾ 区域中的"拉伸"按钮 拉伸 。

（2）绘制截面草图。选取 RIGHT 基准平面为草绘平面，TOP 基准平面为参考平面，方向为 右 ；单击 草绘 按钮，绘制图 11.10.9 所示的截面草图。

（3）在操控板中定义拉伸类型为 ，输入深度值 62.0；单击 按钮，完成拉伸特征 2 的创建。

Step4. 创建图 11.10.10 所示的拔模特征。

图 11.10.9　截面草图

图 11.10.10　拔模特征

（1）选择命令。单击 模型 功能选项卡 工程 ▾ 区域中的 拔模 ▾ 按钮。

（2）定义要拔模的曲面。在操控板中单击 参考 选项卡，激活 拔模曲面 文本框，按住 Ctrl 键，在模型中选取图 11.10.11 所示的 4 个表面为要拔模的曲面。

选取此模型表面
为拔模枢轴平面

按住 Ctrl 键，选取这 4 个表
面为要拔模的曲面

图 11.10.11　定义要拔模的曲面和拔模枢轴平面

（3）定义拔模枢轴平面。激活 拔模枢轴 文本框，选取图 11.10.11 所示的模型表面为拔模枢轴平面。

（4）定义拔模参数。在拔模角度文本框中输入拔模角度值-22.0。

（5）在操控板中单击 ✔ 按钮，完成拔模特征的创建。

Step5. 创建图 11.10.12 所示的倒圆角 1。单击 模型 功能选项卡 工程 ▾ 区域中的 倒圆角 ▾ 按钮；按住 Ctrl 键，选取图 11.10.12a 所示的 4 条边线为倒圆角的边线，圆角半径值为 2.5。

a）选取要圆角的 4 条边线　　　　　　　　b）圆角后

图 11.10.12　倒圆角 1

Step6. 创建图 11.10.13 所示的倒圆角 2，圆角半径为 2。

Step7. 保存零件模型文件。

a）选取要圆角的边线　　　　　　　　b）圆角后

图 11.10.13　倒圆角 2

Stage2. 创建图 11.10.14 所示的成形特征

Step1. 将工作目录设置为 D:\Creo3\work\ch11.10，打开文件 sm_form2.prt。

Step2. 单击 模型 功能选项卡 工程 ▾ 区域 ▾ 下的 凹模 按钮。

成形特征

a）原钣金件　　　　　　　　b）添加成形特征

图 11.10.14　创建成形

Step3. 在系统弹出的 ▼ OPTIONS (选项) 菜单中，选择 Reference (参考) ➡ Done (完成) 命令。

Step4. 在系统弹出的文件"打开"对话框中，选择 sm_die.prt 文件，并将其打开。此时系统弹出图 11.10.15 所示的"模板"信息对话框和图 11.10.16 所示的"元件放置"对话框。

图 11.10.15 所示的"模板"信息对话框中各元素的说明如下。

- Placement (放置)：定义钣金件和冲压模型的装配约束条件。
- Bound Plane (边界平面)：定义边界曲面。
- Seed Surface (种子曲面)：定义种子曲面。
- Exclude Surf (排除曲面)：定义将移除的曲面。
- Tool Name (刀具名称)：可给定此成形冲模（刀具）的名称。

图 11.10.15　"模板"信息对话框

图 11.10.16　"元件放置"对话框

Step5. 定义成形模具的放置。如果成形模具显示为整屏，可调整其窗口大小。

（1）定义重合约束。在图 11.10.16 所示的"元件放置"对话框中，选择约束类型"重合"，然后分别在模具模型中和钣金件中选取图 11.10.17 中的重合面。

图 11.10.17　操作过程

（2）定义重合约束。在"元件放置"对话框中单击"新建约束"字符，选择新增加的约束类型"重合"，分别选取图 11.10.17 中所示的重合面（模具上的 RIGHT 基准平面与钣金件上的 RIGHT 基准平面）。

（3）定义重合约束。在"模板"对话框中单击 ➔新建约束 字符，选择新增加的约束类型"重合"，分别选取图 11.10.17 中所示的对齐面（模具上的 TOP 基准平面与钣金件上的

FRONT 基准平面），此时"元件放置"对话框中显示 完全约束 。

（4）单击"元件放置"对话框中的"完成"按钮 ✔ 。

Step6. 定义边界面。在系统 ➡从参考零件选择边界平面 的提示下，在模型中选取图 11.10.18 中所示的面为边界面。

Step7. 定义种子面。在系统 ➡从参考零件选择种子曲面 的提示下，在模型中选取图 11.10.18 中所示的面为种子面。

注意：在 Die 冲模零件上指定边界面（Boundary Sruface）及种子面（Seed Surface）后，其成形范围则由种子面往外扩张，直到碰到边界面为止的连续曲面区域（不包含边界面）。

Step8. 单击"模板"对话框中的 确定 按钮，完成成形特征——模板标识的创建。

Step9. 保存零件模型文件。

11.10.3　以凹模方式创建带排除面的成形特征

带排除面的成形特征就是指成形特征某个或几个表面是破漏的，图 11.10.19 是以凹模方式创建带排除面的成形特征的例子，其操作步骤如下。

图 11.10.18　定义边界面和种子面　　　　　图 11.10.19　成形特征

Stage1.　创建图 11.10.20 所示的 Die 冲模零件

Step1. 新建一个零件的三维模型，将零件的模型命名为 sm_louver。

Step2. 创建图 11.10.21 所示的零件基础特征——实体拉伸特征 1。

（1）选择命令。单击 模型 功能选项卡 形状 ▾ 区域中的"拉伸"按钮 拉伸 。

（2）绘制截面草图。选取 FRONT 基准平面为草绘平面，RIGHT 基准平面为参考平面，方向为 右 ；单击 草绘 按钮，绘制图 11.10.22 所示的截面草图。

（3）定义拉伸属性。在操控板中定义拉伸类型为 ⥾ ，输入深度值 10.0。

（4）在操控板中单击"完成"按钮 ✔ ，完成拉伸特征 1 的创建。

133.0　　　33.0

图 11.10.20　创建 Die 成形模具　　　图 11.10.21　拉伸特征 1　　　图 11.10.22　截面草图

Step3. 创建图 11.10.23 所示的拉伸特征 2。在操控板中单击 拉伸 按钮；选取 RIGHT 基准平面为草绘平面，图 11.10.23 所示的模型表面为参考平面，方向为 右；单击 草绘 按钮，绘制图 11.10.24 所示的截面草图，在操控板中定义拉伸类型为 日，输入深度值 105。

图 11.10.23　拉伸特征 2　　　　　　　图 11.10.24　截面草图

Step4. 创建图 11.10.25 所示的倒圆角 1。单击 模型 功能选项卡 工程 ▼ 区域中的 倒圆角 ▼ 按钮，圆角半径值为 4。

a）圆角前　　　　　　　　　　　　b）圆角后

图 11.10.25　倒圆角 1

Step5. 创建图 11.10.26 所示的倒圆角 2，圆角半径值为 4。

Step6. 保存零件模型文件。

a）圆角前　　　　　　　　　　　　b）圆角后

图 11.10.26　倒圆角 2

Stage2. 创建图 11.10.27 所示的成形特征

Step1. 将工作目录设置为 D:\Creo3\work\ch11.10，打开文件 sm_ex1.prt。

成形特征

图 11.10.27　创建成形特征

Step2. 单击 模型 功能选项卡 工程 ▼ 区域 ▼ 下的 凹模 按钮。

Step3. 在系统弹出的 ▼ OPTIONS（选项）菜单中，选择 Reference（参考）━━▶ Done（完成）命令。

Step4. 在系统弹出的文件"打开"对话框中，选择 sm_louver.prt 文件，并将其打开。此时系统弹出"模板"信息对话框、"模板"窗口和"元件放置"对话框。

Step5. 定义成形模具的放置。如果成形模具显示为整屏，可调整其窗口大小。参照图 11.10.28 所示的操作过程定义成形模具的放置。

图 11.10.28　操作过程

Step6. 选取边界面和种子面，如图 11.10.29 所示。

Step7. 定义排除面。双击"模板"对话框中的 `Exclude Surf (排除曲面)`，选取图 11.10.30 所示的表面为排除面，在 `▼ FEATURE REFS (特征参考)` 菜单中，选择 `Done Refs (完成参考)` 命令。

Step8. 单击"模板"对话框中的 `确定` 按钮，完成成形特征——模板标识的创建。

Step9. 保存零件模型文件。

图 11.10.29　定义边界面和种子面

图 11.10.30　选取排除面

11.10.4　平整成形

平整成形（Flatten Form）用于将钣金成形特征展平，如图 11.10.31 所示。

a）平整前　　　　　　　　　　　　　　　　　　　b）平整后

图 11.10.31　平整成形

在进行平整成形时，需注意以下几点：

● 要平整的成形特征需位于钣金件的平面上，如果成形特征经过了折弯，则无法将其平整，经过折弯的成形特征可在钣金件展平（Unbend）后进行平整。

● 如果折弯处需要创建成形特征，建议先创建成形特征，然后进行折弯。

● 如果成形特征不能折弯，建议创建成形特征后，随即将成形特征进行平整，然后进行折弯。

1．选取平整成形命令

选取平整成形命令的方法：单击 模型 功能选项卡 工程▾ 区域 ⬇ 下的 🔩平整成型 按钮。

2．平整成形特征的一般操作过程

下面说明平整成形特征的一般操作过程。

Step1. 将工作目录设置为 D:\Creo3\work\ch11.10，打开文件 sm_flat_form.prt。

Step2. 单击 模型 功能选项卡 工程▾ 区域 ⬇ 下的 🔩平整成型 按钮，此时系统弹出图 11.10.32 所示的"平整成型"操控板。

Step3. 选取成形表面。在模型中选取成形特征中的任意一个表面（注意：不要在模型树中选取成形特征）。

Step4. 单击"平整成型"操控板中的 👓 按钮，可浏览所创建的特征，然后单击 ✔ 按钮。

图 11.10.32　"平整成型"操控板

11.11　创建钣金的工程图

11.11.1　钣金工程图概述

钣金件工程图的创建方法与一般零件基本相同，所不同的是钣金件的工程图需要创建展开视图。钣金件工程图的创建方法有两种，简要介绍如下。

方法一

Step1. 打开钣金件三维模型。

Step2. 使用 📐 命令，将三维钣金展平。

Step3. 使用 🗒族表 命令，在族表中创建一个不含展平特征的三维模型实例。

Step4. 创建钣金件工程图。

（1）新建工程图。

（2）创建展开视图。

（3）单击 布局 功能选项卡 模型视图 ▼ 区域中的"绘图模型"按钮 ▢，在系统弹出的 ▼ DWG MODELS (绘图模型) 菜单中选择 Add Model (添加模型) 命令，在工程图中添加三维模型（即族表中的不含展平特征的三维模型实例）。

（4）创建三维钣金件的视图。

① 创建主视图。

② 创建右视图（或左视图、俯视图）。

③ 创建立体图。

（5）标注所有视图的尺寸，书写技术要求等。

方法二

Step1. 打开钣金件三维模型。

Step2. 使用 平整形态 命令，设置三维钣金的"平整形态"，使系统自动在族表中创建一个含有展平特征的三维模型实例。

Step3. 与"方法一"中的 Step4 相似。

11.11.2　钣金工程图创建范例

图 11.11.1 是一个钣金件的工程图，下面介绍其两种创建方法。

1. 创建方法一

Stage1. 设置工作目录和打开文件

将工作目录设置为 D:\Creo3\work\ch11.11\method1，然后打开钣金文件 sm_extrude_relief.prt。

Stage2. 展平钣金件

用展平命令将三维钣金件展平为二维的平板，如图 11.11.2 所示。

Step1. 单击 模型 功能选项卡 折弯 ▼ 区域中的"展平"按钮 。

Step2. 定义固定面。在"展平"操控板中单击 按钮，在系统 选择要在展平时保持固定的曲面或边。 的提示下，选取图 11.11.2 所示的表面为固定面。

Step3. 单击 ✔ 按钮，完成展平特征的创建。

Stage3. 创建族表

创建族表，在族表中产生一个不含展平特征的实例零件。

Step1. 选择 模型 功能选项卡 模型意图 ▼ 节点下的 族表 命令，系统弹出"族表"对话框。

Step2. 增加族表的列。在"族表"对话框中，选择下拉菜单 插入(I) ➡ 列(C)... 命令；在"族项"对话框的 添加项 区域选中 ⦿ 特征 单选项，则系统弹出 ▼ SELECT FEAT (选择特征) 菜单，选择 Select (选择) 命令；然后在模型树中选取上一步创建的展平特征，再选择 Done (完成) 命令；单击"族项"对话框中的 确定 按钮。

　　Step3. 增加族表的行。在"族表"对话框中，选择下拉菜单 插入(I) ➡ 实例行(R) 命令，系统立即添加新的一行（图 11.11.3），单击*号栏，将*号改成 N，这样在 SM_EXTRUDE_ RELIEF_INST 实例中就不显示展平特征了。

图 11.11.1　创建钣金工程图　　　　　　　图 11.11.2　创建钣金件展开

图 11.11.3　"族表"对话框

　　Step4. 单击"族表"对话框中的 确定(0) 按钮，然后保存钣金零件。

Stage4．创建钣金工程图

Step1. 新建一个工程图文件。

（1）单击"新建"按钮，在弹出的文件"新建"对话框中，选中 类型 区域的 ◉ 绘图 单选项，在 名称 文本框后输入文件名 sm_drawing；取消选中 □ 使用默认模板 复选框，然后单击 确定 按钮。

（2）选取适当的工程图模板或图框格式。在系统弹出的"新建绘图"对话框中，在 指定模板 区域选中 ◉ 空 单选项；在 方向 区域选择图纸的方向为"横向"，再在 大小 区域选择图纸的 标准大小 为 A2；单击 确定 按钮。

（3）系统弹出"选择实例"对话框，选取该零件的"普通模型"，然后单击 打开 按钮。

Step2. 创建图 11.11.4 所示的展开视图。

（1）在绘图区右击，从系统弹出的图 11.11.5 所示的快捷菜单中选择 🖴 常规 命令。

说明：还有一种选择"普通视图"（"一般视图"）命令的方法，选择 布局 ➡️ 命令。

图 11.11.4　创建展开视图　　　　　　　图 11.11.5　快捷菜单

说明：如果想要删除图 11.11.4 所示的展开视图中的折弯角度标识，其方法如下，在图 11.11.4 所示的图形中单击要拭除的折弯角度标识。右击，从系统弹出的快捷菜单中，选择 拭除 命令。

（2）在系统 ➡️选择绘图视图的中心点. 的提示下，在屏幕图形区选择一点。此时系统弹出"绘图视图"对话框。

（3）定义视图方向。在对话框的 模型视图名 区域选择视图方向为 FRONT，然后单击 应用 按钮。

（4）设置比例。在对话框的 类别 区域选择 比例 选项，选中 ◉ 自定义比例 单选项，然后输入比例值 1。

（5）单击对话框中的 确定 按钮，完成展开图的创建。

Step3. 在工程图中添加不含展平特征的三维模型的族表实例。

（1）单击 布局 功能选项卡 模型视图 ▼ 区域中的"绘图模型"按钮，在系统弹出的 ▼ DWG MODELS (绘图模型) 菜单中选择 Add Model (添加模型) 命令。

（2）在弹出的"打开"对话框中，单击 按钮，然后打开进程中的模型文件 sm_extrude_relief.prt。

（3）此时系统弹出的"选取实例"对话框，选取该零件模型的 `SM_EXTRUDE_RELIEF_INST` 实例，然后单击 `打开` 按钮。

Step4. 创建三维钣金件的主视图（图 11.11.6）。

（1）在绘图区右击，从系统弹出的快捷菜单中选择 `常规` 命令。

（2）在系统 `选择绘图视图的中心点.` 的提示下，在屏幕图形区选择一点。此时系统弹出"绘图视图"对话框。

（3）定义视图方向。在对话框的 `模型视图名` 区域选择视图方向 BOTTOM，然后单击 `应用` 按钮。

（4）设置比例。在对话框的 `类别` 区域选择 `比例` 选项，选中 ⊙ `自定义比例` 单选项，再输入比例值 1。

（5）单击对话框中的 `确定` 按钮，完成主视图的创建。

Step5. 创建三维钣金件的左视图（图 11.11.7）。

图 11.11.6　创建主视图

图 11.11.7　创建左视图

（1）选取图 11.11.7 中的主视图，右击，在弹出的快捷菜单中选择 `插入投影视图...` 命令。

说明：选择投影视图命令的另一方法为，选取绘图区中要创建投影视图的视图，单击 `布局` ➡ `投影` 按钮。

（2）在系统 `选择绘图视图的中心点.` 的提示下，在主视图的右部任意选择一点，则系统自动创建左视图（图 11.11.7）。

Step6. 创建三维钣金件的俯视图（图 11.11.8）。

（1）选取主视图，然后右击，从快捷菜单中选择 `投影` 命令。

（2）在系统 `选择绘图视图的中心点.` 的提示下，在主视图的下面任意选择一点，则系统自动创建俯视图（图 11.11.8）。

Step7. 插入新实例的立体图（图 11.11.9）。

（1）在绘图区右击，在系统弹出的快捷菜单中选择 `常规` 命令。

（2）在系统 `选择绘图视图的中心点.` 的提示下，在图形区选择一点。此时系统弹出"绘图视图"对话框。

（3）定义视图方向。在对话框的 `模型视图名` 区域选择"默认方向"，然后单击 `应用` 按钮。

（4）设置比例。在对话框的 `类别` 区域选择 `比例` 选项，选中 ⊙ `自定义比例` 单选项，再输入比例值 1。

（5）单击对话框中的 ▮**确定**▮ 按钮，完成轴测图的创建。

图 11.11.8　创建俯视图　　　　　　　图 11.11.9　创建轴测图

Step8. 进行尺寸标注。

（1）选择 ▮注释▮ ➡ ▮🔲▮命令，创建部分尺寸。

（2）在工具栏中选择 ▮注释▮ ➡ ▮⟷尺寸▾▮命令，创建其余尺寸。

Step9. 保存工程图文件。

2. 创建方法二

Stage1. 设置工作目录和打开文件

将工作目录设置为 D:\Creo3\work\ch11.11\method2，然后打开钣金文件 sm_extrude_relief.prt。

说明： 在操作此步骤前，将所有窗口关闭并清除内存中的所有文件。

Stage2. 创建图 11.11.11 所示的钣金平整状态

Step1. 单击 ▮**模型**▮功能选项卡 ▮折弯 ▾▮ 区域中的 ▮🔳平整形态▮按钮，系统弹出的"平整阵列"操控板。

Step2. 在系统提示下，选取图 11.11.10 所示的模型表面为固定面。

Step3. 单击操控板中的 ▮∞▮按钮，预览所创建的平整状态，然后单击 ▮✔▮按钮，结果如图 11.11.11 所示。

图 11.11.10　选取固定面　　　　　　图 11.11.11　平整状态钣金件

Stage3. 创建简化表示

Step1. 单击 视图 功能选项卡 模型显示 区域中 "管理视图" 节点下的 视图管理器 命令，系统弹出 "视图管理器" 对话框。

Step2. 在 "视图管理器" 对话框的 简化表示 选项卡中单击 新建 按钮，接受系统默认的名称，并按 Enter 键。

Step3. 在 EDIT METHOD (编辑方法) 菜 单 中 选 择 Features (特征) 命 令，进 入 FEAT INC/EXC (增加/删除特征) 菜单，选择该菜单中的 Exclude (排除) 命令，选取 平整形态_1 为排除项，单击 Done (完成) 命令；再单击 Done/Return (完成/返回) 命令。

Step4. 单击 关闭 按钮，关闭 "视图管理器" 对话框。

Stage4. 创建钣金工程图

Step1. 新建一个工程图文件。

（1）单击 "新建" 按钮，在弹出的文件 "新建" 对话框中，选中 类型 区域的 绘图 单选项，在 名称 文本框后输入文件名 sm_drawing；取消选中 使用默认模板 复选框，然后单击 确定 按钮。

（2）选取适当的工程图模板或图框格式。在系统弹出的 "新建绘图" 对话框中，在 指定模板 区域选中 空 单选项；在 方向 区域选择图纸的方向为 "横向"，再在 大小 区域选择图纸的 标准大小 为 A2；单击 确定 按钮。

（3）在系统弹出 "打开表示" 对话框中选择 主表示 选项，然后单击 确定 按钮。

Step2. 创建图 11.11.12 所示的展开视图。

图 11.11.12 创建展开视图

（1）在绘图区右击，从系统弹出的快捷菜单中选择 常规 命令。

（2）在系统 选择绘图视图的中心点. 的提示下，在屏幕图形区选择一点，此时系统弹出 "绘图视图" 对话框。

（3）定义视图方向。在对话框的 模型视图名 区域选择 FRONT 方向，然后单击 应用 按钮。

（4）设置比例。在对话框的 类别 区域选择 比例 选项，选中 自定义比例 单选项，再输入比例值 1。

（5）单击对话框中的 确定 按钮，完成展开图的创建。

Step3. 在工程图中添加三维钣金件模型（该模型中不含展平特征）。

单击 布局 功能选项卡 模型视图 区域中的 "绘图模型" 按钮，在系统弹出的 DWG MODELS (绘图模型) 菜 单 中 选 择 Set/Add Rep (设置/增加表示) ➡ Rep0001 命 令，单 击

Done/Return （完成/返回）命令。

Step4. 创建新实例的主视图、左视图、俯视图和立体图。

Step5. 进行尺寸标注。

Step6. 保存工程图文件。

11.12　钣金综合范例——暖气罩

范例概述

本范例主要运用了如下一些设计钣金的方法：将倒圆角后的实体零件转换成第一钣金壁、创建封合的钣金侧壁，将钣金侧壁延伸后，再创建"平整"附加钣金壁、钣金壁展开、在展开的钣金壁上创建切削特征、折弯回去、创建成形特征等。其中将钣金展平创建切削特征后再折弯回去的做法以及 Die 模具的创建和模具成形特征的创建都有较高的技巧性。零件模型及模型树如图 11.12.1 所示。

图 11.12.1　零件模型及模型树

Task1.　创建模具

Die 模具用于创建模具成形特征，在该模具零件中，必须有一个基础平面作为边界面。本实例中首先创建图 11.12.2 所示的用于成形特征的模具。此模具所创建的成形特征可形成通风孔。

图 11.12.2　模型及模型树

Step1. 新建一个实体零件模型，命名为 SM_DIE。

Step2. 创建图 11.12.3 所示的拉伸特征 1。在操控板中单击"拉伸"按钮 拉伸。选取 FRONT 基准平面为草绘平面，RIGHT 基准平面为参考平面，方向为 右；单击 **草绘** 按钮，绘制图 11.12.4 所示的截面草图；在操控板中定义拉伸类型为 ，输入深度值 1，单击 ✔ 按钮，完成拉伸特征 1 的创建。

图 11.12.3　拉伸特征 1

图 11.12.4　截面草图

Step3. 创建图 11.12.5 所示的拉伸特征 2。在操控板中单击"拉伸"按钮 拉伸。选取 RIGHT 基准平面为草绘平面，TOP 基准平面为参考平面，方向为 右；单击 **草绘** 按钮，绘制图 11.12.6 所示的截面草图（在绘制截面草图时，选取图 11.12.6 所示的模型边线为草图参照）；在操控板中定义拉伸类型为 ，输入深度值 25.0，单击 ✔ 按钮，完成拉伸特征 2 的创建。

图 11.12.5　拉伸特征 2

图 11.12.6　截面草图

Step4. 创建倒圆角特征 1。单击 **模型** 功能选项卡 **工程** ▼ 区域中的 倒圆角 ▼ 按钮，选取图 11.12.7 所示的两条边线为倒圆角的边线，输入圆角半径值 0.8。

Step5. 创建倒圆角特征 2。选取图 11.12.8 所示的边线为倒圆角的边线，输入圆角半径值 1.5。

图 11.12.7　选取倒圆角边线

图 11.12.8　选取倒圆角边线

Step6. 保存零件模型文件。

Task2. 创建主体零件模型

Step1. 新建一个实体零件模型，命名为 HEATER_COVER。

Step2. 创建图 11.12.9 所示的拉伸特征 1。在操控板中单击"拉伸"按钮 拉伸。选取

FRONT 基准平面为草绘平面， RIGHT 基准平面为参考平面，方向为 右 ；单击 草绘 按钮，绘制图 11.12.10 所示的截面草图，在操控板中定义拉伸类型为 ，输入深度值 80.0，单击 按钮，完成拉伸特征 1 的创建。

Step3. 创建倒圆角特征 1。选取图 11.12.11 所示的边线为倒圆角的边线，输入圆角半径值 15.0。

图 11.12.9　拉伸特征 1　　　　图 11.12.10　截面草图　　　　图 11.12.11　选取倒圆角的边

Step4. 创建倒圆角特征 2。选取图 11.12.12 所示的两条边线为倒圆角的边线，圆角半径值 3.0。

Step5. 将实体零件转换成第一钣金壁，如图 11.12.13 所示。

a) 转换前（实体零件）　　　b) 转换后（钣金件）

图 11.12.12　选取倒圆角的边线　　　　图 11.12.13　转换成第一钣金壁

（1）选择 模型 功能选项卡 操作 ▾ 节点下的 转换为钣金件 命令。

（2）在系统弹出的"第一壁"操控板中选择 命令。

（3）在系统 选择要从零件移除的曲面- 的提示下，按住 Ctrl 键，选取图 11.12.14 所示的三个模型表面为壳体的移除面。

（4）输入钣金壁厚度值 1，并按 Enter 键。

（5）单击 按钮，完成转换钣金特征的创建。

Step6. 创建图 11.12.15 所示的附加钣金壁平整特征 1。

（1）单击 模型 功能选项卡 形状 ▾ 区域中的"平整"按钮 。

（2）在系统 选择一个边连到壁上- 的提示下，选取图 11.12.16 所示的模型边线为附着边。

（3）定义钣金壁的形状。

① 在操控板中选择 用户定义 选项，在 后的文本框中输入角度值 72.0，确认 按钮被按下，并在其后的文本框中输入折弯半径值 2.0，折弯半径所在侧为 。

图 11.12.14　选取移除面

图 11.12.15　平整特征 1

② 在操控板中单击 形状 选项卡，在系统弹出的界面中选中 ⊙ 高度尺寸不包括厚度 单选项，然后单击 草绘... 按钮，系统弹出"草绘"对话框，确认草绘的箭头方向如图 11.12.17 所示（如方向不一致，可单击对话框中的 反向 按钮切换箭头方向），再选取图 11.12.17 所示的模型表面为草绘参考平面，方向为 左；单击 草绘 按钮，绘制图 11.12.18 所示的截面草图。

图 11.12.16　定义附着边

图 11.12.17　草绘平面

（4）设置偏移。单击 偏移 选项卡，选中 ☑ 相对连接边偏移壁 复选框和 ⊙ 添加到零件边 单选项。

（5）定义止裂槽。在操控板中单击 止裂槽 选项卡，在系统弹出界面中取消选中 ☐ 单独定义每侧 复选框，并在 类型 下拉列表中选择 扯裂 选项。

（6）在操控板中单击 ✔ 按钮，完成平整特征 1 的创建。

Step7. 对侧壁的一端进行第一次延伸，如图 11.12.19 所示。

图 11.12.18　截面草图

图 11.12.19　进行薄壁内边界线的延伸

（1）定义要延伸的边。选取图 11.12.20 所示的模型边线为要延伸边。

（2）单击 模型 功能选项卡 编辑 ▾ 区域中的"延伸"按钮 ⮕ 延伸，系统弹出"延伸"操控板。

（3）在操控板中单击"将壁延伸倒参考平面"按钮 ⬜，然后在系统 ⮕ 选择一个平面作为延伸的参考. 的提示下，选取图 11.12.20 所示的钣金内表面为延伸的终止面。

（4）单击操控板中的 ✔ 按钮，完成延伸壁 1 的创建。

图 11.12.20　定义延伸边和延伸终止面

Step8. 创建图 11.12.21 所示的第二次延伸。选取图 11.12.22 所示的模型边线为延伸边；单击 模型 功能选项卡 编辑 ▼ 区域中的"延伸"按钮 ⊞ 延伸，在弹出的操控板中单击 🗂 按钮，然后选取图 11.12.22 所示的钣金内表面为延伸的终止面。单击 ✓ 按钮，完成延伸壁 2 的创建。

图 11.12.21　第二次延伸　　　　　　图 11.12.22　定义延伸边和延伸终止面

Step9. 用同样的方法对侧壁的另一端进行延伸，详细操作步骤见 Step7 和 Step8。

Step10. 创建图 11.12.23 所示的附加钣金壁平整特征 2。

（1）单击 模型 功能选项卡 形状 ▼ 区域中的"平整"按钮 ⬛。

（2）在系统 ➡选择一个边连到壁上 的提示下，选取图 11.12.24 所示的模型边线为附着边。

图 11.12.23　平整特征 2

图 11.12.24　定义附着边

（3）定义钣金壁的形状。

① 在操控板中选择 用户定义 选项，在 ⬠ 后的文本框中输入角度值 90.0。

② 在操控板中单击 形状 选项卡，在系统弹出的界面中单击 草绘... 按钮，系统弹出"草绘"对话框，确认图 11.12.25 所示的箭头方向为草绘方向（如方向不一致，可单击对话框中的 反向 按钮切换箭头方向），然后选取图 11.12.25 所示的模型表面为参考平面，方向为 底部；单击 草绘 按钮，绘制图 11.12.26 所示的截面草图（图形不能封闭）。

（4）定义折弯半径。单击角度文本框后面的 ⬜ 按钮；确认 ⬜ 按钮被按下，并在其后的文本框中输入折弯半径值 1，折弯半径所在侧为 。

（5）在操控板中单击 ✔ 按钮，完成平整特征 2 的创建。

图 11.12.25　定义草绘方向

图 11.12.26　截面草图

Step11. 创建图 11.12.27 所示的右侧附加钣金壁平整特征 3。

（1）单击 模型 功能选项卡 形状 ▾ 区域中的"平整"按钮 。

（2）在系统 选择一个边连到壁上 的提示下，选取图 11.12.28 所示的模型边线为附着边。

图 11.12.27　平整特征 3

图 11.12.28　定义附着边

（3）定义钣金壁的形状。

① 在操控板中选择 用户定义 选项，在 △ 后的文本框中输入角度值 90.0。

② 在操控板中单击 形状 选项卡，在系统弹出的界面中单击 草绘... 按钮，系统弹出"草绘"对话框，单击 反向 按钮，然后选取图 11.12.29 所示的模型表面为参考平面，方向为 右；单击 草绘 按钮，绘制图 11.12.30 所示的截面草图。

图 11.12.29　定义草绘参考

图 11.12.30　截面草图

（4）定义折弯半径。单击角度文本框后面的 按钮；确认 按钮被按下，并在其后的文本框中输入折弯半径值 0.5，折弯半径所在侧为 。

（5）在操控板中单击 ✔ 按钮，完成平整特征 3 的创建。

Step12. 参照上一步的操作方法，创建图 11.12.31 所示的模型左侧的附加钣金壁平整特征 4。

Step13. 将图 11.12.32 所示的右侧附加平整钣金壁展平。

在模型左侧创建此
附加平整钣金壁 4

将此右侧附加
平整钣金壁展平

a）展平前

b）展平后

图 11.12.31　平整特征 4　　　　图 11.12.32　将右侧附加平整钣金壁展平

（1）选择命令。单击 模型 功能选项卡 折弯 ▾ 区域中的"展平"按钮 📥。

（2）定义固定面。在"展平"操控板中单击 ▶ 按钮，在系统 ⟶ 选择要在展平时保持固定的曲面或边。 的
提示下，选取图 11.12.33 所示的模型右侧表面为固定面。

放大图

选取这个圆弧面为展平曲面

选取模型的此右侧表面为固定面

图 11.12.33　选取固定面和展平曲面

（3）定义钣金的展平选项。单击 参考 按钮，在系统弹出的"参考"界面中，将
折弯几何 下文本框中的选项全部移除，然后选取图 11.12.33 所示的圆弧面为展平曲面。

（4）单击 ✔ 按钮，完成展平特征的创建。

Step14. 创建图 11.12.34 所示的钣金拉伸切削特征 2。

（1）单击 模型 功能选项卡 形状 ▾ 区域中的 🔲 拉伸 按钮，确认 🔲 按钮、⬜ 按钮和 ⚏ 按
钮被按下。

（2）绘制截面草图。选取图 11.12.35 所示的模型表面 1 为草绘平面，选取模型表面 2
为参考平面，方向为 右；单击 草绘 按钮，绘制图 11.12.36 所示的截面草图。

a）切削前

b）切削后

模型表面 2 为
参考平面

模型表面 1 为
草绘平面

图 11.12.34　拉伸特征 2　　　　图 11.12.35　草绘平面

（3）定义拉伸属性。接受图 11.12.37 所示的箭头方向为移除材料的方向，在操控板中
定义拉伸类型为 ‖⊧，选择材料移除的方向类型为 ⧸。

（4）在操控板中单击"完成"按钮 ✔，完成拉伸特征 2 的创建。

图 11.12.36　截面草图

图 11.12.37　选取移除材料的方向

Step15. 创建图 11.12.38 所示的钣金拉伸切削特征 3。在操控板中单击 按钮，确认 按钮、 按钮和 按钮被按下；选取图 11.12.39 所示的模型表面 1 为草绘平面，选取模型表面 2 为参考平面，方向为 ；单击 草绘 按钮，绘制图 11.12.40 所示的截面草图；接受图 11.12.41 所示的箭头方向为移除材料的方向，在操控板中定义拉伸类型为 ，选择材料移除的方向类型为 。

a）切削前　　　　　　　　b）切削后

图 11.12.38　拉伸特征 3　　　　　　　　图 11.12.39　草绘平面

图 11.12.40　截面草图　　　　　　　　图 11.12.41　选取移除材料的方向

Step16. 将图 11.12.42 所示的右侧附加平整钣金壁再折弯回去。

将此附加平整钣金壁再折弯回去

a）折弯回去前　　　　　　　　　　　　b）折弯回去后

图 11.12.42　折回特征 1

（1）单击 模型 功能选项卡 折弯 ▾ 区域中的"折弯回去"按钮 折弯回去，此时系统弹出"折回"操控板。

（2）定义固定面（边）。在"折回"操控板中单击 按钮，选取图 11.12.43 所示的模型右侧表面为固定面。

（3）单击 按钮，完成折回特征 1 的创建。

Step17. 创建图 11.12.44 钣金拉伸切削特征 4。在操控板中单击 拉伸 按钮，确认 按钮、 按钮和 按钮被按下；选取图 11.12.45 所示的模型表面 1 为草绘平面，选取模型表面 2 为参考平面，方向为 ；单击 草绘 按钮，绘制图 11.12.46 所示的截面草图；接受系统默认的箭头方向为移除材料的方向，在操控板中定义拉伸类型为 ，选择材料移除的方向类型为 。

图 11.12.43　定义固定面　　　　　　　　　图 11.12.44　拉伸特征 4

图 11.12.45　草绘平面

图 11.12.46　截面草图

Step18. 创建图 11.12.47 所示的基准平面 1。单击"平面"按钮 ，选取 FRONT 基准平面为偏距参考面，在对话框中输入偏移距离值 40，然后单击 确定 按钮，完成创建（在模型树中将此步创建的基准平面重命名为 DTM_CENTER）。

Step19. 创建图 11.12.48 所示的镜像特征 1。

图 11.12.47　基准平面 DTM_CENTER

图 11.12.48　镜像特征 1

（1）选取镜像特征。在图形区选取 Step17 所创建的钣金拉伸切削特征 4 为镜像源。

（2）选择镜像命令。单击 模型 功能选项卡 编辑 ▼ 下的 ◫◫ 镜像 命令。

（3）定义镜像平面。选取 Step18 所创建的基准平面为镜像平面。

（4）单击 ✔ 按钮，完成镜像特征 1 的创建。

Step20. 创建图 11.12.49 所示的凸模成形特征 1。

图 11.12.49　凸模成形特征 1

（1）选择命令。单击 模型 功能选项卡 工程 ▼ 区域 ▾ 下的 ▾ 凸模 按钮。

（2）选择模具文件。在系统弹出的"凸模"操控板中单击 🗁 按钮，系统弹出文件"打开"对话框，选择 D:\Creo3\work\ch11.12 目录下的 sm_die.prt 文件为成形模具，并将其打开。

（3）定义成形模具的放置。单击操控板中的 放置 选项卡，在弹出的界面中选中 ✔ 约束已启用 复选框并添加图 11.12.50 所示的三组位置约束。

图 11.12.50　定义成形模具的放置

（4）定义排除面。单击 选项 选项卡，在弹出的界面中单击 排除冲孔模型曲面 下的空白区域，然后按住 Ctrl 键，选取图 11.12.51 所示的五个表面（一个背面、两个侧面和两个圆角）为排除面。

（5）在操控板中单击"完成"按钮 ✔，完成凸模成形特征 1 的创建。

图 11.12.51　选取排除面

Step21. 创建图 11.12.52 所示的阵列特征 1。

阵列此成形特征

a）阵列前　　　　　　　　　　　　　　　　b）阵列后

图 11.12.52　阵列特征 1

（1）在模型树中选取上一步创建的成形特征 1，再右击，从系统弹出的快捷菜单中选择 阵列... 命令。

（2）选取阵列类型。在"阵列"操控板中选择以 方向 方式控制阵列。

（3）选取第一方向参照。选取 FRONT 基准平面为第一方向参照。

（4）定义第一方向成员数及成员间距。设定第一方向成员数为 8，阵列成员间距值为 8.0。

（5）在操控板中单击 ✔ 按钮，完成阵列特征 1 的创建。

Step22. 保存零件模型文件。

第 12 章　模型的外观设置与渲染

12.1　概　　述

在创建零件和装配三维模型时，通过单击工具按钮 、、、、，可以使模型显示为不同的线框（Frame）状态和着色（Shading）状态，但在实际的产品设计中，这些显示状态是远远不够的，因为它们无法表达产品的颜色、光泽和质感等外观特点，要表达产品的这些外观特点，还需要对模型进行必要的外观设置，然后再对模型进行进一步的渲染处理。

1．模型的外观

在 Creo 中，为产品赋予的外观可以表达产品材料的颜色、表面纹理、粗糙度、反射度、透明度及贴图等。

在实际的产品设计中，可以为产品（装配模型）中的各零件模型设置不同的材料外观，其作用如下：

- 如果不同的零件用不同的颜色表示，则更容易分辨产品中不同的零件。
- 对于内部结构复杂的产品，可以将产品的外壳设置为透明材质，这样容易查看产品的内部结构。
- 给模型赋予纹理外观，可以使产品的图像更加丰富，也使产品立体感增强。
- 为模型的渲染做准备。

2．模型的渲染

所谓"渲染"（Rendering），就是使用专门的"渲染器"模拟出模型的真实外观效果，这是一种高级的三维模型外观处理技术。在模型渲染时，可以设置房间，设置多个光源，设置阴影、反射及添加背景等，这样渲染的效果非常真实。

为了使产品的效果图更加具有美感，可以将渲染后的图形文件放到一些专门的图像处理软件（如 Photoshop）中进行进一步的编辑和加工。

模型渲染时，由于系统需要进行大量的计算，并且需要在屏幕上显示渲染效果，所以对计算机的显卡、CPU、内存等硬件的性能要求比较高。

12.1.1　外观与渲染的主要术语

外观与渲染的主要术语有以下这些。

- Alpha: 图像文件中可选的第四信道，通常用于处理图像，就是将图像中的某种颜色处理成透明。注意：只有 TIFF、TGA 格式的图像才能设置 Alpha 通道，常用的 JPG、BMP、GIF 格式的图像不能设置 Alpha 通道。
- 凹凸贴图：单信道材料纹理图，用于建立曲面凹凸不平的效果。
- 凹凸高度：凹凸贴图的纹理高度或深度。
- 颜色纹理：三信道纹理贴图，由红、绿和蓝的颜色值组成。
- 贴花：四信道纹理贴图，由标准颜色纹理贴图和透明度（如 Alpha）信道组成。
- 光源：所有渲染均需要光源，模型曲面对光的反射取决于它与光源的相对位置。光源具有位置、颜色和亮度。有些光源还具有方向性、扩散性和汇聚性。光源的四种类型为环境光、远光源（平行光源）、灯泡（点光源）和聚光灯。
- 环境光源：平均作用于渲染场景中所有对象各部分的一种光。
- 远光源（平行光）：远光源会投射平行光线，以同一个角度照亮所有曲面（无论曲面的方位是怎样的）。此类光照模拟太阳光或其他远光源。
- 灯泡（点光源）：光源的一种类型，光从灯泡的中心辐射。
- 聚光灯：一种光源类型，其光线被限制在一个锥体中。
- 环境光反射：一种曲面属性，用于决定该曲面对环境光源光的反射量，而不考虑光源的位置或角度。
- RGB：红、绿、蓝的颜色值。
- 像素：图像的单个点，通过三原色（红、绿和蓝）的组合来显示。
- 颜色色调：颜色的基本阴影或色泽。
- 颜色饱和度：颜色中色调的纯度。"不饱和"的颜色以灰阶显示。
- 颜色亮度：颜色的明暗程度。
- Gamma：计算机显示器所固有的对光强度的非线性复制。
- Gamma 修正：修正图像数据，使图像数据中的线性变化在所显示图像中产生线性变化。
- PhotoRender: Creo 提供的一种渲染程序（渲染器），专门用来建立场景的光感图像。
- Photolux: Creo 提供的另一种高级渲染程序（渲染器），实际应用中建议采用这种渲染器。
- 房间：模型的渲染背景环境。房间分为长方体和圆柱形两种类型。一个长方体房间具有四个壁、一个天花板和一个地板。一个圆柱形房间具有一个壁、一个地板和一个天花板。可以对房间应用材质纹理。

12.1.2　外观与渲染的操作菜单

外观与渲染的相关操作命令位于 ![渲染] 功能选项卡中，如图 12.1.1 所示。

图 12.1.1　"渲染"功能选项卡

12.2　模型的外观

12.2.1　"外观管理器"对话框

模型的外观设置是通过"外观管理器"对话框进行的。单击 视图 功能选项卡 模型显示 区域中的"外观库"按钮 ，系统弹出图 12.2.1 所示的"外观库"界面，在界面中单击 外观管理器... 按钮，系统弹出图 12.2.2 所示的"外观管理器"对话框，下面对该对话框中各区域的功能分别说明。

图 12.2.1　"外观库"界面

图 12.2.2 "外观管理器"对话框

1. 下拉菜单区域

"外观管理器"对话框的下拉菜单区域包含两个下拉菜单，各菜单命令的意义参见图 12.2.3 和图 12.2.4。

图 12.2.3 "视图选项"下拉菜单

图 12.2.4　"工具选项"下拉菜单

2．外观过滤器

外观过滤器可用于在"我的外观""模型""库"调色板中查找外观，要过滤调色板中显示的外观列表，可以在外观过滤器文本框中指定关键字符串，然后单击，单击可取消搜索，并显示调色板中的所有外观。

3．调色板

（1）"我的外观"调色板

每次进入 Creo 3.0 后，打开"外观管理器"对话框，其"我的外观"调色板中会载入 15 种默认的外观以供选用（图 12.2.5），当鼠标指针移至某个外观球（外观的缩略图）上，系统将显示该外观的名称。用户可将所需的外观文件载入外观库中，还可对某一外观进行修改（第一个外观 ref_color1 为默认的外观，不能被修改及删除）或创建新的外观。

图 12.2.5　"我的外观"调色板

（2）"模型"调色板

"模型"调色板会显示在活动模型中存储和使用的外观。如果活动模型没有任何外观，则"模型"调色板显示缺省外观。新外观应用到模型后，它会显示在"模型"调色板中。

（3）"库"调色板

"库"调色板将 Photolux 库和系统库中的预定义外观显示为缩略图颜色样本。

说明：如果没有安装系统图形库（或者安装了系统图形库，但没有对 Creo 进行正确的配置），那么"外观管理器"对话框中图 12.2.6 所示的"库"调色板下的外观球不显示或者显示不完全。

图 12.2.6 "外观管理器"对话框

4．将某种外观设置应用到零件模型和装配体模型上

（1）选定某种外观后，在"外观管理器"对话框中单击 关闭 按钮。

（2）单击 视图 功能选项卡 模型显示 区域中的"外观库"按钮 ，此时鼠标在图形区显示为"毛笔"状态。

（3）选取要设置此外观的对象，然后单击"选择"对话框中的 确定 按钮。

> ☑ 在零件模式下，如果在"智能选取栏"中选择列表中的"零件"，则系统将对整个零件模型应用指定的外观；如果选取列表中的"曲面"，则系统将仅对选取的模型表面应用指定的外观。

> ☑ 在装配模式下，如果在"智能选取栏"中选择列表中的"全部"，则系统将对整个装配体应用指定的外观；如果选取列表中的"元件"，则系统仅对装配体中的所选零件（或子装配）应用外观。

（4）如果要清除所选外观，在"外观库"界面中选择 清除外观 ▼ 按钮（如果要清除所有外观，选择 清除外观 ▼ 下拉列表中的 清除所有外观 命令，在弹出的"确认"对话框中单击 是(Y) 按钮），然后选取此前设置外观的对象，单击"选择"对话框中的 确定 按钮。

5．外观管理器

该区域主要包含 基本 和 贴图 两个选项卡。当外观库中的某种外观被选中时，该外观的示例（外观球）即出现在外观预览区，在外观预览区下方的 名称 文本框中可修改其外观名称，在 基本 和 贴图 选项卡中可对该外观的一些参数进行修改，修改过程中可从外观预览区方便地观察到变化。但在默认情况下，外观预览区不显示某些外观特性（如凹凸高度、光泽、光的折射效果等）。

12.2.2　"基本"外观

1．关于"基本"外观

现在人们越来越追求产品的颜色视觉效果，一个颜色设置合理的产品往往更容易吸引消费者的目光，这就要求产品设计师在产品设计中，不仅要注重产品功能的设计，还要注意产品颜色外观的设计。在 Creo 软件中，通过设置"基本"外观，可表达产品的颜色。

2．"基本"外观设置界面—— 基本 选项卡

基本 选项卡用于设置模型的基本外观，该选项卡界面包含 颜色 和 突出显示颜色 两个区域，如图 12.2.7 所示。

图 12.2.7　"基本"选项卡

注意：需先从"外观库"中选取一个外观（除第一个外观 ref_color1）或新建一个外观，才能激活 颜色 和 突出显示颜色 两个区域的所有选项。

● 颜色 区域：该区域用于设置模型材料本体的颜色、强度和环境效果。

☑ "颜色"按钮：单击该按钮，将弹出图 12.2.8 所示的"颜色编辑器"对话框，

用于定义模型材料本体的颜色。

分别在这四个角的矩形内单击，然后从颜色轮盘中选取不同的颜色，这样可在中间的大矩形中获得混合颜色

b）混合调色板

"当前颜色"区域

用此微调滑线进行较精确的颜色调整

移动此区域的滑块或在文本框中输入数值，都可以选取所需要的颜色

a）当前颜色和颜色轮盘　　　　c）RGB/HSV 滑块

图 12.2.8　"颜色编辑器"对话框

☑ **强度** 选项：控制模型表面反射光源（包括点光源、定向光或聚光源）光线程度，反映在视觉效果上是模型材料本体的颜色变明或变暗。调整时，可移动该项中的调整滑块或在其后面的文本框中输入数值。

☑ **环境** 选项：控制模型表面反射环境光的程度，反映在视觉效果上是模型表面变明或变暗。调整时，可移动该项的调整滑块或在其后的文本框中输入值。

● **突出显示颜色** 区域：用于控制模型的加亮区。当光线照射在模型上时，一般会在模型表面上产生加亮区（高光区）。

☑ "颜色"按钮：单击该按钮，将弹出"颜色编辑器"对话框，可定义加亮区的颜色。对于金属，加亮区的颜色为金属的颜色，所以其颜色应设置成与金属本身的颜色相近，这样金属在光线的照射下更有光泽；而对于塑料，加亮区的颜色则是光源的颜色。

☑ **光亮度** 选项：控制加亮区的范围大小。加亮区越小，则模型表面越有光泽。

☑ **突出显示** 选项：控制加亮区的光强度，它与光亮度和材质的种类直接相关。高度抛光的金属应设置成较"明亮"，使其具有较小的明加亮区；而蚀刻过的塑料应设置成较"暗淡"，使其具有较大的暗加亮区。

☑ 　反射选项：控制局部对空间的反射程度。阴暗的外观比光亮的外观对空间的反射要少。例如织品比金属反射要少。

☑ 　透明度选项：控制透过曲面可见的程度。

3. 关于"颜色编辑器"对话框

在 **基本** 选项卡的 颜色 和 突出显示颜色 区域中单击"颜色"按钮，系统均会弹出图 12.2.8 所示的"颜色编辑器"对话框，该对话框中包含下列几个区域。

● "当前颜色"区域：显示当前选定的颜色，如图 12.2.8a 所示。

● ▼ 颜色轮盘 栏：可在"颜色轮盘"中选取一种颜色及其亮度级，如图 12.2.8a 所示。

● ▼ 混合调色板 栏：可创建一个多达四种颜色的连续混合调色板，然后从该混合调色板中选取所需要的颜色，如图 12.2.8b 所示。

● ▼ RGB/HSV滑块 栏：该区域包括 RGB 和 HSV 两个子区域，如图 12.2.8c 所示。

　　☑ 　如果选中 ☐ RGB 复选框，则可采用 RGB（红绿蓝）三原色定义颜色，RGB 值的范围为 0～255。将 RGB 的值均设置为 0，定义黑色；将 RGB 的值均设置为 255，定义白色。

　　☑ 　如果选中 ☐ HSV 复选框，可采用 HSV（即色调、饱和度和亮度）来定义颜色。色调用于定义主光谱颜色，饱和度则决定颜色的浓度，亮度可控制颜色的明暗。色调值的范围为 0～360，而饱和度和亮度值的范围是 0～100（这里的值为百分值）。

　　☑ 　在"光源编辑器"（Light Editor）对话框中，单击颜色按钮，也可打开"颜色编辑器"（Color Editor）对话框。

　　说明： 在"场景"对话框的"光源"选项卡中，单击颜色按钮，也可打开"颜色编辑器"（Color Editor）对话框。

4. 控制模型颜色的显示

当定义的外观颜色应用到模型上后，可用下面的方法控制模型上的外观颜色的显示。

选择下拉菜单 文件▾ ➡ 选项 命令，系统弹出图 12.2.9 所示的"PTC Creo Parametric 选项"对话框，在对话框左侧列表中选中 图元显示 选项，在对话框的 几何显示设置 区域中选中 ☑ 显示为模型曲面分配的颜色 复选框，可以显示模型颜色属性。

图 12.2.9 "PTC Creo Parametric 选项"对话框

5. 基本外观设置练习

在"外观管理器"对话框的外观列表区，系统提供了 15 种外观供用户选用。本练习中，将从外观列表中选取系统提供的外观 ptc-metallic-gold，将其应用到零件模型上。操作步骤如下。

Step1. 设置工作目录和打开文件。

将工作目录设置为 D:\Creo3\work\ch12.02\ex1，打开文件 rod.prt。

Step2. 在调色板中选取一种外观设置。在图 12.2.10 所示的"外观管理器"对话框的"我的外观"调色板中，单击选取一种外观颜色。

图 12.2.10 "外观管理器"对话框

Step3. 将选中的外观球的外观应用到模型上。在"外观管理器"对话框中单击 关闭 按钮，然后单击 视图 功能选项卡 模型显示 区域中的"外观库"按钮 ●，此时鼠标在图形区显示为"毛笔"状态，在"智能选取栏"的下拉列表中选择"零件"，选取模型，然后单击"选择"对话框中的 确定 按钮，此时可看到图形区中的模型立即被赋予了所选中的外观。

12.2.3　"贴图"外观

1. 关于"贴图"外观

通过设置"贴图"外观，可在模型的表面上附着图片，用以表达模型表面凹凸不平的程度、模型的材质纹理和模型表面上的特殊图案。

2. "纹理"外观设置界面——贴图 选项卡

贴图 选项卡用于设置模型的纹理外观，该选项卡界面中包括 凹凸 、 颜色纹理 和 贴花 三个区域（图 12.2.11）。

- 凹凸 选项：利用该项功能可以把图片附于模型表面上，使模型表面产生凸凹不平状，这对创建具有粗糙表面的材质很有用。选择 关闭 下拉列表中的某一类型（图像、程序图像、毛坯、注塑或泡沫），然后单击该区域前面的"凹凸"放置按钮（图 12.2.11），系统会弹出"打开"对话框，通过选取某种图像，可在模型上放置凹凸图片。

注意：只有对模型进行渲染后，才能观察到凸凹效果。只有将渲染器设置为 PhotoLux 时，用于"凹凸"的"程序图像""毛坯""注塑""泡沫"值才可用。

图 12.2.11　"贴图"选项卡

- 颜色纹理 选项：利用该项功能可以把材质纹理图片附于模型表面上，使模型具有某种材质的纹理效果。

注意：当模型表面加上"颜色纹理"后，纹理将覆盖模型的整个表面，而使模型本身的颜色不起作用。

- 贴花 选项：利用此选项可在零件的表面上放置一种图案，如公司的徽标。一般是在模型上的指定区域进行贴花，贴花后，指定区域内部填充图案并覆盖其下面的外观，而没有贴花之处则显示其下面的外观，即贴花图案位于所有"图外观"的顶层，就像是贴膜或徽标。贴花允许包括透明区域，使该区域位于图像之内；也允许透过它显示基本颜色或颜色纹理。贴花是应用了 Alpha 通道的纹理。如果像素的 Alpha 值大于零，则像素颜色会映射到曲面；如果 Alpha 值为零，则曲面的基本纹理颜色透过此像素可见。贴花不产生凹凸状，但可以控制贴花图片的明亮度，这对制作具有光泽的材质会很有用。

3．创建纹理的一般操作过程

创建纹理的一般操作过程如下所示。

Step1. 在"外观管理器"对话框中，单击 ▢ 按钮以添加新外观。如果需要，可为外观输入一个名称。

Step2. 如有必要，可使用"颜色编辑器"对话框为此外观创建一种颜色。

Step3. 在外观管理器中单击 **贴图** 选项卡，然后为 **凹凸** 、 **颜色纹理** 或 **贴花** 调用"外观放置"对话框。

Step4. 再单击"图像"按钮 ▢ ，在弹出的"打开"对话框中选取纹理文件。

Step5. 在"模型"调色板中单击 ▢ ，在"另存为"对话框中输入一个新名称，单击 **确定** 按钮，保存外观。

Step6. 单击 **关闭** 按钮，完成外观的定义。

4．在模型上放置纹理的一般操作过程

在模型上放置纹理的一般操作过程如下所示。

Step1. 在"外观管理器"对话框中，从外观列表区域选取所需外观。

Step2. 在外观管理器中单击 **贴图** 选项卡，然后在 **凹凸** 、 **颜色纹理** 或 **贴花** 区域中单击 ▢ 按钮，在弹出的打开对话框中选取纹理文件。

Step3. 在"外观管理器"对话框中，单击 **关闭** 按钮。

Step4. 单击 **视图** 功能选项卡 **模型显示** 区域中的"外观库"按钮 ●，此时鼠标在图形区显示"毛笔"状态，选取要设置此外观的对象，然后在"选择"对话框中单击 **确定** 按钮。

说明： 虽然可以一次在多个曲面上放置纹理，但最好在各个曲面上单独放置纹理图，以确保纹理图能正确定向。一般需要经过多次试验才能获得满意的结果。

5．控制模型上的纹理显示

当定义的外观纹理应用到模型上后，可用下面的方法控制其外观纹理是否显示。

选择下拉菜单 **文件▾** ➡ **选项** 命令，系统弹出图 12.2.12 所示的"Creo Parametric 选项"对话框，在对话框左侧列表中选中 **模型显示** 选项，在对话框的 **着色模型显示设置** 区域中选中 ☑ **显示着色模型的纹理** 选项，可以显示模型颜色属性。

6．外观设置中的注意事项

定义外观时，最常见的一种错误是使外观变得太亮。在渲染中可使用醒目的颜色，但

要确保颜色不能太亮。太亮的模型看起来不自然，或者像卡通。如果图像看起来不自然，可以使用"外观管理器"对话框来降低外观的色调，可在 基本 选项卡中降低加亮区的光泽度和强度，并将"反射"调整滑块向标尺中的无光泽端降低。

　　使用 贴图 选项卡中的纹理图可增加模型的真实感。

图 12.2.12　　"Creo Parametric 选项"对话框

12.2.4　模型外观的保存与修改

1．模型外观的保存与修改

　　模型的外观设置好以后，可在"外观管理器"对话框中选择下拉菜单 文件 ▼ ➡️ 另存为... 命令，将外观保存为外观文件，默认时，外观文件以 .dmt 格式保存。

　　另外，利用"外观管理器"为模型赋予的颜色和材质纹理及图片，颜色会与模型一起保存，但是材质纹理与图片不随模型一起保存，因此下次打开模型时，会出现材质纹理或图片消失，只剩下颜色的现象，这就需要在配置文件 config.pro 中设置 texture_search_path 选项，指定材质纹理与图片的搜索路径。texture_search_path 选项可以重复设置多个不同的路径，这样能保证系统找到模型中的外观。

2．模型外观的保存与修改

　　打开一个带有外观的模型后，如果要修改其外观，操作方法如下。

　　Step1. 打开一个带有外观的模型。

　　Step2. 单击 视图 功能选项卡 模型显示 区域中的"外观库"按钮 🔵，系统弹出"外观库"界面。

　　Step3.（可选操作步骤）在"外观库"界面中删除所有外观。

　　Step4. 将模型上的外观载入外观列表。当打开带有外观的模型后，其外观并不会自动载入外观列表，要载入该外观，可用下列方法：

- 在"外观管理器"对话框中单击 文件 ▼ ━━▶ 添加… 命令，将模型外观添加到外观列表。
- 载入一个保存的外观文件。
- 将一个外观文件指定为 config.pro 文件中的 pro_colormap_path 配置选项的值，这样在每个 Creo 进程中，系统均会载入该外观。

说明：使用"外观管理器"对话框，可以载入在 Creo 以前的版本中保存的 color.map 文件。

Step5. 从外观列表中选取要修改的外观。

Step6. 在"外观管理器"中，可以在 基本 和 图 选项卡中对外观进行修改。

12.2.5　关于系统图形库

与 Creo 软件配套的，有一张系统图形库（graphic library）光盘，包含各种材质、灯光和房间的设置。将此图形库光盘安装后，系统会创建一个名为 graphiclib 的文件夹，该文件夹的目录结构如图 12.2.13 所示。

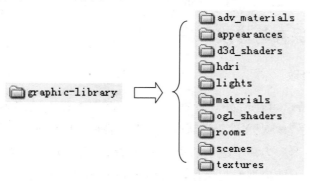

图 12.2.13　系统图形库的目录结构

文件夹 adv_materials 中的材质为高级材质，这些材质只有经过 Photolux 渲染器渲染后才能显示其材质特点。在产品设计中使用 adv_materials 中的材质，渲染后的效果图看起来跟真实的物体一样。

调用系统图形库中的高级材质的一般过程。

Step1. 单击 视图 功能选项卡 模型显示 区域中的"外观库"按钮 ●，系统弹出"外观库"界面，在界面中单击 外观管理器… 按钮，系统弹出"外观管理器"对话框。

Step2. 在"外观管理器"对话框中选择下拉菜单 文件 ▼ ━━▶ 打开… 命令。

Step3. 按照路径 C:\Program Files\PTC\Creo 3.0\Common Files\F000\graphic-library\appearances，打开材质外观文件 appearance.dmt。

Step4. 此时，leather.dmt 文件中所有材质的外观显示在"我的外观"调色板中，但默认情况下，"我的外观"调色板中的外观球不显示其某些材质特性（如凹凸、透明等），当将其分配给模型并进行渲染后，可在渲染后的模型上观察到材质的特性。如果要使外观列表中的外观球显示其材质特性（参见随书光盘文件　D:\Creo3\work\ch12.02\advanced_mat.doc），需进行以下操作：

（1）单击 渲染 功能选项卡 设置 区域中的"渲染设置"按钮。

（2）在"渲染设置"对话框的 渲染器 列表框中选择 Photolux 渲染器，如图 12.2.14 所示。

（3）在"外观管理器"对话框的 下拉菜单中，依次选中 ◉ 渲染器 单选项、☑ 渲染房间 复选项，然后在 下拉菜单中选中 ☑ 渲染的示例 复选项。

Step5. 从"我的外观"调色板中选取一种材质指定给模型。

图 12.2.14　"渲染设置"对话框

12.3　设置模型的透视图

在进行一些渲染设置时，需要提前设置模型的透视图。设置透视图的一般操作过程如下。

Step1. 在 渲染 功能选项卡中选择 透视图 ▼ ➡ 透视图设置 命令，系统弹出"透视图"对话框，如图 12.3.1 所示。

图 12.3.1　"透视图"对话框

Step2. 在 类型 栏中选取以下方法之一来移动视图。

- 透视图设置：（默认选项）可操控目视距离和焦距，以调整模型的透视量和观察角度。
- 浏览：可使用控件或采用鼠标控制在图形窗口中移动模型。
- 漫游：手动更改透视图的方法。模型的方向和位置通过类似于飞行模拟器的相互作用进行控制。
- 起止：沿对象查看模型，查看路径由两个基准点或顶点定义。
- 沿路径：沿路径查看模型，查看路径由轴、边、曲线或侧面影像定义。

Step3. 为 目视距离 指定一个数值，以沿通过模型选择的路径移动视点。对于着色的模型，当路径位于模型内部时，将看不到任何内容。

Step4. 在 镜头 的下拉列表中选择不同的焦距，也可以选择定制焦距，通过移动滑块或在相邻的文本框中输入一定的数值，来指定焦距值。

Step5. 单击 确定 按钮。

说明：在"透视图"模式下，如果视点离模型很近，则很难查看模型；如果模型很复杂，而且包含许多互相接近的曲面，则也可能会错误地渲染曲面。使用缩放功能可获得较好的模型透视图。

12.4 设 置 光 源

1. 光源简述

所有渲染都必须有光源，利用光源可加亮模型的一部分或创建背光以提高图像质量。在"光源编辑器"对话框中，最多可以为模型定义六个自定义光源和两个默认光源。每增加一个光源都会增加渲染时间。可用光源有以下几种类型。

- 环境光源（default ambient）：环境光源均衡照亮所有曲面。光源在空间的位置并不影响渲染效果。例如，环境光可以位于曲面的上方、后方或远离曲面，但最终的光照效果是一样的。环境光源默认存在，其强度和位置都不能调整。
- 点光源（lightbulb）：点光源类似于房间中的灯泡，光线从中心辐射出来。根据曲面与光源的相对位置的不同，曲面的反射光会有所不同。
- 平行光（distant）：平行光源发射平行光线，不管位置如何，都以相同角度照亮所有曲面。平行光光源用于模拟太阳光或其他远距离光源。
- 默认平行光（default distant）：默认平行光的强度和位置可以被调整。
- 聚光源（spot）：聚光源是光线被限制在一个圆锥体内的点光源。
- 天空光源（skylight）：天空光源是一种使用包含许多光源点的半球来模拟天空的方法。要精确地渲染天空光源，则必须使用 Photolux 渲染器。如果将 Photorender 用作渲染程序，则该光源将被处理为远距离类型的单个光源。

创建和编辑光源时，请注意下面几点：

- 使用多个光源时，不要使某个光源过强。
- 如果使用只从一边发出的光源，模型单侧将看起来太刺目。
- 过多的光源将使模型看起来像洗过一样。
- 较好的光照位置是稍高于视点并偏向旁边（45° 较合适）。
- 对大多数光源应只使用少量的颜色，彩色光源可增强渲染的图像，但也可改变已应用于零件的外观。
- 要模拟室外环境的光线，可使用从下部反射的暖色模拟地球，用来自上部的冷色模拟天空。
- 利用光源的 HSV 值，可以模拟不同的光，但要注意，所使用的计算机显示器的标准不同，相同的 HSV 值看起来的效果也不相同。下面是大多数情形下的一些光线的 HSV 值：
  - ☑ 使用 HSV 值为 10、15、100 的定向光源模拟太阳光。
  - ☑ 使用 HSV 值为 200、39、57 的定向光源模拟月光。
  - ☑ 使用 HSV 值为 57、21、100 的点光源模拟室内灯光。

2. 点光源

创建点光源的一般过程如下。

Step1. 单击 渲染 功能选项卡 场景 区域中的"场景"按钮，系统弹出"场景"对话框，在"场景"对话框中单击 光源(L) 选项卡，系统弹出图 12.4.1 所示的"场景"对话框中的"光源（L）"选项卡。

图 12.4.1 "场景"对话框的"光源(L)"选项卡

Step2. 单击"添加新的灯泡"按钮，增加一个点光源。

Step3. 设置光源属性，见"光源"选项卡（图 12.4.2）。

（1）设置光源的 一般 属性。如图 12.4.2 所示，在 常规 区域中可以设置光源的 名称 和 强度 。

（2）设置光源的 阴影 属性。在图 12.4.2 所示，在 阴影 区域中可以设置光源的阴影，此选项可增加渲染的真实感，但同时增加了计算时间。

● 在 阴影 区域选中 ☑ 启用阴影 复选框，可使模型在光源照射下产生阴影（在渲染时），
效果参见随书光盘文件 D:\Creo3\work\ch12.04\shadow.doc。

     ☑ 清晰阴影是半透明的，可以穿过对象，并可粘着其所穿过的材料的颜色。

     ☑ 柔和阴影始终是不透明的，且是灰色的。可以控制柔和阴影的柔和度。

     ☑ 只有在使用 Photolux 渲染器时，才能看到清晰阴影与柔和阴影的效果。

     ☑ 要使用 PhotoRender 类型的渲染器来渲染阴影，必须在"渲染设置"对话框中
选中 ☑ 地板上的阴影 复选框或 ☑ 自身阴影 复选框。

图 12.4.2   "光源"选项卡

（3）设置光源的"位置"属性。

● 如图 12.4.2 所示，单击 位置... 按钮可以弹出图 12.4.3 所示的"光源位置"对话框，
用户可以在 X 、 Y 或 Z 方向放置光源，这里的 X、Y 和 Z 与当前 Creo 坐标
系的 X、Y 和 Z 轴没有任何关系。无论模型处在什么方位，这里的 X 总是为水
平方向，向右为正方向； Y 总是为竖直方向，向上为正方向； Z 方向总是与显
示器的屏幕平面垂直。

- 在 <kbd>位置...</kbd> 按钮下方的 <kbd>照相室　　▼</kbd> 栏中可以设置光源的锁定方式,各锁定方式
  说明如下。
  - ☑ <kbd>照相室</kbd>:将光源锁定到照相室,根据模型与照相机的相对位置来固定光。
  - ☑ <kbd>模型</kbd>:将光源锁定到模型的同一个位置上,旋转或移动模型时,光源随着旋转
    或移动。此时光源始终照亮模型的同一部位,而与视点无关。这是最常用的锁
    定方式。
  - ☑ <kbd>相机</kbd>:光源始终照亮视图的同一部位,而与房间和模型的旋转或移动无关。
  - ☑ <kbd>房间</kbd>:将光源锁定到房间中的某个方位上。例如,如果在房间的左上角放置一
    个光源,则该光源将始终位于房间的这个拐角上。

图 12.4.3　"光源位置"对话框

3. 聚光灯

创建聚光灯的一般过程如下。

Step1. 在"光源"选项卡中,单击"添加新聚光灯"按钮 📷,增加一个聚光灯。

Step2. 在下面的编辑区域中可进行光源属性的设置。

(1)设置光源的"一般"属性。在"一般"区域中,可以修改光源的名称和强度,在 <kbd>聚光灯</kbd>
区域中可设置其(投射)角度及焦点。

- <kbd>角度(G)</kbd>:控制光束的角度。该角度效果参见随书光盘文件 D:\Creo3\work\
  ch12.04\angle.doc。
- <kbd>焦点</kbd>:控制光束的焦点,焦点效果参见随书光盘文件 D:\Creo3\work\
  ch12.04\focus.doc。

(2)在图 12.4.3 所示的"光源位置"对话框中可以设置光源的位置。

- 聚光灯的图标形状好像是一把伞,伞尖为光源的 <kbd>源位置</kbd> 点,伞把端部为光源的
  <kbd>瞄准点位置</kbd>,效果参见随书光盘文件 D:\Creo3\work\ch12.04\spot_pos.doc。
- 渲染模型时,需要不断调整 <kbd>源位置</kbd> 点和 <kbd>瞄准点位置</kbd>,并将"瞄准点位置"点对准模
  型上要重点表示的部位。

12.5　设　置　房　间

　　房间（Room）是渲染的背景，它为渲染设置舞台，是渲染图像的一个组成部分。房间具有天花板、墙壁和地板，这些元素的颜色纹理及大小、位置等的布置都会影响图像的质量。在外形上，房间可以为长方形或圆柱形。创建长方形房间时，最困难的是要使空间的角落看起来更真实。可以用下面的方法来避免房间角落的问题：

- 　创建一个圆柱形房间或创建足够大的长方形房间，以使角落不包含在图像中。
- 　将房间的壁移走，然后放大模型进行渲染。

下面介绍创建房间的一般过程。

Step1. 单击 渲染 功能选项卡 场景 区域中的"场景"按钮 ，系统弹出"场景"对话框，在"场景"对话框中单击 房间(R) 选项卡，系统弹出图 12.5.1 所示的"场景"对话框中的"房间"选项卡。

Step2. 此时默认的房间类型为 ● 矩形房间 ，在"房间"选项卡中选择下拉菜单 选项▼ ➡ 房间类型 ▶ ➡ ● 圆柱形房间 命令，可将房间更改为圆柱形。

图 12.5.1　"房间"选项卡

图 12.5.2　"高级"选项组

Step3. 在选项卡的 大小 区域中，可调整房间的大小。

Step4. 单击 ⊙ 高级 命令，系统弹出图 12.5.2 所示的"高级"选项组。

Step5. 在 旋转 区域中，可调整房间绕 X 、Y 、Z 轴旋转的角度；在 比例 区域中可调整房间的比例；在 显示选项 区域中可设置房间的显示方式为 ⊙ 着色 或 ⊙ 线框 。

12.6　模型的渲染

12.6.1　渲染概述

要设置和定制渲染，一般应先设置配置文件 config.pro 的下列有关选项。

● pro_colormap_path：指定从磁盘装载的纹理文件（*.map）的路径。在 Creo 3.0 中，可以不对此选项进行设置。

● photorender_default_width：设置输出大小的默认宽度（以像素为单位）。

● photorender_default_height：设置输出大小的默认高度（以像素为单位）。

● pro_texture_library：允许用户指定一个不同的图形库的路径。如果不设置 pro_texture_library 选项，启动 Creo 后，系统将自动载入 Creo 安装目录 C:\Program Files\PTC\Creo3.0\Common Files\F000\graphic-library\appearances 下的外观文件 appearance.dmt，该文件中的 15 个外观将显示在"外观管理器"的"我的外观"调色板中。

● 如果系统图形库（Graphic Library）光盘安装后，图形库 graphiclib 的路径为 C:\ptc\graphiclib，那么可将 pro_texture_library 的值设置为 C:\ptc\graphiclib，进行这样的设置后，各个编辑器中的"系统库"命令便可用，例如"外观管理器"对话框的"库"调色板下的外观球完全显示。如果用户自己创建了图形库，则自定义的图形库目录中须含有 graphic-library 目录，而且目录 graphic-library 必须包含以下子目录。

　☑　textures：用于放置包含纹理图像文件的"外观放置"系统库。

　☑　materials：用于放置包含外观文件（.dmt）的"外观管理器"系统库。

　☑　room：用于放置包含房间文件（.drm）的"房间编辑器"系统库。

　☑　adv_material：用于放置包含外观文件（.dmt）的 Photolux 系统库。

　☑　lights：用于放置包含光源文件（.dlg）的"光源编辑器"系统库。

- texture_search_path: 设置搜索纹理路径。可以指定多个目录。一般系统会先自动地在当前工作目录中搜索纹理。
- photorender_memory_usage: 设置允许用于模型处理的存储器的空间。计量单位为兆字节（MB）。仅在未覆盖默认的色块大小时，此选项才有效。
- photorender_capability_warnings: 确定在 PhotoRender 渲染器中选取 Photolux 相关选项时是否出现警告。
- blended_transparency: 当值为 yes，如果图形配置（图形卡和 Creo 图形设置）支持，在模型着色时，会出现使用 alpha 混合的透明色。
- spherical_map_size: 选取用于实时渲染的环境映射的图像分辨率。提高图像分辨率可改进渲染的质量，但会增加渲染时间。注意：此选项仅在 OpenGL 图形模式下，且对不支持立方体环境映射的图形卡有效。

12.6.2　PhotoRender 和 Photolux 渲染器

1. 关于渲染器

渲染器是进行渲染的"发动机"，要获得渲染图像，必须使用渲染器。Creo 软件有两个渲染器。

- PhotoRender 渲染器：选取此渲染器可以进行一般的渲染，它是系统默认的渲染器。
- Photolux 渲染器：选取此渲染器可进行高级渲染，这是一种使用光线跟踪来创建照片级逼真图像的渲染器。

2. 选择渲染器

通过下列操作，可选择渲染器。

Step1. 单击 渲染 功能选项卡 设置 区域中的"渲染设置"按钮。

Step2. 在"渲染设置"对话框的 渲染器 下拉列表中，选择 PhotoRender 渲染器或 Photolux 渲染器。

3. PhotoRender 渲染器的各项设置

PhotoRender 渲染器的各项设置参见图 12.6.1~图 12.6.4。

图 12.6.1 "渲染设置"对话框

图 12.6.2 "高级"选项卡

图 12.6.1 所示的"渲染设置"对话框中各选项说明如下。

- 质量：选择 粗糙，则图像效果最粗糙，但渲染时间最短，在调整参数的初步渲染时，可选择此项以节约时间；选择 最大，则图像效果最精细，但渲染时间最长。

- 渲染分辨率：渲染图像的分辨率。

- 突出显示分辨率：加亮区的分辨率。

- ☑ 透明：在渲染过程中显示透明材质的透明效果。

- ☑ 外观纹理：在渲染过程中显示材质的纹理。

- □ 自身阴影：在渲染过程中产生由模型投射到自身的阴影。

- □ 反射房间：在渲染过程中，在模型上反射房间的墙壁、天花板和地板。

- ☑ 渲染房间：在渲染过程中，对房间也进行渲染。

- □ 在地板反射模型：在渲染过程中，在地板上反射所渲染的模型。

- □ 地板上的阴影：在渲染过程中，在地板上产生模型的阴影（影子）。

- □ 光源房间：在渲染过程中，决定房间是由用户自定义的光照亮，还是由标准的环境光照亮。

图 12.6.3 "输出"选项卡

选择"新窗口"选项，则每次渲染后的图像均会显示在不同的独立窗口中，这样便于比较不同的渲染效果，因此建议使用该选项

选择这几项后，可将渲染后的图像生成对应格式的图像文件，图像尺寸可在"图像大小"或"Postscript选项"区域中定义

图 12.6.4 "水印"选项卡

4. Photolux 渲染器的各项设置

可在 Photolux 渲染器的"选项"和"高级"选项卡中设置。

12.6.3　外观处理及渲染举例

本节介绍将一个零件渲染成不锈钢材质效果的详细操作过程。

1.设置工作目录和打开文件

将工作目录设置为 D:\Creo3\work\ch12.06\ex1，然后打开文件 shaft.prt。

说明：由于模型渲染中需要许多相关的文件，因此在渲染前应先进行工作目录的设置。

2.设置

Step1. 在单击 视图 功能选项卡 方向▼ 区域中的"已命名视图"按钮 ，选择 VIEW1 视图，此时模型方向如图 12.6.5a 所示。

a) VIEW1 视图　　　　b) VIEW2 视图　　　　c) VIEW3 视图

图 12.6.5　设置视图

Step2. 创建 VIEW2 和 VIEW3 视图。

（1）单击 视图 功能选项卡 方向▼ 区域中的"重定向"按钮 重定向(0)... ，系统弹出图 12.6.6 所示的"方向"对话框。

（2）选取参考进行定向。在 参考1 区域的下拉列表中，选择方位 前 ，选择 TOP 为参考 1；在 参考2 区域的下拉列表中，选择方位 上 ，选择 FRONT 为参考 2；输入该视图的名称 VIEW2。

（3）选取参考进行定向。在 参考1 区域的下拉列表中选择方位 前 ，选择 FRONT 为参考 1；在 参考2 区域的下拉列表中，选择方位 下 ，选择 TOP 为参考 2；输入该视图的名称 VIEW3。

（4）在对话框中单击 确定 按钮。

说明：视图的设置是为后面的一些渲染操作（如房间、光源的设置）做准备。

3.设置房间

Step1. 将模型放平在地板上。

（1）将模型视图设置到 VIEW2 视图。

（2）单击 渲染 功能选项卡 场景 区域中的"场景"按钮 ，系统弹出图 12.6.7 所示的 "场景"对话框，单击 房间 (R) 选项卡，选择下拉菜单 选项▼ ➡ 房间类型▶ ➡ ◉ 圆柱形房间 命令，此时屏幕中的模型如图 12.6.8 a 所示。

图 12.6.6   "方向"对话框

图 12.6.7   "场景"对话框

a）初始位置

b）放平模型

c）模型贴地板

d）结果

图 12.6.8   模型放平在地板上（模型位置图）

（3）选择 VIEW2 视图，选中 ☑ 将房间锁定到模型 复选框；在 房间方向 区域中选择 照相室 按钮，此时屏幕模型如图 12.6.8b 所示。

（4）调整地板的位置。在 大小 区域中，拖动 ☑ 地板 后面的滚轮，使地板与模型下表面平齐，如图 12.6.8c 所示。然后在 墙壁1 和 墙壁2 的文本框中输入数值-2.0，在 墙壁3 和 墙壁4 的文本框中输入数值 2.0。

（5）将模型视图设置到 VIEW1 状态，此时模型如图 12.6.8 d 所示。

Step2. 修改地板的纹理。

（1）按图 12.6.9 中的编号（1～7）依次操作。

图 12.6.9　修改地板纹理（操作流程图）

（2）在"房间外观编辑器"对话框中单击 [图] 按钮，系统弹出"颜色放置"对话框，在 重复 区域中将 X 和 Y 设置为 5，单击 确定 按钮。

（3）在"房间外观编辑器"对话框的 基本 选项卡的 颜色 区域中，将 强度 设置为 38，将 环境 设置为 58。在 突出显示颜色 区域中将 光亮度 设置为 67，将 突出显示 设置为 34，单击 关闭 按钮。

Step3. 设置墙壁。

（1）按图 12.6.10 中的编号（1～2）依次操作，设置纹理。

（2）在"房间外观编辑器"对话框的 基本 选项卡中对各项参数进行设置（图 12.6.11），设置颜色。然后在加亮颜色区域中将 反射 值设置为 25，单击 关闭 按钮。

图 12.6.10   设置墙壁纹理（操作流程图）

图 12.6.11　设置墙壁颜色

Step4. 设置天花板。按图 12.6.12 中的编号（1～2）依次操作。

图 12.6.12　设置天花板（操作流程图）

4．设置模型外观（注：本步的详细操作过程请参见随书光盘中
video\ch12.06.03\reference\文件下的语音视频讲解文件 shaft-r01.exe）

5．设置光源

如图 12.6.13 所示，光源的设置方案如下。

Step1. 创建一个平行光 distance1 作为主光源 1，该光源用于照亮模型的右侧。

Step2. 创建一个平行光 distance2 作为主光源 2，该光源用于照亮模型的左侧。

Step3. 创建一个点光源 lightbulb1 作为辅光源，该光源用于照亮房间。

Step4. 创建一个聚光灯 spot1 作为加强光源，该光源用于照亮模型的某个局部。

Step5. 将默认的环境光 Default ambient 屏蔽。

Step6. 将默认的平行光 Default distance 屏蔽。

a) 光源的空间分布

b）光源列表

图 12.6.13　设置光源

下面来具体实现整个过程。

Step1. 创建点光源 lightbulb1。

（1）在"场景"对话框中单击 光源(L) 选项卡。

（2）在"光源"选项卡中单击"添加新的灯泡"按钮 ，在选项卡下方选中 ☑ 显示光源 复选框，并在 锁定到 下拉列表中选择 模型 ；在"一般"区域中，将光的强度设为 0.8；单击 位置... 按钮，弹出"光源位置"对话框，在 源位置 区域中将 X 设置为-0.92，将 Y 设置为 2.348，将 Z 设置为 0.412；单击 关闭 按钮。

Step2. 创建平行光 diatance1。

（1）单击"添加新的远光源"按钮 ，在选项卡下方选中 ☑ 显示光源 复选框。

（2）在 阴影 区域中，选中 ☑ 启用阴影 复选框，将柔和度设置为 100；在"一般"区域中，

将光的强度设为 1.0。

（3）在选项卡下方 锁定到 下拉列表中选择 模型 ；单击 位置... 按钮，在弹出的"光源位置"对话框的 源位置 区域中将 X 设置为 0.206，将 Y 设置为 0.051，将 Z 设置为 2.608。在 瞄准点位置 区域中将 X 设置为 0.093，将 Y 设置为 0.000，将 Z 设置为-0.027；单击 关闭 按钮。

Step3. 创建平行光 diatance2。

（1）单击"添加新的远光源"按钮 ，在选项卡下方选中 ☑ 显示光源 复选框。

（2）在 一般 区域中，将光的强度设为 0.5。

（3）在选项卡下方的 锁定到 下拉列表中选择 模型 ；单击 位置... 按钮，在弹出的"光源位置"对话框的 源位置 区域中将 X 设置为-1.565，将 Y 设置为 0.494，将 Z 设置为 1.000。在 瞄准点位置 区域中将 X 设置为 0.093，将 Y 设置为 0.000，将 Z 设置为-0.027；单击 关闭 按钮。

Step4. 创建一个聚光灯作为加强光源，该主光源用于照亮模型的某个局部。

（1）在"光源"选项卡中，单击"添加新聚光灯"按钮 ，在选项卡下方选中 ☑ 显示光源 复选框；在"一般"区域中，将 角度(G) 设置为 60，将 焦点 设置为 25，将 强度 设为 0.2。

（2）在选项卡下方的 锁定到 下拉列表中选择 模型 ；单击 位置... 按钮，在弹出的"光源位置"对话框的 源位置 区域中将 X 设置为 0.808，将 Y 设置为 0.328，将 Z 设置为 0.623。在 瞄准点位置 区域中将 X 设置为 0.358，将 Y 设置为 0.043，将 Z 设置为 0.203；单击 关闭 按钮。

Step5. 屏蔽默认的光源。

（1）在"光源编辑器"对话框的光源列表中选取默认的环境光 default ambient，然后单击 default distant 上的 按钮，将该光源屏蔽。

（2）用相同的方法将平行光 default distant 屏蔽。

Step6. 保存光源设置。

（1）在"光源"选项卡中选择下拉菜单 选项▼ ➡ 导出光源 命令。

（2）将光源文件命名并保存在当前工作目录中。

6．对模型进行渲染

Step1. 单击 渲染 功能选项卡 设置 区域中的"渲染设置"按钮 ，系统弹出图 12.6.14 所示的"渲染设置"对话框。

Step2. 进行渲染设置。

（1）参考图 12.6.14，在"渲染设置"对话框中设置渲染的各项参数。

（2）单击"渲染设置"对话框中的 关闭 按钮。

Step3. 单击 渲染 功能选项卡 渲染 区域中的"渲染窗口"按钮 。渲染后的效果参见随书光盘文件 D:\Creo3\work\ch12.06\ex1\ok\effect_0.doc。

"渲染设置"对话框中的各项设置对模型的渲染都会产生影响，读者可以尝试修改这些设置来观察、理解各设置项的作用和意义。另外，模型的最终渲染效果还与房间设置、光源设置、模型的外观设置有很大的关系，要获得较好的渲染效果，一般需要多次甚至几十次反复调试。

图 12.6.14　"渲染设置"对话框

12.6.4　贴图应用举例

本节先介绍如何在图 12.6.15 所示模型的表面上贴图，然后介绍其渲染操作过程。

1. 准备贴花图像文件

在模型上贴图，首先要准备一个图像文件，这里编者已经准备了一个含有文字的图像文件 logo.tga，如图 12.6.15b 所示。下面先介绍如何将图像文件 logo.tga 处理成适合于 Creo 贴花用的图片。

a)　模型　　　　　　　　　　　　b)　图像文件

图 12.6.15　在模型上贴图

Step1. 设置工作目录和打开文件。将工作目录设置为 D:\Creo3\work\ch12.06\ex2，然后打开文件 block.prt。

Step2. 单击 工具 功能选项卡 实用工具 区域中的"图像编辑器"按钮 图像编辑器 ，系统弹出"图像编辑器"对话框。

Step3. 打开图片文件。在"图像编辑器"对话框中，选择下拉菜单 文件(F) ➡ 打开(O)... 命令，打开文件 D:\Creo3\work\ch12.06\ex2\logo.tga。

Step4. 设置图片的 Alpha 通道（注：本步的详细操作过程请参见随书光盘中 video\ch12.06.04\reference\文件下的语音视频讲解文件 block-r01.exe）。

说明：通过这一步的操作，可以将文件 logo.tga 中的白色图像部分设置为透明。选择下拉菜单 视图(V) ➡ 显示 Alpha 通道(D) 命令，可以查看该图像中的 Alpha 通道。

Step5. 将图片保存为"PTC 贴花（*.tx4）"格式的文件。在"图像编辑器"对话框中，选择下拉菜单 文件(F) ➡ 另存为(A)... 命令，在"保存副本"对话框的 类型 列表框中选择 PTC贴花（*.tx4) 格式；在 新名称 文本框中输入文件名称 logo_A，然后单击 确定 按钮。

2．设置模型基本外观

Step1. 单击 渲染 功能选项卡 外观 区域中的"外观库"按钮 ● ，在弹出的"外观库"界面中单击 外观管理器... 按钮，系统弹出"外观管理器"对话框。

Step2. 在"我的外观"调色板中删除所有的外观。先在"外观管理器"对话框的"我的外观"调色板中选择最后一个外观，然后连续单击 × 按钮，直至删除所有的外观。

Step3. 创建新外观。在"外观管理器"对话框中单击 * 按钮，将新创建的外观命名为 app_block；参考图 12.6.16 所示，设置新外观的 颜色 和 突出显示颜色 的各项参数。

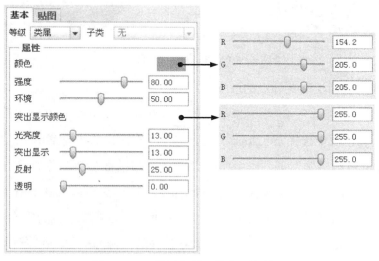

图 12.6.16　设置新外观的各项参数

Step4. 应用新外观。关闭"外观管理器"对话框。单击 渲染 功能选项卡 外观 区域中的"外观库"按钮 ● ，此时鼠标在图形区显示"毛笔"状态，在"智能选取栏"中选择 零件 ，然后选择模型，单击"选择"对话框中的 确定 按钮。

3．在模型的表面上设置贴花外观

Step1．建立新外观。

（1）单击 渲染 功能选项卡 外观 区域中的"外观库"按钮 🔵，在弹出的"外观库"界面中单击 外观管理器... 按钮，系统弹出"外观管理器"对话框。在"外观管理器"对话框的"我的外观"调色板中，选择前面创建的外观 app_block。

（2）复制前面创建的外观。单击 按钮，复制前面创建的外观 app_block。

（3）将新外观命名为 app_logo。

Step2．在外观 app_logo 上设置贴花。

（1）单击 图 选项卡，在 贴花 区域的下拉列表中选择 图像 ，再单击 按钮。

（2）在弹出的"打开"对话框中，选择前面保存的 llogo_A.tx4 文件，单击 打开 按钮。

（3）单击"外观管理器"对话框的 关闭 按钮。单击 渲染 功能选项卡 外观 区域中的"外观库"按钮 🔵，在智能选取栏的下拉列表中选择 曲面 ，然后选取图 12.6.17 所示的模型表面，然后在"选择"对话框中单击 确定 按钮。

选取此模型表面

图 12.6.17　选取模型表面

（4）修改模型表面上贴花外观的放置。

① 单击 渲染 功能选项卡 外观 区域中的"外观库"按钮 🔵，在弹出的"外观库"界面中的"模型"调色板中选择 app_logo 外观，右击，在弹出的快捷菜单中选择 编辑... 命令；系统弹出"模型外观编辑器"对话框，单击 按钮，选取前面加载贴花的模型表面，此时 图 选项卡贴花区域中的"编辑贴花放置"按钮 会高亮显示，然后单击 按钮，系统弹出"贴花放置"对话框，在 副本 区域中选中 ⦿ 单一 单选项，在 位置 区域的 旋转 角度值-90.0；在 副本 和 位置 区域调整 X 、 Y 值，以调整贴花的比例和位置；在 反向 区域单击 或 按钮，以调整贴花外观的方向。

② 单击"模型外观编辑器"对话框的 关闭 按钮，完成修改。

4．设置房间

Step1. 将模型设置到 VIEW2 视图；单击 渲染 功能选项卡 场景 区域中的"场景"按钮 ，系统弹出"场景"对话框，在"场景"对话框中单击 房间 (R) 选项卡，选中 ☑ 将房间锁定到模型 复选框；在 房间方向 区域中单击 照相室 按钮，在 大小 区域中拖动 ☑ 地板 后面的滚轮，使地板与模型下表面平齐。

Step2. 调整地板的纹理。地板的纹理为随书光盘文件 D:\Creo3\work\ch12.06\ex2\cloth.tx3。

Step3. 调整模型在地板上的位置。

（1）调整位置。在 大小 区域中，分别拖动 ☑ 墙壁 1、☑ 墙壁 2、☑ 墙壁 3 和 ☑ 墙壁 4 后面的滚轮，直至将模型调整到位于地板的中心。

（2）如有必要，可缩放房间（不缩放地板）。

5．设置光源

Step1. 在"场景"对话框中单击 光源 (L) 选项卡。

Step2. 创建一个点光源 lightbulb1，该光源用于照亮房间。在 光源 (L) 选项卡中，单击"添加新的灯泡"按钮 ，光源锁定方式为 模型 ，光的强度值设为 0.5。

Step3. 创建一个聚光灯 spot1，该光源用于照亮模型的某个局部。在 光源 (L) 选项卡中，单击"添加新聚光灯"按钮 。光源锁定方式为 模型 ，光的强度值设为 0.5。

Step4. 使用默认的环境光 default ambient。

Step5. 使用默认的平行光 default distant。

6．用 Photolux 渲染器对模型进行渲染

Step1. 移去四周墙壁和天花板（操作方法是在 房间 (R) 选项卡的 大小 区域中取消选中 ☑ 天花板、☑ 墙壁 1、☑ 墙壁 2、☑ 墙壁 3 和 ☑ 墙壁 4 复选框）。

Step2. 进行渲染。

（1）单击 渲染 功能选项卡 设置 区域中的"渲染设置"按钮 ；在"渲染设置"对话框的 渲染器 下拉列表中选择 Photolux 渲染器，在 质量 下拉列表中选择 最大 ，在 消除锯齿 区域的 质量 下拉列表中选择 最高 ，其他各项设置参考图 12.6.18。

（2）单击 渲染 功能选项卡 渲染 区域中的"渲染窗口"按钮 。渲染后的效果参见随书光盘文件 D:\Creo3\work\ch12.06\ex2\ok\effect_1.doc。

7．用 PhotoRender 渲染器对模型进行渲染

Step1. 移去四周墙壁和天花板。

Step2. 屏蔽点光源 lightbulb1 和聚光灯 spot1。

Step3. 进行渲染。

（1）在"渲染设置"对话框的 渲染器 下拉列表中选择 PhotoRender 渲染器，各项设置参考图 12.6.19。

（2）单击 渲染 功能选项卡 渲染 区域中的"渲染窗口"按钮 。渲染后的效果参见随书光盘文件 D:\Creo3\work\ch12.06\ex2\ok\effect_2.doc。

图 12.6.18　Photolux 渲染设置

图 12.6.19　PhotoRender 渲染设置

第 13 章　机构模块与运动仿真

13.1　概　　述

在 Creo 的机构（Mechanism）模块中，可进行一个机构装置的运动仿真及分析。在此创建的"机构"模型可引入 Pro/MECHANICA 中，以便进行进一步的力学分析；也可将其带入"设计动画"中创建更加完善的动画。

13.1.1　机构模块关键术语

- 机构（机械装置）：由一定数量的连接元件和固定元件所组成，能完成特定动作的装配体。
- 连接元件：以"连接"方式添加到一个装配体中的元件。连接元件与它附着的元件间有相对运动。
- 固定元件：以一般的装配约束（对齐、配对等）添加到一个装配体中的元件。固定元件与它附着的元件间没有相对运动。
- 接头：指连接类型，例如销（Pin）接头、滑块接头和球接头。
- 自由度：各种连接类型提供不同的运动（平移和旋转）自由度。
- 环连接：增加到运动环中的最后一个连接。
- 主体：机构中彼此间没有相对运动的一组元件（或一个元件）。
- 基础：机构中固定不动的一个主体。其他主体可相对于"基础"运动。
- 伺服电动机（驱动器）：伺服电动机为机构的平移或旋转提供驱动。可以在接头或几何图元上放置伺服电动机，并指定位置、速度或加速度与时间的函数关系。
- 执行电动机：作用于旋转或平移连接轴上而引起运动的力。

13.1.2　进入机构模块

Step1. 新建或打开一个装配模型。如：将工作目录设置为 D:\Creo3\work\ch13.01\ok，然后打开装配模型 four_rod.asm。

Step2. 进入机构模块。单击 应用程序 功能选项卡 运动 区域中的"机构"按钮 ⚙，则进入机构模块，此时界面如图 13.1.1 所示。

Step3. 退出机构模块。单击 应用程序 功能选项卡 关闭 区域中的"关闭"按钮 ☒ 。

图 13.1.1 机构模块界面

13.1.3 机构模块菜单及按钮

进入机构模块后，系统弹出图 13.1.2 所示的 机构 功能选项卡，其中包括所有与机构相关的操作命令。

图 13.1.2 "机构"功能选项卡

13.1.4 创建运动仿真的一般过程

下面将简要介绍建立一个机构装置并进行运动仿真的一般操作过程。

Step1. 新建一个装配体模型，进入装配模块。

Step2. 单击 模型 功能选项卡 元件 ▼ 区域中的"组装"按钮 ，可向装配体中添加组成机构装置的固定元件及连接元件。

Step3. 单击 应用程序 功能选项卡 运动 区域中的"机构"按钮🌼，进入机构模块，然后单击 运动 区域中的"拖动元件"按钮🤟，可拖动机构装置，以研究机构装置移动方式的一般特性以及可定位零件的范围；同时也可以创建快照来保存重要位置，便于以后查看。

Step4. 单击 机构 功能选项卡 连接 区域中的"凸轮"按钮👌凸轮，可向机构装置中增加凸轮从动机构连接（此步操作可选）。

Step5. 单击 机构 功能选项卡 插入 区域中的"伺服电动机"按钮🗲，可向机构装置中增加一个伺服电动机。伺服电动机用于准确定义某些接头或几何图元应如何旋转或平移。

Step6. 单击 机构 功能选项卡 分析 ▾ 区域中的"机构分析"按钮✖，定义机构装置的运动分析，然后指定影响的时间范围并创建运动记录。

Step7. 单击 机构 功能选项卡 分析 ▾ 区域中的"回放"按钮◀▶，可重新演示机构装置的运动、检测干涉、研究从动运动特性、检查锁定配置以及保存重新演示的运动结果，便于以后查看和使用。

Step8. 单击 机构 功能选项卡 分析 ▾ 区域中的"测量"按钮▨，以图形方式查看位置结果。

13.2　连　接　类　型

13.2.1　接头

如果将一个元件以"连接"的方式添加到机构模型中，则该元件相对于依附元件具有某种运动的自由度。添加连接元件的方法与添加固定元件大致相同，首先单击 模型 功能选项卡 元件 ▾ 区域中的"组装"按钮📐，并打开一个元件，系统弹出图 13.2.1 所示的"元件放置"操控板，在操控板的"约束集"列表框中，可看到系统提供了多种"连接"类型（如刚性、销和滑块等），各种连接类型允许不同的运动自由度，每种连接类型都与一组预定义的放置约束相关联。例如，一个销（Pin）接头需要定义一个 轴对齐 约束和一个 平移 （即平面对齐或点对齐）约束，这样销接头元件就具有一个旋转自由度，而没有平移自由度，也就是该元件可以相对于依附元件旋转，但不能移动。

在向机构装置中添加一个"连接"元件前，应知道该元件与装置中其他元件间的放置约束关系、相对运动关系和该元件的自由度。

"连接"的意义在于：

● 定义一个元件在机构中可能具有的运动方式。

● 限制主体之间的相对运动，减少系统可能的总自由度。

向装配件中添加连接元件与向装配件中添加固定元件的相似之处在于：

● 两种方法都使用 Creo 的装配约束进行元件的放置。

● 装配件和子装配件之间的关系相同。

图 13.2.1　"元件放置"操控板

向装配件中添加连接元件与向装配件中添加固定元件的不同之处在于：

● 向装配件中添加连接元件时，定义的放置约束为不完全约束模型，不同的连接类型允许元件以不同的方式运动。

● 系统为每种连接类型提供了一组预定义的放置约束，如销（Pin）连接的约束集中包含"轴对齐"和"平移"两个约束。

● 当为连接元件选取约束参考时，要反转平面的方向，可以进行反向，而不是匹配或对齐平面。

● 添加连接元件时，可以为一个连接元件定义多个连接，例如在后面的四连杆机构动态仿真的范例中，将连杆 3（rod_3）连到连杆 1 和连杆 2 时，就需要定义两个连接（一个销连接和一个圆柱连接）。

● 如为一个元件定义多个连接，那么第一个连接用来放置元件，最后一个连接被认为是环连接。

● Creo 将连接的信息保存在装配件文件中，这意味着父装配件继承了子装配件中的连接定义。

13.2.2　销（Pin）接头

销接头是最基本的连接类型，销连接的元件可以绕着附着元件转动，但不能相对于附着元件移动。

销接头需要一个轴对齐约束，还需要一个平面对齐（或点对齐）约束，以限制连接元件沿轴线的平移。

销接头提供一个旋转自由度，没有平移自由度。

举例说明如下。

Step1. 将工作目录设置为 D:\Creo3\work\ch13.02\mech1_pin，然后打开装配模型 mech_pin.asm。

Step2. 在模型树中选取零件 ▯ **MECH_CYLINDER.PRT** ，右击，在弹出的快捷菜单中选择 🖌 命令。

Step3. 创建销（Pin）接头。

（1）在操控板的约束集列表中选取 ⚙销 选项，此时系统弹出"元件放置"操控板。

（2）单击操控板中的 放置 按钮，在弹出的界面中可看到，销接头包含两个预定义的约束："轴对齐""平移"。

（3）为"轴对齐"约束选取参考。选取图 13.2.2 所示的两条轴线（元件 MECH_PIN.PRT 和 MECH_CYLINDER.PRT 的中心轴线）。

图 13.2.2　销（Pin）连接

（4）为"平移"约束选取参考。选取图 13.2.2 所示的两个平面（元件 MECH_PIN.PRT 和 MECH_CYLINDER.PRT 的端面）以将其对齐，从而限制连接元件沿轴线平移。

Step4. 单击操控板中的 ✔ 按钮，完成销（Pin）接头的创建。

13.2.3　圆柱（Cylinder）接头

圆柱接头与销接头有些相似，如图 13.2.3 所示，圆柱接头的连接元件既可以绕轴线相对于附着元件转动，也可以沿轴线平移。

图 13.2.3　圆柱（Cylinder）连接

圆柱接头只需要一个轴对齐约束，它提供一个旋转自由度和一个平移自由度。举例说明如下。

Step1. 将工作目录设置为 D:\Creo3\work\ch13.02\mech2_cylinder，然后打开装配模型 mech_ cylinder.asm。

Step2. 在模型树中选取模型 MECH_PIN.PRT，右击，从快捷菜单中选择 命令，此时出现"元件放置"操控板。

Step3. 创建圆柱接头。

（1）在操控板的约束集列表中选取 圆柱 选项。

（2）在弹出的操控板中单击 放置 按钮。

（3）为"轴对齐"约束选取参考。选取图 13.2.3 中的两条轴线。

Step4. 单击操控板中的 按钮，完成圆柱接头的创建。

13.2.4 滑块（Slider）接头

滑块接头如图 13.2.4 所示，滑动杆接头的连接元件只能沿着轴线移动。

滑块接头需要一个轴对齐约束，还需要一个平面配对或对齐约束以限制连接元件转动。

滑块接头提供了一个平移自由度，没有旋转自由度。

图 13.2.4　滑块（Slider）连接

举例说明如下。

Step1. 将工作目录设置为 D:\Creo3\work\ch13.02\mech3_slider，然后打开装配模型 mech_ slide.asm。

Step2. 在模型树中选取模型 MECH_CYLINDER2.PRT，然后右击，从快捷菜单中选择 命令。

Step3. 创建滑块接头。

（1）在操控板的约束集列表中选取 滑块 选项。

（2）在弹出的操控板中单击 放置 按钮。

（3）选取"轴对齐"约束的参考。选取图 13.2.4 中的两条轴线。

（4）选取"旋转"约束的参考。选取图 13.2.4 中的两个表面以将其对齐。

Step4. 单击操控板中的 按钮，完成滑块接头的创建。

13.2.5　平面（Planar）接头

平面接头如图 13.2.5 所示，平面接头的连接元件既可以在一个平面内移动，也可以绕着垂直于该平面的轴线转动。

图 13.2.5　平面（Planar）接头

平面接头只需要一个平面匹配（或对齐）约束。

平面接头提供了两个平移自由度和一个旋转自由度。

举例说明如下。

Step1. 将工作目录设置为 D:\Creo3\work\ch13.02\mech4_planar，然后打开装配模型 mech_ planar.asm。

Step2. 在模型树中选取模型 MECH_PLANAR2.PRT，右击，从快捷菜单中选择 命令。

Step3. 创建平面接头。

（1）在操控板的约束集列表中选取 平面 选项。

（2）单击操控板菜单中的 放置 按钮。

（3）选取"平面"约束的参考。选取图 13.2.5 中的两个表面以将其匹配。

Step4. 单击操控板中的 按钮，完成平面接头的创建。

13.2.6　球（Ball）接头

球接头如图 13.2.6 所示，球接头的连接元件在约束点上可以向任何方向转动。球接头只需一个点对齐约束。球接头提供三个旋转自由度，没有平移自由度。

举例说明如下。

图 13.2.6　球（Ball）接头

Step1. 将工作目录设置为 D:\Creo3\work\ch13.02\mech5_ball，然后打开装配模型 mech_ ball.asm。

Step2. 在模型树中选取模型 MECH_BALL2.PRT，右击，从快捷菜单中选择 命令。

Step3. 创建球接头。在操控板的约束集列表中选取 球 选项；单击 放置 按钮，然后选取图 13.2.6 中的两个点为"点对齐"约束的参考。

Step4. 单击操控板中的 按钮，完成球接头的创建。

13.2.7　轴承（Bearing）接头

轴承接头是球接头和滑动杆接头的组合，如图 13.2.7 所示，轴承接头的连接元件既可以在约束点上向任何方向转动，也可以沿轴线移动。

图 13.2.7　轴承（Bearing）接头

轴承接头需要一个点与边线（或轴）的对齐约束。

轴承接头提供一个平移自由度和三个旋转自由度。

举例说明如下。

Step1. 将工作目录设置为 D:\Creo3\work\ch13.02\mech6_bearing，然后打开装配模型 mech_bearing.asm。

Step2. 在模型树中选取模型 MECH_BALL2.PRT，右击，从快捷菜单中选择 命令，此时出现"元件放置"操控板。

Step3. 创建轴承接头。

（1）在操控板的约束集列表中选取 轴承 选项。

（2）单击操控板中的 放置 按钮。

（3）选取"点对齐"约束的参考。选取图 13.2.7 中的点和轴线（组件上的点 PNT0 和连接件的中心轴线）。

Step4. 单击操控板中的 按钮，完成轴承接头的创建。

13.2.8　刚性（Rigid）接头

刚性接头如图 13.2.8 所示，它在改变底层主体定义时将两个元件粘接在一起。刚性接头的连接元件和附着元件间没有任何相对运动，它们构成一个单一的主体。

刚性接头需要一个或多个约束，以完全约束元件。

刚性接头不提供平移和旋转自由度。

举例说明如下。

图 13.2.8　刚性（Rigid）接头

Step1. 将工作目录设置为 D:\Creo3\work\ch13.02\mech7_rigid，然后打开装配模型 mech_rigid.asm。

Step2. 在模型树中选取模型 ⬜ **MECH_PLANAR2.PRT**，右击，从快捷菜单中选择 🍢 命令。

Step3. 创建刚性接头。

（1）在操控板的约束集列表中选取 **刚性** 选项。

（2）单击操控板中的 **放置** 按钮。

（3）定义"重合"约束（一）。选取图 13.2.8 中两个要配对的表面；选择约束类型为 **⊥重合**。

（4）定义"重合"约束（二）。选取图 13.2.8 中两个要对齐的表面；选择约束类型为 **⊥重合**。

（5）定义"重合"约束（三）。选取图 13.2.8 中另外两个要对齐的表面；选择约束类型为 **⊥重合**。

Step4. 单击操控板中的 ✔ 按钮，完成刚性接头的创建。

13.2.9　焊缝（Weld）接头

焊缝接头如图 13.2.9 所示，它将两个元件焊接在一起。焊缝接头的连接元件和附着元件间没有任何相对运动。

图 13.2.9　焊缝（Weld）接头

焊缝接头只需要一个坐标系对齐约束。

注意：当连接元件中包含有连接接头，且要求与同一主体进行环连接（将一个零件环连接到自身的连接）时，应使用焊缝接头，焊缝接头允许系统根据开放的自由度调整元件，以便与主装配件配对。如气缸与气缸固定架间的连接应为焊缝接头。

举例说明如下。

Step1. 将工作目录设置为 D:\Creo3\work\ch13.02\mech8_weld，然后打开装配模型 mech_weld.asm。

Step2. 在模型树中选取模型 ⬜ **MECH_PLANAR2.PRT**，右击，从快捷菜单中选择 🖌 命令。

Step3. 创建焊缝接头。

（1）在操控板的约束集列表中选取 🔲 焊缝 选项。

（2）单击操控板中的 放置 按钮。

（3）选取"坐标系"约束的参考。选取图 13.2.9 中的两个坐标系。

Step4. 单击操控板中的 ✔ 按钮，完成焊缝接头的创建。

13.3　主　　体

1. 主体概述

"主体"是机构装置中彼此间没有相对运动的一组元件（或一个元件）。在创建一个机构装置时，根据主体的创建规则，一般第一个放置到装配体中的元件将成为该机构的"基础"主体，以后如果在基础主体上添加固定元件，那么该元件将成为"基础"的一部分；如果添加连接元件，系统则将其作为另一个主体。当为一个连接定义约束时，只能分别从装配体的同一个主体和连接件的同一个主体中选取约束参考。

2. 突出显示主体

进入机构模块后，单击 机构 功能选项卡 主体 区域中的"突出显示主体"按钮 🔲，系统将加亮机构装置中的所有主体。不同的主体显示为不同的颜色，基础主体为绿色。

3. 重定义主体

如果机构装置没有以预期的方式运动，或者如果因为两个零件在同一主体中而不能创建连接，就可以使用"重定义主体"来实现以下目的。

● 查明是什么约束使零件属于一个主体。

● 删除某些约束，使零件成为具有一定运动自由度的主体。

具体步骤如下。

Step1. 单击 机构 功能选项卡 主体 区域中的"重定义主体"按钮 🔲，系统弹出"重新定义主体"对话框，如图 13.3.1 所示。

Step2. 在模型中选取要重定义主体的零件，则对话框中显示该零件的约束信息，类型 列显示约束类型，参考 列显示各约束的参考零件。

注意：约束 列表框不列出用来定义连接的约束，只列出固定约束。

图 13.3.1　"重新定义主体"对话框

Step3. 从 约束 列表中选择一个约束，系统即显示其 元件参考 和 装配参考 ，显示格式为："零件名称：几何类型"，同时在模型中，元件参考以洋红色加亮，组件参考以青色加亮。

Step4. 如果要删除一个约束，可从列表中选择该约束，然后单击 移除 按钮。根据主体的创建规则，将一个零件"连接"到机构装置中时，结果会使零件变成一个主体。所以一般情况下，删除零件的某个约束可以将零件重定义为符合运动自由度要求的主体。

Step5. 如果要删除所有约束，可单击 全部移除 按钮。系统将删除所有约束，同时零件被包装。注意：不能删除子装配件的约束。

Step6. 单击 确定 按钮。

13.4　拖　　移

1. 拖移概述

在机构模块中，单击 机构 功能选项卡 运动 区域中的"拖动元件"按钮，可以用鼠标对主体进行"拖移（Drag）"。该功能可以验证连接的正确性和有效性，并能使我们能深刻理解机构装置的行为方式，以及如何以特殊格局放置机构装置中的各元件。在拖移时，还可以借助接头禁用和主体锁定功能来研究各个部分机构装置的运动。

拖移过程中，可以对机构装置进行拍照，这样可以对重要位置进行保存。拍照时，可以捕捉现有的锁定主体、禁用的连接和几何约束。

2. "拖动"对话框简介

如图 13.4.1 所示，"拖动"对话框中有两个选项卡：快照 选项卡和 约束 选项卡，下面将分别予以介绍。

1. "快照"选项卡

利用该选项卡，可在机构装置的移动过程中拍取快照。各选项的说明如下。

A: 点拖动: 在某主体上，选取要拖移的点，该点将突出显示并随光标移动。

B: 主体拖动: 选取一个要拖移的主体，该主体将突出显示并随光标移动。

C: 单击该按钮后，系统立即给机构装置拍照一次，并在下面列出该快照名。

D: 单击此标签，可打开图 13.4.1 所示的 快照 选项卡。

E: 单击此按钮，将显示所选取的快照。

F: 单击此按钮，从其他快照中借用零件位置。

G: 单击此按钮，将选定快照更新为当前屏幕上的位置。

H: 单击此按钮，使选取的快照可用作分解状态，此分解状态可用在工程图的视图中。

I: 从列表中删除选定的快照。

J: 单击此标签，可显示下部的"高级拖动选项"。

K: 单击此按钮，选取一个元件，打开"移动"对话框，可进行封装移动操作。

L: 分别单击这些运动按钮后，然后选取一个主体，可使主体仅沿按钮中所示的坐标轴方向运动（平移或转动），沿其他方向的运动则被锁定。

M: 单击此按钮，可通过选取主体来选取一个坐标系（所选主体的默认坐标系是要使用的坐标系），主体将沿该坐标系的 x、y、z 方向平移或旋转。

2. "约束"选项卡

在图 13.4.2 所示的 约束 选项卡中，可应用或删除约束以及打开和关闭约束。**各选项的说明如下。**

A: 单击此标签，将打开本图所示的 约束 选项卡。

B: 对齐两个图元: 选取点、直线或平面，创建一个临时约束来对齐图元。该约束只有在拖动操作期间才有效，但当显示或更新快照时，该约束与快照相关，并强制执行。

C: 配对两个图元: 选取平面，创建一个临时约束来配对图元。该约束只有在拖动操作期间才有效，但当显示或更新快照时，该约束与快照相关，并强制执行。

D: 定向两个曲面: 选取平面来定向两个曲面，使彼此形成一个角度或互相平行。可以指定"偏距"值。

E: 运动轴约束: 单击此按钮后，再选取某个连接轴，系统将冻结此连接轴，这样该连接轴的主体将不可拖移。

F: 启用/禁用凸轮升离: 用来启用或者禁用凸轮升离效果。

G: 在主体的当前位置锁定或解锁主体。可相对于基础或另一个选定主体来锁定所选的主体。

H: 启用/禁用连接: 临时禁用所选的连接。该状态与快照一起保存。如果在列表中的最后一个快照上使用该设置，并且以后也不改变状态，其余的快照也将禁用连接。

I：从列表中删除选取的约束。

J：使用相应的约束来装配模型。

图 13.4.1　"快照"选项卡

图 13.4.2　"约束"选项卡

3. 点拖移

点拖移的操作步骤如下。

Step1. 在"拖动"对话框的 快照 选项卡中，单击"点拖动"按钮 。

Step2. 在当前机构装置的某个主体上单击，则单击处会显示一个标记◆，这就是将拖移该主体的确切位置（注意：不能为点拖移选取基础主体）。

Step3. 移动鼠标，选取的点将跟随光标移动。

Step4. 要完成此操作，可单击下列任一鼠标键。

● 鼠标左键：接受当前主体的位置。

● 鼠标中键：取消刚才执行的拖移。

● 鼠标右键：取消刚才进行的拖移，并退出"拖动"对话框。

4. 主体拖移

进行"主体拖移"时，屏幕上主体的位置将改变，但其方向保持固定不变。如果机构装置需要在主体位置改变的情况下还要改变方向，则该主体将不会移动，因为在此新位置的机构装置将无法重新装配。如果发生这种情况，就尝试使用点拖移来代替。主体拖移的操作步骤如下：

Step1. 在"拖动"对话框中，单击"主体拖移"按钮[图标]。

Step2. 在当前模型中选取一个主体。

Step3. 移动光标，选取的主体将跟随光标的位置。

Step4. 要完成此操作，单击下列任一鼠标键。

● 鼠标左键：　接受当前的主体位置并开始拖移另一个主体。

● 鼠标中键：　取消刚才执行的拖移。

● 鼠标右键：　取消刚才执行的拖移，并关闭"拖动"对话框。

5. 将"快照"用作机构装置的分解状态

要将"快照"用作机构装置的分解状态，可在"拖动"对话框的 **快照** 选项卡中，选取一个或多个快照，然后单击 [图标] 按钮，这样这些快照可在装配模块和工程图中用作分解状态。如果改变快照，分解状态也会改变。

当修改或删除一个快照，而分解状态在此快照中处于使用状态时，需注意以下几点：

● 对快照进行的任何修改将反映在分解状态中。

● 如果删除快照，会使分解状态与快照失去关联关系，分解状态仍然可用，但独立于任何快照。如果接着创建的快照与删除的快照同名，分解状态就会与新快照关联起来。

6. 在拖移操作之前锁定主体

在"拖动"对话框的 **约束** 选项卡中单击 [图标] 按钮（主体－主体锁定约束），然后先选取一个导引主体，再选取一组要在拖动期间锁定的随动主体，则随动主体相对于导引主体将保持固定，它们之间就如同粘接在一起一样，不能相互运动。这里请注意下列两点：

● 要锁定在一起的主体不需要接触或邻接。

● 关闭"拖动"对话框时，所有的锁定将被取消，也就是当再一次进行拖移时，将不锁定任何主体或连接。

13.5　运动仿真综合实际应用

13.5.1　装配一个机构装置——四连杆机构

装配一个四连杆机构的步骤如下。

Step1. 新建装配模型。

（1）将工作目录设置至 D:\Creo3\work\ch13.05。

（2）新建一个装配体模型文件，名称为 four_rod。

Step2. 引入第一个固定元件：基座（Base）零件。

（1）单击 模型 功能选项卡 元件▼ 区域中的"组装"按钮 ，开零件 base.prt。

（2）在"元件放置"操控板中，选择放置约束为 默认 ，以对零件进行固定，然后单击 按钮。

Step3. 将装配基准隐藏。

（1）设置模型树的显示项目。在模型树界面中，选择 ➡ 树过滤器(F)... 命令；在弹出的"模型树项"对话框中，选中 特征 复选框，然后单击对话框中的 确定 按钮。

（2）在模型树中选取基准平面 ASM_RIGHT、ASM_TOP、ASM_FRONT 并右击，从快捷菜单中选择 隐藏 命令。

Step4. 增加连接元件：将连杆 1（ROD_1.PRT）装到基座上，创建销（Pin）接头。

（1）单击 模型 功能选项卡 元件▼ 区域中的"组装"按钮 ，打开名为 rod_1.PRT 的零件，这时系统弹出"元件放置"操控板。

（2）创建销（Pin）接头。在操控板中进行下列操作，便可创建销（Pin）接头。

① 在约束集列表中选取 销 选项。

② 修改连接的名称。单击操控板中的 放置 按钮，在其界面中单击 Connection_1 (销钉) 标识，然后在 集名称 文本框中输入连接名称"Connection_1c"，并按 Enter 键。

③ 选取"轴对齐"约束的参考。在"放置"界面中单击 轴对齐 项，然后选取图 13.5.1 所示的两条轴线（组件和连接件的中心轴线）对齐。

④ 选取"平移"约束的参考。选取图 13.5.1 所示的两个基准平面（组件和连接件的基准面）对齐，以限制连接件的平移。

⑤ 单击操控板中的 按钮，完成销（Pin）接头的创建。

说明：如果图形复杂，选取目标比较困难，可采用"从列表中拾取"的方法，并不断在着色（ ）、线框（ ）、消隐（ ）之间切换以准确选取。

Step5. 验证连接的有效性：拖移连接元件 Rod_1。

（1）进入机构环境。单击 应用程序 功能选项卡 运动 区域中的"机构"按钮 。

（2）单击 机构 功能选项卡 运动 区域中的"拖动元件"按钮 。

（3）在"拖动"对话框中，单击"点拖动"按钮 。

（4）在元件 Rod_1 上单击，该处出现一个标记◆，然后移动鼠标以进行拖移，当移至图 13.5.2 所示的位置时，单击，元件 Rod_1 停留在刚才拖移的位置，然后关闭"拖动"对话框。

图 13.5.1　装配连杆 1　　　　　　　图 13.5.2　拖移连杆 1 零件

（5）退出机构环境：单击 应用程序 功能选项卡 关闭 区域中的"关闭"按钮 。

注意：以后每增加一个元件（无论是固定元件还是连接元件），都要按与本步相同的操作方法，验证装配和连接的有效性和正确性，以便及时发现问题进行修改。增加固定元件时，如果不能顺利进入机构环境，则必须重新装配；如果能够顺利进入机构环境，则可选取任意一个连接元件拖动。

Step6. 增加连接元件：将连杆 2（rod_2.PRT）装到基座上，创建销（Pin）接头，如图 13.5.3 所示。

（1）单击 模型 功能选项卡 元件 ▼ 区域中的"组装"按钮 ，打开 rod_2.PRT 零件。

（2）创建销（Pin）接头。在"元件放置"操控板中进行下列操作。

① 在约束集列表中选取 销 选项。

② 修改连接的名称。单击操控板中的 放置 按钮，在其界面的 集名称 文本框中输入连接名称"Connection_2c"，并按 Enter 键。

③ 选取"轴对齐"约束的参考。选取图 13.5.3 所示的两条轴线（元件 rod_2 和元件 base 上的轴线）对齐。

④ 选取"平移"约束的参考。选取图 13.5.3 所示的两个基准面（元件 rod_2 的 FRONT 基准面和元件 base 的 TOP 基准面）对齐，以限制元件 rod_2 的平移。

⑤ 单击操控板中的 按钮。

Step7. 参考 step6 的方法将连杆 2（rod_2.PRT）拖移至图 13.5.4 所示的位置。

Setp8. 增加连接元件：将连杆 3（rod_3.PRT）装到连杆 1（rod_1.PRT）和连杆 2（rod_2.PRT）上，如图 13.5.5 所示。

准备工作：为了便于查找连接参考，请先将 base 元件隐藏起来，操作方法为：在模型树中右击 BASE.PRT，在弹出的快捷菜单中选择 隐藏 命令。以后需要时可按同样的方法取消隐藏，或者将元件 Base 外观设置成透明。

图 13.5.3　装配连杆 2　　　　　　　　　　图 13.5.4　装配连杆 3

（1）单击 模型 功能选项卡 元件▼ 区域中的"组装"按钮 ，打开名为 rod_3.PRT 的零件。

（2）建立连接件 rod_3 的第一个连接——销（Pin）接头。在"元件放置"操控板中进行下列操作。

① 在约束集列表中选取 销 选项。

② 修改连接的名称。单击操控板中的 放置 按钮，在其界面的 集名称 文本框中输入连接名称"Connection_3c"，并按 Enter 键。

③ 选取"轴对齐"约束的参考。选取图 13.5.5 所示的两条轴线（元件 rod_1 和元件 rod_3 的轴线）对齐。

④ 选取"平移"约束的参考。选取图 13.5.5 所示的两个基准面（元件 rod_3 的 FRONT 基准面和元件 rod_1 的 FRONT 基准面）对齐，以限制元件 Rod_3 的平移。

（3）建立连接件 rod_3 的第二个连接——圆柱（Cylinder）连接。在 放置 界面中单击 新建集 ，然后在 集名称 文本框中输入连接名称"Connection_4c"，并按 Enter 键，再在 集类型 列表框中选择 圆柱 选项；轴对齐 约束的参考选取图 13.5.5 所示的两个轴线（元件 rod_2 和元件 rod_3 的轴线）。

（4）单击操控板中的 按钮。至此完成图 13.5.6 所示的机构装配。

图 13.5.5　装配连杆 3 的操作过程　　　　　　　　　图 13.5.6　装配完成图

13.5.2　运动轴设置

在机构装置中添加连接元件后，可对"运动轴"进行设置，其意义如下。

- 设置运动轴的当前位置：通过在连接件和组件中分别选取零参考，然后输入其间角度（或距离），可设置该运动轴的位置。定义伺服电动机和运行机构时，系统将以当前位置为默认的初始位置。
- 设置极限：设置运动轴的运动范围，超出此范围，接头就不能平移或转动。
- 设置再生值：可将运动轴的当前位置定义为再生值，也就是装配件再生时运动轴的位置。如果设置了运动轴极限，则再生值就必须设置在指定的限制内。

下面以一个实例说明运动轴设置的一般过程。

Step1. 单击 应用程序 功能选项卡 运动 区域中的"机构"按钮，进入机构模块，然后单击 运动 区域中的"拖动元件"按钮；用"点拖动"的方法将四连杆机构（FOUR_ROD.ASM）拖到图 13.5.7 所示的位置（读者练习时，拖移后的位置不要与图中所示的位置相差太远，否则后面的操作会出现问题），然后关闭"拖移"对话框。

选取此带箭头的旋转连接轴

图 13.5.7　运动轴设置

Step2. 对运动轴进行设置（注：本步的详细操作过程请参见随书光盘中 video\ch13.05.02\reference\文件下的语音视频讲解文件 four_rod-r 01.exe）。

Step3. 验证运动轴设置是否正确。单击 应用程序 功能选项卡 运动 区域中的"拖动元件"按钮，然后拖移连杆 1（rod_1.PRT），可验证所定义的运动轴极限。

13.5.3　定义伺服电动机

伺服电动机可以单一自由度在两个主体之间强加某种运动。添加伺服电动机，是为机构运行做准备。定义伺服电动机时，可定义速度、位置或加速度与时间的函数关系，并可显示运动的轮廓图。常用的函数有下列几种。

- 常量：$y = A$，其中 A=常量；该函数用于定义恒定运动。
- 斜插入：$y = A + B*t$，其中 A=常量，B=斜率；该函数用于定义恒定运动或随时间成线性变化的运动。

● 余弦：$y = A*\cos(2*Pi*t/T + B) + C$，其中 A=振幅，B=相位，C=偏移量，T=周期；该函数用于定义振荡往复运动。

● 摆线：$y = L*t/T\ L*\sin(2*Pi*t/T)/2*Pi$，L=总上升数，T=周期；该函数用于模拟一个凸轮轮廓输出。

● 表：通过输入一个表来定义位置、速度或加速度与时间的关系，表文件的扩展名为.tab，可以在任何文本编辑器中创建或打开。文件采用两栏格式，第一栏是时间，该栏中的时间值必须从第一行到最后一行按升序排列；第二栏是速度、加速度或位置。

可以在连接轴或几何图元（如零件平面、基准平面和点）上放置伺服电动机。对于一个图元，可以定义任意多个伺服电动机。但是，为了避免过于约束模型，要确保进行运动分析之前，已关闭所有冲突的或多余的伺服电动机。例如沿同一方向创建了一个连接轴旋转伺服电动机和一个平面-平面旋转伺服电动机，则在同一个运行内不要同时打开这两个伺服电动机。可以使用下列类型的伺服电动机。

● 连接轴伺服电动机：用于创建沿某一方向明确定义的运动。

● 几何伺服电动机：利用下列简单伺服电动机的组合，可以创建复杂的三维运动（如螺旋或其他空间曲线）。

　　☑　平面－平面平移伺服电动机：这种伺服电动机是相对于一个主体中的一个平面来移动另一个主体中的平面，同时保持两平面平行。当从动平面和参考平面重合时，出现零位置。平面—平面平移伺服电动机的一种应用，是用于定义开环机构装置的最后一个链接和基础之间的平移。

　　☑　平面－平面旋转伺服电动机：这种伺服电动机是移动一个主体中的平面，使其与另一主体中的某一平面成一定的角度。在运行期间，从动平面围绕一个参考方向旋转，当从动平面和参考平面重合时定义为零位置。因为未指定从动主体上的旋转轴，所以平面—平面旋转伺服电动机所受的限制要少于销（Pin）或圆柱接头的伺服电动机所受的限制，因此从动主体中旋转轴的位置可能会任意改变。平面－平面旋转伺服电动机可用来定义围绕球接头的旋转；另一个应用是定义开环机构装置的最后一个主体和基础之间的旋转。

　　☑　点－平面平移伺服电动机：这种伺服电动机是沿一个主体中平面的法向移动另一主体中的点。以点到平面的最短距离测量伺服电动机的位置值。仅使用点

—平面伺服电动机，不能相对于其他主体来定义一个主体的方向。还要注意从动点可平行于参考平面自由移动，所以可能会沿伺服电动机未指定的方向移动，使用另一个伺服电动机或连接可锁定这些自由度。通过定义一个点相对于一个平面运动的 x、y 和 z 分量，可以使一个点沿一条复杂的三维曲线运动。

☑ 平面－点平移伺服电动机：这种伺服电动机除了要定义平面相对于点运动的方向外，其余都和点－平面伺服电动机相同。在运行期间，从动平面沿指定的运动方向运动，同时保持与之垂直。以点到平面的最短距离测量伺服电动机的位置值。在零位置处，点位于该平面上。

☑ 点－点平移伺服电动机：这种伺服电动机是沿一个主体中指定的方向移动另一主体中的点。可用到一个平面的最短距离来测量该从动点的位置，该平面包含参考点并垂直于运动方向。当参考点和从动点位于一个法向是运动方向的平面内时，出现点-点伺服电动机的零位置。点－点平移伺服电动机的约束很宽松，所以必须十分小心，才可以得到可预期的运动。仅使用点－点伺服电动机不能定义一个主体相对于其他主体的方向。实际上，需要 6 个点－点伺服电动机才能定义一个主体相对于其他主体的方向。使用另一个伺服电动机或连接可锁定一些自由度。

下面以实例介绍定义伺服电动机的一般操作过程。

Step1. 单击 机构 功能选项卡 插入 区域中的"伺服电动机"按钮 ，系统弹出"伺服电动机定义"对话框。

Step2. 在对话框中进行下列操作。

（1）输入伺服电动机的名称（或采用系统的默认名）。

（2）选择从动图元。在图 13.5.8 所示的模型上，可采用"从列表中拾取"的方法选取图中所示的旋转运动轴。

注意：如果选取点或平面来放置伺服电动机，则创建的是几何伺服电动机。

（3）这时模型中出现一个洋红色的箭头，表明从动图元将相对于参考图元移动的方向，可以单击 反向 按钮来改变方向。

（4）定义运动函数。单击对话框中的 轮廓 选项卡，在图 13.5.9 所示的"轮廓"选项卡界面中进行如下操作。

① 在 规范 区域的列表框中选择 位置 选项。

规范 下拉列表中的各项说明如下。

- 位置：定义从动图元的位置函数。
- 速度：定义从动图元的速度函数。选择此选项后，需指定运行的初始位置，默认的初始位置为"当前"。
- 加速度：定义从动图元的加速度函数。选择此项后，可以指定运行的初始位置和初始速度，其默认设置分别为"当前"和 0.0。

② 定义位置函数。在模区域的下拉列表中选择函数为余弦，然后分别在 A、B、C、T 文本框中键入其参数值 30、0、0、1。

图 13.5.8　选取运动轴

图 13.5.9　"轮廓"选项卡

Step3. 单击对话框中的确定按钮，完成"伺服电动机"的定义。

说明：如果要绘制连接轴的位置、速度、加速度与时间的函数图形，可在对话框的"图形"区域单击按钮，系统弹出图 13.5.10 所示的"图形工具"对话框，在该窗口中单击按钮可打印函数图形；选择"文件"下拉菜单可按"文本"或 Excel 格式输出图形；单击该窗口中的按钮，系统弹出图 13.5.11 所示的"图形窗口选项"对话框，该对话框中有四个选项卡：Y 轴、X 轴、数据系列和图形显示，Y 轴选项卡用于修改图形 Y 轴的外观、标签和栅格线，以及更改图形的比例，如图 13.5.11 所示；X 轴选项卡用于修改图形 X 轴的外观、标签和栅格线，以及更改图形的比例；数据系列选项卡用于控制所选数据系列的外观及图例的显示，如图 13.5.12 所示；图形显示选项卡用于控制图形标题的显示，并可更改窗口的背景颜色，如图 13.5.13 所示。

图 13.5.10 "图形工具"对话框

图 13.5.11 "图形窗口选项"对话框

图 13.5.11 所示的 X 轴 和 Y 轴 选项卡中各选项的说明如下。

- 图形：此区域仅显示在 Y 轴 选项卡中，如有子图形还可显示子图形的一个列表。可以使拥有公共 X 轴、但 Y 轴不同的多组数据出图。从列表中选取要定制其 Y 轴的子图形。
- 轴标签：此区域可编辑 Y 轴标签。标签为文本行，显示在每个轴旁。单击 文本样式... 按钮，可更改标签字体的样式、颜色和大小。使用 ☑ 显示轴标签 复选框可打开或关闭轴标签的显示。
- 范围：更改轴的刻度范围。可修改最小值和最大值，以使窗口能够显示指定的图形范围。

- 刻度线：设置轴上长刻度线（主）和短刻度线（副）的数量。
- 刻度线标签：设置长刻度线值的放置方式。还可单击 文本样式... 按钮，更改字体的样式、颜色和大小。
- 栅格线：选取栅格线的样式。如果要更改栅格线的颜色，可单击颜色选取按钮。
- 轴：设置 Y 轴的线宽及颜色。
- 缩放：使用此区域可调整图形的比例。
  - ☑ ☐对数标尺：将轴上的值更改为对数比例。使用对数比例能提供在正常比例下可能无法看到的其他信息。
  - ☑ ☑缩放：此区域仅出现在 Y 轴 选项卡中。可使用此区域来更改 Y 轴比例。

图 13.5.12　"数据系列"选项卡

图 13.5.12 所示的 数据系列 选项卡中各选项的说明如下。

- 图形：选取要定制其数据系列的图形或子图形。
- 数据系列：此区域可编辑所选数据系列的标签。还可更改图形中点和线的颜色以及点的样式、插值。
- 图例：此区域可切换图例的显示及更改其字体的样式、颜色和大小。

图 13.5.13 所示的 图形显示 选项卡中各选项的说明如下。

- 标签：编辑图形的标题。如果要更改标题字体的样式、颜色和大小，可单击 文本样式... 按钮；可使用 ☑显示标签 复选框来显示或关闭标题。
- 背景颜色：修改背景颜色。如选中 ☑混合背景，单击 编辑... 按钮可定制混合的背景颜色。
- 选择颜色：更改用来加亮图形中的点的颜色。

图 13.5.13　"图形显示"选项卡

13.5.4　修复失败的装配

1. 失败的装配

有时候，"连接""拖动""运行"机构时，系统会提示"装配失败"信息，这可能是由于未正确指定连接信息，或者因为主体的初始位置与最终的装配位置相距太远等。

如果装配件未能连接，应检查连接定义是否正确。应检查机构装置内的连接是如何组合的，以确保其具有协调性。也可以锁定主体或连接并删除环连接，以查看在不太复杂的情况下，机构装置是否可以装配。最后，可以创建新的子机构，并个别查看、研究它们如何独立工作。通过从可工作的机构装置中有系统地逐步进行，并一次增加一个小的子系统，可以创建非常复杂的机构装置并成功运行。

如果运行机构时出现"装配失败"信息，则很可能是因为无效的伺服电动机值。如果对某特定时间所给定伺服电动机的值超出可取值的范围，从而导致机构装置分离，系统将声明该机构不能装配。在这种情况下，要计算机构装置中所有伺服电动机的给定范围以及启动时间和结束时间。使用伺服电动机的较小振幅，是进行试验以确定有效范围的一个好的方法。伺服电动机也可能会使连接超过其限制，可以关闭有可能出现此情形连接的限制，并重新进行运行来研究这种可能性。

修复失败装配的一般方法：
- 在模型树中用鼠标右键单击元件，在弹出的快捷菜单中选择 命令，查看系统中环连接的定向箭头。通常，只有闭合环的机构装置才会出现失败，包括具有凸轮或槽的机构装置，或者超出限制范围的带有连接限制的机构装置。
- 检查装配件公差，以确定是否应该更严格或再放宽一些，尤其是当装配取得成功但机构装置的性能不达标时。要改变绝对公差，可调整特征长度或相对公差，或两者都调整。装配件级和零件级中的 Creo 精度设置也能影响装配件的绝对公差。
- 查看是否有锁定的主体或连接，这可能会导致机构装置失败。
- 尝试通过使用拖动对话框来禁用环连接，将机构装置重新定位到靠近所期望的位置，然后启用环连接。

2．装配件公差

绝对装配件公差是机械位置约束允许从完全装配状态偏离的最大值。绝对公差是根据相对公差和特征长度来计算的。相对公差是一个系数，默认值是 0.001，即为模型特征长度的 0.1%；特征长度是所有零件长度的总和除以零件数后的结果，零件长度（或大小）是指包含整个零件的边界框的对角长度。计算绝对公差的公式为：

绝对公差=相对公差×特征长度

改变绝对装配件公差的操作过程如下。

Step1. 选择下拉菜单 文件▾ ➡ 准备(R) ▶ ➡ 模型属性(I) 编辑模型属性.命令，系统弹出"模型属性"对话框。

Step2. 在"模型属性"对话框的 装配 区域中单击 机构 后面的 更改 选项，系统弹出"设置"对话框。如果要改变装配件的"相对公差"设置，可在 相对公差 的文本框中输入 0～0.1 的值。默认值 0.001 通常可满足要求。

Step3. 如果要改变"特征长度"设置，可在 特征长度 的文本框中输入其他值。当最大零件比最小零件大很多时，应考虑改变这项设置。注意：本例中建议"特征长度"值超过 70，例如可设为 120。

Step4. 在装配件失败情况下，如果不让系统发出警告提示，可取消选中 重新连接 区域中的 □ 装配连接失败时发出警告 复选框。

Step5. 单击 确定 按钮。

13.5.5　机构的运行及分析

向机构装置中增加伺服电动机后，便可建立机构的运动分析（定义）并运行。

在每个运动定义中，可选择要打开或关闭的伺服电动机并指定其时间周期，以定义机构的运动方式。虽然可为一个图元定义多个伺服电动机，但一次只能打开图元的一个伺服电动机，例如为一个图元创建了一个连接轴伺服电动机和一个平面—平面旋转角度伺服电动机，则在相同的运行时间框架内不要同时打开这两个伺服电动机。

在"分析定义"对话框中，利用"锁定的图元"区域的命令按钮，可选取主体或连接进行锁定，这样当运行该运动定义时，这些锁定的主体或连接将不会相互移动。

可以创建多个运动定义，每个定义都使用不同的伺服电动机和锁定不同的图元。根据已命名的回放次序保存每个定义，便于以后查看。

下面以实例说明运动分析的一般操作过程。

Step1. 单击 機构 功能选项卡 分析 ▼ 区域中的"机构分析"按钮 ╳。

Step2. 此时系统弹出图 13.5.14 所示的"分析定义"对话框，在该对话框中进行下列操作。

（1）输入分析（即运动）名称，也可采用系统的默认名。

（2）选择分析类型。选取此分析的类型为 位置 选项。

（3）调整伺服电动机顺序。如果机构装置中有多个伺服电动机，可在对话框中的 电动机 选项卡中（图 13.5.15）调整伺服电动机顺序。本例中只有一个伺服电动机，所以不必进行此操作。

（4）定义时间周期和动画时域：在图 13.5.14 所示的 图形显示 区域进行下列操作。

① 输入开始时间 0（单位为秒）。

② 选择定义时间域的方式。在该区域的下拉列表中选择 长度和帧频 选项。

③ 输入结束时间 1（单位为秒）。

④ 输入帧频 200。

图 13.5.14　"分析定义"对话框

图 13.5.15　"电动机"选项卡

说明：定义时间域的方式有 3 种。

☑　：输入运行的时间长度（结束时间－开始时间）和帧频（每秒帧数），

系统计算总的帧数和运行长度。

☑　**长度和帧数**：输入运行的时间长度和总帧数，系统计算运行的帧频。

☑　**帧频和帧数**：输入总帧数和帧频（或两帧的最小时间间隔），系统计算结束时间。

运行的时间长度、帧频、帧数和最小时间间隔的关系：

帧频=1/最小时间间隔。

帧数=帧频×时间长度+1。

（5）进行初始配置：在"分析定义"对话框的 **初始配置** 区域中，选中⊙ **当前** 单选项。

"初始配置"区域的选项说明如下。

● 当前：以机构装置的当前位置为运行的初始位置。

● 快照：从保存在"拖动"对话框中的快照列表中选择某个快照，机构装置将从该快照位置开始运行。

Step3. 运行机构。在"分析定义"对话框中，单击 **运行** 按钮。

Step4. 完成运动定义。单击"分析定义"对话框中的 **确定** 按钮，就可以保存运动定义并关闭对话框。

13.5.6　结果回放与动态干涉检查

利用"回放"命令可以对已运行的运动定义进行回放，在回放中还可以进行动态干涉检查和制作播放文件。对每一个运行的运动定义，系统将单独保存一组运动结果，利用回放命令可以将其结果保存在一个文件中（此文件可以在另一进程中运行），也可以删除、恢复或输出这些结果。

下面用实例说明回放操作的一般过程。

Step1. 单击 **机构** 功能选项卡 **分析 ▼** 区域中的"回放"按钮 ◀▶。

Step2. 系统弹出图 13.5.16 所示的"回放"对话框（一），在该对话框中进行下列操作。

（1）从 **结果集** 下拉列表中，选取一个运动结果。

（2）定义回放中的动态干涉检查。单击"回放"对话框中的 **碰撞检测设置...** 按钮，系统弹出图 13.5.17 所示的"碰撞检测设置"对话框，在该对话框中选中 ⊙ **无碰撞检测** 单选项。

图 13.5.17 中 一般设置 区域的各选项说明如下。

● ⊙ **无碰撞检测**：回放时，不检查干涉。

● ⊙ **全局碰撞检测**：回放时，检测整个装配体中所有元件间的干涉。当系统检测到干涉时，干涉区域将会加亮。

* ◉ 部分碰撞检测：回放时，检测选定零件间的干涉。当系统检测到干涉时，干涉区域
  将会加亮。

图 13.5.16 "回放"对话框（一）

图 13.5.17 "碰撞检测设置"对话框

（3）生成影片进度表。在回放运动前，可以指定要查看运行的某一部分。如果要查看整个运行过程，可在对话框的 **影片进度表** 选项卡中选中 ☑ **默认进度表** 复选框；如果要查看部分片段，则取消选中 ☐ **默认进度表** 复选框，这时系统弹出图 13.5.18 所示的对话框。

图 13.5.18 "回放"对话框（二）

图 13.5.18 所示的 **影片进度表** 选项卡中有关选项和按钮的含义如下。

* **开始**：指定要查看片段的起始时间。
* **终止**：指定要查看片段的结束时间。起始时间可以大于终止时间，这样就可以反向播放影片。
* **＋**：指定起始时间和终止时间后，单击此按钮可以向回放列表中增加片段。通过多次将其增加到列表中，可以重复播放该片段。

- ：更新影片段。如改变了回放片段的起始时间或终止时间，单击此按钮，系统立即更新起始时间和终止时间。

- ：删除影片段。要删除影片段，选取该片段并单击此按钮。

（4）开始回放演示。在"回放"对话框中单击 按钮，系统将弹出图 13.5.19 所示的"动画"对话框，可进行回放演示，回放中如果检测到元件干涉，系统将加亮干涉区域并停止回放。

（5）制作播放文件。回放结束后，在"动画"对话框中单击 捕获... 按钮，系统弹出"捕获"对话框，接受默认参数设置值，单击 确定 按钮，即可生成一个*.mpg 文件，该文件可以在其他软件（例如 Windows Media Player）中播放。

（6）单击"动画"对话框中的 关闭 按钮。

Step3. 完成观测后，单击"回放"对话框中的 封闭 按钮。

"动画"对话框的各按钮的说明如下。

- ◀ ：向前播放。
- ■ ：停止播放。
- ▶ ：向后播放。
- ◀◀ ：将结果重新设置到开始。
- ◀| ：显示上一帧 。
- |▶ ：显示下一帧。
- ▶▶ ：将结果推进到结尾。
- ：重复播放。
- ：在结尾处反转。
- 速度滑杆：改变结果的速度。

图 13.5.19　"动画"对话框

13.5.7　测量

利用"测量"命令可创建一个图形，对于一组运动分析结果显示多条测量曲线，或者也可以观察某一测量如何随不同的运行结果而改变。测量有助于理解和分析运行机构装置产生的结果，并可提供改进机构设计的信息。

下面以图 13.5.20 所示的实例说明测量操作的一般过程。

准备工作：必须提前为机构装置运行一个运动分析，然后才能绘制测量结果，为此需先单击 机构 功能选项卡 分析 ▼ 区域中的"机构分析"按钮 ，运行运动分析 AnalysisDefinition1。

Step1. 单击 机构 功能选项卡 分析 ▼ 区域中的"测量"按钮 。

图 13.5.20　测量操作

Step2. 系统弹出图 13.5.21 所示的"测量结果"对话框，在该对话框中进行下列操作。

（1）选取测量的图形类型。在 **图形类型** 下拉列表中选择 **测量与时间**。

图形类型 下拉列表中的各选项的说明如下。

● **测量与时间**：反映某个测量（位置、速度等）与时间的关系。

● **测量与测量**：反映一个测量（位置、速度等）与另一个测量（位置、速度等）的关系，如果选择此项，需选择一个测量为 X 轴。

（2）新建一个测量。单击 按钮，系统弹出"测量定义"对话框，在该对话框中进行下列操作。

① 输入测量名称（或采用系统的默认名）。

② 选择测量类型。在 **类型** 下拉列表中选择 **位置** 选项。

③ 选取测量点（或运动轴）。在图 13.5.20 所示的模型中，查询选取连杆 3（rod_3）上的点 PNT_REF。

④ 选取测量参考坐标系。本例采用默认的坐标系 WCS（注：如果选取一个连接轴作为测量目标，就无须参考坐标系）。

⑤ 选取测量的矢量方向。在 **分量** 下拉列表中选择 **模** 选项。

⑥ 选取评估方法。在 **评估方法** 下拉列表中选择 **每个时间步长** 选项。

⑦ 单击"测量定义"对话框中的 **确定** 按钮，系统立即将该测量（measure1）添加到"测量结果"对话框的列表中。

（3）进行动态测量。

① 选取测量名称。在"测量结果"对话框的列表中，选取测量 measure1。

② 选取运动分析的名称。在"测量结果"对话框的列表中，选取运动分析 AnalysisDefinition1。

③ 绘制测量结果图。单击"测量结果"对话框上部的 按钮，系统即绘制选定结果集的所选测量的图形（如图 13.5.22 所示，该图反映点 PNT_REF 的位置与时间的关系），此

图形可打印或保存。

Step3. 单击对话框中的 封闭 按钮。

图 13.5.21　"测量结果"对话框

图 13.5.22　测量的结果图

13.5.8　轨迹曲线

1. 概述

在 机构 功能选项卡中选择 分析 ▼ ➡ 轨迹曲线 命令可以：

● 记录轨迹曲线。轨迹曲线用图形表示机构装置中某一点或顶点相对于零件的运动。

● 记录凸轮合成曲线。凸轮合成曲线用图形表示机构装置中曲线或边相对于零件的运动。

● 创建"机构装置"中的凸轮轮廓。

● 创建"机构装置"中的槽曲线。

注意：创建 Creo 的实体几何。与前面的"测量"特征一样，必须提前为机构装置运行一个运动分析，然后才能创建轨迹曲线。

2. 关于"轨迹曲线"对话框

在 机构 功能选项卡中选择 分析 ▼ ➡ 轨迹曲线 命令，系统弹出图 13.5.23 所示的"轨迹曲线"对话框，该对话框中的选项用于生成轨迹曲线或凸轮合成曲线：

● 纸零件：在装配件或子装配件上选取一个主体零件，作为描绘曲线的参考。假如想象纸上有一支笔描绘轨迹，那么可以将该主体零件看作纸张，生成的轨迹曲线将是属于纸张零件的一个特征。可从模型树访问轨迹曲线和凸轮合成曲线。如果要描绘一个主体相对于基础的运动，可在基础中选取一个零件作为纸张零件。

图 13.5.23　　"轨迹曲线"对话框

- **轨迹**：可选取要生成的曲线类型。
  - ☑ **轨迹曲线**：在装配体上选取一个点或顶点，此点所在的主体必须与纸张零件的主体不同，系统将创建该点的轨迹曲线。可以想象纸上有一支笔描绘轨迹，此点就如同笔尖。
  - ☑ **凸轮合成曲线**：在装配件上选取一条曲线或边（可选取开放或封闭环，也可选取多条连续曲线或边，系统会自动使所选曲线变得光滑），此曲线所在的主体必须与纸张零件的主体不同。系统将以此曲线的轨迹来生成内部和外部包络曲线。如果在运动运行中以每个时间步长选取开放曲线，系统则在曲线上确定距旋转轴最近和最远的两个点，最后生成两条样条曲线：一条来自最近点的系列，另一条来自最远点的系列。
- **曲线类型**区域：可指定轨迹曲线为 ◉ 2D 或 ○ 3D 曲线。
- **结果集**：从可用列表中，选取一个运动分析结果。
- 📂 按钮：单击此按钮可装载一个已保存的结果。
- **确定**：单击此按钮，系统即在纸张零件中创建一个基准曲线特征，对选定的运动结果显示轨迹曲线或平面凸轮合成曲线。要保存基准曲线特征，必须保存该零件。
- **预览**：单击此按钮，可预览轨迹曲线或凸轮合成曲线。

第 14 章 动 画 设 计

14.1 概　　述

动画模块可以实现以下功能：

- 将产品的运行用动画来表示，使其具有可视性。只需将主体拖动到不同的位置并拍下快照即可创建动画。
- 可以用动画的方式形象地表示产品的装配和拆卸序列。
- 可以创建维护产品步骤的简短动画，用以指导用户如何维修或建立产品。

"动画"功能选项卡如图 14.1.1 所示。

图 14.1.1　"动画"功能选项卡

14.2 动画创建的一般过程

下面将以图 14.2.1 所示的模具为例，详细说明其开模动画的制作过程。

动画创建的一般流程：

Step1. 进入动画模块。

Step2. 新建并命名动画。

Step3. 定义主体。

Step4. 拖动主体并生成一连串的快照。

Step5. 用所生成的快照建立关键帧。

Step6. 播放、检查动画。

Step7. 保存动画文件。

图 14.2.1　模具的开启

14.2.1　进入动画模块

进入动画模块的步骤如下。

Step1. 将工作目录设置为 D:\Creo3\work\ch14.02；打开文件 front_cover_mold.asm（注

意：要进入动画模块，必须在装配模块中进行）。

Step2. 单击 应用程序 功能选项卡 运动 区域中的"动画"按钮 📹，系统进入"动画"模块，界面如图 14.2.2 所示。

图 14.2.2　"动画"模块界面

14.2.2　创建动画

创建动画的具体步骤如下。

Step1. 定义一个主动画。

（1）选择 动画 功能选项卡中的 新建动画 ➡ 📷快照 命令，此时系统弹出图 14.2.3 所示的"定义动画"对话框。

（2）命名动画：动画默认名称为 Animation1，在本例中，在对话框中输入动画名称 front_cover_mold_open，然后单击 确定 按钮。

图 14.2.3　"定义动画"对话框

　　Step2. 定义基体和主体（注：本步的详细操作过程请参见随书光盘中 video\ch14.02.02\reference\文件下的语音视频讲解文件 front_cover_mold-r 01.exe）。

　　Step3. 创建快照。单击 动画 功能选项卡 机构设计 区域中的"拖动元件"按钮 ，此时系统弹出图 14.2.4 所示的"拖动"对话框，该对话框中有两个选项卡： 快照 和 约束 ，在 快照 选项卡中可移动主体并拍取快照，在 约束 选项卡中可设置主体间的约束。

　　（1）创建第一个快照。在图 14.2.5 所示的状态创建第一个快照，方法是单击"拖动"对话框中的 按钮，此时在快照栏中便生成了 Snapshot1 快照。

　　（2）创建第二个快照。

方法一：自由拖动

　　① 在"拖动"对话框中单击"点拖动"按钮 ，然后单击选取 slide.prt 进行拖动，如图 14.2.6 所示。

　　② 单击"拖动"对话框中的 按钮，生成 Snapshot2 快照。

方法二：偏移约束

　　如图 14.2.7 所示，可以约束 slide.prt 的侧面与基准面 MOLD_RIGHT 对齐，然后进行偏移。

　　① 选择"拖动"对话框的 约束 选项卡，单击"对齐两个图元"按钮 ，然后选取图 14.2.6 所示的 slide.prt 的侧面和基准面 MOLD_RIGHT。

　　② 在 约束 选项卡的"偏移"文本框中输入偏距值-220，并按 Enter 键。

　　③ 单击"拖动"对话框中的 按钮，生成 Snapshot2 快照。

图 14.2.5　创建第一个快照

图 14.2.4　"拖动"对话框

slide.prt

图 14.2.6　自由拖动

图 14.2.7 偏移约束

（3）创建第三个快照。拖动 upper_mold.prt，创建第三个快照，位置如图 14.2.8 所示。

（4）创建第四个快照。采用步骤（2）中的方法拖动 lower_mold.prt，创建第四个快照，位置如图 14.2.9 所示。

（5）单击"拖动"对话框中的 关闭 按钮。

图 14.2.8 创建第三个快照 　　　　　　　图 14.2.9 创建第四个快照

Step4. 创建关键帧序列。

（1）单击 动画 功能选项卡 创建动画 ▾ 区域中的"管理关键帧序列"按钮 管理关键帧序列 ，此时系统弹出 "关键帧序列"对话框。

（2）单击"关键帧序列"对话框中的 新建 按钮，系统弹出图 14.2.10 所示的"关键帧序列"对话框。在"关键帧序列"对话框中包含 序列 选项卡（图 14.2.10）和 主体 选项卡（图 14.2.11）。

① 在 序列 选项卡中的 关键帧 下拉列表中选取快照 Snapshot1，采用系统默认的时间，单击 ＋ 按钮；用同样的方法设置 Snapshot2、Snapshot3 和 Snapshot4。

② 单击"关键帧序列"对话框中的 确定 按钮。

③ 在"关键帧序列"对话框中单击 关闭 按钮。

图 14.2.10　"关键帧序列"选项卡

图 14.2.11　"主体"选项卡

Step5. 修改时间域。完成上一步操作后，时间域如图 14.2.12 所示。

说明：动画时间线中的鼠标操作。

- 左键可执行单选。
- Ctrl + 左键可执行多选。
- 双击左键可编辑对象。
- 左键 + 拖动可编辑时间。

- 中键 + 拖动可编辑竖向位置。
- Shift + 左键可撤销以前的操作。
- Shift + 中键可重做以前的撤销操作。
- 右击可弹出适用于所选对象的菜单。

在时间线上右击，系统会弹出图 14.2.13 所示的快捷菜单，各项功能操作如下。

图 14.2.12　时间域　　　　　　　　　　　　　　图 14.2.13　快捷菜单

- 放大: 放大时间线。选取图 14.2.13 所示的菜单中的 放大 命令, 在时间域中框出要放大的范围, 此时时间线就被局部放大了, 如图 14.2.14 所示。

图 14.2.14　放大时间线

- 缩小: 缩小时间线。与"放大"操作相反, 如果选取图 14.2.13 所示的快捷菜单中的 缩小 命令, 则逐步缩小被放大的时间线。

- 重新调整: 重新调整时间线。选取图 14.2.13 所示的菜单中的 重新调整 命令, 可以恢复到最初的状态, 以便进行重新调整。

- 编辑时域: 选取图 14.2.13 所示的菜单中的 编辑时域 命令, 系统弹出图 14.2.15 所示的 "动画时域" 对话框。

Step6. 在时间域中修改关键帧。先选取某个关键帧序列, 再右击, 系统弹出图 14.2.16 所示的快捷菜单。

（1）编辑时间。选取图 14.2.16 所示的快捷菜单中的 编辑时间 命令, 系统弹出 14.2.17 所示的 "KFS 实例" 对话框, 可以编辑开始时间。

（2）编辑关键帧。选取图 14.2.16 所示的快捷菜单中的 编辑 KFS 命令, 系统弹出 "关键帧序列" 对话框, 可以编辑关键帧序列。

图 14.2.15　"动画时域"对话框

（3）复制关键帧。选取图 14.2.16 所示的快捷菜单中的 复制 命令，可以复制一个新的关键帧。

（4）删除关键帧。选取图 14.2.16 所示的快捷菜单中的 移除 命令，可以删除选定的关键帧。

（5）为关键帧选取参考图元。选取图 14.2.16 所示的快捷菜单中的 选择参考图元 命令，可以为关键帧选取相关联的参考图元。

图 14.2.16　快捷菜单

图 14.2.17　"KFS 实例"对话框

Step7. 启动动画。在界面中单击"生成并运行动画"按钮 ▶，启动动画进行查看，可以启动动画进行查看。

Step8. 回放动画。单击 动画 功能选项卡 回放 ▼ 区域中的"回放"按钮 ◀▶，系统弹出图 14.2.18 所示的"回放"对话框。

（1）选取动画名称。从 结果集 下拉列表中选取一个动画名称。

（2）定义回放中的动态干涉检查。选择在回放期间要检测的干涉类型，单击 碰撞检测设置... 按钮，系统弹出"碰撞检测设置"对话框。在该对话框中选中 ◉ 无碰撞检测 单选项。

一般设置 区域的各选项说明如下。

● ◉ 无碰撞检测 单选按钮：回放时，不检查干涉。

● ◉ 全局碰撞检测 单选按钮：回放时，检测整个装配体中所有元件间的干涉。当系统检测到干涉时，干涉区域将会加亮。

图 14.2.18   "回放"对话框

- ⦿ 部分碰撞检测 单选按钮：检查两个（和几个）元件间是否有干涉。

- □ 包括面组 单选按钮：把曲面作为干涉检测的一部分。

可选设置 区域中的各复选框的说明如下。

- □ 碰撞时铃声警告 复选框：发现干涉时，系统是否会发出警报的铃声。

- □ 碰撞时停止动画回放 复选框：如果检测到干涉，就停止回放。

（3）生成影片进度表。当回放动画时，可以指定要查看动画的哪一部分，要实现这种功能，需单击"回放"对话框中的 影片进度表 ；如果要查看整个动画过程，可选中 ☑ 默认进度表 复选框；如果要查看指定的动画部分，则取消 □ 默认进度表 复选框，此时系统显示图 14.2.19 所示的"影片进度表"选项卡。

图 14.2.19 所示 影片进度表 选项卡中有关选项和按钮的含义说明如下。

- 开始：指定要查看片段的起始时间。起始时间可以大于终止时间，这样就可以反向播放影片。

- 终止：指定要查看片段的结束时间。

- ➕ （增加影片段）：指定起始时间和终止时间后，单击此按钮可以向回放列表中增加片段。通过多次将其增加到列表中，可以重复播放该片段。

- ⬆ （更新影片段）：当改变回放片段的起始时间或终止时间后，单击此按钮，系统立即更新起始时间和终止时间。

- ✖ （删除影片段）：要删除影片段，选取该片段并单击此按钮。

（4）开始回放演示。在图 14.2.19 所示的选项卡中，单击"播放当前结果集"按钮 ◀▶，系统弹出图 14.2.20 所示的"播放"操控板。

图 14.2.19 "影片进度表"选项卡

图 14.2.20 "播放"操控板

图 14.2.20 所示的"播放"操控板中各按钮的说明如下。

- ◀ ：向前播放
- ■ ：停止播放
- ▶ ：向后播放
- ◀◀ ：将动画重新设置到开始
- ▌◀ ：显示上一帧
- ▶▌ ：显示下一帧
- ▶▶ ：将动画设置到结尾
- ⟲ ：重复动画
- ⇄ ：在结尾处反转
- 速度滑杆：改变动画的速度

（5）制作播放文件。单击图 14.2.20 所示的"播放"操控板中的 按钮，系统弹出图 14.2.21 所示的"捕获"对话框，进行相应的设置后，单击 **确定** 按钮即可生成一个*.mpg 文件，该文件可以在其他软件（例如 Windows Media Player）中播放。

14.2.3　建立事件

"事件"用来定义时间线上各对象之间的特定相关性，如果某对象的时间发生变化，与之相关联的对象也同步改变。

建立事件的一般过程如下。

Step1. 单击 动画 功能选项卡 创建动画▾ 区域中的"事件"按钮 ⚓事件，系统弹出图 14.2.22 所示的"事件定义"对话框（一）。

Step2. 在"事件定义"对话框（一）中的 名称 文本框中输入事件的名称。

Step3. 在"事件定义"对话框中的 时间 文本框中输入时间，并从 之后 列表中选取一个参考事件。

新定义的事件在参考事件的给定时间后开始。相对于选取的事件，输入的时间可以为负，但在动画开始时间之前不能发生。

Step4. 单击"事件定义"对话框中的 确定 按钮。

事件定义完成后，一个带有新事件名称的事件符号便出现在动画时间线中。如果事件与时间线上的一个现有对象有关，一条虚线会从参考事件引向新事件。

例如，事件定义如图 14.2.23 所示，即事件 Event1 在 Kfs1.1:3 Snapshot2 后 0.5s 开始执行，在动画时间线中则表示为如图 14.2.24 所示。

图 14.2.21　"捕获"对话框

图 14.2.22　"事件定义"对话框（一）

图 14.2.23　"事件定义"对话框（二）

图 14.2.24　时间域

14.2.4　建立时间与视图间的关系

建立时间与视图间的关系，即定时视图功能，可以在特定时间处从特定的视图方向查看模型。此处的视图可以预先使用视图管理器工具命令进行设置、保存。下面举例说明建立时间与视图关系的一般操作过程。

Step1.　设置工作目录和打开文件（操作前要注意清除内存中所有的文件）。

（1）将工作目录设置为 D:\Creo3\work\ch14.02\time_view。

（2）打开文件 front_cover_mold.asm。

Step2.　单击 应用程序 功能选项卡 运动 区域中的"动画"按钮📹，系统进入动画模块。

Step3.　单击 动画 功能选项卡 图形设计 区域中的"定时视图"按钮🔖，系统弹出图 14.2.25 所示的"定时视图"对话框。

图 14.2.25　"定时视图"对话框

Step4.　建立第一个时间与视图间的关系。

（1）在"定时视图"对话框的 名称 栏中选取 V1 视图，如图 14.2.25 所示。

说明： V1 和 V2 视图是事先通过视图管理器工具进行设置和保存的视图。

（2）单击"定时视图"对话框中的 应用 按钮，定时视图事件 V1.1 出现在时间线中。

Step5.　建立第二个时间与视图间的关系。

（1）在"定时视图"对话框的 名称 栏中选取 V2 视图。

（2）在对话框的 时间 区中输入时间值 0.5，并从 之后 列表中选取一个参考事件 Kfs1.1:6 Snapshot3，动画将在该时间和参考事件后改变到该视图。

（3）单击"定时视图"对话框中的 应用 按钮，定时视图事件 V2.1 出现在时间线中，如图 14.2.26 所示。

图 14.2.26　时间域

Step6.　单击"定时视图"对话框中的 关闭 按钮。

Step7. 在界面中单击"生成并运行动画"按钮 ▶，动画启动，可以观察到动画开始时为 V1 视图，在 Kfs1.1:6 Snapshot3 后 0.5 秒切换到 V2 视图。

14.2.5 建立时间与显示间的关系

建立时间与显示间的关系，即定时显示功能，可以控制组件元件在动画运行或回放过程中的显示样式，例如：一些元件不可见，或者显示为"线框""隐藏线"方式等。此处的显示样式可以预先使用视图管理器工具进行设置、保存。下面举例说明建立时间与显示关系的一般操作过程。

Step1. 设置工作目录和打开文件。

（1）将工作目录设置为 D:\Creo3\work\ch14.02\time_display。

（2）打开文件 front_cover_mold.asm。

Step2. 单击 应用程序 功能选项卡 运动 区域中的"动画"按钮 📹，系统进入动画模块。

Step3. 单击 动画 功能选项卡 图形设计 区域中的"定时样式"按钮 📇，系统弹出图 14.2.27 所示的"定时样式"对话框。

图 14.2.27 "定时样式"对话框

Step4. 建立第一个时间与显示间的关系。

（1）在"定时样式"对话框的 样式名 栏中选取"主样式"，如图 14.2.27 所示。

（2）单击"定时样式"对话框中的 应用 按钮，定时显示事件"主样式 1"出现在时间线中。

Step5. 建立第二个时间与显示间的关系。

在"定时显示"对话框的 样式名称 栏中选取 STYLE0001。

说明：STYLE0001 是事先通过视图管理器工具命令进行设置和保存的显示样式。

（1）在对话框的 时间 区中输入时间值 0.5，并从 之后 列表中选取一个参考事件 Kfs1.1:6 Snapshot3，动画将在该时间和参考事件后改变到该显示状态。

（2）单击"定时样式"对话框中的 应用 按钮，定时显示事件 STYLE0001 出现在时间线中，如图 14.2.28 所示。

图 14.2.28　时间域

Step6. 单击"定时样式"对话框中的 关闭 按钮。

Step7. 在界面中单击"生成并运行动画"按钮 ▶ ，动画启动，可以观察到动画开始时为"主造型"显示，在 Kfs1.1:6 Snapshot3 后 0.5 秒切换到 STYLE0001 显示。

14.2.6　建立时间与透明间的关系

建立时间与透明间的关系，即定时透明功能，可以控制组件元件在动画运行或回放过程中的透明程度。下面举例说明建立时间与透明关系的一般操作过程。

Step1. 设置工作目录和打开文件。

（1）将工作目录设置为 D:\Creo3\work\ch14.02\time_tran。

（2）打开文件 front_cover_mold.asm。

Step2. 单击 应用程序 功能选项卡 运动 区域中的"动画"按钮 📹 ，系统进入动画模块。

Step3. 单击 动画 功能选项卡 图形设计 区域中的"定时透明"按钮 🔍 ，系统弹出图 14.2.29 所示的"定时透明"对话框。

图 14.2.29　"定时透明"对话框

Step4. 建立第一个时间与透明间的关系。

（1）在系统 ➡选择零件 的提示下，在模型中选取零件 UPPER_MOLD.PRT。

（2）在"选择"对话框中单击 确定 按钮。

（3）其余参数都采用系统默认的设置值，如图 14.2.29 所示。

（4）单击"定时透明"对话框中的 应用 按钮，定时显示事件 Transparency1 出现在时间线中。

Step5. 建立第二个时间与透明间的关系。

（1）在系统 选择零件 的提示下，在模型中选取零件 UPPER_MOLD.PRT。

（2）在"选择"对话框中单击 确定 按钮。

（3）在"定时透明"对话框的 透明一 文本框中输入数值 88。

（4）从 之后 列表中选取一个参考事件 Kfs1.1:10 Snapshot4，动画将在该时间和参考事件后改变到该透明状态。

（5）其余参数都采用系统默认的设置值。

（6）单击"定时透明"对话框中的 应用 按钮，定时显示事件 Transparency2 出现在时间线中，如图 14.2.30 所示。

Step6. 单击"定时透明"对话框中的 关闭 按钮。

Step7. 在界面中单击"生成并运行动画"按钮 ▶，动画启动，可以观察到动画开始时的零件 UPPER_MOLD.PRT 由不透明状态渐变到透明状态。

图 14.2.30　时间域

14.3　动画设计综合实际应用范例

本例将制作一个打保龄球的动画，此动画的制作要点有以下几点：

● 描述保龄球在球道上的运行过程。

● 描述保龄球打倒十个瓶的情形。

● 要求保龄球在打倒十个瓶后消失。

操作过程如下。

Step1. 打开装配模型文件并进入动画模块。

（1）将工作目录设置为 D:\Creo3\work\ch14.03。

（2）打开文件 bowling.asm。

（3）单击 应用程序 功能选项卡 运动 区域中的"动画"按钮 🎥，进入动画模块。

Step2. 定义视图。

（1）单击 模型 功能选项卡 模型显示 ▾ 区域中的"视图管理器"按钮 📷，此时系统弹出"视图管理器"对话框。

（2）在"视图管理器"对话框中选取 定向 选项卡，单击 新建 按钮，命名新建视图为 C，并按 Enter 键。

（3）单击 编辑 ▾ 菜单下的 重定义 命令，系统弹出"方向"对话框。

（4）定向组件模型。将模型调整到图 14.3.1 所示的位置及大小。

（5）单击"方向"对话框中的 确定 按钮。

（6）用同样的方法分别建立 C1（图 14.3.2）、C2（图 14.3.3）、C3（图 14.3.4）、C4（图 14.3.5）和 C5（图 14.3.6）视图。

完成视图定义后，先不要关闭"视图管理器"，进行下一步工作。

Step3. 定义显示样式 1。

（1）在"视图管理器"对话框中选取 样式 选项卡，单击 新建 按钮，输入样式的名称 style0001，并按 Enter 键。

图 14.3.1　C 视图

图 14.3.2　C1 视图

图 14.3.3　C2 视图

图 14.3.4　C3 视图

图 14.3.5　C4 视图

图 14.3.6　C5 视图

（2）完成上一步后，系统弹出"编辑"对话框，选择 显示 选项卡，在 方法 选项组中选中 ◉ 着色 选项，然后从模型树中选取所有元件。

（3）单击"编辑"对话框中的 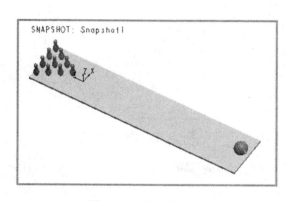，完成此视图的定义。

Step4. 定义显示样式 2。

（1）在"视图管理器"对话框中选取 样式 选项卡，单击 新建 按钮，输入样式的名称 style0002，并按 Enter 键。

（2）选取"编辑"对话框的 遮蔽 选项卡（系统提示"选取将被遮蔽的元件"，在模型树中选取 BALL.PRT。

（3）单击"编辑"对话框中的 ，完成此视图的定义。

Step5. 在"视图管理器"对话框的 样式 选项卡中，将"主造型"设为活动状态。

Step6. 单击"视图管理器"对话框中的 关闭 按钮。

Step7. 定义一个主动画。

选择 动画 功能选项卡中的 新建动画▾ ➡ 📷快照 命令，在对话框中输入动画名称 bowling，单击 确定 按钮。

Step8. 定义基体和主体。

（1）单击 动画 功能选项卡 机构设计 区域中的"主体定义"按钮 主体定义 。

（2）在弹出的"主体"对话框中，单击 每个主体一个零件 按钮，系统将所有零件作为主体加入主体列表中。

（3）选取"主体"对话框中的 Ground，单击 编辑 按钮，系统弹出"主体定义"对话框，定义 ROAD.PRT 作为 Ground 的零件。

Step9. 单击 动画 功能选项卡 机构设计 区域中的"拖动元件"按钮 ，系统弹出"拖动"对话框。

（1）创建第一个快照。在图 14.3.7 所示的状态，单击"拖动"对话框中的 📷 按钮。此时在图 14.3.8 所示的"拖动"对话框快照栏中便生成了 Snapshot1 快照。

图 14.3.7　创建第一个快照　　　　　图 14.3.8　"拖动"对话框

（2）创建第二个快照。

① 在"拖动"对话框中单击"点拖动"按钮 ，然后从模型树中选取 ball.prt，将其拖动至图 14.3.9 所示的位置。

② 单击"拖动"对话框中的 按钮，生成 Snapshot2 快照。

（3）创建第三个快照。分别拖动十个瓶子（要用到一些高级拖动选项，如绕坐标轴旋转，沿坐标轴移动等），位置如图 14.3.10 所示，创建第三个快照。

（4）单击"拖动"对话框中的 关闭 按钮。

图 14.3.9　创建第二个快照

图 14.3.10　创建第三个快照

Step10. 创建关键帧序列。

（1）单击 动画 功能选项卡 创建动画 ▼ 区域中的"管理关键帧序列"按钮 管理关键帧序列 。

（2）单击"关键帧序列"对话框中的 新建 按钮。

① 在 序列 选项卡中的"关键帧"列表中选取快照 Snapshot1，输入时间为 0，单击按钮 + ；从列表中选取快照 Snapshot2，输入时间为 9，单击按钮 + ；从列表中选取快照 Snapshot3，输入时间为 10，单击按钮 + 。

② 单击"关键帧序列"对话框中的 确定 按钮。

③ 在 "关键帧序列"对话框中单击 封闭 按钮。

Step11. 建立时间与视图间的关系。

（1）单击 动画 功能选项卡 图形设计 区域中的"定时视图"按钮 ，系统弹出"定时视图"对话框。

（2）设定视图 1。

① 在"定时视图"对话框的 名称 栏中选取视图 C。

② 在对话框的 时间 区中输入时间值 0，并从 之后 列表中选取参考事件 开始 。

③ 单击 应用 按钮。"定时视图"事件出现在时间线中。

（3）设定视图 2。

① 在"定时视图"对话框的 名称 栏中选取视图 C1。

② 在对话框的 时间 区中输入时间值 5，并从 之后 列表中选取参考事件 开始 。

③ 单击 应用 按钮。"定时视图"事件出现在时间线中。

（4）设定视图 3。

① 在"定时视图"对话框的 名称 栏中选取视图 C2。

② 在对话框的 时间 区中输入时间值 7，并从 之后 列表中选取参考事件 开始 。

③ 单击 应用 按钮。"定时视图"事件出现在时间线中。

（5）设定视图 4。

① 在"定时视图"对话框的 名称 栏中选取视图 C3。

② 在对话框的 时间 区中输入时间值 8，并从 之后 列表中选取参考事件 开始 。

③ 单击 应用 按钮。"定时视图"事件出现在时间线中。

（6）设定视图 5。

① 在"定时视图"对话框的 名称 栏中选取视图 C4。

② 在对话框的 时间 区中输入时间值 0，并从 之后 列表中选取参考事件 Kfs1.1:9 Snapshot2 。

③ 单击 应用 按钮。"定时视图"事件出现在时间线中。

（7）设定视图 6。

① 在"定时视图"对话框的 名称 栏中选取视图 C5。

② 在对话框的 时间 区中输入时间值 0，并从 之后 列表中选取参考事件 Kfs1.1终止 。

③ 单击 应用 按钮。"定时视图"事件出现在时间线中。

（8）单击对话框中的 关闭 按钮。

Step12. 建立时间与显示间的关系。

（1）单击 动画 功能选项卡 图形设计 区域中的"定时样式"按钮，系统弹出"定时样式"对话框。

（2）定义显示样式 1。

① 在"定时样式"对话框的 样式名 栏中选取显示样式 STYLE0001。

② 在对话框的 时间 区中输入时间值 0，并从 之后 列表中选取参考事件开始。

③ 单击 应用 按钮。"定时显示"事件出现在时间线中。

（3）定义显示样式 2。

① 在"定时显示"对话框的 样式名 栏中选取显示样式 STYLE0002。

② 在对话框的 时间 区中输入时间值 0，并从 之后 列表中选取参考事件 Kfs1.1终止 。

③ 单击 应用 按钮。"定时显示"事件出现在时间线中。

（4）单击 **关闭** 按钮。至此动画定义完成，时间域如图 14.3.11 所示。

图 14.3.11　时间域

Step13. 启动动画。在界面中单击"生成并运行动画"按钮▶，可启动动画进行查看。

Step14. 保存动画。

第15章　行为建模模块及应用

15.1　行为建模功能概述

行为建模工具可以完成以下功能:

- 创建基于模型测量和分析的特征参数。
- 创建基于模型测量和分析的几何图元。
- 创建符合特殊要求的测量的新类型。
- 分析变量尺寸和参数改变时测量参数的行为。
- 自动查找满足所需的模型行为的尺寸和参数值。
- 分析指定设计空间内测量参数的行为。

行为建模的基本模块如下:

- 域点。
- 分析特征。
- 持续分析显示。
- 用户定义分析（UDA）。
- 灵敏度、可行性和优化研究。
- 优化特征。
- 多目标设计研究。
- 外部分析。
- 运动分析。

行为建模器是新一代目标导向智能型模型分析工具。

图 15.1.1 所示是发动机油底壳模型，在要求 DTM2 到顶端高度（图中尺寸 30）固定不变的前提下，应用行为建模器功能，当容积大小要求改变时，可以轻易求解出改变后的容器的长度及宽度尺寸。

有了行为建模器的帮助，工程师不再需要使用最原始的手动方式重复求解。现在的设计过程仅需专注于设计意图，将模型行为信息融入设计中，由行为建模器进行快速运算求解，使工程师能有更多时间去思考其他的解决方法，研究设计改变所带来的影响程度。

行为建模器可提供给设计师更理想的解决方案，使他们可以设计出优良的产品。

行为建模分析的一般过程如下。

Step1. 创建合适的分析特征，建立分析参数，利用分析特征对模型进行如物理性质、曲线性质、曲面性质和运动情况等的测量。

Step2. 定义设计目标，通过分析工具产生有用的特征参数，准确计算后找出最佳的解答。

行为建模模块中的命令主要分布在 分析 功能选项卡中，如图 15.1.2 所示。

图 15.1.1　油底壳模型

图 15.1.2　"分析"功能选项卡

15.2　分　析　特　征

15.2.1　分析特征概述

上一节我们介绍了行为建模器是一种分析工具，它在特定的设计意图、设计约束前提下，经一系列测试参数迭代运算后，可以为设计人员提供最佳的设计建议。

既然是一种分析工具，势必需要建立分析特征，由于特征参数的产生，清楚定义设计变量与设计目标后，系统会寻找出合理的参考解答方案。

1．模型基准分析特征（包括：UDA、关系、Excel 分析、Mechanica）

进入模型基准分析特征对话框。要进入分析特征对话框，首先要打开一个模型文件。

单击 分析 功能选项卡 管理▼ 区域中的"分析"按钮 分析，系统弹出图 15.2.1 所示的"分析"对话框。

图 15.2.1 所示"分析"对话框的 类型 区域的各选项的说明如下。

- ◉ UDA 单选项：使用以前的 UDA 结果作为"分析特征"的输入。
- ◉ Excel 分析单选项：运行 Excel 分析。
- ◉ 外部分析单选项：运行外部分析。
- ◉ Prime 分析 单选项：运行 Prime 分析。
- ◉ 关系单选项：写入特征关系。
- ◉ Creo Simulate 单选项：执行 Pro/MECHA-NICA 分析。
- ◉ 人类工程学分析单选项：进行人类工程学分析。

在 **重新生成请求** 区域各选项的说明如下。

- ◉ **始终** 单选项：在模型再生期间总是再生分析特征。
- ◉ **只读** 单选项：将分析特征从模型再生中排除。
- ◉ **仅设计研究** 单选项：仅当其用于设计研究时才再生分析特征。

图 15.2.1　"分析"对话框

2．其他分析特征（包括：测量、模型分析等）

可以在 **分析** 功能选项卡中，选取相应的命令进行操作，在下面几节我们会进行详细的介绍。

15.2.2　测量分析特征——Measure

使用测量功能在模型上进行测量，并且可将此测量的结果创建为可用的参数，进而产生分析基准特征，并在模型树中显示出来。

测量功能如表 15.2.1 所示。

下面举例说明测量分析特征的创建过程，创建该特征后的模型及模型树如图 15.2.2 所示。

表 15.2.1　测量功能

测量项目	默认参数名称	参数说明	默认基准名称
Curve　Length	LENGTH	长度	N/A
Distance	DISTANCE	距离	PNT FROM _entid
			PNT_TO_entid
Angle	ANGLE	角度	N/A
Area	AREA	面积	N/A
Diameter	DIAMETER	直径	N/A

Step1. 设置工作目录和打开文件。

（1）将工作目录设置为 D:\Creo3\work\ch15.02。

（2）打开文件 area_analysis.prt。

Step2. 在 分析 功能选项卡 测量 区域中，选择 测量 ➡ 面积 命令。

Step3. 在图 15.2.3 所示的"测量：面积"对话框中，进行如下操作。

（1）选择测量对象。选取图 15.2.2 所示的模型表面，测量结果自动显示在结果区域中。

（2）生成特征。在"区域"对话框中单击 按钮，在系统弹出的图 15.2.4 所示的界面中选中 生成特征 单选项，在其下的文本框中输入特征名称 ANALYSIS_AREA，单击 确定 按钮。

图 15.2.2　模型及模型树

图 15.2.4　"区域"对话框

图 15.2.3　"测量：面积"对话框

15.2.3　模型分析特征——Model Analysis

模型分析功能可以在模型上进行各种物理量的计算，并且可将计算的结果建立为可用的参数，最后形成分析基准特征，并显示在模型树中。

模型分析功能如表 15.2.2 所示。

表 15.2.2　模型分析功能

测量项目	默认参数名称	参数说明	默认基准名称
Model Mass Properties（模型质量属性）	VOLUME	体积	CSYS_COG_entid PNT_COG_entid
	SURF_AREA	表面积	
	MASS	质量	
	INERTIA_1	主惯性矩（最小）	
	INERTIA_2	主惯性矩（中间）	
	INERTIA_3	主惯性矩（最大）	
	XCOG	重心的 X 值	
	YCOG	重心的 Y 值	
	ZCOG	重心的 Z 值	
	MP_IXX	惯量 XX	
	MP_IYY	惯量 YY	
	MP_IZZ	惯量 ZZ	
	MP_IXY	惯量 XY	
	MP_IXZ	惯量 XZ	
	MP_IYZ	惯量 YZ	
	ROT_ANGL_X	重心 X 轴角度	
	ROT_ANGL_Y	重心 Y 轴角度	
	ROT_ANGL_Z	重心 Z 轴角度	
X——Section Mass Properties	XSEC_AREA	X 截面面积	CSYS_XSEC_COG_entid PNT_XSEC_COG_entid
	XSEC_INERTIA_1	主惯性矩（最小）	
	XSEC_INERTIA_2	主惯性矩（最大）	
	XSEC_XCG	质心的 X 值	
	XSEC_YCG	质心的 Y 值	
	XSEC_IXX	惯量 XX	
	XSEC_IYY	惯量 YY	
	XSEC_IXY	惯量 XY	
One-Sided olume（一侧体积块）	ONE_SIDED_VOL	一侧体积	N/A
Paris Clearance（对间隙）	CLEARANCE	最小间隙	PNT_FROM_entid PNT_TO_entid
	INTERFERENCE_STATUS	干涉状态（0 或 1）	
	INTERFERENCE_VOLUME	干涉体积	

下面举例说明模型分析特征的创建过程，如图 15.2.5 所示，创建该特征后的模型树如图 15.2.6 所示。

图 15.2.5　示例 2　　　　　　　　　　图 15.2.6　模型树

具体操作步骤如下：

Step1. 设置工作目录和打开文件。

（1）将工作目录设置为 D:\Creo3\work\ch15.02。

（2）打开文件 model_analysis.prt。

Step2. 设置模型密度。

（1）选择下拉菜单 文件 ▼ ➡ 准备(R) ▶ ➡ 模型属性(I) 编辑模型属性 命令。

（2）系统弹出图 15.2.7 所示的"模型属性"对话框，在 材料 区域下面的 质量属性 栏中单击 更改 命令，系统弹出"质量属性"对话框，如图 15.2.8 所示。

（3）在对话框中的 基本属性 区域的 密度 文本框中输入零件的密度值"7.8e-3"，单击 确定 按钮，然后在"模型属性"对话框中单击 关闭 按钮，完成零件密度的定义。

图 15.2.7　"模型属性"对话框

图 15.2.8　"质量属性"对话框（一）

Step3. 单击 分析 功能选项卡 模型报告 区域中的"质量属性"按钮 质量属性 ▼ 。

Step4. 在图 15.2.9 所示的"质量属性"对话框中，进行如下操作。

（1）在 分析 选项卡的"创建临时分析"下拉列表中选择 特征 选项。

（2）输入分析特征的名称。在名称文本框中输入分析特征的名称 MASS_CENTER，并按 Enter 键。

（3）并在模型树中选取 PRT_CSYS_DEF 坐标系，此时对话框界面显示分析的结果，如图 15.2.9 所示。

（4）单击 特征 选项卡，在 重新生成 选项列表中选择"始终"；在"参数"区域，将参数"XCOG""YCOG""ZCOG"的创建栏选中（图 15.2.10）。

Step5. 完成分析特征的创建。单击"质量属性"对话框中的 ✔ 按钮。

图 15.2.9　"质量属性"对话框（二）　　　　图 15.2.10　"质量属性"对话框（三）

15.2.4　曲线分析——Curve Analysis

曲线分析功能可以针对模型上的曲线或实体边等进行曲线的性质分析，并且可以将此分析结果建立为可用的参数，从而产生分析基准特征，并在模型树中显示出来。

曲线分析功能如表 15.2.3 所示。

下面举例说明曲线分析特征的创建过程，模型示例及创建该特征后的模型树如图 15.2.11 所示。

Step1. 设置工作目录和打开文件。

（1）将工作目录设置为 D:\Creo3\work\ch15.02。

（2）打开文件 curve_analysis.prt。

表 15.2.3　曲线分析功能

测量项目	默认参数名称	参数说明	默认基准名称
Curvature （曲率）	CURVATURE	曲率	PNT_MAX_CURV_entid PNT_MIN_CURV_entid
	MAX_CURV	最大曲率	
	MIN_CURV	最小曲率	
Radius （半径）	MAX_RADIUS	最大曲率半径	PNT_MAX_RADIUS_entid
	MIN_RADIUS	最小曲率半径	PNT_MIN_RADIUS_entid
Deviation （偏差）	MAX_DEVIATION	最大偏差	N/A
	MIN_DEVIATION	最小偏差	
Dihedral Angle （二面角）	MAX_DIHEDRAL	最大二面角	PNT_MAX_DIHEDRAL_entid
	MIN_DIHEDRAL	最小二面角	PNT_MIN_DIHEDRAL_entid
Info at Point （点信息）	CURVATURE	某点曲率	PNT_CLOSE_entid
	LENGTH_RATIO	某点的长度比例	

Step2. 单击 **分析** 功能选项卡 **检查几何 ▼** 区域中的"曲率"按钮 **曲率 ▼** 。

Step3. 在图 15.2.12 所示的"曲率"对话框中，进行如下操作。

图 15.2.11　示例和模型树

（1）在 **分析** 选项卡的"创建临时分析"下拉列表中选择 **特征** 选项，并在文本框中输入分析特征的名称"CURVE_ANALYSIS"，并按 Enter 键。

（2）定义分析特征。选取图 15.2.13 所示的模型中要分析的曲线为几何参考，选取图 15.2.13 中的坐标系 PRT_CSYS_DEF 为坐标系参考。

（3）选择再生请求类型并创建参数及基准。在 **特征** 选项卡的 **重新生成** 区域中选择"始终"。在 **参数** 区域中将 MAX_CURV、MIN_CURV 参数的创建栏选中，参见图 15.2.14。

Step4. 在图 15.2.12 所示的"曲率"对话框中，可查看分析结果。

Step5. 完成分析特征的创建。单击"曲率"对话框中的 **✓** 按钮。

图 15.2.12   "曲率"对话框

选取此曲线为几何参考

选取此坐标系为坐标系参考

图 15.2.13   选取坐标系

图 15.2.14   "特征"选项卡

15.2.5   曲面分析——Surface Analysis

曲面分析功能是针对模型上的曲面或实体面进行曲面性质的分析，并且可将此测量结果建立为可用的参数，从而产生分析基准特征，并在模型树中显示出来。

曲面分析功能如表 15.2.4 所示。

表 15.2.4   曲面分析功能

测量项目	默认参数名称	参数说明	默认基准名称
Gauss Curvature	MAX_GAUSS_CURV	最大高斯曲率	PNT_MAX_GAUSS_CURV_entid
	MIN_GAUSS_CURV	最小高斯曲率	PNT_MIN_GAUSS_CURV_entid
Section Curvature	MAX_SEC_CURV	最大截面曲率	PNT_MAX_SEC_CURV_entid
	MIN_SEC_CURV	最小截面曲率	PNT_MIN_SEC_CURV_entid
Slope （斜率）	MAX_SLOPE	最大斜率	PNT_MAX_SLOPE_entid
	MIN_SLOPE	最小斜率	PNT_MIN_SLOPE_entid
Deviation （偏差）	MAX_DEVIATION	最大偏差	N/A
	MIN_DEVIATION	最小偏差	
Info at Point （点信息）	MAX_CURV	某点最大曲率	CSYS_MIN_RADIUS_entid
	MIN_CURV	某点最小曲率	PNT_CLOSE_entid
Radius （半径）	MIN_RADIUS_OUT	最小外侧半径	PNT_MIN_RADIUS_OUT_entid
	MIN_RADIUS_IN	最小内侧半径	PNT_MIN_RADIUS_IN_entid

下面举例说明曲面分析特征的创建过程，如图 15.2.15 所示，创建该特征后的模型树如

图 15.2.16 所示。具体操作步骤如下。

图 15.2.15　示例

图 15.2.16　模型树

具体操作步骤如下：

Step1. 设置工作目录和打开文件。

（1）将工作目录设置为 D:\Creo3\work\ch15.02。

（2）打开文件 surface_analysis.prt。

Step2. 在 分析 功能选项卡 检查几何 ▾ 区域中选择 ⌇ 曲率 ▾ ➡ 着色曲率 命令。

Step3. 在图 15.2.17 所示的"着色曲率"对话框中进行下列操作。

（1）在 分析 选项卡的"创建临时分析"下拉列表中选择 特征 选项，在其右面的文本框中输入分析特征的名称 SURFACE_ANALYSIS，并按 Enter 键。

（2）在 曲面 文本框中单击"选择项"字符，选取图 15.2.17 所示的要分析的曲面。此时曲面上呈现出一个彩色分布图（图 15.2.18），同时系统弹出"颜色比例"对话框（图 15.2.19）。彩色分布图中的不同颜色代表不同的曲率大小，颜色与曲率大小的对应关系可以从"颜色比例"对话框中查阅。

图 15.2.17　"着色曲率"对话框（一）

图 15.2.18　要分析的曲面

（3）查看结果。图 15.2.19 所示的"颜色比例"对话框中，可查看分析结果。

Step4. 在 特征 选项卡的 重新生成 下拉列表中，选择"始终"。在"参数"区域中将 MAX_

GAUSS_CURV、MIN_GAUSS_CURV 参数的创建栏选中，参见图 15.2.20。

Step5. 完成分析特征的创建：单击"着色曲率"对话框中的 ✔ 按钮。

图 15.2.19　"颜色比例"对话框　　　　图 15.2.20　"着色曲率"对话框（二）

15.2.6　关系——Relation

在行为建模器中，"关系"功能可以定义并加以约束某些特定的关联性，使模型保持一致性。

如图 15.2.21 所示的容器模型，内部容积的计算原则是：内部容积等于薄壳产生前的实体体积减去薄壳产生后的实体体积。所以，必须在抽壳特征产生前、后分别测量实体体积，然后再相减。

图 15.2.21　容器模型

关系式的书写形式如下面所示，等号左边可以自定义为易理解的名词（如 inner_volume）。在抽壳特征产生前的实体体积，其特征名称为：volume_1，参数为 one_sided_vol；在抽壳特征建立后的实体体积，其特征名称为：volume_2，参数为 one_sided_vol。

{关系特征名称} ＝
{参数名称}：fid_ {特征名称} － {参数名称}：fid_ {特征名称}

（抽壳前的实体体积）　　　　　　　（抽壳后的实体体积）

inner_volume＝one_sided_vol：fid_volume_1-one_sided_vol：fid_volume_2

完成上述估算内部容积过程后，在模型树中显示了 VOLUME_1、VOLUME_2 和 INNER_VOLUME 三个分析特征。

其中，VOLUME_1 与 VOLUME_2 都使用分析功能中的模型分析，而 INNER_VOLUME 则是分析特征中的"关系"。通过右击"关系"特征，从快捷菜单中选择 信息 ▶ ➡ 特征 命令，可检查内容积的大小。

下面详细说明"关系"的创建过程，具体操作步骤如下。

Step1. 设置工作目录和打开文件。

（1）将工作目录设置为 D:\Creo3\work\ch15.02。

（2）打开文件 rela_analysis.prt。

Step2. 计算抽壳前的单侧体积（注：本步的详细操作过程请参见随书光盘中 video\ch15.02.06\reference\文件下的语音视频讲解文件 area_analysis-r01.exe）。

Step3. 计算抽壳后的单侧体积（注：本步的详细操作过程请参见随书光盘中 video\ch15.02.06\reference\文件下的语音视频讲解文件 area_analysis-r02.exe）。

Step4. 用关系分析特征计算内部单侧体积。

（1）单击 分析 功能选项卡 管理 ▼ 区域中的"分析"按钮 分析。

（2）在"分析"对话框中，进行如下操作。

① 输入分析特征的名称：在 名称 下面的文本框中输入分析特征 INNER_VOLUME，并按 Enter 键。

② 选择分析特征类型。在 类型 区域选中 ◉ 关系 单选项。

③ 选择再生请求类型。在 重新生成请求 区域选中 ◉ 始终 单选项。

④ 单击 下一页 按钮。

（3）在图 15.2.22 所示的"关系"对话框中，进行如下操作：

① 输入关系表达式：在"关系"对话框的编辑区输入关系表达式，参见图 15.2.22。

② 单击对话框中的 确定 按钮。

（4）在"分析"对话框中，单击 ✔ 按钮。

Step5. 检查内容积的大小。

（1）在模型树中，右击 INNER_VOLUME。

（2）从弹出的快捷菜单中选择 信息 ▶ ➡ 特征 命令。

（3）在出现的"特征信息"页面中会出现图 15.2.23 所示的特征信息。

图 15.2.22　"关系"对话框

图 15.2.23　"特征信息"页面

15.2.7　电子表格分析——Excel Analysis

Microsoft（微软）公司发布的 Excel 电子表格软件，可以通过变量的设定立即处理复杂的公式运算。

电子表格分析功能是利用 Excel 强大的功能来处理较复杂的公式运算，并将结果转为可用的参数，从而产生分析基准特征，并在模型树中显示出来。

下面举例说明 Excel 分析特征的应用。图 15.2.24 所示模型是一个 C 型平键，在某个特殊的行业，该平键的宽度 W（即尺寸 10.0）由表 15.2.5 所示的平键计算公式所决定。

图 15.2.24　C 型平键示例

表 15.2.5　平键的计算公式

设计变量	值
材料	42Cr
工作载荷 F/N	25000
材料的屈服强度 Q/Pa	700
键的长度 L/mm	60
安全系数 n	1.8
键的宽度 W/mm	14.6
键的宽度 W/mm 计算公式：W＝SQRT（2.3*F*n/Q）+L/25	

操作步骤如下。

Step1. 设置工作目录和打开文件。

（1）将工作目录设置为 D:\Creo3\work\ch15.02。

（2）打开文件 excel_analysis.prt。

Step2. 创建 Excel 分析特征。

（1）单击 分析 功能选项卡 管理 ▾ 区域中的"分析"按钮 ⚬ 分析 。

（2）在"分析"对话框中，进行如下操作。

① 输入分析特征的名称：在 名称 下面文本框中输入分析特征的名称 EXCEL_ANALYSIS，并按 Enter 键。

② 选择分析特征类型：在 类型 区域选中 ⊙ Excel 分析 单选项。

③ 选择再生请求类型：在 重新生成请求 区域选中 ⊙ 始终 单选项。

④ 单击 下一页 按钮。

（3）在图 15.2.25 所示的"Excel 分析"对话框中，进行如下操作。

① 载入 Excel 文件：单击 加载文件... 按钮，打开文件 excel_analysis.xls。

② 创建输入设置：单击 添加尺寸 按钮，在系统 ➡ 选择特征或尺寸 的提示下，单击拉伸特征，并单击模型中的尺寸 60.0；在系统 ➡ 选择当前Excel工作簿中一个单元格 的提示下，单击图 15.2.26 中的"60"所在的单元格；在菜单管理器中选择 Done Sel（完成选取）命令。

③ 创建输出设置：单击 ▶ 输出单元格 按钮，在 ➡ 选择当前Excel工作簿中单元格的范围 的提示下，单击图 15.2.26 中的" 14.5597 "所在的单元格；在系统的菜单管理器中，选择 Done Sel（完成选取）命令。

④ 在"Excel 分析"对话框中单击 计算 按钮。

⑤ 在"Excel 分析"对话框中单击 关闭 按钮。

（4）在"分析"对话框中，进行如下操作。

① 创建结果参数：在 参数名 区域将参数名改为 width，并按 Enter 键，在 创建 区域选中

⦿ 是单选项。

② 完成分析特征的创建：单击"分析"对话框中的 ✔ 按钮。

图 15.2.25　"Excel 分析"对话框　　　　图 15.2.26　Excel 软件界面

Step3. 创建关系。

（1）在模型树中，将插入符号拖至"拉伸 1"特征前面。

（2）在功能选项卡区域的 工具 选项卡中单击 d=关系 按钮。

（3）在"关系"对话框中，进行如下操作。

① 在关系编辑区中输入关系式 d21=width:FID_EXCEL_ANALYSIS。

② 单击"关系"对话框的 确定 按钮。

Step4. 验证。

（1）在模型树中，将插入符号拖至最后。

（2）单击"重新生成"按钮 ，此时可以看到模型变为图 15.2.27 所示的形状。与图 15.2.24 相对照，宽度尺寸（10）已经按照给出的公式进行了变化。

图 15.2.27　模型改变后

15.2.8　用户定义分析——UDA

1．关于用户定义分析

使用用户定义分析（UDA）来创建"分析"菜单以外的测量和分析。用户定义分析由一组特征构成，该组特征是为进行所需的测量而创建的。这组特征称为"构造"组。可以把"构造"组认为是进行测量的定义。根据需要可以保存和重新使用该定义。要定义一个"构造"组，就应创建一个以分析特征为最后特征的局部组。

如果"构造"组将一个域点作为它的第一个特征，那么在域内的任何选定点处或域点的整个域内都能执行分析。当分析在整个域内执行时，UDA 所起作用相当于曲线或曲面分析。因此，系统在域内的每一个点都临时形成构建，然后显示与标准曲线和曲面分析结果相同的结果。如果 UDA 不基于域点，则它表示一个可用作任何其他标准测量的简单测量。

执行用户定义分析包括两个主要过程。

- 创建"构造"组：创建将用于所需测量的所有必要特征，然后使用"局部组"命令将这些特征分组。创建"构造"组所选定的最后一项必须是"分析"特征。
- 应用"构造"组创建 UDA：单击 模型 功能选项卡 获取数据 ▼ 区域中的"用户定义特征"按钮 用户定义特征，并使用"用户定义分析"对话框来执行分析。

2．使用 UDA 功能的规则和建议

使用 UDA 创建定制测量来研究模型的特征。用这些测量可以查找满足用户定义约束的建模解决方案。

注意下列规则和建议：

- 创建几何的目的仅在于定义 UDA "构造"组（域点、基准平面等）。不要将这些特征用于常规建模活动。
- 在创建了"构造"组之后，必须隐含它，以确保其特征不用于建模的目的。在隐含时，"构造"组仍然可以用于 UDA 的目的。
- 为了避免构造组特征用于建模，一些特征可能需要创建两次，一次用于建模的目的，而另一次用于 UDA 的目的。

域点（Field Point）：域点属基准点的一种，是专门用来协助UDA分析的。域点的特征如下：

- 为基准点的一种。
- 可位于曲线、边、曲面等参考几何，仅能在这些参考几何上自由移动。
- 没有尺寸的限制。
- 在参考几何上的每一次移动间距相当小，可视为连续且遍布整个参考几何，协助寻找出某性质的最大/最小值位置。

下面举例说明 UDA 分析特征的应用范例（图 15.2.28）。

Step1. 设置工作目录和打开文件。

（1）将工作目录设置为 D:\Creo3\work\ch15.02。

（2）打开文件 section_uda.prt。

Step2. 在轨迹曲线上创建一个域点。

（1）在 模型 功能选项卡的 基准 ▼ 区域中选择 ×× 点 ▼ ➡ 域 命令。

（2）如图 15.2.29 所示，单击选取轨迹曲线，系统立即在单击处的轨迹曲线产生一个基准点 FPNT0，这就是域点。

（3）在"基准点"对话框中单击 确定 按钮。

图 15.2.28　示例

图 15.2.29　创建域点

Step3. 创建一个通过域点的基准平面，如图 15.2.30 所示。

（1）单击 模型 功能选项卡 基准 ▼ 区域中的"平面"按钮 ▱。

（2）选取约束。

① 穿过域点：单击图 15.2.29 所示的域点。

② 垂直于曲线：按住 Ctrl 键，选取图 15.2.31 所示的曲线；设置为"法向"。

③ 完成基准面的创建：单击 确定 按钮。

图 15.2.30　创建基准平面

图 15.2.31　操作过程

Step4. 创建一个分析特征来测量管道的横截面。

（1）在 分析 功能选项卡的 模型报告 区域中选择 质量属性 ➡ 横截面质量属性 命令。

（2）在图 15.2.32 所示的"横截面属性"对话框中，进行如下操作。

① 输入分析特征的名称。在 分析 选项卡的"创建临时分析"下拉列表中选择 特征 选项，在其右面的文本框中输入分析特征的名称 SECTION_ANALYSIS，并按 Enter 键。

② 选取图中的基准平面 DTM1，此时系统在图 15.2.32 所示结果区域显示分析结果。

③ 单击 特征 选项卡，在 重新生成 选项列表中选择"始终"；在"参数"区域中将参数 XSEC_AREA 的创建栏选中，在 基准 区域中将参数 CSYS_XSEC_COG 的创建栏选中。

（3）完成分析特征的创建。单击"横截面属性"对话框中的 ✔ 按钮。

Step5. 通过归组所有需要的特征和参数来创建 UDA 构造组。

（1）在模型树中，按住 Ctrl 键，选择 ✕✕ PPNT0、◻ DTM1 和 SECTION_ANALYSIS 三个特征。

（2）单击鼠标右键，从快捷菜单中选取 组 命令。此时模型树中会生成一个局部组
组 LOCAL_GROUP 。

（3）右键单击模型树中的 组 LOCAL_GROUP ，从快捷菜单中选取"重命名"命令，并将组
的名称改为 group_1。

Step6. 用已经定义过的"构造"组创建用户定义分析。

（1）单击 分析 功能选项卡 管理 ▾ 区域中的"分析"按钮 分析 。

（2）在"分析"对话框中，进行如下操作。

① 输入分析特征的名称：在 名称 区域输入分析特征的名称 UDF_AREA，按 Enter 键。

② 选择分析特征类型：在 类型 区域选中 ⦿　UDA 单选项。

③ 选择再生请求类型：在 重新生成请求 区域选中 ⦿　始终 单选项。

④ 单击 下一页 按钮。

（3）在图 15.2.33 所示的"用户定义分析"对话框中，进行如下操作。

图 15.2.32　"横截面属性"对话框

图 15.2.33　"用户定义分析"对话框

① 选择 GROUP_1 作为测量类型。

② 选中 ☑ 默认 复选框，采用默认参考。

③ 在 计算设置 区域设定参数为 XSEC_AREA，区域为"整个场"。

④ 单击 计算 按钮，此时系统显示图 15.2.34 所示的曲线图，并在模型上显示

出曲线分布图，如图 15.2.35 所示。

⑤ 单击 ▭关闭▭ 按钮。

（4）在"分析"对话框中，进行如下操作。

① 在 **结果参数** 下选择参数 UDM_min_VAL，并选中 ◉ 是 单选项来创建这个参数，用同样的方法创建参数 UDM_max_val。

② 选择 ▭下一页▭ 按钮，转到下一页来创建基准参数。

（5）在"分析"对话框中，进行如下操作。

① 在 **结果基准** 下选择 UDA_min_pnt_196 基准名，然后选中 ◉ 是 单选项，来创建此基准参数，用同样的方法创建基准参数 UDA_max_pnt_196 及 GraphEntity_196。

② 单击"分析"对话框中的 ▭✓▭ 按钮。

图 15.2.34　曲线图

图 15.2.35　曲线分布图

15.2.9　运动分析——Motion Analysis

运动分析功能是用来分析、度量组件运动时所产生的距离、角度的变化值。可将此测量结果建立为可用的参数，进而产生分析基准，并在模型树中显示出来。

组合件需完成运动副、运动驱动等设定方能进行运动分析，并且由于分析特征建立参数，例如距离、角度等，伴随运动过程计算出分析参数值，也能产生运动包络（Envelope）。

15.3　敏感度分析

15.3.1　概述

敏感度分析可以用来分析当模型尺寸或独立模型参数在指定范围内改变时，多种测量参数的变化情况，然后使每一个选定的参数得到一个图形，把参数值显示为尺寸函数。要获取敏感度分析，单击 分析 功能选项卡 设计研究 区域中的"敏感度分析"按钮 。

要创建分析，需进行下列定义。

要改变的模型尺寸或参数。

● 尺寸值的改变范围。

● 步数（在范围内计算）。

● 作为分析特征的结果而创建的参数。

要生成敏感度分析，系统要进行下列操作。

● 在范围内改变选定的尺寸或参数。

● 每一步都重新生成该模型。

● 计算选定的参数。

● 生成一个图形。

通过灵敏度分析功能，使设计人员可以知道：当模型的某一尺寸或参数变动时，连带引起分析特征改变的情况，并用 X－Y 图形来显示影响程度。

灵敏度分析能在较短时间内，让设计师知道哪些尺寸与设计目标存在较明显的关联性。

15.3.2　举例说明

下面以图 15.3.1 所示的油底壳模型为例来详细说明灵敏度分析的过程。

Step1. 设置工作目录和打开文件。

（1）将工作目录设置为 D:\Creo3\work\ch15.03。

（2）打开文件 sens_analysis.prt。

Step2. 单击 分析 功能选项卡 设计研究 区域中的"敏感度分析"按钮 ，系统弹出图 15.3.2 所示的"敏感度"对话框。

"敏感度"对话框中下拉菜单的说明如图 15.3.3 和图 15.3.4 所示。

Step3. 在图 15.3.2 所示的"敏感度"对话框中，进行如下操作。

图 15.3.1　油底壳模型　　图 15.3.2　"敏感度"对话框　　图 15.3.3　"文件"下拉菜单

图 15.3.4　"选项"下拉菜单

（1）设置研究首选项：选择"敏感度"对话框中的下拉菜单 选项(O) ➡ 首选项(P)... 命令，系统弹出图 15.3.5 所示的"首选项"对话框，然后在该对话框中单击 确定 按钮。

（2）设置研究的范围首选项：选择"敏感度"对话框中的下拉菜单 选项(O) ➡ 默认范围(D)... 命令，系统弹出图 15.3.6 所示的"范围首选项"对话框，范围选项采用图 15.3.6 所示的 ⊙ +/-百分比 方式（默认方式），然后在该对话框中单击 确定 按钮。

注意：该对话框中各选项的含义如下。

- ⊙ +/-百分比 单选项：以百分比的方式来表示范围。
- ⊙ +/-数目 单选项：以数字的方式来表示范围。
- ⊙ 最小到最大 单选项：以从最小到最大的方式来表示范围。
- ⊙ +/-公差 单选项：以公差的方式来表示范围。

（3）输入分析特征的名称：在 名称 文本框中输入分析特征的名称 SENS1。

（4）选取变量（X 轴对象），即从模型中选取要分析的可变尺寸或参数，其操作方法为：

① 在"敏感度"对话框中，单击 变量选择 区域中的 尺寸 按钮。

② 在模型树中，单击"拉伸 1"。

③ 在模型中，单击尺寸 240.0。

（5）输入变动范围的最小值及最大值：采用系统默认值。

（6）选取分析参数（Y 轴对象），即选取已建立的分析特征的参数，其操作方法为：

① 在 出图用的参数 区单击 按钮，系统弹出"参数"对话框，然后选取参数 INNER_VOLUME:INNER_VOLUME。

② 单击 确定 按钮。

（7）设置运算步数：输入数值 20，按 Enter 键。

Step4. 查看分析结果，在图 15.3.2 所示的"敏感度"对话框中，进行如下操作。

（1）单击 计算 按钮，此时系统显示图 15.3.7 所示的灵敏度曲线图。

（2）单击 关闭 按钮。

图 15.3.5 "首选项"对话框

15.3.6 "范围首选项"对话框

图 15.3.7 灵敏度曲线图

15.4 可行性研究与最优化分析

15.4.1 概述

可行性分析与最优化分析的使用过程相似，必须确定出设计约束与设计变量，系统会寻找出可行的与最佳的解决方案。

但是，有一点要注意的是：使用可行性与最优化分析时，系统所寻求到的解答，属局部解也就是局部最大值/最小值。为避免发生局部解，多重目标设计研究会是更好的分析方法。

15.4.2 可行性研究

在可行性研究中，我们要进行下列属性的定义：

● 一组要改变的模型尺寸。

● 每一个尺寸的改变范围。

● 设计要满足的一组约束。

分析约束用使用参数（分析特征的结果）和常量值的等式或不等式来表示，即如下所示：length < 6.3 or distance = 11。

要执行可行性研究，系统将执行下列操作。

● 将会在满足所有约束的指定范围内查找一组尺寸值。

● 如果找到解决方案，则模型的显示将会改变，以显示按新的值修改的尺寸。

可以接受这些新的尺寸，也可以撤销改变并将模型返回到可行性研究之前的状态。在满足所有约束的可行性研究中可能有许多解决方案，系统将归结到一种解决方案。

下面将以图 15.4.1 所示的曲柄模型为例进行说明，为了优化平衡，机轴零件的重心必须与它的旋转轴中心重合。虽然曲柄的旋转轴不能改变，但是其他设计条件能够改变，如曲柄的宽度。

我们执行可行性研究，来论证将重心与旋转轴之间的距离设置为零是否可行。如果存在一个解决方案，那么就证明是可行的。

Step1. 设置工作目录和打开文件。

（1）将工作目录设置为 D:\Creo3\work\ch15.04。

（2）打开文件 feas_analysis.prt。

Step2. 在 **分析** 功能选项卡的 **设计研究** 区域中选择 可行性/优化 ▼ ➡ 可行性/优化 命令，系统弹出图 15.4.2 所示的"优化/可行性"对话框。

Step3. 在图 15.4.2 所示的"优化/可行性"对话框中，进行如下操作。

（1）设置研究首选项：选择"优化/可行性"对话框中的下拉菜单 选项(O) ➡ 首选项(P)... 命令，系统弹出图 15.4.3 所示的"首选项"对话框。

注意：该选项卡中各选项的含义如下。

● ☑用图形表示目标 复选框：当计算完成后，用图形说明选定的图形参数和选择的约束之间的收敛性。

● ☑用图形表示约束 复选框：在计算期间，用图形说明约束参数值。

● ☑用图形表示变量 复选框：在计算期间，用图形说明变量值。

① 在 运行 选项卡中，收敛性和最大迭代次数采用图 15.4.4 所示的默认值。

注意："运行"选项卡中各选项的含义如下。

● 收敛性百分比：使用默认的收敛性标准或为其输入值。如果当前的参数值和先前的迭代之间的差值小于"收敛性 %"，则计算停止。这个值越小，计算所用的时间就越长，如果有可行的解决方案，那么计算的结果就会更精确。

● 最大迭代次数：使用默认的计算最大迭代次数或为其输入值。这个值越大，计算所用的时间越长，并且结果越有效。

● ☑用动画演示模型 复选框：模型中的动画随计算结果而改变。

② 在 方法 选项卡中，算法采用 ⦿ GDP 方式（默认方式），如图 15.4.5 所示。

③ 单击 确定 按钮。

图 15.4.2　"优化/可行性"对话框（一）

图 15.4.1　曲柄模型示例

图 15.4.3　"首选项"对话框

图 15.4.4　"运行"选项卡　　　　　　　图 15.4.5　"方法"选项卡

注意："方法"选项卡中各选项的含义如下。

● ⦿ GDP 单选项：用标准算法优化模型，使用当前模型条件作为起始点。

● ⦿ MDS 单选项：用多目标设计研究算法来决定优化的最佳起始点。可在"最大迭代
次数"（Max Iterations）字段中指定要计算的起始点个数。此种方式更容易在设计

参数和尺寸范围内找到整体最优设计。

（2）设置研究范围首选项：选择"优化/可行性"对话框中的下拉菜单 选项(I) ➡
默认范围(D)... 命令，系统弹出图 15.4.6 所示的"范围首选项"对话框，范围选项采用图 15.4.6
所示的 ⊙ +/-百分比 方式（默认方式），然后单击 确定 按钮。

（3）选择研究类型、输入研究名称。

① 在"优化/可行性"对话框的 研究类型/名称 区域中，选中 ⊙ 可行性 单选项。

② 在"优化/可行性"对话框的 研究类型/名称 区域中，可输入可行性研究名称，本例采
用默认名称 FEAS1。

（4）定义设计约束。

① 在"优化/可行性" 对话框的 设计约束 区域中，单击 添加... 按钮。

② 在"设计约束"对话框中，进行下列操作。

- 选择约束参数：在对话框的参数列表中选取 XCOG:MASS_CENTER。
- 选择比较符号：在对话框的比较符号列表中选取 "=" 号。
- 设置参数值：选择 ⊙ 设置 单选项，在"值"文本框中输入数值 0。
- 单击 确定 按钮。

③ 依照同样的方法定义第二个设计约束 YCOG:MASS_CENTER=0。

④ 结束设计约束的定义：在"设计约束"对话框中，单击 取消 按钮。

（5）定义设计变量。

① 在"优化/可行性"对话框的 设计变量 区域中，单击 添加尺寸... 按钮。

② 在系统的 ➡ 选择特征或尺寸· 的提示下，单击图 15.4.7 所示的拉伸特征，然后选择尺寸
R85.9、57.6、182.8、R120.4。

图 15.4.6 "范围首选项"对话框

图 15.4.7 操作过程

（6）在图 15.4.2 所示的"优化/可行性"对话框中，单击 计算 按钮，经过几秒钟的系
统运算后，系统提示 ● 未找到可行性解决方案。。注意：此时模型尺寸如图 15.4.8 所示。

（7）修改变量范围值。比较图 15.4.8 和图 15.4.9 所示的两组尺寸，我们发现图中的尺
寸已经达到了变量范围的最大值，因此，要找到可行的方案，就需将变量的最大值进行修

改。将对话框中的 94.49 改为 120.0，将 63.36 改为 80。

图 15.4.8　模型（一）　　　　图 15.4.9　"优化/可行性"对话框（二）

（8）在图 15.4.9 所示的"优化/可行性"对话框中再次单击 计算 按钮，经过几秒钟的系统运算后，系统提示 ● 已找到可行解决方案. 。此时模型尺寸如图 15.4.10 所示。

（9）要保存研究，请选择 文件(F) ➡ 保存(S) 命令，在图 15.4.9 所示的"优化/可行性"对话框中，单击 关闭 按钮。

（10）在弹出的图 15.4.11 所示的"确认模型修改"对话框中单击 确定 按钮。

图 15.4.10　模型（二）

图 15.4.11　"确认模型修改"对话框

15.4.3　优化设计

优化研究用于解决在目标受到约束时的可行性问题。其目标是将特定的分析特征参数最小化和最大化，该约束是根据模型尺寸和其他分析特征参数的允许范围所指定的一组规则。如果给定这组约束时，目标存在一个解决方案，则模型可以得到优化并按新的配置改变。

图 15.4.12 所示的模型，设计重点为：符合静态平衡，在不转动的时候以手动方式放置至任意位置，都会固定，不会因重力而旋转。所以，重心须与旋转轴吻合，即两者距离应为零。另外，在保持重心在曲柄轴上的同时，要求曲柄的质量最小。

Step1. 设置工作目录和打开文件。

（1）将工作目录设置为 D:\Creo3\work\ch15.04。

（2）打开文件 optim_analysis.prt。

Step2. 在 分析 功能选项卡的 设计研究 区域中选择 可行性/优化 ▼ ➡ 可行性/优化 命令，系统弹出图 15.4.13 所示的"优化/可行性"对话框。

Step3. 在"优化/可行性"对话框中，进行如下操作。

（1）设置研究首选项：选择"优化/可行性"对话框中的下拉菜单 选项(O) ➡
首选项(F)... 命令，系统弹出"首选项"对话框。在 图形 选项卡中，取消选中□ 用图形表示目标 复选框，单击 确定 按钮。

（2）设置研究范围首选项（注：设置与上节的一样）。

（3）选择研究类型，输入研究名称。

① 在"优化/可行性"对话框的 研究类型/名称 区域中，选中 ⦿ 优化 单选项。

② 在"优化/可行性"对话框的 研究类型/名称 区域中，可输入可行性研究名称，本例采用默认名称 OPTIM1。

（4）定义优化目标。在"优化/可行性"对话框的 目标 区域中，选取目标类型列表中的"最小化"，然后在要优化的参数列表中选取 MASS:ANALYSIS1。

（5）定义设计约束。

图 15.4.12　模型

图 15.4.13　"优化/可行性"对话框

① 在"优化/可行性"对话框的 **设计约束** 区域中，单击 **添加...** 按钮。

② 在系统弹出的"设计约束"对话框中，进行下列操作。

● 　选择约束参数：在对话框的参数列表中选取 XCOG：ANALYSIS1。

● 　选择比较符号：在对话框的比较符号列表中选取"="号。

● 　设置参数值：选中 ⊙ **设置** 单选项，在"值"文本框中输入数值 0。

● 　单击 **确定** 按钮。

③ 用同样的方法定义设计约束 YCOG：ANALYSIS1=0。

（6）定义设计变量。

① 在"优化/可行性"对话框的 **设计变量** 区域中，单击 **添加尺寸...** 按钮。

② 在系统的 **➡选择特征或尺寸.** 的提示下，单击模型树中的"拉伸 3"切削特征，然后选择图 15.4.14 中的尺寸 50、60、115、Φ60。

（7）在图 15.4.13 所示的"优化/可行性"对话框中，单击 **计算** 按钮，经过几秒钟的系统运算后，系统提示 **●此零件优化成功.**。此时模型尺寸如图 15.4.15 所示。

（8）要保存研究，请选择 **文件(F)** ➡ **保存(S)** 命令。

（9）在"优化/可行性"对话框中，单击 **关闭** 按钮。

（10）在弹出的"确认模型修改"对话框中，单击 **确定** 按钮。

图 15.4.14　选择尺寸　　　　　　　　图 15.4.15　模型尺寸结果

15.5　多目标设计研究

15.5.1　概述

"多目标设计研究"可以查找满足多个设计目标的优化解决方案。例如，可以研究零件的可能形状，以将零件的质量和重心位置保持在所需范围内。

"多目标设计研究"可以实现下列功能：

● 　帮助寻找最适合搜索优化解决方案的设计变量的优化范围。

● 　寻找实际上可能是相矛盾的多设计目标的解决方案。

- 如果存在多个优化解决方案，那么研究会提供出结果，以便选择首选解决方案。
- 可以展开取样设计目标的范围，或者使用不同方法分析试验中得到的数据来缩小该范围。

"多目标设计研究"由主表和衍生表按其分层顺序组成。初始时，研究可以检查允许设计变量改变的整个范围。最初调查的结果是主表，该主表列出了所有的试验记录。然后通过创建衍生表来缩小研究的焦点，这样便可以用设计目标或设计变量约束值的子集来检查模型的行为。

可通过"表树"访问任何表，以检查其结果或通过改变其条件来编辑表。检查完所查找的表之后，在研究指示的设计范围内通过指定所引导的附加试验来展开主表。

可以用"保存"命令将研究保存到磁盘上，然后在返回到模型之后打开它。保存研究可以保存所有的表数据。

注意：系统将"表树"保存在模型内。如果不保存模型，则"表树"丢失，仅将具有主表的文本文件保存到硬盘。

15.5.2　曲柄模型示例

如图 15.5.1 所示的曲柄模型，本例要使曲柄的周长最短、面积最小、质量最小，在这些目标前提下，找出最佳的设计参数，模型树如图 15.5.2 所示。

图 15.5.1　曲柄模型

图 15.5.2　模型树

Step1. 设置工作目录和打开文件。

（1）将工作目录设置为 D:\Creo3\work\ch15.05。

（2）打开文件 ds_analysis.prt。

Step2. 在 分析 功能选项卡的 设计研究 区域中选择 可行性/优化 ▼ ➡ 多目标设计研究 命令，系统弹出图 15.5.3 所示的"多目标设计研究"对话框。

图 15.5.3 所示"多目标设计研究"对话框中的下拉菜单说明如图 15.5.4 至图 15.5.9 所示。

图 15.5.3　"多目标设计研究"对话框（一）

图 15.5.4　"文件"下拉菜单

图 15.5.5　"设置"下拉菜单

图 15.5.6　"表"下拉菜单

图 15.5.8　"刀具"下拉菜单

图 15.5.7　"记录"下拉菜单

图 15.5.9　"选项"下拉菜单

Step3. 在图 15.5.3 所示的"多目标设计研究"对话框中，进行如下操作。

（1）设置研究首选项：选择"多目标设计研究"对话框中的下拉菜单 **选项(P)** ➡️

首选项(P)... 命令，系统弹出图 15.5.10 所示的"首选项"对话框的"更新"选项卡。

① 在 **更新** 选项卡中，采用默认值。

注意："更新"选项卡中各选项的含义如下。

- **更新速度**：当展开主表时，在指定数量的试验后；定期更新该对话框"表树"窗口中的"记录"（Records）列。
- **自动保存速度**：当展开主表时，在指定数量的新试验后定期自动保存 .pdl 文件。

② 在 图形 选项卡中，采用默认选项，如图 15.5.11 所示。

注意："图形"选项卡中各选项的含义如下。

● □ 研究后保留图形 复选框：在退出研究之后，图形窗口仍保持显示。

● ⊙ 不更新图形 单选项：在展开主表之后，图形不更新。

● ⊙ 展开后更新图形 单选项：在展开主表之后，更新图形。

● ⊙ 动态更新图形 单选项：通过在"一般首选项"（General Preferences）对话框中设置"更新速度"（Update Rate）来定期更新图形。

③ 在 计算 选项卡，采用默认方式，如图 15.5.12 所示。

图 15.5.10　"更新"选项卡　　　图 15.5.11　"图形"选项卡　　　图 15.5.12　"计算"选项卡

注意："计算"选项卡中各选项的含义如下。

● □ 使用分布式计算 复选框：在网络内部参与的工作站中分配计算任务。

④ 单击 确定 按钮。

（2）在"多目标设计研究"对话框中单击"新建设计研究"按钮 🗋，在 研究名称 下面的文本框中输入研究的名称，本例采用系统默认名称"DS1"。

（3）选取变量（X 轴对象），即从模型中选取要分析的可变尺寸或参数，其操作方法为：

① 在"多目标设计研究"对话框中单击"设置主表"按钮 🎛 来设置主表。

② 在弹出的"主表"对话框中，单击 设计变量 区域中的"添加尺寸变量"按钮 ⊞ 。

③ 在图 15.5.2 所示的模型树中，单击"拉伸 1"特征。

④ 在图 15.5.13 所示的模型中，选择尺寸 R85.9、57.6、182.8 和 R120.4。

（4）输入变动范围的最小值及最大值，采用系统默认值。

（5）选取设计目标（Y 轴对象），即选取已建立的分析特征的参数，其操作方法为：

① 在"主表"对话框中，单击 设计目标 区域中的 选择目标 按钮。

② 在弹出的"参数选择"对话框中选取 MASS:MASS、AREA:S 和 L:L。

③ 单击"参数选择"对话框中的 确定 按钮。形成的"主表"对话框如图 15.5.14 所示。

④ 单击"主表"对话框中的 确定 按钮。

图 15.5.13　模型

图 15.5.14　"主表"对话框

Step4. 查看实验结果。

（1）在"多目标设计研究"对话框中，单击计算主表按钮 。

（2）在系统提示 输入要生成的实验数： 后，输入实验次数 25，并按 Enter 键。

（3）经过系统运算，形成图 15.5.15 所示的"多目标设计研究"对话框。

图 15.5.15　"多目标设计研究"对话框（二）

（4）选择 表(T) ➡ 显示数据(S) 命令，可显示详细数据信息，如图 15.5.16 所示。

注意：对"无效"数据的说明和解释。多目标优化设计的过程是结合运算步数，对选定的参数在变化范围内进行组合、扫描计算，然后进行过滤。由于模型存在约束条件（本例为圆弧和直线相切），对于某些参数的组合就会和约束发生矛盾，因此就出现了无效数据的现象。有兴趣的读者可尝试删除本例中的相切约束条件进行分析，来观察数据的变化情况。

图 15.5.16   信息窗口

Step5. 产生衍生表 1。

（1）在"多目标设计研究"对话框中，单击衍生新表按钮 。

（2）在弹出的"衍生表"对话框中，选中 ◉ 约束 单选项。

（3）将目标 MASS:MASS 的最大值调整到 32000.0。

（4）输入表名 TABLE1。至此，"衍生表"对话框如图 15.5.17 所示。

图 15.5.17   "衍生表"对话框

- ◉ 约束 单选项：通过设置设计目标的最小值和最大值来创建一个衍生表。单击参数列表中的一个参数，并在"最小"（Min）和"最大"（Max）字段输入值。

注意：要编辑值，请单击该单元。

- ◎ 平行于 单选项：通过优化目标来创建一个衍生表。在"选项"（Options）下单击某个单元，然后设置为"最大化"（Maximize）、"最小化"（Minimize）或"排除"（Exclude）。

（5）单击"衍生表"对话框中的 确定 按钮。此时经过滤后形成的表数据如图 15.5.18 所示。

图 15.5.18   "多目标设计研究"对话框（三）

Step6. 产生衍生表 2。采用与上步同样的方法，在衍生表 1 下产生衍生表 2，将目标 AREA：S 的最大值调整到 48000，输入表名 TABLE2。

Step7. 单击对话框中的 确定 按钮，此时经过滤后形成的"表数据"如图 15.5.19 所示。

图 15.5.19   "多目标设计研究"对话框（四）

Step8. 产生衍生表 3。采用与 Step5 同样的方法，在衍生表 2 下产生衍生表 3，将目标 L:L 的最大值调整到 810，输入表名 TABLE3。

Step9. 单击对话框中的 ▉确定▉ 按钮，此时经过滤后形成的"表数据"如图 15.5.20 所示。

图 15.5.20　"多目标设计研究"对话框（五）

Step10. 保存 24 号模型。

（1）在"多目标设计研究"对话框中的 表数据 区域选取表记录。

（2）单击保存模型按钮 ▉ 。

（3）在弹出的"保存副本"对话框中，输入名称。

（4）单击"保存副本"对话框中的 ▉确定▉ 按钮。

Step11. 保存 DS1，退出。单击"多目标设计研究"对话框中的存盘按钮 ▉ ，然后选择 文件(F) ➡ 退出(X) 命令。

第 16 章　管道布线设计

16.1　概　　述

16.1.1　管道布线设计概述

Creo 管道设计模块应用十分广泛，所有用到管道的地方都可以使用该模块。如大型设备上面的管道系统，液压系统等等。特别是在液压设备、石油及化工设备的设计中，管道设计占很大比例，各种管道、阀门、泵、探测单元、交织在一起，错综复杂，利用 Creo 中的三维管道模块能够实现快速设计，使管道线路更加清晰，有效避免干涉现象，可以快速、高效地进行管道设计。

Creo 管道模块为管道设计提供了非常高端的工具，在一些复杂的管道设计中，合理利用这些工具，可以大大减轻用户在二维设计中的难度，使设计者的思路得到充分的发挥和延伸，提高设计者的工作效率和设计质量。

Creo 管道模块具有以下特点：

- 在结构件的基础上生成完整的数字化模型、真实模拟实际管道设计。
- 检查管道、设备之间的干涉情况。
- 生成详细的管道布置物料清单，指导实际施工。
- 为设计者提供了清晰的设计思路，减少了承重的大脑负担。
- 在使用过程中可以充分调用现成管件，减少了建模的时间，缩短研发周期。

16.1.2　Creo 管道布线设计的工作界面

设置工作目录至 D:\Creo3\work\ch16.01，打开文件 piping_model.asm。

在功能区中单击 应用程序 选项卡，如图 16.1.1 所示，然后单击 工程 区域中的"管道"按钮 ，系统进入管道设计界面，如图 16.1.2 所示。

图 16.1.1　"应用程序"选项卡

管道设计必须在一个装配文件的基础上进行，进行管道设计时一般只需和管道相关的结构件即可。对于零件较多结构较复杂的装配体，可以采用 TOPDOWN 设计方法将相关结构件几何发布并复制到管道系统节点中。

图 16.1.2　管道设计界面

16.1.3　Creo 管道布线设计的工作流程

Creo 管道设计的一般工作流程如下：

（1）设置工作目录至项目文件夹。

（2）在产品模型中创建管道系统节点。

（3）在管道系统节点中创建各种路径基准。

（4）创建线材及线材库。

（5）创建管线。

（6）布置管道路径。

（7）编辑并修改管道路径。

（8）添加管道元件。

（9）生成实体管道。

（10）检查管道路径规则。

（11）创建工程图及明细栏。

16.2　管道布线设计实际应用范例

下面以图 16.2.1 所示的管道系统为例，介绍在 Creo 中创建管道的一般过程，并介绍几种常用的管道布置方法。

Task1. 进入管道设计模块

Step1. 设置工作目录至 D:\Creo3\work\ch16.02\ex，打开文件 piping_model.asm，如图 16.2.2 所示。

图 16.2.1　管道系统

图 16.2.2　装配模型

Step2. 在功能区中单击 应用程序 选项卡，然后单击 工程 区域中的"管道"按钮 ，系统进入管道设计模块。

Task2. 创建管道 L1

Stage1. 创建管线库（线材）及管线（注：本步的详细操作过程请参见随书光盘中 video\ch16.02\Task2\reference\文件下的语音视频讲解文件 piping_model-r01.exe）。

Stage2. 创建管道路径。

Step1. 在 管道 功能选项卡的 刚性管道 区域中单击"设置起点"按钮 ，在系统弹出的菜单管理器中选择 Entry Port（入口端）选项（图 16.2.3），然后选取图 16.2.4 所示的基准坐标系 P2 为管道布置起点。

说明：在管道设计中，常用基准坐标系来表达管道的入口端和起始端，这些坐标系需要预先创建在产品的管道设计节点中，创建时要注意坐标系的 Z 轴要指向管线的引出方向。

图 16.2.3　菜单管理器

图 16.2.4　选取基准坐标系

Step2. 定义延伸管道 1。在 管道 功能选项卡的 刚性管道 区域中单击"延伸"按钮 ，
系统弹出图 16.2.5 所示的"延伸"对话框，在该对话框的 Z 文本框中输入数值 120，按
Enter 键确认，然后单击 确定 按钮，结果如图 16.2.6 所示。

Step3. 定义延伸管道 2。单击"设置起点"按钮 ，在系统弹出的菜单管理器中选择
Entry Port (入口端) 选项，选取图 16.2.4 所示的基准坐标系 P1 为管道布置起点；单击"延伸"
按钮 ，在"延伸"对话框的 Z 文本框中输入数值 520，按 Enter 键确认，然后单击 确定
按钮，结果如图 16.2.7 所示。

图 16.2.6 定义延伸管道 1

图 16.2.5 "延伸"对话框（一）　　　　图 16.2.7 定义延伸管道 2

Step4. 定义连接管道。单击 刚性管道 区域中的 连接 按钮，系统弹出"连接"对话框，
按住 Ctrl 键，选取图 16.2.8 所示的管道端点 1 和管道端点 2 为连接对象，并在"连接"对
话框中设置图 16.2.9 所示的参数，单击 ✔ 按钮，结果如图 16.2.10 所示。

图 16.2.8 选取连接参考　　　图 16.2.9 "连接"对话框　　　图 16.2.10 定义连接管道

Stage3. 定义流动方向。

Step1. 显示流动方向。在模型树 下拉列表中选中 ☑ 管线视图 (L) 复选项，模型

树显示为图 16.2.11 所示的管道系统树，右击其中的 ▶ 🔧 L1 节点，在弹出的快捷菜单中选择 🔧 显示 命令，此时管线中显示图 16.2.12 所示的流动方向箭头。

Step2. 更改流动方向。右击其中的 ▶ 🔧 L1 节点，在弹出的快捷菜单中选择 🔧 反转 命令，反转流动方向，结果如图 16.2.13 所示。

```
📁 PIPING_MODEL.ASM
  ▼ 📁 管道系统树
     ▼ 📁 UNCLASSIFIED-GROUP
        ▶ 🔧 L1
```

图 16.2.11　管道系统树　　　　图 16.2.12　显示流动方向　　　　图 16.2.13　反转流动方向

Stage4. 修改管道尺寸。

Step1. 在管道系统树中右击 ▶ 🔧 L1 下方的 ✏️ 折弯管道 节点，在弹出的快捷菜单中选择 ⬌ 命令，此时模型中显示管道 L1 中的所有尺寸。

Step2. 修改折弯半径。双击图 16.2.14 所示的尺寸 "R1.5"，在系统弹出的菜单管理器中选择 新值 选项（图 16.2.15），在系统 输入半径值 的提示下，输入新的折弯半径值 25，然后按 Enter 键确认。

Step3. 参考 Step2 的操作步骤，将另一处折弯的半径值修改为 25。

Step4. 单击屏幕下方的 "黄灯"，再单击 重新生成 按钮，再生模型，结果如图 16.2.16 所示。

菜单管理器

▼ 选取值

　1.500000

　2.000000

　3.000000

新值

退出

图 16.2.14　修改折弯半径　　　　图 16.2.15　菜单管理器　　　　图 16.2.16　再生模型

Stage5. 生成实体管道。

Step1. 在管道系统树中右击 ▶ 🔧 L1 节点，在弹出的快捷菜单中选择 实体 ➡️ 创建 命令，此时模型中显示图 16.2.17 所示的实体管道。

Step2. 在模型树 🔧 下拉列表中取消选中 □ 管线视图(L) 复选项，返回到模型树显示界面，右击 🔧 L10001.PRT 节点，在弹出的快捷菜单中选择 打开 命令，可以在新窗口中查看实体管道，如图 16.2.18 所示。

Step3. 关闭实体管道窗口并保存装配模型。

图 16.2.17 生成实体管道

图 16.2.18 查看实体管道

Task3. 创建管道 L2

Stage1. 创建管线。

Step1. 创建管线 L2。在 管道 功能选项卡的 刚性管道 区域中单击 "创建管道" 按钮 ，在系统弹出的文本框中输入管线名称 "L2"，然后单击 按钮。

Step2. 定义管线库。系统弹出的菜单管理器中选择 SC1 选项。

Stage2. 创建管道路径。

Step1. 绘制图 16.2.19 所示的管道路径参考曲线。在 模型 功能选项卡的 基准 下拉列表中单击 草绘 按钮，选取图 16.2.19 所示的 ADTMI 为草绘平面；单击 反向 按钮，在 ASM_RIGHT 为参考平面，方向为 右 ，单击 草绘 按钮；绘制图 16.2.20 所示的草图，完成后单击 按钮，退出草绘环境。

图 16.2.19 管道路径参考曲线

图 16.2.20 绘制草图

Step2. 在模型树界面中选择 ➡ 树过滤器(F)... 命令，在模型树对话框中选中 ☑ 特征 复选框，单击 确定 按钮，这样所有的管道特征都将在模型树中显示。

Step3. 在 管道 功能选项卡的 刚性管道 区域中单击 "布线管道" 按钮 ，然后在模型树中单击 L2 节点。

说明： 如果当前 "管道" 按钮 处于按下状态，就无需再进行单击。

Step4. 在 管道 功能选项卡的 刚性管道 区域中单击 跟随 按钮后的 ，选择 跟随草绘 命令，然后选取图 16.2.19 所示的路径参考曲线；在系统弹出的 "跟随草绘" 对话框中设置图 16.2.21 所示的参数，单击 按钮。

图 16.2.21　"跟随草绘"对话框

Stage3．生成实体管道。

Step1．在模型树 下拉列表中选中 管线视图(L) 复选项，模型树显示为管道系统树，右击其中的 L2 节点，在弹出的快捷菜单中选择 实体 ➡ 创建 命令，此时模型中显示图 16.2.22 所示的实体管道。

Step2．在模型树 下拉列表中取消选中 管线视图(L) 复选项，返回到模型树显示界面，右击 L20001.PRT 节点，在弹出的快捷菜单中选择 打开 命令，可以在新窗口中查看实体管道，如图 16.2.23 所示。

图 16.2.22　生成实体管道

图 16.2.23　查看实体管道

Step3．关闭实体管道窗口并保存装配模型。

Task4．创建管道 L3

Stage1．创建管线。

Step1．创建管线 L3。在 管道 功能选项卡的 刚性管道 区域中单击"创建管道"按钮，在系统弹出的文本框中输入管线名称"L3"，然后单击 按钮。

Step2．定义管线库。系统弹出的菜单管理器中选择 SC1 选项。

Stage2．创建管道路径。

Step1．在 管道 功能选项卡的 刚性管道 区域中单击"设置起点"按钮，在系统弹出的

菜单管理器中选择 `Entry Port (入口端)` 选项，然后选取图 16.2.24 所示的基准坐标系 P3 为管道布置起点。

Step2. 定义延伸管道 1。在 `管道` 功能选项卡的 `刚性管道` 区域中单击"延伸"按钮 ✎，系统弹出"延伸"对话框（一），在该对话框 `至坐标 ▼` 下拉列表中选择 `沿坐标系轴` 选项，系统弹出图 16.2.25 所示的"延伸"对话框（二），在该对话框中设置图 16.2.25 所示的参数，单击 `应用` 按钮，结果如图 16.2.26 所示。

Step3. 修改管道环境。在 `管道` 功能选项卡的 `刚性管道` 区域中单击 `✎ 环境` 按钮，系统弹出图 16.2.27 所示的"管道环境"对话框，在该对话框的 `折弯半径:` 文本框中输入数值 25，单击 `确定` 按钮。

图 16.2.24　选取坐标系

图 16.2.25　"延伸"对话框（二）

图 16.2.26　延伸管道 1

图 16.2.27　"管道环境"对话框

Step4. 定义延伸管道 2。在"延伸"对话框中选中 `⊙ Y 轴` 单选项，在 `尺寸选项` 区域中的下拉列表中选择 `距参考的偏移` 选项，如图 16.2.28 所示，选取图 16.2.24 所示的基准坐标系 P4 为偏移参考；单击 `尺寸选项` 区域下方的文本框，输入数值 0，单击 `确定` 按钮，结果如图 16.2.29 所示。

图 16.2.28　"延伸"对话框（三）

图 16.2.29　延伸管道 2

Step5. 定义管道终点。在 管道 功能选项卡的 刚性管道 区域中单击"至点/端口"按钮，系统弹出图 16.2.30 所示的"到点/端口"对话框，选取图 16.2.24 所示的基准坐标系 P4 为参考，单击 按钮，结果如图 16.2.31 所示。

图 16.2.30　"到点/端口"对话框

图 16.2.31　定义管道终点

Task5. 创建分支管道 L4

Stage1. 创建管线。

Step1. 创建管线 L4。在 管道 功能选项卡的 刚性管道 区域中单击"创建管道"按钮，在系统弹出的文本框中输入管线名称"L4"，然后单击 按钮。

Step2. 定义管线库。系统弹出的菜单管理器中选择 SC1 选项。

Stage2. 创建管道路径。

Step1. 在 管道 功能选项卡的 刚性管道 区域中单击"设置起点"按钮，在系统弹出的菜单管理器中选择 Entry Port（入口端）选项，然后选取图 16.2.32 所示的基准坐标系 P5 为管道布置起点。

Step2. 定义延伸管道 1。在 管道 功能选项卡的 刚性管道 区域中单击"延伸"按钮，系统弹出"延伸"对话框，在该对话框的 尺寸选项 区域下方的文本框中输入数值 60，按 Enter 键确认，然后单击 确定 按钮，结果如图 16.2.33 所示。

基准坐标系 P5　选取此管线 L3

图 16.2.32　选取基准坐标系　　　　　　　图 16.2.33　定义延伸管道 1

Step3. 修改管道环境。在 管道 功能选项卡的 刚性管道 区域中单击 环境 按钮，系统弹出 "管道环境"对话框，在该对话框的 折弯半径 文本框中输入数值 25，单击 确定 按钮。

Step4. 定义分支管道 1。在 管道 功能选项卡的 刚性管道 区域中单击 分支 按钮，系统弹出图 16.2.34 所示的"分支"菜单管理器；选择的 To Point (至点) ➡ Create Pnt (创建点) 命令，在图形区中选取图 16.2.32 所示的管线 L3 为参考对象；继续在菜单管理器中选择 Length Ratio (长度比例) 命令，在系统弹出的文本框中输入比例值 0.5，单击 ✔ 按钮完成分支管道的创建，结果如图 16.2.35 所示。

图 16.2.34　"分支"菜单管理器　　　　　　图 16.2.35　定义分支管道 1

Stage3. 生成实体管道。

Step1. 在模型树 下拉列表中选中 ☑ 管线视图(L) 复选项，模型树显示为管道系统树，选中 L3 和 L4 节点然后右击，在弹出的快捷菜单中选择 实体 ➡ 创建 命令，此时模型中显示图 16.2.36 所示的实体管道。

图 16.2.36　生成实体管道

Step2. 保存装配模型。

Task6. 创建软管 H1

Stage1. 创建管线库（线材）及管线。

Step1. 创建管线 H1。在 管道 功能选项卡的 刚性管道 区域中单击"创建管道"按钮 ，
在系统弹出的文本框中输入管线名称"H1"，然后单击 按钮。

Step2. 定义管线库。在系统弹出的菜单管理器中选择 创建 选项，输入管线库的名称
"SH1"，然后单击 按钮，系统弹出"管线库"对话框；在该对话框中设置图 16.2.37 所
示的参数，然后单击 按钮。

Stage2. 创建管道路径。

Step1. 在 管道 功能选项卡的 刚性管道 区域中单击"设置起点"按钮 ，在系统弹出的
菜单管理器中选择 Entry Port（入口端）选项，然后选取图 16.2.38 所示的基准坐标系 P6 为管道
布置起点。

图 16.2.37　"管线库"对话框

Step2. 定义管道参考。在 管道 功能选项卡的 刚性管道 区域中单击"至点/端口"按钮 ，
系统弹出"到点/端口"对话框，选取图 16.2.38 所示的基准点 APNT4 为参考，单击 按
钮；再次单击"至点/端口"按钮 ，选取图 16.2.38 所示的基准坐标系 P7 为管道布置参考，
单击 按钮，结果如图 16.2.39 所示。

图 16.2.38　选取参考基准

图 16.2.39　定义管道参考

Stage3.　生成实体管道。

Step1.　在管道系统树中右击的 [⚙]H1 节点，选择 实体 ➡ ⚙创建 命令，此时模型中显示图 16.2.40 所示的实体管道。

Step2.　在模型树 [⚙]▾ 下拉列表中取消选中 □ 管线视图(L) 复选项，返回到模型树显示界面，右击 ⚙ H10001.PRT 节点，在弹出的快捷菜单中选择 打开 命令，可以在新窗口中查看实体管道，如图 16.2.41 所示。

图 16.2.40　生成实体管道

图 16.2.41　查看实体管道

Step3.　保存装配模型。

16.3　添加管道元件

　　管道系统中一般都会有很多的管道部件，如管接头、法兰、三通等。在 Creo 管道中，管道元件可以在布置路径时添加，也可以在路径布置完成后添加，添加管道元件时可以直接从零件库中调用，也可以使用用户自定义的元件，用户在创建自定义的管道元件时，要注意在元件中的添加用于匹配定位的基准特征，另外，在添加这些部件时只能在对应的拐角类型上添加，例如，管接头元件只能添加到"管接头"类型的拐角中，而不能添加到"折弯"类型的拐角中。

　　下面介绍在管道中添加管道元件的一般方法。

Task1.　进入管道设计模块

Step1.　设置工作目录至 D:\Creo3\work\ch16.03\ex，打开文件 piping_model.asm，打开装配模型文件 piping_model.asm，如图 16.3.1 所示。

Step2. 在功能区中单击 应用程序 选项卡，单击 工程 区域中的"管道"按钮 ，系统进入管道设计模块。

Task2. 修改线材库参数

Step1. 选择 设置 ▼ 下拉菜单中的 管线库 命令，系统弹出"管线库"菜单管理器，选择 Edit (编辑) ➡ SC1 命令（图 16.3.2），系统弹出"管线库"对话框。

图 16.3.1　管道系统

图 16.3.2　"管线库"菜单管理器

Step2. 在"管线库"对话框中设置图 16.3.3 所示的参数，然后单击 按钮。

图 16.3.3　"管线库"对话框

Step3. 在"管线库"菜单管理器中选择 Done/Return (完成/返回) 命令，结束管线库的修改。

Step4. 单击屏幕下方的"黄灯"，再单击 重新生成 按钮，再生模型。

说明：如果屏幕下方的显示为"绿灯"，Step3 操作可以省略。

Task3. 修改拐角类型

Step1. 在 管道 功能选项卡的 管线 ▾ 区域中单击"修改管线"按钮 🛠 ，系统弹出图 16.3.4 所示的"修改管线"对话框，在该对话框的 修改选项 区域中选中 ⦿ 拐角类型 单选项。

Step2. 在模型中选取图 16.3.5 所示的折弯拐角 1（单击折弯处的圆弧）为修改对象，单击"选择"对话框中的 确定 按钮。

Step3. 在"修改管线"对话框中的 新类型 下拉菜单中选择 管接头 选项，单击 ✔ 按钮完成拐角类型的修改，结果如图 16.3.6 所示。

Step4. 参考 Step1~Step3 的操作步骤，修改图 16.3.7 所示的折弯拐角 2~折弯拐角 7 的拐角类型。

说明：修改拐角时可以按住 Ctrl 键选取多个同类型的拐角一起修改。

Step5. 单击屏幕下方的"黄灯"，再单击 重新生成 按钮，再生模型。

Task4. 添加 90° 折弯管接头

Step1. 在 管道 功能选项卡的 管接头 区域中单击"插入管接头"按钮 🗂 ，系统弹出图 16.3.8 所示的"插入类型"菜单管理器，选择其中的 Corner（拐角） 命令，系统弹出"打开"对话框，选择元件 el90.prt，单击 打开 ▾ 按钮。

Step2. 在模型中选取图 16.3.5 所示的折弯拐角 1（单击管道交点处的边线）为插入对象，系统弹出图 16.3.9 所示的"重定义管接头"菜单管理器，选择其中的 Done（完成） 命令，完成管接头的添加，结果如图 16.3.10 所示。

图 16.3.4   "修改管线"对话框

图 16.3.5   选取修改对象

图 16.3.6   修改拐角类型

图 16.3.7　修改其余拐角类型

图 16.3.8　"插入类型"菜单管理器

图 16.3.9　"重定义管接头"菜单管理器

Task5. 添加 45° 折弯管接头

Step1. 在 管道 功能选项卡的 管接头 区域中单击"插入管接头"按钮 🛱 ，选择"插入类型"菜单管理器中的 Corner (拐角) 命令，系统弹出"打开"对话框，选择元件 el45.prt，单击 打开 ▾ 按钮。

Step2. 在模型中选取图 16.3.7 所示的折弯拐角 3 为插入对象，在"重定义管接头"菜单管理器中选择 Done (完成) 命令，完成管接头的添加，结果如图 16.3.11 所示。

图 16.3.10　添加 90° 折弯管接头

图 16.3.11　添加 45° 折弯管接头

Task6. 添加三通管接头

Step1. 在 管道 功能选项卡的 管接头 区域中单击"插入管接头"按钮 🛱 ，选择"插入类型"菜单管理器中的 Straight Brk (直断破) 命令，系统弹出"打开"对话框，选择元件 tee.prt，单击 打开 ▾ 按钮。

Step2. 在系统弹出的"选取点"菜单管理器中选择 `Select Pnt (选择点)` 命令，如图 16.3.12 所示，在模型中选取图 16.3.13 所示的 APNT5 为插入位置点，然后再活动元件窗口中选取图 16.3.14 所示的 PNT3 为匹配点。

图 16.3.12　"选取点"菜单管理器　　图 16.3.13　选取位置点　　图 16.3.14　选取匹配点

Step3. 此时三通管接头的位置如图 16.3.15 所示，在"重定义管接头"菜单管理器中选择 `Orientation (方向)` ➡ `Twist (扭转)` ➡ `Enter Value (输入值)`，在 `输入角度` 的提示下，输入角度值 90，单击 ✔ 按钮，在菜单管理器中选择 `Done (完成)` 命令（共选择三次），结束三通管的添加，如图 16.3.16 所示。

Task7. 添加其他管接头

Step1. 参考 Task4~Task6 的操作步骤，在管道中添加其他元件，具体操作过程这里不再赘述，结果如图 16.3.17 所示。

Step2. 保存装配体模型。

图 16.3.15　位置 1　　图 16.3.16　位置 2　　图 16.3.17　添加其他管接头

16.4　查看管道信息

管道系统创建完成后，可以查看整个管道系统的信息，如各管段的长度、折弯的位置及折弯角度等。

下面以查看管道长度的信息为例，介绍查看管道信息的一般操作过程。

Step1. 设置工作目录至 D:\Creo3\work\ch16.04\，打开文件 piping_model.asm。

Step2. 在功能区中单击 `应用程序` 选项卡，单击 `工程` 区域中的"管道"按钮 📎，系统进入管道设计模块。

Step3. 在 管道 功能选项卡的 信息 区域中单击"管道信息"按钮 ，系统弹出图 16.4.1 所示的"报告管线"对话框。

图 16.4.1　"报告管线"对话框

Step4. 在"报告管线"对话框 信息类型 下拉列表中选择 长度 选项，系统弹出图 16.4.2 所示的"线名"菜单管理器，选择 Select All（全选） ➡ Done Sel（完成选取）命令，系统将在"报告管线"对话框的 结果 区域将会显示管道的长度信息，如图 16.4.3 所示。

图 16.4.2　"线名"菜单管理器

图 16.4.3　长度信息

第 17 章　电气布线设计

17.1　概　　述

17.1.1　电气布线设计概述

在产品设计的流程中，除了传统的零件设计，结构设计以及出工程图外，我们应该寻求更高级的功能将我们产品设计的更加完整。比如很多电气类产品中有大量的线缆，这些线缆对产品的结构布局有很大的影响。现在电气产品结构设计越来越紧凑，产品内能否容纳所需的线缆，内部元件的结构能否满足线缆的布置要求，线缆在产品内如何固定，都是需要考虑的问题。这些问题都可以通过 Creo 电缆设计这个高级模块来解决。Creo 电缆设计模块应用十分广泛，如通信、电子电力、工控、汽车、家电等，凡是与线缆有关的产品均可以应用该模块。

Creo 电缆设计以产品的结构为基础，在其中根据要求添加 3D 线缆，最终生成完整的数字产品模型。有了完整的产品模型，可以方便的检查线缆、元件间的干涉，各设计部门之间也可以很直观的根据模型进行交流、评估，对设计中可能存在的问题能够及时指出并修改。

Creo 电缆设计还可以将加工过程提前。线缆布置完成后，在出产品结构图的同时，也可以制作线束的钉板图，指导线束加工与制造。这样，结构件完成加工的同时，线缆也可以完成加工，极大的提高研发速度。

17.1.2　Creo 电气布线设计的工作界面

设置工作目录至 D:\Creo3\work\ch17.01，打开文件 electric_power.asm。

在功能区中单击 **应用程序** 选项卡，如图 17.1.1 所示，然后单击 **工程** 区域中的"缆"按钮 ，系统进入电缆设计界面，如图 17.1.2 所示。

图 17.1.1　"应用程序"选项卡

　　电缆设计必须在一个装配文件的基础上进行，一般的思路是在总的产品装配模型中创建一个电缆设计节点（子装配），采用 TOP-DOWN 设计方法将相关结构件几何发布并复制到电缆设计节点中，进行电缆设计时一般只需要和电缆相关的结构件，如各种端子、接插件即可。

图 17.1.2　电缆设计界面

17.1.3　Creo 电气布线设计的工作流程

　　Creo 电缆设计包括逻辑布线和手动布线两种方法。逻辑布线是根据逻辑连接图自动指定连接电气元件，通过提前绘制布线网络，实现自动布线。逻辑布线的前提是建立和三维电气元件相配合的逻辑连接图，设置逻辑图中的电线，元件和插针等参数与三维模型中完全对应，需要大量的前期实施和准备工作。手动布线是根据实际接线布线要求在设计节点中直接绘制电缆路径，不用设置逻辑图与三维模型的对应参数。本节主要介绍手动布线的操作方法。

　　Creo 手动布线的一般工作流程如下：

　　（1）设置工作目录至项目文件夹。

　　（2）在产品模型中创建电缆设计节点。

　　（3）在接插件中创建各种线缆入口端及路径基准。

（4）创建线束。

（5）指定连接器及入口端。

（6）创建线轴（线材）。

（7）创建线缆。

（8）创建线缆路径。

（9）编辑并修改导线位置。

（10）检查线缆位置及干涉情况。

（11）展平各个线束。

（12）创建工程图及接线表。

17.2 电气布线设计实际应用范例

下面以图 17.2.1 所示的模型为例，介绍在 Creo 中手动布线的一般过程。

Task1. 进入电缆设计模块

Step1. 设置工作目录至 D:\Creo3\work\ch17.02\ex，打开文件 electric_power.asm，如图 17.2.2 所示。

图 17.2.1 电缆设计模型 　　　　　　　　　　图 17.2.2 装配模型

Step2. 在功能区中单击 **应用程序** 选项卡，然后单击 **工程** 区域中的"缆"按钮，系统进入电缆设计模块。

Task2. 布置线束 H1

Stage1. 创建线束零件

Step1. 新建线束文件（注：本步的详细操作过程请参见随书光盘中 video\ch17.02\Task2\reference\文件下的语音视频讲解文件 electric_power-task2-r01.exe）。

Stage2. 定义连接器及入口端

Step1. 定义连接器 1。

（1）选择命令。在 缆 功能选项卡的 逻辑数据 ▼ 区域中单击 🖐自动指定 ▼ 按钮中的 ▼ 按钮，选择 指定 命令。

（2）指定连接器。在模型中选取图 17.2.3 所示的零件（db15-e.prt）为连接器 1，系统弹出图 17.2.4 所示的文本框，采用默认的连接器参数，直接单击 ✔ 按钮。

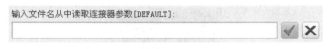

　图 17.2.3　指定连接器 1　　　　　　　　　　图 17.2.4　定义连接器参数

（3）指定入口端。此时系统弹出图 17.2.5 所示的"修改连接器"菜单管理器，选择 Entry Ports（入口端）➡ Add/Modify（增加/修改）命令，选取图 17.2.6 所示的连接器 1 中的基准坐标系 E1 为入口端。

　　　图 17.2.5　"修改连接器"菜单管理器　　　　　图 17.2.6　指定入口端

说明： 在电缆设计中，常用基准坐标系来表达线缆的入口端，这些坐标系需要预先创建在连接器中，创建时要注意坐标系的 Z 轴要指向线缆的引出方向。

（4）定义连接器内部的线缆长度。在"选择"对话框中单击 确定 按钮，在系统弹出的图 17.2.7 所示的文本框中输入连接器内部的线缆长度值 5，单击 ✔ 按钮。

图 17.2.7　连接器内部的线缆长度

（5）定义端口类型。在"修改连接器"菜单管理器的 PORT TYPE（端口类型）区域中选择 WIRE（线）命令，在菜单管理器中选择 Done（完成）命令（共选择 2 次），结束连接器 1 的定义。

Step2. 定义连接器 2。在 **缆** 功能选项卡的 **逻辑数据 ▼** 区域中单击 **自动指定** 按钮中的 **▼** 按钮，选择 **指定** 命令；在模型中选取图 17.2.8 所示的零件（socket-6pinmindin.prt）为连接器 2，在连接器参数文本框中单击 ✔ 按钮；在"修改连接器"菜单管理器中选择 **Entry Ports（入口端） ➡ Add/Modify（增加/修改）** 命令，选取图 17.2.9 所示的连接器 2 中的基准坐标系 E4 为入口端；在"选择"对话框中单击 **确定** 按钮，在文本框中输入连接器内部的线缆长度值 5，单击 ✔ 按钮；在菜单管理器的 **PORT TYPE（端口类型）** 区域中选择 **WIRE（线）** 命令，然后选择 **Done（完成）** 命令（共选择 2 次），结束连接器 2 的定义。

图 17.2.8　指定连接器 2

图 17.2.9　指定入口端

Stage3. 定义线轴

Step1. 选择命令。在 **缆** 功能选项卡的 **逻辑数据 ▼** 区域中单击 **线轴** 按钮，系统弹出图 17.2.10 所示的"线轴"菜单管理器，选择 **Create（创建） ➡ WIRE（线）** 命令。

Step2. 输入线轴名称。在系统弹出的文本框中输入线轴名称 14_19red，如图 17.2.11 所示，然后单击 ✔ 按钮。

图 17.2.10　"线轴"菜单管理器

图 17.2.11　输入线轴名称

Step3. 定义线轴参数。此时系统弹出图 17.2.12 所示的"电气参数"对话框，该对话框用于定义线轴参数。

图 17.2.12　"电气参数"对话框

（1）修改最小折弯半径。在对话框中单击 **MIN_BEND_RADIUS** 下方的数值"3.5614"，然后在 值 文本框中输入新的最小折弯半径值 1。

（2）修改直径。单击 **THICKNESS** 下方的数值，然后在 值 文本框中输入直径值 4.25。

（3）修改颜色及颜色标记。

① 在"电气参数"对话框中选择下拉菜单 视图 ➡ 列... 命令，系统弹出图 17.2.13 所示的"模型树列"对话框。

图 17.2.13　"模型树列"对话框

② 在"模型树列"对话框的 不显示 区域中选择 COLOR 选项，单击 >> 按钮，将其移动至 显示 区域；采用同样的方法将 COLOR_CODE 选项移动至 显示 区域。

③ 在"模型树列"对话框中单击 确定 按钮，返回到"电气参数"对话框。

④ 在"电气参数"对话框中单击 COLOR 下方的 <Nonexistent> 选项，然后在 值 文本框中输入 ptc-painted-red；采用同样的方法将 COLOR_CODE 的值修改为 red，如图 17.2.14 所示。

图 17.2.14　修改颜色及颜色标记

Step4. 在 "电气参数" 对话框中单击 确定 按钮，在 "线轴" 菜单管理器中选择 Done/Return (完成/返回) 命令，结束线轴的创建。

Step5. 单击 模型 功能选项卡 操作 ▾ 区域中的 按钮，重新生成模型。

Stage4．布置导线 W-1

Step1. 选择命令。在 缆 功能选项卡的 布线 ▾ 区域中单击 "布线缆" 按钮 ，系统弹出 "布线缆" 对话框。

Step2. 创建导线 W-1。在 "布线缆" 对话框中单击 "新建一个线特征进行布线" 按钮 ，在 "布线缆" 对话框中设置图 17.2.15 所示的参数。

Step3. 选取入口端。在 "布线缆" 对话框中单击 自 区域下的文本框中 选择项 字符，选取图 17.2.16 所示的 E1 为起始入口端；单击 至 区域下的文本框中 选择项 字符，选取图 17.2.17 所示的 E4 为终止入口端。

图 17.2.16　指定起始入口端

图 17.2.15　"布线缆" 对话框

图 17.2.17　指定终止入口端

Step4. 在"布线缆"对话框中单击 确定 按钮，此时在模型中显示初步的连接导线，如图 17.2.18 所示。

图 17.2.18　初步的连接导线 W-1

Step5. 增加位置参考。

（1）选择命令。在 缆 功能选项卡的 位置▼ 区域中单击"位置"按钮，系统弹出图 17.2.19 所示的"位置"操控板。

图 17.2.19　"位置"操控板

（2）选择位置。在模型中单击导线 W-1，然后按住 Ctrl 键，依次选取图 17.2.20 所示的线夹 1 和线夹 2 中的基准轴 A-1 为位置参考。

（3）在操控板中单击 ✓ 按钮，此时导线 W-1 的位置如图 17.2.21 所示。

图 17.2.20　选取位置参考

图 17.2.21　导线 W-1 的位置

Stage5．创建导线标记

Step1. 显示实体线缆。在图 17.2.22 所示的"视图"工具栏中单击"粗缆"按钮，在模型中显示粗线缆。

图 17.2.22　"视图"工具栏

Step2. 创建标记 1。

（1）选择命令。在 缆 功能选项卡的 修饰 ▾ 区域中单击 标记 按钮。

（2）输入标记名称。在 输入标记名[退出]: 的提示下，在文本框中输入标记名称 E1，然后单击 ✔ 按钮。

（3）指定标记位置。在选取图 17.2.23 所示的位置处单击，放置标记 1。

（4）定义标记参数。在系统提示下，分别输入标记长度 10，标记延展直径 4.25，标记收缩直径 4.25，完后的标记如图 17.2.24 所示。

图 17.2.23　指定标记 1 的位置　　　　　　图 17.2.24　创建标记 1

Step3. 创建标记 2。参考 Step2 的操作步骤与参数设置，选取图 17.2.25 所示的位置创建标记，输入标记名称 E4，完后的标记如图 17.2.26 所示。

图 17.2.25　指定标记 2 的位置　　　　　　图 17.2.26　创建标记 2

说明： 显示基准点即可查看标签的名称。

Task3. 布置线束 H2

Stage1. 创建线束零件

新建线束文件（注：本步的详细操作过程请参见随书光盘中 video\ch17.02\Task3\reference\文件下的语音视频讲解文件 electric_power-task3-r01.exe）。

Stage2. 定义连接器及入口端

Step1. 定义连接器 3。

（1）选择命令。在 缆 功能选项卡的 逻辑数据 ▾ 区域中单击 自动指定 ▾ 按钮中的 ▾ 按钮，选择 指定 命令。

（2）指定连接器。在模型中选取图 17.2.27 所示的零件（acoustics_2_2）为连接器 3，采用默认的连接器参数，直接单击 ✔ 按钮。

（3）指定入口端。在"修改连接器"菜单管理器中选择 `Entry Ports (入口端)` ➡️ `Add/Modify (增加/修改)` 命令，选取图 17.2.28 所示的连接器 3 中的基准坐标系 E2 为入口端。

图 17.2.27　指定连接器 3　　　　　　　图 17.2.28　指定入口端

（4）定义连接器内部的线缆长度。在"选择"对话框中单击 确定 按钮，在系统弹出的文本框中输入连接器内部的线缆长度值 5，单击 ✔ 按钮。

（5）定义端口类型。在"修改连接器"菜单管理器的 `PORT TYPE (端口类型)` 区域中选择 `WIRE (线)` 命令，在菜单管理器中选择 `Done (完成)` 命令（共选择 2 次），结束连接器 1 的定义。

Step2. 定义连接器 4。参考 Step1 的操作步骤与参数设置，在模型中选取图 17.2.29 所示的零件（acoustics_2_1）为连接器 4，选取图 17.2.30 所示的连接器 4 中的基准坐标系 E3 为入口端。

图 17.2.29　指定连接器 4　　　　　　　图 17.2.30　指定入口端

Step3. 定义连接器 5。

（1）指定入口端与连接器。参考 Step1 的操作步骤与参数设置，在模型中选取图 17.2.31 所示的零件（acoustics_1）为连接器 5，选取图 17.2.32 所示的连接器 5 中的基准坐标系 E5 为入口端。

图 17.2.31　指定连接器 5　　　　　　　图 17.2.32　指定入口端

（2）定义端口类型。在"修改连接器"菜单管理器的 `PORT TYPE (端口类型)` 区域中选择

ROUND（倒圆角）命令，在菜单管理器中选择 Done （完成）命令（共选择 2 次），结束连接器 5 的定义。

注意：由于入口端 E5 将要接入多根导线，所以其端口类型与单根导线的端口类型不同，设置 ROUND （倒圆角）类型即允许端口接入多根导线且导线呈圆形排列。

Stage3. 定义线轴

说明：这里要创建的线轴是包含 2 根导线的多芯电缆。

Step1. 选择命令。在 缆 功能选项卡的 逻辑数据 ▼ 区域中单击 线轴 按钮，在系统弹出的"线轴"菜单管理器中选择 Create （创建）➡ Cable （缆）命令。

Step2. 输入线轴名称。在系统弹出的文本框中输入线轴名称 C1，然后单击 ✓ 按钮。

Step3. 定义线轴参数。此时系统弹出图 17.2.33 所示的"电气参数"对话框，该对话框用于定义线轴参数。

图 17.2.33　"电气参数"对话框

（1）修改最小折弯半径。设置 MIN_BEND_RADIUS 的值为 1。

（2）修改直径。设置 THICKNESS 的值为 7。

（3）定义电缆的其他参数。

① 在"电气参数"对话框中选择下拉菜单 视图 ➡ 列...命令，系统弹出"模型树列"对话框。

② 在"模型树列"对话框的 不显示 区域中选择 NUM_CONDUCTORS 选项，单击 >> 按钮，将其移动至 显示 区域；采用同样的方法将 COLOR 和 COLOR_CODE 选项移动至 显示 区域，如图 17.2.34 所示。

③ 在"模型树列"对话框中单击 确定 按钮，返回到"电气参数"对话框。

④ 在"电气参数"对话框中单击 NUM_CONDUCTORS 下方的 <Nonexistent> 选项，然后在 值 文本框中输入值 2；采用同样的方法将 COLOR 的值修改为 ptc-painted-green；将 COLOR_CODE 的值

修改为 green，如图 17.2.35 所示。

图 17.2.34　"模型树列"对话框

图 17.2.35　定义电缆的其他参数

（4）定义芯线参数。

① 在"电气参数"对话框中选中 ⊙ 导线 单选项，并依次展开 ELECTRIC_POWER 结构树下方的 ▼ C1 节点与 ▼ 导线 节点，如图 17.2.36 所示。

② 在"电气参数"对话框中选择下拉菜单 视图 ➡ 列… 命令，系统弹出"模型树列"对话框，在该对话框中将图 17.2.37 所示的参数依次移动至 显示 区域；单击 确定 按钮，返回到"电气参数"对话框。

图 17.2.36 展开芯线的参数节点

图 17.2.37 移动参数

③ 输入各芯线的参数。在"电气参数"对话框中输入各芯线的参数，如图 17.2.38 所示。

图 17.2.38 定义各芯线的参数

Step4. 在"电气参数"对话框中单击 确定 按钮，在"线轴"菜单管理器中选择 Done/Return (完成/返回) 命令，结束线轴的创建。

Step5. 单击 模型 功能选项卡 操作 ▼ 区域中的 按钮，重新生成模型。

Stage4．布置电缆 CABLE_1

Step1. 选择命令。在 缆 功能选项卡的 布线 ▼ 区域中单击"布线缆"按钮 ，系统弹出"布线缆"对话框。

Step2. 创建导线 CABLE_1。在"布线缆"对话框中单击"新建一个缆特征进行布线"按钮 ，在"布线缆"对话框中设置图 17.2.39 所示的参数。

Step3. 布置电缆分段部分。

（1）在"布线缆"对话框中单击 目 区域下的文本框中 选择项 字符，选取图 17.2.40 所示的 E5 为起始入口端。

（2）右击 至 区域下的文本框中 选择项 字符，在弹出的快捷菜单中选择 添加位置 命令，系统弹出"位置"操控板，选取图 17.2.41 所示基准点 PNT1 为位置参考，在操控板中单击 ✔ 按钮。

图 17.2.40　指定起始入口端

图 17.2.39　"布线缆"对话框

图 17.2.41　选取位置参考

（3）在"布线缆"对话框中单击 应用 按钮，此时在模型中显示电缆分段部分，如图 17.2.42 所示。

图 17.2.42　布置电缆分段部分

Step4. 布置电缆芯线 1。

（1）在"布线缆"对话框中选择 ⚡CABLE_1:C1-1，右击 🗏区域下的文本框中 选择项 字符，在弹出的快捷菜单中选择 添加位置 命令，系统弹出"位置"操控板，选取图 17.2.41 所示基准点 PNT1 为位置参考，在操控板中单击 ✔ 按钮。

（2）单击 至 区域下的文本框中 选择项 字符，选取图 17.2.43 所示的 E2 为终止入口端。

（3）在"布线缆"对话框中单击 应用 按钮，此时在模型中显示电缆芯线 1 的分段部分，如图 17.2.44 所示。

图 17.2.43　指定入终止口端　　　　　　　图 17.2.44　电缆芯线 1 的分段

Step5. 布置电缆芯线 2。

（1）在"布线缆"对话框中选择 ⚡CABLE_1:C1-2，右击 🗏区域下的文本框中 选择项 字符，在弹出的快捷菜单中选择 添加位置 命令，系统弹出"位置"操控板，选取图 17.2.41 所示基准点 PNT1 为位置参考，在操控板中单击 ✔ 按钮。

（2）单击 至 区域下的文本框中 选择项 字符，选取图 17.2.45 所示的 E3 为终止入口端。

（3）在"布线缆"对话框中单击 应用 按钮，此时在模型中显示电缆芯线 2 的分段部分，如图 17.2.46 所示。

图 17.2.45　指定终止入口端　　　　　　　图 17.2.46　电缆芯线 2 的分段

Step6. 在"布线缆"对话框中单击 确定 按钮，完成电缆的初步布置。

Step7. 增加位置参考。

（1）定义芯线 1 的位置。

① 选择命令。在 缆 功能选项卡的 位置▼ 区域中单击"位置"按钮🖉，系统弹出"位置"操控板。

② 定义对象。在模型中单击图 17.2.44 所示的芯线 1，选取图 17.2.47 所示的线夹 3 中的基准轴 A-1 为位置参考，在操控板中单击 ✔ 按钮，此时芯线 1 的位置如图 17.2.48 所示。

图 17.2.47　选取位置参考

图 17.2.48　芯线 1 的位置

（2）定义芯线 2 的位置。在 **缆** 功能选项卡的 **位置▼** 区域中单击"位置"按钮，在模型中单击图 17.2.46 所示的芯线 2，选取图 17.2.49 所示的线夹 4 中的基准轴 A-1 为位置参考，在操控板中单击 按钮，此时芯线 2 的位置如图 17.2.50 所示。

图 17.2.49　选取位置参考

图 17.2.50　芯线 2 的位置

Stage5．创建导线标记。

Step1. 创建标记 3。

（1）选择命令。在 **缆** 功能选项卡的 **修饰▼** 区域中单击 **标记** 按钮。

（2）输入标记名称。在 **输入标记名[退出]:** 的提示下，在文本框中输入标记名称 E5，然后单击 按钮。

（3）指定标记位置。在图 17.2.51 所示的位置处单击，放置标记 3。

（4）定义标记参数。在系统提示下，分别输入标记长度 10，标记延展直径 7，标记收缩直径 7，完后的标记如图 17.2.52 所示。

图 17.2.51　指定标记 3 的位置

图 17.2.52　创建标记 3

Step2. 创建标记 4。参照 Step1 的操作步骤与参数设置，选取图 17.2.53 所示的位置创建标记 4，输入标记名称 E2，设置标记长度 10，标记延展直径 3，标记收缩直径 3，完后的标记如图 17.2.54 所示。

图 17.2.53　指定标记 4 的位置

图 17.2.54　创建标记 4

Step3. 创建标记 5。参照 Step1 的操作步骤与参数设置，选取图 17.2.55 所示的位置创建标记 5，输入标记名称 E3，设置标记长度 10，标记延展直径 3，标记收缩直径 3，完后的标记如图 17.2.56 所示。

图 17.2.55　指定标记 5 的位置

图 17.2.56　创建标记 5

17.3　查看线缆信息

电缆布线完成后，可以查看整个电气系统中所有线缆的信息，如各线缆的长度、入口端、连接器等，如果无法查看某条线缆的连接器或入口端信息，则说明该线缆的布置不完整。

下面以图 17.3.1 所示的电气系统为例，介绍查看线缆信息的一般操作过程。

Step1. 设置工作目录至 D:\Creo3\work\ch17.03\ex，打开文件 electric_power.asm。

Step2. 在功能区中单击 **应用程序** 选项卡，单击 **工程** 区域中的"缆"按钮 ，系统进入电缆设计模块。

Step3. 在 **缆** 功能选项卡的 **信息** 区域中单击"缆"按钮 ，系统弹出图 17.3.2 所示的"缆信息"对话框。

图 17.3.1　电气系统

图 17.3.2　"缆信息"对话框

Step4. 在"缆信息"对话框中选中 ⊙ 线束列表 和 ⊙ 全部 单选项，单击 应用 按钮，系统弹出图 17.3.3 所示的信息窗口。

图 17.3.3　信息窗口

Step5. 在信息窗口中查看线束 H2 的各芯线的信息，发现信息不完整，无法得到起始入口端的接插件名称。

Step6. 修改布线。

（1）关闭信息窗口与"缆信息"对话框。

（2）在 缆 功能选项卡的 线束 ▼ 区域中单击"修改线束"按钮 ，在系统弹出的菜单管理器中选择 H2 ➡ Done (完成) 命令。

（3）显示线缆中心线。在"视图"工具栏中单击"中心线"按钮 ，在模型中显示线缆中心线。

（4）删除多余线缆分段。在模型中选择图 17.3.4 所示的线缆分段 1 和线缆分段 2（红线和黄线），右击，在弹出的快捷菜单中选择 删除 命令。

图 17.3.4　删除多余线缆分段

Step7. 显示实体线缆。在"视图"工具栏中单击 按钮，在模型中显示粗线缆。

Step8. 在 缆 功能选项卡的 信息 区域中单击"缆"按钮 ，在弹出的"缆信息"对话框中选中 ⊙ 线束列表 和 ⊙ 全部 单选项，单击 应用 按钮，系统弹出图 17.3.5 所示的信息窗口，查看线束 H2 的各芯线的信息，起始入口端的接插件名称已经完整。

图 17.3.5　信息窗口

第 18 章 产品的自顶向下设计

18.1 自顶向下设计概述

18.1.1 概述

自顶向下设计（Top-Down Design）是一种先进的模块化的设计思想，是一种从整体到局部的设计思想，即产品设计由系统布局、总图设计、部件设计到零件设计的一种自上而下、逐步细化的设计过程。

自顶向下设计（Top-Down Design）符合产品的实际开发流程。进行自顶向下设计时，设计者从系统角度入手，针对设计目的，综合考虑形成产品的各种因素，确定产品的性能、组成以及各部分的相互关系和实现方式，形成产品的总体方案；在此基础上分解设计目标，分派设计任务到分系统具体实施；分系统从上级系统获得关键数据和定位基准，并在上级系统规定的边界内展开设计，最终完成产品开发。

通过该过程，确保设计由原始的概念开始，逐渐地发展成熟为具有完整零部件造型的最终产品，把关键信息放在一个中心位置，在设计过程中通过捕捉中心位置的信息，传递到较低级别的产品结构中。如果改变这些信息，将自动更新整个系统。

自顶向下设计（Top-Down Design）方法主要包括以下特点：

（1）自顶向下的设计方法可以获得较好的整体造型，尤其适合以项目小组形式展开并行设计，极大提高产品更新换代的速度，加快新产品的上市时间。

（2）零件之间彼此不会互相牵制，所有重要变动可以由主架构来控制，设计弹性较大。

（3）零件彼此间的关联性较低，机构可预先拆分给不同的人员进行设计工作，充分达到设计分工及同步设计的工作，从而缩短设计时程，使得产品能较早进入市场。

（4）可以在骨架模型中指定产品规格的参数，然后在全参数的系统中随意调整，理论上只要变动骨架模型中的产品规格参数，就可以产生一个新的机构。

（5）先期的规划时程较长，进入细部设计可能会需要经过较长的时间。

18.1.2 自顶向下设计流程

在 Creo 3.0 中进行自顶向下设计的一般流程如下。

Step1. 设置工作目录。

Step2. 新建装配文件。

Step3. 创建骨架模型。

（1）在装配环境中创建一个空的骨架模型文件。

（2）激活骨架模型文件，复制几何特征（作为骨架模型中的基准）。

（3）设计骨架模型（产品的总体造型）。

（4）创建骨架模型分型面（用于分割骨架模型）。

Step4. 创建各级控件。

（1）创建一个空的零件文件。

（2）激活零件文件，插入骨架模型或控件（实现骨架模型或控件的分享）。

（3）以骨架模型为基础创建二级控件，以二级控件创建下游各级控件。

（4）创建各级控件分型面（用于分割控件）。

Step5. 创建装配体零件。

（1）创建一个空的零件文件。

（2）激活零件文件，插入骨架模型或控件（实现骨架模型或控件的分享）。

（3）完成产品零件造型。

Step6. 根据产品的复杂程度和设计需要，创建更多的控件和装配体零件。

Step7. 设置零部件显示（隐藏各级控件）。

Step8. 保存产品文件。

18.2　简易手电自顶向下设计

18.2.1　概述

如图 18.2.1 所示的是一简易手电模型，主要包括左侧外壳、右侧外壳、灯罩、开关和玻璃灯部件组成。根据该产品模型的结构特点，可以使用自顶向下设计方法对其进行设计，其自顶向下设计流程如图 18.2.2 所示。

右侧外壳（RIGHT_COVER.PRT）　　开关（SWITCH.PRT）

灯罩（RING.PRT）

玻璃（GLASS.PRT）　　左侧外壳（LEFT_COVER.PRT）

图 18.2.1　简易手电模型

骨架模型（FLASHLIGHT_SKEL.PRT）

灯罩（RING.PRT）

控件（CONTROL.PRT）

右侧外壳（RIGHT_COVER.PRT）　　左侧外壳（LEFT_COVER.PRT）　　开关（SWITCH.PRT）

玻璃（GLASS.PRT）

总装配模型（FLASHLIGHT.ASM）

图 18.2.2　手电自顶向下设计流程

18.2.2　简易手电自顶向下设计过程

Task1．新建一个装配体文件

Step1．单击"新建"按钮 ，在系统弹出的"新建"对话框中，进行下列操作。

（1）选中 **类型** 选项组中的 ◉ 装配 单选项。

（2）选中 **子类型** 选项组中的 ◉ 设计 单选项。

（3）在 名称 文本框中输入文件名 FLASHLIGHT。

（4）取消选中 □ 使用默认模板 复选框。

（5）单击该对话框中的 确定 按钮。

Step2. 选取适当的装配模板。

（1）在系统弹出的"新文件选项"对话框中的 模板 选项组中选择 mmns_asm_design 模板。

（2）单击该对话框中的 确定 按钮。

Step3. 设置模型树的显示。在模型树操作界面中选择 🎁 ▾节点下的 ▾ 树过滤器(F)...；在系统弹出的"模型树项"对话框中，选中 ☑ 特征 复选框，如图 18.2.3 所示，并单击 确定 按钮。

图 18.2.3　"模型树项"对话框

Task2. 创建骨架模型 FLASHLIGHT_SKEL

在装配环境下，创建图 18.2.4 所示的简易手电的骨架模型及模型树。

图 18.2.4　骨架模型及模型树

Step1. 在装配体中建立骨架模型 FLASHLIGHT_SKEL。

（1）单击 模型 功能选项卡 元件▼ 区域中的"创建"按钮 。

（2）此时系统弹出"元件创建"对话框，选中 类型 选项组中的 骨架模型 单选项，在 名称 文本框中输入文件名 FLASHLIGHT_SKEL，然后单击 确定 按钮。

（3）在"创建选项"对话框中选中 空 单选项，单击 确定 按钮。

Step2. 激活骨架模型。在模型树中选择 FLASHLIGHT_SKEL.PRT ，然后右击，在系统弹出的快捷菜单中选择 激活 命令。

（1）单击 模型 功能选项卡 获取数据▼ 区域中的"复制几何"按钮 ，在系统弹出"复制几何"操控板中进行下面操作。

（2）在"复制几何"操控板中，先确认"将参考类型设置为装配上下文"按钮 被按下，然后单击"仅限发布几何"按钮 （使此按钮为弹起状态）。

（3）在"复制几何"操控板中单击 参考 选项卡，系统弹出"参考"界面；单击 参考 文本框中的 单击此处添加项 字符，在"智能选取"栏中选择 基准平面 选项，然后按住键盘上的 Ctrl 键选取装配文件中的三个基准平面。

（4）在"复制几何"操控板中单击 选项 选项卡，选中 按原样复制所有曲面 单选项。

（5）在"复制几何"操控板中单击"完成"按钮 。

（6）完成操作后，所选的基准平面就复制到 FLASHLIGHT_SKEL.PRT 中。

Step3. 在装配体中打开主控件 FLASHLIGHT_SKEL.PRT 。在模型树中选择 ▶ FLASHLIGHT_SKEL.PRT，然后右击，在系统弹出的快捷菜单中选择 打开 命令。

Step4. 创建图 18.2.5 所示的草绘 1。在操控板中单击"草绘"按钮 ；选取 ASM_TOP 基准平面为草绘平面，选取 ASM_RIGHT 基准平面为参考平面，方向为 右 ；单击 草绘 按钮，系统弹出"参考"对话框，选取 ASM_FRONT 基准平面为参考，单击 关闭(C) 按钮，绘制图 18.2.5 所示的草绘 1。

Step5. 创建图 18.2.6 所示的草绘 2。在操控板中单击"草绘"按钮 ；选取 ASM_TOP 基准平面为草绘平面，选取 ASM_RIGHT 基准平面为参考平面，方向为 右 ；单击 草绘 按钮，系统弹出"参考"对话框，选取 ASM_FRONT 基准平面与草绘 1 的两个端点为参考，单击 关闭(C) 按钮，绘制图 18.2.6 所示的草绘 2。

图 18.2.5　草绘 1

图 18.2.6　草绘 2

Step6. 创建图 18.2.7 所示的草绘 3。在操控板中单击"草绘"按钮 ；选取 ASM_FRONT 基准平面为草绘平面，选取 ASM_RIGHT 基准平面为参考平面，方向为 右 ；单击 草绘 按 钮，系统弹出"参考"对话框，选取 ASM_FRONT 基准平面与草绘 1 的两个端点为参考， 单击 关闭(C) 按钮，绘制图 18.2.8 所示的草绘 3。

图 18.2.7　草绘 3（建模环境）　　　　　图 18.2.8　草绘 3（草图环境）

Step7. 创建图 18.2.9 所示的边界曲面 1。单击 模型 功能选项卡 曲面 ▾ 区域中的"边 界混合"按钮 ；在"边界混合"操控板中单击 曲线 按钮，系统弹出"曲线"界面，按 住 Ctrl 键，依次选取图 18.2.10 所示的曲线 1、曲线 3 和曲线 2 为边界曲线；单击 约束 按 钮，在"约束"界面中将边界"方向 1-第一条链与方向 1-最后一条链"的"条件"均设置 为 垂直 ，单击 ✔ 按钮，完成边界曲面的创建。

图 18.2.9　边界曲面 1　　　　　　　图 18.2.10　定义边界

Step8. 创建图 18.2.11 所示的草绘 4。在操控板中单击"草绘"按钮 ；选取 ASM_TOP 基准平面为草绘平面，选取 ASM_RIGHT 基准平面为参考平面，方向为 右 ；单击 草绘 按 钮，系统弹出"参考"对话框，选取 ASM_FRONT 基准平面，单击 关闭(C) 按钮，绘制图 18.2.11 所示的草绘 4。

Step9. 创建基准平面 DTM1（注：本步的详细操作过程请参见随书光盘中 video\ch18\ reference\文件下的语音视频讲解文件 flashlight-r01.exe）。

Step10. 创建图 18.2.12 所示的草绘 5。在操控板中单击"草绘"按钮 ；选取 DTM1 基准平面为草绘平面，选取 ASM_RIGHT 基准平面为参考平面，方向为 右 ；单击 草绘 按 钮，系统弹出"参考"对话框，选取 ASM_FRONT 基准平面，单击 关闭(C) 按钮，绘制图 18.2.12 所示的草绘 5。

Step11. 创基准平面 DTM2（注：本步的详细操作过程请参见随书光盘中 video\ch18\ reference\文件下的语音视频讲解文件 flashlight-r02.exe）。

图 18.2.11　草绘 4

图 18.2.12　草绘 5

Step12. 创建图 18.2.13 所示的草绘 6。在操控板中单击"草绘"按钮 ；选取 DTM2 基准平面为草绘平面，选取 ASM_RIGHT 基准平面为参考平面，方向为 右 ；单击 草绘 按钮，系统弹出"参考"对话框，选取 ASM_FRONT 基准平面，单击 关闭(C) 按钮，绘制图 18.2.13 所示的草绘 6。

Step13. 创建图 18.2.14 所示的边界曲面 2。单击 模型 功能选项卡 曲面 ▼ 区域中的"边界混合"按钮 ；在"边界混合"操控板中单击 曲线 按钮，系统弹出"曲线"界面，按住 Ctrl 键，依次选取草图 4、草图 5 和草图 6 为边界曲线；单击 约束 按钮，在"约束"界面中将"方向 1"的"第一条链"的"条件"设置为 垂直 ，单击 ✓ 按钮，完成边界曲面的创建。

图 18.2.13　草绘 6

图 18.2.14　边界曲面 2

Step14. 将 Step7 与 Step13 创建的曲面进行合并，创建曲面合并 1。按住 Ctrl 键，选取图 18.2.15a 所示的两曲面，单击 模型 功能选项卡 编辑 ▼ 区域中的 合并 按钮，调整箭头方向如图 18.2.15a 所示；单击 ✓ 按钮，完成曲面合并 1 的创建。

a) 合并前　　　　　　　图 18.2.15　曲面合并 1　　　　　　　b) 合并后

Step15. 创建图 18.2.16 所示的曲面偏移 1。选取曲面合并 1 为要偏移的面，单击 模型

功能选项卡 编辑 ▼ 区域中的"偏移"按钮 ⬚偏移 。在"偏移"操控板的偏移类型栏中选择 ⬚
选项。在"偏移"操控板的 选项 界面中选择 垂直于曲面 选项，然后选中 侧曲面垂直于 区域中的 ⦿ 曲面 单选项和 侧面轮廓 区域中的 ⦿ 直 单选项。在 参考 界面中单击 定义... 按钮；选取 DTM2 基准平面为草绘平面，选取 RIGHT 基准平面为参考平面，方向为 右；单击 草绘 按钮，系统弹出"参考"对话框，选取 ASM_FRONT 基准平面，单击 关闭(C) 按钮，绘制图 18.2.17 所示的偏移区的截面草图。在 ↦ 文本框中输入偏距值 2.0，∠ 后文本框中输入斜角值为 60.0。单击 ✔ 按钮，完成曲面偏移 1 的创建。

图 18.2.16　曲面偏移 1

图 18.2.17　截面草图

Step16. 创建倒圆角特征 1。单击 模型 功能选项卡 工程 ▼ 区域中的 ⬚倒圆角 ▼ 按钮，选取图 18.2.18 所示的边链为倒圆角的边线，输入圆角半径值 6.0。

Step17. 创建倒圆角特征 2。单击 模型 功能选项卡 工程 ▼ 区域中的 ⬚倒圆角 ▼ 按钮，选取图 18.2.19 所示的边链为倒圆角的边线，输入圆角半径值 2.0。

此边链为圆角参考

图 18.2.18　倒圆角特征 1

这两条边链为圆角参考

放大图

图 18.2.19　倒圆角特征 2

Step18. 创建图 18.2.20b 所示的镜像特征。选取图 18.2.20a 所示的曲面面组为要镜像的对象，单击 模型 功能选项卡 编辑 ▼ 区域中的 ⬚镜像 按钮，选取 ASM_TOP 基准平面为镜像平面，单击 ✔ 按钮，完成镜像特征创建。

选取该曲面为镜像源

a）镜像前

b）镜像后

图 18.2.20　镜像特征

Step19. 将镜像前后的两个曲面合并。选择镜像前后的两个曲面为合并对象，单击 模型 功能选项卡 编辑 ▼ 区域中的 合并 按钮，单击 ✔ 按钮，完成曲面合并 2 的创建。

Step20. 创建图 18.2.21 所示的旋转特征 1。在操控板中单击"旋转"按钮 旋转 ，按下 "旋转"操控板中的"曲面"按钮 ，选取 ASM_TOP 基准平面为草绘平面，选取 ASM_RIGHT 基准平面为参考平面，方向为 右 ；单击 草绘 按钮，系统弹出"参考"对话框，选取 ASM_FRONT 基准平面，单击 关闭(C) 按钮，绘制图 18.2.22 所示的旋转中心线和截面草图；在"旋转"操控板中选择旋转类型为 ，在角度文本框中输入角度值 360.0。

图 18.2.21　旋转特征 1

图 18.2.22　截面草图

Step21. 将曲面合并 2 与 Step20 创建的旋转曲面进行合并，创建曲面合并 3。按住 Ctrl 键，选取曲面合并 2 与 Step20 创建的旋转曲面为要合并的曲面，单击 模型 功能选项卡 编辑 ▼ 区域中的 合并 按钮，调整箭头方向如图 18.2.23a 所示；单击 ✔ 按钮，完成曲面合并 3 的创建。

a）合并前

图 18.2.23　曲面合并 3

b）合并后

Step22. 创建倒圆角特征 3。单击 模型 功能选项卡 工程 ▼ 区域中的 倒圆角 ▼ 按钮，选取图 18.2.24 所示的边链为倒圆角的边线，输入圆角半径值 5.0。

Step23. 创建图 18.2.25 所示的基准平面 DTM3。单击"平面"按钮 ，选取 ASM_FRONT 为偏距参考面，在对话框中输入偏移距离值 111，单击对话框中的 确定 按钮。

Step24. 创建图 18.2.26 所示的混合曲面 1。在 模型 功能选项卡的 形状 ▼ 下拉菜单中选择 混合 命令，在"混合"操控板中确认"混合为曲面"按钮 和"与草绘截面混合"按钮 被按下。单击操控板中的 截面 按钮，选中 ● 草绘截面 单选项，单击 定义... 按钮，选取 DTM3 基准平面为草绘平面，选取 ASM_RIGHT 基准平面与 ASM_TOP 基准平面为参考，绘制图 18.2.27 所示的截面草图，单击 ✓ 按钮，退出草绘环境；单击"混合"操控板中的 截面 按钮，选中 ◉ 截面 2 选项，定义"草绘平面位置定义方式"类型为 ◉ 偏移尺寸，偏移自"截面 1"的偏移距离为-30，单击 草绘... 按钮。绘制图 18.2.28 所示的截面草图。单击 ✓ 按钮，退出草绘环境，单击 ✓ 按钮，完成混合特征的创建。

图 18.2.24   倒圆角特征 3   图 18.2.25   基准平面 DTM3

图 18.2.26   混合 1

图 18.2.27   截面草图 1   图 18.2.28   截面草图 2

Step25. 将曲面合并 3 与 Step24 创建的混合曲面进行合并，创建曲面合并 4。按住 Ctrl 键，选取曲面合并 3 与 Step24 创建的混合曲面为要合并的曲面，单击 模型 功能选项卡 编辑 ▼ 区域中的 合并 按钮，调整箭头方向如图 18.2.29a 所示；单击 ✓ 按钮，完成曲面合并 4 的创建。

a）合并前   b）合并后

图 18.2.29   曲面合并 4

Step26. 创建倒圆角特征 4。单击 模型 功能选项卡 工程 ▼ 区域中的 ▽ 倒圆角 ▼ 按钮，选取图 18.2.30 所示的边链为倒圆角的边线，输入圆角半径值 10.0。

Step27. 创建图 18.2.31 所示的填充曲面。单击 模型 功能选项卡 曲面 ▼ 区域中的 ▢ 填充 按钮，系统弹出"填充"操控板；在"填充"操控板中单击 参考 按钮，在系统弹出的界面中单击 定义... 按钮；选取 DTM3 基准平面为草绘平面，单击 草绘 按钮，利用"投影"命令，绘制图 18.2.32 所示的截面草图；在"填充"操控板中单击 ✓ 按钮，完成填充曲面的创建。

选取此边链为倒圆参考

图 18.2.30　倒圆角特征 4 　　　　图 18.2.31　填充曲面 　　　　图 18.2.32　截面草图

Step28. 将曲面合并 4 与填充曲面 1 两个曲面合并。选择曲面合并 4 与填充曲面 1 两个曲面为合并对象，单击 模型 功能选项卡 编辑 ▼ 区域中的 ☐合并 按钮，单击 ✓ 按钮，完成曲面合并 5 的创建。

Step29. 创建倒圆角特征 5。单击 模型 功能选项卡 工程 ▼ 区域中的 ▽ 倒圆角 ▼ 按钮，选取图 18.2.33 所示的边链为倒圆角的边线，输入圆角半径值 2.0。

Step30. 创建图 18.2.34 所示的曲面加厚。选取合并后面组为加厚对象，单击 模型 功能选项卡 编辑 ▼ 区域中的 ☐加厚 按钮，输入厚度值 2.0；单击 ⤢ 按钮，调整加厚方向向外，单击 ✓ 按钮，完成曲面加厚的创建。

放大图

图 18.2.33　倒圆角特征 5 　　　　　　　图 18.2.34　曲面加厚

Step31. 创建基准平面 DTM4（注：本步的详细操作过程请参见随书光盘中 video\ch18\reference\文件下的语音视频讲解文件 flashlight-r03.exe）。

Step32. 创建图 18.2.35 所示的实体拉伸特征 1。在操控板中单击 ⬗拉伸 按钮；选取 DTM4 基准平面为草绘平面，单击 反向 按钮，选取 ASM_RIGHT 基准平面为参考平面，方向为 右 ；

单击 草绘 按钮，绘制图 18.2.36 所示的截面草图；在"拉伸"操控板中定义拉伸类型为 ⊨，单击 ⅔ 按钮调整拉伸的方向。

图 18.2.35　实体拉伸特征 1

图 18.2.36　截面草图

Step33. 创建图 18.2.37 所示的切削拉伸特征。在操控板中单击"拉伸"按钮 拉伸，按下"实体"按钮 和"移除材料"按钮 ；选取 DTM4 基准平面为草绘平面，单击 反向 按钮，选取 RIGHT 基准平面为参考平面，方向为 右；单击 草绘 按钮，绘制图 18.2.38 所示的截面草图；在"拉伸"操控板中定义拉伸类型为 ⊨。

图 18.2.37　切削拉伸特征

图 18.2.38　截面草图

Step34. 创建倒圆角特征 6。单击 模型 功能选项卡 工程 ▼ 区域中的 倒圆角 ▼ 按钮，选取图 18.2.39 所示的边链为倒圆角的边线，输入圆角半径值 3.0。

图 18.2.39　倒圆角特征 6

Step35. 创建图 18.2.40 所示的实体拉伸特征 2。在操控板中单击 拉伸 按钮；选取图 18.2.40 所示的模型表面为草绘平面，选取 ASM_FRONT 基准平面为参考平面，方向为 下；

单击 草绘 按钮，绘制图 12.2.41 所示的截面草图；在"拉伸"操控板中定义拉伸类型为 ，深度值为 33.0，单击 按钮调整拉伸的方向。

图 18.2.40　实体拉伸特征 2　　　　　　　　　图 18.2.41　截面草图

Step36. 创建图 18.2.42 所示的拉伸曲面 1。在操控板中单击"拉伸"按钮 ，按下"拉伸"操控板中的"曲面类型"按钮 ；选取图 18.2.40 所示的模型表面为草绘平面，选取 ASM_FRONT 基准平面为参考平面，方向为 ；单击 草绘 按钮，绘制图 18.2.43 所示的截面草图；在该操控板中定义拉伸类型为 ，深度值为 44，单击 按钮调整拉伸的方向。

图 18.2.42　拉伸曲面 1　　　　　　　　　　图 18.2.43　截面草图

Step37. 创建图 18.2.44 所示的拉伸曲面 2。在操控板中单击"拉伸"按钮 ，按下"拉伸"操控板中的"曲面类型"按钮 ；选取 ASM_TOP 基准平面为草绘平面，选取 ASM_FRONT 基准平面为参考平面，方向为 ；单击 草绘 按钮，绘制图 18.2.45 所示的截面草图；在该操控板中定义拉伸类型为 ，深度值为 200。

图 18.2.44　拉伸曲面 2　　　　　　　　　　图 18.2.45　截面草图

Step38. 将拉伸曲面 1 与拉伸曲面 2 进行合并，创建曲面合并 6。按住 Ctrl 键，选取拉伸曲面 1 与拉伸曲面 2 为要合并的曲面，单击 模型 功能选项卡 编辑 区域中的 合并 按钮，调整箭头方向如图 18.2.46a 所示；单击 按钮，完成曲面合并 6 的创建。

a) 合并前   图 18.2.46   曲面合并 6   b) 合并后

Step39. 创建图 18.2.47 所示的草绘 7。在操控板中单击"草绘"按钮 ⬙；选取 ASM_TOP 基准平面为草绘平面，选取 ASM_RIGHT 基准平面为参考平面，方向为 右；单击 草绘 按钮，系统弹出"参考"对话框，选取 ASM_FRONT 基准平面为参考，单击 关闭(C) 按钮，绘制图 18.2.47 所示的草绘。

图 18.2.47   草绘 7

Step40. 返回到 FLASHLIGHT.ASM。

Task3. 创建二级主控件 CONTROL

二级主控件（CONTROL）是从骨架模型中分割出来的一部分，它继承了骨架模型的相应外观形状，同时它又作为控件模型为左侧外壳和右侧外壳提供相应外观和对应尺寸，保证了设计零件的可装配性。下面讲解二级主控件（CONTROL.PRT）的创建过程，零件模型及模型树如图 18.2.48 所示。

图 18.2.48   零件模型及模型树

Step1. 在装配体中建立二级主控件 CONTROL。

（1）单击 模型 功能选项卡 元件▼ 区域中的"创建"按钮 。

（2）　此时系统弹出"元件创建"对话框，选中 类型 选项组中的 ⦿ 零件 单选项，选中 子类型 选项组中的 ⦿ 实体 单选项，然后在 名称 文本框中输入文件名 CONTROL，单击 确定 按钮。

（3）在系统弹出的"创建选项"对话框中选中 ⦿ 空 单选项，单击 确定 按钮。

Step2. 激活 CONTROL 模型。

（1）激活零件。在模型树中单击 ▭ CONTROL.PRT ，然后右击，在系统弹出的快捷菜单中选择 激活 命令。

（2）单击 模型 功能选项卡 获取数据 ▾ 区域中的 合并/继承 命令，系统弹出的"合并/继承"操控板，在该操控板中进行下列操作。

① 在该操控板中，先确认"将参考类型设置为装配上下文"按钮 ⊠ 被按下。

② 复制几何。在该操控板中单击 参考 选项卡，系统弹出"参考"界面；选中 ☑复制基准 复选框，然后选取骨架模型；单击"完成"按钮 ✓ 。

Step3. 在模型树中选择 ▧ CONTROL.PRT ，然后右击，在系统弹出的快捷菜单中选择 打开 命令。

Step4. 创建图 18.2.49 所示的实体化 1。在"智能选取"栏中选择 几何 选项，然后选取图 18.2.49a 所示的曲面；单击 模型 功能选项卡 编辑 ▾ 区域中的 ◰ 实体化 按钮，并按下"移除材料"按钮 ◰ ；单击调整图形区中的箭头使其指向要去除的实体，如图 18.2.49a 所示；在"实体化"操控板中单击"完成"按钮 ✓ ，完成实体化 1 的创建。

移除材料方向

选取该曲面

a）实体化前　　　　　　　　　　b）实体化后

图 18.2.49　实体化 1

Step5. 创建图 18.2.50 所示的拉伸曲面 1。在操控板中单击"拉伸"按钮 ◳ 拉伸 ，按下"拉伸"操控板中的"曲面类型"按钮 ◱ ；选取 ASM_FRONT 基准平面为草绘平面，选取 ASM_RIGHT 基准平面为参考平面，方向为 右 ；单击 草绘 按钮，系统弹出"参考"对话框，选取 ASM_TOP 基准平面为参考，绘制图 18.2.51 所示的截面草图；在该操控板中定义拉伸类型为 ⊟ ，深度值为 280。

Step6. 返回到 FLASHLIGHT.ASM。

图 18.2.50　拉伸曲面 1

图 18.2.51　截面草图

Task4．创建左侧壳体 LEFT_COVER

左侧壳体从二级控件中分割出来后经过细化就是最终的模型零件。下面讲解左侧壳体（LEFT_COVER.PRT）的创建过程，零件模型及模型树如图 18.2.52 所示。

图 18.2.52　零件模型及模型树

Step1．在装配体中建立 LEFT_COVER.PRT。

（1）单击 模型 功能选项卡 元件 ▼ 区域中的"创建"按钮 。

（2）在系统弹出的"元件创建"对话框中选中 类型 选项组中的 ⦿ 零件 单选项，选中 子类型 选项组中的 ⦿ 实体 单选项，然后在 名称 文本框中输入文件名 LEFT_COVER，单击 确定 按钮。

（3）在系统弹出的"创建选项"对话框中选中 ⦿ 空 单选项，单击 确定 按钮。

Step2．激活左侧壳体模型。

（1）激活零件。在模型树中选择 LEFT_COVER.PRT ，然后右击，在系统弹出的快捷菜单中选择 激活 命令。

（2）单击 模型 功能选项卡中的 获取数据 ▼ 按钮，在系统弹出的菜单中选择 合并/继承 命令，系统弹出"合并/继承"操控板，在该操控板中进行下列操作。

① 在操控板中，先确认"将参考类型设置为装配上下文"按钮 被按下。

② 复制几何。在操控板中单击 参考 选项卡，系统弹出"参考"界面；选中 ☑ 复制基准 复选框，然后选取二级主控件 CONTROL；单击"完成"按钮 。

Step3. 在模型树中选择 ⬚ LEFT_COVER.PRT，然后右击，在系统弹出的快捷菜单中选择 打开 命令。

Step4. 创建图 18.2.53 所示的实体化 1。在"智能选取"栏中选择 几何 选项，然后选取图 18.2.53a 所示的曲面；单击 模型 功能选项卡 编辑▼ 区域中的 实体化 按钮，并按下"移除材料"按钮 ；单击调整图形区中的箭头使其指向要去除的实体，如图 18.2.53a 所示；在"实体化"操控板中单击"完成"按钮 ，完成实体化 1 的创建。

a）实体化前　　　　　　　　　　　b）实体化后

图 18.2.53　实体化 1

Step5. 创建图 18.2.54 所示的实体拉伸特征 1。在操控板中单击 拉伸 按钮；选取 ASM_TOP 基准平面为草绘平面，单击 反向 按钮，选取 ASM_RIGHT 基准平面为参考平面，方向为 左；单击 草绘 按钮，系统弹出"参考"对话框，选取 ASM_FRONT 基准平面为参考，绘制图 18.2.55 所示的截面草图；在"拉伸"操控板中定义拉伸类型为 ，单击 按钮调整拉伸的方向。

图 18.2.54　实体拉伸特征 1　　　　图 18.2.55　截面草图

Step6. 创建拔模特征。单击 模型 功能选项卡 工程▼ 区域中的 拔模▼ 按钮；选取 Step5 中所创建的六个圆柱体的圆柱面为拔模面，选取 ASM_TOP 基准平面作为拔模枢轴平面，拔模方向如图 18.2.56a 所示。在拔模角度文本框中输入拔模角度值 2.0；单击 按钮，完成拔模特征的创建。

Step7. 创建图 18.2.57 所示的拉伸特征 2。在操控板中单击"拉伸"按钮 拉伸，按下 按钮；选取 ASM_TOP 基准平面为草绘平面，单击 反向 按钮，选取 ASM_RIGHT 基准平面为参考平面，方向为 左；单击 草绘 按钮，系统弹出"参考"对话框，选取 ASM_FRONT

基准平面为参考，绘制图 18.2.58 所示的截面草图；在"拉伸"操控板中定义拉伸类型为 ，输入深度值 20.0，单击 按钮调整拉伸的方向。

a）拔模前   图 18.2.56   拔模特征   b）拔模后

图 18.2.57   拉伸特征 2   图 18.2.58   截面草图

     Step8. 创建图 18.2.59 所示的扫描切除特征 11。单击 模型 功能选项卡 形状 ▾ 区域中的 扫描 ▾ 按钮；在"扫描"操控板中确认"实体"按钮 、"移除材料"按钮 和"恒定轨迹"按钮 被按下；选取图 18.2.60 所示的模型边线为扫描轨迹。在该操控板中单击"创建或编辑扫描截面"按钮 ，绘制图 18.2.61 所示的扫描截面草图。单击该操控板中的 按钮，完成扫描切除特征的创建。

图 18.2.59   扫描切除

图 18.2.60   选取扫描轨迹   图 18.2.61   截面草图

Step9. 创建倒圆角特征 1。单击 模型 功能选项卡 工程 ▾ 区域中的 ⟨倒圆角 ▾⟩ 按钮，选取图 18.2.62 所示的边链为倒圆角的边线，输入圆角半径值 1.0。

图 18.2.62　倒圆角特征 1

Step10. 创建图 18.2.63 所示的拉伸特征 3。在操控板中单击"拉伸"按钮 ⟨拉伸⟩，按下 ⟨◻⟩ 按钮；选取 ASM_TOP 基准平面为草绘平面，单击 反向 按钮，选取 ASM_RIGHT 基准平面为参考平面，方向为 左；单击 草绘 按钮，系统弹出"参考"对话框，选取 ASM_FRONT 基准平面为参考，绘制图 18.2.64 所示的截面草图；在"拉伸"操控板中定义拉伸类型为 ⟨◫⟩，输入深度值 1.0。

图 18.2.63　拉伸特征 3　　　　　　　　　　图 18.2.64　截面草图

Step11. 创建图 18.2.65 所示的实体拉伸特征 4。在操控板中单击 ⟨拉伸⟩ 按钮；选取 ASM_TOP 基准平面为草绘平面，单击 反向 按钮，选取 ASM_RIGHT 基准平面为参考平面，方向为 左；单击 草绘 按钮，系统弹出"参考"对话框，选取 ASM_FRONT 基准平面为参考，绘制图 18.2.66 所示的截面草图；在"拉伸"操控板中定义拉伸类型为 ⟨◫⟩，单击 ⟨◪⟩ 按钮调整拉伸的方向，选中 ⟨◻⟩ 按钮，在厚度文本框中输入 3.0，单击 ⟨◪⟩ 按钮将加厚类型设置为两侧对称。

图 18.2.65　实体拉伸特征 4　　　　　　　　图 18.2.66　截面草图

Step12. 创建图 18.2.67 所示的拉伸特征 5。在操控板中单击"拉伸"按钮 （此处为内嵌小按钮），按下 ⬚ 按钮；选取图 18.2.67 所示的模型表面为草绘平面，绘制图 18.2.68 所示的截面草图；在"拉伸"操控板中定义拉伸类型为 ⯀，单击 ⯄ 按钮调整拉伸的方向。

图 18.2.67　拉伸特征 5　　　　　　　　图 18.2.68　截面草图

Step13. 返回到 FLASHLIGHT.ASM。

Task5. 创建右侧壳体 RIGHT_COVER

右侧壳体从二级控件中分割出来后经过细化就是最终的模型零件。下面讲解右侧壳体（RIGHT_COVER.PRT）的创建过程，零件模型及模型树如图 18.2.69 所示。

图 18.2.69　零件模型及模型树

Step1. 在装配体中建立 RIGHT_COVER.PRT。

（1）单击 模型 功能选项卡 元件▼ 区域中的"创建"按钮 🖳。

（2）在系统弹出的"元件创建"对话框中选中 类型 选项组中的 ◉ 零件 单选项，选中 子类型 选项组中的 ◉ 实体 单选项，然后在 名称 文本框中输入文件名 RIGHT_COVER，单击 确定 按钮。

（3）在系统弹出的"创建选项"对话框中选中 ◉ 空 单选项，单击 确定 按钮。

Step2. 激活右侧壳体模型。

（1）激活零件。在模型树中选择 ▢ RIGHT_COVER.PRT，然后右击，在系统弹出的快捷菜单中选择 激活 命令。

（2）单击 模型 功能选项卡中的 获取数据▼ 按钮，在系统弹出的菜单中选择 合并/继承 命令，系统弹出"合并/继承"操控板，在该操控板中进行下列操作。

① 在操控板中，先确认"将参考类型设置为装配上下文"按钮 被按下。

② 复制几何。在操控板中单击 参考 选项卡，系统弹出"参考"界面；选中 ☑复制基准 复选框，然后选取二级主控件 CONTROL；单击"完成"按钮 ✔ 。

Step3. 在模型树中选择 RIGHT_COVER.PRT，然后右击，在系统弹出的快捷菜单中选择 打开 命令。

Step4. 创建图 18.2.70 所示的实体化 1。在"智能选取"栏中选择 几何 选项，然后选取图 18.2.70a 所示的曲面；单击 模型 功能选项卡 编辑 ▾ 区域中的 实体化 按钮，并按下"移除材料"按钮 ；在"实体化"操控板中单击"完成"按钮 ✔ ，完成实体化 1 的创建。

a）实体化前　　　　　　　　　　　　　　　b）实体化后

图 18.2.70　实体化 1

Step5. 创建图 18.2.71 所示的实体拉伸特征 1。在操控板中单击 拉伸 按钮；选取 ASM_TOP 基准平面为草绘平面，选取 ASM_RIGHT 基准平面为参考平面，方向为 右 ；单击 草绘 按钮，系统弹出"参考"对话框，选取 ASM_FRONT 基准平面为参考，绘制图 18.2.72 所示的截面草图；在"拉伸"操控板中定义拉伸类型为 ，单击 按钮调整拉伸的方向。

图 18.2.71　实体拉伸特征 1

图 18.2.72　截面草图

Step6. 创建拔模特征。单击 模型 功能选项卡 工程 ▾ 区域中的 拔模 ▾ 按钮；选取 Step5 中所创建的六个圆柱体的圆柱面为拔模面，选取 ASM_TOP 基准平面作为拔模枢轴平面，拔模方向如图 18.2.73a 所示。在拔模角度文本框中输入拔模角度值 2.0，单击 按钮；单击 ✔ 按钮，完成拔模特征的创建。

a）拔模前　　　　　　　图 18.2.73　拔模特征　　　　　　b）拔模后

Step7. 创建图 18.2.74 所示的拉伸特征 2。在操控板中单击"拉伸"按钮 [拉伸]，按下 [▱] 按钮；选取 ASM_TOP 基准平面为草绘平面，选取 ASM_RIGHT 基准平面为参考平面，方向为 [右]；单击 [草绘] 按钮，系统弹出"参考"对话框，选取 ASM_FRONT 基准平面为参考，绘制图 18.2.75 所示的截面草图；在"拉伸"操控板中定义拉伸类型为 [非]，单击 [%] 按钮调整拉伸的方向。

图 18.2.74　拉伸特征 2　　　　　　　　　　　图 18.2.75　截面草图

Step8. 创建图 18.2.76 所示的草绘 1。在操控板中单击"草绘"按钮 [⌒]；选取 ASM_TOP 基准平面为草绘平面，选取 ASM_RIGHT 基准平面为参考平面，方向为 [右]；单击 [草绘] 按钮，系统弹出"参考"对话框，选取 ASM_FRONT 基准平面为参考，单击 [关闭(C)] 按钮，绘制图 18.2.76 所示的草绘 1。

图 18.2.76　草绘 1

Step9. 创建图 18.2.77 所示的扫描特征。单击 [模型] 功能选项卡 [形状 ▾] 区域中的 [扫描 ▾] 按钮；在"扫描"操控板中确认"实体"按钮 [□] 和"恒定轨迹"按钮 [⊨] 被按下；选取草绘 1 为扫描轨迹。在该操控板中单击"创建或编辑扫描截面"按钮 [◩]，绘制图 18.2.78 所示的扫描截面草图。单击该操控板中的 [✓] 按钮，完成扫描特征的创建。

图 18.2.77　扫描特征　　　　　　　图 18.2.78　截面草图

Step10. 创建倒圆角特征 1。单击 模型 功能选项卡 工程 ▼ 区域中的 🔗倒圆角 ▼ 按钮，选取图 18.2.79 所示的边链为倒圆角的边线，输入圆角半径值 1.0。

图 18.2.79　倒圆角特征 1

Step11. 创建图 18.2.80 所示的拉伸特征 3。在操控板中单击"拉伸"按钮 拉伸；选取 ASM_TOP 基准平面为草绘平面，选取 ASM_RIGHT 基准平面为参考平面，方向为 右；单击 草绘 按钮，系统弹出"参考"对话框，选取 ASM_FRONT 基准平面为参考，绘制图 18.2.81 所示的截面草图；在"拉伸"操控板中定义拉伸类型为 ╧，输入深度值 1.0。

图 18.2.80　拉伸特征 3　　　　　　图 18.2.81　截面草图

Step12. 创建图 18.2.82 所示的实体拉伸特征 4。在操控板中单击 拉伸 按钮；选取 ASM_TOP 基准平面为草绘平面，选取 ASM_RIGHT 基准平面为参考平面，方向为 右；单击 草绘 按钮，系统弹出"参考"对话框，选取 ASM_FRONT 基准平面为参考，绘制图 18.2.83 所示的截面草图；在"拉伸"操控板中定义拉伸类型为 ╪，单击 ╱ 按钮调整拉伸的方向，选中 ▢ 按钮，在厚度文本框中输入 3.0，单击 ╱ 按钮将加厚类型设置为两侧对称。

图 18.2.82　实体拉伸特征 4

图 18.2.83　截面草图

Step13. 创建图 18.2.84 所示的拉伸特征 5。在操控板中单击"拉伸"按钮 拉伸，按下 按钮；选取图 18.2.84 所示的模型表面为草绘平面，绘制图 18.2.85 所示的截面草图；在"拉伸"操控板中定义拉伸类型为 。

图 18.2.84　拉伸特征 5

图 18.2.85　截面草图

Step14. 返回到 FLASHLIGHT.ASM。

Task6. 创建玻璃 GLASS

零件模型及模型树如图 18.2.86 所示。

图 18.2.86　零件模型及模型树

Step1. 在装配体中建立 GLASS.PRT。

（1）单击 模型 功能选项卡 元件 ▾ 区域中的"创建"按钮 。

（2）在系统弹出的"元件创建"对话框中选中 类型 选项组中的 ◉ 零件 单选项，选中 子类型 选项组中的 ◉ 实体 单选项，然后在 名称 文本框中输入文件名 GLASS，单击 确定 按钮。

（3）在系统弹出的"创建选项"对话框中选中 ◉ 至 单选项，单击 确定 按钮。

Step2. 激活玻璃模型。

（1）激活玻璃零件。在模型树中选择 GLASS.PRT ，然后右击，在系统弹出的快捷菜单中选择 激活 命令。

（2）创建图 18.2.87 所示的基准平面 DTM1。单击 模型 功能选项卡 基准 ▾ 区域中的"平面"按钮 ▱ ；选取图 18.2.88 所示的模型表面为参考，输入偏距值 11.0。单击对话框中的 确定 按钮。

图 18.2.87　基准平面 DTM 1　　　　　图 18.2.88　选取参考面

Step3. 创建图 18.2.89 所示的实体拉伸特征 1。在操控板中单击 ⬚拉伸 按钮；选取 DTM1 基准平面为草绘平面，选取 ASM_TOP 基准平面为参考平面，方向为 左 ；单击 草绘 按钮，系统弹出"参考"对话框，选取 ASM_FRONT 基准平面与 ASM_TOP 基准平面为参考，绘制图 18.2.90 所示的截面草图；在"拉伸"操控板中定义拉伸类型为 ⬔ ，输入深度值 3.0，单击 ⤢ 按钮调整拉伸的方向。

图 18.2.89　实体拉伸特征 1　　　　　图 18.2.90　截面草图

说明：图 18.2.90 所示的草图为手电内圈圆，如有不明可参考录像。

Step4. 创建倒角特征 1。单击 模型 功能选项卡 工程 ▾ 区域中的 倒角 ▾ 按钮，按住 Ctrl 键，选取图 18.2.91 所示的边链为倒角的边线；在 D x D ▾ 下拉列表中选择 D x D 选项，倒角值 1.0。

图 18.2.91　倒角边线

Step5. 返回到FLASHLIGHT.ASM。

Task7. 创建开关 SWITCH

零件模型及模型树如图 18.2.92 所示。

图 18.2.92　零件模型及模型树

Step1. 在装配体中建立 SWITCH.PRT。

（1）单击 模型 功能选项卡 元件▼ 区域中的"创建"按钮 。

（2）在系统弹出的"元件创建"对话框中选中 类型 选项组中的 零件 单选项，选中 子类型 选项组中的 实体 单选项，然后在 名称 文本框中输入文件名 SWITCH，单击 确定 按钮。

（3）在系统弹出的"创建选项"对话框中选中 空 单选项，单击 确定 按钮。

Step2. 激活模型。在模型树中选择 SWITCH.PRT ，然后右击，在系统弹出的快捷菜单中选择 激活 命令。

Step3. 创建图 18.2.93 所示的实体拉伸特征 1。在操控板中单击 拉伸 按钮；选取 DTM4 基准平面为草绘平面,单击 反向 按钮；选取 ASM_RIGHT 基准平面为参考平面,方向为 左 ；单击 草绘 按钮，系统弹出"参考"对话框，选取 ASM_TOP 基准平面与 ASM_RIGHT 基准平面为参考，绘制图 18.2.94 所示的截面草图；在"拉伸"操控板中定义拉伸类型为 ，输入深度值 11.0，然后单击 按钮调整拉伸的方向。

图 18.2.93　实体拉伸特征 1

放大图

图 18.2.94　截面草图

Step4. 创建图 18.2.95 所示的旋转特征 1。在操控板中单击"旋转"按钮 旋转 ，选取 DTM4 基准平面为草绘平面，单击 反向 按钮；选取 ASM_RIGHT 基准平面为参考平面，方向为 左 ；单击 草绘 按钮，系统弹出"参考"对话框，选取 ASM_TOP 基准平面与 ASM_RIGHT 基准平面为参考，绘制图 18.2.96 所示的旋转中心线和截面草图；在"旋转"操控板中选择旋转类型为 ，在角度文本框中输入角度值 180.0。

图 18.2.95　旋转特征 1　　　　　　　　图 18.2.96　截面草图

Step5. 创建图 18.2.97 所示的抽壳特征。在操控板中单击"壳"按钮 回 壳 ，选取如图 18.2.97 所示的模型表面为要去除的面；抽壳的壁厚为 2.0。

图 18.2.97　抽壳特征

Step6. 返回到 FLASHLIGHT.ASM。

Task8.　创建灯罩 RING

零件模型及模型树如图 18.2.98 所示。

图 18.2.98　零件模型及模型树

Step1. 在装配体中建立 RING.PRT。

（1）单击 模型 功能选项卡 元件 ▼ 区域中的"创建"按钮 。

（2）在系统弹出的"元件创建"对话框中选中 类型 选项组中的 ● 零件 单选项，选中 子类型 选项组中的 ● 实体 单选项，然后在 名称 文本框中输入文件名 RING，单击 确定 按钮。

（3）在系统弹出的"创建选项"对话框中选中 ● 空 单选项，单击 确定 按钮。

Step2. 激活 RING 模型。

（1）激活零件。在模型树中单击 RING.PRT，然后右击，在系统弹出的快捷菜单中选择 激活 命令。

（2）单击 模型 功能选项卡 获取数据 ▼ 区域中的 合并/继承 命令，系统弹出的"合并/继承"

操控板，在该操控板中进行下列操作。

① 在该操控板中，先确认"将参考类型设置为装配上下文"按钮 被按下。

② 复制几何。在该操控板中单击 参考 选项卡，系统弹出"参考"界面；选中 ☑复制基准 复选框，然后选取骨架模型；单击"完成"按钮 ✓。

Step3. 在模型树中选择 ▶ ⬛RING.PRT ，然后右击，在系统弹出的快捷菜单中选择 打开 命令。

Step4. 创建图 18.2.99 所示的实体化 1。在"智能选取"栏中选择 几何 选项，然后选取图 18.2.99a 所示的曲面；单击 模型 功能选项卡 编辑 ▼ 区域中的 ⬠实体化 按钮，并按下"移除材料"按钮 ◿；单击调整图形区中的箭头使其指向要去除的实体，如图 18.2.99a 所示；在"实体化"操控板中单击"完成"按钮 ✓，完成实体化 1 的创建。

移除材料方向

选取该曲面

a）实体化前   b）实体化后

图 18.2.99   实体化 1

Step5. 创建倒角特征 1。单击 模型 功能选项卡 工程 ▼ 区域中的 ◎倒角 ▼ 按钮，按住 Ctrl 键，选取图 18.2.100 所示的边链为倒角的边线；在 ⌜D x D ▼⌝ 下拉列表中选择 D x D 选项，倒角值 1.0。

放大图

图 18.2.100   倒角边线

Step6. 创建图 18.2.101 所示的实体拉伸特征 1。在操控板中单击 ⬡拉伸 按钮；选取图 18.2.101 所示的模型表面为草绘平面；单击 草绘 按钮，系统弹出"参考"对话框，选取 ASM_TOP 基准平面与 ASM_FRONT 基准平面为参考，绘制图 18.2.102 所示的截面草图；在"拉伸"操控板中定义拉伸类型为 ⬓，输入深度值 33.0，然后单击 ⬔ 按钮调整拉伸的方向。

图 18.2.101　实体拉伸特征 1

图 18.2.102　截面草图

Step7. 创建图 18.2.103 所示的阵列特征 1。在模型树中选择 🗗 拉伸 1 ，右击，在系统弹出的快捷菜单中选择 阵列... 命令；在"阵列"操控板中选择以 轴 方式控制阵列，选取图 18.2.104 所示的 A-1 轴为旋转轴，第一方向阵列成员数值为 22.0，阵列角度范围值为 16.4；单击 ✔ 按钮，完成阵列特征 1 的创建。

图 18.2.103　阵列特征 1

图 18.2.104　选取旋转轴

Step8. 返回到 FLASHLIGHT.ASM。

第 19 章　柔性建模模块及其应用

19.1　柔性建模基础

19.1.1　柔性建模用户界面

将工作目录设置至 D:\Creo3\work\ch19.01，打开模型文件 cover.prt，单击功能选项卡区域的 柔性建模 选项卡，系统进入柔性建模模块用户界面，如图 19.1.1 所示。

图 19.1.1　柔性建模模块用户界面

19.1.2　柔性建模功能概述

图 19.1.1 所示虚线框示意的部分为柔性建模操控板，下面具体介绍操控板中各主要功能区域作用。

1．"形状曲面选择"区域

图 19.1.2 所示的区域为"形状曲面选择"区域，该区域用于设置选择几何的规则，按照指定规则识别和选择所需曲面集。

图 19.1.2　"形状曲面选择"区域

2．"变换"区域

图 19.1.3 所示的区域为"变换"区域，该区域提供了柔性变换工具来修改几何对象。

3．"识别"区域

图 19.1.4 所示的区域为"识别"区域，该区域用来识别阵列和对称性，从而在修改一个成员时，所做修改可以传递到所有阵列成员或对称的几何对象中。

4．"编辑特征"区域

图 19.1.5 所示的区域为"编辑特征"区域，该区域用于编辑选定的几何对象或曲面。

图 19.1.3　"变换"区域　　　　图 19.1.4　"识别"区域　　　　图 19.1.5　"编辑特征"区域

19.2　识别和选择

19.2.1　选择凸台类曲面

使用选择凸台类曲面命令，可以方便选择凸台曲面，包括两种方式的选择：一种是使用"凸台"命令 来选择形成凸台的曲面；另外一种是使用"带有附属形状的凸台"命令 来选择形成凸台以及与其相交的附属曲面。下面以图 19.2.1 所示的例子介绍选择凸台类曲面的操作方法。

Step1. 将工作目录设置至 D:\Creo3\work\ch19.02。打开文件 pad_select.stp。

Step2. 选择凸台曲面。选择图 19.2.2 所示的模型表面，单击 柔性建模 功能选项卡 识别和选择 区域中的"凸台"按钮 ，系统选中凸台曲面，结果如图 19.2.3 所示。

图 19.2.1　打开模型文件

选择此面

图 19.2.2　选择曲面对象

Step3. 选择带有附属形状凸台曲面。重新选择图 19.2.2 所示的模型表面，单击 柔性建模 功能选项卡 识别和选择 区域中的"带有附属形状的凸台"按钮 ，系统选中凸台曲面，结果如图 19.2.4 所示。

图 19.2.3　选择凸台曲面

图 19.2.4　选择带有附属形状凸台曲面

说明：使用"带有附属形状的凸台"命令来选择凸台曲面时，系统会自动选择与选定曲面小的凸台曲面而不会选择比该面大的凸台曲面。如果选择图 19.2.5 所示的模型表面，则系统选择结果如图 19.2.6 所示；如果选择图 19.2.7 所示的模型表面，则系统选择结果如图 19.2.8 所示。

选择此面

图 19.2.5　选择曲面对象

图 19.2.6　选择结果

选择此面

图 19.2.7　选择曲面对象

图 19.2.8　选择结果

19.2.2 选择切口类曲面

使用选择切口类曲面命令，可以方便选择切口曲面，包括两种方式的选择：一种是使用"切口"命令 来选择形成切口的曲面；另外一种是使用"切口和附加切口"命令 来选择形成切口以及与其相交的附属曲面。下面以图 19.2.9 所示的例子介绍选择切口类曲面的操作方法。

Step1. 将工作目录设置至 D:\Creo3\work\ch19.02。打开文件 cut_select.stp。

Step2. 选择切口曲面。选择图 19.2.10 所示的模型表面，单击 柔性建模 功能选项卡识别和选择区域中的"切口"按钮 ，系统选中切口曲面，结果如图 19.2.11 所示。

图 19.2.9　打开模型文件

选择此面

图 19.2.10　选择曲面对象

Step3. 选择切口和附加切口曲面。重新选择图 19.2.10 所示的模型表面，单击 柔性建模 功能选项卡识别和选择区域中的"切口和附加切口"按钮 ，系统选中切口曲面，结果如图 19.2.12 所示。

图 19.2.11　选择切口曲面

图 19.2.12　选择切口和附加切口曲面

说明：使用"切口和附加切口"命令来选择切口曲面时，和使用"带有附属形状的凸台"命令来选择凸台曲面一样，系统会自动选择与选定曲面小的切口曲面而不会选择比该面大的切口曲面。

19.2.3 选择圆角类曲面

使用选择圆角类曲面命令，可以方便选择圆角曲面，包括两种方式的选择：一种是使用"圆形"命令 来选择形成倒圆角的曲面；另外一种是使用"倒圆角和附加倒圆角"命令 来选择形成倒圆角以及与其延伸过渡的相等半径的圆角曲面。下面以图 19.2.13 所示的例子介绍选择圆角类曲面的操作方法。

Step1. 将工作目录设置至 D:\Creo3\work\ch19.02。打开文件 round_select.stp。

Step2. 选择圆形曲面。选择图 19.2.14 所示的圆角表面，单击 柔性建模 功能选项卡 形状曲面选择 区域中的"圆形"按钮，系统选中圆形曲面，结果如图 19.2.15 所示。

图 19.2.13　打开模型文件　　　　　　图 19.2.14　选择曲面对象

Step3. 选择倒圆角和附加倒圆角曲面。重新选择图 19.2.14 所示的模型表面，单击 柔性建模 功能选项卡 形状曲面选择 区域中的"倒圆角和附加倒圆角"按钮，系统选中圆角曲面，结果如图 19.2.16 所示。

图 19.2.15　选择圆形曲面　　　　　图 19.2.16　选择倒圆角和附加倒圆角曲面

19.2.4　几何规则选择

在选择曲面对象时，除了以上介绍的三种常用方法之外，还可以使用几何规则命令来选择曲面对象，该种方式的选择是前面三种方法的补充。下面以图 19.2.17 所示的例子介绍使用几何规则选择对象的操作方法。

Step1. 将工作目录设置至 D:\Creo3\work\ch19.02。打开文件 law_select.stp。

Step2. 选择图 19.2.18 所示的模型表面为基础曲面，单击 柔性建模 功能选项卡 形状曲面选择 区域中的"几何规则"按钮，系统弹出图 19.2.19 所示的"几何规则"对话框（一）。

图 19.2.17　打开模型文件　　　　　　图 19.2.18　选择曲面对象

Step3. 在对话框中选中 ☑ 共面 复选框，单击 确定 按钮，系统选中与基础曲面共面的曲面对象，结果如图 19.2.20 所示。

图 19.2.19　"几何规则"对话框（一）

图 19.2.20　选择共面曲面

Step4. 重新选择图 19.2.18 所示的模型表面为基础曲面，单击 柔性建模 功能选项卡 形状曲面选择 区域中的"几何规则"按钮，系统弹出"几何规则"对话框。

Step5. 在对话框中仅选中 ☑平行 复选框，单击 确定 按钮，系统选中与基础曲面平行的曲面对象，结果如图 19.2.21 所示。

Step6. 选择图 19.2.22 所示的圆角曲面，单击 柔性建模 功能选项卡 形状曲面选择 区域中的"几何规则"按钮，系统弹出图 19.2.23 所示的"几何规则"对话框（二）。

图 19.2.21　选平行曲面

选择此面

图 19.2.22　选择圆角曲面

Step7. 在对话框中选中 ☑同轴 复选框，单击 确定 按钮，系统选中与基础曲面同轴的圆角曲面对象，结果如图 19.2.24 所示。

图 19.2.23　"几何规则"对话框（二）

图 19.2.24　选同轴圆角曲面

Step8. 重新选择图 19.2.22 所示的圆角曲面，单击 柔性建模 功能选项卡 形状曲面选择 区域中的"几何规则"按钮 ，系统弹出"几何规则"对话框。

Step9. 在对话框中仅选中 相等半径 复选框，单击 确定 按钮，系统选中与基础曲面等半径的圆角曲面对象，结果如图 19.2.25 所示。

Step10. 重新选择图 19.2.22 所示的圆角曲面，单击 柔性建模 功能选项卡 形状曲面选择 区域中的"几何规则"按钮 ，系统弹出"几何规则"对话框。

Step11. 在对话框中仅选中 相同凸度 复选框，单击 确定 按钮，系统选中与基础曲面相同凸度的圆角曲面对象，结果如图 19.2.26 所示。

图 19.2.25　选择等半径倒圆角曲面　　　　　图 19.2.26　选择相同凸度倒圆角曲面

19.3　柔 性 变 换

19.3.1　柔性移动

使用柔性移动工具可以将选定的几何对象移动到一个新的位置，也可将选定的几何对象移动到新位置的同时在原处保持原样地创建选定几何对象的副本。柔性移动包括使用 3D 拖动器移动、按尺寸移动和按约束移动三种方式。

1. 使用 3D 拖动器移动

使用 3D 拖动器移动就是使用三重轴坐标系对选定对象进行移动，下面以图 19.3.1 所示的例子介绍使用 3D 拖动器移动的操作方法。

Step1. 将工作目录设置至 D:\Creo3\work\ch19.03。打开文件 move01.stp。

Step2. 选择移动对象。选择图 19.3.1 所示的模型表面，单击 柔性建模 功能选项卡 形状曲面选择 区域中的"凸台"按钮 ，系统选中凸台曲面。

Step3. 在 柔性建模 功能选项卡的 变换 区域中选择 移动 下的 使用拖动器移动 命令，此时在模型中出现图 19.3.2 所示的三重轴，系统弹出图 19.3.3 所示的"移动"操控板。

图 19.3.1　打开模型文件　　　　　　　图 19.3.2　选择移动对象

图 19.3.3　"移动"操控板（一）

Step4. 移动对象。选择图 19.3.2 所示的坐标轴并沿轴向方向移动到图 19.3.4 所示的位置（大概位置）。

Step5. 完成移动。单击 ✔ 按钮，完成移动操作，结果如图 19.3.5 所示。

说明：在"移动"操控板中按下"创建复制–移动特征"按钮 ⬚，系统将保留移动的源特征，如图 19.3.6 所示。

图 19.3.4　移动位置　　　　　图 19.3.5　移动结果　　　　　图 19.3.6　保留原件

2．按尺寸移动

按尺寸移动就是在移动几何和固定几何之间最多创建三个尺寸并对它们进行修改来定义移动。下面以图 19.3.7 所示的例子介绍按尺寸移动的操作方法。

Step1. 将工作目录设置至 D:\Creo3\work\ch19.03。打开文件 move02.stp。

Step2. 选择移动对象。选择图 19.3.8 所示的模型表面，单击 柔性建模 功能选项卡 形状曲面选择 区域中的"凸台"按钮 ⬚，系统选中整个凸台表面为移动对象。

选择此面

图 19.3.7　打开模型文件　　　　　图 19.3.8　选择模型表面

Step3. 定义移动。在 柔性建模 功能选项卡的 变换 区域中选择 移动 下的 按尺寸移动 命令，系统弹出图 19.3.9 所示的"移动"操控板。

图 19.3.9 "移动"操控板（二）

Step4. 定义移动参数。按住 Ctrl 键选择图 19.3.10 所示两个模型表面为尺寸参考，在操控板中单击 尺寸 选项卡，在弹出的界面的 值 文本框中输入移动距离值为 30.0，并按 Enter 键。

Step5. 完成移动。单击 ✔ 按钮，完成移动操作，结果如图 19.3.11 所示。

图 19.3.10 选择参考面

图 19.3.11 移动结果

3. 按约束移动

按约束移动就是在移动几何固定几何之间定义一组装配约束来定义移动，注意，需要定义完全约束才能完成定义移动。下面以图 19.3.12 所示的例子介绍按约束移动的操作方法。

Step1. 将工作目录设置至 D:\Creo3\work\ch19.03。打开文件 move03.stp。

Step2. 选择移动对象。选择图 19.3.13 所示的模型表面，单击 柔性建模 功能选项卡 形状曲面选择 区域中的"凸台"按钮 ，系统选中整个凸台表面为移动对象。

图 19.3.12 打开模型文件

图 19.3.13 选择模型表面

Step3. 选择命令。在 **柔性建模** 功能选项卡的 **变换** 区域中选择 **移动** 下的 **使用约束移动** 命令，系统弹出图 19.3.14 所示的"移动"操控板。

图 19.3.14　"移动"操控板（三）

Step4. 定义移动约束。

（1）选择第一对约束参考。在"约束"对话框中单击 **放置** 选项卡，选择图 19.3.15 所示的两个圆柱面为参考，在 **放置** 界面的 **约束类型** 下拉列表中选择 **重合** 选项。

（2）选择第二对约束参考。选择图 19.3.16 所示的两个模型表面为参考，在 **放置** 界面的 **约束类型** 下拉列表中选择 **重合** 选项。

Step5. 完成移动。单击 ✔ 按钮，完成移动操作，结果如图 19.3.17 所示。

图 19.3.15　选择第一对约束参考　　图 19.3.16　选择第二对约束参考　　图 19.3.17　移动结果

19.3.2　柔性偏移

使用偏移命令可以偏移选定的曲面对象。下面以图 19.3.18 所示的例子介绍柔性偏移的操作方法。

Step1. 将工作目录设置至 D:\Creo3\work\ch19.03。打开文件 offset.stp。

Step2. 选择偏移曲面。选择图 19.3.19 所示的模型表面，单击 **柔性建模** 功能选项卡 **变换** 区域中的"偏移"按钮 🔲，系统弹出图 19.3.20 所示的"偏移几何"操控板。

图 19.3.18　打开模型文件

图 19.3.19　选择偏移曲面

Step3. 定义偏移参数。在"偏移几何"操控板的距离文本框中输入偏移距离值为 20.0。

Step4. 完成偏移。单击 ✔ 按钮，完成偏移操作，结果如图 19.3.21 所示。

| 文件▼ | 模型 | 分析 | 注释 | 渲染 | 工具 | 视图 | 柔性建模 | 应用程序 | 偏移几何 |

图 19.3.20　"偏移几何"操控板（一）

　　说明：在图 19.3.22 所示的"移动几何"操控板的 附件 选项卡中取消选中 □ 连接偏移几何复选框，系统将创建分离的偏移几何对象，结果如图 19.3.23 所示。

连接　选项　属性

几何连接
　□ 连接偏移几何
　□ 创建倒圆角/倒角几何
　具有非默认连接的边
　创建侧曲面

　　　　　　　　　细节...
　延伸和相交

　　　　　　　　　细节...
多个解决方案
　边界边

　　　　　　　　　细节...
查找下一个可能的解决方案
　< 上一个 >　< 下一个 >
　□ 保持解决方案拓扑

图 19.3.22　"偏移几何"操控板（二）

图 19.3.21　偏移结果

图 19.3.23　偏移结果

19.3.3　修改解析

　　使用修改解析命令可以方便修改各种圆弧曲面或圆锥曲面的半径值，使对这类对象参数的修改更加方便。下面以图 19.3.24 所示的例子介绍修改解析的操作方法。

Step1. 将工作目录设置至 D:\Creo3\work\ch19.03。打开文件 modify.stp。

Step2. 修改圆锥曲面角度。选择图 19.3.25 所示的圆锥曲面，单击 柔性建模 功能选项卡 变换 区域中的"修改解析"按钮，系统弹出图 19.3.26 所示的"修改解析曲面"操控板。在"修改解析曲面"操控板的角度文本框中输入角度值为 10.0；单击 按钮完成修改操作，结果如图 19.3.27 所示。

图 19.3.24　打开模型文件

图 19.3.25　选择曲面

图 19.3.26　"修改解析曲面"操控板（一）

Step3. 修改圆柱曲面半径。选择图 19.3.28 所示的圆柱曲面，单击 柔性建模 功能选项卡 变换 区域中的"修改解析"按钮，系统弹出图 19.3.29 所示的"修改解析曲面"操控板。在"修改解析曲面"操控板的半径文本框中输入半径值为 50.0；单击 按钮完成修改操作，结果如图 19.3.30 所示。

图 19.3.27　修改结果

图 19.3.28　选择圆柱曲面

图 19.3.29　"修改解析曲面"操控板（二）

图 19.3.30　修改结果

19.3.4 柔性镜像

使用柔性镜像可以镜像选定的几何对象，并可以根据要求设置几何连接选项。下面以图 19.3.31 所示的例子介绍柔性镜像的操作方法。

Step1. 将工作目录设置至 D:\Creo3\work\ch19.03。打开文件 mirror.prt。

Step2. 选择凸台曲面。选择图 19.3.32 所示的模型表面为基础曲面，单击 柔性建模 功能选项卡 形状曲面选择 区域中的"带有附属形状的凸台"按钮 ，系统选中图 19.3.33 所示的凸台表面。

图 19.3.31　打开模型文件　　　图 19.3.32　选择基础曲面　　　图 19.3.33　选择凸台曲面

Step3. 选择切口曲面。按住 Ctrl 键，选择图 19.3.34 所示的模型表面为基础曲面，单击 柔性建模 功能选项卡 形状曲面选择 区域中的"切口"按钮 ，系统选中图 19.3.35 所示的切口曲面。

图 19.3.34　选择基础曲面

图 19.3.35　选择切口曲面

Step4. 镜像曲面。单击 柔性建模 功能选项卡 变换 区域中的"镜像"按钮 镜像 ，系统弹出图 19.3.36 所示的"镜像几何"操控板，单击操控板中的 单击此处添加项 区域，选择 DTM1 平面为镜像平面。

图 19.3.36　"镜像几何"操控板

Step5. 完成镜像。单击 ✔ 按钮，完成镜像操作，结果如图 19.3.37 所示。

19.3.5　柔性替代

使用替代命令可以选择用不同的曲面替代选定要编辑的曲面。下面以图 19.3.38 所示的例子介绍替代的操作方法。

Step1. 将工作目录设置至 D:\Creo3\work\ch19.03。打开文件 replace.prt。

Step2. 选择要替换的曲面。选择图 19.3.39 所示的模型表面为要替换的曲面。

图 19.3.37　镜像结果　　　　　图 19.3.38　打开模型文件　　　　　图 19.3.39　选择曲面

Step3. 选择替换曲面。单击 柔性建模 功能选项卡 变换 区域中的"替代"按钮 替代，系统弹出图 19.3.40 所示的"替代"操控板，选择图 19.3.39 所示的曲面面为替换曲面。

图 19.3.40　"替代"操控板

Step4. 完成替代。单击 ✔ 按钮，完成替代操作，结果如图 19.3.41 所示。

图 19.3.41　替代结果

19.3.6　编辑倒圆角

使用编辑倒圆角命令可以修改选择倒圆角半径或者移除倒圆角特征。下面以图 19.3.42 所示的例子介绍编辑倒圆角的操作方法。

Step1. 将工作目录设置至 D:\Creo3\work\ch19.03。打开文件 round_edit.stp。

Step2. 选择圆角曲面。选择图 19.3.43 所示的圆角曲面为基础曲面，单击 柔性建模 功能选项卡 形状曲面选择 区域中的"几何规则"按钮 ，系统弹出"几何规则"对话框。在对话框中选中 ☑相等半径 复选框，单击 确定 按钮，系统选中图 19.3.44 所示的圆角曲面对象。

选择圆角对象

图 19.3.42　打开模型文件　　　图 19.3.43　选择圆角对象　　　图 19.3.44　选择等半径曲面

Step3. 修改圆角半径。单击 柔性建模 功能选项卡 变换 区域中的"编辑倒圆角"按钮 编辑倒圆角 ，系统弹出图 19.3.45 所示的"编辑倒圆角"操控板，在操控板的 半径 文本框中输入值 20.0。单击 ✔ 按钮，结果如图 19.3.46 所示。

图 19.3.45　"编辑倒圆角"操控板

图 19.3.46　修改半径

19.4　识　　别

19.4.1　阵列识别

使用阵列识别命令识别阵列中相似的对象，方便对齐进行统一操作，下面以图 19.4.1 所示的例子介绍阵列识别的操作方法。

Step1. 将工作目录设置至 D:\Creo3\work\ch19.04。打开文件 array.stp。

Step2. 选择凸台曲面。选择图 19.4.2 所示的模型表面，单击 柔性建模 功能选项卡 形状曲面选择 区域中的"凸台"按钮 ，系统选中图 19.4.3 所示的凸台曲面。

图 19.4.1　打开模型文件　　　图 19.4.2　选择基础曲面　　　图 19.4.3　选择凸台曲面

Step3. 阵列识别。单击 柔性建模 功能选项卡 识别 区域中的"阵列识别"按钮 ，系统弹出图 19.4.4 所示的"阵列识别"操控板，单击 按钮，结果如图 19.4.5 所示。

文件▾	模型	分析	注释	渲染	工具	视图	柔性建模	应用程序	*阵列识别*					⌃ 🔎 ⊜ ▾ ❓
相同 ▾	1 - 方向 ▾	1 ↔ ▾	实例 5	间距 58.0 ▾	2 ↔ ▾	实例 1	间距 NOT DEFINE ▾	‖ ⊘ 🔲 ⚬ ✔ ✖					基准 ▾	

参考　选项　阵列　属性

图 19.4.4　"阵列识别"操控板

19.4.2　对称识别

使用对称识别命令，可以选择彼此互为镜像的两个曲面，然后找出镜像平面；也可以选择一个曲面和一个镜像平面，然后找出选定曲面的镜像，找出彼此互为镜像的相邻曲面，可以将其变成对称组的一部分。下面以图 19.4.6 所示的例子介绍对称识别的操作过程。

图 19.4.5　识别结果　　　　　　　图 19.4.6　打开模型文件

Step1. 将工作目录设置至 D:\Creo3\work\ch19.04。打开文件 symmetry.prt。

Step2. 创建"对称识别"。（注：本步的详细操作过程请参见随书光盘中 video\ch19.04.02\reference\文件下的语音视频讲解文件 symmetry-r01.exe）。

19.5 编 辑 特 征

19.5.1 连接

使用连接命令，可以用来修剪或延伸开放面组，直到可以连接到实体几何或选定面组，下面以图 19.5.1 所示的例子介绍连接的操作方法。

Step1. 将工作目录设置至 D:\Creo3\work\ch19.05。打开文件 connect.prt。

图 19.5.1 打开模型文件

Step2. 定义连接。单击 柔性建模 功能选项卡 编辑特征 区域中的"连接"按钮 ，系统弹出图 19.5.2 所示的"连接"操控板，选择图 19.5.3 所示的曲面，并单击 按钮调整移除方向；单击 按钮，结果如图 19.5.4 所示。

图 19.5.2 "连接"操控板

图 19.5.3 选择曲面对象

图 19.5.4 连接结果

19.5.2 移除

使用移除命令，可以从实体或面组中移除选定的曲面对象，下面以图 19.5.5 所示的例子介绍移除的操作方法。

Step1. 将工作目录设置至 D:\Creo3\work\ch19.05。打开文件 remove.stp。

Step2. 选择移除曲面。选择图 19.5.6 所示的模型表面为移除面。

图 19.5.5　打开模型文件

选择此模型表面

图 19.5.6　选择移除面

Step3. 定义移除。单击 柔性建模 功能选项卡 编辑特征 区域中的"移除"按钮，系统弹出图 19.5.7 所示的"移除曲面"操控板，在操控板中选中 ☑ 保持打开状态 复选框，单击 ✔ 按钮，结果如图 19.5.8 所示。

图 19.5.7　"移除曲面"操控板

图 19.5.8　移除结果

19.6　柔性建模范例

范例概述

　　本范例是一个柔性建模实际应用的例子，其建模思路是先打开 STP 格式的参考模型文件（图 19.6.1a），然后进入到柔性建模模块对参考模型进行柔性建模，最后在基础模块中对模型进行细节特征的设计，得到我们需要的零件模型（图 19.6.1b）。零件模型及模型树如图 19.6.1 所示。

Stage1. 设置工作目录打开参考模型文件

Step1. 将工作目录设置至 D:\Creo3\work\ch19.06。

Step2. 打开参考模型文件：cover.stp。

Stage2. 使用柔性建模编辑参考模型

Step1. 创建"对称识别"基准平面DTM1（注：本步的详细操作过程请参见随书光盘中 video\ch19.06\ reference\文件下的语音视频讲解文件 cover-r01.exe）。

　　说明： 此处创建对称识别的目的就是要找到所选择的两个曲面的对称平面 DTM1，该基准平面可以作为后面创建镜像特征的镜像平面。

a）STP 格式的参考模型

b）最终零件模型

图 19.6.1　零件模型及模型树

　　Step2. 选择切口曲面。选择图 19.6.2 所示的模型表面为基础曲面，单击 **柔性建模** 功能选项卡 **形状曲面选择** 区域中的"切口"按钮 🧊 ，系统选中图 19.6.3 所示的切口曲面。

图 19.6.2　选择基础曲面　　　　　　　　　图 19.6.3　选择切口曲面

　　Step3. 选择切口曲面。按住 Ctrl 键，选择图 19.6.4 所示的模型表面为基础曲面，单击 **柔性建模** 功能选项卡 **形状曲面选择** 区域中的"切口"按钮 🧊 ，系统选中图 19.6.5 所示的切口曲面。

图 19.6.4　选择基础曲面　　　　　　　　　图 19.6.5　选择切口曲面

　　Step4. 选择其他切口曲面。按住 Ctrl 键，参照 Step2 和 Step3 的操作步骤，选择图 19.6.6 所示的切口曲面。

Step5. 创建图 19.6.7 所示的镜像几何。单击 柔性建模 功能选项卡 变换 区域中的"镜像"按钮 镜像，系统弹出"镜像几何"操控板，单击操控板中的 ● 单击此处添加项 区域，选择 Step1 创建的基准平面 DTM1 为镜像平面；单击 ✔ 按钮，完成镜像操作。

图 19.6.6　选择其他切口曲面

图 19.6.7　镜像几何

Step6. 选择凸台曲面。选择图 19.6.8 所示的模型表面为基础面，单击 柔性建模 功能选项卡 形状曲面选择 区域中的"凸台"命令 ，系统选中图 19.6.9 所示的凸台曲面。

图 19.6.8　选择基础面

图 19.6.9　选择凸台曲面

Step7. 创建移动。在 柔性建模 功能选项卡的 变换 区域中选择 移动 下的 使用约束移动 命令，系统弹出"移动"操控板。在"约束"对话框中单击 放置 选项卡，选择图 19.6.10 所示的两个顶面为参考，在 放置 界面的 约束类型 下拉列表中选择 重合 选项；选择图 19.6.11 所示的两个模型表面为参考，在 放置 界面的 约束类型 下拉列表中选择 重合 选项；选择图 19.6.12 所示的两个侧面为参考，在 放置 界面的 约束类型 下拉列表中选择 重合 选项；单击 ✔ 按钮，完成移动操作，结果如图 19.6.13 所示。

图 19.6.10　选择重合对象 1　　　　　　　　图 19.6.11　选择重合对象 2

图 19.6.12　选择重合对象 3

图 19.6.13　移动结果

Step8. 创建图 19.6.14 所示的偏移曲面 1。选择图 19.6.15 所示的模型表面，单击 柔性建模 功能选项卡 变换 区域中的"偏移"按钮 ，系统弹出"偏移几何"操控板，在"偏移几何"操控板的距离文本框中输入偏移距离值为 100.0；单击 按钮，完成偏移曲面 1 的创建。

图 19.6.14　偏移曲面 1

图 19.6.15　选择偏移曲面

Step9. 创建图 19.6.16 所示的偏移曲面 2。选择图 19.6.17 所示的模型表面，单击 柔性建模 功能选项卡 变换 区域中的"偏移"按钮 ，系统弹出"偏移几何"操控板，在"偏移几何"操控板的距离文本框中输入偏移距离值为 100.0；单击 按钮，完成偏移曲面 2 的创建。

图 19.6.16　偏移曲面 2

图 19.6.17　选择偏移曲面

Step10. 创建图 19.6.18 所示的偏移曲面 3。选择图 19.6.19 所示的模型表面，单击 柔性建模 功能选项卡 变换 区域中的"偏移"按钮 ，系统弹出"偏移几何"操控板，在"偏移几何"操控板的距离文本框中输入偏移距离值为 60.0；在 连接 选项卡中取消选中 □ 连接偏移几何 复选框，单击 按钮，完成偏移曲面 3 的创建。

图 19.6.18　偏移曲面 3

图 19.6.19　选择偏移曲面

Step11. 创建图 19.6.20 所示的替代 1。选择图 19.6.21 所示的模型表面为要替换的曲面。单击 柔性建模 功能选项卡 变换 区域中的"替代"按钮 替代 ，选择 Step10 中创建的偏移曲面 3 为替换曲面，单击 按钮，完成替代操作。

图 19.6.20　替代 1

图 19.6.21　选择要替代的曲面

Step12. 创建图 19.6.22 所示的偏移曲面 4。选择图 19.6.23 所示的模型表面，单击 柔性建模 功能选项卡 变换 区域中的"偏移"按钮 ，系统弹出"偏移几何"操控板，在"偏移几何"操控板的距离文本框中输入偏移距离值为 60.0；在 连接 选项卡中取消选中 □ 连接偏移几何 复选框，单击 ✔ 按钮，完成偏移曲面 4 的创建。

图 19.6.22　偏移曲面 4　　　　　　　图 19.6.23　选择偏移曲面

Step13. 创建图 19.6.24 所示的替代 2。选择图 19.6.25 所示的模型表面为要替换的曲面。单击 柔性建模 功能选项卡 变换 区域中的"替代"按钮 替代 ，选择 Step12 中创建的偏移曲面 4 为替换曲面，单击 ✔ 按钮，完成替代操作。

图 19.6.24　替代 2　　　　　　　　　图 19.6.25　选择要替代的曲面

Step14. 修改圆柱曲面半径 1。选择图 19.6.26 所示的圆柱曲面，单击 柔性建模 功能选项卡 变换 区域中的"修改解析"按钮 ，系统"修改解析曲面"操控板，在操控板的 半径 文本框中输入半径值为 20.0，单击 ✔ 按钮，结果如图 19.6.27 所示。

Step15. 修改圆柱曲面半径 2。参照 Step14 修改另外一处圆柱曲面半径值，结果如图 19.6.27 所示。

图 19.6.26　选取圆柱曲面　　　　　　图 19.6.27　修改曲面半径 1 和 2

Step16. 选择圆角曲面。选择图 19.6.28 所示的圆角曲面为基础曲面，单击 柔性建模 功能选项卡 形状曲面选择 区域中的"几何规则"按钮 ，系统弹出"几何规则"对话框；在对话框中选中☑相等半径复选框，单击 确定 按钮，系统选中图 19.6.29 所示的圆角曲面对象。

Step17. 修改倒圆角半径。单击 柔性建模 功能选项卡 变换 区域中的"编辑倒圆角"按钮 编辑倒圆角，系统弹出"编辑倒圆角"操控板，在操控板的 半径 文本框中输入半径值为 40.0，单击 按钮，完成半径值的修改，结果如图 19.6.30 所示。

图 19.6.28　选择基础圆角曲面　　　图 19.6.29　选择圆角曲面　　　图 19.6.30　修改圆角半径

Step18. 创建移除 1。按住 Ctrl 键，选择图 19.6.31 所示的模型表面；单击 柔性建模 功能选项卡 编辑特征 区域中的"移除"按钮 ，系统弹出"移除曲面"操控板，单击 按钮，结果如图 19.6.32 所示。

图 19.6.31　定义移除圆曲面　　　　　　　　图 19.6.32　移除结果

Step19. 创建图 19.6.33 所示的偏移曲面 5。选择图 19.6.34 所示的模型表面，单击 柔性建模 功能选项卡 变换 区域中的"偏移"按钮 ，系统弹出"偏移几何"操控板，在"偏移几何"操控板的距离文本框中输入偏移距离值为 25.0；单击 按钮，完成偏移曲面 5 的创建。

图 19.6.33　偏移曲面 5　　　　　　　　　图 19.6.34　选择偏移曲面

Stage3. 细节部分设计

Step1. 创建图 19.6.35 所示的圆角特征 1。单击 模型 功能选项卡 工程 ▼ 区域中的 倒圆角 ▼ 按钮，选择图 19.6.35a 所示的四条边链，在操控板中的圆角半径文本框中输入数值 5.0。

选择此四条边链

放大图　　　　　　　放大图

a) 倒圆角前　　　　　　b) 倒圆角后

图 19.6.35　圆角特征 1

Step2. 创建图 19.6.36 所示的圆角特征 2。选择图 19.6.36a 所示的两条边线，在操控板中的圆角半径文本框中输入数值 50.0。

选取这两条边线

a) 倒圆角前　　　　　　　　　　　　　　　b) 倒圆角后

图 19.6.36　圆角特征 2

Step3. 创建图 19.6.37 所示的圆角特征 3。选择图 19.6.37a 所示的边线，在操控板中的圆角半径文本框中输入数值 5.0。

选择这两条边链

放大图　　　　　　　放大图

a) 倒圆角前　　　　　　b) 倒圆角后

图 19.6.37　圆角特征 3

Step4. 创建图 19.6.38 所示的移除 2。选择图 19.6.39 所示的模型表面为移除面；单击 柔性建模 功能选项卡 编辑特征 区域中的"移除"按钮 ，系统弹出"移除曲面"操控板，在操控板中选中 ☑ 保持打开状态 复选框，单击 ✔ 按钮，完成移除的创建。

选择此模型表面

图 19.6.38　移除结果　　　　　　　　图 19.6.39　选择移除面

Step5. 创建图 19.6.40 所示的加厚曲面。选择整个面组，单击 模型 功能选项卡 编辑 ▼ 区域中的"加厚"按钮 □ 加厚，在厚度文本框中输入厚度值为 5.0，单击 ✗ 按钮调整加厚方向超曲面内侧，单击 ✓ 按钮，完成加厚操作。

图 19.6.40　　加厚曲面

Step6. 文件保存。

第 20 章　有限元结构分析

20.1　概　　述

20.1.1　有限元分析概述

在现代先进制造领域中，我们经常会碰到的问题是计算和校验零部件的强度、刚度以及对机器整体或部件进行结构分析等。

一般情况下，我们运用力学原理已经得到了它们的基本方程和边界条件，但是能用解析方法求解的只是少数方程，性质比较简单，边界条件比较规则的问题。绝大多数工程技术问题很少有解析解。

处理这类问题通常有两种方法：

一种是引入简化假设，使达到能用解析解法求解的地步，求得在简化状态下的解析解，这种方法并不总是可行的，通常可能导致不正确的解答。

另一种途径是保留问题的复杂性，利用数值计算的方法求得问题的近似数值解。

随着电子计算机的飞跃发展和广泛使用，已逐步趋向于采用数值方法来求解复杂的工程实际问题，而有限元法是这方面的一个比较新颖并且十分有效的数值方法。

有限元法（Finite Element Analysis）是根据变分法原理来求解数学物理问题的一种数值计算方法。由于工程上的需要，特别是高速电子计算机的发展与应用，有限元法才在结构分析矩阵方法基础上，迅速地发展起来，并得到越来越广泛的应用。

20.1.2　Creo 3.0 结构分析工作模式及操作界面

1. 集成模式

集成模式（Integrated Mode）：在 Creo 3.0 环境界面下工作，可以直接利用 Creo 模型进行网格划分，在有限元分析中所有的设计参数的变化都可以直接反映到 Creo 模型中。进入集成模式有以下两种方法。

方法一：单击 应用程序 功能选项卡 模拟 区域中的 "Simulate" 按钮 ，系统即可进入 "结构分析" 模块，其操作界面如图 20.1.1 所示。

方法二：选择 开始 ➡ 所有程序 ➡ PTC Creo ➡ PTC Creo Simulate 3.0 B000

命令，系统也可进入"结构分析"模块，其操作界面与方法一的操作界面类似。

图 20.1.1　Creo 3.0　"结构分析"模块操作界面

2．独立模式

独立模式（Independent Mode）：在独立的结构分析界面下工作，有限元模型可以由 Creo 3.0 创建，也可以从其他 CAD 系统中输入几何模型数据，其功能比在集成模式下强。

选择 ![开始] ➡ ![程序(P)] ➡ ![PTC Creo] ➡ ![Legacy] ➡ ![Structure] 命令，系统即可进入"结构分析"模块，其工作界面如图 20.1.2 所示。

20.1.3　Creo Simulate 技术基础

P-method 和 H-method 就是用来进行网格划分的两种计算方法。

Creo Simulate 是基于 P 方法进行工作的。它采用适应性 P-method 技术，在不改变单元网格划分的情况下，靠增加单元内的插值多项式的阶数来达到设定的收敛精度。理论上，插值多项式的阶数可以很高，但在实际工作中，往往将多项式的最高阶数限制在 9 以内。如果插值多项式的阶数超过 9 仍然没有收敛，这时可以增加网格的密度，降低多项式的阶数，加快计算速度。利用 P 方法进行分析，降低了对网格划分质量的要求和限制，系统可以自动收敛求解。

图 20.1.2　Creo Simulate 3.0 工作界面

P-method 能够比较精确地拟合几何形状，能够消除表面上的微小凹面，这种单元的应力变形方程为多项式方程，最高阶次能够达到九阶，这意味着这种单元可以非常精确地拟合大应力梯度。

Creo Simulate 中四面体单元的计算结果比其他传统有限元程序中四面体的计算结果要好得多。首先单元以较低的阶次进行初步计算，然后在应力梯度比较大的地方和计算精度要求比较高的地方自动地提高单元应力方程的阶次，从而保证计算的精确度和效率。

非适应性 H-method 技术和适应性 P-method 技术在网格划分时的具体区别在于，非适应性的 H-method 技术划分的有限网格单元较小，数目较多，与实体边界拟合不是很好；适应性 P-method 技术划分的有限网格单元较大，数目较少，但是与实体的边界拟合较好。

即，H-method 是靠增加网格密度，增大单元数量的方法提高计算精度；而 P-method 是靠增加单元的插值阶次，改变形函数曲线，不需要增加过多的单元数量，来提高计算精度。

20.1.4　Creo Simulate 分析任务

在 Creo Simulate 中，将每一项能够完成的工作称之为设计研究。所谓设计研究是指针对特定模型用户定义的一个或一系列需要解决的问题。Creo Simulate 的设计研究种类主要分为以下两种类型。

1．标准分析

标准分析（Standard）：最基本，最简单的设计研究类型，至少包含一个分析任务。在此种设计研究中，用户需要指定几何模型，划分网格，定义材料，定义载荷和约束条件，定义分析类型和计算收敛方法，计算并显示结果图解。

此类分析也可以称之为设计验证，或者称之为设计校核，例如进行设计模型的应力应变检验，这也是其他有限元分析软件所只能完成的工作，在 Creo Simulate 中，完成这种工作的一般流程如下：

1) 创建几何模型。
2) 简化模型。
3) 设定单位和材料属性。
4) 定义约束条件。
5) 定义载荷条件。
6) 定义分析任务。
7) 运行分析。
8) 显示，评价计算结果。

2．灵敏度分析和优化设计

灵敏度分析和优化设计：其中灵敏度分析就是根据不同的目标设计参数或者物性参数的改变计算出来的结果，除了进行标准分析的各种定义以外，用户需要定义设计参数，指定参数的变化范围，用户可以用灵敏度分析来研究哪些设计参数对模型的应力或者质量影响较大；优化设计分析就是在基本标准分析的基础上，用户指定研究目标，约束条件（包括几何约束条件和物性约束），设计参数，然后在参数的给定范围内求解出满足研究目标和约束条件的最佳方案。

此类分析可以称之为设计优化，这是 Creo Simulate 区别于其他有限元分析软件的最显著的特征，在 Creo Simulate 中进行模型的设计优化的一般流程如下：

1) 创建几何模型。
2) 简化模型。
3) 设定单位和材料属性。

4)　定义约束条件。

5)　定义载荷条件。

6)　定义设计参数。

7)　运行灵敏度分析。

8)　运行优化分析。

9)　根据优化结果改变模型。

20.1.5　Creo Simulate 结构分析一般过程

使用 Creo Simulate 进行结构分析的基本步骤如下。

1)　创建几何模型，一般直接在 Creo 中创建几何模型。

2)　进入到结构分析环境。

3)　设定模型的物理材料属性。

4)　在模型上添加约束条件。

5)　在模型上添加载荷条件。

6)　有限元网格划分。

7)　定义分析任务，运行分析。

8)　根据设计变量计算和分析感兴趣的项目。

9)　图形显示计算结果（应力、应变、位移等）。

20.2　结构分析一般过程

20.2.1　概述

和其他有限元分析软件一样，在 Creo 3.0 中进行结构分析的一般过程可以分成前处理、求解和后处理三个主要步骤。

前处理就是零件几何模型的创建以及简化、有限元模型的创建，求解就是使用系统自带的求解器对有限元模型进行求解计算，后处理就是对前面求解计算的结果进行有目的的查看与分析；下面以一个简单的模型为例，具体从这三个方面介绍在 Creo 3.0 中进行结构分析的一般过程（前处理和求解放在一起介绍）。

20.2.2　结构分析前处理及求解

如图 20.2.1 所示的支撑件零件，材料为 AL2014，其左、右端面部位完全固定约束，上表面承受一个大小为 2000N 的均布载荷力作用，分析其应力和位移分布情况。

图 20.2.1　支撑件零件

Task1. 进入有限元分析模块

Step1. 打开文件 D:\Creo3\work\ch20.02\analysis_part.prt。

Step2. 单击 应用程序 功能选项卡 模拟 区域中的 "Simulate" 按钮 ，系统进入 "有限元分析" 模块。

Task2. 定义有限元分析

Step1. 选择材料。单击 主页 功能选项卡 材料 区域中的 "材料" 按钮 材料 ，系统弹出图 20.2.2 所示的 "材料" 对话框。在对话框中选中 al2014.mtl 材料，单击 按钮，然后单击对话框中的 确定 按钮。

图 20.2.2　"材料" 对话框

说明： 图 20.2.2 所示的 "材料" 对话框中的材料种类是非常有限的，如果无法设计所需的材料需求，可以新建一种材料，然后添加到零件模型中；单击 "材料" 对话框中的 "创建新材料" 按钮 ，系统弹出图 20.2.3 所示的 "材料定义" 对话框，在对话框中输入新材料相关属性，即可新建一种材料。

Step2. 分配材料。单击 主页 功能选项卡 材料 区域中的 "材料分配" 按钮 材料分配 ，系统弹出图 20.2.4 所示的 "材料分配" 对话框。采用系统默认设置，单击对话框中的 确定 按钮，完成材料分配，结果如图 20.2.5 所示。

图 20.2.4　"材料分配"对话框

图 20.2.5　材料分配

图 20.2.3　"材料定义"对话框

Step3. 添加约束。单击 主页 功能选项卡 约束▼ 区域中的"位移"按钮 📄，系统弹出图 20.2.6 所示的"约束"对话框。选取图 20.2.7 所示的模型表面为约束面,在对话框中的 平移区域分别单击 X、Y、Z 后的"固定"按钮 ⛏，将选中曲面的 X、Y、Z 三个方向的平移自由度完全限制，使其固定，单击对话框中的 确定 按钮。

图 20.2.6 所示的"约束"对话框中部分选项说明如下。

- 🕷 按钮: 单击该按钮, 系统弹出图 20.2.8 所示的"颜色编辑器"对话框，可以设置约束图标的颜色样式。

- 新建... 按钮: 单击该按钮, 系统弹出图 20.2.9 所示的"约束集定义"对话框，用来定义约束集，一个约束集中可以包含多个约束。

- 参考 下拉列表: 用于定义约束参考属性，包括以下三种类型。
  - ☑ 曲面: 选中该选项，可以选择模型表面或曲面为约束参考对象。
  - ☑ 边/曲线: 选中该选项，可以选择模型边线或曲线为约束参考对象。
  - ☑ 点: 选中该选项，可以选择模型顶点为约束对象参考。

- 坐标系 区域: 用于定义约束参考的坐标系属性，包括以下两种选项。
  - ☑ ◉ 全局: 选中该选项，使用全局坐标系为坐标系参考。
  - ☑ ◉ 选定: 选中该选项，选择指定坐标系为坐标系参考。

- 平移 区域: 用于设置 X, Y, Z 三个方向的平移自由度约束。

☑ 　：单击该按钮，自由度类型为自由。

☑ 　：单击该按钮，自由度类型为固定。

☑ 　：单击该按钮，设置沿某一方向的位移自由度。

☑ 　：单击该按钮，定义一个可作为坐标功能的自由度，仅用于 FEA 模式。

● 旋转 区域：用于设置 X，Y，Z 三个方向的旋转自由度约束。

☑ 　：单击该按钮，自由度类型为自由。

☑ 　：单击该按钮，自由度类型为固定。

☑ 　：单击该按钮，设置沿某一方向的角度自由度。

☑ 　：单击该按钮，定义一个可作为坐标功能的自由度，仅用于 FEA 模式。

图 20.2.7　选择约束面

图 20.2.6　"约束"对话框

图 20.2.8　"颜色编辑器"对话框

图 20.2.9　"约束集定义"对话框

　　Step4. 添加载荷。单击 主页 功能选项卡 载荷▼ 区域中的"力/力矩"按钮，系统弹出图 20.2.10 所示的"力/力矩载荷"对话框（一）。选取图 20.2.11 所示的模型表面为载荷面，

在对话框中的 力 区域的 ʸ 文本框中输入值-2000，表示力的方向沿着 Y 轴负方向，力的大小为 2000N。单击对话框中的 确定 按钮。

　　说明：此处在添加力载荷时需要判断力的方向，将坐标系显示（图 20.2.12），通过坐标系来判断力的矢量方向。

　　图 20.2.6 所示的"约束"对话框中部分选项说明如下。

● 🍂 按钮：单击该按钮，系统弹出"颜色编辑器"对话框，可以设置载荷图标的颜色样式。

● 新建... 按钮：单击该按钮，系统弹出图 20.2.13 所示的"约束集定义"对话框，用来定义载荷集，一个载荷集中可以包含多个载荷条件。

　　单击图 20.2.10 所示的"力/力矩载荷"对话框中的 高级 >> 按钮，系统弹出图 20.2.14 所示的"力/力矩载荷"对话框（二）。对于该对话框中部分选项说明如下。

● 分布 下拉列表：用于设置载荷分布类型。

　☑ 总载荷：选中该选项，表示参考上受到的总力是一定的，单位面积上的力会随着所选面面积的变化而变化。

　☑ 单位面积上的力：表示所选面单位面积受力是一定的，总力会随着所选面面积的变化而变化。

　☑ 点总载荷：表示所选面所受到的均匀载荷就相当于一个作用在点上的合力。

　☑ 点总承载载荷：表示所选面上的载荷相当于多个作用点上的总合力。

● 空间变化 下拉列表：用于设置载荷空间变化类型。

　☑ 均匀：表示添加的力是均匀分布的力。

　☑ 坐标函数：表示添加的力是由函数控制其分布的。

　☑ 在整个图元上插值：表示用插值方式定义力的空间变化。

● 力 下拉列表：用于设置力大小定义方式。

　☑ 分量：需要给定力在 X，Y，Z 三个方向的分量大小。

　☑ 方向矢量和大小：需要给定力的方向矢量和大小。

　☑ 方向点和大小：需要选择两个点来指定力的方向，然后给定力的大小。

　　Step5. 设置网格参数。单击 精细模型 功能选项卡 AutoGEM 区域中的"控制"按钮 控制▼，系统弹出图 20.2.15 所示的"最大元素尺寸控制"对话框。在对话框中的 参考 区域下拉列表中选择 分量 选项；在 元素尺寸 区域中的文本框中输入元素尺寸值 10，单击对话框中的 确定 按钮。

　　说明：此处输入的元素尺寸参数表示的是在划分网格单元时，单元边长的最大值为 10mm，大于该尺寸的，系统不会划分网格。

图 20.2.10　"力/力矩载荷"对话框（一）

图 20.2.11　选取载荷面

图 20.2.12　显示坐标系

图 20.2.13　"载荷集定义"对话框

图 20.2.14　"力/力矩载荷"对话框（二）

图 20.2.15　"最大元素尺寸控制"对话框

Step6. 划分网格。单击 **精细模型** 功能选项卡 AutoGEM 区域中的 "AutoGEM" 按钮 ，系统弹出图 20.2.16 所示的 "AutoGEM" 对话框（一）。单击对话框中的 **创建** 按钮，系统开始划分网格，网格划分结果如图 20.2.17 所示，同时，系统弹出图 20.2.18 所示的"AutoGEM

摘要”对话框，对话框中显示网格划分的相关参数；单击对话框中的 关闭 按钮，直至系统弹出图 20.2.19 所示的“AutoGEM”对话框（二），提示是否保存网格划分结果，单击 是(Y) 按钮。

图 20.2.16　“AutoGEM”对话框（一）

图 20.2.17　网格划分

图 20.2.18　“AutoGEM 摘要”对话框

图 20.2.19　“AutoGEM”对话框（二）

Step7. 定义分析研究。单击 主页 功能选项卡 运行 区域中的“分析和研究”按钮，系统弹出“分析和设计研究”对话框。选择对话框中的下拉菜单 文件(F) ➡ 新建静态分析… 命令，系统弹出图 20.2.20 所示的“静态分析定义”对话框，在对话框中单击 收敛 选项卡，在 方法 区域的下拉列表中选择 单通道自适应 选项，其他选项采用系统默认设置；单击 确定 按钮，在系统弹出的“分析和设计研究”对话框中单击“开始运行”按钮，系统弹出图 20.2.21 所示的“问题”对话框和图 20.2.22 所示的“诊断：分析 Analysis1”对话框，单击 是(Y) 按钮，系统开始运行求解，求解完成后的“分析和设计研究”对话框显示如图 20.2.23 所示。

图 20.2.20 所示“静态分析定义”对话框 收敛 选项卡中 方法 区域下拉列表用来定义收敛方法，一共有以下三种收敛方式。

- 单通道自适应：判断初始通道（P=3）计算时的每一个单元的边界应力非连续性是否达到单元的阶次标准，并且在计算结果中给出应力误差报告。从计算速度和计算精度两方面来考虑，这是绝大部分分析任务所采用的默认收敛类型。

- 多通道自适应：多通道计算，在相同任务下比较不同通道的计算结果，从而判断是否需要更高的计算阶次，如果需要，则提高计算阶次，如此不断进行，直至达到用户规定的误差范围。相比之下，这种收敛方式所需的计算时间较长，但是能够提供收敛曲线以供质量控制目的之用，这种收敛方式可以在敏感区域设置收敛性。

● 快速检查：仅计算 P=3 时的单通道，因此可以说这种方式是在进行单通道收敛方式或者多通道收敛方式计算前对模型进行的一种快速检查，这种方式对于计算机资源有限而且计算精度要求不高时进行较大规模的分析计算时非常有意义，这种方式的计算结果只能够大致预测出实际的计算结果。

图 20.2.21 "问题"对话框

图 20.2.20 "静态分析定义"对话框

图 20.2.22 "诊断：分析 Analysis1"对话框

图 20.2.23 "分析和设计研究"对话框

20.2.3　结构分析结果后处理

在 Creo 中进行后处理操作主要是在 Creo Simulate 结果窗口中进行的,下面继续使用上一节的求解模型为例介绍后处理的相关操作。

Step1. 进入 Creo Simulate 结果窗口。单击 主页 功能选项卡 运行 区域中的"结果"按钮 结果,系统进入到"Creo Simulate 结果"窗口。

Step2. 查看应力结果图解。在"Creo Simulate 结果"界面的"窗口定义"区域中单击 按钮,在弹出的对话框中选择结果集文件 Analysis1,单击 打开 按钮,系统弹出图20.2.24 所示的"结果窗口定义"对话框(一),在对话框的 显示类型 下拉列表中选择 条纹 选项;单击 数量 选项卡,在应力下拉列表中选择 应力 选项,在 分量 下拉列表中选择 von Mises 选项;单击对话框中的 确定并显示 按钮,系统显示其应力结果图解,如图 20.2.25 所示。

图 20.2.24　"结果窗口定义"对话框(一)

说明:在"Creo Simulate 结果"界面的"窗口定义"区域中单击 按钮,系统弹出图20.2.24 所示的"结果窗口定义"对话框(一),可以对结果窗口各项选项进行再设置。

图 20.2.24 所示的"结果窗口定义"对话框(一)中部分选项的说明如下。

● 显示类型 下拉列表:用于设置结果图解的显示类型。
  ☑ 条纹:这是显示模型结果的一种应力结果图解表示法(图 20.2.26)。它将显示系统的测量或分析计算结果,然后将结果以不同的颜色对应到它应该在的位置区域中,使用这种显示类型也可以用来创建等高线图。
  ☑ 矢量:以矢量的方式来显示系统应力的测量或分析计算结果(图 20.2.27)。但这种显示类型无法用于 FEA 模式。

图 20.2.25 应力结果图解（一）

图 20.2.26 应力结果图解（二）

☑ **图形**：显示模型行为的应力结果图解（图 20.2.27）。图表中会显示出数量与 P
循环通过（P-loop Pass）、曲线或边缘、时间或频率等位置间的关系。

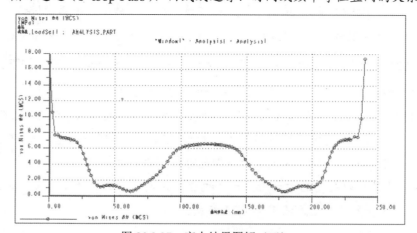

图 20.2.27 应力结果图解（三）

☑ 模型：显示模型在它原始或被扭曲状态的几何（图 20.2.28）。如果想要以简单的动画来显示模型时如何被扭曲的，或想要显示模型优化的形状，那么模态表示法是最有用的。但这种显示类型无法用于热力模块。

图 20.2.28 应力结果图解（四）

图 20.2.29 所示的"结果窗口定义"对话框（二）中部分选项的说明如下。

● 显示位置 选项卡：用于设置结果图解的显示位置。

☑ 全部：在全部模型上显示结果图解。

☑ 曲线：在选定的曲线上显示结果图解。

☑ 曲面：在选定曲面上显示结果图解（图 20.2.30）。

☑ 体积块：在选定体积块上显示结果图解。

☑ 元件/层：在选定元件或层上显示结果图解。

图 20.2.29 "结果窗口定义"对话框（二）

图 20.2.30　"力/力矩载荷"对话框

图 20.2.31 所示的"结果窗口定义"对话框（三）中部分选项的说明如下。

● **显示选项** 选项卡：用于设置结果图解的显示选项。

　　☑ ☑连续色调：选中该选项，图解结果色调以连续方式显示（图 20.2.32）。

　　☑ 图例等级：设置结果图解图例显示等级（图 20.2.33）。

图 20.2.31　"结果窗口定义"对话框（三）

a）非连续色调

b）连续色调

图 20.2.32　连续/非连续色调

a) 9 等级图例　　　　　　　　　　b) 12 等级图例

图 20.2.33　图例等级

☑　☑轮廓：选中该选项，系统显示轮廓图解（图 20.2.34）。

☑　☑标注轮廓：选中该选项，系统显示标注轮廓结果图解（图 20.2.35）。

☑　☑等值面：选中该选项，系统显示等值面结果图解（图 20.2.36）。

图 20.2.34　轮廓显示

图 20.2.35　标注轮廓显示

图 20.2.36　等值面显示

☑　☑已变形：选中该选项，系统显示结构变形后的结果图解（图 20.2.37）。

☑　☑叠加未变形的：选中该选项，系统将变形前后的模型进行叠加显示（图 20.2.38）。

图 20.2.37　变形结果显示

图 20.2.38　叠加未变形结果

☑　☑ 透明叠加：选中该选项，系统将变形前后的结果进行叠加显示，且变形前的
　　　显示样式为透明（图 20.2.39）。

☑　缩放：用于设置透明度值。

图 20.2.39　透明叠加显示

☑　☑ 显示元素边：选中该选项，系统显示单元网格边线（图 20.2.40）。

☑　☑ 显示载荷：选中该选项，系统显示载荷条件（图 20.2.41）。

☑　☑ 显示约束：选中该选项，系统显示约束条件。

图 20.2.40　显示元素边

图 20.2.41　显示载荷条件

Step3. 查看位移结果图解。在"Creo Simulate 结果"界面的"窗口定义"区域中单击 按钮，在弹出的对话框中选择结果集文件 Analysis1 ，单击 打开 按钮，系统弹出"结果窗口定义"对话框，在对话框的 显示类型 下拉列表中选择 条纹 选项；单击 数量 选项卡，在应力下拉列表中选择 位移 选项，在 分量 下拉列表中选择 模 选项；单击对话框中的 确定并显示 按钮，系统显示其位移结果图解，如图 20.2.42 所示。

图 20.2.42　位移结果图解（一）

　　说明：在 "Creo Simulate 结果" 窗口的 视图(V) "窗口" 区域中单击 显示 按钮，系统弹出图 20.2.43 所示的 "显示结果窗口" 对话框，可以设置对结果窗口的显示，在本例中，如果只需要在结果窗口中显示位移结果，可以在 "显示结果窗口" 中选择 Window2 选项，单击对话框中的 确定 按钮，位移结果图解如图 20.2.44 所示。

图 20.2.43　"显示结果窗口" 对话框

图 20.2.44　位移结果图解（二）

　　说明：参照以上步骤，读者可以查看其他感兴趣的结果图解项目（如应变图解等等），在此不再赘述；另外，系统提供了一种快速查看各主要测量项目极值的方法，在 "Creo Simulate 结果" 窗口的 主页 "报告" 区域中单击 按钮，系统弹出图 20.2.45 所示的 "测量" 对话框，在对话框列表区域中选中 max_disp_mag 、 max_prin_mag 和 max_stress_vm 选项，单击对话框中的 创建注释... 按钮，系统显示图 20.2.46 所示的测量结果，在图中显示的是最大位移值、最大应变和最大应力值位置及相关数值。

图 20.2.45　"测量" 对话框

图 20.2.46　测量结果

　　说明：从应力结果图解中可以看出，最大应力为 21.2225MPa，当该零件工作中，如果承受的最大应力值超出此范围，那么零件就可能受到破坏，导致零件无法安全工作；从位移结果图解中可以看出，最大位移值为 0.187435mm，表示零件在该种工况下工作时，零件发生的最大变形量为-30.7429 Mpa。

第21章　模　具　设　计

21.1　模具设计概述

注塑模具设计一般包括两大部分：模具元件（Mold Component）和模座（Moldbase）的设计。模具元件主要包括上模型腔（或凸模型腔）、下模型腔（凹模型腔）、浇道系统（注道、流道、流道滞料部、浇口等）、型芯、滑块、销等；而模座则包括固定和移动侧模板、顶出销、回位销、冷却水线、加热管、止动销、定位螺栓、导柱等。

PTC 公司推出的 Creo 3.0 软件中，与注塑模具有关的模块主要有 3 个：模具设计模块（Pro/MOLDESIGN）、模座设计模块（Expert Moldbase Extension，简称 EMX）和塑料顾问模块（Plastic Advisor）。

1．模具设计模块

在模具设计模块（Pro/MOLDESIGN）中，用户可以创建、修改和分析模具元件及其组件，并可根据设计模型中的变化对它们快速更新。该模块是模具设计的关键模块，作为模具设计入门，本章主要介绍该模块的基础部分。

- 设置注塑零件的收缩率，收缩率的大小与注塑零件的材料特性、几何形状和制模条件相对应。
- 对一个型腔或多型腔模具进行概念性设计。
- 对模具型腔、型芯、型腔嵌入块、砂型芯、滑块、提升器和定义模制零件形状的其他元件进行设计。
- 在模具组件中添加标准元件，例如模具基础、推销、注入口套管、螺栓（钉）、配件和创建相应间隙孔用的其他元件。
- 设计注塑流道和水线。
- 拔模检测（Draft Check）、分型面检查（Parting Surface Check）等分析工具。

2．模座设计模块（EMX）

在模座设计模块（EMX）中，用户可以将模具元件直接装配到标准的或定制的模座中，对整个模具进行更完全且详细的设计，从而大大缩短模具的研发时间。

界面友好，使用方便，易于修改和重定义。

提供大量标准的模座以及滑块、斜销等附件。

用户经过简单的设定后，系统可以自动产生 2D 工程图及材料明细栏（BOM 表）。

可进行开模操作的动态仿真，并进行干涉检查。

3．塑料顾问模块（Plastic Advisor）

在塑料顾问模块（Plastic Advisor）中，用户通过简单的设定，系统将自动进行塑料射出成形的模流分析。这样，模具设计人员在模具设计阶段，对塑料在型腔中的填充情况能够有所掌握，以便及早改进设计。

21.2 模具创建的一般过程

本节将通过一个简单的零件说明 Creo 3.0 模具设计的一般过程，并介绍关于模具精度的知识。通过本实例的学习，读者能够清楚地了解模具设计的一般流程及操作方法，并理解其中的原理。下面以如图 21.2.1 所示的鼠标滚轮零件（mouse_roller.prt）为例，说明用 Creo 3.0 软件设计模具的一般过程和方法。

上模（具）

浇注件（molding）

下模（具）

图 21.2.1 模具设计的一般过程

模具创建的一般流程为：

Step1. 创建模具模型。装配或创建参考模型和坯料。

Step2. 在参考模型上进行拔模检测，以确定它是否能顺利地脱模。

Step3. 设置模具模型的收缩率。

Step4. 定义体积块或分型曲面，以将模具分割成单独的元件。

Step5. 抽取模具体积块以生成模具元件。

Step6. 增加浇口、流道和水线作为模具特征。

Step7. 填充模具型腔以创建制模。

Step8. 创建浇注件。

Step9. 定义开模步骤。

Step10. 使用"塑料顾问"功能模块执行"模具填充"检测。

Step11. 估计模具的初步尺寸并选取合适的模具基础。

Step12. 如果需要，可装配模具基础元件。

Step13. 完成详细设计，它包括对推出系统、水线和工程图进行布局。

本章主要介绍步骤 Step1 至 Step9 的内容。

21.2.1　新建一个模具制造模型，进入模具模块

Step1. 设置工作目录。选择下拉菜单 文件▾ ➡ 管理会话(M) ▶ ➡ 选择工作目录(W)更改工作目录 命令（或单击 主页 选项卡中的 按钮），将工作目录设置至 D:\Creo3\work\ch21.02。

Step2. 选择下拉菜单 文件▾ ➡ 新建(N) 命令（或单击"新建"按钮 ）。

Step3. 在图 21.2.2 所示的"新建"对话框中，在 类型 区域中选中 ⊙ 制造 单选项，在 子类型 区域中选中 ⊙ 模具型腔 单选项，在 名称 文本框中输入文件名 mouse_roller_mold，取消 ☑ 使用默认模板 复选框中的"√"号，然后单击 确定 按钮。

Step4. 在弹出的图 21.2.3 所示的"新文件选项"对话框中，选取 mmns_mfg_mold 模板，单击 确定 按钮。

图 21.2.2　"新建"对话框

图 21.2.3　"新文件选项"对话框

完成这一步操作后，系统进入模具设计模式（环境）。此时，在图形区可看到 3 个正交的默认基准平面。

21.2.2　建立模具模型

为了在开始设计模具前，应先创建一个"模具模型"（Mold Model），模具模型主要包括参考模型（Ref Model）和坯料（Workpiece）两部分，如图 21.2.4 所示。参考模型是设计模具的参考，它来源于设计模型（零件）；坯料是表示直接参与熔料成型的模具元件的总体积。

图 21.2.4 模具模型

关于设计模型（Design Model）与参考模型（Reference Model）。

模具的设计模型（零件）通常代表产品设计者对其最终产品的构思。设计模型一般在 Creo 3.0 的零件模块环境（Part Mode）或装配模块环境（Assembly Mode）中提前创建。通常设计模型几乎包含使产品发挥功能所必需的所有设计元素，但不包含制模技术所需要的元素。一般情况下，设计模型不设置收缩。为了方便零件的模具设计，在设计模型中最好创建开模所需要的拔模和圆角特征。

模具的参考模型通常表示应浇注的零件。参考模型通常用 按尺寸收缩 命令进行收缩。有时设计模型包含需要进行注塑加工的设计元素，在这种情况下，这些元素应在参考模型上更改。模具设计模型是参考模型的源。设计模型与参考模型间的关系取决于创建参考模型时所用的方法。

装配参考模型时，可将设计模型几何复制（通过参考合并）到参考模型。在这种情况下，可将收缩应用到参考模型、创建拔模、倒圆角和应用其他特征，所有这些改变都不会影响设计模型。但是，设计模型中的所有改变会自动在参考模型中反映出来。另一种方法是，可将设计模型指定为模具的参考模型。在这种情况下，它们是相同的模型。

这以上两种情况下，当在模具模块中工作时，可设置设计模型与模具之间的参数关系，一旦设定了关系，在改变设计模型时，任何相关的模具元件都会被更新，以反映所做的改变。

Stage1. 拖动方向的箭头

拖动方向箭头如图 21.2.4 所示。

说明：采用着色和裙边的方法设计分型面时，光线投影方向与拖动方向相反。在一般的模具设计中，拖动方向箭头没有太大的意义。

Stage2. 定义参考模型

Step1. 单击 模具 功能选项卡 参考模型和工件 区域的 参考模型▼ 按钮下的"小三角"按钮 ▼，在系统弹出的菜单中单击 组装参考模型 按钮。

Step2. 从弹出的文件"打开"对话框中，选取三维零件模型 mouse_roller.prt 作为参考零件模型，并将其打开。

Step3. 系统弹出图 21.2.5 所示的"元件放置"操控板，在"约束"类型下拉列表中选择 默认，将参考模型按缺省设置放置，再在操控板中单击 ✔ 按钮。

Step4. 这时系统弹出图 21.2.6 所示的"创建参考模型"对话框，选中 ◉ 按参考合并 单选项，然后在 名称 文本框中输入参考模型的名称（或接受默认的名称），再单击 确定 按钮。

图 21.2.5　"元件放置"操控板

在图 21.2.6 所示的对话框中，有三个单选项，分别介绍如下。

- ◉ 按参考合并：选中此项，系统会复制一个与设计模型完全一样的零件模型（其默认的文件名为***_ref.prt）加入到模具装配体中，以后分型面的创建、模具元件体积块的创建、拆模等操作便可参考复制的模型来进行。

- ◯ 同一模型：选中此单选项，系统则会直接将设计模型加入到模具装配体中，以后各项操作便直接参考设计模型来进行。

- ◯ 继承：参考零件继承设计零件中的所有几何和特征信息。用户可指定在不更改原始零件的情况下，在继承的零件上进行修改的几何及特征数据。"继承"可为在不更改设计零件情况下修改参考零件提供更大的自由度。

说明：为了使屏幕简洁，我们可以隐藏参考模型的基准面。操作步骤如下。

Step1. 在图 21.2.7 所示的模型树中，在模型树中，选择 🗏▾ ➡ 层树(L) 命令。

Step2. 在图 21.2.8 所示的层树中，单击 ▸ MOUSE_ROLLER_MOLD.ASM（顶级模型，活动的）▾ 后面的 ▾ 按钮，在下拉列表中选择 MOUSE_ROLLER_MOLD_REF.PRT。此时层树中显示出参考模型的层结构。

Step3. 右击层树中的基准面层 ▾ 🎁 01___PRT_DEF_DTM_PLN，在快捷菜单中选择 隐藏 命令。

Step4. 完成操作后，在导航选项卡中，在导航选项卡中选择 🗏▾ ➡ 模型树(M) 命令，再切换到模型树状态。

Stage3. 定义坯料

Step1. 单击 模具 功能选项卡 参考模型和工件 区域中的 工件▾ 按钮，然后在系统弹出的列表中选择 🗁 创建工件 命令。

图 21.2.6 "创建参考模型"对话框

图 21.2.7 模型树状态

图 21.2.8 层树状态

Step2. 系统弹出图 21.2.9 所示"元件创建"对话框，在 类型 区域选中 ⊙ 零件 单选项，在 子类型 区域选中 ⊙ 实体 单选项，在 名称 文本框中，输入坯料的名 mouse_roller_mold_wp，然后单击 确定 按钮。

Step3. 在弹出的图 21.2.10 所示"创建选项"对话框中，选中 ⊙ 创建特征 单选项，然后单击 确定 按钮。

在图 21.2.9 所示"元件创建"对话框的 子类型 区域中，有三个可用的单选项。

● ⊙ 实体：选中此项，可以创建一个实体零件作为坯料。

● ⊙ 相交：选中此项，可以选择多个零件进行交截而产生一个坯料零件。

● ⊙ 镜像：选中此项，用户可以对现有的零件进行镜像（需要选择一个镜像中心平面），以镜像后的零件作为坯料。

Step4. 创建坯料特征。

（1）单击 模具 功能选项卡 形状 ▾ 区域中的 拉伸 按钮，此时系统弹出"拉伸"操控板，如图 21.2.11 所示。

图 21.2.9　"元件创建"对话框　　　图 21.2.10　"创建选项"对话框

图 21.2.11　"拉伸"操控板

（2）创建实体拉伸特征。

① 选取拉伸类型：在操控板中，确认"实体"类型按钮□被按下。

② 定义草绘截面放置属性：在绘图区中右击，从系统弹出的快捷菜单中选择 定义内部草绘... 命令；系统弹"草绘"对话框，选择 MOLD_FRONT 基准面作为草绘平面，MAIN_PARTING_PLN 基准面作为草绘平面的参考平面，方向为 左 ，单击 草绘 按钮，至此系统进入截面草绘环境。

③ 进入截面草绘环境后，系统弹出的"参考"对话框，选取 MOLD_RIGHT 基准面和 MAIN_PARTING_PLN 基准面为草绘参考，然后单击 关闭(C) 按钮；绘制图 21.2.12 所示的特征截面，完成绘制后，单击"草绘"操控板中的"确定"按钮✓。

④ 选取深度类型并输入深度值：在操控板中，选取深度类型 日 （即"对称"），再在深度文本框中输入深度值 30，并按 Enter 键。

⑤ 在"拉伸"操控板中单击✓按钮。完成特征的创建。

21.2.3　设置收缩率

从模具中取出注射件后，由于温度及压力的变化会产生收缩现象，为此，Creo 3.0 软件提供了收缩率（Shrinkage）功能，来纠正注塑成品零件体积收缩上的偏差。用户通过设置适当的收缩率来放大参考模型，便可以获得正确尺寸的注塑零件。设置收缩率的一般操作过程如下。

Step1. 单击**模具**功能选项卡**生产特征** ▼ 按钮中的小三角按钮 ▼ ，在弹出的菜单中单击 **按比例收缩** ▶后的 ▶，在弹出的菜单中单击 **按尺寸收缩** 按钮。

Step2. 系统弹出图 21.2.13 "按尺寸收缩"对话框，确认 **公式** 区域的 **1+S** 按钮被按下，在 **收缩选项** 区域选中 ☑ **更改设计零件尺寸** 复选框，在 **收缩率** 区域的 **比率** 栏中输入收缩率 0.006，并按 Enter 键，然后单击对话框中的 ✔ 按钮。

图 21.2.12　特征截面

图 21.2.13　"按尺寸收缩"对话框

使用 **按尺寸收缩** 方式设置收缩率时，请注意：

- 在使用 **按尺寸收缩** 的方式对参考模型设置收缩率时，如果选中 ☑ **更改设计零件尺寸** 选项，收缩率也会同时应用到设计模型上，从而使设计模型的尺寸受到影响，所以，如果采用 **按尺寸收缩** 方式收缩，可在图 21.2.13 所示的"按尺寸收缩"对话框的 **收缩选项** 区域中，取消选中 ☐ **更改设计零件尺寸** 复选框，使设计模型恢复到没有收缩的状态，这是 **按尺寸收缩** 与 **按比例收缩** ▶ 的主要区别所在。

- 只要设计模型具有相关的收缩信息，名义尺寸值后总跟有放在括号中的收缩值。如果设计零件被收缩，尺寸将以紫红色出现；如果设计模型当前未被收缩，尺寸仍以黄色显示。

- 收缩率不累积。例如，输入 0.005 作为立方体 100×100×100 的整体收缩率，然后输入 0.01 作为一侧的收缩率，则沿此侧的距离是（1＋0.01）×100＝101，而不是（1＋0.005＋0.01）×100＝101.5。尺寸的单个收缩率始终取代整体模型收缩率。

- 配置文件选项 shrinkage_value_display 用于控制模型的尺寸显示方式，它有两个可选值：percent_shrink（以百分比显示）和 final_value（按最后值显示）。

图 21.2.13 所示的"按尺寸收缩"对话框的 **公式** 区域中的两个按钮说明如下。

- 1＋S：收缩因子基于模型的原始几何。S 为收缩率。此为默认选择。
- 1/（1-S）：收缩因子基于模型的生成几何。

如果指定了收缩，则修改公式会引起所有尺寸值或缩放值的更新。例如：用初始公式（1+S）定义了按尺寸收缩，如果将此公式改为 1/（1-S），系统将提示确认或取消更改，如果确认更改，则在已按尺寸应用了收缩的情况下，必须从第一个受影响的特征再生模型。在前面的公式中，如果 S 值为正值，模型将产生放大效果；反之，若 S 值为负值，模型将产生缩小效果。

21.2.4　创建模具分型曲面

如果采用分割（Split）的方法来产生模具元件（如上模型腔、下模型腔、型芯、滑块、镶块、销等），则必须先根据参考模型的形状创建一系列的曲面特征，然后再以这些曲面为参考，将坯料分割成各个模具元件。用于分割参考的这些曲面称为分型曲面，也叫分型面或分模面。分割上、下型腔的分型面一般称为主分型面；分割型芯、滑块、镶块和销的分型面一般分别称为型芯分型面、滑块分型面、镶块分型面和销分型面。完成后的分型面必须与要分割的坯料或体积块完全相交，但分型面不能自身相交。分型面特征在组件级中创建，该特征的创建是模具设计的关键。

下面将创建零件 mouse_roller.prt 模具的分型面（图 21.2.14），以分离模具的上模型腔和下模型腔。操作过程如下。

Step1. 单击 **模具** 功能选项卡 分型面和模具体积块 ▼ 区域中的"分型面"按钮 。系统弹出的"分型面"功能选项卡。

Step2. 在系统弹出的"分型面"功能选项卡中的 控制 区域单击"属性"按钮 ，在图 21.2.15 所示的"属性"对话框中，输入分型面名称 ps；单击 确定 按钮。

图 21.2.14　创建分型面

图 21.2.15　"属性"对话框

Step3. 创建曲面。

（1）单击 **分型面** 功能选项卡 形状 ▼ 区域中的"拉伸"按钮 拉伸 。此时系统弹出"拉伸"操控板。

（2）定义草绘截面放置属性：右击，从弹出的菜单中选择 定义内部草绘... 命令；在系统

的 ◆选择一个平面或曲面以定义草绘平面. 提示下，选取图 21.2.16 所示的坯料表面 1 为草绘平面，接受图 21.2.16 中默认的箭头方向为草绘视图方向，然后选取图 21.2.16 所示的坯料表面 2 为参考平面，方向为 右 。单击 草绘 按钮，至此系统进入截面草绘环境。

图 21.2.16　定义草绘平面

　（3）截面草图。选取图 21.2.17 所示的坯料的边线和 MOLD_RIGHT 基准面为草绘参考；绘制如该图所示的截面草图（截面草图为一条线段），完成截面的绘制后，单击"草绘"操控板中的"确定"按钮 ✓ 。

　（4）设置深度选项。

　① 在操控板中，选取深度类型 ⊥ （到选定的），如图 21.2.18 所示。

图 21.2.17　截面草图

　② 将模型调整到图 21.2.18 所示的方位，然后选取图中的坯料表面为拉伸终止面。

图 21.2.18　选取拉伸终止面

　③ 在操控板中单击 ✓ 按钮，完成特征的创建。

Step4. 在"分型面"选项卡中，单击"确定"按钮 ✓ ，完成分型面的创建。

　（1）在图 21.2.19 所示的模型树界面中，选择 ⊤ ▼ ➡ 树过滤器(F)...命令。

图 21.2.19　模型树界面

（2）在弹出的对话框中，选中 ☑ 特征 复选框，然后单击 确定 按钮。这时，模型树中会显示出分型面特征。在模型树中右击该曲面特征，从弹出的快捷菜单中，选择曲面的删除（Delete）、编辑定义（Edit Defintion）等命令，便可对该曲面进行相应的操作。

21.2.5　构建模具元件的体积块

选择 模具 功能选项卡 分型面和模具体积块 ▼ 区域中的按钮 模具体积块▼ ➡ 体积块分割 命令，（即用"分割"的方法构建体积块）。可进入"分割体积块"菜单（图 21.2.20）。

模具的体积块没有实体材料，它由坯料中的封闭曲面所组成，模具体积块在屏幕上以紫红色显示。在模具的整个设计过程中，创建体积块是从坯料和参考零件模型到最终抽取模具元件的中间步骤。通过构造体积块创建模具元件，然后用实体材料填充体积块，可将该体积块转换成功能强大的 Creo 3.0 零件。

1．用分型面创建上下两个体积腔

下面介绍在零件 mouse_roller 的模具坯料中，利用前面创建的分型面——ps 将其分成上下两个体积块，这两个体积块将来会抽取为模具的上下型腔。

Step1. 选择 模具 功能选项卡 分型面和模具体积块 ▼ 区域中的按钮 模具体积块▼ ➡ 体积块分割 命令。

Step2. 在系统弹出的 ▼ SPLIT VOLUME （分割体积块） 菜单中，选择 Two Volumes （两个体积块） ⇒ All Wrkpcs （所有工件） ⇒ Done （完成） 命令，此时系统弹出图 21.2.21 所示的"分割"对话框和如图 21.2.22 所示的"选择"对话框。

图 21.2.20   "分割体积块"菜单

图 21.2.21   "分割"对话框

图 21.2.22   "选择"对话框

Step3. 用"列表选取"的方法选取分型面。

（1）在系统 ⇨为分割工件选择分型面. 提示下，在模型中主分型面的位置右击，从快捷菜单中选取 从列表中拾取 命令。

（2）在弹出的"从列表中拾取"对话框中，选取列表中的 面组:F7.(PS) 分型面，然后单击 确定 (0) 按钮。

（3）在"选择"对话框中，单击 确定 按钮。

Step4. 在"分割"对话框中，单击 确定 按钮。

Step5. 这时，系统弹出图 21.2.23 所示的"属性"对话框（一），同时模型的下半部分变亮，在该对话框中单击 着色 按钮，着色后的模型如图 21.2.24 所示，然后在对话框中输入名称 lower_mold，单击 确定 按钮。

图 21.2.23   "属性"对话框（一）

图 21.2.24   着色后的下半部分体积块

Step6. 这时，系统弹出图 21.2.25 所示的"属性"对话框（二），同时模型的上半部分变亮，在该对话框中单击 着色 按钮，着色后的模型如图 21.2.26 所示，然后在对话框中输入名称 upper_mold，单击 确定 按钮。

图 21.2.25　"属性"对话框（二）

图 21.2.26　着色后的上半部分体积块

21.2.6　抽取模具元件

在 Creo 3.0 的模具设计中，模具元件常常是通过用实体材料填充先前定义的模具体积块而形成的，我们将这一自动执行的过程称为抽取。

完成抽取后，模具元件成为功能强大的 Creo 3.0 零件，并在模型树中显示出来。当然它们可在"零件"模块中检索到或打开，并能用于绘图以及用 Pro/NC 加工。在零件模块中可以为模具元件增加新特征，如倒角、圆角、冷却通路、拔模、浇口和流道。

抽取的元件保留与其父体积块的相关性，如果体积块被修改，则再生模具模型时，相应的模具元件也被更新。

下面以零件 mouse_roller 的模具为例，说明如何利用前面创建的各体积块来抽取模具元件。

Step1.　单击 **模具** 功能选项卡 元件 ▼ 区域中的 模具元件 ▼ 按钮，在弹出的下拉菜单中单击 型腔镶块 按钮，系统弹出图 21.2.27 所示"创建模具元件"对话框。

图 21.2.27　"创建模具元件"对话框

Step2.　在对话框中单击 按钮，选择所有体积块，然后单击 确定 按钮。

21.2.7　生成浇注件

完成了抽取元件的创建以后，系统便可产生浇注件，在这一过程中，系统自动将熔融材料通过注道（注入口）、浇口和流道填充模具型腔。

下面以生成零件 mouse_roller 的浇注件为例，说明其操作过程。

Step1.　单击 **模具** 功能选项卡 元件 ▼ 区域中的 创建转模 按钮。

Step2. 在图 21.2.28 所示的系统提示文本框中，输入浇注零件名称 handle_molding，并单击两次 ✔ 按钮。

输入零件 名称 [PRT0001]:

图 21.2.28　系统提示文本框

说明：从上面的操作，可以看出浇注件的创建过程非常简单，那么创建浇注件有什么意义呢？下面进行简要说明。

- 检验分型面的正确性：如果分型面上有破孔，分型面没有与坯料完全相交，分型面自交，那么浇注件的创建将失败。
- 检验拆模顺序的正确性：拆模顺序不当，也会导致浇注件的创建失败。
- 检验流道、水线的正确性：流道、水线的设计不正确，浇注件也无法创建。
- 浇注件成功创建后，通过查看浇注件，可以验证浇注件是否与设计件（模型）相符，以便进一步检查分型面、体积块的创建是否完善。
- 开模干涉检查：对于建立好的浇注件，可以在模具开启操作时做干涉检查，以便确认浇注件可以顺利拔模。
- 在 Creo 3.0 的塑料顾问模块（plastic advisor）中，用户可以对建立好的浇注件进行塑料流动分析、填充时间分析等。

21.2.8　定义模具开启

通过定义模具开启，可以模拟模具的开启过程，检查特定的模具元件在开模时是否与其他模具元件发生干涉。下面以 mouse_roller_mold.mfg 为例，说明开模的一般操作方法和步骤。

Stage1. 将参考零件、坯料、分型面遮蔽起来

将模型中的参考零件、坯料、分型面遮蔽后，则工作区中模具模型中的这些元素将不显示，这样可使屏幕简洁，方便后面的模具开启操作。

Step1. 遮蔽参考零件和坯料。

（1）选择 视图 功能选项卡 可见性 区域中的按钮"模具显示"命令 🖳（图 21.2.29）。系统弹出图 21.2.30 所示的"遮蔽-取消遮蔽"对话框。

图 21.2.29　"视图"功能选项卡

图 21.2.30　"遮蔽-取消遮蔽"对话框

（2）在"遮蔽-取消遮蔽"对话框左边的"可见元件"列表中，按住 Ctrl 键，选择参考零件 MOUSE_ROLLER_MOLD_REF 和坯料 MOUSE_ROLLER_MOLD_WP 。

（3）单击对话框下部的 遮蔽 按钮。

说明：也可以从模型树上启动"遮蔽"命令，对相应的模具元素（如参考零件、坯料、体积块、分型面）进行遮蔽。例如，对于参考零件的遮蔽，可选择模型树中的 MOUSE_ROLLER_MOLD_REF 项，然后右击，从弹出的快捷菜单中选择 遮蔽 命令。但在模具的某些设计过程中，无法采用这种方法对模具元素进行遮蔽或显示操作，这时就需要采用前面介绍的方法进行操作，因为在模具的任何操作过程中，用户随时都可以选择工具栏中"模具显示"命令 ，对所需要模具元素进行遮蔽或显示。由于在模具（特别是复杂的模具）的设计过程中，用户为了方便选取或查看一些模具元素，经常需要进行遮蔽或显示操作，建议读者要熟练掌握采用"模具显示"命令 对模具元素进行遮蔽或显示的操作方法。

Step2. 遮蔽分型面。

（1）在对话框右边的"过滤"区域中，按下 分型面 按钮。

（2）在对话框的"可见曲面"列表中，选择分型面 PS 。

（3）单击对话框下部的 遮蔽 按钮。

Step3. 单击对话框下部的 关闭 按钮，完成操作。

说明：如果要取消参考零件、坯料的遮蔽（即在模型中重新显示这两个元件），可在"遮蔽-取消遮蔽"对话框中按下列步骤操作。

Step1. 单击对话框上部的 取消遮蔽 选项卡标签，系统打开该选项卡。

Step2. 在对话框右边的"过滤"区域中，按下 元件 按钮。

Step3. 在对话框的"遮蔽的元件"列表中，按住 Ctrl 键，选择参考零件 MOUSE_ROLLER_MOLD_REF 和坯料 MOUSE_ROLLER_MOLD_WP 。

Step4. 单击对话框的下部的 取消遮蔽 按钮。

如果要取消分型面的遮蔽，可按下列步骤操作。

Step1. 打开 取消遮蔽 选项卡后，按下"过滤"区域中的 分型面 按钮。

Step2. 在对话框的"遮蔽的曲面"列表中，选择分型面 PS。

Step3. 单击对话框下部的 取消遮蔽 按钮。

Stage2. 开模步骤 1：移动上模

Step1. 单击 **模具** 功能选项卡 分析 ▾ 区域中的"模具开模" 按钮 ⬚。系统弹出 ▾ MOLD OPEN (模具开模) 菜单管理器。在弹出的图 21.2.31 所示的"模具开模"菜单中。

图 21.2.31　　"模具开模"菜单

Step2. 在系统弹出的"菜单管理器"菜单中选择 Define Step (定义步骤) 命令，在系统弹出的图 21.2.32 所示的 ▾ DEFINE STEP (定义步骤) 菜单中选择 Define Move (定义移动) 命令。

图 21.2.32　　"定义步骤"菜单

注意：在移动前，可以选择 Draft Check (拔模检查) 命令，进行拔模角度的检测。

Step3. 用"列表选取"的方法选取要移动的模具元件。在系统的 为迁移号码1 选择构件. 提示下，选取上模；在"选择"对话框中，单击 确定 按钮。

Step4. 在系统的 通过选择边、轴或面选择分解方向. 提示下，选取图 21.2.33 所示的边线为移动方向，然后在系统的 输入沿指定方向的位移 提示下，输入要移动的距离-20，并按 Enter 键。

Step5. 在 ▾ DEFINE STEP (定义间距) 菜单中，选择 Done (完成) 命令。移动上模后，模型如图

21.2.34 所示。

图 21.2.33　选取移动方向

图 21.2.34　移动上模

Stage3．开模步骤 2：移动下模

Step1. 参考开模步骤 1 的操作方法，选取下模，选取图 21.2.35 所示的边线为移动方向，然后键入要移动的距离 20，并按 Enter 键。

Step2. 选择 **Done（完成）** 命令，完成上、下模的开模动作。

Step3. 在"模具开模"菜单中选择 **Done/Return（完成/返回）** 命令。

a）移动前　　　　　　　　　　　　　　　　　　　　　b）移动后

图 21.2.35　移动下模

21.3　在模具中创建浇注系统

模具设计到这个阶段，需要构建浇注系统，包括注道、浇口、流道等，这些要素是以特征的形式出现在模具模型中的。Creo 3.0 中有两类模具特征：常规特征和自定义特征。

● 常规特征是增加到模型中以促进注射进程的特定特征。这些特征包括轮廓线、起模杆孔、注道、浇口、流道、水线、拔模线、偏距区域、体积块和裁剪特征。

● 用户也可以预先在零件模式中创建注道、浇口、流道等自定义特征，然后在设计模具的浇注系统时，将这些自定义特征复制到模具组件中并修改其尺寸，这样就能大大提高工作效率。

下面的操作是在零件 cap.prt 的模具坯料中创建图 21.3.1 所示的浇注系统，以此说明在模具中创建特征的一般操作过程。

图 21.3.1　瓶盖模具的设计

1. 新建一个模具制造模型，进入模具模块

注意：由于以前所执行的操作，内存中可能存在一些无用的文件，如果这些文件与将要进行的模具设计中的某些文件名称相同，就会造成模具设计的紊乱，所以在开始一个新的模具设计前，务必要清除这些无用的文件。操作方法为：先选择下拉菜单 文件▼ ➡ 关闭(C) 命令，关闭所有窗口，然后选择 文件▼ ➡ 管理会话(M) ▸ ➡ 拭除未显示的(D) 从此会话中移除不在窗口中的所有对象。，系统弹出"拭除未显示的"对话框，单击 确定 按钮。

Step1. 设置工作目录。选择下拉菜单 文件▼ ➡ 管理会话(M) ▸ ➡ 选择工作目录(W) 更改工作目录。命令，将工作目录设置为 D:\Creo3\work\ch21.03。

Step2. 选取新建命令。在工具栏中单击"新建文件"按钮 🗋。

Step3. 在"新建"对话框中，在 类型 区域中选中 ⦿ 🔧 制造 单选项，在 子类型 区域中选中 ⦿ 模具型腔 单选项，在 名称 文本框中输入文件名 cap_mold；取消 ☑ 使用默认模板 复选框中的"√"号，然后单击 确定 按钮。

Step4. 在系统弹出的"新文件选项"对话框中的模板区域，选取 mmns_mfg_mold 模板，然后在该对话框中单击 确定 按钮。

2. 建立模具模型

在开始设计模具前，应先创建一个"模具模型"，模具模型包括参考模型（Ref Model）和坯料（Workpiece），如图 21.3.2 所示。

图 21.3.2　参考模型和坯料

Stage1.　引入参考模型

Step1.　单击 **模具** 功能选项卡 参考模型和工件 区域的 参考模型▾ 按钮下的小三角按钮▾，在系统弹出的菜单中单击 组装参考模型 按钮。

Step2.　从弹出的文件"打开"对话框中，选取三维零件模型 cap.prt 作为参考零件模型，并将其打开。

Step3.　在系统弹出的"元件放置"操控板的"约束"类型下拉列表中选择 默认，将参考模型按缺省设置，再在操控板中单击✔按钮。

Step4.　系统弹出"创建参考模型"对话框，在该对话框中，选中 ◉ 按参考合并 单选项，然后在 参考模型 区域后的 名称 文本框中输入 CAP_MOLD_REF，再单击 确定 按钮。

Step5.　参考件组装完成后，模具的基准平面与参考模型的基准平面对齐，如图 21.3.3 所示。

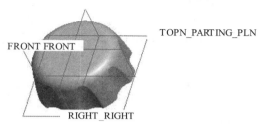

图 21.3.3　参考模型组装完成后

Stage2.　隐藏参考模型的基准面

为了使屏幕简洁，利用"层"的"遮蔽"功能将参考模型的三个基准面隐藏起来。

Step1.　在模型树中，选择 ▾ ➡ 层树(L) 命令。

Step2.　在导航选项卡中单击 CAP_MOLD.ASM (顶级模型，活动的) ▾ 后面的▾ 按钮，选择 CAP_MOLD_REF.PRT 参考模型。

Step3.　在层树中，选择参考模型的基准面层 01__PRT_DEF_DTM_PLN，右击，在弹出的快捷菜单中选择 隐藏 命令，然后单击屏幕重画按钮 ，这样模型的基准曲线将不显示。

Step4.　操作完成后，选择导航选项卡中的 ▾ ➡ 模型树(M) 命令，切换到模型树状态。

Stage3.　创建坯料

Step1.　单击 **模具** 功能选项卡 参考模型和工件 区域的"工件"按钮 下的 工件▾ 按钮，在系统弹出的菜单中单击 创建工件 按钮。

Step2.　系统弹出"元件创建"对话框，在 类型 区域选中 ◉ 零件 单选项，在 子类型 区域选中 ◉ 实体 单选项，在 名称 文本框中，输入坯料的名称 cap_mold_wp，然后单击 确定 按钮。

Step3.　在弹出"创建选项"对话框中，选中 ◉ 创建特征 单选项，然后单击 确定 按钮。

Step4. 创建坯料特征。

（1）单击 **模具** 功能选项卡 形状 ▼ 区域中的 拉伸 按钮，此时系统弹出"拉伸"操控板。

（2）创建实体拉伸特征。

① 选取拉伸类型。在出现的操控板中，确认"实体"类型按钮 □ 被按下。

② 在绘图区中右击，在弹出的快捷菜单中选择 定义内部草绘... 命令。选取 MOLD_RIGHT 基准面作为草绘平面，选取图 21.3.4 所示的模型底面为草绘平面的参考平面，方位为 底部 。单击 草绘 按钮，至此系统进入截面草绘环境。

③ 进入截面草绘环境后，选取 MOLD_RIGHT 和 MAIN_PARTING_PLN 基准平面为草绘参考，绘制如图 21.3.5 所示的截面草图，完成特征截面的绘制后，单击"草绘"操控板中的"确定"按钮 ✔ 。

图 21.3.4　定义草绘平面　　　　　图 21.3.5　截面草图

④ 选取深度类型并输入深度值。在操控板中，选取深度类型 ⊟ （即"对称"），再在深度文本框中输入深度值 90，并按 Enter 键。

⑤ 在"拉伸"操控板中单击 ✔ 按钮。完成特征的创建。

3. 设置收缩率

Step1. 单击 **模具** 功能选项卡 生产特征 ▼ 按钮中的小三角按钮 ▼ ，在弹出的菜单中单击 按比例收缩 ▶ 后的 ▼ ，在弹出的菜单中单击 按尺寸收缩 按钮。

Step2. 系统弹出"按尺寸收缩"对话框，确认 公式 区域的 1+S 按钮被按下，在 收缩选项 区域选中 ☑ 更改设计零件尺寸 复选框，在 收缩率 区域的 比率 栏中输入收缩率 0.006，并按 Enter 键，然后单击对话框中的 ✔ 按钮。

4. 建立浇道系统

下面讲述如何在零件 cap 的模具坯料中创建注道、浇道和浇口（图 21.3.6），以下是操作过程。

Stage1. 创建基准平面

这里要创建的基准平面 ADTM1 和 ADTM2，将作为后面注道和浇口特征的草绘平面及其参考平面。ADTM1 和 ADTM2 位于坯料的中间位置。

图 21.3.6　建立注道、浇道和浇口

Step1. 创建基准平面 ADTM1。

（1）单击 **模具** 功能选项卡 **基准 ▼** 区域中的"平面"按钮 ⬚。

（2）系统弹出"基准平面"对话框，选取 MOLD_FRONT 基准面为参考平面，偏移值为-55（注意：在文本框中输入负值，按 Enter 键后，则显示为正值）。

（3）在"基准平面"对话框中单击 **确定** 按钮。

Step2. 创建基准平面 ADTM2。

（1）单击 **模具** 功能选项卡 **基准 ▼** 区域中的"平面"按钮 ⬚。

（2）系统弹出"基准平面"对话框，选取 MOLD_FRONT 基准面为参考平面，偏移值为 35.00。

（3）在"基准平面"对话框中单击 **确定** 按钮，创建的两个基准平面如图 21.3.7 所示。基准平面 ADTM1，基准平面 ADTM2。

Stage2．创建图 21.3.8 所示的注道（Sprue）

Step1. 单击 **模型** 功能选项卡 切口和曲面 ▼ 区域中的 ⬥ 旋转 按钮。系统弹出"旋转"操控板。

Step2. 创建旋转特征。

图 21.3.7　创建两个基准平面

图 21.3.8　创建注道

（1）选取旋转类型。在出现的操控板中，确认"实体"类型按钮 ⬚ 被按下。

（2）定义草绘截面放置属性。右击，从快捷菜单中选择 `定义内部草绘...` 命令。草绘平面为 MOLD_RIGHT 基准面，草绘平面的参考平面为图 21.3.9 所示的坯料表面，草绘平面的参考方位是 `顶`，单击"草绘"操控板中的"完成"按钮 ✔ 。

图 21.3.9　定义草绘平面

（3）进入截面草绘环境后，选取 ADTM1 基准面、MAIN_PARTING_PLN 基准面和图 21.3.10 所示的边线为草绘参考，绘制图 21.3.10 所示的截面草图，完成特征截面后，单击"草绘"操控板中的"完成"按钮 ✔ 。

（4）定义旋转角度。旋转角度类型为 ⊥ ，旋转角度为 360。切削方向采用默认方向。

（5）单击"旋转"操控板中的 ✔ 按钮，完成特征创建。

Stage3．创建图 21.3.11 所示的流道（Runner）

图 21.3.10　截面草图　　　　　　　　图 21.3.11　创建主流道

（1）单击 `模型` 功能选项卡 `切口和曲面 ▼` 区域中的 `拉伸` 按钮，此时出现"拉伸"操控板。

（2）选取拉伸类型。在出现的操控板中，确认"实体"类型按钮 □ 被按下。

（3）定义草绘截面放置属性。右击，从快捷菜单中选择 `定义内部草绘...` 命令。选取 ADTM1 基准面为草绘平面，调整草绘方向箭头如图 21.3.12 所示，选取图 21.3.12 所示的坯料表面为草绘平面的参考平面，草绘平面的参考方位是 `顶`。单击 `草绘` 按钮，至此系统进入截面草绘环境。

图 21.3.12　定义草绘平面

（4）进入截面草绘环境后，选取 MOLD_RIGHT 基准面和 MAIN_PARTING_PLN 基准面为参考，绘制图 21.3.13 所示的截面草图，完成特征截面的绘制后，单击"草绘"操控板中的"确定"按钮 ✔。

图 21.3.13　截面草图

（5）设置深度选项。

① 在操控板中，选取深度类型 ⟂ （到选定的）。

② 选取 ADTM2 为拉伸终止面。

③ 在"拉伸"操控板中单击 ✔ 按钮。完成特征的创建。

Stage4．创建图 21.3.14 所示的浇口（Gate）

图 21.3.14　创建浇口

Step1. 单击 **模型** 功能选项卡 **切口和曲面 ▼** 区域中的 **拉伸** 按钮，此时出现"拉伸"操控板。

Step2. 创建拉伸特征。

（1）在出现的操控板中，确认"实体"类型按钮 □ 被按下。

（2）右击，从快捷菜单中选择 **定义内部草绘...** 命令。选取 ADTM2 基准面为草绘平面，调整草绘方向箭头如图 21.3.15 所示，选取图 21.3.15 所示的坯料表面为草绘平面的参考平面，草绘平面的参考方位为 **顶**。单击 **草绘** 按钮，至此系统进入截面草绘环境。

图 21.3.15　定义草绘平面

（3）进入截面草绘环境后，选择 MAIN_PARTING_PLN 基准面和 MOLD_RIGHT 基准面为草绘参考，绘制图 21.3.16 所示的封闭截面草图。单击"草绘"操控板中的"确定"按钮✔。

图 21.3.16　截面草图

（4）在操控板中，单击 选项 按钮，在弹出的界面中，选取深度选项均为 ⊥ （到选定的），然后选取图 21.3.17 所示的参考零件的表面为拉伸终止面。

（5）在"拉伸"操控板中单击✔按钮。完成特征的创建。

5. 创建模具分型曲面

下面的操作是创建零件 cap.prt 的主分型面（图 21.3.18），以分离模具的上模型腔和下模型腔。其操作过程如下。

Step1. 单击 模具 功能选项卡 分型面和模具体积块 ▾ 区域中的"分型面"按钮📖。系统弹出的"分型面"功能选项卡。

图 21.3.17　选取拉伸的终止面

图 21.3.18　创建主分型面

Step2. 通过拉伸的方法，创建主分型面。

（1）单击 分型面 功能选项卡 形状 ▾ 区域中的"拉伸"按钮 拉伸 。此时系统弹出"拉伸"操控板。

（2）定义草绘截面放置属性：右击，从弹出的菜单中选择 定义内部草绘... 命令；在系统的 ◈选择一个平面或曲面以定义草绘平面. 提示下，选取图 21.3.19 所示的坯料表面 1 为草绘平面，接受图 21.3.19 中默认的箭头方向为草绘视图方向，然后选取图 21.3.19 所示的坯料表面 2 为参考平面，方向为 上 。

（3）绘制截面草图。选取图 21.3.20 所示的坯料的边线和 MAIN_PARTING_PLN 基准面为草绘参考，截面草图为一条线段。绘制完成图 21.3.20 所示的特征截面后，单击"草绘"操控板中的"确定"按钮 ✔ 。

选择坯料的此表
面 2 为参考平面

选择坯料的此表
面 1 为草绘平面

方向箭头

图 21.3.19 定义草绘平面

（4）设置深度选项。

① 在操控板中，选取深度类型 ⯒ （到选定的）。

② 将模型调整到图 21.3.21 所示的视图方位，然后选取该图中所示的坯料表面 3 为拉伸终止面。

③ 在"拉伸"操控板中单击 ✔ 按钮。完成特征的创建。

Step4. 在"分型面"选项卡中，单击"确定"按钮 ✔ ，完成分型面的创建。

MAIN_PARTING_PLN 基准面

选取此边线为参考

与坯料的边线对齐

图 21.3.20 截面草图

选取坯料的此表
面 3 为拉伸终止面

图 21.3.21 选择拉伸终止面

6. 构建模具元件的体积块

Step1. 选择 **模具** 功能选项卡 **分型面和模具体积块** ▾ 区域中的按钮 **模具体积块**▾ ➡ **🗐体积块分割** 命令，（即用"分割"的方法构建体积块）。

Step2. 在系统弹出的 **▼ SPLIT VOLUME （分割体积块）** 菜单中，选择 **Two Volumes （两个体积块）** ⇨ **All Wrkpcs （所有工件）** ⇨ **Done （完成）** 命令，此时系统弹出"分割"对话框和"选择"对话框。

Step3. 用"列表选取"的方法选取分型面。

（1）在系统的 **⇨为分割工件选择分型面.** 提示下，在模型中分型面的位置右击，从弹出的快捷菜单中选择 **从列表中拾取** 命令。

（2）在弹出的"从列表中拾取"对话框中，单击列表中的 **面组:F12(PS)** 分型面，然后单击 **确定(0)** 按钮。

（3）单击"选择"对话框中的 **确定** 按钮。

Step4. 系统弹出图 21.3.22 所示的 **▼ 岛列表** 菜单，在菜单中选中 **☑ 岛2** 复选框，选择 **Done Sel （完成选取）** 命令。

说明：在上面的操作中，当用分型面分割坯料后，坯料中会产生多个互不连接的体积块，这些互不连接的体积块称之为岛（Island）。在图 21.3.22 所示的 ▼ 岛列表 菜单中，有 3 个岛，将鼠标指针分别移至岛菜单中的这 3 个岛名称，坯料中相应的体积块会加亮。

Step5. 单击"分割"对话框中的 确定 按钮。

Step6. 系统弹出图 21.3.23 所示的"属性"对话框（一），同时模型中的上半部分变亮，在该对话框中单击 着色 按钮，着色后的模型图 21.3.24 所示，然后在对话框中输入名称 upper_mold，单击 确定 按钮。

Step7. 系统弹出图 21.3.25 所示的"属性"对话框（二），同时模型中的下半部分变亮（变青），在该对话框中单击 着色 按钮，着色后的模型如图 21.3.26 所示，然后在对话框中输入名称 lower_mold，单击 确定 按钮。

图 21.3.22　"岛列表"菜单

图 21.3.23　"属性"对话框（一）

图 21.3.24　着色后的体积块

图 21.3.25　"属性"对话框（二）

图 21.3.26　着色后的体积块

7. 抽取模具元件

Step1. 单击 模具 功能选项卡 元件 ▼ 区域中的 模具元件 ▼ 按钮，在弹出的下拉菜单中单击 型腔镶块 按钮，系统弹出图 21.3.27 所示的"创建模具元件"对话框。

Step2. 在对话框中单击 ≡ 按钮，选择所有体积块，然后单击 确定 按钮。

8. 生成浇注件

Step1. 单击 **模具** 功能选项卡 元件 ▾ 区域中的 ⬆️创建铸模 按钮。

Step2. 在图 21.3.28 所示的系统提示文本框中，输入浇注零件名称 molding，并单击两次 ✅ 按钮。

图 21.3.27 "创建模具元件"对话框

图 21.3.28 系统提示文本框

9. 定义开模动作

Stage1. 将参考零件、坯料、分型面在模型中遮蔽起来

Step1. 遮蔽参考零件。在模型树中，单击参考零件 ⬡ CAP_MOLD_REF.PRT，然后右击，从弹出的快捷菜单中选择 遮蔽 命令。

Step2. 依照同样的方法遮蔽坯料 ⬡ CAP_MOLD_WP.PRT。

Step3. 遮蔽分型面。选择 **视图** 功能选项卡 可见性 区域中的按钮 "模具显示" 命令 ⬚。系统弹出 "遮蔽-取消遮蔽" 对话框，在该对话框中按下 ⬚分型面 按钮，单击 ▤ 按钮，然后单击 遮蔽 按钮，再单击 关闭 按钮来关闭对话框。

Stage2. 开模步骤 1：移动上模

Step1. 单击 **模具** 功能选项卡 分析 ▾ 区域中的 "模具开模" 按钮 ⃝。系统弹出 ▼ MOLD OPEN (模具开模) 菜单管理器。

Step2. 在 Define Step (定义步骤) 菜单中选择 Define Move (定义移动) 命令。

注意： 在移动以前，可以选择 Draft Check (拔模检查) 命令，进行拔模角度的检测。

Step3. 用 "列表选取" 的方法选取要移动的模具元件。

（1）在系统的 ➡️为迁移号码1 选择构件. 提示下，先将鼠标指针移至模型中的上模位置，并右击，选取快捷菜单中的 从列表中拾取 命令。

（2）在系统弹出的 "从列表中拾取" 对话框中，单击列表中的上模模具零件 UPPER_MOLD.PRT，然后单击 确定(0) 按钮。

（3）在 "选择" 对话框中单击 确定 按钮。

Step4. 在系统的 ➡通过选择边、轴或面选择分解方向. 提示下，选取图 21.3.29 所示的边线为移动
方向，然后在系统的 输入沿指定方向的位移 提示下，输入要移动的距离值 100。

Step5. 在 ▼ DEFINE STEP (定义步骤) 菜单中选择 Done (完成) 命令。

选取此边线为移动方向
a）移动前
b）移动后

图 21.3.29　移动上模

Stage3．开模步骤 2：移动下模

参考开模步骤 1 的操作方法，选取下模，选取图 21.3.30 所示的边线为移动方向，然后
输入要移动的距离值-100，再选择 Done (完成) 命令，完成开模动作。在"模具开模"菜单
中选择 Done/Return (完成/返回) 命令。

选取此边线为移动方向
a）移动前
b）移动后

图 21.3.30　移动下模

21.4　Creo 模具设计综合范例 1
——复杂外形带滑块的模具设计

本实例将介绍图 21.4.1 所示的一款电热壶主体的模具设计，其中包括滑块的设计和上、
下模具的设计。通过对本实例的学习，读者能够熟练掌握带滑块模具的设计方法和技巧。
下面介绍该模具的详细设计过程。

上模型腔

滑块

滑块

下模型腔

A 向

从 A 向查看

图 21.4.1　带滑块的模具设计

Task1.　新建一个模具制造模型文件，进入模具模块

Step1. 将工作目录设置至 D:\Creo3\work\ch21.04。

Step2. 新建一个模具型腔文件，命名为 body_mold；选取 mmns_mfg_mold 模板。

Task2.　建立模具模型

在开始设计一个模具前，应先创建一个"模具模型"，模具模型包括图 21.4.2 所示的参考模型和坯料。

Stage1.　引入参考模型

Step1. 单击 模具 功能选项卡 参考模型和工件 区域中的按钮 参考模型，然后在系统弹出的列表中选择 定位参考模型 命令，系统弹出"打开""布局"对话框和 CAV LAYOUT (型腔布置) 菜单管理器。

Step2. 从系统弹出的文件"打开"对话框中，选取三维零件模型电热壶主体——body.prt 作为参考零件模型，并将其打开，系统弹出"创建参考模型"对话框。

Step3. 在"创建参考模型"对话框中选中 按参考合并 单选项，然后在 参考模型 文本框中接受默认的名称，再单击 确定 按钮。系统弹出"警告"对话框，单击 确定 按钮。

Step4. 在"布局"对话框的 布局 区域中单击 单一 单选项。

Step5. 调整模具坐标系。

（1）在"布局"对话框的 参考模型起点与定向 区域中单击 按钮，系统弹出"获得坐标系类型"菜单。

（2）定义坐标系类型。在"获得坐标系类型"菜单中选择 Dynamic (动态) 命令，系统弹出"元件"窗口和"参考模型方向"对话框。

（3）旋转坐标系。在"参考模型方向"对话框的 [轴] 区域中选择 [Ⅰ] 轴作为旋转轴。在 [值] 文本框中输入数值 180，按 Enter 键。

（4）在"参考模型方向"对话框中单击 [确定]；在"布局"对话框中单击 [确定] 按钮；在 [▼ CAV LAYOUT （型腔布置）] 菜单中单击 [Done/Return （完成/返回）] 命令，完成坐标系的调整，结果如图 21.4.2 所示。

Stage2．创建坯料

Step1．单击 [模具] 功能选项卡 [参考模型和工件] 区域中的按钮 [工件]，然后在系统弹出的列表中选择 [创建工件] 命令，系统弹出"元件创建"对话框。

Step2．在系统弹出的"元件创建"对话框中，在 [类型] 区域选中 [● 零件] 单选项，在 [子类型] 区域选中 [● 实体] 单选项，在 [名称] 文本框中，输入坯料的名称 wp，然后单击 [确定] 按钮。

Step3．在系统弹出的"创建选项"对话框中，选中 [● 创建特征] 单选项，然后单击 [确定] 按钮。

Step4．创建坯料特征。

（1）选择命令。单击 [模具] 功能选项卡 [形状 ▼] 区域中的 [拉伸] 按钮。

（2）创建实体拉伸特征。

① 定义草绘截面放置属性：在绘图区中右击，选择快捷菜单中的 [定义内部草绘...] 命令。系统弹出"草绘"对话框，然后选择 MOLD_FRONT 基准平面作为草绘平面，草绘平面的参考平面为 MOLD_RIGHT 基准平面，方位为 [右]，单击 [草绘] 按钮，系统进入截面草绘环境。

② 进入截面草绘环境后，选取 MOLD_RIGHT 基准平面和 MAIN_PARTING_PLN 基准平面为草绘参考，然后绘制图 21.4.3 所示的截面草图；完成截面草图的绘制后，单击"草绘"操控板中的"确定"按钮 ✔ 。

③ 选取深度类型并输入深度值：在操控板中，选取深度类型 [日]，再在深度文本框中输入深度值 300.0，并按 Enter 键。

④ 完成特征的创建：在"拉伸"操控板中单击 ✔ 按钮，完成特征的创建。

图 21.4.2　参考模型和坯料

图 21.4.3　截面草图

Task3．设置收缩率

将参考模型收缩率设置为 0.006。

Task4．创建模具分型面

创建模具的分型曲面，下面介绍其操作过程。

Stage1．创建复制曲面

Step1．单击 **模具** 功能选项卡 分型面和模具体积块 ▼ 区域中的"分型面"按钮 🔲。系统弹出的"分型面"功能选项卡。

Step2．在系统弹出的"分型面"功能选项卡中的 控制 区域单击"属性"按钮 📷，在"属性"对话框中，输入分型面名称 MAIN_PS，单击 确定 按钮。

Step3．为了方便选取图元，将坯料遮蔽。

（1）在模型树界面中，选择 📰 ▼ ➡ 树过滤器 (F)... 命令。

（2）在系统弹出的"模型树项"对话框中，选中 ☑ 特征 复选框，然后单击 确定 按钮。此时，模型树中会显示出分型面特征。

（3）将坯料遮蔽。

Step4．通过曲面复制的方法，复制参考模型上的内表面。

（1）选取图 21.4.4 中的模型内表面为复制参考面（建议读者参考随书光盘中的视频录像选取）。

（2）单击 **模具** 功能选项卡 操作 ▼ 区域中的"复制"按钮 📋。

（3）单击 **模具** 功能选项卡 操作 ▼ 区域中的"粘贴"按钮 📋 ▼。系统弹出 **曲面：复制** 操控板。

（4）填补复制曲面上的破孔。在操控板中单击 选项 按钮，在"选项"界面选中 ◉ 排除曲面并填充孔 单选，在 填充孔/曲面 区域中单击"单击此处添加项"，在系统的提示下，选取图 21.4.5 所示的边线为参考边线。

（5）在"曲面：复制"操控板中单击 ✔ 按钮。

图 21.4.4　复制面

图 21.4.5　填充破孔边

Step5. 创建基准平面 ADTM1。单击 模具 功能选项卡 基准 ▼ 区域中的"平面"按钮 □；选取图 21.4.6 所示的模型边线为参考（选择一部分即可），定义约束类型为 穿过，单击"基准平面"对话框中的 确定 按钮。

Step6. 创建图 21.4.7 所示的交截 1。按住 Ctrl 键，在模型树中选取复制 1 和 ADTM1 特征，再单击 模型 功能选项卡 修饰符 ▼ 区域中的 相交 按钮，完成相交特征的创建。

图 21.4.6   基准平面 ADTM1   图 21.4.7   交截 1

Step7. 创建图 21.4.8 所示的平整曲面。

（1）单击 分型面 操控板 曲面设计 ▼ 区域中的"填充"按钮 ，此时系统弹出 填充 操控板。

（2）在绘图区中右击，从系统弹出的快捷菜单中选择 定义内部草绘 命令，选取 ADTM1 基准平面为草绘截面。草绘平面的参考平面为 MOLD_RIGHT 基准平面，方位为 左，单击 草绘 按钮，进入草绘环境，绘制图 21.4.9 所示的截面草图（使用"投影"命令绘制截面草图），完成后单击 ✓ 按钮。

图 21.4.8   平整曲面   图 21.4.9   截面草图

Step8. 将创建的复制曲面 1 与创建的填充曲面 1 进行合并（为了便于查看合并曲面，遮蔽参考模型）。

注意：选择曲面的顺序不能错。

（1）按住 Ctrl 键，依次选取上一步创建的复制曲面 1 与创建的填充曲面 1。

（2）单击 分型面 功能选项卡 编辑 ▼ 区域中的 合并 按钮，系统"合并"操控板。

（3）在操控板中单击 选项 按钮，在"选项"界面中选中 ◉ 连接 单选项。

（4）在模型中选取要合并的面组的侧，结果如图 21.4.10 所示。

（5）单击 ∞ 按钮，预览合并后的面组；确认无误后，单击 ✓ 按钮。

a）合并前

图 21.4.10　合并特征

b）合并后

Step9. 创建图 21.4.11 所示的延伸曲面 1。

（1）选取图 21.4.12 所示的复制曲面的边线（为了方便选取复制边线和创建延伸特征，遮蔽参考模型并取消遮蔽坯料）。

（2）单击 **分型面** 功能选项卡 编辑 ▼ 区域的 ➡ 延伸 按钮，此时出现 **曲面延伸：曲面延伸** 操控板。

（3）选取延伸的终止面。在操控板中按下 按钮。选取图 21.4.12 所示的坯料表面为延伸的终止面。

图 21.4.11　延伸曲面 1

图 21.4.12　延伸参考边线

（4）单击 ✔ 按钮，完成延伸曲面 1 的创建。

Step10. 创建图 21.4.13 所示的延伸曲面 2。

（1）选取图 21.4.14 所示的复制曲面的边线。

（2）单击 **分型面** 功能选项卡 编辑 ▼ 区域的 ➡ 延伸 按钮，此时出现 **曲面延伸：曲面延伸** 操控板。

（3）选取延伸的终止面。在操控板中按下 按钮。选取图 21.4.14 所示的坯料表面为延伸的终止面。

图 21.4.13　延伸曲面 2

图 21.4.14　延伸参考边线

（4）单击 ✔ 按钮，完成延伸曲面 2 的创建。

Step11. 创建图 21.4.15 所示的延伸曲面 3。

（1）选取图 21.4.16 所示的复制曲面的边线。

（2）单击 **分型面** 功能选项卡 编辑 ▾ 区域的 ➡延伸 按钮，此时出现 **曲面延伸：曲面延伸** 操控板。

（3）选取延伸的终止面。在操控板中按下 ▢ 按钮。选取图 21.4.16 所示的坯料表面为延伸的终止面。

（4）单击 ✔ 按钮，完成延伸曲面 3 的创建。

图 21.4.15　延伸曲面 3

图 21.4.16　延伸参考边线

Step12. 创建图 21.4.17 所示的延伸曲面 4。

（1）选取图 21.4.18 所示的复制曲面的边线。

（2）单击 **分型面** 功能选项卡 编辑 ▾ 区域的 ➡延伸 按钮，此时出现 *延伸* 操控板。

（3）选取延伸的终止面。在操控板中按下 ▢ 按钮。选取图 21.4.18 所示的坯料表面为延伸的终止面。

图 21.4.17 延伸曲面 4

图 21.4.18　延伸参考边线

（4）单击 ✔ 按钮，完成延伸曲面 4 的创建。

（5）在"分型面"选项卡中，单击"确定"按钮 ✔，完成分型面的创建。

Stage2. 创建拉伸曲面

Step1. 单击 **模具** 功能选项卡 分型面和模具体积块 ▾ 区域中的"分型面"按钮 🔲。系统弹出的"分型面"功能选项卡。

Step2. 在系统弹出的"分型面"功能选项卡中的 控制 区域单击"属性"按钮 🖼，在"属性"对话框中，输入分型面名称 SLIDE_PS，单击 确定 按钮。

Step3. 通过拉伸的方法创建图 21.4.19 所示的曲面。

（1）单击 **分型面** 功能选项卡 形状 ▼ 区域中的 拉伸 按钮，此时系统弹出"拉伸"操控板。

（2）定义草绘截面放置属性：右击，选择菜单中 定义内部草绘... 命令；选择 MOLD_FRONT 基准平面为草绘平面，然后选取 MOLD_RIGHT 基准平面为参考平面，方向为 右 。然后单击 草绘 按钮。

注意：此处需要将参考模型显示出来。

（3）进入草绘环境后，利用"投影"命令绘制图 21.4.20 所示的截面草图。单击"草绘"操控板中的"确定"按钮 ✔ 。

（4）设置深度选项。

① 在操控板中选取深度类型 ⊥ （到选定的）。

② 将模型调整到合适视图方位，选取图 21.4.19 所示的坯料表面为拉伸终止面。

③ 在操控板中单击 选项 按钮，在"选项"界面中选中 ☑ 封闭端 复选框。

（5）在操控板中单击 ✔ 按钮，完成特征的创建。

（6）在"分型面"选项卡中，单击"确定"按钮 ✔ ，完成分型面的创建。

图 21.4.19　创建拉伸曲面

图 21.4.20　截面草图

Stage3．创建拉伸曲面

Step1. 单击 **模具** 功能选项卡 分型面和模具体积块 ▼ 区域中的"分型面"按钮 。系统弹出"分型面"功能选项卡。

Step2. 在系统弹出的"分型面"功能选项卡中的 控制 区域单击"属性"按钮 ，在"属性"对话框中，输入分型面名称 SLIDE_PS_01，单击 确定 按钮。

Step3. 通过拉伸的方法创建图 21.4.21 所示的曲面。

（1）单击 **分型面** 功能选项卡 形状 ▼ 区域中的 拉伸 按钮，此时系统弹出"拉伸"操控板。

（2）定义草绘截面放置属性：右击，选取菜单中 定义内部草绘... 命令；选择 MOLD_FRONT 基准平面为草绘平面，然后选取 MOLD_RIGHT 基准平面为参考平面，方向为 右 。然后单击 草绘 按钮。

（3）进入草绘环境后，利用"投影"命令绘制图 21.4.22 所示的截面草图。

（4）设置深度选项。

① 在操控板中选取深度类型 ⊥⊥（到选定的）。

② 将模型调整到合适视图方位，选取图 21.4.21 所示的坯料表面为拉伸终止面。

③ 在操控板中单击 选项 按钮，在"选项"界面中选中 ☑ 封闭端 复选框。

（5）在操控板中单击 ✔ 按钮，完成特征的创建。

（6）在"分型面"选项卡中，单击"确定"按钮 ✔，完成分型面的创建。

图 21.4.21　创建拉伸曲面

图 21.4.22　截面草图

Task5. 构建模具元件的体积块

Stage1. 用分型面创建上、下两个体积腔

Step1. 选择 **模具** 功能选项卡 分型面和模具体积块 ▼ 区域中的 模具体积块 ▼ ➡ 🗗 体积块分割 命令（即用"分割"的方法构建体积块）。

Step2. 在系统弹出的 ▼ SPLIT VOLUME（分割体积块）菜单中，依次选择 Two Volumes（两个体积块） ➡ All Wrkpcs（所有工件） ➡ Done（完成）命令。此时系统弹出"分割"对话框和"选择"对话框。

Step3. 选取分型面。

（1）选取分型面 面组:F7(MAIN_PS)（使用"列表选取"的方法选取），然后单击 确定(0) 按钮。

（2）在"选择"对话框中单击 确定 按钮。

Step4. 单击"分割"信息对话框中的 确定 按钮。

Step5. 系统弹出"属性"对话框，在该对话框中单击 着色 按钮，着色后的模型如图 21.4.23 所示。然后在对话框中输入名称 LOWER_MOLD，单击 确定 按钮。

Step6. 系统弹出"属性"对话框，在该对话框中单击 着色 按钮，着色后的模型如图 21.4.24 所示。然后在对话框中输入名称 UPPER_MOLD，单击 确定 按钮。

图 21.4.23　着色后的下半部分体积块

图 21.4.24　着色后的上半部分体积块

Stage2．创建第一个滑块体积块

Step1. 选择 **模具** 功能选项卡 分型面和模具体积块 ▼ 区域中的 模具体积块 ▼ ➡ 体积块分割 命令（即用"分割"的方法构建体积块）。

Step2. 选择 ▼ SPLIT VOLUME（分割体积块）➡ One Volume（一个体积块）➡ Mold Volume（模具体积块）➡ Done（完成）命令，此时系统弹出"搜索工具"对话框。

Step3. 在系统弹出的"搜索工具"对话框中，单击列表中的 面组:F20(UPPER_MOLD) 体积块，然后单击 >> 按钮，将其加入到 已选择 0 个项 列表中，再单击 关闭 按钮。

Step4. 选取分型面。

（1）选取分型面 面组:F16(SLIDE_PS)（用"列表选取"的方法选取），然后在"选择"对话框中单击 确定 按钮。系统弹出 ▼ 岛列表 菜单。

（2）在"岛列表"菜单中选中 ✔ 岛2 与 ✔ 岛4 复选框，选择 Done Sel（完成选取）命令。

Step5. 在"分割"对话框中单击 确定 按钮，系统弹出"属性"对话框。

Step6. 在"属性"对话框中单击 着色 按钮，着色后的模型如图 21.4.25 所示。然后在对话框中输入名称 SLIDE_VOL_1，单击 确定 按钮。

Stage3．创建第二个滑块体积块

Step1. 选择 **模具** 功能选项卡 分型面和模具体积块 ▼ 区域中的 模具体积块 ▼ ➡ 体积块分割 命令（即用"分割"的方法构建体积块）。

Step2. 选择 ▼ SPLIT VOLUME（分割体积块）➡ One Volume（一个体积块）➡ Mold Volume（模具体积块）➡ Done（完成）命令，此时系统弹出"搜索工具"对话框。

Step3. 在系统弹出的"搜索工具"对话框中，单击列表中的 面组:F20(UPPER_MOLD) 体积块，然后单击 >> 按钮，将其加入到 已选择 0 个项 列表中，再单击 关闭 按钮。

Step4. 选取分型面。

（1）选取分型面 面组:F17(SLIDE_PS_01)（使用"列表选取"的方法选取），然后在"选择"对话框中单击 确定 按钮。系统弹出 ▼ 岛列表 菜单。

（2）在"岛列表"菜单中选中 ✔ 岛2 复选框，选择 Done Sel（完成选取）命令。

Step5. 在"分割"对话框中单击 确定 按钮，系统弹出"属性"对话框。

Step6. 在"属性"对话框中单击 着色 按钮，着色后的模型如图 21.4.26 所示。然后在对话框中输入名称 SLIDE_VOL_2，单击 确定 按钮。

图 21.4.25　着色后的体积块

图 21.4.26　着色后的体积块

Task6．抽取模具元件及生成浇注件

将浇注件的名称命名为 MOLDING。

Task7．定义开模动作

Stage1．开模步骤 1：移动两滑块（注：本步的详细操作过程请参见随书光盘中
video\ch21.04\reference\文件下的语音视频讲解文件 body_mold-r01.exe）。

Stage2．开模步骤 2：移动上模（注：本步的详细操作过程请参见随书光盘中
video\ch21.04\reference\文件下的语音视频讲解文件 body_mold-r02.exe）。

Stage3．开模步骤 3：移动浇注件（注：本步及后面的详细操作过程请参见随书光盘
中 video\ch21.04\reference\文件下的语音视频讲解文件 body_mold-r03.exe）。

21.5　Creo 模具设计综合范例 2
——带螺纹的模具设计

螺纹连接是结构相互固定方式中最常用的一种连接方式。由于它连接可靠、拆卸方便，
又不破坏连接件，并可反复使用，这种方式在塑料制品中得到广泛的应用。带螺纹的塑料
件的顶出方法很多，应根据塑料件的批量、做模成本或注射成本要求的不同而不同，大体
上分为四种形式：手动脱螺纹机构、拼块式螺纹脱模机构、强制脱模机构和旋转自动螺纹
脱模机构。

本例将介绍拼块式螺纹脱模模具的主要设计过程，如图 21.5.1 所示。

图 21.5.1　带外螺纹的模具设计

Task1．新建一个模具制造模型文件

Step1. 将工作目录设置至 D:\Creo3\work\ch21.05。

Step2. 新建一个模具型腔文件，命名为 bolt_mold；选取 `mmns_mfg_mold` 模板。

Task2．建立模具模型

Stage1．引入参考模型 bolt.prt（注：本步的详细操作过程请参见随书光盘中 video\ch21.05\reference\文件下的语音视频讲解文件 bolt_mold-r01.exe）。

Stage2．创建坯料

手动创建图 21.5.2 所示的坯料，操作步骤如下。

Step1. 单击 **模具** 功能选项卡 参考模型和工件 区域中的按钮 工件，然后在系统弹出的列表中选择 创建工件 命令，系统弹出"元件创建"对话框。

Step2. 在系统弹出的"元件创建"对话框中，在 类型 区域选中 零件 单选项，在 子类型 区域选中 实体 单选项，在 名称 文本框中，输入坯料的名称 wp，然后单击 确定 按钮。

Step3. 在系统弹出的"创建选项"对话框中，选中 创建特征 单选项，然后单击 确定 按钮。

Step4. 创建坯料特征。

（1）选择命令。单击 **模具** 功能选项卡 形状 区域中的 拉伸 按钮。

（2）创建实体拉伸特征。

① 定义草绘截面放置属性。在绘图区中右击，从系统弹出的快捷菜单中，选择 定义内部草绘... 命令。选择 MOLD_RIGHT 基准平面作为草绘平面，草绘平面的参考平面为 MAIN_PARTING_PLN 基准平面，方位为 顶，单击 草绘 按钮，至此系统进入截面草绘环境。

② 绘制截面草图。进入截面草绘环境后，选取 MOLD_FRONT 基准平面和 MAIN_PARTING_PLN 基准平面为草绘参考，截面草图如图 21.5.3 所示；单击"草绘"操控板中的"确定"按钮 ✓ 。

图 21.5.2　模具模型

图 21.5.3　截面草图

③ 选取深度类型并输入深度值：在操控板中选取深度类型 ⊟ （即"对称"），再在深度文本框中输入深度值 30.0，并按 Enter 键。

④ 完成特征。在"拉伸"操控板中单击 ✓ 按钮，完成特征的创建。

Task3．设置收缩率

将参考模型收缩率设置为 0.006。

Task4．创建滑块体积块

创建图 21.5.4 所示的模具的滑块体积块，其操作过程如下。

Step1. 选择命令。选择 **模具** 功能选项卡 分型面和模具体积块 ▼ 区域中的 模具体积块 ▼ ➡️ 模具体积块 命令。

Step2. 在系统弹出的"编辑模具体积块"功能选项卡中的 控制 区域单击"属性"按钮 ，在"属性"对话框中，输入名称 SLIDE_MOLD_VOL，单击 确定 按钮。

Step3. 选择命令。单击 **编辑模具体积块** 操控板 形状 ▼ 区域中的 旋转 按钮，此时系统弹出"旋转"操控板。

（1）定义草绘截面放置属性。右击，从系统弹出的菜单中选择 定义内部草绘… 命令；选取 MOLD_RIGHT 基准平面为草绘平面，选取 MAIN_PARTING_PLN 基准平面为草绘参考。方位为 下 ，单击 草绘 按钮，至此系统进入截面草绘环境。

（2）进入草绘环境后，绘制图 21.5.5 所示的截面草图。完成特征截面的绘制后，单击"草绘"操控板中的"确定"按钮 ✔ 。

图 21.5.4 滑块体积块

图 21.5.5 截面草图

（3）在"旋转"操控板中单击 ✔ 按钮，完成特征的创建。

Step4. 选择命令。单击 **编辑模具体积块** 操控板 体积块工具 ▼ 区域中的 修剪到几何 ▼ 按钮后面的 按钮 ▼ ，在系统弹出的菜单中单击 参考零件切除 按钮。

Step5. 在"编辑模具体积块"功能选项卡中单击"确定"按钮 ✔ ，完成模具体积块的创建。

Task5. 创建主分型面

创建图 21.5.6 所示的模具的主分型曲面，其操作过程如下。

Step1. 单击 **模具** 功能选项 分型面和模具体积块 ▼ 区域中的"分型面"按钮 。系统弹出"分型面"功能选项卡。

Step2. 在系统弹出的"分型面"功能选项卡中的 控制 区域单击"属性"按钮 ，在"属性"对话框中，输入分型面名称 main_pt_surf，单击 确定 按钮。

Step3. 通过"拉伸"方法创建主分型面。

（1）选择命令。单击 **分型面** 功能选项卡 形状 ▼ 区域中的 拉伸 按钮，此时系统弹出"拉伸"操控板。

（2）定义草绘截面放置属性。右击，从系统弹出的菜单中选择 定义内部草绘. 命令；选取图 21.5.7 所示的坯料表面为草绘平面，然后选取 MOLD_FRONT 基准平面为参考平面，方向为 右 。然后单击 草绘 按钮。

（3）绘制截面草图。选择图 21.5.8 所示的模型边线为草绘参考。绘制图 21.5.8 所示的截面草图（截面草图为一条线段）；完成特征截面的绘制后，单击"草绘"操控板中的"确定"按钮 ✓ 。

（4）设置深度选项。

① 在"拉伸"操控板中选取深度类型 ⊥。

② 将模型调整合适方位，选取图 21.5.7 所示的坯料表面为拉伸终止面。

③ 在"拉伸"操控板中单击 ✓ 按钮，完成特征的创建。

图 21.5.6　创建主分型曲面　　　　图 21.5.7　定义草绘平面　　　　图 21.5.8　截面草图

Step4. 在"分型面"选项卡中，单击"确定"按钮 ✓，完成分型面的创建。

Task6．构建模具元件的体积块

Stage1．分割滑块体积块

Step1. 选择命令。 选择 模具 功能选项卡 分型面和模具体积块 ▼ 区域中的 模具体积块 ▼ ➡ 体积块分割 命令，（即用"分割"的方法构建体积块）。

Step2. 在系统弹出的 ▼ SPLIT VOLUME（分割体积块）菜单中，依次选择 One Volume（一个体积块）、All Wrkpcs（所有工件）和 Done（完成）命令，此时系统弹出"分割"对话框和"选择"对话框。

Step3. 选取分型面 面组:F7(SLIDE_MOLD_VOL)（用"列表法"选取）。在"选择"对话框中单击 确定 按钮。系统弹出 ▼ 岛列表 菜单，选中 ☑ 岛1 选项，然后选择 Done Sel（完成选择）命令。

Step4. 在"分割"对话框中单击 确定 按钮。

Step5. 系统弹出"属性"对话框,在该对话框中单击 着色 按钮,着色后的模型如图 21.5.9 所示，然后在对话框中输入主体积块名称 BODY_VOL，单击 确定 按钮。

Stage2．用主分型面创建上、下两个体积腔

用前面创建的主分型面 main_pt_surf 来将前面生成的体积块 BODY_VOL 分成上、下两个体积腔（块），这两个体积块将来会抽取为模具的上、下模具型腔。

Step1. 选择命令。选择 模具 功能选项卡 分型面和模具体积块 ▾ 区域中的 模具体积块▾ ➡
⬛体积块分割 命令（即用"分割"的方法构建体积块）。

Step2. 在系统弹出的 ▾ SPLIT VOLUME (分割体积块) 菜单中，选择 Two Volumes (两个体积块) ➡
Mold Volume (模具体积块) ➡ Done (完成) 命令。系统弹出的"搜索工具"对话框。

Step3. 在系统弹出的"搜索工具"对话框中，单击列表中的 面组:F11(BODY_VOL) 体积块，然后单击 〉〉 按钮，将其加入到 已选择 0 个项: 列表中，再单击 关闭 按钮。

Step4. 选取分型面 面组:F9(MAIN_PT_SURF) （用"列表选取"的方法选取），在"从列表中拾取"对话框中单击 确定(0) 按钮。在"选择"对话框中单击 确定 按钮。

Step5. 单击"分割"信息对话框中的 确定 按钮。系统弹出"属性"对话框。

Step6. 在系统弹出的"属性"对话框中单击 着色 按钮，着色后的模型如图 21.5.10 所示。然后在对话框中输入名称 LOWERMOLD_VOL，单击 确定 按钮。

Step7. 系统弹出"属性"对话框，在该对话框中单击 着色 按钮，着色后的模型如图 21.5.11 所示。然后在对话框中输入名称 UPPERMOLD_VOL，单击 确定 按钮。

图 21.5.9　"着色"后的体积块　　　　图 21.5.10　着色后的下模　　　　图 21.5.11　着色后的上模

Task7. 抽取模具元件及生成浇注件

浇注件的名称命名为 BOLT_MOLDING。

Task8. 定义开模动作（注：本步的详细操作过程请参见随书光盘中 video\ch21.05\reference\文件下的语音视频讲解文件 bolt_mold-r02.exe）。

Task9. 对开模步骤进行干涉分析

Step1. 选择 模具 功能选项卡 分析 ▾ 区域中的 ⬛ 命令。在系统弹出的"模具开模"菜单管理器中单击 Modify (修改)。在系统弹出的 ▾ 模具间距 菜单中单击 步骤2 选项，在系统弹出的 ▾ DEFINE STEP (定义步骤) 菜单中选择 Interference (干涉) 命令，在系统弹出的 ▾ 模具移动 菜单中选择 移动 1，系统弹出 ▾ MOLD INTER (模具干涉) 菜单。

Step2. 选取静态零件。在系统的 ➡选择静计零件 提示下，将鼠标指针移至模型中，并右击，选取快捷菜单中的 从列表中拾取 命令。在系统弹出的"从列表中拾取"对话框中，单击列表中的统计零件 BOLT_MOLDING.PRT，然后单击 确定(0) 按钮。

Step3. 此时，在系统信息区中提示 ，一段时间后，模型中出现加亮曲线，指示图 21.5.12 所示的干涉位置。

图 21.5.12　加亮曲线

干涉分析：在分型面处，由于存在螺纹，所以仍会出现干涉，但是这不影响开模。在实际加工情况下，注射制品多为塑料件，在注射完成后，制品还没有完全冷却的情况下可进行强制脱模，这样并不影响制件的外观和形状，因为塑料件一般都具有一定的弹性，当制品完全冷却后，会恢复到原形状。

Step4. 保存设计结果。单击 **模具** 功能选项卡中的 操作▼ 区域的 重新生成▼ 按钮，在系统弹出的下拉菜单中单击 重新生成 按钮，选择下拉菜单 文件▼ ➡ 保存(S) 命令。

第 22 章　数控加工与编程

22.1　概　　述

数控技术即数字控制技术（Numerical Control Technology），指用计算机以数字指令方式控制机床动作的技术。

数控加工具有产品精度高、自动化程度高、生产效率高以及生产成本低等特点，在制造业及航天工业，数控加工是所有生产技术中相当重要的一环。尤其是汽车或航天产业零部件，其几何外形复杂且精度要求较高，更突出了 NC 加工制造技术的优点。

数控加工技术集传统的机械制造、计算机、信息处理、现代控制、传感检测等光机电技术于一体，是现代机械制造技术的基础。

数控编程一般可以分为手工编程和自动编程。手工编程是指从零件图样分析、工艺处理、数值计算、编写程序单直到程序校核等各步骤的数控编程工作均由人工完成。该方法适用于零件形状不太复杂、加工程序较短的情况，而复杂形状的零件，如具有非圆曲线、列表曲面和组合曲面的零件，或形状虽不复杂、但是程序很长的零件，则比较适合于自动编程。

自动数控编程是从零件的设计模型（即参考模型）直接获得数控加工程序，其主要任务是计算加工进给过程中的刀位点（Cutter Location Point，简称 CL 点），从而生成 CL 数据文件。采用自动编程技术可以帮助人们解决复杂零件的数控加工编程问题，其大部分工作由计算机来完成，编程效率大大提高，还能解决手工编程无法解决的许多复杂形状零件的加工编程问题。

22.1.1　Creo 3.0 数控加工操作界面

首先进行下面的操作，打开指定文件。

Step1. 选择下拉菜单 文件 ▼ ➡ 管理会话(M) ▶ ➡ 选择工作目录(W) 更改工作目录. 命令，将工作目录设置至 D:\Creo3\work\ch22.01。

Step2. 选择下拉菜单 文件 ▼ ➡ 打开(O) 命令，打开文件 volume_milling.asm。

打开文件 volume_milling.asm 后，系统显示图 22.1.1 所示的数控加工操作界面，下面对该界面进行简要说明。

图 22.1.1　Creo 3.0 数控加工操作界面

　　工具栏中的命令按钮为快速操作命令起了很大的作用，用户还可以根据具体情况定制工具栏。

　　注意：用户会看到有些菜单命令和按钮处于非激活状态（呈灰色，即暗色），这是因为它们目前还没有处在发挥功能的环境中，一旦其进入有关的环境，便会自动激活。

　　下面对数控加工中常用功能区中的选项卡进行简要的介绍。

● 图 22.1.2 所示的"制造"功能选项卡中显示创建制造模型后的相关管理功能，按功能划分为 操作 ▼ 、 编辑 ▼ 、 基准 ▼ 、 元件 ▼ 、 机床设置 ▼ 、 工艺 ▼ 、 制造几何 ▼ 、 校验 ▼ 和 输出 ▼ 等区域。

图 22.1.2　"制造"功能选项卡

- 图 22.1.3 所示的"铣削"功能选项卡中显示创建铣削加工路径后的相关管理功能，按功能划分为 操作 ▼ 、 编辑 ▼ 、 基准 ▼ 、 制造几何 ▼ 、 铣削 ▼ 、 孔加工循环 ▼ 等区域。

图 22.1.3 "铣削"功能选项卡

- 图 22.1.4 所示的"车削"功能选项卡中显示创建车削加工路径后的相关管理功能，按功能划分为 操作 ▼ 、 编辑 ▼ 、 基准 ▼ 、 制造几何 ▼ 、 车削 ▼ 、 孔加工循环 ▼ 等区域。

图 22.1.4 "车削"功能选项卡

- 图 22.1.5 所示的"应用程序"功能选项卡中 制造应用程序 区域显示制造模块中的相关管理功能。

图 22.1.5 "应用程序"功能选项卡

22.1.2 Creo 3.0 数控加工流程

Creo 3.0 能够模拟数控加工的全过程，其一般流程为（图 22.1.6）：

（1）创建制造模型，包括创建或获取设计模型以及工件规划。

（2）设置制造数据，包括选择加工机床、设置夹具和刀具。

（3）操作设置（如进给速度、进给量和机床主轴转速等）。

（4）设置 NC 加工序列，进行加工仿真。

（5）创建 CL 数据文件。

（6）利用后处理器生成 NC 代码。

图 22.1.6 Creo 3.0 数控加工流程图

22.2 数控加工的一般过程

22.2.1 新建一个数控制造模型文件

在进行数控加工操作之前，首先需要新建一个数控制造模型文件，进入 Creo 3.0 数控加工操作界面，其操作提示如下。

Step1. 设置工作目录。选择下拉菜单 文件▼ ➡ 管理会话(M) ▶ ➡ 选择工作目录(T) 更改工作目录。命令，将工作目录设置至 D:\Creo3\work\ch22.02。

Step2. 在工具栏中单击"新建"按钮 □，弹出"新建"对话框。

Step3. 在"新建"对话框中，在 类型 选项组中选中 ◉ ‍制造 单选项，在 子类型 选项组中选中 ◉ NC装配 单选项，在 名称 文本框中输入文件名称 VOLUME_MILLING，取消 □ 使用默认模板 复选框中的"√"号，单击该对话框中的 确定 按钮。

Step4. 在系统弹出的"新文件选项"对话框的 模板 选项组中选取 mmns_mfg_nc 模板，然后单击 确定 按钮。

22.2.2　建立制造模型

在进行数控加工制造的各项规划之前，必须先建立一个制造模型。在 Creo 3.0 中常规的制造模型由一个参照模型和一个装配在一起的工件组成，其中"参照模型"即是在创建 NC 序列时用来作参照的设计模型，工件是指在创建数控加工操作前的待加工的毛坯模型。通常，在加工过程结束时，工件几何应与设计模型的几何一致。如果不涉及材料的去除，则不必定义工件几何。因此，制造模型的最低配置为一个参照零件。根据加工需要，制造模型可以是任何复杂级别的组件，并可包含任意数目独立的参照模型和工件。它还可以包含其他可能属于制造组件的一部分，指对实际材料去除过程没有直接影响的元件（例如转台或夹具）。创建制造模型时，它一般由以下四个单独的文件组成：

- 制造工艺文件——manufacturename.mfg。
- 制造组件——manufacturename.asm。
- 设计模型——filename.prt。
- 工件（可选）——filename.prt。

使用更为复杂的组件配置时，还会将其他零件和组件文件包括在制造模型中。制造模型配置反映在模型树中。

Stage1．引入参考模型

Step1. 选取命令。单击 **制造** 功能选项卡 元件▾ 区域中的"组装参考模型"按钮 （或单击 参考模型▾ 按钮，然后在弹出的菜单中选择 组装参考模型 命令）。

Step2. 从弹出的"打开"对话框中选取三维零件模型——volume_milling.prt 作为参考零件模型，并将其打开。系统弹出"元件放置"操控板，如图 22.2.1 所示。

图 22.2.1　"元件放置"操控板

Step3. 在"元件放置"操控板中选择 命令，然后单击☑按钮，完成参考模型的放置，放置后如图 22.2.2 所示。

图 22.2.2　放置后的参考模型

说明：此时系统可能会弹出图 22.2.3 所示的"警告"对话框，用户可单击 确定 按钮继续。

图 22.2.3　"警告"对话框

Stage2. 创建工件

手动创建图 22.2.4 所示的工件，操作步骤如下。

注意：工件可以通过创建或者装配的方法来引入，本例介绍手动创建工件的一般步骤，图 22.2.4 所示为隐藏参考模型后工件的显示状态。

图 22.2.4　创建工件

Step1. 选取命令。单击 制造 功能选项卡 元件▼ 区域中的 工件 按钮，然后在弹出的菜单中选择 创建工件 选项。

Step2. 在系统 输入零件 名称 [PRT0001]: 的提示下，输入工件名称 volume_workpiece，然后在提示栏中单击"完成"按钮☑。

Step3. 创建工件特征。

（1）在"菜单管理器"中选择 ▼ FEAT CLASS (特征类) 菜单中的 Solid (实体) ➡

Protrusion (伸出项) 命令；在弹出的 ▼ SOLID OPTS (实体选项) 菜单中选择 Extrude (拉伸) ➡️
Solid (实体) ➡️ Done (完成) 命令，此时系统显示"拉伸"操控板。

（2）创建实体拉伸特征。

① 定义拉伸类型。在"拉伸"操控板中确认"实体"类型按钮 □ 被按下。

② 定义草绘截面放置属性。在图形区中右击，从弹出的快捷菜单中选择 定义内部草绘...
命令，系统弹出"草绘"对话框，如图 22.2.5 所示。在系统 ➡️选择一个平面或曲面以定义草绘平面. 的
提示下，选取图 22.2.6 所示的参考模型表面 1 为草绘平面，接受图 22.2.6 中默认的箭头方
向为草绘视图方向，然后选取图 22.2.6 所示的参考模型表面 2 为参考平面，方位为 上 ，单
击 草绘 按钮进入截面草绘环境。

图 22.2.5 "草绘"对话框

图 22.2.6 定义草绘平面

注意：所选取的参考模型表面是图 22.2.6 所示的表面 1 的对侧表面。

③ 定义草绘参考。此时系统弹出"参考"对话框，在模型树中选取 NC_ASM_TOP 基
准面和 NC_ASM_ FRONT 基准面为草绘参考，单击 关闭(C) 按钮。

④ 绘制截面草图。使用 □ 投影 命令绘制图 22.2.7 所示的截面草图。完成特征截面的绘
制后，单击工具栏中的"确定"按钮 ✔。

⑤ 在操控板中选取深度类型为 �ᄇ，然后将模型调整到图 22.2.8 所示的视图方位，选取
图中所示的参考模型表面为拉伸终止面。

⑥ 预览特征。在操控板中单击"预览"按钮 ∞，可浏览所创建的拉伸特征。

⑦ 完成特征。在操控板中单击"完成"按钮 ✔，完成工件的创建。

图 22.2.7 截面草图

图 22.2.8 选取拉伸终止面

22.2.3　设置操作

设置操作即建立制造数据库。此数据库包含诸如可用机床、刀具、夹具配置、地址参数或刀具表等项目，此步骤为可选步骤。如果不想预先建立全部数据库，可以直接进入加工过程，然后在需要时再来定义上述任何项目。

进行设置操作的一般步骤如下。

Step1. 选取命令。单击 制造 功能选项卡 工艺 ▾ 区域中的"操作"按钮 ，此时系统弹出图 22.2.9 所示的"操作"操控板（一）。

图 22.2.9　"操作" 操控板（一）

Step2. 机床设置。选择"操作"操控板中的"制造设置"按钮 ，在弹出的菜单中选择 铣削 命令，系统弹出图 22.2.10 所示的"铣削工作中心"对话框，在 轴数 下拉列表中选择 3 轴 。

图 22.2.10　"铣削工作中心"对话框

图 22.2.10 所示的"铣削工作中心"对话框中的部分选项说明如下。

- 名称：用于设置机床的名称，可以在读取加工机床信息时，作为一个标识，以区别不同的加工机床设置。

- 类型：显示所选择的机床类型。可选择的机床类型有铣削、车床、铣削-车削和线切割。
- CNC 控制：用于输入 CNC 控制器的名称。
- 后处理器：用于输入后处理器的名称。
- 轴数：用于选择机床的运动轴数。
- 输出 选项卡：可以进行后处理器的相关设置、刀具补偿的相关设置。
  - ☑ 目 下拉列表：用来指定将 FROM 语句输出到操作 CL 数据文件的方式。
  - ☑ LOADTL 下拉列表：用来控制操作 CL 数据文件中 LOADTL 语句的输出状态。
  - ☑ 冷却液/关闭 下拉列表：用来控制操作 CL 数据文件中 COOLNT/OFF 语句的输出。
  - ☑ 主轴/关闭 下拉列表：用来控制操作 CL 数据文件中 SPINDL/OFF 语句的输出。
  - ☑ 输出点 下拉列表：用来设定刀补的输出点类型，包含"刀具中心""刀具边" 2 个选项，选择"刀具边"后会激活相应的参数。

Step3. 刀具设置。在"铣削工作中心"对话框中单击 刀具 选项卡，然后单击 刀具... 按钮，系统弹出"刀具设定"对话框。

Step4. 在弹出的"刀具设定"对话框的 常规 选项卡中设置图 22.2.11 所示的刀具参数，设置完毕后依次单击 应用 和 确定 按钮，返回到"铣削工作中心"对话框。

图 22.2.11 "刀具设定"对话框

Step5. 在"铣削工作中心"对话框中单击 按钮，返回到"操作"操控板。

Step6. 机床坐标系设置。在"操作"操控板中单击 按钮，在弹出的菜单中选择 命令，系统弹出图 22.2.12 所示的"坐标系"对话框。按住 Ctrl 键，依次选择 NC_ASM_TOP、NC_ASM_FRONT 基准面和图 22.2.13 所示的模型表面作为创建坐标系的三个参考平面，单击 按钮完成坐标系的创建。在"操作"操控板中单击 按钮，此时操控板显示如图 22.2.14 所示。

图 22.2.12　"坐标系"对话框

图 22.2.13　选取的参考平面

图 22.2.14　"操作"操控板（二）

Step7. 退刀面的设置。在"操作"操控板中单击 间隙 按钮，系统弹出图 22.2.15 所示的退刀设置界面，然后在 类型 下拉列表中选取 平面 选项，单击 参考 文本框，在模型树中选取坐标系 ACS0 为参考，在 值 文本框中输入数值 10.0，在 公差 文本框中输入数值 0.2，此时在图形区预览退刀平面，如图 22.2.16 所示。

Step8. 在"操作"操控板中单击 按钮，完成操作的设置。

图 22.2.15　退刀设置界面　　　　　　　　图 22.2.16　显示退刀平面

22.2.4　创建 NC 序列

在 Creo 的数控加工中，用户通过创建不同的 NC 序列来表示单个刀具路径的特征。创建 NC 序列前必须设置一个制造操作。选择不同的数控加工机床，所对应了 NC 序列设置项目也有所不同。同一种 NC 序列所包含的制造参数不同，系统根据 NC 序列设置生成的刀具路径也会不同。所以，用户可以根据零件图样及工艺技术状况，创建并设置合理的 NC 序列。设置 NC 序列的一般操作步骤如下。

　　Step1. 单击 铣削 功能选项卡 铣削 ▾ 区域中的"粗加工"按钮 ，然后在弹出的菜单中选择 体积块粗加工 命令，此时系统弹出图 22.2.17 所示的"体积块铣削"操控板（一）。

图 22.2.17　"体积块铣削"操控板

　　Step2. 选取刀具。在"体积块铣削"操控板的 ○ 无刀具 下拉列表中选择上一节创建的 01 : T0001 刀具选项。

　　Step3. 在"体积块铣削"操控板中单击 参数 选项卡，在 参数 选项卡中设置图 22.2.18 所示的加工参数。

切削进给	450
弧形进给	-
自由进给	-
退刀进给	-
移刀进给量	-
切入进给量	-
公差	0.01
跨距	1
轮廓允许余量	0.5
粗加工允许余量	0.5
底部允许余量	0.5
切割角	0
最大台阶深度	1
扫描类型	类型螺纹
切割类型	顺铣
粗加工选项	粗加工和轮廓
安全距离	3
主轴速度	1200
冷却液选项	开

图 22.2.18　"参数"选项卡

　　说明：激活某个参数后的文本框，即可输入数值，完成该参数设置。如果该参数的设置内容是可选择的，则会激活下拉列表，选择其中的选项即可完成参数设置。

　　Step4. 单击 铣削 功能选项卡 制造几何 ▾ 区域中的"铣削体积块"按钮 ，系统弹出图 22.2.19 所示的"铣削体积块"操控板（二）。单击操控板中的"聚合体积块工具"按钮 ，系统弹出图 22.2.20 所示的"聚合体积块"菜单。选中 ✓Select (选择) 和 ✓Close (封闭) 复选框，然后选择 Done (完成) 命令。

图 22.2.19　　"铣削体积块"操控板（二）

图 22.2.20 中各命令的说明如下。

G1：选取要加工的曲面。

G2：如果要忽略某些外环或从体积去除某些选取的曲面，可使用该选项。

G3：如果已选取的平面包含要忽略的内环，可使用该选项。

G4：如果要自定义封闭体积的方法，可使用该选项。

Step5. 在模型树中将工件模型 ▶ ☐ VOLUME WORKPIECE.PRT 进行隐藏。在系统弹出的图 22.2.21 所示的 ▼GATHER SEL (聚合选择) 菜单中依次选取 Surfaces (曲面) ➡ Done (完成) 命令,系统弹出图 22.2.22 所示的 ▼FEATURE REFS (特征参考) 菜单，然后在图形区中选取图 22.2.23 所示的曲面组 1，完成后单击图 22.2.22 ▼FEATURE REFS (特征参考) 菜单中的 Done Refs (完成参考) 命令。

图 22.2.20　"聚合体积块"菜单　　图 22.2.21　"聚合选取"菜单　　图 22.2.22　"特征参考"菜单

Step6. 在系统弹出的图 22.2.24 所示的 ▼CLOSURE (封合) 菜单中选中 ✓Cap Plane (顶平面) 和 ✓All Loops (全部环) 复选框，然后选择 Done (完成) 命令。

Step7. 在系统弹出的"封闭环"菜单中选择 Define (定义) 命令，然后在图形区中选取图 22.2.25 所示的模型表面（曲面组 2），系统自动返回到 ▼CLOSURE (封合) 菜单中，在 ▼CLOSURE (封合) 菜单中选中 ✓Cap Plane (顶平面) 和 ✓Sel Loops (选取环) 复选框，然后选择 Done (完成) 命令。

图 22.2.23　选取曲面组 1　　　图 22.2.24　"封合"菜单　　　图 22.2.25　选取曲面组 2

Step8. 在"封闭环"菜单中选择 `Done/Return (完成/返回)` 命令，返回到 `▼ VOL GATHER (聚合体积块)` 菜单，选择 `Show Volume (显示体积块)` 命令，可以查看创建的体积块。

Step9. 在 `▼ VOL GATHER (聚合体积块)` 菜单中选择 `Done (完成)` 命令。

Step10. 在"铣削体积块"操控板中单击"完成"按钮，完成体积块的创建。

Step11. 在"体积块铣削"操控板中单击 `参考` 选项卡，在 `参考` 选项卡中 加工参考: 后的文本框单击将其激活，然后在图形区中选取图 22.2.26 所示的铣削体积块为加工参考。

图 22.2.26　选取加工参考

22.2.5　演示刀具轨迹

在前面的各项设置完成后，要演示刀具轨迹、生成 CL 数据，以便查看和修改，生成满意的刀具路径。演示刀具轨迹的一般步骤如下。

Step1. 在"体积块铣削"操控板中单击"显示刀具路径"按钮，此时系统弹出图 22.2.27 所示的"播放路径"对话框。

图 22.2.27　"播放路径"对话框

图 22.2.27 所示的"播放路径"对话框中的各按钮说明如下。

- ◀：重新播放。刀具从当前位置返回以重新显示刀具运动。
- ■：停止。停止显示刀具路径。
- ▶：前进。刀具从当前位置向前运动。
- |◀◀：转到上一个 CL 记录。
- ◀◀：返回。刀具返回到开始位置。
- ▶▶：快进。刀具快进到终止位置。
- ▶▶|：转到下一个 CL 记录。

Step2. 单击"播放路径"对话框中的 ▶ 按钮，观测刀具的行走路线，其刀具行走路线如图 22.2.28 所示。单击 ▶ CL 数据 栏可以打开窗口查看生成的 CL 数据，如图 22.2.29 所示。

Step3. 演示完成后，选择"播放路径"对话框中的 关闭 按钮。

图 22.2.28　刀具行走路线

图 22.2.29　查看 CL 数据

22.2.6　加工仿真

加工仿真是在计算机屏幕上进行对工件材料去除的动态模拟。通过此过程可以很直接地观察到刀具切削工件的实际过程。

说明：要进行加工仿真，需要在安装 Creo 3.0 软件时选择安装 VERICUT（R）软件包。

加工仿真的一般步骤如下。

Step1. 在"体积块铣削"操控板中单击图 22.2.30 所示的按钮，系统弹出图 22.2.31 所示的"VERICUT 7.1.5 by CGTech"窗口。

图 22.2.30　"体积块铣削"操控板

图 22.2.31　"VERICUT 7.1.5 by CGTech"窗口

Step2. 在弹出的"VIEW 1 – Stock 1 (Workpiece)"窗口中单击 按钮，观察刀具切割工件的运行情况，模拟结果如图 22.2.32 所示。

图 22.2.32　　模拟结果

Step3. 演示完成后，单击软件右上角的 ⊠ 按钮，在弹出的"Save Changes Before Exiting VERICUT?"对话框中单击 Save Checked Files 按钮，关闭仿真软件。

Step4. 在"体积块铣削"操控板中单击"完成"按钮 ✓。

22.2.7　切减材料

材料切减属于工件特征，可创建该特征来表示单独数控加工轨迹中从工件切减的材料。Creo 提供了两种方法来生成材料切减的模拟。

- Automatic（自动）：由系统根据加工轨迹指定的几何参考，自动计算要切减的材料。
- Construct（构造）：由用户自己创建材料切减特征。

切减材料的一般步骤如下。

Step1. 选取命令。单击 铣削 功能选项卡中的 制造几何 ▼ 按钮，在弹出的菜单中选择 材料移除切削 命令，系统弹出图 22.2.33 所示的"NC 序列列表"菜单，然后在此菜单中选择 1: 体积块铣削, 操作: OP010，此时系统弹出 ▼ MAT REMOVAL（材料移除）菜单，如图 22.2.34 所示。

图 22.2.33　　"NC 序列列表"菜单

图 22.2.34　　"材料移除"菜单

Step2. 在 ▼ MAT REMOVAL（材料移除）菜单中选择 Automatic（自动）➡ Done（完成）命令，系统弹出图 22.2.35 所示的"相交元件"对话框。

Step3. 在"相交元件"对话框中单击 自动添加 按钮，此时对话框显示如图 22.2.36 所示，然后依次单击 ▤ 和 确定 按钮，完成材料切减特征的创建。

图 22.2.35 "相交元件"对话框（一）　　　图 22.2.36 "相交元件"对话框（二）

22.2.8 遮蔽体积块

切减材料后的工件被所创建的体积块遮蔽，故在图形中看不到工件的材料被切除了，只有遮蔽体积块后，才能看见加工后工件的形状。遮蔽体积块的一般步骤如下。

Step1. 单击 视图 功能选项卡 可见性 区域中的"遮蔽"按钮 （图 22.2.37），系统弹出"选择"对话框。

图 22.2.37 "视图"功能选项卡

Step2. 在图形区中选取图 22.2.38 所示的体积块，然后单击"选择"对话框中的 确定 按钮，完成体积块的遮蔽，结果如图 22.2.39 所示。

图 22.2.38 选取铣削体积块　　　图 22.2.39 遮蔽体积块后

Step3. 选择下拉菜单 文件▼ ➡ 保存(S) 命令（或单击 按钮），保存文件。

22.2.9　后置处理

由 Creo 3.0 生成的刀具轨迹文件并不能被所有的数控机床识别,还需要对其进行后置处理,转换成机床可识别的数控代码后才可以进行加工。数控加工的后置处理是 CAD/CAM 集成系统的重要组成部分,直接影响零件的加工质量。通过本节的学习,相信读者会对数控加工的后置处理功能有一个初步的了解。

1.　后置处理概述

前面章节已经对数控加工的方法、各类零件的加工方法及生成刀具运动轨迹的方法有了详细的介绍。在整个过程结束时,Creo 3.0 生成 ASCII 格式的刀位(CL)数据文件,即得到了零部件加工的刀具运动轨迹文件。但是,在实际加工过程中,机床控制器不能识别该类文件,必须将刀位数据文件转换为特定数控机床系统能识别的数控代码程序(即 MCD 文件),这一过程称为后置处理。

鉴于数控系统现在并没有一个完全统一的标准,各厂商对其数控代码功能的规定各不相同,所以,同一个零件在不同的机床上加工所需的代码也不同。为使 Creo 3.0 制作的刀位数据文件能够适应不同的机床,需将机床配置的特定参数保存成一个数据文件,即为配置文件。一个完整的自动编程程序必须包括主程序处理(Main processor)和后置处理程序(Post processor)两部分。主处理程序负责生成详尽的 NC 加工刀具运动轨迹的程序,而后置处理程序负责将主程序生成的数据转换成机床能够识别的数控加工程序代码。

2.　数控代码的生成

数控代码程序即加工控制数据(MCD)文件,可以在生成 CL 数据文件的同时生成 MCD 文件。CL 数据文件是从 Creo 3.0 指定的刀具路径中创建的,每个 CL 序列创建一个单独的 CL 数据文件。Creo 3.0 会在一个操作内自动将刀具路径按创建的顺序合并到一起。修改模型时,必须相应地更新 CL 数据文件,工件一经更新,CL 数据和工件就会自动更新。只有将新 CL 数据保存到新文件才能获得这些更改。

创建完 CL 数据文件后,必须将其发送给后处理程序,用来输出机床的 G 代码。Creo 3.0 包含一个后处理程序,若后处理程序已经定义,就可用来处理 Creo 3.0 中的 CL 文件来生成机床控制数据(MCD)。

在加工制造环境下,单击 **制造** 功能选项卡 **输出 ▼** 区域中的"保存 CL 文件"按钮 （或单击 **保存 CL 文件 ▼** 按钮,然后在弹出的菜单中选择 **保存 CL 文件** 命令）,系统弹出图 22.2.40 所示的 **▼ SELECT FEAT (选择特征)** 菜单。

图 22.2.40 所示的"选择特征"菜单下的各命令说明如下。

- **Select (选择)**: 在屏幕上选取特征。

- Operation (操作)：根据特征名选取操作。
- NC Sequence (NC 序列)：根据 NC 序号选取 NC 序列。

3．操作实例

下面紧接着前面的"体积块铣削"操作，来进行刀具路径的后处理。

Step1．单击 制造 功能选项卡 输出▼ 区域中的"保存 CL 文件"按钮 RAPID FEDRAT，在系统弹出的 ▼ SELECT FEAT (选择特征) 菜单中依次选择 Operation (操作) ➡ OPO10 命令，系统弹出图 22.2.41 所示的 ▼ PATH (路径) 菜单。

图 22.2.41 所示的 ▼ PATH (路径) 菜单下的各命令说明如下。

- Display (显示)：在屏幕上显示路径。选择此项后，弹出"播放路径"对话框。
- File (文件)：输出刀具轨迹到一个文件。
- Rotate (旋转)：旋转轨迹。
- Translate (平移)：平移轨迹。
- Scale (比例)：缩放轨迹。
- Mirror (镜像)：镜像轨迹。
- Units (单位)：选取轨迹的新单位。
- Done Output (完成输出)：返回上一级菜单。
- ☐ Compute CL (计算CL)：计算 CL 数据。

Step2．在弹出的 ▼ PATH (路径) 菜单中选择 File (文件) 命令，弹出 ▼ OUTPUT TYPE (输出类型) 菜单，如图 22.2.42 所示。

图 22.2.42 所示的 ▼ OUTPUT TYPE (输出类型) 菜单下的各命令说明如下。

- ☑ CL File (CL 文件)：输出数据至 CL 文件。
- ☐ MCD File (MCD文件)：CL 文件数据后置处理。

Step3．按照系统默认设置，完成后选择 Done (完成) 命令，在弹出的"保存副本"对话框中单击 确定 按钮保存文件，然后选择 ▼ PATH (路径) 菜单中的 Done Output (完成输出) 命令，完成刀位数据文件的创建。

Step4．单击 制造 功能选项卡 输出▼ 区域中的 RAPID FEDRAT 按钮，在系统弹出的 ▼ SELECT FEAT (选择特征) 菜单中依次选择 NC Sequence (NC 序列) ➡ 1: 体积块铣削, 操作: OPO10 命令，系统弹出 ▼ PATH (路径) 菜单。

Step5．在弹出的 ▼ PATH (路径) 菜单中选择 File (文件) 命令。在 ▼ OUTPUT TYPE (输出类型) 菜单中，选择 ☑ CL File (CL 文件)、☑ MCD File (MCD文件) 和 ☑ Interactive (交互) 复选框，然后单击 Done (完成) 命令。

图 22.2.40　"选择特征"菜单　　　图 22.2.41　"路径"菜单　　　图 22.2.42　"输出类型"菜单

Step6. 在弹出的"保存副本"对话框中单击 **确定** 按钮保存文件，弹出图 22.2.43 所示的 ▼ PP OPTIONS（后置期处理选项）菜单，选中图 22.2.44 所示的复选框，单击 **Done（完成）** 命令。

Step7. 在弹出的 ▼ 后置处理列表 菜单中选择其中的 UNCX01.P11 选项，如图 22.2.44 所示。

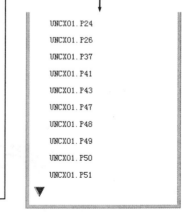

图 22.2.43　"后置期处理选项"菜单　　　图 22.2.44　"后置处理列表"菜单的复选框

Step8. 在系统弹出的"程序窗口"对话框中输入程序起始号 1（图 22.2.45），然后按 Enter 确认，系统弹出图 22.2.46 所示的"信息窗口"对话框，窗口中显示出后置处理的各项信息。

图 22.2.45　"程序窗口"对话框

图 22.2.46　"信息窗口"对话框

Step9. 单击"信息窗口"对话框中的 关闭 按钮，在系统弹出的 ▼ PATH (路径) 菜单中选择 Done Output (完成输出) 命令，完成 CL 数据文件创建，并生成了机床控制数据文件（MCD）。

Step10. 返回当前的工作目录，以记事本方式打开前面保存的体积块铣削_1.tap 文件，显示 MCD 文件以查看相应的数据文件，如图 22.2.47 所示。

图 22.2.47　显示 MCD 文件

Step11. 返回到 Creo 软件，选择下拉菜单 文件▾ ➡ 保存(S) 命令，保存文件。

22.3　数控加工综合范例

在机械加工中，从工件到零件的加工一般都要经过多道工序。工序安排得是否合理对加工后零件的质量有较大的影响，因此在加工之前需要根据零件的特征制定好加工工艺。

下面介绍图 22.3.1 所示的端盖零件的加工过程，其加工工艺路线如图 22.3.2 所示。

a）参照模型　　　　b）工件　　　　c）加工结果

图 22.3.1　端盖加工

加工过程

粗加工此曲面　　　加工此凹槽

精加工此曲面

加工此孔

攻丝

a）毛坯工件　　b）体积块粗加工　　c）凹槽铣削

f）攻丝　　e）孔加工　　d）曲面加工

图 22.3.2　加工工艺路线

操作过程如下。

Task1. 新建一个数控制造模型文件

Step1. 设置工作目录。选择下拉菜单 文件▾ ➡ 管理会话(M) ▸ ➡ 选择工作目录(W) 更改工作目录。 命令，将工作目录设置至 D:\Creo3\work\ch22.03。

Step2. 在工具栏中单击"新建"按钮 □，弹出"新建"对话框。

Step3. 在"新建"对话框中，在 类型 选项组中选中 ◉ ⬛ 制造 单选项，在 子类型 选项组中选中 ◉ NC装配 单选项，在 名称 文本框中输入文件名称 disc_cover_nc，取消选中 □ 使用默认模板 复选框，单击该对话框中的 确定 按钮。

Step4. 在系统弹出的"新文件选项"对话框中的 模板 选项组中选择 mmns_mfg_nc 模板，然后在该对话框中单击 确定 按钮。

Task2. 建立制造模型

Stage1. 引入参照模型

Step1. 单击 `制造` 功能选项卡 `元件 ▼` 区域中的"组装参考模型"按钮 （或单击 `参考模型 ▼` 按钮，然后在弹出的菜单中选择 `组装参考模型` 命令），系统弹出"打开"对话框。

Step2. 从弹出的"打开"对话框中，选取三维零件模型——disc_cover.prt 作为参照零件模型，并将其打开，系统弹出"元件放置"操控板。

Step3. 在"元件放置"操控板中选择 `默认` 选项，然后单击 ✔ 按钮，完成参照模型的放置，放置后如图 22.3.3 所示。

Stage2. 创建图 22.3.4 所示工件

图 22.3.3　放置后的参照模型

图 22.3.4　制造模型

Step1. 单击 `制造` 功能选项卡 `元件 ▼` 区域中的 `工件 ▼` 按钮，在弹出的菜单中选择 `组装工件` 命令，系统弹出"打开"对话框。

Step2. 在系统 `输入零件 名称 [PRT0001]:` 的提示下，输入工件名称 DISK_WORKPIECE，再在提示栏中单击"完成"按钮 ✔ 。

Step3. 创建工件特征。

（1）在 `▼ FEAT CLASS (特征类)` 菜单中，选择 `Solid (实体)` ➡ `Protrusion (伸出项)` 命令。在弹出的 `▼ SOLID OPTS (实体选项)` 菜单中，选择 `Extrude (拉伸)` ➡ `Solid (实体)` ➡ `Done (完成)` 命令，此时系统显示"拉伸"操控板。

（2）创建实体拉伸特征。

① 定义拉伸类型。在"拉伸"操控板中，确认"实体"类型按钮 □ 被按下。

② 定义草绘截面放置属性。在绘图区中右击，从弹出的快捷菜单中选择 `定义内部草绘...` 命令，系统弹出"草绘"对话框。在系统 ⇨选取一个平面或曲面以定义草绘平面. 的提示下，选择 NC_ASM_TOP 基础平面为草绘平面，接受默认的箭头方向为草绘视图方向，然后选取 NC_ASM_RIGHT 基础平面为参照平面，方向为 `右` ，单击 `草绘` 按钮，系统进入截面草绘环境。

③ 绘制截面草图。进入截面草绘环境后，选取 NC_ASM_RIGHT 基准平面和 NC_ASM_FRONT 基准平面为草绘参照，绘制的截面草图如图 22.3.5 所示。完成特征截面

的绘制后，单击工具栏中的"完成"按钮![图标]。

④ 选取深度类型并输入深度值。在操控板中选取深度类型![图标]，单击![图标]按钮调整拉伸方向，输入深度值 25。

⑤ 预览特征。在操控板中单击"预览"按钮![图标]，可浏览所创建的拉伸特征。

⑥ 完成特征。在操控板中单击"完成"按钮![图标]，则完成特征的创建。

Task3．制造设置

Step1. 单击![制造]功能选项卡![工艺▼]区域中的"操作"按钮![图标]，此时系统弹出"操作"操控板。

Step2. 机床设置。单击"操作"操控板中的"制造设置"按钮![图标]，在弹出的菜单中选择![铣削]选项，系统弹出"铣削工作中心"对话框，在![轴数]下拉列表中选择![3 轴]选项，单击![图标]按钮，返回到"操作"操控板。

Step3. 设置机床坐标系。在"操作"操控板单击![图标]按钮，在弹出的菜单中选择![图标]命令，系统弹出"坐标系"对话框。按住 Ctrl 键依次选择 NC_ASM_RIGHT、NC_ASM_FRONT 基准面和图 22.3.6 所示的模型表面作为创建坐标系的三个参照平面，单击![确定]按钮完成坐标系的创建，返回到"操作"操控板。单击![图标]按钮，此时系统自动选择了新创建的坐标系 ACS0 作为加工坐标系。

图 22.3.5　截面草图

图 22.3.6　所需选择的参照平面

Step4. 退刀面的设置。在"操作"操控板中的单击![间隙]按钮，系统弹出"间隙"设置界面，然后在![类型]下拉列表中选取![平面]选项，单击![参考]文本框，在模型树中选取坐标系 ACS0 为参照，在![值]文本框中输入数值 10。

Step5. 在"操作"操控板中单击![图标]按钮，完成操作的设置。

Task4．体积块粗加工

Stage1．加工方法设置

Step1. 单击![铣削]功能选项卡![铣削▼]区域中的"粗加工"按钮![图标]，然后在弹出的菜单中选择![体积块粗加工]选项，此时系统弹出图 22.3.7 所示的"体积块铣削"操控板。

图 22.3.7 "体积块铣削"操控板

Step2. 在"体积块铣削"操控板的 `○ 无刀具 ▼` 下拉列表中选择 `⫦ 编辑刀具...` 选项。

Step3. 在弹出的"刀具设定"对话框中，单击"新建"按钮 `□`，设置图 22.3.8 所示的刀具一般参数，依次单击 `应用` 和 `确定` 按钮。

图 22.3.8 设定刀具一般参数

Step4. 在系统弹出的编辑序列参数"体积块铣削"对话框中设置 `基本` 的加工参数，如图 22.3.9 所示，选择下拉菜单 `文件(F)` 中的 `另存为...` 命令。将文件命名为 milprm01，单击"保存副本"对话框中的 `确定` 按钮，然后再次单击编辑序列参数"体积块铣削"对话框中的 `确定` 按钮，完成参数的设置。

Step5. 在系统 `➾ 选择先前定义的铣削体积块.` 的提示下，单击 `铣削` 功能选项卡 `制造几何▼` 区域中的 `⫦ 铣削体积块` 按钮，系统弹出"铣削体积块"操控板。单击 `➴ 旋转` 按钮，系统弹出"旋转"操控板。

图 22.3.9　编辑序列参数"体积块铣削"对话框

（1）在"旋转"操控板中单击 放置 按钮，然后在弹出的界面中单击 定义... 按钮，系统弹出"草绘"对话框，选取 NC_ASM_RIGHT 基准平面为草绘平面，NC_ASM_TOP 为参照平面，方向为 底部 ，接受箭头默认方向，单击 草绘 按钮，系统进入草绘环境。

（2）绘制截面草图。进入截面草绘环境后，绘制的截面草图如图 22.3.10 所示。完成特征截面的绘制后，单击工具栏中的"完成"按钮 ✔ 。

（3）在"旋转"操控板中选取拉伸类型为 ⊥ ，选取旋转角度为 360.0，单击 ✔ 按钮，则完成旋转体的创建。

（4）完成特征。在"铣削体积块"操控板中单击"完成"按钮 ✔ ，完成铣削体积块的创建，如图 22.3.11 所示。

图 22.3.10　截面草图　　　　　　　　　图 22.3.11　创建铣削体积块

Stage2. 演示刀具轨迹

Step1. 在弹出的 ▼ NC SEQUENCE (NC 序列) 菜单中选择 Play Path (播放路径) 命令，系统弹出

▼ PLAY PATH（播放路径）菜单。

Step2. 在 ▼ PLAY PATH（播放路径）菜单中选择 Screen Play（屏幕演示）命令，系统弹出"播放路径"对话框。

Step3. 单击"播放路径"对话框中的 ▶ 按钮，观测刀具的路径，如图 22.3.12 所示。单击 ▶ CL 数据 栏可以打开窗口查看生成的 CL 数据，如图 22.3.13 所示。

Stage3. 加工仿真

Step1. 在 ▼ PLAY PATH（播放路径）菜单中选择 NC Check（NC 检查）命令，系统弹出"VERICUT 7.1.2 by CGTECH"窗口。单击 ⬤ 按钮，观察刀具切割工件的情况，仿真结果如图 22.3.14 所示。

图 22.3.12　刀具路径

图 22.3.14　NC 检测结果

图 22.3.13　查看 CL 数据

Step2. 演示完成后，单击软件右上角的 ✕ 按钮，在弹出的"Save Changes Before Exiting VERICUT?"对话框中单击 Save Checked Files 按钮，关闭仿真软件。

Step3. 在 ▼ NC SEQUENCE（NC 序列）菜单中选取 Done Seq（完成序列）命令。

Stage4. 材料切减

Step1. 单击 铣削 功能选项卡 制造几何 ▼ 按钮，在弹出的菜单中选择 材料移除切削 命令，然后在弹出的 ▼ NC 序列列表 菜单中选择 1: 体积块铣削, 操作: OP010 选项，然后依次选择 ▼ MAT REMOVAL（材料移除）➡ Automatic（自动）➡ Done（完成）命令。

Step2. 在弹出的"相交元件"对话框中依次单击 自动添加 按钮和 ☰ 按钮，然后单击 确定 按钮，完成材料切减。

Task5．腔槽加工

Stage1．复制、延伸曲面特征

Step1．隐藏工件和铣削体积块。在模型树中分别右击 ⊂DISK_WORKPIECE.PRT 和 旋转 1 [MILL_VOL_1 - 铣削体积块] 节点，在弹出的快捷菜单中选择 隐藏 命令。

Step2．复制曲面特征。

（1）设置"选择"类型。在"智能"选取栏的下拉列表中选择 几何 选项。

（2）按住 Ctrl 键，选取图 22.3.15 所示的模型表面。切换到 模型 功能选项卡，依次单击 操作▾ 区域的 复制 和 粘贴 按钮。

（3）单击"曲面：复制"操控板中的"完成"按钮 ✔。

Step3．延伸曲面特征。

（1）设置"选择"类型。在"智能"选取栏的下拉列表中选择 几何 选项。

（2）然后选取图 22.3.16 所示曲线的任意一部分(先将鼠标指针移至模型中的目标位置，右击，然后在弹出的快捷菜单中选取 从列表中拾取 命令。要选取的延伸边是复制曲面的边线)。在 模型 功能选项卡中单击 修饰符▾ 按钮，在弹出的快捷菜单中选择 延伸 命令。

（3）在"延伸"操控板中的偏移类型栏中选取 ▥，在操控板中单击 参考 按钮，单击 细节... 按钮，系统弹出"链"对话框，选中 ◉ 基于规则 和 ◉ 相切 单选项，此时系统自动选中图 22.3.16 所示的边线，单击 确定 按钮。

（4）定义偏移值。在操控板中的 ⊢ 文本框中输入延伸距离值 5.0。

（5）在操控板中，然后单击 ✔ 按钮，完成延伸曲面的创建。

图 22.3.15　复制对象　　　　　　　　图 22.3.16　延伸边线

Step4．右击模型树中 复制 1，在弹出的快捷菜单中选择 隐藏 命令。

Stage2．加工方法设置

Step1．单击 铣削 功能选项卡中的 铣削▾ 区域，在弹出的菜单中选择 腔槽加工 选项，此时系统弹出"序列设置"菜单。

Step2．在弹出的 Seq Setup (序列设置) 菜单中，选中 ☑Tool (刀具)、☑Parameters (参数) 和 ☑Surfaces (曲面) 复选项，然后选择 Done (完成) 命令。

Step3．在弹出的"刀具设定"对话框中，单击"新建"按钮 ▯，设置新的刀具一般参数（图 22.3.17），设置完毕后依次单击 应用 和 确定 按钮。

图 22.3.17　设定刀具一般参数

Step4. 在系统弹出编辑序列参数"腔槽铣削"对话框中设置 [基本] 加工参数，结果如图 22.3.18 所示。选择下拉菜单 文件(F) 菜单中的 另存为... 命令。将文件命名为 milprm02，单击"保存副本"对话框中的 [确定] 按钮，然后再次单击编辑序列参数"腔槽铣削"对话框中的 [确定] 按钮，完成参数的设置。

图 22.3.18　编辑序列参数"腔槽铣削"对话框

Step5. 在系统弹出 ▼ SURF PICK (曲面拾取) 菜单，依次选择 Model (模型) ➡ Done (完成) 命令，在系统弹出的 ▼ SELECT SRFS (选择曲面) 菜单中选择 Add (添加) 命令，然后选取图 22.3.19

所示的凹槽的四周曲面以及底面，选取完成后，在"选择"对话框中单击 确定 按钮。最后选择 Done/Return (完成/返回) 命令，完成 NC 序列的设置。

注意：在选取凹槽的四周曲面以及其底面时，需要按住 Ctrl 键来选取。

Stage3．演示刀具轨迹

Step1. 在弹出的 ▼ NC SEQUENCE (NC 序列) 菜单中选择 Play Path (播放路径) 命令，此时系统弹出 ▼ PLAY PATH (播放路径) 菜单。

Step2. 在 ▼ PLAY PATH (播放路径) 菜单中选择 Screen Play (屏幕演示) 命令，弹出"播放路径"对话框。

Step3. 单击"播放路径"对话框中的 ▶ 按钮，观测刀具的路径，其刀具路径如图 22.3.20 所示。

所选择的曲面组

图 22.3.19 选择的曲面组 　　　　　　图 22.3.20 刀具路径

Step4. 演示完成后，单击"播放路径"对话框中的 关闭 按钮。

Stage4．加工仿真

Step1. 右击模型树中 ◯ DISK_WORKPIECE.PRT ，在弹出的快捷菜单中选择 取消隐藏 命令，取消工件隐藏，否则不能观察仿真加工。

Step2. 在 ▼ PLAY PATH (播放路径) 菜单中选择 NC Check (NC 检查) 命令，系统弹出"VERICUT 7.1.2 by CGTECH"窗口。单击 ● 按钮，观察刀具切割工件的运行情况，仿真结果如图 22.3.21 所示。

Step3. 演示完成后，单击软件右上角的 ✕ 按钮，在弹出的"Save Changes Before Exiting VERICUT?"对话框中单击 Save Checked Files 按钮，关闭仿真软件。

Step4. 在 ▼ NC SEQUENCE (NC 序列) 菜单中选取 Done Seq (完成序列) 命令。

图 22.3.21 "NC 检查"动态仿真

Stage5．切减材料

Step1．单击 铣削 功能选项卡 制造几何 ▼ 按钮，在弹出的菜单中选择 材料移除切削 命令，然后在弹出的 ▼ NC 序列列表 菜单中选择 2: 腔槽铣削, 操作: OP010 选项，然后依次选择 ▼ MAT REMOVAL (材料移除) ➡ Construct (构造) ➡ Done (完成) 命令。

Step2．此时在系统弹出 ▼ FEAT CLASS (特征类) 菜单中依次选取 Solid (实体) ➡ ▼ SOLID (实体) ➡ Cut (切减材料) 命令。系统弹出 ▼ SOLID OPTS (实体选项) 菜单，在此菜单中选取 Use Quilt (使用面组) 选项。

Step3．右击模型树中 复制 1 节点，在弹出的快捷菜单中选择 取消隐藏 命令，取消工件隐藏，否则不能选取面组。

Step4．在菜单管理器中选择 Done (完成) 命令，系统弹出"实体化"操控板，在系统 选择实体中要添加或移除材料的面组或曲面. 提示下，选取图 22.3.22 所示的曲面组和切减材料方向，然后单击操控板中的 ✔ 按钮，完成材料切减，结果如图 22.3.23 所示。

图 22.3.22　选取面组和切减方向　　　　图 22.3.23　材料切减后的工件

Step5．在系统弹出的 ▼ FEAT CLASS (特征类) 菜单中选择 Done/Return (完成/返回) 命令。

Task6．曲面铣削

Stage1．加工方法设置

Step1．单击 铣削 功能选项卡中 铣削 ▼ 区域中的 曲面铣削 按钮，此时系统弹出图 22.3.24 所示的"序列设置"菜单。

Step2．在弹出的 ▼ SEQ SETUP (序列设置) 菜单中，选中图 22.3.24 所示的复选项，然后选择 Done (完成) 命令。

Step3．在弹出的"刀具设定"对话框中，单击"新建"按钮 🗋，设置新的刀具参数，如图 22.3.25 所示，然后依次单击 应用 和 确定 按钮，完成刀具参数的设定。

Step4．在系统弹出编辑序列参数"曲面铣削"对话框中设置基础加工参数，结果如图 22.3.26 所示。选择下拉菜单 文件(F) 菜单中的 另存为... 命令。将文件命名为 milprm03，单击"保存副本"对话框中的 确定 按钮，然后再次单击编辑序列参数"曲面铣削"对话框中的 确定 按钮，完成参数的设置。

图 22.3.24　"序列设置"菜单

图 22.3.25　设定刀具一般参数

图 22.3.26　编辑序列参数"曲面铣削"对话框

Step5. 在 ▼ SURF PICK（曲面拾取）菜单中，依次选择 Mill Surface（铣削曲面）➡ Done（完成）
命令。

Step6. 在系统 ➡选择曲面. 的提示下，单击 铣削 功能选项卡 制造几何▼ 区域中的 ⌒铣削曲面
按钮，在"铣削曲面"操控板中单击 ⬦ 旋转 按钮，系统弹出"旋转"操控板。

（1）在"旋转"操控板中单击 放置 按钮，然后在弹出的界面中单击 定义... 按钮，

系统弹出"草绘"对话框，选取 NC_ASM_RIGHT 基准平面为草绘平面，NC_ASM_FRONT 为参照平面，方向为 右 ，接受箭头默认方向，单击 草绘 按钮，系统进入草绘环境。

（2）绘制截面草图。进入截面草绘环境后，绘制的截面草图如图 22.3.27 所示。完成特征截面的绘制后，单击工具栏中的"完成"按钮 ✔ 。

（3）在"旋转"操控板中选取拉伸类型为 ⊥ ，选取旋转角度为 360.0，单击 ✔ 按钮，则完成铣削曲面的创建。

（4）完成特征。在操控板中单击"完成"按钮 ✔ ，则完成特征的创建，所创建的铣削曲面如图 22.3.28 所示。

Step7. 单击箭头调整方向如图 22.3.29 所示，然后选择 Okay（确定）命令，在系统弹出的 ▼ SEL/SEL ALL（选取/全选）菜单中选择 Select All（全选）命令，然后选择 Done/Return（完成/返回）命令，完成曲面拾取。

图 22.3.27　截面草图　　图 22.3.28　铣削曲面　　图 22.3.29　方向

Step8. 在 ▼ NCSEQ SURFS（NC 序列 曲面）菜单中选择 Done/Return（完成/返回）命令。此时系统弹出"切削定义"对话框，采用默认参数设置值，单击 确定 按钮，回到 ▼ NC SEQUENCE（NC 序列）菜单。

Stage2．演示刀具轨迹及加工仿真

Step1. 在系统弹出的 ▼ NC SEQUENCE（NC 序列）菜单中选择 Play Path（播放路径）命令，此时弹出 ▼ PLAY PATH（播放路径）菜单。

Step2. 在弹出的 ▼ PLAY PATH（播放路径）菜单中选择 Screen Play（屏幕演示）命令，此时弹出"播放路径"对话框。

Step3. 单击"播放路径"对话框中的 ▶ 按钮，可以观察刀具的路径，如图 22.3.30 所示。

Step4. 演示完成后，单击"播放路径"对话框中的 关闭 按钮。

Step5. 在 ▼ PLAY PATH（播放路径）菜单中选择 NC Check（NC 检查）命令，系统弹出"VERICUT 7.1.2 by CGTECH"窗口。单击 按钮，观察刀具切割工件的运行情况，仿真结果如图 22.3.31 所示。

Step6. 演示完成后，单击软件右上角的 ✕ 按钮，在弹出的"Save Changes Before Exiting VERICUT?"对话框中单击 Save Checked Files 按钮，关闭仿真软件。

Step7. 在 ▼ NC SEQUENCE (NC 序列) 菜单中选择 Done Seq (完成序列) 命令。

图 22.3.30 刀具路径

图 22.3.31 NC 检查结果

Stage3. 材料切减

Step1. 单击 **铣削** 功能选项卡 制造几何 ▼ 按钮,在弹出的菜单中选择 材料移除切削 命令,然后再选择 ▼ NC 序列列表 ➡ 3: 曲面铣削,操作: OP010 ,此时系统弹出 ▼ MAT REMOVAL (材料移除) 菜单,依次选择 Construct (构造) ➡ Done (完成) 命令。

Step2. 此时在系统弹出 ▼ FEAT CLASS (特征类) 菜单中依次选取 Solid (实体) ➡ ▼ SOLID (实体) ➡ Cut (切减材料) 命令。系统弹出 ▼ SOLID OPTS (实体选项) 菜单,在此菜单中依次选取 Use Quilt (使用面组) ➡ Done (完成) 命令。

Step3. 此时系统弹出"实体化"操控板,在系统 ➡ 选择实体中要添加或移除材料的面组或曲面. 提示下,选取图 22.3.32 所示的铣削曲面。单击 ⅔ 按钮调整切减材料的侧面,如图 22.3.32 所示。然后单击操控板中的 ✓ 按钮,完成材料切减如图 22.3.33 所示。

Step4. 在系统弹出的 ▼ FEAT CLASS (特征类) 菜单中单击 Done/Return (完成/返回) 按钮。

图 22.3.32 选取铣削曲面

图 22.3.33 材料切减后的工件

Task7. 钻孔

Stage1. 加工方法设置

Step1. 单击 **铣削** 功能选项卡中的 孔加工循环 ▼ 区域中的"标准"按钮 🔧,此时系统弹出"钻孔"操控板。

Step2. 在"钻孔"操控板中 🔧 下拉列表中选择 编辑刀具... 选项,系统弹出的"刀具设定"对话框。

Step3. 在弹出的"刀具设定"对话框中,单击"新建"按钮 □ 设置新的刀具参数。在 一般 选项卡中设置图 22.3.34 所示的刀具参数,然后依次单击 应用 和 确定 按钮,返回到"钻孔"操控板。

图 22.3.34　设定刀具一般参数

Step4. 在"钻孔"操控板中单击 参数 按钮，在弹出的"参数"设置界面中设置图 22.3.35 所示的切削参数。

切削进给	500
自由进给	-
公差	0.01
破断线距离	5
扫描类型	最短
安全距离	50
拉伸距离	3
主轴速度	1000
冷却液选项	开

图 22.3.35　设置孔加工切削参数

Step5. 在"钻孔"操控板中单击 参考 按钮，在弹出的"参考"设置界面中单击 详细信息... 按钮，系统弹出"孔"对话框。在"孔"对话框 孔 选项卡中选择 规则: 直径 选项，在 可用 列表中选择 13，然后单击 >> 按钮，将其加入到 选定 列表中，然后单击 ✔ 按钮，系统返回到"参考"设置界面。

Step6. 设置钻孔深度。在"参考"设置界面中单击 起始 下拉列表右侧的 ▾ 按钮，在弹出的菜单中选择 命令，然后选取图 22.3.36a 所示的曲面 1 作为起始曲面，单击 终止 下拉列表右侧的 ▾ 按钮，在弹出的菜单中选择 命令，然后选取图 22.3.36b 所示的曲面 2（参考模型的底面）作为终止曲面。

a)起始曲面

b)终止曲面

图 22.3.36　选择的曲面

Stage2．演示刀具轨迹

Step1. 在"钻孔"操控板中，单击 ⊞ 按钮，系统弹出"播放路径"对话框。

Step2. 单击"播放路径"对话框中的 ▶ 按钮，观测刀具的行走路线，结果如图 22.3.37 所示。

Step3. 演示完成后，单击"播放路径"对话框中的 关闭 按钮。

Stage3．加工仿真

Step1. 在"钻孔"操控板中，单击 按钮，系统弹出"VERICUT 7.1.2 by CGTECH"窗口，单击 ▶ 按钮，运行结果如图 22.3.38 所示。

图 22.3.37　刀具路径

图 22.3.38　"NC 检查"动态仿真

Step2. 演示完成后，单击软件右上角的 ☒ 按钮，在弹出的"Save Changes Before Exiting VERICUT?"对话框中单击 Save Checked Files 按钮，关闭仿真软件。

Step3. 在"钻孔"操控板中，单击 ✔ 按钮完成操作。

Stage4．切减材料

Step1. 单击 铣削 功能选项卡中的 制造几何▼ 按钮，在弹出的菜单中选择 材料移除切削 命令。

Step2. 在弹出的 ▼ NC 序列列表 菜单中选择 4: 钻孔 1, 操作: OP010 选项，然后依次选择 ▼ MAT REMOVAL (材料移除) ➡ Automatic (自动) ➡ Done (完成) 命令。

Step3. 在弹出的"相交元件"对话框中，依次单击 自动添加 按钮和 ☰ 按钮，然后单击 确定 按钮，完成材料切减。

Task8．攻螺纹

Stage1．加工方法设置

Step1. 单击 铣削 功能选项卡中的 孔加工循环▼ 区域中的 攻丝 按钮，此时系统弹出"攻丝"操控板。

Step2. 在"攻丝"操控板中 下拉列表中选择 编辑刀具... 选项，系统弹出的"刀具设定"对话框。

Step3. 在弹出的"刀具设定"对话框中，单击"新建"按钮 ⬚ ，在 常规 选项卡中设置图 22.3.39 所示的刀具参数，设置完毕后依次单击 应用 和 确定 按钮，返回到"攻丝"操控板。

图 22.3.39　设定刀具一般参数

Step4. 在"攻丝"操控板中单击 参数 按钮，在弹出的"参数"设置界面中设置图 22.3.40所示的切削参数。在"参数"设置界面中单击 ⬚ 按钮，系统弹出编辑序列参数"攻丝 1"对话框，选择下拉菜单 文件(F) 菜单中的 另存为... 命令。将文件命名为 drlprm02，单击"保存副本"对话框中的 确定 按钮，然后单击编辑序列参数"攻丝 1"对话框中的 确定按钮，完成参数的设置。

Step5. 在"攻丝"操控板中单击 参考 按钮，在弹出的"参考"设置界面中单击 详细信息... 按钮，系统弹出"孔"对话框。在"孔"对话框 孔 选项卡中选择 各个轴 选项，激活 各个轴 列表框，选取图 22.3.41 所示的 6 个孔的中心轴，然后单击 ✔ 按钮，系统返回到"参考"设置界面。

图 22.3.40　设置切削参数

图 22.3.41　选择的孔特征

Stage2. 演示刀具轨迹

Step1. 在"攻丝"操控板中，单击 按钮，系统弹出"播放路径"对话框。

Step2. 单击"播放路径"对话框中的 按钮，观测刀具的行走路线，结果如图 22.3.42 所示。

Step3. 演示完成后，单击"播放路径"对话框中的 关闭 按钮。

Stage3. 加工仿真

Step1. 在"攻丝"操控板中，单击 按钮，系统弹出"VERICUT 7.1.2 by CGTECH"窗口，单击 按钮，运行结果如图 22.3.43 所示。

Step2. 演示完成后，单击软件右上角的 按钮，在弹出的"Save Changes Before Exiting VERICUT?"对话框中单击 Save Checked Files 按钮，关闭仿真软件。

Step3. 在"攻丝"操控板中，单击 按钮完成操作。

图 22.3.42　刀具路径

图 22.3.43　"NC 检查"动态仿真

Step4. 选择下拉菜单 文件 ➡ 保存(S) 命令，保存文件。

读者意见反馈卡

书名：《Creo 3.0 宝典》

1. 读者个人资料：

姓名： _____ 性别： ___ 年龄： ___ 职业： _____ 职务： _____ 学历： _____

专业： _____ 单位名称： _____ 办公电话： _____ 手机： _____

QQ： _____ 微信： _____ E-mail： _____

2. 影响您购买本书的因素（可以选择多项）：

☐内容　　　　　　　　　　☐作者　　　　　　　　　　☐价格

☐朋友推荐　　　　　　　　☐出版社品牌　　　　　　　☐书评广告

☐工作单位（就读学校）指定　☐内容提要、前言或目录　　☐封面封底

☐购买了本书所属丛书中的其他图书　　　　　　　　　　☐其他_____

3. 您对本书的总体感觉：

☐很好　　　　　　　　　　☐一般　　　　　　　　　　☐不好

4. 您认为本书的语言文字水平：

☐很好　　　　　　　　　　☐一般　　　　　　　　　　☐不好

5. 您认为本书的版式编排：

☐很好　　　　　　　　　　☐一般　　　　　　　　　　☐不好

6. 您认为 Creo（Pro/E）其他哪些方面的内容是您所迫切需要的？

_____

7. 其他哪些 CAD/CAM/CAE 方面的图书是您所需要的？

_____

8. 您认为我们的图书在叙述方式、内容选择等方面还有哪些需要改进的？

_____

读者购书回馈活动：

活动一：本书"随书光盘"中含有该"读者意见反馈卡"的电子文档，请认真填写本反馈卡，并 E-mail 给我们。E-mail: 兆迪科技 zhanygjames@163.com，丁锋 fengfener@qq.com。

活动二：扫一扫右侧二维码，关注兆迪科技官方公众微信（或搜索公众号 zhaodikeji），参与互动，也可进行答疑。

凡参加以上活动，即可获得兆迪科技免费奉送的价值 48 元的在线课程一门，同时有机会获得价值 780 元的精品在线课程。